J. A. A. KETELAAR

Chemische Konstitution

J. A. A. KETELAAR

Chemische Konstitution

Eine Einführung in die Theorie der chemischen Bindung

Mit 35 Bildern

SPRINGER FACHMEDIEN WIESBADEN GMBH 1964

Autorisierte Übersetzung: Prof. Dr. HEINZ BECKER

ISBN 978-3-663-19854-3 ISBN 978-3-663-20192-2 (eBook)
DOI 10.1007/978-3-663-20192-2
Softcover reprint of the hardcover 1st edition 1964

Titel der englischen Originalausgabe
CHEMICAL CONSTITUTION
by Elsevier Publishing Comp., Amsterdam

Vorwort zur deutschen Ausgabe

Das Interesse an der theoretischen Chemie hat in den vergangenen 35 Jahren stark zugenommen. Jeder ist heute überzeugt von der Notwendigkeit eines tieferen Verständnisses der Konstitution der Moleküle, Kristalle und Flüssigkeiten als Grundlage für die Deutung der Eigenschaften und Reaktionen der chemischen Substanzen.

Die chemische Konstitution umfaßt sowohl die geometrische Struktur als auch die interatomaren und intermolekularen Kräfte, und die Lehre der chemischen Konstitution befaßt sich sowohl mit den „physikalischen" Eigenschaften der Moleküle im Grundzustand wie mit der Wechselwirkung mit chemischen und physikalischen Reagenzien, den „chemischen" Eigenschaften.

Die Thermodynamik hat seit dem letzten Viertel des 19. Jahrhunderts eine systematische Beschreibung durch die Aufdeckung der allgemeinen Zusammenhänge der physikalischen und chemischen Eigenschaften auf Grund der Energie- und der Entropieänderungen ermöglicht.

Die Frage jedoch nach dem Warum, die Frage weshalb in einem bestimmten Fall Energie und Entropie die beobachteten Werte zeigen, ist erst später erörtert worden. Auch heute muß die theoretische Chemie die Antwort in manchen Fällen schuldig bleiben. Aber schon diese Fragestellung führt immer wieder zu neuen fruchtbaren theoretischen und experimentellen Untersuchungen.

Die Natur der chemischen Bindung und der chemischen Konstitution ist ein allgemeines Problem, das auf verschiedenen Wegen und mit verschiedenen Mitteln zu lösen versucht wird, wobei die Grundgedanken sich nicht gegenseitig ausschließen, sondern vielmehr ergänzen und einander häufig komplementär sind.

Zur Erläuterung sind viele neueste experimentelle Daten in den Text und die Tabellen aufgenommen worden, und den experimentellen Tatsachen – und die Chemie ist eine experimentelle Wissenschaft – wird so neben der theoretischen Erörterung viel Raum gewidmet. Die Hinweise sowohl auf allgemeine Darstellungen als auch auf die Originalliteratur sollen dem Leser das über dieses Buch hinausgehende Studium erleichtern. Das gilt insbesondere auch für die Hinweise auf die neueste, oft sehr spezielle Entwicklung, deren ausführliche Wiedergabe den Rahmen dieses Buches sprengen würde, während andererseits eine nur kurze Berücksichtigung eher geeignet wäre, das Bild zu trüben, das hier zu geben versucht wird.

Nach der Meinung des Verfassers ist es unerläßlich, daß die Gedanken und Formeln der Quantenmechanik nicht nur in qualitativer, sondern auch in quantitativer Hinsicht zur Anwendung kommen. Er unterschreibt die Aussage von *Eyring* und seinen Mitarbeitern im Vorwort zu ihrem Buch „Quantum Chemistry": „No chemist can afford to be uninformed of a theory which systemizes all of chemistry".

Das vorliegende Buch ist eine neu bearbeitete und ergänzte Fassung des 1958 in englischer Sprache in zweiter Ausgabe erschienenen „Chemical Constitution". Dem Übersetzer, Prof. Dr. *Heinz Becker*, schulde ich viel Dank für seine sorgfältige Arbeit, aber auch für seine Hinweise und Ergänzungen.

Zum Schluß möchte ich alle denen meinen Dank aussprechen, die mir in irgendeiner Weise bei der Gestaltung dieses Buches behilflich waren.

Universität von Amsterdam

Frühjahr 1964 *J. A. A. Ketelaar*

Inhaltsverzeichnis

Einleitung

Die Materie in all ihrer Mannigfaltigkeit bildet den Gegenstand der Chemie, während die Physiker ihre Aufgabe im Studium dessen finden, was allen Erscheinungsformen der Materie gemeinsam ist.
Die Chemie ist deshalb auf der einen Seite eine beschreibende Wissenschaft, eine „Naturgeschichte“ der unorganisierten, nicht lebenden Materie. Sie hat aber andererseits als erklärende Wissenschaft außerdem die Aufgabe, diese Mannigfaltigkeit der Materie auf eine Vielzahl von Kombinationen einer geringen Anzahl von Grundvorstellungen zurückzuführen.
Obwohl die Chemie bereits im alten Ägypten betrieben wurde, ist sie als Wissenschaft noch jung – kaum 150 Jahre alt – im Gegensatz zur Physik, die das Stadium einer Wissenschaft bereits vor mehr als 2000 Jahren erreichte. Während die alten Gesetze der Physik, z.B. das von *Archimedes*, noch immer gültig sind, haben die Auffassungen der Alchimisten und der Chemiker des 18.Jahrhunderts heute nur geringe Bedeutung. Eine die Chemie erklärende Theorie hat infolgedessen erst in den letzten fünfzig Jahren eine bedeutende Entwicklung erfahren.
Ausnahmen sind die glänzende Deutung der Zusammensetzung von Verbindungen auf der Grundlage der Atomhypothese durch *Dalton* (1807) und die Entwicklung der Strukturtheorie der Kohlenstoffverbindungen aus den Ideen von *Frankland* (1852), *Couper* und *Kekulé* (1858), die ihren Höhepunkt in der Hypothese des tetraedrischen Kohlenstoffatoms fand (*van't Hoff* und *Le Bel* 1874). *Butlerow* (1861) prägte erstmalig den Begriff „chemische Struktur“ und konstatierte, daß die Eigenschaften einer Verbindung durch ihre Struktur bestimmt sind. Bis zum Beginn dieses Jahrhunderts trugen diese Theorien den Charakter von Hypothesen, denen – fälschlicherweise – meist nur eine formale Bedeutung beigemessen wurde.
Die Entdeckung und Formulierung des periodischen Systems der Elemente durch *Mendelejew* 1869 war unzweifelhaft eine äußerst bedeutungsvolle und fruchtbare Verallgemeinerung. Dieses formale System erlangte jedoch erst dann seine theoretische Bedeutung, als der Sinn der Periodizität aus der Bohrschen Atomtheorie abgeleitet werden konnte.
Das Ziel der modernen Chemie ist das Verständnis der Eigenschaften von allen Substanzen als Funktion der sie bildenden Atome oder genauer als

Funktion der Ordnungszahlen, die die Stellung der Elemente im periodischen System kennzeichnen (Kap. I). Dies ist die Basis, auf der das gesamte Gebäude der Chemie errichtet werden kann. Diese Basis wiederum ruht auf Grundlagen, die zum Gebiet der Physik gehören: Die Erklärung des periodischen Systems aus den Prinzipien, die dem Verhalten der Elektronen und der Atomkerne zugrunde liegen, welche letzteren wiederum aus Protonen und Neutronen aufgebaut sind.

Wir sind noch weit von diesem Ziel entfernt. Wir verstehen in der Chemie noch sehr wenig – trotz der Tatsache, daß ein überwältigender technischer und experimenteller Fortschritt erreicht worden ist. So haben wir erst seit wenigen Jahren einige Einsicht in die Farbe organischer Verbindungen, obwohl seit 1856 Zehntausende von Farbstoffen synthesisiert worden sind und obwohl es innerhalb gewisser Grenzen sogar möglich ist, Substanzen mit vorherzusagenden Eigenschaften darzustellen. Eine reale Einsicht fehlt dagegen fast völlig auf dem Gebiet der vielen Tausende natürlicher und synthetischer physiologisch aktiver Substanzen.

Die Tatsache, daß die Theorie hinter dem Experiment und dem Faktenwissen zurückbleibt, kann nur eine Anregung sein, diese Lücke zu verkleinern. Der erste Schritt in der richtigen Richtung ist getan, wenn man sich darüber klar wird, daß die Frage nach dem wesentlichen „Warum" der chemischen Eigenschaften und Reaktionen selbst dann bedeutungsvoll ist, wenn die vollständige Antwort kaum jemals gegeben werden kann. Die Antwort, daß eine Substanz eine Säure darstellt, weil sie in wäßriger Lösung Wasserstoffionen abspaltet, war seinerzeit eine bedeutende Verallgemeinerung einer direkten sinnlichen Beobachtung, ist heute aber nicht viel mehr als eine Tautologie. Die Frage lautet: Warum spaltet die Schwefelsäure H_2SO_4 in so starkem Maße Wasserstoffionen ab, Phenol C_6H_5OH nur schwach, Alkohol noch viel schwächer und Methan CH_4 überhaupt nicht, obwohl ein anderer Kohlenwasserstoff, wie Cyclopentadien C_5H_6 dieses wiederum stärker vermag (vgl. Seite 216)? Der Hinweis auf die von Fall zu Fall ansteigende Dissoziationsenergie bildet noch immer nur einen – wenn auch wertvollen – Teil einer thermodynamischen Beschreibung. Wir möchten diese Reihenfolge auf der Grundlage einer Wechselwirkung zwischen dem Wasserstoffatom und dem Sauerstoff- oder Kohlenstoffatom und dem Einfluß der anderen im Molekül enthaltenen Atome verstehen.

Moderne Chemie ist nicht mehr eine „Naturgeschichte", in der den Studenten gesagt wird, daß Natriumchlorid von Natur aus völlig farblos und in Wasser leicht löslich ist, während Silberjodid gelb und unlöslich ist, jedoch bemerkenswerterweise am Licht schwarz wird. In diesen Fällen vermögen wir bereits die Antwort zu geben, warum das so ist, wenn auch die quantitative Berechnung häufig noch zu schwierig ist.

Die Wechselwirkung zwischen den Atomen bestimmt nicht nur, welche

Verbindungen möglich sind, sondern gleichermaßen die Eigenschaften, die ein individuelles Molekül zeigt. Die Wechselwirkung zwischen den Molekülen, Atomen oder Ionen bestimmt wiederum die makroskopischen Eigenschaften der reinen oder gemischten Phasen.
Die Theorie dieser Wechselwirkungen bzw. die Theorie der chemischen Bindung bildet deshalb das zentrale Problem der theoretischen Chemie.
Der Begriff „chemische Bindung" beinhaltet im modernen Gebrauch keine Unterscheidung der „chemischen" Wechselwirkung, die zwischen den Atomen des Moleküls wirkt, von den „physikalischen" Kräften zwischen den gesättigten Molekülen. Es wird sich zeigen, daß im Prinzip z. B. kein Unterschied besteht zwischen der Wechselwirkung eines Atoms Natrium mit einem Atom Chlor, die zur Bildung eines Moleküls Natriumchlorid führt, und der Wechselwirkung, die für die starke Kohäsion im Natriumchloridkristall verantwortlich ist und in der geringen Flüchtigkeit zum Ausdruck kommt.
Ebenso beruht die Erklärung für die „physikalische" Wechselwirkung zwischen den Atomen eines Edelgases auf den gleichen Vorstellungen, die herangezogen werden, um die Vereinigung zweier Wasserstoffatome zu einem Molekül zu erklären. Ganz ähnlich haben die abstoßenden Kräfte, die nur bei kleinen Abständen auftreten und für das charakteristische Volumen von Atomen und Molekülen verantwortlich sind, im wesentlichen den gleichen Ursprung wie die Bindungskräfte im Wasserstoffmolekül.

Allgemeines Schrifttum

Historische Entwicklung

E. J. Holmyard, Alchemy, London 1956.
B. Jaffe, Crucibles; The Story of Chemistry from Ancient Alchemy to Nuclear Fission, New York 1948; London 1950.
H. M. Leicester, The Historical Background of Chemistry, New York 1956.
J. Read, Through Alchemy to Chemistry, London 1957.
G. Bugge, Das Buch der Großen Chemiker, Weinheim 1961.
E. O. v. Lippmann, Entstehung und Ausbreitung der Alchemie, Berlin 1931.

Zur chemischen Konstitution

A. E. van Arkel, Molecules and Crystals in Inorganic Chemistry, 2. Aufl., London 1957.
E. Cartmell und *G. W. A. Fowles*, Valency and Molecular Structure, 2. Aufl., London 1961.
R. C. Evans, An Introduction to Crystal Chemistry, 2. Aufl., London 1963.
H. Hartmann, Die chemische Bindung, 2. Aufl., Berlin 1964.

J. E. Hiller, Grundriß der Kristallchemie, Berlin 1952.
W. Hückel, Anorganische Strukturchemie, Stuttgart 1948.
L. Pauling, The Nature of the Chemical Bond, 3. Aufl., Ithaca 1960; Deutsche Übersetzung, Weinheim 1962.
W. Schulze, Molekülbau, Samml. Göschen, Berlin 1958.
G. Schwarzenbach, Allgemeine und anorganische Chemie, Stuttgart 1950.
F. Seel, Atombau und chemische Bindung, 5. Aufl., Stuttgart 1963.
H. A. Stuart, Die Struktur des freien Moleküls, Wien 1952.
Y. K. Syrkin und *M. E. Dyatkina*, Structure of Molecules and the Chemical Bond, London 1950.

I. Das periodische System

Die vier Bindungstypen

1. Das periodische System

Die vier Elemente Feuer, Luft, Erde und Wasser, wie sie von *Aristoteles* unterschieden wurden, hatten den Charakter fundamentaler Eigenschaften, welche die Materie mit der Mannigfaltigkeit ihrer Erscheinungsformen verbanden. Die Alchimisten verbildlichten jedes dieser Elemente und die sie unterscheidenden zusätzlichen Eigenschaften durch einen repräsentativen Stoff, der nach ihrer Ansicht die spezielle Qualität in reiner Form zeigte: Der Schwefel repräsentierte das Prinzip des Feuers und das Quecksilber das metallische Prinzip (Schmelzbarkeit, Oberflächenglanz).

Den ersten Hinweis auf den modernen Begriff des Elements gab *Boyle* (1627–1691), der damit seiner Zeit weit vorauseilte. *Lavoisier* (1743–1794) stellte die heute noch gültige, rein empirische Definition eines Elements als einer Substanz auf, die durch kein Mittel geteilt oder umgewandelt werden kann. Eine Ausnahme bilden heute lediglich die Kernprozesse, die zu einer Umwandlung der Elemente führen können. Sehr kleine Veränderungen lassen sich auch durch vielfache Wiederholung physikalischer oder chemischer Prozesse hervorrufen.

Im Verlauf des 19. Jahrhunderts stieg die Zahl der bekannten Elemente stark an. Substanzen, die zuerst als Elemente angesehen wurden, erwiesen sich später als weiter teilbar. So betrachtete *Lavoisier* das Calciumoxid CaO noch als ein Element, und in der Gruppe der Seltenen Erden wurde das „Element“ Didym erst 1885 in das Neodym und das Praseodym getrennt.

Elemente mit ähnlichen Eigenschaften wurden ziemlich frühzeitig in Gruppen angeordnet; so stellte *Döbereiner* die Halogene und die Alkalimetalle in Dreiergruppen, den sog. Triaden, zusammen (1829). Die Ehre jedoch, die Elemente im periodischem System so angeordnet zu haben (Tabelle 1), daß ein vollständiges Bild ihrer gegenseitigen Beziehungen entsteht, gebührt *Mendelejew* (1869) vor seinen Vorgängern (*Newlands*, *de Chancourtois*) und Zeitgenossen (*L. Meyer*).

Wenn man die Elemente nach ansteigendem Atomgewicht zusammenstellt und ähnliche Elemente in der gleichen senkrechten Gruppe anord-

net, gruppieren sie sich in kurzen und langen Perioden von 8 bzw. 18 Elementen. Dazu war es allerdings notwendig, in einigen wenigen Fällen von der normalen Folge der Atomgewichte abzuweichen, z. B. bei Co—Ni, Te—J und Ar—K.
Später wurde gefunden, daß die Ordnungszahl der Atome viel wichtiger ist als das Atomgewicht. Diese Zahl stimmt überein mit der Anzahl positiver Ladungen im Atomkern, ausgedrückt in Elementarladungen ($4{,}80 \cdot 10^{-10}$ e. st. E.) und ebenso mit der Anzahl der Elektronen des betreffenden neutralen Atoms (*van den Broek*).
Die Ordnungszahl bezeichnet die Anzahl der Protonen (der Wasserstoffkerne mit der Ladung +1) im Atomkern, während das Atomgewicht durch die Summe der Protonen und Neutronen mit jeweils der Masse 1 gegeben ist.
Mendelejew sah sich gezwungen, einige Stellen in seinem System unbesetzt zu lassen. Er nahm richtig an, daß in diesen Lücken damals noch unbekannte Elemente ihren Platz finden würden. Seine Voraussage der genauen Eigenschaften dieser fehlenden Elemente, die er Eka-Bor, Eka-Aluminium und Eka-Silicium nannte, wurde kurz darauf glänzend bestätigt durch die Entdeckung des Scandiums (21), Galliums (31) und Germaniums (32). Die später von *Rayleigh* und *Ramsay* entdeckten Edelgase ließen sich ebenfalls leicht in das System aufnehmen. Die letzen, nicht radioaktiven Elemente Hafnium (72) (*Coster* und *von Hevesy* 1923) und Rhenium (75) (*Noddack* 1925) konnten schließlich entdeckt werden, weil auf Grund der noch unbesetzten Positionen des Periodensystems ganz genaue Voraussagen sowohl der Eigenschaften als auch der Minerale möglich waren, in denen diese Elemente mit einiger Aussicht auf Erfolg zu suchen waren.
Nach den zwei kurzen Perioden von 8 Elementen folgen die Langperioden mit 18, 18 bzw. 32 Elementen. Die Elemente in der ersten Hälfte der Langperioden (Hauptserie) werden als a-Gruppen zusammengestellt, die anderen (Nebenserie) gehören zur b-Gruppe, wobei die ersten auf der linken und die letzten auf der rechten Seite der jeweiligen Spalte placiert werden (Tabelle 1). Mitunter werden die den entsprechenden Kurzperioden eng verwandten Untergruppen auch als Hauptgruppen bezeichnet (1a, 2a, 3b, 4b, 5b, 6b, 7b), die anderen dagegen als Nebengruppen. Diese Unterteilung ist jedoch in der dritten und besonders in der vierten Gruppe ziemlich willkürlich.
Die letzten drei Elemente jeder Hauptserie, die in der Tat miteinander eng verwandt sind (Eisen-, Palladium- und Platingruppe), kommen zusammen in eine Gruppe, um die Periodizität zu erhalten. Schließlich muß die ganze Gruppe der sog. Seltenen Elemente von Lanthan (57) bis Lutetium (71), die fast identische Eigenschaften zeigen, zusammen auf einen Platz eingeordnet werden.

Tabelle 1: Das periodische System der Elemente

Vorperiode	Neutron	H 1						H 1		He 2
	0	1	2	3	4	5	6	7	8	0
1. Periode	He 2	Li 3	Be 4	B 5	C 6	N 7	O 8	F 9		Ne 10
2. Periode	Ne 10	Na 11	Mg 12	Al 13	Si 14	P 15	S 16	Cl 17		Ar 18
3. Periode	Ar 18	K 19 Cu 29	Ca 20 Zn 30	Sc 21 Ga 31	Ti 22 Ge 32	V 23 As 33	Cr 24 Se 34	Mn 25 Br 35	Fe Co Ni 26 27 28	Kr 36
4. Periode	Kr 36	Rb 37 Ag 47	Sr 38 Cd 48	Y 39 In 49	Zr 40 Sn 50	Nb 41 Sb 51	Mo 42 Te 52	Tc 43 J 53	Ru Rh Pd 44 45 46	Xe 54
5. Periode	Xe 54	Cs 55 Au 79	Ba 56 Hg 80	La—Lu 57—71 Tl 81	Hf 72 Pb 82	Ta 73 Bi 83	W 74 Po 84	Re 75 At 85	Os Ir Pt 76 77 78	Rn 86
6. Periode	Rn 86	Fr 87	Ra 88	Ac 89	Th 90	Pa 91	U 92			

Lanthaniden 4f-Serie	La 57	Ce 58	Pr 59	Nd 60	Pm 61	Sm 62	Eu 63	Gd 64	Tb 65	Dy 66	Ho 67	Er 68	Tm 69	Yb 70	Lu 71
Actiniden 5f-Serie	Ac 89	Th 90	Pa 91	U 92	Np 93	Pu 94	Am 95	Cm 96	Bk 97	Cf 98	Es 99	Fm 100	Md 101	No 102	Lw 103

Das periodische System erwies sich als sehr wertvoll für die weitere Forschung, so unter anderem in bezug auf die Phänomene der Radioaktivität, wobei gefunden wurde, daß nicht alle Atome ein und desselben chemischen Elements identisch zu sein brauchen.
Elemente mit der gleichen Kernladungszahl und demzufolge der gleichen *Ordnungszahl* haben auch die gleichen chemischen Eigenschaften, weil diese ausschließlich auf den Elektronen beruhen, deren Anzahl ebenfalls gleich ist. Dagegen ist ein Unterschied im *Atomgewicht* möglich, da Atomkerne mit der gleichen Anzahl von Protonen eine unterschiedliche Anzahl Neutronen enthalten können. Solche Arten von Atomen oder besser Atomkernen gehören zu einem Element, ihre chemische Trennung ist unmöglich. Der Name Isotope („gleicher Platz“) wurde ihnen von *Soddy* gegeben, weil sie den gleichen Platz im Periodensystem einnehmen.
Isobare Arten von Atomen mit gleichem Atomgewicht, aber unterschiedlicher Kernladung, z.B. $^{124}_{50}Sn$ und $^{124}_{52}Te$, sind andererseits überhaupt nicht miteinander verwandt ($^{124}_{50}Sn$ bezeichnet den Kern oder das Atom des Zinns vom Gewicht 124 und der Kernladung bzw. Ordnungszahl 50).
Isotope können sich dagegen in den Eigenschaften des Kerns unterscheiden, z.B. der Radioaktivität; so ist das natürliche Isotop des Phosphors $^{31}_{15}P$ stabil, während das künstliche Isotop $^{32}_{15}P$ β-Strahlen emittiert. Das leicht spaltbare $^{235}_{92}U$ bildete den Rohstoff für die erste Atombombe, im Gegensatz zum stabileren $^{238}_{92}U$. Die Atomgewichte oder richtiger Kerngewichte unterscheiden sich nur wenig von ganzen Zahlen, ein Umstand, auf den schon *Prout* (1815) aufmerksam machte. Diese kann jedoch nicht, wie er meinte, mit einem Aufbau der Elemente aus Wasserstoff erklärt werden, sondern beruht auf der bereits angedeuteten Zusammensetzung des Kerns aus Protonen und Neutronen von jeweils praktisch einer Masseeinheit, die somit dem Atomgewicht des Wasserstoffs angenähert gleich ist. Die Einheit der chemischen Atomgewichtsskala war bis vor kurzem $^1/_{16}$ vom Atomgewicht der Isotopenmischung des natürlichen Sauerstoffs (99,76% ^{16}O, 0,04% ^{17}O und 0,20% ^{18}O), die der physikalischen Skala dagegen $^1/_{16}$ vom Atomgewicht des Sauerstoffisotops ^{16}O, so daß galt: physikalisches Atomgewicht = 1,000275 mal chemisches Atomgewicht.
Jetzt aber ist eine Vereinbarung erreicht, nach der als allgemeine Basis der 12. Teil der Masse des Kohlenstoffisotops ^{12}C eingeführt worden ist. Für die chemischen Atomgewichte hat dieses aber nur geringfügige Änderungen zur Folge (*Remy* 1962). Das Atomgewicht des Sauerstoffs ist jetzt nicht mehr 16, sondern 15,9994.
Die in der Natur gefundenen Elemente stellen meistens Isotopengemische dar.
So besteht das Element Chlor, dessen Atomgewicht von der Ganzzahligkeit abweicht (35,453), aus 75,4% ^{35}Cl und 24,6% ^{37}Cl.

Als Packungseffekt wird eine kleine Abweichung des Atomgewichts (bzw. Kerngewichts) von der Summe der Atomgewichte der Komponenten – Wasserstoffatome (bzw. Protonen) und Neutronen – bezeichnet. Dieser Packungseffekt ist direkt mit der Energiedifferenz zwischen dem Kern und den getrennten Komponenten entsprechend der bekannten Einsteinschen Gleichung $\Delta E = m \cdot c^2$ verknüpft (0,001 Masseeinheit $= 0{,}931$ MeV $= 21{,}47 \cdot 10^6$ kcal/Mol).
Die Masse des Protons beträgt 1,00728 Masseeinheiten, die Masse des Wasserstoffs 1,00783 Masseeinheiten und die Masse des Neutrons 1,00867 Masseeinheiten (neue Skala).
Verschiedene physikalische Eigenschaften wie die Diffusion, die Thermodiffusion und die Verdampfungsgeschwindigkeit hängen von der Teilchenmasse ab. Es ist deshalb möglich, nicht nur die Isotope des Wasserstoffs und des Chlors durch Diffusion zu trennen, sondern auch die des Urans, in diesem Fall als leichtflüchtiges Uranhexafluorid UF_6. Auch in manchen chemischen Reaktionen werden geringe Isotopeneffekte gefunden.
Lediglich im Falle des Wasserstoffs H (Masse 1) und des Deuteriums D (Masse 2), das durch *Urey* 1933 entdeckt wurde, ist die Massendifferenz so groß, daß geringe, aber deutliche Unterschiede in allen physikalischen und sogar in den chemischen Eigenschaften auftreten. So läßt sich reines D_2 durch wiederholte Elektrolyse von Wasser erhalten, wobei der abgeschiedene gasförmige Wasserstoff weniger von dem schweren Isotop enthält, als dem Verhältnis von 1 : 6000 im Wasser entspricht. Das Deuterium reichert sich deshalb im flüssigen Rückstand bei der technischen elektrolytischen Gewinnung von Wasserstoff an*).
Die Daten für D_2O sind: Schmelzpunkt $+ 3{,}8°$, Siedepunkt 101,5°, Dichte (20°) 1,10726 (Dichtemaximum bei 11,2°), die Viskosität bei 25° ist das 1,23fache der von Wasser.
Obwohl die Differenzen in den physikalischen und chemischen Eigenschaften nicht direkt meßbar sind, kann auch bei anderen leichten Elementen durch vielfache Wiederholung eines Austauschs ein Produkt mit etwas verändertem Atomgewicht erhalten werden, z.B. beim CO_2 und NH_3 durch Austausch zwischen Gasphase und einer Flüssigkeit.
Bis vor wenigen Jahren fehlten noch vier Elemente (43, 61, 85 und 87) in der Liste, obwohl ihre Auffindung mehrfach, aber stets irrtümlich bekanntgegeben wurde. Diese Elemente sind jetzt alle künstlich dargestellt, sie haben sich als radioaktiv erwiesen, wobei Grund zur Annahme besteht, daß stabile Isotope nicht existieren können. Die ersten drei der genannten Elemente sind auf der Erde schon lange verschwunden, falls

*) Gleiches gilt für das radioaktive Isotop des Wasserstoffs, Tritium (Masse 3), das jedoch nur im Verhältnis $1 : 10^{17}$ im natürlichen Wasser vorkommt. Es wird aber künstlich hergestellt.

sie überhaupt vorhanden waren, ebenso wie natürliches Radium (Halbwertszeit 1620 Jahre) nicht bekannt wäre, wenn es nicht laufend von neuem bei dem extrem langsamen Zerfall des Urans (Halbwertszeit $4{,}49 \cdot 10^9$ Jahre) entstünde. Das Element 87, das in ganz geringen Mengen in den Zerfallsprodukten des Actiniums anwesend ist, wurde von *Perey* gefunden und Francium (Fr) benannt. Die anderen obenerwähnten Elemente erhielten die Namen: 43 Technetium (nach der künstlichen Herstellung) Tc, 61 Promethium (nach dem Titan Prometheus) Pm, 85 Astatin (wegen seiner Instabilität) At. Die Elemente mit höherer Ordnungszahl als Uran (92) sind ebenfalls nur künstlich erhältlich. Es sind dies: 93 Neptunium Np, 94 Plutonium Pu (beide nach Planeten benannt), 95 Americium, 96 Curium (nach der Forscherfamilie *Curie*), 97 Berkelium Bk (nach der Stadt Berkeley, wo das Element in einem Cyclotron erstmalig erhalten wurde), 98 Californium Cf (nach dem Staat, in dem Berkeley liegt), 99 Einsteinium Es, 100 Fermium Fm, 101 Mendelevium Md, 102 Nobelium No und 103 Lawrencium (nach den Physikern *Einstein* und *Fermi*, dem Chemiker *Mendelejew*, dem Industriellen *Nobel* und dem Physiker *Lawrence*). Die meisten von ihnen sind von *Seaborg* und Mitarbeitern entdeckt worden (*Paneth* 1947; *Hahn* 1950; *Seaborg* u.a. 1949, 1954; *McKay* u.a. 1955; *Lister* 1950; *Sneed* u.a. 1953; *Katz* und *Seaborg* 1957). Alle diese Transurane sind radioaktiv; Plutonium, der wichtige Kernbrennstoff und Explosivstoff, hat die lange Halbwertszeit von 24360 Jahren ($^{239}_{94}Pu$). In den Kernreaktoren der ganzen Welt sind gewiß viele Tonnen dieses Stoffs produziert worden.

Die Erklärung der Periodizität in der Reihe der Elemente ist einer der großen Triumphe der Quantentheorie der Atomstruktur.

Nach *Bohr* können sich die Elektronen nur auf diskreten Bahnen bewegen, die durch drei Quantenzahlen charakterisiert werden: Die Hauptquantenzahl n mit den Werten 1, 2, 3, 4 usw. (auch als K, L, M, N, O-Schale bezeichnet), die Nebenquantenzahl l mit den Werten $0, 1, 2 \ldots n-1$ (auch als s, p, d, f ... bezeichnet) und die magnetische Quantenzahl m, die die Werte $-l, -(l-1) \ldots -1, 0, 1 \ldots l-1, l$ (Seite 114) annehmen kann. In jeder dieser Bahnen ist nur für zwei Elektronen Platz, die einen entgegengesetzt orientierten Spin haben müssen (*Uhlenbeck* und *Goudsmit*, siehe Seite 114). In dieser Weise wird dem *Pauli*-Prinzip Rechnung getragen, nach dem niemals zwei Elektronen den gleichen Quantenzustand haben können. Die Quantenmechanik hat schließlich die wesentliche Bedeutung der formalen Quantenzahlen der Bohrschen Theorie als logisch notwendig für die Beschreibung des stationären Zustandes erklärt.

Die erste Gruppe bzw. K-Schale mit $n = 1$, $l = 0$ enthält nur eine mögliche Bahn, in der also zwei Elektronen untergebracht werden können. Nach dem Element Wasserstoff folgt dann Helium, mit dem die Periode abschließt. In der folgenden L-Schale ($n = 2$; s-Unterschale: $l = 0$,

$m = 0$ und p-Unterschale: $l = 1$, $m = -1, 0, +1$) ist Platz für acht Elektronen, die beim Neon (10) erreicht sind, das wiederum ein Edelgas darstellt (Tabelle 2). In der nächstfolgenden M-Schale ($n = 3$) wird nach zusätzlichen acht Elektronen eine ähnliche Konfiguration mit dem Edelgas Argon (18) erreicht. Die M-Schale ist damit jedoch noch nicht komplett gefüllt, da noch weitere 10 Elektronen in der d-Unterschale Platz haben: $l = 2$, $m = -2, -1, 0, 1, 2$. In den nächsten Elementen Kalium und Calcium besetzen aber die weiteren Elektronen zunächst die N-Schale, und erst danach wird vom Scandium ab die M_d-Schale aufgefüllt (Übergangselemente Sc bis Ni, Y bis Pd, La bis Pt mit unvollständigen d-Unterschalen). Der weitere Aufbau der N-Schale beginnt mit dem Kupfer. So wird erst an 18. Stelle nach dem Argon das nächste Edelgas Krypton (36) angetroffen (Langperiode). Das wiederholt sich in der nächsten Langperiode bis zum Xenon (54), das wiederum eine Acht-Elektronen-Konfiguration – jetzt in der O-Schale – besitzt.

Die Tatsache, daß einige Elektronen in der N-Schale Platz finden, noch ehe die M_d-Schale komplett ist – ein Zug, der sich am Beginn der anderen Langperioden wiederholt, – wird auf die Energiedifferenzen zwischen den verschiedenen Bahnen einer Schale, mit verschiedenen Nebenquantenzahlen zurückgeführt. Im Wasserstoffatom haben alle Bahnen mit derselben Hauptquantenzahl den gleichen Mittelwert von $1/r$ und damit auch die gleiche Energie. Die Form der elliptischen Bahn wird durch das Verhältnis von großer und kleiner Hauptachse gegeben, das gleich $(l + 1)/n$ ist. Die 1s-, 2p-, 3d- und 4f-Bahnen sind deshalb Kreise, aber eben die 3s-, 4s- und gleichermaßen die 5s- und 5p-Bahnen der betreffenden Schalen M, N und O sind gestreckte Ellipsen. (Wir werden später sehen, daß die Ladungswolke aller s-Elektronen sphärische Symmetrie hat, Seite 116). In einem Atom mit vielen Elektronen ist dieser Unterschied in der Form der Bahn mit einer beträchtlichen Energiedifferenz verknüpft; tatsächlich nähert sich in einer elliptischen Bahn das Elektron dem Kern am Perihel sehr stark, so daß an diesem Punkt das Feld des Kerns nur sehr wenig durch andere Elektronen abgeschirmt wird (Tauchbahnen), mit dem Erfolg, daß die Energie ebenfalls viel niedriger liegt als die eines Elektrons in einer Kreisbahn, bei der der Kern stets durch die inneren Schalen stark abgeschirmt wird. Die Energie der 4s-Bahn kann so niedriger werden als die der 3d-Bahn, obwohl der *Mittelwert* $1/r$ im ersten Falle kleiner ist. Wenn die Kernladung weiter anwächst, wird die 3d-Schale aufgefüllt, und es folgen die zehn Übergangselemente. Der gleiche Gedankengang bietet eine Erklärung dafür, daß vor der Auffüllung der 4f- und 5f-Unterschalen zunächst die 5p- und 6p-Unterschalen bevorzugt besetzt werden.

Drei Stellen nach dem Xenon folgt die bemerkenswerte Gruppe der Seltenen Erden, weil hier mit dem Cer beginnend die N_f- bzw. 4f-Schale

Tabelle 2: Elektronenkonfiguration der Elemente

	K	L		M			N			
n	1	2	2	3	3	3	4	4	4	4
l	0	0	1	0	1	2	0	1	2	3
	s	s	p	s	p	d	s	p	d	f
He	2									
Ne	2	2	6							
Ar	2	2	6	2	6					
K–Ca	2	2	6	2	6		1–2			
Sc–Ni	2	2	6	2	6	1–8	1 od.2			
Cu–Kr	2	2	6	2	6	10	1–2	0–6		
Kr	2	2	6	2	6	10	2	6		
Rb–Sr	2	2	6	2	6	10	2	6		
Y–Pd	2	2	6	2	6	10	2	6	1–10	
Ag–Xe	2	2	6	2	6	10	2	6	10	
Xe	2	2	6	2	6	10	2	6	10	
Cs–Ba	2	2	6	2	6	10	2	6	10	
La–Lu	2	2	6	2	6	10	2	6	10	0–14
Hf–Pt	2	2	6	2	6	10	2	6	10	14
Au–Rn	2	2	6	2	6	10	2	6	10	14
Rn	2	2	6	2	6	10	2	6	10	14
Fr–Ra	2	2	6	2	6	10	2	6	10	14
Ac–No*)	2	2	6	2	6	10	2	6	10	14

*) Bisher besteht noch keine völlige Sicherheit im Hinblick auf die Konfiguration der Elemente nach Ac; die Energien der 5f- und 6d-Schalen liege nahe beieinander (*Katz* und *Seaborg* 1957).

($l = 3$, $m = -3, -2, -1, 0, 1, 2, 3$) aufgefüllt wird. So entsteht eine Gruppe von 14 Elementen von Cer (58) bis Lutetium (71), die alle die gleiche Elektronenkonfiguration der äußeren Schale aufweisen wie das Lanthan und deshalb eine große Ähnlichkeit ihrer chemischen Eigenschaften zeigen (Lanthaniden).

Aus der Bohrschen Theorie konnte so abgeleitet werden, daß das Element der Ordnungszahl 72 keine Seltene Erde sein kann, sondern eine Verwandtschaft zum Zirkonium zeigen muß. *Von Hevesy* und *Coster* suchten deshalb das fehlende Element nicht in den Mineralien der Seltenen Erden, wie so viele andere vor ihnen, sondern stießen entsprechend den theoretischen Erwartungen auf ziemlich große Mengen (1%) an Hafnium in der Mehrzahl der Zirkonmineralien und in allen Zirkonpräparaten, die bis dahin als rein gegolten hatten.

Nach den Lanthaniden folgt wieder eine Langperiode, die 32 Stellen nach dem Xenon mit dem Edelgas Radon (86) endet.

Eine neue Gruppe eng verwandter Elemente, zu denen die Transurane gehören, beginnt gegen Ende des Periodensystems mit der Auffüllung der

O				P			Q	
5	5	5	5	6	6	6	7	*n*
0	1	2	3	0	1	2	0	*l*
s	p	d	f	s	p	d	s	
								He
								Ne
								Ar
								K – Ca
								Sc – Ni
								Cu – Kr
								Kr
1 – 2								Rb – Sr
0, 1 od. 2								Y – Pd
1 – 2	0 – 6							Ag – Xe
2	6							Xe
2	6			1 – 2				Cs – Ba
2	6	1		2				La – Lu
2	6	2 – 9		0, 1 od. 2				Hf – Pt
2	6	10		1 – 2	0 – 6			Au – Rn
2	6	10		2	6			Rn
2	6	10		2	6		1 – 2	Fr – Ra
2	6	10	0 – 14	2	6	0, 1 od. 2	2	Ac – No

5f-Schale. Im sechswertigen Zustande sind diese Elemente dem Uran ähnlich. Im vierwertigen Zustande haben sie jedoch wie das vierwertige Uran und Protactinium die äußere Edelgaskonfiguration des Thoriumions; im dreiwertigen des des dreiwertigen Actiniumions.
Die Benennung 5f-Serie oder Actiniden ist dem Namen Thoriden oder Uraniden vorzuziehen.

Bei den Lanthaniden dominiert die Dreiwertigkeit mit nur einigen interessanten Ausnahmen. So kommt Cer nicht nur als dreiwertiges positives Ion vor, also mit einem Elektron in der 4f-Schale, sondern auch vierwertig. Offensichtlich ist nur wenig Energie notwendig, um dieses eine Elektron aus der 4f-Schale abzuspalten. Natürlich zeigt dieses Ce^{4+}-Ion keine Ähnlichkeit mit La^{3+}, sondern eher mit dem Zirkonium, das ebenfalls vierwertig ist. Auch das nächste Element, Praseodym, besitzt noch eine gewisse Tendenz, in den höherwertigen Zustand überzugehen, wie sich aus der Existenz eines Oxides PrO_2 und vielleicht sogar Pr_2O_5 ergibt. Die folgenden Lanthaniden sind ausschließlich dreiwertig, bis beim Europium (63) Zweiwertigkeit und beim Terbium (65) Vierwertigkeit (TbO_2) auftritt. Der Grund ist hier, daß beim Gadolinium (64) sieben Elektronen – die Hälfte der maximalen Anzahl – in der 4f-Schale vorhanden sind. Es ist aus dem magnetischen Verhalten und anderen Eigenschaften bekannt, daß diese sieben Elektronen jeweils einen der sieben möglichen Zustände (Bahnen) besetzen, wobei ihr Spin parallelgerichtet ist (Regel von *Hund*, Seite 144). Offensichtlich wird diese halbbesetzte Schale durch eine größere Stabilität charakterisiert, so daß das vorhergehende Element diese Konfiguration leicht im zweiwertigen und das nachfolgende Element im vierwertigen Zustand erreichen kann. Ytterbium kann ebenfalls zweiwertig auftreten, entsprechend den vierzehn 4f-Elektronen des Lu^{3+}.

Der Verlauf der Wertigkeit in der 5f-Serie zeigt einige Übereinstimmung, jedoch auch wesentliche Differenzen mit der 4f-Serie (*Lister* 1950; *Seaborg* u.a. 1949, 1954, 1958; *McKay* und *Milsted* 1955; *Katz* und *Seaborg* 1957). Thorium ist grundsätzlich vierwertig wie Cer. Es besteht jedoch keine Parallele für die höheren Wertigkeiten des Urans, 4, 5 und 6. Im sechswertigen Zustand hat das Uran Ähnlichkeit mit dem Wolfram, so daß es ebenso in der sechsten Gruppe am Platz ist wie in der Actinidenserie (Tabelle 1). Die Transurane bis einschließlich Americium können ebenfalls vier-, fünf- und sechswertig sein und in diesen Wertigkeiten mit dem Uran übereinstimmen, weshalb sie auch als Uraniden bezeichnet werden. Die dreiwertige Form wird in der Reihe der Transurane immer ausgeprägter der stabilste Valenzzustand. Americium kann wie Europium auch zweiwertig auftreten, AmO, Berkelium sogar vierwertig, während vom Curium nur der dreiwertige Zustand bekannt ist.

Die Edelgaskonfiguration mit acht Elektronen (Oktett) in der äußersten Schale ist durch besondere Stabilität ausgezeichnet, d.h. durch einen relativ niedrigen Energieinhalt. Diese Besonderheit bildet die Grundlage für die Haupttypen der chemischen Bindung (Seite 18). Atome anderer Elemente werden deshalb leicht und bei nur geringem Energieaufwand unter Aufnahme oder Abgabe von Elektronen in positive oder negative Ionen übergeführt (Kap. II). So bilden die Halogene in der siebenten Gruppe leicht einwertige *negative* Ionen, die Alkalimetalle in der ersten Gruppe dagegen einwertige *positive* Ionen usw. Der Wasserstoff vermag sowohl ein negatives Ion mit der Elektronenkonfiguration des Heliums (im LiH) zu bilden als auch ein positives Ion. Durch gemeinsame Elektronenpaare, die somit einen Teil des Oktetts jeweils beider Partner darstellen, wird die Atombindung verwirklicht (Kap. III), z.B.

$$\mathrm{Cl_2}\quad :\underset{\cdot\cdot}{\overset{\cdot\cdot}{\mathrm{Cl}}}:\underset{\cdot\cdot}{\overset{\cdot\cdot}{\mathrm{Cl}}}:,\quad \mathrm{HCl}\quad \mathrm{H}:\underset{\cdot\cdot}{\overset{\cdot\cdot}{\mathrm{Cl}}}:,\quad \mathrm{N_2}\quad :\mathrm{N}:::\mathrm{N}:\quad \text{usw.}$$

In den Metallen der kurzen Perioden und den a-Gruppen (Hauptgruppen), z.B. den Alkalimetallen, liegen ebenfalls positive Ionen mit Edelgaskonfiguration vor, während der Überschuß an Elektronen ein entartetes „Gas" von Leitfähigkeitselektronen bildet. Auch die Konfiguration mit einer gefüllten d-Unterschale hat eine gewisse Vorzugsstellung, wie sich in der verbreiteten 18-Elektronen-Konfiguration vieler positiver Ionen von Elementen der b-Gruppen (Nebengruppen) zeigt, z.B.:

$$Cu^{+},\ Zn^{2+},\ Ga^{3+},\ Ag^{+},\ Cd^{2+},\ In^{3+},\ Au^{+},\ Hg^{2+},\ Tl^{3+},\ Pb^{4+}\quad \text{usw.}$$

Palladium mit 10 Elektronen in der 4d-Unterschale, die sich über der Kryptonkonfiguration anordnet, ist jedoch keineswegs ein Edelgas.

2. Elektronen als Teilchen und Welle

Die chemische Wechselwirkung beruht ausschließlich auf der Wechselwirkung von Elektronen, und die chemischen Eigenschaften werden praktisch nur durch die Außenelektronen bestimmt. Diese Wechselwirkung ist rein elektrischer Natur. Die magnetische Wechselwirkung als Ergebnis des Elektronenspins spielt energetisch keine Rolle für die Bindungsenergie, obwohl das magnetische Gesamtmoment eines Atoms wertvolle Hinweise auf die Elektronenkonfiguration gibt.

Das fundamentale Gesetz, dem die chemische Bindung gleich welchen Typs gehorcht, ist demzufolge das Coulomb-Gesetz. Außerdem ist noch eine Beschreibung des Verhaltens und der räumlichen Verteilung der elektrisch geladenen Partikel (Elektronen und Kerne) notwendig.

Die Elektronen haben jedoch gleichzeitig den Charakter eines Wellenphänomens sowie Eigenschaften, die es nahelegen, sie als geladene Teilchen zu betrachten. Ihre Beugung an Kristallgittern ist der von Röntgenstrahlen ganz analog (Seite 102).

Welche dieser beiden komplementären Betrachtungsweisen für die Untersuchung der chemischen Bindung speziell geeignet ist, hängt von der Wellenlänge dieser Elektronenwellen im Vergleich zu den zwischenatomaren Abständen ab.

Nach der Bohrschen Theorie sind z.B. in einem Wasserstoffatom nur bestimmte diskrete Bahnen möglich, auf denen das Elektron den Kern umkreisen kann. *De Broglie* hat dies mit der Feststellung erklärt, daß die Peripherie einer jeden stationären Bahn eine ganze Zahl von Elektronenwellen enthalten muß. Für den Zustand der niedrigsten Energie ergibt das $\lambda = 2\pi r$ und mit $r = 0{,}53$ Å (nach *Bohr*) wird $\lambda = 3{,}3$ Å. Die Wellenlänge ist also tatsächlich von der gleichen Größenordnung wie die Atomabstände im Molekül. Das stimmt mit dem Gebiete der Wellenoptik überein, wo die Huygenssche Wellentheorie eine ausgezeichnete Interpretation der Beugung usw. liefert.

Allgemein ist die mit einem Materiepartikel von konstanter Energie verbundene Wellenlänge umgekehrt proportional zu $\sqrt{m}$ (Seite 105).

Für den Wasserstoffkern ist die Wellenlänge deshalb um den Faktor $\sqrt{1836}$ kleiner als die der Elektronen gleicher Energie und beträgt 0,08 Å. Die charakteristische Wellenlänge für diesen Kern und noch ausgeprägter für die schwereren Kerne ist deshalb sehr viel kleiner als die zwischenatomaren Abstände. Dies entspricht im Gebiet der geometrischen Optik einer geradlinigen Fortpflanzung entsprechend der Newtonschen Korpuskulartheorie.

Es ist deshalb für die Elektronen die Beschreibung als Wellenphänomen angezeigt, während bei den Atomkernen und anderen schweren Par-

tikeln wie Ionen fast immer die einfache Wiedergabe als geladene Massenteilchen zufriedenstellend ist.
Wir haben es deshalb einerseits mit dem Wechselwirkungsgesetz von *Coulomb* und andererseits mit der wellenmechanischen Beschreibung des Verhaltens von Elektronen als den Fundamenten der Chemie zu tun. Es kann kein Zweifel bestehen, daß beide völlig korrekt sind, was das Gebiet der Chemie anlangt (Korrekturen, die sich aus der Relativitätstheorie ergeben, spielen keine Rolle).
Wir haben hier faktisch nur die zeitunabhängige Beschreibung des Verhaltens von Elektronen zu betrachten, uns also auf den stationären Zustand zu beschränken; diese Vereinfachung ist statthaft, selbst bei chemischen Reaktionen. Wir können das auch dahingehend ausdrücken, daß die Geschwindigkeit der Elektronen infolge ihrer kleinen Masse und im Vergleich zu allen anderen Geschwindigkeiten so groß ist, daß sich der einer momentanen Kernkonfiguration entsprechende Zustand der Elektronen vergleichsweise schnell einstellt. Wir können die Frequenzen der charakteristischen Schwingungen gewissermaßen als ein Maß für diese „Beweglichkeit" ansehen; die entsprechenden Absorptionsbanden liegen für die Elektronenschwingungen im ultravioletten Teil des Spektrums ($\approx$0,15–0,3 μ), für die Molekülschwingungen im infraroten Gebiet ($\approx$3 bis 30 μ).
Die Situation ist, was die Grundlagen anlangt, außerordentlich zufriedenstellend, so daß *Dirac* ganz richtig schreibt:

„Die für die mathematische Theorie notwendigen grundlegenden physikalischen Gesetze sind für einen großen Teil der Physik und *die gesamte Chemie* also vollständig bekannt, und die Schwierigkeit liegt nur darin, daß die exakte Anwendung dieser Gesetze zu Gleichungen führt, deren Lösung viel zu kompliziert ist."

Das Problem der chemischen Bindung kann also von der Physik her als gelöst betrachtet werden, wodurch die Anwendung auf spezielle Fälle dem Chemiker überlassen bleibt. Die exakte Lösung der oben genannten Gleichungen ist für das Molekül H_2^+ noch möglich, aber beim H_2 nur noch durch schrittweise Näherungen durchführbar (Kap. III). Man kann deshalb jedenfalls sagen, daß die Chemiker gezwungen sind, die Hauptstraße der exakten Theorie zu verlassen und die gewundenen Pfade der Vereinfachung, Schematisierung und Annäherung zu gehen. Sie sind dabei häufig nicht einmal in der Lage, Hinweise zu erlangen, daß sie sich von der Theorie aus in richtiger Richtung bewegen, sondern müssen sich auf die Übereinstimmung der theoretischen Ergebnisse mit den bekannten experimentellen Daten verlassen.

3. Die vier Bindungstypen

Die häufig sehr rohen Näherungen vereinfachen das Problem in einem solchen Ausmaße, daß die Elementarmathematik genügt. Die eingeführten Vereinfachungen behalten ihre spezielle Gültigkeit jedoch nur für gewisse Gruppen von Phänomenen. Aus diesem Grunde ist es wünschenswert, eine Klassifizierung in Bindungstypen vorzunehmen.

In dieser Klassifikation teilen wir die Elemente in elektropositive und elektronegative – eine bereits 1820 von *Berzelius**) in etwas anderer Form vorgebrachte Vorstellung – und in indifferente Elemente ein.

Die Atome der ersten Kategorie, dargestellt durch (+) geben eines oder mehrere Elektronen mehr oder weniger leicht ab, die der zweiten, dargestellt durch (−), nehmen Elektronen mehr oder weniger leicht auf, während die der letzten Kategorie (○) keine Tendenz zu einem der beiden Prozesse zeigen.

Die Darstellung auf Seite 18 gibt eine schematische Klassifizierung und einige charakteristische Vertreter, ebenso wie eine Klassifizierung der

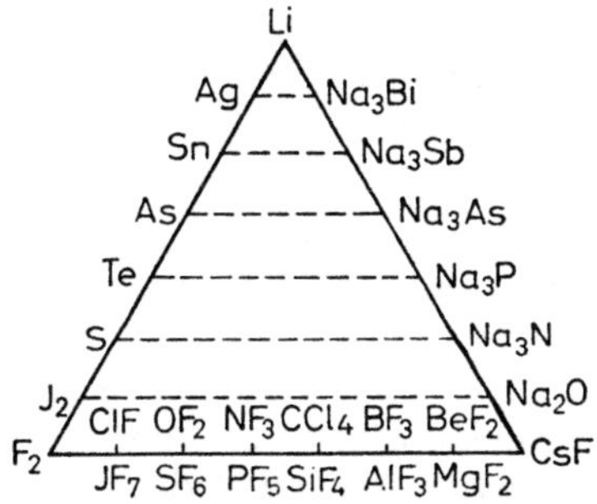

Bild 1. Übergänge zwischen den drei Typen chemischer Bindung

menschlichen Charaktertypen durch historische Personen illustriert werden kann. Der Typus ist stets idealisiert; die tatsächlich anzutreffende Konstitution einer Substanz jedoch stellt eine Kombination dar, in der hauptsächlich einer dieser Typen überwiegt.

Graduelle Übergänge zwischen den ersten drei Typen sind in Bild 1 wiedergegeben.

---

*) *Berzelius* (1779–1848) kann tatsächlich als derjenige angesehen werden, der die Theorie der Ionenbindung aufgestellt hat. Daß diese dualistische Theorie so völlig in Vergessenheit geraten war, läßt sich auf die stürmische Entwicklung der organischen Chemie im 19. Jahrundert zurückführen, auf die sie nicht anwendbar zu sein schien.

Die vier Bindungstypen

+ −	Ionenbindung, speziell im festen und flüssigen Zustand.	CsF, NaCl	Elektrostatische Anziehungskräfte zwischen geladenen Kugeln mit quasi-elastischen Rückstoßkräften bei kurzen Distanzen, keine gerichtete Wirkung, hohe Koordinationszahl (klassische Theorie).
− −	Atombindung, freie Moleküle auch in Molekül- und Atomgittern.	F_2, H_2, Cl_2, organische Verbindungen, Diamant	Elektronenpaarbindung, Austauschkräfte mit gerichteter Wirkung, niedrige Koordinationszahl (Wellenmechanik).
+ +	Metallische Bindung, nur im festen und flüssigen Zustand.	Li und andere Metalle	Elektronengas, Austauschkräfte mit nicht gerichteter Wirkung, hohe Koordinationszahl (Wellenmechanik).
o o	van-der-Waals-Bindung, schwach, selten zu stabilen Molekülen führend; bedeutungsvoll für die Wechselwirkung zwischen Molekülen.	Molekülverbindungen, z.B. Hydrate; Kohäsion molekularer Flüssigkeiten und Feststoffe, z.B. flüssige Inertgase, organische Verbindungen.	Van-der-Waals-London-Kräfte (Austauschkräfte). In Molekülen zusammen mit klassischer Wechselwirkung zwischen permanenten Dipolen (*Keesom*) und zwischen permanenten und induzierten Dipolen (*Debye*).

Obwohl den Anziehungskräften gewöhnlich mehr Aufmerksamkeit geschenkt wird, sind die Abstoßungskräfte zwischen den Atomen von keiner geringeren Bedeutung.
Die beiden *Kräfte* sind im Gleichgewichtszustand tatsächlich einander gleich, nicht jedoch ihr Beitrag zur *Energie* (Seite 32).
Ursprünglich war man mit einem von der makroskopischen Mechanik übernommenen Modell zufrieden, nämlich dem der völlig harten Kugeln (b-Korrektur von *van der Waals*) oder dem der ziemlich harten Kugeln (Born-Abstoßung, Seite 31). Mit diesem einfachen Modell konnten interessante Ergebnisse erhalten werden (die Ionen- und van-der-Waals-Radien). Die Arbeit von *Heitler* und *London* über das Wasserstoffmolekül hat auch für die Abstoßungsenergie den Grund für ein richtigeres Verständnis gelegt (Seite 143).
Es bleibt noch die Frage zu klären, in welcher Weise die Konstitution der Moleküle, d.h. die Natur der vorhandenen Bindungen experimentell ermittelt werden kann.

Die Molekülstruktur, also die räumliche Struktur, ist sehr eng mit der Konstitution verbunden. Diese Struktur läßt sich oft mit großer Genauigkeit und in allen Einzelheiten aus der Beugung von Röntgenstrahlen und Elektronen durch Kristalle und Gase ableiten. Diese Strukturdaten, besonders die interatomaren Abstände, sind eine wichtige Information über die Natur der Bindungen. Schlußfolgerungen bezüglich der Kräfte zwischen den Atomen lassen sich auch aus Spektraldaten ziehen (Infrarot-, Raman-, Mikrowellen- und Bandenspektren, kernmagnetische Resonanz); das elektrische Dipolmoment und die magnetischen Eigenschaften liefern ebenfalls wichtige Hinweise.

Schließlich hängen natürlich alle chemischen und physikalischen Eigenschaften von der Konstitution ab. Wenn diese Eigenschaften auch aus der einmal erhaltenen Einsicht in die chemische Bindung erhalten werden können, so ist es doch nur selten möglich, den umgekehrten Weg mit Sicherheit zu verfolgen.

Der Gebrauch der Bezeichnungen „heteropolar" und „homöopolar" wird besser vermieden; in der Tat ist selbst eine reine Elektronenpaarbindung zwischen Elementen verschiedener Elektronegativität oder Größe polar (siehe Seite 281). Der Terminus „homöopolar" sollte nur für eine spezielle Näherungsmethode benützt werden, die *Heitler* und *London* (Seite 134) für die Atombindung anwandten.

Der Ausdruck „Kovalenz" bezog sich ursprünglich auf eine Bindung, zu der jedes Atom ein Elektron beigesteuert hat (*Lewis*). Er ist weit verbreitet, kann aber genaugenommen nicht auf die Fälle angewandt werden, wo eine Elektronenpaarbindung entsteht, wobei beide Elektronen von einem Partner geliefert werden (Seite 159).

Der Ausdruck „Atombindung" muß als der allgemeinere gegenüber „Elektronenpaarbindung" angesehen werden. Er schließt z.B. die Bindung durch ein Elektron, wie im H_2^+ und durch drei Elektronen, wie im He_2^+ und O_2 ein (Seite 141 und 225).

Allgemeines Schrifttum

M. E. Weeks, The Discovery of the Elements, 6. Aufl., Eaton Pa. 1956

Atomtheorie

W. Finkelnburg, Einführung in die Atomphysik, Berlin, Göttingen, Heidelberg 1958.
W. Hume-Rothery, Atomic Theory for Students of Metallurgy, London 1948.
F. Hund, Theorie und Aufbau der Materie, Stuttgart 1961.
E. Rabinowitsch und *E. Thilo*, Periodisches System, Stuttgart 1930.

F. O. Rice und *E. Teller*, The Structure of Matter, New York 1949.
R. S. Shankland, Atomic and Nuclear Physics, New York 1955.
J. C. Speakman, An Introduction to the Electronic Theory of Valency, 3. Aufl., London 1955.
S. Tolansky, Introduction to Atomic Physics, London 1956.

Wellenmechanik

Einführung:

W. Heitler, Elementare Wellenmechanik, 2. Aufl., Braunschweig 1961.
W. Heitler, Elementary Wave Mechanics, Oxford 1956.

Lehrbücher

R. Daudel, R. Lefebvre und *C. Moser*, Quantum Chemistry. Methods and Applications, New York 1959.
H. Eyring, J. Walter und *G. E. Kimball*, Quantum Chemistry, New York 1944.
H. Hartmann, Theorie der chemischen Bindung auf quantentheoretischer Grundlage, Berlin 1954.
H. Hellmann, Einführung in die Quantenchemie, Leipzig 1937, Ann Arbor 1944.
W. Kauzmann, Quantum Chemistry, New York 1957.
L. Pauling und *E. B. Wilson*, Introduction to Quantum Mechanics, New York 1935.
K. S. Pitzer, Quantum Chemistry, London 1953.

Literaturhinweise

O. Hahn, New Atoms, Amsterdam 1950.
J. J. Katz und *G. T. Seaborg*, The Chemistry of the Actinide Elements, London, New York 1957.
M. W. Lister, Quart. Revs. (London), **4** (1950) 20.
H. A. C. McKay und *J. Milsted*, Progr. in Nuclear Phys., **4** (1955) 287.
F. A. Paneth et al., Nature, **159** (1947) 824.
H. Remy, Angew. Chem., **14** (1962) 69.
G. T. Seaborg, The Transuranium Elements, New York, London 1958.
G. T. Seaborg und *J. J. Katz*, The Actinide Elements, Natl. Nuclear Energy Ser. Div. **IV 14A**, New York 1954.
G. T. Seaborg, J. J. Katz und *W. M. Manning*, The Transuranium Elements, ibid., **14B**, New York 1949.
M. C. Sneed, J. L. Maynard und *R. C. Brasted*, Comprehensive Inorganic Chemistry, Vol. I, New York 1953.

II. Die Ionenbindung

Der Wellencharakter der Partikel spielt keine Rolle in der Bindung zwischen Ionen, da wir es hier mit schweren Teilchen zu tun haben. Die einfache, auf den klassischen Gesetzen der Elektrostatik beruhende Behandlung gibt in der Tat zufriedenstellende Ergebnisse, indem die Ionen als geladene, polarisierbare, ziemlich harte Kugeln betrachtet werden (*Kossel*, *van Arkel* und *De Boer*). Die Berechnungen für die Ionenbindung sind also durchführbar und allgemeine Regeln lassen sich leicht ableiten. Diese Regeln gelten für ein sehr ausgedehntes Gebiet. Sie erweisen sich selbst in den Fällen als anwendbar, in denen das für die Ionenbindung benützte Modell sicher nicht als korrekte Annäherung an die Konstitution angesehen werden kann. Die Ionenbindung ist von hervorragender Bedeutung insbesondere für den festen Zustand.

Der Wert der Theorie der Ionenbildung wird manchmal wegen ihres offensichtlich approximativen Charakters unterschätzt. Indessen sind die bei wellenmechanischen Berechnungen eingeführten Vereinfachungen sicher nicht weniger schwerwiegend, wenn sie auch nicht so leicht als solche erkennbar sind.

Wenn zwei freie Atome, z. B. ein Natrium- und ein Chloratom, in der Gasphase durch Übertragung eines Elektrons in freie Ionen überführt werden,

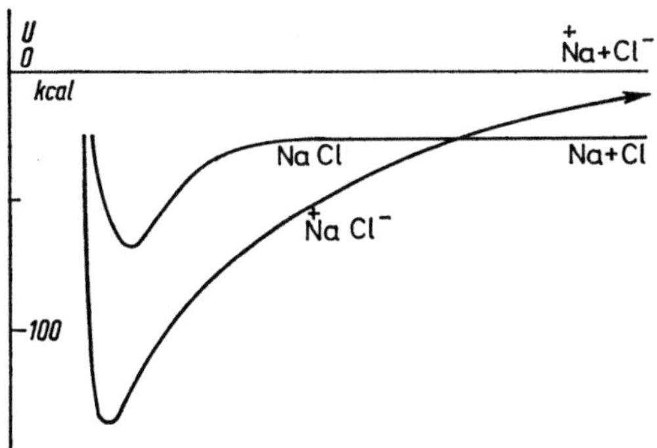

Bild 2. Potentielle Energie U als Funktion des Abstandes r für Ionen und Atome

muß die Ionisationsenergie des Metallatoms zugeführt werden ($I = 118{,}5$ kcal/Grammatom). Auf der anderen Seite wird bei der Addition des Elektrons an das Halogenatom ein Energiebetrag freigesetzt, der dessen Elektronenaffinität entspricht ($E = 85{,}8$ kcal/Grammatom). Es zeigt sich jedoch, daß die Bilanz stets unausgeglichen ist, selbst im Fall der Vereinigung von Cäsium und Fluor, CsF ($I = 89{,}7$, $E = 83$ kcal/Grammatom). Das könnte den Eindruck erwecken, als ob die Ionenbindung ziemlich außergewöhnlich und das Molekül NaCl eher aus Atomen als aus Ionen aufgebaut wäre. Wenn jedoch zwei entgegengesetzt geladene Ionen sich einander nähern, wie dies bei der Molekülbildung geschieht, sinkt die potentielle Energie beträchtlich ab entsprechend dem Coulombschen Gesetz: $U = -e^2/r$. Diese Energiesenkung ist für zwei neutrale Atome viel geringer, und der ionische Zustand kann folglich einen niedrigeren Energieinhalt haben als der Atomzustand für Partikeln in geringer Entfernung (Bild 2).

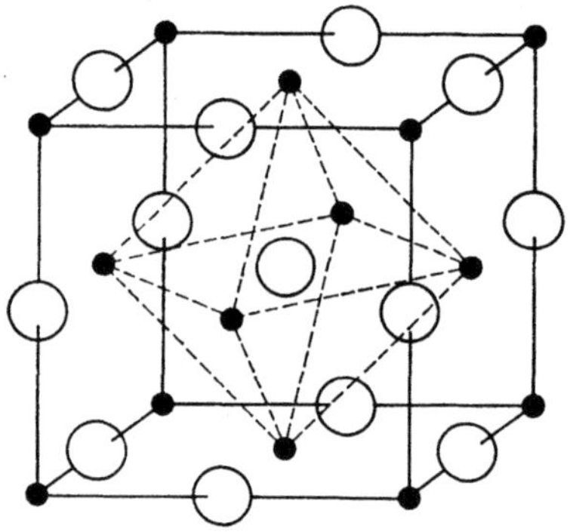

Bild 3. Die Kristallstruktur von Steinsalz (oktaedrische Anordnung) • = Na; ○ = Cl

Noch mehr Energie wird bei der Bildung eines Kristalls von Natriumchlorid freigesetzt. In einem Kristall vom Steinsalztypus (Bild 3) ist jedes positive Ion von nicht weniger als sechs negativen Chlorionen umgeben und umgekehrt. Natürlich befinden sich auch andere positive bzw. negative Ionen in der Nachbarschaft, der Abstand zu ihnen ist jedoch größer (siehe Seite 131).
Für einen aus Molekülen aufgebauten Kristall ist die Gitterenergie nur klein. Das zeigt sich in der Flüchtigkeit der meisten organischen Substanzen (siehe jedoch das Seite 156 über den Diamant usw. Gesagte), im Gegensatz zu den kaum flüchtigen salzähnlichen Verbindungen, die in Ionengittern kristallisieren.
Es ist klar, daß die Ionenbindung eine wichtige Rolle als Bindungstyp des kristallinen Zustandes spielt.

Ein aus entgegengesetzt geladenen, sich gegenseitig anziehenden Ionen bestehendes Molekül oder Kristall könnte nicht existieren, wenn nicht auch Abstoßungskräfte zwischen ihnen wirksam wären. In der Tat zeigt die geringe Kompressibilität eines Kochsalzkristalls, daß bereits einer kleinen Verringerung des Ionenabstandes erheblicher Widerstand entgegengesetzt wird, weil starke Abstoßungskräfte auftreten. Anziehungs- und Abstoßungskräfte halten sich im normalen Kristall gerade die Waage, die Anziehung trägt jedoch sehr viel mehr zur Gitterenergie (Arbeit = Kraft · Weg) bei als die Abstoßung, die nur eine sehr kleine Reichweite hat (Seite 32 und Bild 5).
Der direkte Nachweis, daß z.B. Steinsalz aus Ionen aufgebaut ist, ist nicht ganz einfach. Die Schmelze und die wäßrige Lösung besteht aus Ionen, wie die Leitfähigkeit für den elektrischen Strom und die Elektrolyse zeigen. Das beweist jedoch nicht, daß dies auch für den festen Zustand gilt, der den Strom nur sehr schlecht leitet.
Nach der Regel von *Dulong* und *Petit* beträgt die spezifische Wärme je Grammatom etwa 6 cal/Grad. Aus der spezifischen Wärme des NaCl bei 0 °C von 11,9 cal/Grad folgt, daß jedes Molekül NaCl in Form von zwei Teilchen vorliegt. Die spezifische Wärme hängt jedoch von der Temperatur ab, und Abweichungen von der genannten Regel sowohl nach oben als auch nach unten sind so zahlreich, daß das Argument nicht sehr bedeutungsvoll ist. Für LiCl, LiH und MgO findet man für die spezifische Wärme bei 0 °C 9,7; 7,8 und 8,4 cal/Grad; nichtsdestoweniger handelt es sich ebenfalls um Ionengitter.
Die starke Absorption im ferner Infrarot des Spektrums (Reststrahlenbereich LiF: 26 μ, NaCl: 52 μ, KBr: 87 μ, TlBr: 117 μ) zeigt in der Tat die Anwesenheit von schwingenden Ladungen. Jedoch würden Moleküle von stark polarer Natur eine ähnliche Absorption hervorrufen.
Den direkten Nachweis liefert die äußerst genaue Kristallstrukturanalyse mit Röntgenstrahlen (Ultra-Fourier-Analyse, *Brill* u.a. 1939, 1944; *Witte* u.a. 1955; *Weiß*, *Witte* und *Wölfel* 1957; *Witte* und *Wölfel* 1958; *Hosemann* 1959). Auf diese Weise ist nicht nur die Lage der Ionen im Kristall, sondern auch die Verteilung der Elektronendichte bestimmbar.
Es läßt sich so berechnen, daß im NaCl 10,05 Elektronen um ein Na^+ herum und 17,70 Elektronen um ein Cl^- herum zu finden sind, fast übereinstimmend damit, was für Ionen zu erwarten ist, nämlich 10 bzw. 18 Elektronen. Für einen aus leichten Atomen bestehenden Kristall, in dem die Unterschiede in den Elektronenzahlen im Atom bzw. Ion relativ größer sind, wie im LiF und noch stärker im LiH, ist die Existenz von Ionen in einer einfacheren Weise aus Röntgenstrahlenintensitäten abgeleitet worden. Die Beweisführung ist jedoch sehr anfechtbar (*Bijvoet* und *Lonsdale* 1953). Auch aus Elektronenbeugungsuntersuchungen geht jedoch

hervor, daß in LiH eine deutliche ionogene Bindung vorliegt (*Pinsker* und *Kurdjumova* 1958; *Vainshtein* 1960).

4. Der Ionenradius

Die Ionen verhalten sich also wie ziemlich harte, mäßig kompressible Kugeln, die unter dem Einfluß der Anziehungskräfte eine dichte Packung einnehmen. Es erscheint logisch, den Ionen einen feststehenden Ionenradius*) zuzuordnen, der sich wegen der großen Härte der Kugeln nur wenig verändert, wenn die Attraktionskräfte differieren, etwa infolge von Unterschieden in der Ladung entgegengesetzt geladener Ionen oder Unterschieden in der Koordinationszahl, d.h. der Zahl der Ionen um das in Frage stehende eine Ion herum (Seite 34).
Die Existenz konstanter Ionenradien wird auch bei der Untersuchung der Gitterabstände a von Alkalihalogeniden festgestellt; Paare mit dem gleichen Alkali- oder Halogenatom zeigen etwa konstante Differenzen für zwei verschiedene Halogene bzw. Alkaliatome.
So finden wir $a_{LiCl} - a_{LiF} = 0{,}56$ Å, $a_{NaCl} - a_{NaF} = 0{,}50$ Å, $a_{KCl} - a_{KF} = 0{,}48$ Å (1 Å $= 10^{-8}$ cm).
Die Werte der Ionenradien können aus diesen Differenzen jedoch nur dann abgeleitet werden, wenn der Ionenradius für ein Ion bekannt ist. Man kann sich auf den Radius des J^--Ions aus der Erwägung heraus festlegen, daß die negativen Ionen einander faktisch berühren, wenn das positive Ion verhältnismäßig sehr klein ist wie im LiJ. Aus ihrer Entfernung (4,24 Å) folgt dann $r_J = 2{,}12$ Å. Auf der Basis anderer Argumente erhielt *Goldschmidt* den Wert von 1,33 Å für den Ionenradius des Fluorions. *Pauling* hat eine theoretische Ableitung für den Ionenradius gegeben, die auf dem Gedanken basiert, daß die Radien von Ionen mit der gleichen Elektronenkonfiguration, wie bei Na^+ und F^-, der effektiven Ladung des Ions umgekehrt proportional sind. Es handelt sich dabei um den Anteil der Ladung, der auf die Außenelektronen wirkt, d.h., die Kernladung – verringert um die Ladung der Elektronen in den Schalen, multipliziert mit einem experimentell aus den Spektren abgeleiteten Abschirmfaktor. Im oben angeführten Fall wird die effektive Ladung für Na^+ $11 - 4{,}52 = 6{,}48$ und für F^- $9 - 4{,}52 = 4{,}48$, ausgedrückt in Elektronenladungen. Die Summe $r_{Na^+} + r_{F^-} = 2{,}31$ Å wird deshalb geteilt in $r_{Na^+} = 0{,}95$ Å und $r_{F^-} = 1{,}36$ Å.

*) Für freie Ionen verliert dieser Begriff seine Bedeutung. Nach der Wellenmechanik wird die Ladungsdichte erst bei großen Abständen Null. Beim K^+-Ion fällt ungefähr 0,35 e bzw. 1,95% der Gesamtelektronenladung außerhalb einer Kugelschale vom Ionenradius $r = 1{,}33$ Å.

Da der Ionenradius ein empirischer Begriff und sein Wert nur angenähert konstant ist (Seite 34), haben die Abweichungen von nur wenigen 0,01 Å keine Bedeutung.

Tabelle 3 gibt eine Zusammenstellung von Werten für Ionenradien, die hauptsächlich von *V. M. Goldschmidt* aus zahlreichen Kristallstrukturbestimmungen abgeleitet worden sind, ergänzt durch zahlreiche neuere Daten (*Zachariasen* 1948; *Ahrens* 1952; *Stern* und *Amis* 1959; *Sasvari* 1960). In dieser Tabelle ist dem O^{2-} der Wert von 1,45 Å zugeordnet worden, an Stelle von 1,35 Å, der von *Goldschmidt* angegeben wird. Die Werte gelten für die Koordinationszahl 6 (Seite 34).

Tabelle 3: Ionenradien in Å

A. Ionen mit Edelgaskonfiguration*)

	H^- 1,54	He (1,29)	Li^+ 0,68	Be^{2+} 0,30	B^{3+} 0,2	C^{4+} 0,15	N^{5+} 0,1			
O^{2-} 1,45	F^- 1,33	Ne (1,60)	Na^+ 0,98	Mg^{2+} 0,65	Al^{3+} 0,45	Si^{4+} 0,38	P^{5+} 0,35	S^{6+} 0,3	Cl^{7+} 0,25	
S^{2-} 1,90	Cl^- 1,81	Ar (1,92)	K^+ 1,33	Ca^{2+} 0,99	Sc^{3+} 0,78	Ti^{4+} 0,68	V^{5+} 0,5	Cr^{6+} 0,45	Mn^{7+} 0,35	
Se^{2-} 2,02	Br^- 1,96	Kr (1,98)	Rb^+ 1,48	Sr^{2+} 1,10	Y^{3+} 0,90	Zr^{4+} 0,77	Nb^{5+} 0,67	Mo^{6+} 0,59	Tc^{7+} 0,5	
Te^{2-} 2,22	J^- 2,19	Xe (2,18)	Cs^+ 1,67	Ba^{2+} 1,29	La^{3+} 1,04	Hf^{4+} 0,77	Ta^{5+} 0,67	W^{6+} 0,59	Re^{7+} 0,50	Os^{8+} $\approx 0,3$
	At^- (2,27)	Rn —	Fr^+ (1,75)	Ra^{2+} 1,37	Ac^{3+} 1,11	Th^{4+} 0,99	Pa^{5+} (0,90)	U^{6+} 0,83		

*) Die Atomradien der Edelgase (im kondensierten Zustand) sind wegen der in diesem Falle sehr viel kleineren Kohäsionsenergie den Ionenradien (im Kristall) nicht direkt vergleichbar.

B. Ionen mit 18-Elektronen-Konfiguration

Cu^+ 0,95	Zn^{2+} 0,70	Ga^{3+} 0,60	Ge^{4+} 0,54	As^{5+} 0,45	Se^{6+} 0,4	
Ag^+ 1,26	Cd^{2+} 0,92	In^{3+} 0,81	Sn^{4+} 0,71	Sb^{5+} 0,55	Te^{6+} 0,5	J^{7+} 0,45
Au^+ 1,37	Hg^{2+} 1,05	Tl^{3+} 0,91	Pb^{4+} 0,81	Bi^{5+} —	Po^{6+} —	At^{7+} —

C. Ionen der Seltenen Erden

La^{3+} 1,04	Ce^{3+} 1,02	Pr^{3+} 1,00	Nd^{3+} 0,99	Pm^{3+} (0,98)	Sm^{3+} 0,97	Eu^{3+} 0,97	Gd^{3+} 0,95
Tb^{3+} 0,94	Dy^{3+} 0,92	Ho^{3+} 0,91	Er^{3+} 0,90	Tm^{3+} 0,89	Yb^{3+} 0,87	Lu^{3+} 0,85	

D. Ionen der 5f- und 4f-Serien

	Ac	Th	Pa	U	Np	Ce	Pu	Pr	Am
3^+	1,11	(1,08)	(1,06)	1,04	1,02	1,02	1,01	1,00	1,00
4^+	—	0,99	0,96	0,93	0,92	0,91	0,90	0,89	0,89

E. Radien einiger anderer Ionen

OH^- 1,45	CN^- 1,95	NH_4^+ 1,45	OH_3^+ 1,40	NO^+ 1,40	Tl^+ 1,51		Mn^{2+} 0,80	Fe^{2+} 0,75
Co^{2+} 0,72	Ni^{2+} 0,68	Pb^{2+} 1,17	Sm^{2+} 1,15	Eu^{2+} 1,14	Cu^{2+} 0,59	Sn^{2+} 0,93	P^{3+} $\approx 0,5$	As^{3+} $\approx 0,6$
Sb^{3+} —	Bi^{3+} 1,16	Cr^{3+} 0,55	Fe^{3+} 0,53	Se^{4+} 0,72	Te^{4+} 0,84			

Aus dieser Tabelle kann man gewissermaßen das chemische Verhalten der Ionen ableiten, da dieses in erster Linie vom Ionenradius abhängt; die Ladung ist in dieser Beziehung, wie wir sehen werden, häufig von untergeordneter Bedeutung. So lassen sich die geringen Unterschiede in den Eigenschaften der Seltenen Erden auf die kleinen Unterschiede der Ionenradien in dieser Gruppe zurückführen. Übereinstimmend mit den Werten für die Ionenradien, treffen wir das Element Yttrium (39) – obwohl es überhaupt keine Seltene Erde ist – nichtsdestoweniger immer bei den Seltenen Erden an, speziell in den Yttererden, insbesondere bei den Elementen Dysprosium, Holmium und Erbium; ferner tritt Th^{4+} stets beim Ce^{3+} in den Ceriterden auf. Neptunium und Plutonium sind chemisch praktisch identisch mit Cer (das zweite auch, was die relative Stabilität der 3^+- und 4^+-wertigen Form anlangt). Hafnium tritt stets als Begleiter des Zirkoniums auf und bildet keine eigenen typischen Minerale; das ist ebenfalls eine Konsequenz der fast identischen Ionenradien. Obwohl Hafnium in der Erdrinde ebenso häufig vorkommt wie Blei und häufiger als z.B. Kobalt, Zinn, Arsen oder Silber, ist es doch nichtsdestoweniger eines der erst vor kurzer Zeit entdeckten Elemente. Obwohl der Gesamtanteil des Germaniums in der Erdrinde 150mal größer ist als der des Goldes, wurde es doch erst ziemlich spät aufgefunden und ist fast genau so teuer. Infolge der ähnlichen Ionenradien wurde das Germanium aus dem Magma zusammen mit Silicium abgeschieden und kommt deshalb sehr weit verbreitet in allen Silicaten, im Quarz und sogar in der Kohlenasche in kleinen Quantitäten vor („Tarnung", engl.: „camouflage", franz.: „éléments dispersés"). Auch Gallium ist nur unter ähnlichen Schwierigkeiten gewinnbar, weil es im Ionenradius etwa mit Aluminium übereinstimmt.

Der Radius und nicht die Ladung ist von entscheidender Bedeutung für die isomorphe Ersetzbarkeit korrespondierender Elemente beim Aufbau der Minerale, einem insbesondere bei Silicaten sehr weit verbreiteten Phänomen. So können sich z.B. die folgenden Ionen gegenseitig ersetzen:

$$Na^+—Ca^{2+}—Y^{3+}; \quad Al^{3+}—Si^{4+}; \quad F^-—OH^-—O^{2-}.$$

Da der Radius mit ansteigender Ladung entlang einer waagerechten Reihe des Periodensystems (gleiche Elektronenkonfiguration) abnimmt und andererseits in einer senkrechten Reihe nach unten ansteigt, treffen wir Ionen mit dem gleichen Radius auf den Diagonalen an. (*Goldschmidt*, „Diagonalverwandtschaft".) Die Paare Beryllium und Aluminium, Lithium und Magnesium sind Beispiele dieser Verwandtschaft, und die Übereinstimmung im Ionenradius zeigt sich in zahlreichen Eigenschaften wie der Löslichkeit verschiedener Salze, der Basizität der Hydroxide usw.

In der Gruppe der Seltenen Erden nimmt der Ionenradius (Tabelle 3C) bei gleicher Konfiguration der Außenelektronen stetig ab (Lanthanidenkontraktion). Dies geschieht, weil die effektive Ladung (Seite 24) mit wachsender Kernladungszahl (= Ordnungszahl) und infolge der unvollständigen Abschirmung durch die 4f-Elektronen ansteigt, so daß folglich die äußerste Schale zusammengezogen wird. Das gleiche Phänomen findet sich auch in der 5f-Serie.

Als Ergebnis dieser Lanthanidenkontraktion sind die Radien und demzufolge die Eigenschaften der nächsten Elemente, Hafnium, Tantal und Wolfram praktisch die gleichen wie beim Zirkonium, Niob und Molybdän, die im Periodensystem über ihnen stehen. Die gleiche Erscheinung zeigt sich in der Ähnlichkeit der Metalle der Platingruppe mit denen der Palladiumgruppe.

5. Kristallstrukturen

Die Kristallstruktur wird ebenfalls durch die Größe der Ionenradien bestimmt (*Goldschmidt*). In einem Kristall vom Steinsalztyp ist jedes positive Ion von sechs negativen Ionen umgeben, die in einem Oktaeder angeordnet sind, und umgekehrt (Bild 3). Der Abstand vom Mittelpunkt zu den Ecken des Oktaeders ist $^1/_2\, a \sqrt{2}$, wenn a die Kantenlänge darstellt. Im NaCl mit einem Na–Cl-Abstand von 2,81 Å ist a demnach gleich 3,98 Å, also erheblich größer als die Summe der Radien zweier Chlorionen, so daß diese sich nicht berühren. Falls nun das positive Ion immer kleiner wird, steigt die Coulomb-Anziehung zufolge des kleineren Gitterabstandes an. Diese Anziehung erreicht ihr Maximum, wenn sich die negativen Ionen eben berühren, d.h. wenn

$$\frac{(r_+ + r_-)}{2r_-} = \frac{1}{2}\sqrt{2} \quad \text{oder} \quad \frac{r_+}{r_-} = \sqrt{2} - 1 = 0{,}41\,.$$

Wenn das positive Ion noch kleiner wird, also wenn das Verhältnis r_+/r_- unter einen Wert von 0,41 fällt, bleibt der Gitterabstand der gleiche, und das Ion „klappert" gewissermaßen in dem Oktaeder. Es wird dann häufig eine tetraedrische Struktur vorteilhafter, in der das Kation von vier negativen Ionen umgeben ist (Bild 4).

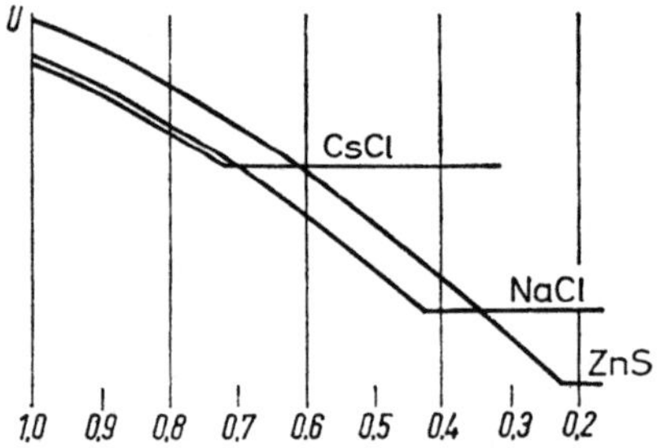

Bild 4. Gitterenergie U als Funktion des Verhältnisses der Ionenradien r^+/r^- (r^- ist konstant)

So besitzen MgTe mit $r_+/r_- = 0{,}29$ und BeO (0,21) eine tetraedrische Anordnung (Sphalerit- oder Zinkblendestruktur), CaTe (0,42) und MgO (0,45) dagegen eine Steinsalzstruktur mit sechs das Kation umgebenden Anionen. MgSe (0,32) hat jedoch keine ZnS-Struktur, sondern ebenfalls die Steinsalzstruktur! Der kritische Wert von r_+/r_- für den Übergang von sechs zu acht Nachbarionen (Cäsiumchloridstruktur) liegt nach einem ähnlichen geometrischen Argument wie oben bei $r_+/r_- = \sqrt{3} - 1 = 0{,}73$. Wie wir noch sehen werden, beeinflussen aber noch andere Faktoren diesen Kristalltyp (Seite 34).

Den Einfluß von r_+/r_- auf den Strukturtyp findet man auch in Verbindungen vom Typ AB_2.

Wenn wir als Beispiel die Fluoride betrachten, die reine Koordinationsgitter (Seite 29) bilden, so kristallisieren die Fluoride der Erdalkalimetalle mit Ausnahme des Magnesiums und Berylliums in der Fluoritstruktur; für CaF_2 und CdF_2, die die gleiche Struktur besitzen, ist r_+/r_- 0,71 bzw. 0,69, d.h. gerade an der Grenze von $\sqrt{3} - 1 = 0{,}73$. Die Fluoride der anderen zweiwertigen Ionen wie Mn, Fe, Co und Ni und ebenfalls Mg kristallisieren in einer Struktur mit der Koordinationszahl 6 (Rutil-Typ). Nur beim BeF_2 liegt das Verhältnis $r_+/r_- = 0{,}23$ unterhalb der Grenze für diese Koordinationszahl, und es besitzt eine dem Cristobalit (SiO_2) ähnliche Struktur mit vier Nachbarn (vgl. auch Seite 57).

Schichtengitterstrukturen

In allen diesen Strukturen finden wir das positive Ion ziemlich regelmäßig von negativen Ionen umgeben und umgekehrt (Koordinationsgitter). Auf der Basis der Coulomb-Wechselwirkung können wir auch nichts anderes erwarten.

Eine Verlagerung der Zentren positiver und negativer Ladung relativ zueinander wird durch ein elektrisches Feld hervorgerufen, d.h., die Partikel werden polarisiert und ein Dipolment wird induziert. Als Ergebnis wird durch Wechselwirkung dieses Dipols mit dem induzierenden Feld Energie freigesetzt (S. 65). Zusätzlich zur Coulomb-Anziehung tritt bei der Wechselwirkung eines zweiwertigen Ions wie Mg^{2+} mit z.B. J^--Ionen, die leicht polarisierbar sind (Tabelle 9, Seite 82), eine Polarisationsenergie auf. Wenn das J^--Ion gleichmäßig von positiven Ionen umgeben ist wie in Strukturen vom NaCl-, CsCl- und CaF_2-Typ, tritt die Polarisationsenergie sehr wenig in Erscheinung; tatsächlich wird die Feldstärke im Zentrum des Ions Null. Die Polarisation wird dagegen durch eine Struktur begünstigt, bei der die negativen Ionen nur auf einer Seite von positiven Ionen und auf der anderen von anderen negativen Ionen umgeben sind, selbst wenn die Coulomb-Abstoßung dem entgegenwirkt. Mit leicht polarisierbaren Ionen auf der einen Seite und stark polarisierenden Ionen, d.h. Ionen mit hoher Ladung und kleinem Radius auf der anderen Seite kann eine energetisch bevorzugte Struktur dennoch gebildet werden (Schichtengitter). In solch einem Schichtengitter ist die Reihenfolge der einzelnen Schichten deshalb $+--+--+$. Entsprechend diesem Packungstyp der anwesenden größeren negativen Ionen entstehen hexagonale, kubische oder kompliziertere Typen dichtester Packung (PbJ_2-, $CdCl_2$- und CdJ_2-Typen*)).

*) In den Wechselstrukturen wie $CdBr_2$ (*Bijvoet* und *Nieuwenkamp* 1933), $NiBr_2$ usw. kommen Zwischentypen vor mit unregelmäßiger Folge der in sich stets identischen „Sandwich"-Lagen $- + -$. Es sind dies jedoch bei Raumtemperatur keine Gleichgewichtszustände; diese werden durch Pulverisieren und durch Entwässerung bei tiefen Temperaturen gebildet.

Bei sehr leicht polarisierbaren Kationen ist auch ein „Antischichtengitter“ möglich mit einer Folge von zwei positiven Schichten, wie im Tl_2S (*Ketelaar* und *Gorter* 1939). Die besonders leichte Spaltbarkeit parallel zu den Flächen ist für Schichtengitterstrukturen charakteristisch.
Unzweifelhaft spielt auch die van-der-Waals-London-Wechselwirkung (S. 336) eine wichtige Rolle bei der Entstehung von Schichtengitter.

Molekülgitter

Wenn die Koordinationszahl der Ladung gleich ist, z. B. $SiCl_4$, zeigt das freie Molekül die gleiche Struktur wie im festen Zustand. Wir haben es dann mit einem Molekülgitter zu tun und sprechen von einer „abgeschirmten“, „umhüllten“ Verbindung. Die elektrostatische Wechselwirkung zwischen diesen neutralen Molekülen, die jedoch trotzdem aus Ionen aufgebaut sein können, ist sehr klein. Die Wechselwirkungsenergie gehört in diesem Falle zum van-der-Waals-Typ (S. 358).

Atombindung in Kristallgittern

Die Kristallstruktur der kubischen Modifikation des ZnS entspricht völlig der des Diamants, abgesehen von der Differenz zwischen den Zn- und S-Atomen. Kupfer-(I)-Halogenide und AgJ kristallisieren ebenfalls im gleichen Typ (Ausnahme: CuF). Wenn wir isoelektronische Ionenpaare vergleichen, wie Na^+F^- mit $Mg^{2+}O^{2-}$, finden wir, daß die Gitterabstände bei gleicher Kristallstruktur (NaCl-Typ) rasch abnehmen (2,31 Å bzw. 2,10 Å). In der Reihe AgJ, CdTe, InSb und SnSn (graue Modifikation des Zinns) ist zwar die Kristallstruktur vom gleichen Typ (ZnS-Diamant-Typ), die Gitterabstände nehmen jedoch nicht ab (2,80 Å, 2,77 Å, 2,79 Å und 2,80 Å). Dies weist auf ein steigendes Ausmaß an Atombindung in dieser Reihe hin. Das gleiche ergibt sich auch aus der Gitterenergie (Seite 38).
Der Kristalltyp erlaubt deshalb keinen hinreichenden Schluß auf den Bindungstyp. Zum Beispiel kristallisieren auch NbC, TiC usw. im NaCl-Typ, CuZn, AuZn, CuBe usw. im CsCl-Typ (siehe auch Seite 324).

6. Die Gitterenergie

Nach dem Coulomb-Gesetz entspricht die Anziehungsenergie je Gramm-Mol für ein Ionenpaar oder ein Molekül $M = \frac{-N e^2}{r}$, wo N die Avogadro-Zahl (Loschmidt-Zahl), die Zahl der Moleküle im Gramm-Mol und r den Abstand zwischen den Mittelpunkten der zwei Ionen mit den Ladungen $+e$ und $-e$ bedeuten.

Die Coulomb-Energie eines Kristallgitters, d.h. die elektrostatische Energie, die bei der Bildung des Kristalls aus den freien Ionen frei wird, findet man durch die Berechnung des Potentials am Ort des Ions im Gitter. Wenn dieses Potential für den Ort des Kations und Anions P_k bzw. P_a ist, beträgt die Energie für die Entfernung dieser Ionen von ihren Gitterplätzen $-eP_k$ bzw. $+eP_a$. Entsprechend ist die für die vollständige Zerstörung des Gitters notwendige Energie $-\,{}^1/_2\,Ne\,(P_k - P_a)$ je Gramm-Mol, da ja der erste Anteil die Wechselwirkung eines Ions mit den übrigen Ionen wiedergibt und diese Energie nicht zweimal gerechnet werden darf. In einem einfachen Gitter wie dem Steinsalzgitter usw. ist P_k gleich P_a (Absolutwerte), da die Positionen beider Ionenarten äquivalent sind. Zur Berechnung des Potentials muß über alle Anteile der umgebenden Ionen summiert werden:

$$-P_a = P_k = -\frac{6e}{r} + \frac{12e}{r\sqrt{2}} - \frac{8e}{r\sqrt{3}} + \frac{6e}{2r} \ldots \text{usw.},$$

wobei r die kleinste Entfernung zwischen Anion und Kation bedeutet. Wenn wir das Ergebnis dieser Summierung durch $-A \cdot e/r$ wiedergeben, beträgt die Gitterenergie:

$$U = -N\frac{Ae^2}{r}.$$

Madelung hat eine Methode zur Berechnung des Faktors A angegeben (Madelung-Faktor). (Über eine einfache Methode siehe auch *Evjen* 1932; *Höjendahl* 1938; *Pinsker* 1943; *Emersleben* 1952; *Bertaut* 1952; *Templeton* 1955). A hängt nur vom Gittertyp ab und besitzt die folgenden Werte:

Steinsalzgitter	1,74756	Calciumfluoridgitter	5,03878
Cäsiumchloridgitter	1,76267	(die zweifache Ladung des	
Zinkblendegitter	1,63806	Kations ist berücksichtigt)	
Wurtzitgitter	1,641	Rutilgitter	4,816

Neben dieser elektrostatischen Anziehung ist noch die Abstoßung zu betrachten, die auftritt, wenn die Ionen einander zu berühren anfangen. Diese Abstoßung beruht auf der allgemeinen gegenseitigen Abstoßung der Elektronenwolken von Atomen oder Ionen, die stets eintritt, wenn die Elektronenwolken einander durchdringen, ohne daß eine Atombindung mit einem gemeinsamen Elektronenpaar gebildet wird (Seite 142). Die Abstoßung ist schwer zu berechnen, und *Born* stellte die Abstoßungsenergie deshalb durch eine Funktion B/r^n dar, die bei großem n mit abnehmendem Abstand r sehr rasch ansteigt, übereinstimmend mit der Annahme, daß die Partikel ziemlich harte Kugeln darstellen. In dieser Beziehung ist B ein noch nicht bestimmter Faktor, während der Wert des

Exponenten n aus der Kompressibilität abgeleitet werden kann, er beträgt etwa 9.
Die Gesamtenergie ist deswegen:

$$U = -N \frac{A e^2}{r} + \frac{B}{r^n}. \tag{1}$$

Im Gleichgewichtszustand muß die Energie ein Minimum sein, so daß anziehende und abstoßende Kräfte einander kompensieren. Diese Bedingung liefert:

$$\frac{dU}{dr} = 0 = N \frac{A e^2}{r^2} - \frac{n B}{r^{n+1}}. \tag{2}$$

Durch Eliminierung des unbekannten Faktors B erhalten wir:

$$U = -N \frac{A e^2}{r_0}\left(1 - \frac{1}{n}\right) \qquad (r_0 = \text{Gleichgewichtsabstand}). \tag{3}$$

Wie bereits oben festgestellt, beläuft sich die Abstoßungsenergie nur auf etwa 10% der Anziehungsenergie (Bild 5).

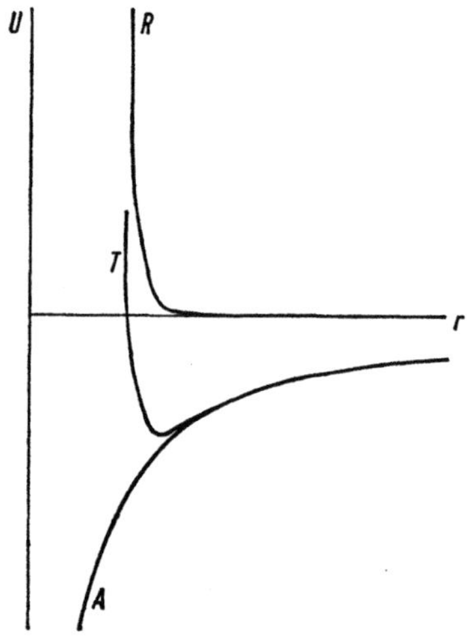

Bild 5. Die Gittergesamtenergie (T) als Summe der Anziehungsenergie (A) und Abstoßungsenergie (R)

Die Kompressibilität ist nach Definition

$$\beta = -\frac{1}{V}\left(\frac{\partial V}{\partial P}\right)_T, \quad V = \text{Molvolumen}.$$

Die Änderung der Energie bei der Kompression als Folge der geleisteten Arbeit ist

$$dU = -P\,dV$$

(Wärmeeffekte sind klein), woraus folgt:

$$\frac{d^2U}{dV^2} = -\frac{dP}{dV}$$

oder mit der obigen ersten Gleichung:

$$\frac{d^2U}{dV^2} = -\frac{1}{dV/dP} = \frac{1}{\beta V}.$$

Aus Gleichung (1) erhalten wir:

$$\frac{d^2U}{dr^2} = -N\frac{2Ae^2}{r^3} + \frac{n(n+1)B}{r^{n+2}}$$

oder nach Einsetzen der Bedingung (2) für den Gleichgewichtswert von r:

$$\frac{d^2U}{dr^2} = +N\frac{Ae^2(n-1)}{r_0^3}$$

Die Beziehung zwischen dem Molvolumen V und dem kürzesten Abstand r_0 zwischen den Ionen kann sehr einfach dargestellt werden durch $V = CNr_0^3$. C ist eine Konstante, die nur vom Gittertyp abhängt. In sie geht die Zahl der Moleküle Z je Elementarzelle ein und außerdem die Beziehung zwischen der Seitenlänge a der Elementarzelle und dem kürzesten Abstand r_0 zwischen zwei Ionen. Für den NaCl-Typ ist $Z = 4$, $r_0 = {}^1/_2\,a$ und demzufolge $C = 2$.
Nach den Regeln der Differentialrechnung und unter Beachtung von $dU/dr = 0$ folgt

$$\frac{d^2U}{dr^2} = \frac{d^2U}{dV^2}\left(\frac{dV}{dr}\right)^2$$

und durch Einsetzen und Umformung erhalten wir dann

$$\frac{d^2U}{dr^2} = \frac{9NCr_0}{\beta} = +N\frac{Ae^2(n-1)}{r_0^3},$$

$$n - 1 = \frac{9Vr_0}{NAe^2\beta}.$$

Aus der Kompressibilität folgt ein Wert für n von etwa 9; es ist jedoch etwas besser, die folgenden Werte zu nehmen: 5 für Ionen mit Heliumkonfiguration, 7 für solche mit Neon-, 9 mit Ar-, 10 mit Kr- und 12 für Xe-Konfiguration.
Born und *Mayer* (*Born* und *Mayer* 1932, *Mayer* und *Helmholz* 1932, *Mayer* 1933, *Baughan* 1959) haben später auch eine Formel Be^{-kr} für die Abstoßungsenergie angewandt. Die mit beiden Formeln erhaltenen Ergebnisse differieren nur wenig; beide liefern eine Abstoßungskraft, die mit wachsendem Abstand rasch abnimmt. Ganz ähnlich wie in der oben angeführten Rechnung erhalten wir für diesen zweiten Fall:

$$U = -N\frac{Ae^2}{r_0}\left(1 - \frac{1}{kr_0}\right) \quad \text{und} \quad kr_0 - 2 = \frac{9Vr_0}{NAe^2\beta} \quad \text{mit} \quad \frac{1}{k} \approx 0{,}345.$$

Mayer und *Helmholz* haben auch den Anteil der van-der-Waals-Kräfte an der Gitterenergie berechnet (Seite 336 und Tabelle 6).

Diese Energie ist proportional zu $\alpha_1 \alpha_2/r^6$, so daß sie nur für die Ionen von Bedeutung ist, die sich in unmittelbarer Nähe befinden. Die der Madelung-Konstante für die Coulomb-Energie analoge Summationskonstante kann hier der Koordinationszahl praktisch gleichgesetzt werden. Weiterhin ist die van-der-Waals-London-Energie nur dann von Bedeutung, wenn beide Ionen leicht polarisierbar sind. In diesem Falle ist ihr Anteil jedoch für den CsCl-Typ mit acht unmittelbaren Nachbarn größer als für das NaCl-Gitter mit der Koordinationszahl 6. Die CsCl-Struktur kommt deshalb nicht vor beim KF, CsF, RbCl usw. (r_+/r_-: 1,00; 1,26; 0,82) dagegen aber beim CsCl, CsBr und CsJ (r_+/r_-: 0,92; 0,85; 0,76). Die geometrische Bedingung ist also notwendig aber nicht hinreichend: Sie ist es nur beim Cs, wo die Polarisierbarkeit groß genug ist (Tabelle 9). Den quantitativen Anteil der van-der-Waals-London-Energie kann man aus der Tabelle 6 entnehmen; für die Cäsiumhalogenide beträgt er nur 8% (siehe aber *May* 1937). Beim AgJ und den Kupfer-(I)-Halogeniden, die in der ZnS-Struktur kristallisieren, ist die experimentell bestimmte Gitterenergie jedoch größer als die unter Beteiligung von Coulomb-, van-der-Waals-London-und Born-Wechselwirkung berechnete. Die Differenz muß einem Anteil an Atombindung zugeschrieben werden (Seite 30).
Aus unserer Formel für die Gitterenergie können wir die Abhängigkeit der interionischen Abstände von der Koordinationszahl und der Ladung ableiten und demzufolge die Abweichungen von einem konstanten Ionenradius.
Die Konstante B in Formel (1) enthält – ebenso wie der Faktor für die Coulomb-Energie – einen Proportionalitätsfaktor b für die Abstoßungsenergie eines Ionenpaares: b/r^n. Im Gitter existiert auch eine Art von Madelung-Faktor K. Da die Abstoßungsenergie so rasch mit ansteigendem Abstand abnimmt, ist diese Wechselwirkung praktisch auf die unmittelbaren Nachbarn im Gitter beschränkt, und K kann demzufolge der Koordinationszahl praktisch gleichgesetzt werden.
Bezeichnen wir die beiden Gittertypen mit a und b, die Koordinationszahlen mit K_a und K_b und die Ionenabstände mit r_a und r_b, so finden wir für gleiches n bei Anwendung der Formel (2)

$$\frac{dU}{dr} = 0 = N\frac{Ae^2}{r^2} - \frac{nKb}{r^{n+1}}$$

für die beiden Fälle

$$\left[\frac{r_a}{r_b}\right]^{n-1} = \frac{K_a A_b}{K_b A_a}.$$

Für den CsCl- und den NaCl-Typ mit $A_a \approx A_b$, $K_a = 8$ und $K_b = 6$ kann für $n = 9$ berechnet werden, daß der Ionenabstand bei acht unmittelbaren Nachbarn um 3,6% größer,bei vier Nachbarn (ZnS-Typ) dagegen um 4,3% kleiner ist als bei sechs unmittelbaren Nachbarn (*Zachariasen* 1931). Das war von *Goldschmidt* bereits empirisch festgestellt worden. Die Tabelle 3 gilt für die Koordinationszahl 6. Wenn wir das gleiche Verfahren auf den Vergleich von Gitter (r) und Molekül (m) anwenden, dann wird $K_r = 6$, $A_r = 1{,}75$ und $K_m = 1$, $A_m = 1$, und wir berechnen mit $n = 9$, daß der Abstand K–Cl im KCl-Molekül um 14,3% kleiner ist als im Kristall (Seite 84). Tatsächlich ist eine Abnahme von 14,9% mit Hilfe von Mikrowellenspektren gefunden worden (*Honig* u.a. 1954).

Wir können diese Ergebnisse auch so ausdrücken, daß beim Übergang vom Molekül zum Kristall die Ionenabstände größer werden, weil die Abstoßungskräfte im Kristall durch die hohe Koordinationszahl soviel größer sind und der Anstieg der anziehenden Coulomb-Kräfte um 75% nur eine unvollständige Kompensation ermöglicht.
Der interionische Abstand wird auch durch die Ladung beeinflußt. Die Ionenradien in Tabelle 3 gelten für einwertige Ionen. Für z-wertige Ionen muß eine Korrektur angebracht werden (*Zachariasen* 1931).

Die Gitterenergie stellt deshalb die Energie dar, die freigesetzt wird, wenn sich das Kristallgitter aus freien, gasförmigen positiven und negativen Ionen bildet.
Eine direkte Bestimmung ist nur in einigen wenigen Fällen durchgeführt worden, z.B. die direkte Messung des Gleichgewichts in der Dampfphase: $NaCl \rightleftharpoons Na^+ + Cl^-$, in Verbindung mit Dampfdruckdaten des festen Natriumchlorids (Tabelle 4) (*Helmholz* und *Mayer* 1934). Wir können das Ergebnis jedoch indirekt mit Hilfe des Born-Haber-Kreisprozesses prüfen, der nachstehend für Natriumchlorid formuliert ist:

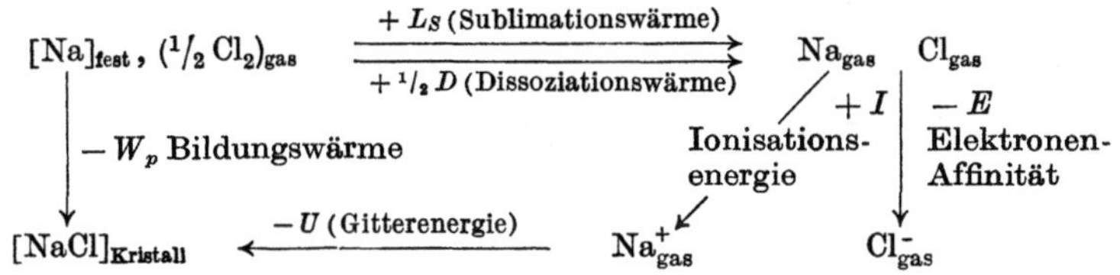

Aus diesem Prozeß folgt (absolute Werte):

$$W_p = U - I - L_s + E - \frac{1}{2} D .$$

Alle Größen in dieser Gleichung sind bekannt, und der auf diese Weise erhaltene Wert für U kann mit dem nach Formel (3) berechneten verglichen werden. Eine vollständige Übereinstimmung innerhalb der Fehlergrenzen findet sich z.B. in der Gruppe der Alkalihalogenide (Tabelle 4).

Als Beispiel wird die Berechnung für das Natriumchlorid aufgeführt:

Bildungswärme NaCl (298 °K)	W_p	= 98,2 kcal/Mol
Ionisierungsenergie des Na-Atoms	I	= 118,5 kcal/Mol
Verdampfungswärme des Natriums (298 °K)	L_S	= 26,0 kcal/Mol
Elektronenaffinität des Chlors	E	= 85,8 kcal/Mol
Dissoziationswärme (Atomisierung) Cl (298 °K)	$^1/_2\,D$	= 29,0 kcal/Mol
Daraus ergibt sich die		
Gitterenthalpie H bei 298 °K	H	= 185,9 kcal/Mol
und die Gitterenergie $H_0 = U_0$ bei 0 °K	U_0	= 185,3 kcal/Mol

(Die Größe $I - E$ hat bei 0 °K und bei 298 °K den gleichen Wert, so daß wir die spektroskopischen Werte für 0 °K benützen können.)

Tabelle 4: Gitterenergie der Alkalihalogenide in kcal/Mol bei 0 °K*)

	$U_{\text{theor.}}$		$U_{\text{exp.}}$	
	Gleichung (3)	*Mayer* und *Helmholz*, 1932, *Huggins*, 1937**)	Born-Haber-Kreisprozeß	Direkte Bestimmung***)
LiF	238,9	243,6	243,6	
LiCl	192,1	200,2	200,3	
LiBr	181,9	189,5	190,8	167,3
LiJ	169,5	176,1	177,3	
NaF	213,8	215,4	216,9	
NaCl	179,2	183,5	185,3	180,7
NaBr	170,5	175,5	176,2	175,8
NaJ	159,6	164,3	164,4	166,2
KF	189,2	192,5	192,8	
KCl	163,2	167,9	168,5	
KBr	156,6	161,3	161,2	159,4
KJ	147,8	152,4	151,0	151,4
RbF	180,6	183,0	185,1	
RbCl	157,7	162,0	162,7	
RbBr	151,3	156,1	155,9	151,2
RbJ	143,0	148,0	146,6	145,5
CsF	171,6	175,7	172,7	
CsCl	147,7	153,1	155,1	
CsBr	142,3	149,6	149,0	
CsJ	134,9	142,5	140,4	141,5

*) Die Gitterenthalpie bei 298 °K ist nur einige Zehntel kcal höher als die Gitterenergie bei 0 °K (*Rabinowitsch* und *Thilo* 1929; *Sherman* 1932; *Rossini* u.a. 1952; *Pritchard* 1953; *Morris* 1956; *Morris* und *Ahrens* 1956; *Waddington* 1959; *Cubiciotti* 1959; *Baughan* 1959; *Ladd* und *Lee* 1960).

**) Mit Korrekturen für die van-der-Waals-London-Energie und die Nullpunktenergie.

***) *Helmholz* und *Mayer* (1934).

Die obenstehende Beziehung kann mitunter auch von Nutzen sein für die Berechnung der Bildungswärmen, die in der Tat die Stabilität der Verbindung gegenüber der Dissoziation in die Elemente bestimmt (Bildungswärmen, siehe *Long* 1953).

Die Thermodynamik zeigt, daß nicht die Änderung der Inneren Energie U die Lage des Gleichgewichts bestimmt, sondern vielmehr die Änderung der Freien Energie $F = U - TS$ bzw. des Thermodynamischen Potentials oder der Freien Enthalpie $G = U - TS + pV$. In dem hier betrachteten Temperaturintervall ist TS jedoch erheblich kleiner als U (das gilt noch stärker für pV), und die Änderung der Entropie S variiert außerdem für verschiedene Verbindungen nur wenig.

Für NaCl erhalten wir bei 298 °K $\Delta TS = -6{,}45$ kcal, $\Delta pV = -0{,}30$ kcal für die Bildung aus den Elementen, so daß die Freie Bildungsenthalpie $\Delta G = -91{,}78$ kcal/Mol wird, verglichen mit der Bildungswärme $\Delta U = -97{,}93$ kcal/Mol und $\Delta H = \Delta U + \Delta pV = -98{,}23$ kcal/Mol.
Die Änderung der Entropie beruht in der Hauptsache auf dem Entropieverlust beim Übergang von der Gasphase in den festen Zustand: $^1/_2\, S\,(Cl_2) = 26{,}64$ cal/Grad bei 298 °K, $TS = 9{,}94$ kcal.

Eine Berechnung der Bildungswärme für die hypothetische Verbindung ArF, Argonfluorid ergibt $W_p = -140$ kcal/Mol. Auf Grund einer solch

Tabelle 5: Ionisationsenergie I, Sublimationsenergie L_{S_0}, Dissoziationsenergie $^1/_2\, D_0$ und Elektronenaffinität E_0 in kcal/Mol bei 0 °K

1+	I_1	L_{S_0}*)	2+	I_2	L_{S_0}	3+	I_3	L_{S_0}
H	313,3	—						
Li	124,4	37,1	Be	634	78	B	1640	~90
Na	118,5	26,0	Mg	522	36	Al	1230	76
K	100,0	21,5	Ca	415	42	Sc	1020	93
Rb	96,1	20,5	Sr	385	39	Y	905	~103
Cs	89,7	18,8	Ba	350	42	La	830	99
Cu	178,0	82	Zn	631	31,2	Ga	1320	~55
Ag	174,7	69	Cd	597	26,8	In	1210	57
Au	212,8	91	Hg	674	14,5	Tl	1290	43
Tl	141,1	43	Cu	634	82			
Ca	140,8	42	Ag	668	69			

	E_0	$^1/_2\, D_0$ (gas)	$^1/_2\, D_{st}$**)	$E_0 - {}^1/_2\, D_{st}$
H	17,2	51,61	52,09	−34,9
F	83	18,8	19,1	64
Cl	85,8	28,60	29,0	56,8
Br	80,5	22,72	26,7	53,8
J	74,2	17,77	25,5	48,7
O	−170	58,6	59,2	−229
S	− 90	51	66	−156

*) Die Differenz zwischen der Verdampfungswärme bei 0 °K und bei 298 °K ist sehr klein.

**) ΔH für die Reaktion $^1/_2\, X_2$ (Standardzustand) → X (Gas) bei 298,1 °K und 1 Atm. (Atomisierungswärme). $E_0 - {}^1/_2\, D_{st}$ ist die Elektronenaffinität des Elements.
Eine direkte Bestimmung der Elektronenaffinität des Fluors ergab 82,2 kcal/Mol (*Bernstein* und *Metlay* 1951).

stark negativen Bildungswärme kann die Bildung dieser Verbindung als unmöglich angesehen werden*). Der Grund dafür liegt in der hohen Ionisierungsenergie des Argonatoms mit seiner Edelgaskonfiguration. Eine Verbindung wie CaCl erweist sich trotz der positiven Bildungswärme von 38 kcal/Mol als instabil im Hinblick auf die Dissoziation zu Ca und $CaCl_2$ ($2\,CaCl = Ca + CaCl_2 + 114$ kcal). Die Existenz von CaF ist wahrscheinlich, die von CaCl gesichert (*Ehrlich* und *Gentsch* 1953, 1954; *Wehner* 1954).

Wenn wir die Elemente der Hauptgruppen (a-Untergruppen) mit denen der Nebengruppen (b-Untergruppen) vergleichen, finden wir für die letzten sowohl erheblich höhere Ionisierungsenergien als auch Sublimationswärmen (Tabelle 5). Die Bildungswärme von Verbindungen der Nebengruppenelemente ist deshalb niedriger und die Stabilität kleiner als bei Verbindungen der Hauptgruppenelemente. So werden Silberhalogenide mit Ausnahme des viel stabileren AgF (große Elektronenaffinität und kleiner Ionenradius des Fluors) bereits durch sichtbares Licht in die Elemente gespalten, was bei den Natriumverbindungen erst bei Bestrahlung mit kurzwelligem Ultraviolett eintritt. Obwohl der Ionenradius des Ag^+ sogar etwas kleiner ist als der von Na^+, ist die Ionisationsenergie $I_{Ag} = 174{,}7$ kcal viel größer als $I_{Na} = 118{,}5$ kcal. Die Sublimationswärmen sind 69 bzw. 26,0 kcal. Die Polarisierbarkeit (Tabelle 9) der Ionen von Nebengruppenelementen und demzufolge die van-der-Waals-London-Energie ist ebenfalls größer (Seite 336).

Wie wir sahen, enthält der Ausdruck für die Bildungswärme eine ganze Anzahl von Termen. *Van Arkel* und *de Boer* konnten allgemeine Stabilitätsregeln aufstellen, indem sie einige vereinfachende Annahmen machten, die schwer zu rechtfertigen sind. Diese Regeln haben jedoch einen praktischen Wert, da sie in einer großen Zahl von Fällen qualitativ richtige Ergebnisse liefern. *Kapustinskii* hat auch allgemeine Regeln für Bildungswärmen abgeleitet (*Kapustinskii* 1959).

Bei diesen Regeln werden alle Veränderungen der Terme in dem Ausdruck für W_p außer denen für die Gitterenergie und die Ionisationsenergie aus der Rechnung herausgelassen, und die Ionisationsenergie wird

---

*) Vor kurzem wurden tatsächlich verschiedene Verbindungen der Edelgase und besonders des Xenons entdeckt: $XePtF_6$ von *Bartlett* (1962, 1964), das farblose, flüchtige, oberhalb 100 °C schmelzende XeF_4 $W_p = 60$ kcal/Mol (*Claassen, Selig* und *Malm* 1962) und XeF_2 (*Weeks* et al. 1962 und *Smith* 1963; *Hoppe* 1963, 1964). Auf Grund der Übereinstimmung in Elektronenzahl von XeF_4 und XeF_2 mit $(ICl_4)^-$ und $(ICl_2)^-$ (Seite 67 ff.) läßt sich ein ebener bzw. ein linearer Bau erwarten, in Übereinstimmung mit den Ergebnissen der Kristallstrukturanalyse mit Röntgen- und mit Neutronenbeugung. Der Abstand Xe—F in XeF_4 ist 1,95 Å, in XeF_2 2,00 Å (*Templeton* et al. 1963; *Siegel* und *Gebert* 1963, *Levy* und *Agron*, *Ibers* et al 1963, *Hyman* 1963).

Tabelle 6: Anteil der van-der-Waals-London-Energie und der Atombindungsenergie an der Gitterenergie, in kcal/Mol*)

Verbindung	Strukturtyp	Coulomb-Anziehung	London-Anziehung	Born-Abstoßung	Nullpunkt-Energie	$U_{calc.}$	$U_{exp.}$	Δ
AgF	NaCl	235	23,7	38,2	1,4	219	218	−1
AgCl	NaCl	209	29,2	34,5	1,3	202_5	205_5	3
AgBr	NaCl	202	27,4	31,9	0,9	197	202	5
AgJ	ZnS	193	30,7	33,1	0,7	190	199	9
TlCl	CsCl	175	27,6	34,2	0,9	167_5	170	2_5
TlBr	CsCl	169	27,8	32,4	0,7	164	165_5	1_5
TlJ	CsCl	161	30,3	31,0	0,6	159_5	161	1_5
CuCl	ZnS	232	15,2	29,8	1,2	216	222	6
CuBr	ZnS	221	15,2	27,3	0,9	208	216	8
CuJ	ZnS	207	17,5	25,0	0,7	199	213_5	14_5

*) *Mayer* u.a. 1933; *Altshuller* 1954; *Morris* und *Ahrens* 1956; *Ladd* und *Lee* 1958, 1960.

– eigentlich unkorrekterweise – dem Ionenradius umgekehrt proportional gesetzt: $I = \frac{z^+ e^2}{r^+}$. Wir erhalten so*):

$$W_p = N \frac{A z^+ z^- e^2}{r^+ + r^-} - N \frac{z^+ e^2}{r^+} + C.$$

Wir erkennen, daß die Bildungswärme nach diesen Annahmen mit einem kleineren Radius (oder höherer Ladung) des negativen Ions ansteigt bzw. mit kleinerem Radius (höherer Ladung) des positiven Ions kleiner wird, da bei einer Änderung von r^+ die Änderung der Ionisierungsenergie stets überwiegt infolge $r^+ < r^-$.
In Bild 6 erkennt man, daß in der Alkalimetallgruppe die Bildungswärme allgemein vom Jodid zum Fluorid ansteigt und gleichermaßen vom Lithium zum Cäsium, hier allerdings mit Ausnahme der Fluoride. In der Gruppe der Fluoride ist die Reihenfolge gerade umgekehrt, da in diesem Falle infolge des kleinen Radius des negativen Fluorions die Gitterenergie

*) Ein allgemein gültiger Ausdruck für die Gitterenergie ist von *Kapustinskii* 1933, 1956; *Templeton* 1953 angegeben worden, in dem die Madelung-Konstante A durch $\alpha \frac{\sum n}{2}$ ersetzt wurde, mit $\sum n$ gleich der Zahl der Ionen je Molekül und einer Konstanten α gleich 1,48–1,76.
Es ist auch postuliert worden, daß das Potential der zweiten Ionisation von Alkalimetallen proportional $1/r^+$ sein soll. Viel besser stimmt eine empirische Formel:

$I = C\sqrt{1/r^+}$ kcal/Mol mit $C = 115$ (*Kordes* 1961).

stärker abnimmt als die Ionisierungsenergie, die viel langsamer als proportional $1/r^+$ kleiner wird.
Die Reihenfolge zunehmender Stabilität ist bei den Oxiden und Sulfiden der Erdalkalimetalle dagegen Ca > Be > Mg > Sr > Ba bzw. Ca > Sr > Ba > Mg. Sie folgt der oben erwähnten Regel also nicht. Allerdings ist die Bildungswärme des Oxids mit ihr übereinstimmend stets größer als die des entsprechenden Sulfides.
Innerhalb beschränkter Gruppen vermitteln die Stabilitätsregeln das Verständnis mancher Daten. Als Beispiel können wir die oben diskutierte Stabilität des Silberfluorids im Vergleich zu anderen Silberhalogeniden nennen, weiterhin die geringe Stabilität der Azide von Elementen höherer Wertigkeit. Der große Unterschied zwischen den Aziden und Oxiden (vgl. auch Ag_2O und Cu_2O mit den Alkalioxiden) der a- und b-Gruppen-Elemente wird ebenfalls durch den Unterschied in der Ionisationsenergie hervorgerufen, die jedoch *nicht* einer äquivalenten Differenz der Ionenradien entspricht.

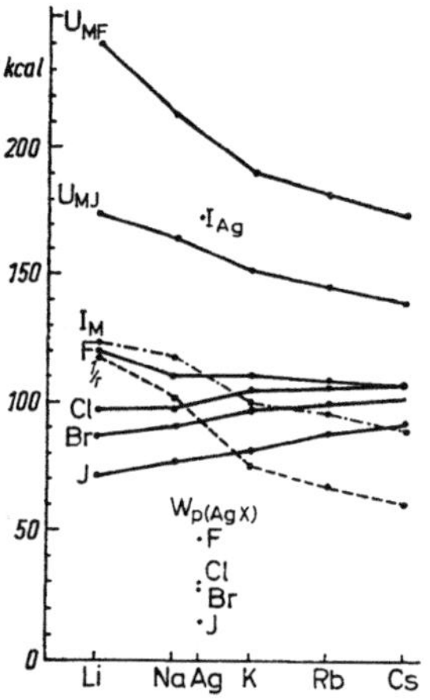

Bild 6. Bildungswärme und Gitterenergie der Alkali- und Silberhalogenide (———) und •;
–·–·– = Ionisationsenergie,
– – – – = 1/Radius des positiven Ions

Der Stabilitätsabfall vom CF_4 zum sehr instabilen CJ_4 und die größere Stabilität der entsprechenden Siliciumhalogeniden sind ebenfalls Beispiele, wo die Fakten mit den Stabilitätsregeln übereinstimmen, obwohl sehr zweifelhaft ist, ob die Konstitution dieser Verbindungen überwiegend dem Typ der Ionenbindung zugehört (vgl. in diesem Zusammenhang Seite 136ff.). Zahlreiche weitere Beispiele vor allem von Komplexverbindungen ließen sich noch anführen (Seite 52).
Das Prinzip ist auch von technischem Interesse, da es den Schlüssel gibt zu den Experimenten von *van Arkel* und *de Boer* über die Darstellung

reiner Metalle, z.B. Titan, Zirkonium, Hafnium und Thorium durch thermische Zersetzung der Halogenverbindungen, die jetzt in der Produktion dieser Metalle Anwendung findet.

7. Doppelte Umsetzungen

Das einfachste Beispiel für die Anwendung der oben im Hinblick auf Stabilität und Bildungswärme abgeleiteten Vorstellungen stellen die doppelten Umsetzungen von Paaren fester Substanzen dar, vor allem wenn sie eng verwandt sind. So sei z.B. die folgende Reaktion gegeben:

$$\mathrm{LiBr} + \mathrm{KF} \rightleftharpoons \mathrm{LiF} + \mathrm{KBr}\,.$$

Auf welcher Seite liegt hier das Gleichgewicht? Dieses läßt sich experimentell sowohl in der Schmelze als auch im Kontakt mit der wäßrigen Lösung ermitteln. Allerdings kann mit den Methoden der analytischen Chemie auf keine Weise festgestellt werden, welches Substanzpaar vorliegt, dagegen sehr einfach durch Röntgenstrahlmethoden, da die Pulverdiagramme der vier Substanzen alle verschieden sind.
Diese Gleichgewichte sind theoretisch besonders einfach, weil die Energie der Konversion nur auf den Unterschieden der Gitterenergien beruht; alle anderen Glieder haben keinen Einfluß auf die Bildungswärme, da sie für die Substanzen auf der linken und der rechten Seite der Umsatzgleichung gleich sind. Wenn außerdem die Kristallgitter alle vom gleichen Typ sind – im vorliegenden Falle vom Steinsalztyp –, ist auch die Madelung-Konstante die gleiche, und einzig die Differenz der reziproken Entfernung der Ionen voneinander hat einigen Einfluß.

$$\begin{aligned}\Delta U &= U(\mathrm{LiF} + \mathrm{KBr}) - U(\mathrm{LiBr} + \mathrm{KF})\\ &= -NA\,e^2\left[\frac{1}{r_{\mathrm{LiF}}} + \frac{1}{r_{\mathrm{KBr}}} - \frac{1}{r_{\mathrm{LiBr}}} - \frac{1}{r_{\mathrm{KF}}}\right].\end{aligned}$$

Die Entropie kann in diesem Falle völlig vernachlässigt werden (falls keine Mischkristalle gebildet werden), und es erhebt sich lediglich die Frage nach dem Vorzeichen von ΔU. Ein negatives Vorzeichen bedeutet, daß das Substanzpaar auf der rechten Seite stabil ist, weil dann Energie frei wird, wenn die Reaktion in diesem Sinne abläuft.
Die zwischenionischen Abstände sind gleich der Summe der individuellen Ionenradien, also $r_{\mathrm{LiF}} = r_{\mathrm{Li}} + r_{\mathrm{F}}$ usw., und der Ausdruck in der Klammer wird:

$$\frac{1}{r_{\mathrm{Li}} + r_{\mathrm{F}}} + \frac{1}{r_{\mathrm{K}} + r_{\mathrm{Br}}} - \frac{1}{r_{\mathrm{Li}} + r_{\mathrm{Br}}} - \frac{1}{r_{\mathrm{K}} + r_{\mathrm{F}}}\,.$$

Er ist positiv, ΔU also negativ.

Es läßt sich nun leicht nachweisen, daß für vier willkürliche Zahlenwerte a, b, c und d und deren Kombination zu je zwei und zwei $\frac{1}{a+c} + \frac{1}{b+d}$ stets größer ist als $\frac{1}{a+d} + \frac{1}{b+c}$, wenn $a < b$ und $c < d$ ist.

Das Ergebnis läßt sich dahingehend zusammenfassen, daß stets das Substanzpaar entsteht, in dem die beiden kleinsten (und andererseits die beiden größten) Ionen eine Verbindung miteinander bilden, im vorliegenden Falle also LiF und KBr.

Innerhalb der Alkalihalogenide wird diese Regel vom Experiment vollständig bestätigt*) (*Thomas* und *Wood* 1934, 1935, 1936; *Link* und *Wood* 1938).

Der Verlauf vieler ebenfalls auf doppelter Umsetzung beruhender Reaktionen kann unter dem gleichen Gesichtspunkt betrachtet werden. Dabei muß man sich bewußt bleiben, daß die Vereinigung der am höchsten geladenen (und demzufolge auch der am niedrigsten geladenen) Ionen energetisch bevorzugt ist ($e_1e_3 + e_2e_4 > e_1e_4 + e_2e_3$, wenn $e_1 < e_2$ und $e_3 < e_4$). Aus dem gleichen Grunde werden sich die kleinsten Ionen mit den am stärksten umgekehrt geladenen Ionen vereinigen. Der Einfluß der Ladung überwiegt stets den des Radius. In allen diesen Fällen ist jedoch die Struktur und demzufolge die Madelung-Konstante unterschiedlich, so daß die oben erwähnten Regeln nur für die allgemeine Übersicht Bedeutung haben.

$2\,NaF + CaCl_2 \rightarrow 2\,NaCl + CaF_2$ Radien: $F^- < Cl^-$, $Na^+ \approx Ca^{2+}$,

$2\,AgCl + HgJ_2 \rightarrow 2\,AgJ + HgCl_2$ $Cl^- < J^-$, $Ag^+ \approx Hg^{2+}$,

$Na_2S + CaCO_3 \rightarrow Na_2CO_3 + CaS$ $S^{2-} < CO_3^{2-}$, $Na^+ \approx Ca^{2+}$

(*Leblanc*-Soda-Prozeß).

Die Ausdehnung auf doppelte Umsetzungen, bei denen andere als feste Substanzen teilnehmen, erlaubt höchstens eine erste qualitative Orientierung. So lassen sich nach *Van Arkel* die folgenden Formulierungen als Illustrationen dafür betrachten, wie die zweifach geladenen Metallionen einerseits und das sehr kleine Wasserstoffion andererseits miteinander um das zweifach negative Sauerstoffion konkurrieren. Das kleine Berrylliumion gewinnt diese Konkurrenz, während das größere Calciumion unterliegt.

$BeCl_2 + H_2O \rightarrow BeO + 2HCl$ ($BeCl_2$ raucht an der Luft),

$MgCl_2 + H_2O \rightleftharpoons MgO + 2\,HCl$ (Darstellungsweise für HCl),

$CaCl_2 + H_2O \leftarrow CaO + 2\,HCl$.

*) In einigen wenigen Fällen werden Mischkristalle gebildet, z.B. $RbCl + KBr \rightleftharpoons RbBr + KCl$ (*Wood* und *Breithaupt* 1952).

Die alte „Erklärung" für die erste der angeführten Reaktionen als auf der niedrigen Basizität des Berylliumoxids bzw. -hydroxids beruhend stellt nur einen Hinweis auf ein anderes Symptom der gleichen Ursache dar (S. 76), nämlich auf den kleinen Radius und demzufolge das starke elektrostatische Feld des kleinen positiven Be^{2+}-Ions. Wir erkennen hier gleichzeitig, daß die sog. Regel, nach der eine stärkere Säure (HCl) die schwächere aus ihren Salzen verdrängt, nicht richtig ist. Tatsächlich muß diese Regel in ihrer üblichen Anwendung etwa auf die Reaktion der Schwefelsäure mit einfachen Salzen heißen: Die weniger flüchtige Säure verdrängt die stärker flüchtige Säure.

Es soll erwähnt werden, daß in heterogenen Systemen Reaktionen vorkommen, die im Widerspruch zu den oben angeführten Regeln zu stehen scheinen. Sie sind jedoch die Folge einer sehr geringen Löslichkeit oder größerer Flüchtigkeit einer der Komponenten. Zum Beispiel:

$$KJ + AgF \rightarrow KF + AgJ\downarrow;$$

HF (wasserfrei, weniger flüchtig, schwache Säure) + NaCl → NaF + HCl ↑ (leichter flüchtig, stärkere Säure).

Andererseits müssen Umsetzungen wie die Verdrängung eines schweren Halogens durch ein leichteres:

$$2\,KBr + Cl_2 \rightarrow 2KCl + Br_2$$

als eine Konsequenz der beim Chlorid gegenüber dem Bromid größeren (Absolutwert) Gitterenergie angesehen werden, die auf dem kleineren Radius des Chlorions beruht. Die größere Elektronegativität des Chlors spielt nur eine geringe Rolle, da sie durch die gleichermaßen größere Dissoziationsenergie kompensiert wird: $E - {}^1/_2\,D$ ist bei allen Halogenen fast gleich groß.

Die gegenüber den Bromiden und Chloriden leichte Oxydierbarkeit der Jodide (bei den Fluoriden findet die umgekehrte Reaktion statt) ist ebenfalls eine Folge der mit abnehmendem Ionenradius ansteigenden Stabilität der Halogenide.

Derartige qualitative Vergleiche im Hinblick auf die chemischen Eigenschaften korrespondierender Verbindungen lassen sich erfolgreich aus der Theorie in ihrem gegenwärtigen Stande ableiten. Da jedoch zahlreiche Zahlenfaktoren eingehen, die oft in entgegengesetzter Richtung wirken, ist bei der Anwendung der gegebenen Gedankengänge noch Vorsicht geboten.

8. Komplexverbindungen

Außer einer relativ kleinen Anzahl einfacher Verbindungen beinhaltet die anorganische Chemie eine große Zahl von Komplexverbindungen.

Unter Komplexverbindungen verstehen wir Verbindungen, in denen gewisse Gruppen von Atomen mehr oder weniger fest verbundene Einheiten im festen, flüssigen oder gelösten Zustande bilden.

Im Gegensatz hierzu lassen sich in Doppelsalzen oder in Mischverbindungen allgemein keine getrennten Gruppen unterscheiden. Als Beispiel seien das Mohrsche Salz und der Alaun erwähnt:

$$FeSO_4(NH_4)_2SO_4 \cdot 6\,H_2O \text{ oder besser } [Fe(H_2O)_6]\ (NH_4)_2(SO_4)_2 \text{ bzw.}$$

$$K_2SO_4 \cdot Al_2(SO_4)_3 \cdot 24\,H_2O \text{ oder } Al(H_2O)_6]\,[K(H_2O)_6]\,(SO_4)_2.$$

In der Tat sind hier die SO_4-Gruppe und die Aquo-Komplexe der Metallionen Komplexionen; es besteht jedoch keine Komplexbildung von höherer Ordnung.

Weiter sind in einem Gitter vom Perowskit-Typ, wie in dem des $KMgF_3$ und $CaTiO_3$ keine komplexen Gruppen unterscheidbar. Das Mg^{2+}-Ion ist tatsächlich von 6 negativen Ionen umgeben, und das K^+ liegt zwischen 12 Ionen. Diese negativen Ionen bilden jedoch ein reguläres Gitter, in dessen Hohlräume die positiven Ionen eingebettet sind. Der Unterschied zum Gitter des CaF_2 oder NaCl besteht also nur darin, daß in den genannten Fällen zwei verschiedene positive Ionen in ihm enthalten sind. Es war äußerst unwahrscheinlich, daß KJO_3 zu diesem Typ gehören sollte. Eine erneute Kristallstrukturuntersuchung hat gezeigt, daß KJO_3 eine unterschiedliche Struktur mit schwach pyramidenförmigen JO_3-Ionen besitzt (*MacGillavry* und *van Panthaleon van Eck* 1943).

Lithiumferrit $LiFeO_2$ ist ebenfalls eine typische Mischverbindung mit dem gleichen Gitter wie NaCl, in dem an Stelle der Natriumionen die Lithium- und Eisenionen auf die betreffenden Gitterplätze verteilt sind. Ein merkwürdiges Beispiel einer Mischverbindung stellt das CaHCl dar, ein Hydridchlorid mit der Kristallstruktur des PbFCl (*Ehrlich* u.a. 1956).

Die ternären und höheren Verbindungen wie $POCl_3$ usw. sind ebenfalls keine Komplexe im üblichen Sinne.

Es existieren ungeladene Komplexe, die aus neutralen Atomen und Molekülen aufgebaut sind (Carbonyl- und Molekülverbindungen, Seite 175 und 338) oder seltener aus Ionen (Seite 170). Hauptsächlich von Interesse sind jedoch die geladenen Komplexe, d.h., das Komplexion bildet sich aus Ionen, zusammen mit anderen Ionen, Atomen oder Molekülen. Diese Komplexionen werden auch als geladene Moleküle beschrieben *(Schwarzenbach)*, ebenso wie einfache Ionen als geladene Atome. Indessen existieren die ungeladenen „Moleküle“ praktisch niemals, und es wäre tatsächlich irreführend, das SO_3^{2-}-Ion, das sich vom SO_2 (mit vierwertigem Schwefel) ableitet, als das Ion des SO_3 (mit sechswertigem Schwefel) zu betrachten*).

*) Im Hinblick auf ihren vorherrschenden Aufbau aus Ionen sind Komplexverbindungen selten im Dampfzustand stabil.
Gleicherweise ist die Beschreibung eines Komplexions als einer Vereinigung eines einfachen Ions mit neutralen Molekülen lediglich formal korrekt. Nach seinem Wesen besteht das SO_4^{2-}-Ion nicht aus einem mit einem Sauerstoffion kombinierten SO_3-Molekül, wie z.B. $[Ni(NH_3)_6]^{2+}$, in dem Ammoniakmoleküle um das doppelt geladene Nickelion herum angeordnet sind.

Früher wurde zwischen den gewöhnlichen Salzen wie Na_2SO_4 und den Komplexverbindungen wie K_2SiF_6 unterschieden. Das beruhte auf der Annahme, daß in den ersten Verbindungen die normalen Valenzen gelten (oft jedoch unrichtigerweise, vgl. Seite 155), z. B.

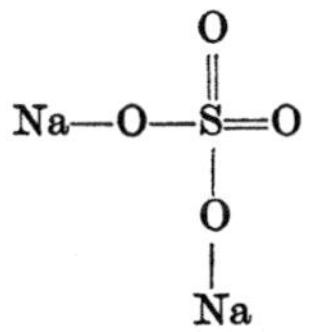

mit sechswertigem Schwefel, während im $[SiF_6]^{2-}$-Ion das Silicium als nur vierwertig betrachtet wurde. Dieser Unterschied hat sich heute als bedeutungslos erwiesen, da Untersuchungen der Kristallstruktur gezeigt haben, daß in beiden Komplexen getrennte Ionen $[SO_4]^{2-}$ bzw. $[SiF_6]^{2-}$ sowohl im Kristall als auch in Lösung existieren, in denen vier oder sechs um das Zentralatom herum angeordnete Partikel gleichartig an dieses gebunden sind. Der Unterschied zwischen der Hauptvalenz oder Elektrovalenz (vier beim Silicium, zwei beim Nickel) und der koordinativen Valenz nach *Werner* (in beiden Fällen sechs) entspricht nach unseren modernen Vorstellungen *keinem* Unterschied in der *Bindungsart*. Es handelt sich lediglich um eine Zahl, die im Falle der Hauptvalenz die Ladung eines Ions und demzufolge die Anzahl einwertiger Ionen angibt, mit denen eine neutrale Verbindung entsteht, bzw. die Zahl der Elektronenpaarbindungen in einem Molekül. Die Hauptvalenz gibt also die Zusammensetzung einer binären Verbindung wieder. Die Koordinationszahl dagegen gibt einfach die Zahl der Teilchen, Ionen oder Moleküle an, die um das Zentralion herum angeordnet sind.

Im engeren Sinne sollte jedoch unterschieden werden zwischen Ladung und Valenz, die die Zahl der Elektronenpaarbindungen bezeichnet. Das Stickstoffatom mit einer einzigen positiven Ladung ist vierwertig, im neutralen Zustand ist es dreiwertig. Stickstoff kann niemals fünfwertig sein, dagegen jedoch im Prinzip als N^{5+} existieren (Seite 151); *Schwarzenbach* und andere sprechen hier von „Bindigkeit", während nach ihnen die „Wertigkeit" der Ladung entspricht (siehe auch *Seel* 1954). Auch der Ausdruck Nebenvalenz ist gebräuchlich, um eine Wechselwirkung durch van-der-Waals-Kräfte einschließlich der Wasserstoffbrückenbindung auszudrücken (Seite 375), im Gegensatz zu den stärkeren Kräften bei der Atom- und Ionenbindung. So sagt man, daß die Bindung in einem Molekül eines Polymeren auf die Hauptvalenzkräfte zurückzuführen sei; die gegenseitige Anziehung zwischen den einzelnen Molekülen wird den sog. Nebenvalenzkräften zugeschrieben.

Komplexverbindungen lassen sich in drei Gruppen einteilen:

a) *Komplexsalze*, die aus Komplexionen aufgebaut sind und als solche zu den typischen ionischen Verbindungen gehören. Das schließt jedoch nicht aus, daß die Bindungen zwischen den Teilchen, die das komplexe Ion bilden, in sehr vielen Fällen Elektronenpaarbindungen sind. Die Komplexionen werden weiterhin wie folgt klassifiziert:

1. Ion-Ion-Komplexe (Abschn. 9, 10). Der Komplex wird aus Ionen gebildet, jedoch ist sowohl Ionenbindung wie im $[SiF_6]^{2-}$ als auch Atombindung wie im $[Fe(CN)_6]^{4-}$ möglich.
2. Ion-Dipol-Komplexe (Abschn. 11) aus einem Ion und Dipolmolekülen wie Wasser oder Ammoniak. Wir finden in diesem Falle sowohl die elektrostatische Bindung wie in den Hydraten $[Mg(H_2O)_6]^{2+}$ als auch die Elektronenpaarbindung in Ammoniakaten, z.B. des dreiwertigen Kobalts $[Co(NH_3)_6]^{3+}$.
3. Ion-unpolares Molekül (Abschn. 11). Die Polyhalogenide wie KJ_3 gehören wenigstens formal zu dieser Gruppe. Die Bindung kann hier ebenfalls auf elektrostatischer Polarisation wie auch auf Atombindung beruhen.

b) Atomkomplexe (Elementkomplexe) sind Komplexverbindungen, die zumindest formal als aus einem Atom bestehend betrachtet werden können, um das herum Moleküle angeordnet sind. In diesem Falle vermitteln prinzipiell Atombindungen den Zusammenhalt (Seite 164), außerdem auch van-der-Waals-Kräfte (Seite 332).

c) Molekülverbindungen sind Komplexe aus Molekülen. Zu ihnen gehören sowohl die leicht dissoziierenden auf van-der-Waals-Kräften beruhenden Molekülverbindungen (Seite 338) als auch die sehr stabilen Aggregate, die aus „ungesättigten" Molekülen mit geeigneten Partnern entstehen können (Abschn. 25 und Seite 343) und ebenfalls die bemerkenswerten Einschlußverbindungen („Clathrate", Seite 339).

In diesem Kapitel werden die Komplexsalze insoweit behandelt, als sie hauptsächlich aus Ionen aufgebaut sind; die anderen Gruppen folgen im Kap. III und V.

9. Ion-Ion-Komplexe

Ein Molekül Siliciumfluorid reagiert leicht mit zwei Molekülen Kaliumfluorid unter Bildung einer Verbindung $2\,KF \cdot SiF_4$. *Werner* hat für diesen und sehr zahlreiche andere Fälle gezeigt, daß die Formel $K_2[SiF_6]$ die chemischen Eigenschaften besser wiedergibt. In der Tat zeigt sich keine der normalen Reaktionen des Fluorions, und die Einheit $[SiF_6]$ bleibt bei Umsetzungen erhalten; dieses Ion besitzt andererseits seine eigenen, charakteristischen Reaktionen. Die Untersuchung der Kristallstruktur durch Röntgenstrahlen bestätigte *Werners* Vorstellungen: Es wurde gefunden, daß die sechs Fluoratome im Gitter des $K_2[SiF_6]$ in

einem Oktaeder um das Silicium herum angeordnet und also unter sich gleichberechtigt sind. Der weitere Aufbau des Gitters entspricht dem von einfachen Verbindungen wie K_2O und ebenso Fluorit CaF_2, wobei die negativen und die positiven Ionen vertauscht sind (Antifluoritstruktur).
Bereits *Kossel* hat in seinen grundlegenden Veröffentlichungen über die Ionenbindung die Frage beantwortet, wie die Bildung der Komplexionen zu erklären ist.
Zu diesem Zwecke wollen wir mit Hilfe des Coulomb-Gesetzes die elektrostatische Energie berechnen, die freigesetzt wird, wenn eine variierende Anzahl negativer Ionen an ein vierfach positiv geladenes, kugelförmiges Teilchen gleicher Größe vom Radius r addiert wird. Infolge der gegenseitigen Abstoßung der negativ geladenen Ionen werden sich diese in einer solchen regelmäßigen Form anordnen, daß die Abstoßung einen Minimalwert erreicht. Die tetraedrische Anordnung ist deshalb gegenüber der ebenen, quadratischen bevorzugt.
Das Folgende mag als Beispiel dienen: Wenn das positive kugelförmige Teilchen durch drei einwertige negative Ionen in der Anordnung eines gleichseitigen Dreiecks umgeben wird, erhält man eine Anziehungsenergie von $-3 \cdot \frac{4e^2}{2r}$ neben einer Abstoßungsenergie von $+\frac{3e^2}{2r\sqrt{3}}$, da die Seite des Dreiecks $2r\sqrt{3}$ entspricht.
Die Werte der Tabelle 7 lassen erkennen, daß die freigesetzte Energiemenge für sechs negative Ionen ein Minimum erreicht. Wenn wir deshalb ein oder zwei weitere Ionen hinzufügten, würde dabei keine Energie mehr gewonnen, sondern vielmehr das Gegenteil eintreten.

Tabelle 7: Komplexbildungsenergie eines vierwertigen Ions

Zahl	Einwertige Ionen	Zweiwertige Ionen
1	$-2,00\ e^2/r$	$-4,00\ e^2/r$
2	$-3,75$	$-7,00$
3	$-5,13$	$-8,54$
4	$-6,16$	$-8,66$
5	$-6,76$	$-7,06$
6	$-7,00$	$-4,00$
7	$-6,55$	$+1,68$
8	$-6,15$	$+6,42$

Die Zahl Sechs kann deshalb als die maximale Koordinationszahl von einwertigen Ionen mit einem vierwertigen Ion angesehen werden. Es ist klar, daß die Koordinationszahl bei zweiwertigen Ionen kleiner ist, weil hier die gegenseitige Abstoßung stärker ist, vgl. BF_4^-, SiF_6^{2-} und PF_6^- mit

BO_3^{3-}, SiO_4^{4-} und PO_4^{3-}. Es kommen so die nachstehenden maximalen Koordinationszahlen zustande:

Maximale Koordinationszahlen

Ladung des Zentralions	1	2	3	4	5	6	7	8
Einwertige Ionen	2	4	5	6	8	8	8	12
Zweiwertige Ionen	1	2	3	4	4	5	5	6

Die Zahlen sind als Maximalwerte für eine regelmäßige Anordnung zu betrachten, sie gelten nur dann, wenn räumliche Faktoren keine Rolle spielen, d.h. für ein großes Zentralion. Die negativen Ionen berühren einander, wenn ihre Zahl einen gegebenen Wert erreicht. Bei weiterem Anstieg ihrer Zahl kann das Zentralion nicht länger mit allen negativen Ionen im Kontakt bleiben. Die Anziehungsenergie wird dadurch beeinflußt, und das in einem Käfig negativer Ionen „klappernde" Zentralion*) würde auf eine Seite gezogen, so daß folglich die überschüssigen koordinierten Ionen leicht abspalten könnten. Diese geometrischen Faktoren lassen sich leicht aus dem Verhältnis der Radien berechnen, das eben noch den Kontakt zwischen allen Ionen erlaubt. (Beim gleichseitigen Dreieck ist $(r^+ + r^-)/2\,r^- = {}^1\!/_3\sqrt{3}$, $r^+/r^- = {}^2\!/_3\sqrt{3} - 1 = 0{,}15$, siehe auch Seite 28).

Kritisches Verhältnis der Radien

Max. Koordinationszahl	2	3	4	6	8	12
r^+/r^-	—	0,15	0,22	0,41	0,73	1,00
					0,64*)	0,90*)

*) Für Antiprisma bzw. Ikosaeder (*Martin*, *Rundle* und *Golden* 1956).

Die Koordinationszahlen 5 und 7 kommen hier nicht vor. Es läßt sich nämlich zeigen, daß auch sechs bzw. acht Ionen um das Zentralatom herum untergebracht werden können, wenn Platz für fünf oder sieben ist. Das ist der Grund, warum diese ungeraden Koordinationszahlen äußerst selten vorkommen (Beispiele Na_2FeF_5, K_2TaF_7).

Die geringe Wahrscheinlichkeit für die Koordinationszahl Fünf zeigt sich treffend in den Kristallstrukturen der Phosphor-pentahalogenide. PBr_5 tritt als $[PBr_4]Br$ auf, während PCl_5 ein aus den Ionen $[PCl_4]^+$ und $[PCl_6]^-$ bestehendes Gitter aufweist (*Powell* und *Clark* 1940, *Clark*,

*) Dieses „Klappern" scheint für die Existenz starker ferroelektrischer Eigenschaften bei tieferen Temperaturen wesentlich zu sein, z.B. beim Bariumtitanat und beim KH_2PO_4.

Powell und *Wells* 1942, *van Driel* und *MacGillavry* 1943). Der Unterschied zwischen diesen beiden Verbindungen beruht auf dem größeren Radius des Bromions, der die Koordinationszahl Sechs beim PBr_5 nicht zuläßt. Dies illustriert gleichzeitig die Existenz von Ionen im festen Zustande von Molekülen, die im Gaszustand vorwiegend durch Atombindungen zusammengehalten werden.

Die Verbindung $SbCl_5$ besteht in Lösung aus $(SbCl_4)^+$ $(SbCl_6)^-$ und AsF_3Cl_2 aus $(AsCl_4)^+$ $(AsF_6)^-$ (*Kolditz* 1955, 1956, 1961). Auf analoge Weise bilden AsF_5 und SbF_5 auch Verbindungen mit einer solchen Struktur, z.B. $[SO_3F]^+$ $[AsF_6]^-$ und $[ClF_2]^+$ $[SbF_6]^-$ (*Seel* und *Detmer* 1959).

Weiter stellt die Verbindung $CoCl_2 \cdot 3\,CsCl$ keine Komplexverbindung $Cs_3[CoCl_5]$ mit der Koordinationszahl Fünf dar, sondern ist nach ihrer Kristallstruktur ein Doppelsalz: $Cs_2[CoCl_4] \cdot CsCl$.

Die Struktur des Tl_2AlF_5 enthält keine $[AlF_5]^{2-}$-Gruppen, sondern hier existieren oktaedrische Gruppen mit jeweils zwei Fluorionen, die zwei Gruppen gemeinsam angehören. $TlAlF_4$ hat ebenfalls sechs Fluorionen um das Aluminium herum koordiniert (Seite 63). Die Koordinationszahl Fünf kommt deshalb mit Sicherheit nicht vor, ausgenommen in freien Molekülen wie PCl_5, PF_3Cl_2. Diese Moleküle haben die Form einer dreiseitigen doppelten Pyramide, und der Zusammenhalt beruht in diesem Falle auf Atombindungen.

Die Koordinationszahl Sieben wird im JF_7 gefunden, das eine fünfseitige Bipyramide darstellt, sowie in einer Gruppe komplexer Fluoride mit den folgenden Verbindungen: K_3ZrF_7, $K_3UO_2F_5$, K_3TaOF_6, $K_3WO_2F_5$, Cs_3TlF_7, K_3UF_7, Cs_3TbF_7, sowie $[NH_4]_3$ $[TiO_2F_5]$ (isomorpher Ersatz von Sauerstoff und Fluor; die zuletzt erwähnte Verbindung ist eine Peroxyverbindung des vierwertigen Titans, die sich mit den vorhergehenden isomorph erweist). Die Struktur dieser Verbindungen ist denen des K_2NbF_7 und K_2TaF_7 mit niedrigerer Symmetrie sehr ähnlich (*Zachariasen* 1954); es werden $[NbF_7]^{2-}$-Gruppen gefunden mit sieben Fluorionen in annähernd gleicher Entfernung vom Nb^{5+}-Ion (*Hoard* 1939).

Die Koordinationszahl Acht – obwohl geometrisch wahrscheinlicher als die Zahl Sieben – ist noch seltener, weil die Gesamtabstoßungsenergie sehr groß wird. Vom Molybdän und Wolfram sind Oktacyanide bekannt, unter anderem $K_4[Mo^{IV}(CN)_8]$, $K_4[W^{IV}(CN)_8]$ und $K_3[W^{V}(CN)_8]$. Hier existiert jedoch sicher keine Ionenbindung, wie sich am Diamagnetismus der ersten beiden Verbindungen zeigt. Auch die Form des Komplexions weist in diese Richtung. Es liegt nämlich kein Kubus oder Antiprisma vor (Kubus mit oberer und unterer Fläche um 45° gedreht), sondern ein Dodekaeder, der von Dreiecken begrenzt wird, mit gegen die Ecken gerichteten Mo—CN-Bindungen. Fünf Ecken bilden ein annähernd ebenes Fünfeck mit einer weiteren Ecke oberhalb und zwei unterhalb dieser Ebene (*Hoard* und *Nordsieck* 1939).

Die Verbindung $SbF_5 \cdot BrF_3$ ist nicht $SbBrF_8$, sondern muß als $(BrF_2)^+(SbF_6)^-$ formuliert werden (*Woolf* und *Emeleus* 1949).

Es ist unwahrscheinlich, daß die Verbindung $K_3H[PbF_8]$ in der geschriebenen Weise richtig formuliert ist. Wahrscheinlich sind HF- oder HF_2^--Gruppen in ihr enthalten und die Koordinationszahl ist niedriger. Die Koordinationszahl Acht ist jedoch für das flüchtige OsF_8 (Kp. 47,3°) gesichert. Diese Verbindung rechtfertigt zugleich die Einordnung der Platinmetalle in die achte Gruppe des Periodensystems. Auch existieren die Verbindungen K_2MoF_8 und K_2WF_8 mit den relativ großen hochgeladenen Zentralionen Mo^{6+} und W^{6+} (*Hargreaves* und *Peacock* 1958).

Der räumliche Faktor beschränkt die Koordinationszahl in einem solchen Maße, daß sie für einwertig negative Ionen praktisch niemals die Zahl Sechs überschreitet. Für zweiwertige Ionen ist eine höhere Koordinationszahl als Vier bereits nach der obigen Energieberechnung unwahrscheinlich. *Van Arkel* und *de Boer* führen die Ortho-tellursäure H_6TeO_6 und die Ortho-perjodsäure H_5JO_6 als Beispiele an.

Man kann jedoch richtiger von einer partiellen Koordination der einwertigen Hydroxylionen sprechen; nach *Feikema* 1963 liegt $O = J(OH)_5$ vor. Unter normalen Verhältnissen werden nur saure Salze wie $Na_4H_2TeO_6$ und $Na_2H_3JO_6$ gebildet. Na_6TeO_6 entsteht nur aus Na_2TeO_4 mit $2\,Na_2O$, und Na_5JO_6 läßt sich auf dem gleichen Wege erhalten. Zahlreiche andere Verbindungen mit hohen Koordinationszahlen, z.B. Orthonitrat Na_3NO_4, Orthoborat Na_3BO_3 usw. lassen sich durch diese Präparationsmethode darstellen (*Zintl* und *Morawietz* 1938; *Klemenc* und *Gutmann* 1950; *Kohlmuller* 1959). Da keine Strukturbestimmungen erfolgt sind, ist nicht sicher, ob diese Koordinationszahlen korrekt sind. Die Tatsache, daß Verbindungen der Orthotellursäure und der Orthoperjodsäure wie $Cu_3^{II}TeO_6$, Zn_3TeO_6, $Ba_5(JO_6)_2$, Ag_5JO_6 leicht erhältlich sind, nicht dagegen solche der Alkalimetalle, spricht gegen die einfache Formulierung dieser Verbindungen als Salze der Orthosäuren (*Jander* und *Kienbaum* 1962). Der Orthoester $Te(OCH_3)_6$ existiert tatsächlich, aber in diesem Falle kann von einer Ionenbindung natürlich keine Rede mehr sein.

In verschiedenen Fällen sind nicht alle koordinierten Ionen gleich. So treten Fluor- und Sauerstoffionen nebeneinander in einer Reihe isomorpher Verbindungen auf: K_3ZrF_7, K_3TaOF_6, $K_3WO_2F_5$, Stickstoff neben Sauerstoff in den Osmiamaten: $K\left[Os^{O_3}_{N}\right]$, Schwefel neben Sauerstoff in den Thioarsenaten: $Na_3(AsO_4)$, $Na_3(AsO_3S)$, $Na_3(AsO_2S_2)$, $Na_3(AsOS_3)$, $Na_3(AsS_4)$. Fluor, Sauerstoff und Stickstoff sind gleichzeitig vorhanden in der Verbindung $NH_4[SNOF_2]$ (*Seel* und *Simon* 1960).

Ein bemerkenswertes Beispiel dafür, wie sehr man sich bezüglich der Konstitution irren kann, stellt das wohlbekannte Reagens für Natriumionen, Kalium-dihydrogen-pyroantimonat $K_2H_2Sb_2O_7 \cdot 5\,H_2O$ dar. Entsprechend der Röntgenstrukturuntersuchung (*Beintema* 1937; *Schrewelius* 1938; *Siebert* 1959) ist diese Substanz in Wahrheit $K[Sb(OH)_6]$, Kalium-hexahydroxy-antimonat.

Zusammenfassend können wir feststellen, daß die Koordinationszahl gegenüber Sauerstoff für die Elemente der ersten Periode des Periodensystems 3 ist und 4 für die übrigen Elemente. Für einwertige Ionen sind diese Zahlen 4 bzw. 6.

Kleinere Koordinationszahlen kommen bei Ionen mit einer kleinen Ladung vor wie $K[HF_2]$, $K[Ag(CN)_2]$. Wir werden auf das erste Beispiel nochmals ausführlicher bei der Diskussion der Bildung von Wasserstoffbrücken zurückkommen (Seite 388). Das $[Ag(CN)_2]^-$-Ion ist ganz sicher kein ionischer Komplex.

Kleine Koordinationszahlen treten auch bei Ionen hoher Wertigkeit auf wie dem Uranylion $[UO_2]^{2+}$ und den entsprechenden Neptunyl- und Plutonylionen; hier kann ebenfalls keine Rede von irgendeiner ionischen Bindung sein.

Die starke Löslichkeit der Uranylsalze, z.B. des Nitrats, in organischen Lösungsmitteln wie Äther, Ketonen, Alkoholen und Phosphorsäureester, zeigt schon die besondere Konstitution dieser Salze an. Die tatsächliche Koordinationszahl des Urans in Uranylnitrat, $UO_2(NO_3)_2 \cdot 6H_2O$ ist 8. Vier Sauerstoffatome von den zwei Nitrationen und zwei von zwei Wassermolekülen des ungeladenen Komplexes bilden ein ungefähr flaches Sechseck mit der UO_2-Gruppe im Mittelpunkt und senkrecht darauf.

Mit Tributylphosphat (TBP) wird ein ähnlich gebauter Komplex $UO_2(NO_3)_2 \cdot 2TBP$ gebildet (*Fleming* und *Lynton* 1960).

Mit TBP bilden auch die Nitrate der drei- bzw. vierwertigen Metallionen ungeladene Komplexe mit drei bzw. zwei Molekülen TBP, alle wiederum mit der Koordinationszahl 8. (*Glueckauf* und *McKay* 1950; *Katzin* 1950; *Long* u.a. 1956; *Diamond* und *Tuck* 1960; *Tuck* und *Diamond* 1961).

Es ist nunmehr einfach, aus dem elektrostatischen Modell Stabilitätsregeln abzuleiten (*van Arkel* und *de Boer*):

1. Die Stabilität des Komplexes wächst mit ansteigender Ladung und mit abnehmendem Radius des Zentralions.

2. Die Stabilität wächst mit ansteigender Ladung (nur bei niedrigeren Koordinationszahlen, siehe Tabelle 7) und mit abnehmendem Radius der koordinierten Ionen.

Die Stabilität wächst also in der Reihenfolge:

$[MgF_6]^{4-}$, $[AlF_6]^{3-}$, $[SiF_6]^{2-}$, $[PF_6]^{-}$, SF_6. Die erste Verbindung existiert nicht, die letzte ist ein äußerst stabiles, nahezu inertes Gas (umhüllte oder abgeschirmte Verbindung, Seite 84).

Die Stabilität fällt in der Reihenfolge:

$[PO_4]^{3-}$, $[AsO_4]^{3-}$, $[SbO_4]^{3-}$, während $[NO_4]^{3-}$, wie es im Orthonitrat aus Na_2O und $NaNO_3$ vorkommt, kaum stabil ist, da der Radius des fünfwertigen positiven Stickstoffions zu klein ist für die Viereranordnung der koordinierten Ionen.

Der Einfluß des Radius der koordinierten Ionen ist aus der geringen Stabilität der Komplexe der höheren Halogene gegenüber denen des Fluors ersichtlich. Ebenso sind Schwefelkomplexe weniger stabil als Sauerstoffkomplexe.

Der Einfluß des nicht komplexen Ions auf die Stabilität ist noch nicht diskutiert worden. In der Reaktion $2\,KF + SiF_4 \rightarrow K_2SiF_6$ ist der Energieeffekt ΔU nicht nur durch die Energie der Anlagerung des Fluorions an das Zentralion bestimmt, sondern auch durch die Gitterenergie des

KF. Tatsächlich gilt $\Delta U = -2\, U_{KF} + U_{K_2SiF_6} + W_{SiF}$, wobei U die betreffende Gitterenergie und W die Bildungswärme des Komplexes aus den freien Ionen bedeutet. Man kann auch sagen: Das Tetrafluoridmolekül drängt sich gleichsam zwischen die Kalium- und Fluorionen. Der vom Radius des nichtkomplexen Ions K^+ ausgeübte Einfluß wird im ersten Term viel größer sein als im zweiten: In der Tat enthält die Formel für die Gitterenergie den Term $r^+ + r^-$ im Nenner, und der Radius des negativen Komplexions $[SiF_6]^{2-}$ ist stets sehr viel größer als der des negativen zu koordinierenden Ions F^-. Man kann deshalb feststellen:

3. Die Stabilität wächst mit abnehmender Ladung und ansteigendem Radius des nicht komplexen Ions.

Für diese Regel lassen sich viele Beispiele anführen, nicht nur für Ion-Ion-Komplexe, sondern ebenfalls für Komplexe, die zu den noch nicht diskutierten Kategorien gehören, wo die Regel gleichfalls gilt. In diesen Fällen ist es ebenfalls günstiger, wenn die einfache Verbindung eine kleine Gitterenergie besitzt (Absolutwert!).

Die Regel gilt für die Zersetzung der Sulfate. Die Sulfate der dreiwertigen Elemente Aluminium und Eisen zersetzen sich relativ leicht, die der Erdalkalimetalle nennenswert erst beim Erhitzen auf Rotglut (so zerfällt $CaSO_4$ in der Lötrohrflamme quantitativ, Bariumsulfat nur wenig), die Alkalisulfate sind stabil. Die freien Säuren sind viel weniger stabil als die meisten ihrer Salze, was verständlich wird, wenn wir das Wasserstoffion als ein extrem kleines, positives Ion betrachten.

Die Verbindungen mit nichtkomplexen Ionen der Nebengruppen (b-Gruppen) sind weniger stabil als die der Hauptgruppen (a-Gruppen). Das ist keine Folge der höheren Ionisationsenergie, wie beim Zerfall einfacherer Verbindungen in die Elemente, sondern eher der höheren Gitterenergie. Erstens haben diese Ionen einen relativ kleinen Radius ($r_{Ag} \approx r_{Na}$), und außerdem gibt die London-Wechselwirkung (Seite 39) als Ergebnis der hohen Polarisierbarkeit dieser Ionen einen Extraanteil zur Gitterenergie der einfachen Verbindung.

Der Beitrag der London-Energie zur Gitterenergie ist bei den unter Teilnahme von Fluor und Sauerstoff gebildeten Komplexionen klein infolge deren geringer Polarisierbarkeit.

Komplexionen, in denen das Zentralion keine Edelgaskonfiguration besitzt, sind sehr zahlreich. Sie werden speziell mit leicht polarisierbaren Ionen gebildet, wie Cl (Br, J), CN, CNS und S. In diesen Fällen kann sowohl die Polarisation als auch die van-der-Waals-Energie zur Bildungswärme des Komplexes beitragen. Die nachstehenden Verbindungen sind Beispiele hierfür:

$$K_4CdCl_6,\ K_2[Hg(CN)_4],\ K_3[Ag(SCN)_4],\ KFeS_2,\ \text{usw.}$$

Tabelle 8: Zersetzungstemperaturen und Bildungswärme einer Anzahl von Carbonaten

Hauptgruppen			Nebengruppen		
	Bildungswärme aus dem Oxid	Zersetzungstemperatur		Bildungswärme aus dem Oxid	Zersetzungstemperatur
Li_2CO_3	54,1 kcal	1270°	$CuCO_3$	11,0 kcal	200°
Na_2CO_3	76,8 kcal	sehr hoch	Ag_2CO_3	19,6 kcal	218°
K_2CO_3	93,5 kcal	sehr hoch			
Rb_2CO_3	96,6 kcal	sehr hoch			
Cs_2CO_3	97,4 kcal	sehr hoch			
$BeCO_3$	—	100°	$ZnCO_3$	17,0 kcal	296°
$MgCO_3$	28,1 kcal	350°	$MnCO_3$	27,8 kcal	327°
$CaCO_3$	42,5 kcal	897°	$FeCO_3$	21,0 kcal	405°
$SrCO_3$	56,0 kcal	1189°			
$BaCO_3$	63,8 kcal	1360°	$PbCO_3$	20,9 kcal	347°

Die Ionen der Reihen Ti–Zn, Zr–Cd, Hf–Hg und die Ionen der 5f-Serie sind besonders zur Komplexbildung befähigt, die Elemente der achten Gruppe ragen speziell heraus. Von keinem Element sind mehr Komplexe bekannt als vom dreiwertigen Kobalt. Diese Zentralionen bilden Atombindungen durch Elektronenpaare (Seite 164) mit den meisten Ionen außer Fluorid und mit den meisten Molekülen, speziell mit Ammoniak und anderen Stickstoffderivaten, viel weniger leicht dagegen mit Wasser. Sie werden im nächsten Kapitel erörtert.

Sind nun auch Komplexionen bekannt, in denen ein negatives Ion als Zentralatom fungiert?

Man könnte die Ionen NH_4^+, PH_4^+, OH_3^+ und FH_2^+ als solche ansehen. Die Stabilität fällt in der angegebenen Reihe mit ansteigendem Radius und abnehmender Ladung des negativen Zentralions. Jedoch sprechen die tetraedrische Struktur und ebenso die kleine Elektronegativitätsdifferenz (Seite 136) gegen eine ionische Konstitution des Ammoniumions. Für ein leicht polarisierbares N^{3-}-Ion würde eine pyramidenförmige Struktur für die Polarisation energetisch vorteilhafter sein. Die Wasserstoffkerne befinden sich tatsächlich völlig innerhalb der Elektronenwolke. Im Alkylammoniumion sind sicher Atombindungen vorhanden. Die Ionenbindung dürfte jedoch sicherlich im Fluoroniumion FH_2^+ (Seite 77) vorherrschen, übereinstimmend mit der Bindung im HF.

Der Einfluß des nichtkomplexen Ions zeigt sich in der Tatsache, daß z.B. PH_4J ziemlich stabil ist, PH_4F dagegen nicht existiert. Offensichtlich steigt die Stabilität mit ansteigender Stärke der Säure und wachsender Protonenaffinität (Basizität) des Hydrids. Das ist kein Einfluß des Radius, wie aus der geringen Stabilität des NH_4CN gegenüber der des NH_4Br zu ersehen ist. Das CN^--Ion entspricht zwar der Größe nach dem Br^--Ion, HCN ist jedoch eine viel schwächere Säure als HBr.

Wenn das Stickstoff- oder Sauerstoffatom an das stark elektronegative Fluoratom gebunden ist wie im NF_3 oder OF_2, ist es positiv geworden und besitzt nur noch eine so geringe Protonenaffinität, daß diese Moleküle keine Komplexe mehr bilden. OF_2 ist ein Sauerstoff-fluorid und kein Fluoroxid, wenn wir das Anion (Säurerest) durch den zweiten Teil des Namens bezeichnen.

Über andere Komplexverbindungen von positiven Ionen mit einem negativen Zentralion ist bisher nur wenig bekannt. Vielleicht ist das basische Berylliumacetat $OBe_4(CH_3COO)_6$ ein Beispiel, in dem das Sauerstoffatom von vier Berylliumatomen umgeben ist, die die Ecken eines Tetraeders bilden, während die Carboxylgruppen in einer solchen Weise parallel zu den Kanten angeordnet sind, daß jedes Berylliumatom seinerseits durch die ein Tetraeder bildenden Sauerstoffe der Acetatgruppen umgeben ist. Auch $2\,HgCl_2 \cdot HgO$ ist in Wirklichkeit $[(ClHg)_3O]Cl$ (*Grdenic* und *Scavnicar* 1953, 1955); eine gleiche Struktur hat $HgSO_4 \cdot 2\,HgO$, nämlich $[(OHg_3)O]SO_4$ (*Nagorsen, Lyng, Weiß* und *Weiß* 1962). Für die Doppelverbindungen des $AgNO_3$ sind vielleicht die Formulierungen als $[JAg_3](NO_3)_2$ und $[SAg_3](NO_3)$ sowie $(Ag_2J)F$ und $(Ag_8Te)(NO_3)_6$ richtig (*Lieser* 1957, 1960; *Bergerhoff* 1959).

10. Silicate und andere mehrkernige Komplexe

Die chemische Formel gibt die Koordinationszahl nur dann richtig an, wenn genügend viele Partner für jedes Zentralion verfügbar sind, um die maximale Koordination zu erreichen. In anderen Fällen gehören die koordinierten Ionen zu mehr als einem Zentralion.

In dieser Weise entstehen mehrkernige Komplexe und je nachdem, ob die Kerne der komplexen Anionen zu einer oder mehreren Atomarten gehören, werden Isopolysäuren (Isokomplexe) oder Heteropolysäuren (Heterokomplexe) gebildet. Man kann diese Verbindungen auch formal wiedergeben als aus einem Molekül eines basischen Oxids und mehr als einem Molekül eines säurebildenden Oxids bestehend oder aus Molekülen verschiedener Oxide. Diese mehrkernigen Komplexe treten als Tetraeder, Oktaeder oder Dreiecke auf, in denen eines oder mehrere der an den Ecken befindlichen Atome zwei Gruppen gemeinsam angehören. Bei den besonders zahlreichen aus Sauerstofftetraedern aufgebauten Komplexen ist verständlich, daß wegen der elektrostatischen Abstoßung der hoch geladenen Zentralionen nur die Ecken beiden Gruppen gemeinsam sind, nicht aber die Kanten oder Flächen und daß eine Ecke nicht mehr als zwei Gruppen angehört (Regel von *Pauling*). Im SiS_2, wo die Bindungen in geringerem Ausmaß ionisch sind, besitzen die SiS_4-Tetraeder gemeinsame Kanten. Bei oktaedrischen Gruppen ist die Möglichkeit gemeinsamer Kanten größer, da hierbei der Abstand zwischen den Zentralionen nicht so stark abnimmt.

Wenn wir auch die Kationen einbeziehen, die nicht zum Komplexion gehören, können wir die folgende Regel formulieren:

Wenn von jedem Kation ebenso viele Kraftlinien ausgehen, wie seiner Ladung entsprechen, und diese gleichmäßig auf die das Kation umgebenden Anionen verteilt sind, erhält ein zweiwertiges Sauerstoffion zwei von ihnen und ein einwertiges Anion wie Fluor- oder Hydroxylanion eine. Oder als Formel ausgedrückt:

$$z_a = \sum_i \frac{{}_iz_k}{{}_iC_k},$$

wobei z_a und ${}_iz_k$ die Ladungen von Anion bzw. Kation und ${}_iC_k$ die Koordinationszahl des betreffenden Kations sind und über alle umgebenden Kationen summiert wird (*Pauling*, *Bragg*). Diese Regel hat sich bei der Aufstellung plausibler Modelle für die Kristallstruktur vieler Komplexverbindungen, vor allem der Silicate als sehr wertvoll erwiesen (*Machatschki*, *Bragg*).

Silicate

Die ausgedehnteste Gruppe mehrkerniger Iso-Komplexe stellen die Silicate dar. Die Struktureinheit ist hier stets ein Sauerstofftetraeder mit dem Siliciumion als Zentrum*).

Nach dem weiter oben Gesagten können wir die Formeln einer Anzahl von Silicaten in einfacher Weise wiedergegeben.

Bei der Anwendung auf natürliche Minerale treten jedoch Komplikationen auf, die vielfach auf Bildung von Mischkristallen zurückzuführen sind. So wird insbesondere häufig ein Teil des Si^{4+} in dem Sauerstofftetraeder aufs Geratewohl durch Al^{3+} ersetzt. Außerdem ist auch Aluminium anwesend, das nicht zu den Tetraedern des Skeletts gehört. Weiterhin liegt ein Teil der Sauerstoffionen manchmal als OH^- vor oder wird mitunter durch F^- isomorph ersetzt, das die gleiche Größe hat.

Die OH^-- und F^--Ionen bilden niemals einen Teil des Skeletts der Sauer-

*) Aus Röntgenstrahlenuntersuchungen (siehe Seite 23) ist geschlossen worden, daß die Bindung mindestens zur Hälfte ionisch ist. Obgleich meistens angenommen wird, daß das Sauerstoffion sich immer auf der Verbindungslinie zweier Siliciumionen befindet, wie für eine Ionenbindung erwartet werden kann, treten jedoch Si—O—Si-Winkel von 180° in kristallisierten Silicaten unter normalen Bedingungen wohl nicht auf (*Liebau* 1960).

stofftetraeder; dies würde tatsächlich der oben gegebenen Formel widersprechen, in der z_a in diesem Falle nur 1 sein kann.
Die OH^--Ionen wurden in älteren chemischen Analysen und den daraus abgeleiteten empirischen Formeln oft inkorrekt als Kristallwasser gerechnet. Die frühere Teilung in Metasilicate, Orthosilicate usw. ist ohne Wert. Zum Beispiel wurde Talkum früher als ein „Metasilicat" klassifiziert mit der Formel $H_2Mg_3(SiO_3)_4$, es gehört jedoch nichtsdestoweniger zu den blattähnlichen Gittern (Gruppe C) und die Formel ist $(OH)_2Mg_3(Si_2O_5)_2$; ähnlich ist ein Feldspat, Leucit, nicht $KAl(SiO_3)_2$, sondern $K(AlSi_2O_6)$ (Gruppe D). Ebenso sollte Muskovit, eine Glimmerart, nicht als $H_2KAl_3(SiO_4)_3$, also ein Orthosilicat formuliert werden, sondern als $(OH)_2KAl_2(AlSi_3O_{10})$ (C).

a. Räumlich beschränkte Gruppen (Inselstrukturen, Bild 7)

1. Getrennte SiO_4-Gruppen: A_4SiO_4 (Orthosilicate wie Olivin Mg_2SiO_4, Willemit Zn_2SiO_4). Nach den oben erwähnten Regeln muß ein Sauerstoffion zu einem Tetraeder mit Si^{4+} als Zentralion gehören mit $z_k = 4$, $C_k = 4$ und zur oktaedrischen Koordinationssphäre von drei Mg^{2+}-Ionen mit $C_k = 6$ und $z_k = 2$, so daß $z_a = 2$ wird; das ist beim Olivin tatsächlich der Fall.
2. Kombinationen aus zwei Tetraedern: $A_6Si_2O_7$, z.B. Thortveitit $Sc_2[Si_2O_7]$.
3. Ringförmige Komplexe aus drei, vier oder sechs Tetraedern, so mit den Formeln $[Si_3O_9]^{6-}$, $[Si_4O_{12}]^{8-}$ und $[Si_6O_{18}]^{12-}$. Da die stöchiometrische Zusammensetzung in diesen Fällen stets $[SiO_3]^{2-}$ ist, wurden diese Silicate alle zusammen mit den langkettigen Komplexen ohne Unterschied als sog. Metasilicate klassifiziert. Beispiele für die obengenanannten drei Strukturen sind: Wollastonit $Ca_3[Si_3O_9]$, Neptunit $Na_2TiFe^{II}[Si_4O_{12}]$ und Beryll $Be_3Al_2[Si_6O_{18}]$. Die großen Ringe in dem zuletzt genannten Kristall führen zu einer Struktur mit Hohlräumen, so daß der Beryll eingeschlossenes Helium enthält.

b) Eindimensionale unbeschränkte Gruppen (Kettenstrukturen) (Bild 7)

Durch die Bildung einer unbeschränkten Reihe von durch die Ecken miteinander verbundenen Tetraedern entstehen Silicate der (stöchiometrischen) Zusammensetzung A_2SiO_3. Beispiele für diese Strukturen sind in den faserigen Silicaten zu finden wie im Diopsid $CaMg(SiO_3)_2$. Durch Verbindung zweier paralleler Ketten durch gemeinsame Ecken zu einem Band wird die Zusammensetzung $A_6(Si_4O_{11})$ der Amphibole gebildet wie im Tremolit $Ca_2Mg_5(Si_4O_{11})_2(OH, F)_2$ und im Chrysotil $Mg_6(Si_4O_{11})(OH)_6 \cdot H_2O$. Beide Minerale sind als Asbest bekannt. Es sind jedoch viele weitere Typen von Ketten bekannt (*Belov* 1956).

c) Zweidimensionale unbeschränkte Gruppen (Blattstrukturen) (Bild 7)

Durch wiederholte Verknüpfung eines Tetraeders mit drei anderen mit Hilfe von gemeinsamen Ecken werden in zwei Richtungen unbeschränkte Blätter gebildet. Man kann sie auch entstanden denken durch eine weitere Ausdehnung der oben genannten Bänder. Die Zusammensetzung dieser Komplexe ist $[Si_2O_5]^{2-}$.
Es ist klar, daß verschiedene Variationen dieses Themas möglich sind; so können alle freien Ecken des Tetraeders in die gleiche oder umgekehrt in die entgegengesetzte Richtung weisen. Die in diesem Falle vorhandenen Sechsecke ergeben einen Platz für andere Partikel wie im Beryll. Außerdem sind hier auch viele Variationen in der Schichtung der Blätter übereinander möglich.
Zahlreiche äußerst wichtige Minerale, wie die Glimmer Muskovit $(OH)_2KAl_2(AlSi_3O_{10})$ und Pyrophyllit $(OH)_2Al_2(Si_2O_5)_2$ gehören zu dieser Gruppe, weiterhin Talkum $Mg_3(Si_4O_{10})(OH)_2$ und besonders die sog. Tonmineralien, die hauptsächlich die submikroskopische Fraktion der Tone und allgemein des Ackerbodens bilden. Neben dem Kaolinit (im Kaolin oder Töpferton) $Al_2O_3 \cdot 2SiO_2 \cdot 2H_2O$ oder $Al_2(OH)_4(Si_2O_5)$ ist der Montmorillonit $Al(OH)[Si_2O_5] \cdot n\,H_2O$ (brutto $Al_2O_3 \cdot 4\,SiO_2 \cdot n\,H_2O$) von großer landwirtschaftlicher Bedeutung; er kommt in der Fuller- oder Bleicherde und in praktisch reiner Form als Bentonit vor. Im Boden ist es besonders der Montmorillonit, der neben seinem Wasserbindungsvermögen die Fruchtbarkeit bestimmt durch die Möglichkeit des Basenaustauschs, besonders $K^+ \rightleftharpoons Na^+, Ca^{2+}$, weil das Kalium hierbei in einer für die Pflanze verfügbaren Form gebunden wird. Wir gehen hier auf Details nicht näher ein (siehe Literatur, Seite 94).

d) Dreidimensionale unbeschränkte Gruppen (Gitterstrukturen)

Wenn ein Tetraeder mit jeder Ecke an ein anderes gebunden ist, entsteht ein dreidimensionales Netz der Zusammensetzung SiO_2. Dies ist kein Komplexion mehr, sondern Siliciumdioxid. Tatsächlich sind die zahlreichen Modifikationen des SiO_2: Quarz (α und β), Christobalit (α und β), Tridymit (α, β und γ) und Coesit nach diesem Prinzip gebaut. Da jedoch, wie bereits erwähnt, Si^{4+} häufig teilweise durch Al^{3+} ersetzt wird, gibt es auch zu dieser Gruppe gehörige Silicate. Diese Silicate schließen den schon erwähnten Leucit ein, den Feldspat und insbesondere die isomorphen Reihen der Plagioklase von Albit $Na[AlSi_3O_8]$ bis Anorthit $Ca[Al_2Si_2O_8]$. Orthoklas ist $K[AlSi_3O_8]$ mit einer eng verwandten Struktur.
In der offenen Struktur des Feldspates sind große Hohlräume vorhanden, in denen Alkaliionen vorkommen, es gibt aber keine durchgehenden Kanäle wie in einer anderen Gruppe der Silicate, den Zeolithen, z.B. im Natrolith $Na_2[Al_2Si_3O_{10}] \cdot 2H_2O$. Diese Kanäle enthalten Wasser. Die

Zeolithe können auch zahlreiche Gase und Dämpfe kleiner Moleküle absorbieren, wie Ar, O_2, N_2, CH_4, C_2H_4, CO_2, NH_3, Methyl- und Äthylalkohol und Essigsäure, nicht aber z.B. Aceton, Butylalkohol und Benzol.

Natürliche und künstliche Permutite, wie Analcim $Na[AlSi_2O_6]H_2O$ gehören auch zu den Zeolithen, in denen Basenaustausch eintritt, z.B. von Ca^{2+} gegen Na^+ (Wasserenthärtung). Die heutzutage als Ionenaustauscher

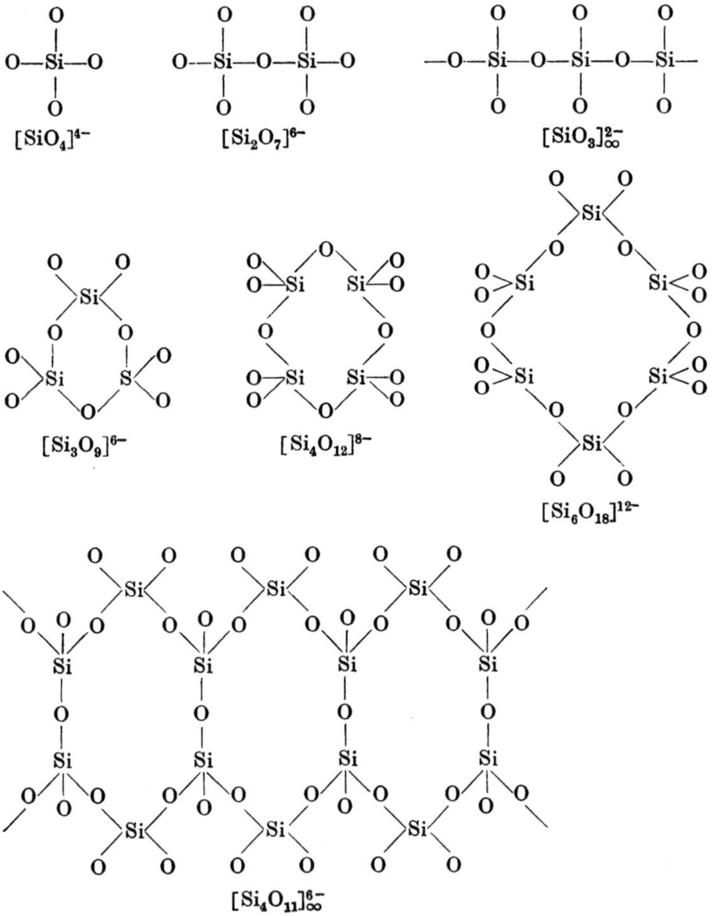

Der „freie" Sauerstoff eines jeden Tetraeders in $[Si_2O_5]$ und $[Si_4O_{11}]$ ist stets nach einer Seite der Ebene gerichtet.

Bild 7. Haupttypen komplexer Silicationen

so wichtigen organischen Permutite haben die offene Struktur mit diesen Silicaten gemeinsam.

Es sind auch verschiedene Arten synthetischer Zeolithe dargestellt worden, deren Gitter aufgebaut sind aus Einheiten des Natroliths $(Al, Si)_{24}$ O_{48}, z.B.

Typ 4A: $Na_{12}(Al_{12}Si_{12}O_{48}) \cdot 27H_2O$

Typ 5A: $Na_4Ca_4(Al_{12}Si_{12}O_{48}) \cdot 26H_2O$

Typ 13X: $Na_{10}(Al_{10}Si_{14}O_{48}) \cdot 26H_2O$

In den ersten zwei Typen gibt es Hohlräume mit einem Durchmesser von 11,4 Å (auch solche mit 6,6 Å Durchmesser), umgeben von 8 Natrolitheinheiten, im Typus 13X sind die Hohlräume von 10 solchen Einheiten umgeben.

Den Zugang bilden Kanäle, die von 8- bzw. 10gliedrigen Sauerstoffringen mit einem Durchmesser von 4,11 Å, 4,52 Å bzw. 7,5 Å aufgebaut werden. Diese Verbindungen können für die scharfe Trennung kleinerer und größerer Moleküle als „Molekularsiebe" und auch als Trockenmittel dienen. Der Typ 4A absorbiert Moleküle kleiner als Propan; 5A Moleküle mit einem Durchmesser kleiner als Isoparaffine und aromatische Kohlenwasserstoffe, während der Typ 13X die meisten Kohlenwasserstoffe aufnehmen kann (*Barrer* 1949; *Breck* u.a. 1956; *Reed* und *Breck* 1956; *Barrer* und *Meier* 1958; *Broussard* und *Shoemaker* 1960).

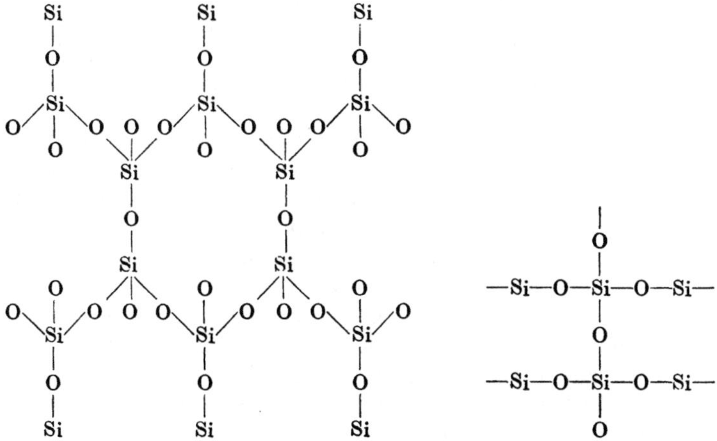

$[Si_2O_5]^{2-}_{\infty}$ (Zweidimensional) $[SiO_2]^{0}_{\infty}$ (Dreidimensional)

Bild 7 (Fortsetzung)

e) Glas

Die Substanzen, die in den Glaszustand zu bringen sind, lassen sich in zwei Gruppen einteilen: Die hoch schmelzenden anorganischen Gläser, bestehend hauptsächlich aus Oxiden, und die tief schmelzenden organischen Gläser (Seite 391). Die anorganischen Gläser sind aus einem dreidimensionalen Netz von durch gemeinsame Ecken verknüpften Tetraedern aufgebaut. Das ist auch bei den Silicaten so, den eigentlichen Glasbildnern (*Warren* 1940). *Zachariasen* hat die Bedingungen angegeben, die eine einfache Verbindung erfüllen muß, um ein Glas zu bilden. Da die Glasstruktur dreidimensional ist, muß jedes Tetraeder mindestens drei Ecken mit anderen Tetraedern gemeinsam haben. Die Koordinationszahl muß also mindestens 3 sein. Eine hohe Koordinationszahl (6, 8 oder höher) ist dagegen unvereinbar mit dem Glaszustand, weil die hohe Symmetrie dann eine regelmäßige Anordnung erleichtert, d.h., die Kristallisation erfolgt zu leicht. Es bleiben also nur Dreiecke und Tetraeder mit den Koordinationszahlen 3 und 4. *Goldschmidt* hatte bereits empirisch festgestellt, daß r^+/r^- zwischen 0,2 und 0,4 liegen muß (Seite 28). Das koordinierte Ion muß in der Lage sein, als gemeinsame Ecke zu fungieren. Bei Zentralionen höherer Wertigkeit ist das nur für den Sauerstoff der Fall mit $z_a = 2$ (siehe Seite 55), nicht aber für Fluor, Chlor oder OH^-.
Von den Oxiden haben wir also nur zu betrachten: MO_2 und M_2O_5 als Tetraeder und M_2O_3 als Dreiecke. So sind die folgenden Oxide im Glaszustand bekannt: SiO_2, GeO_2, P_2O_5 (V_2O_5 mit etwas P_2O_5), As_2O_5, B_2O_3 und As_2O_3. Unter den Fluoriden ist lediglich BeF_2 als Glas erhalten worden; hier finden wir ausnahmsweise die Koordinationszahl 4 für das Fluor, während die niedrige Ladung des Be^{2+} zur Folge hat, daß in diesem Fall die Pauling-Bedingung gerade erfüllt wird, das heißt $z_a = 1$ für ein F^--Ion, das zwei Tetraedern angehört.
Wenn wir dem SiO_2 oder Quarzglas, wo alle Ecken je zwei Tetraedern gemeinsam sind, basische Oxide wie Na_2O, K_2O oder CaO zufügen, steigt das Verhältnis O : Si an, und es gibt nun „freie“ Ecken mit Sauerstoff. Die Metallionen mit ihrer hohen Koordinationszahl finden in den weiten Hohlräumen Platz wie in den Feldspatstrukturen. Aluminium, das im Oxid eine Koordinationszahl von 6 zeigt, findet sich in den Sauerstofftetraedern in gleicher Weise wie in den kristallinen Silicaten.
Das B^{3+} in den Borosilicatgläsern hat ebenfalls eine Koordinationszahl 4. Die Addition von B_2O_3 verringert deshalb die Zahl der „freien“ Sauerstoffionen und vergrößert die Zahl von Sauerstoffionen gebildeten Brükken. In Übereinstimmung damit werden die Eigenschaften der Borosilicatgläser wie PYREX oder SUPREMAX denen des Quarzglases ähnlich (z.B. der kleine Ausdehnungskoeffizient). Es ist gefunden worden, daß das Verhältnis vom freien zu als Brücke dienendem Sauerstoff die Eigen-

schaften des Glases wesentlich mitbestimmt (*Stevels* 1948, 1954, 1960; *Morey* 1954; *Huggins* 1955; *Mackenzie* 1960; *Tarte* 1961). Dieses Verhältnis läßt sich auch aus der empirischen Zusammensetzung ermitteln, indem man das Verhältnis von Sauerstoffionen zu glasbildenden Ionen berechnet*).

Die das Netz bildenden Ionen außer Si^{4+} und B^{3+} sind P^{5+}, As^{3+}, Ge^{4+}, Sb^{3+} und gewöhnlich auch Be^{2+}, Al^{3+}, Ti^{4+} und Sn^{4+} (*Naray-Szabo* 1959). Neben den Alkali- und Erdalkalioxiden muß unter den basischen, das Netz modifizierenden Oxiden das PbO genannt werden, weil es den Brechungsindex (die Polarisierbarkeit) des Glases stark heraufsetzt (Kristallglas). Ionen wie Fe^{2+}, Co^{2+} und Ni^{2+} können sowohl innerhalb als auch außerhalb des Netzes auftreten, was zu Unterschieden in der Färbung des Glases führt.

In einigen anorganischen Gläsern ist die Bindung teilweise von einer anderen Art. Der Zusammenhang in der unten erwähnten Metaphosphorsäure wird durch Wasserstoffbrücken (Seite 375) zwischen einigen Stellen der durch Tetraeder gebildeten Ketten und Ringe hervorgerufen. Im glasigen Selen gibt es auch Ketten (Seite 318), die durch van-der-Waals-London-Kräfte zusammengehalten werden. Dieses niedrig schmelzende Glas (~75 °C) gesellt sich zu den organischen Gläsern, insbesondere zu den hochmolekularen Verbindungen.

f) Andere Isopoly-Komplexe

Obwohl im obigen Abschnitt insbesondere die Silicate diskutiert wurden, finden wir eine entsprechende, fast ebenso große Vielfalt bei einer Anzahl anderer Elemente, die gegenüber Sauerstoff die Koordinationszahl 4 haben können.

Es ist einleuchtend, daß die Germanate den Silicaten sehr ähnlich sind. Das gilt auch für die Phosphate und Arsenate (*Grunze* und *Thilo* 1954; *van Wazer* 1958; *Wieker* 1960). In der Tat finden wir (Bild 8, Seite 74):

$[PO_4]^{3-}$-Gruppen: Orthophosphate.

$[P_2O_7]^4$-Gruppen, bestehend aus zwei Tetraedern mit einer gemeinsamen Ecke: Pyrophosphate, z.B. $Mg_2P_2O_7$, das mit Thortveitit $Sc_2Si_2O_7$ isomorph ist.

$[P_3O_{10}]^{5-}$-Gruppen, eine Kette von drei Tetraedern, im Natriumtripolyphosphat $Na_5P_3O_{11}$.

$[PO_3]_n^{n-}$-Gruppen, die Metaphosphate, in denen ringförmige komplexe Anionen zu finden sind wie im $(NH_4)_4(PO_3)_4$, Ammonium-tetrametaphosphat (*Romers*, *Ketelaar* und *MacGillavry* 1951) und sehr lange Ketten, wie sie in der glasigen Metaphosphorsäure vorkommen.

---

*) The Structure of Glass I, II, New York 1960, Übersetzt aus dem Russischen, 3rd Conf. on the Glassy State Leningrad 1959.

Zur Klassifikation zahlreicher bereits bekannter Phosphate muß die Bestimmung der Kristallstruktur noch abgewartet werden (*Callis* u.a. 1954; *Topley* 1949). Das sog. Natrium-hexametaphosphat oder Calgon ist nicht $Na_6(PO_3)_6$, sondern besitzt viel größere offene Ketten. Neben geraden Ketten und Ringen gibt es auch verzweigte Ketten, bei denen ein Tetraeder mittels drei Ecken mit anderen Tetraedern verbunden ist (*Thilo* u.a. 1957, 1960).

Tetraeder mit drei gemeinsamen Ecken, also der Zusammensetzung $(P_2O_5)_n$ werden von den drei verschiedenen Modifikationen des Phosphorpentoxids selbst repräsentiert (*MacGillavry* u.a. 1941, 1949).

Im Gaszustand, der für alle drei gleich ist, existieren P_4O_{10}-Moleküle aus drei Tetraedern, die mit Hilfe der gemeinsamen Ecken einen Ring bilden wie in den Silicaten, während die oberen Sauerstoffatome dieser drei Tetraeder eine Fläche des vierten Tetraeders ergeben. Auf diese Weise entsteht ein kompaktes Molekül, in dem auch die Phosphoratome an den Ecken eines großen Tetraeders liegen (As_4O_6 und P_4O_6 haben eine ähnliche Struktur, jedoch ohne das „freie" Sauerstoffatom im Tetraeder). Die flüchtige Modifikation (S_1) des P_2O_5 (Tripelpunkt 423 °C und 380 Torr) besitzt ein aus diesen Molekülen aufgebautes Gitter. Diese Modifikation ist instabil, und bei höheren Temperaturen erfolgt eine Umwandlung in die stabile, sehr wenig flüchtige Modifikation (S_2, Tripelpunkt 580 °C und 55,5 Torr) und zwar langsam bei 250 °C, äußerst rasch dagegen bei 500 °C. Die Struktur dieser Modifikation wird ebenfalls aus Tetraedern gebildet, hier aber in Form eines dreidimensionalen Netzes wie in den Modifikationen des Quarzes. Die Schmelze dieser Modifikation liefert beim Abkühlen leicht ein Glas. S_2 kann als Polymeres von S_1 betrachtet werden. Diese Modifikation ist sehr viel weniger hygroskopisch als S_1; die Kristalle halten sich in Wasser mehrere Wochen, wobei sie langsam aufquellen. Die „freien", für die hygroskopischen Eigenschaften verantwortlichen Sauerstoffatome sind vollständig in die Struktur der S_2-Modifikation eingebaut. In der dritten Modifikation, S_3, sind Blätter vorhanden, etwa ähnlich denen in den aus sechs Tetraedern aufgebauten, blattförmigen Silicaten.

Ebenso wie der dreidimensionale Strukturtyp des SiO_2 als Folge einer isomorphen Substitution in den Feldspäten vorkommt, besitzen auch Phosphate wie $AlPO_4$ und BPO_4, in denen Al und B beide die Koordinationszahl Vier haben, ebenfalls Strukturen, die denen der SiO_2-Modifikationen Quarz bzw. Christobalit entsprechen.

Wenn wir zur sechsten Gruppe des Periodensystems übergehen, z.B. zu den Elementen Schwefel, Chrom usw., treffen wir ebenfalls mehrkernige, aus Tetraedern aufgebaute Komplexe an, jedoch – da die Gruppierung $[XO_3]$ neutral ist – nur in Form begrenzter Gruppen z.B. von zwei Tetraedern: $A_2[S_2O_7]$ Pyrosulfate, $A_2[Cr_2O_7]$ Dichromate. Trichromate $A_2[Cr_3O_{10}]$ und Tetrachromate $A_2[Cr_4O_{13}]$ sind indessen ebenfalls bekannt. Obwohl die Struktur nicht bekannt ist, wird sie doch wahrscheinlich durch kurze Ketten von drei bzw. vier Tetraedern gebildet.

Von $N_2O_5 \cdot 3SO_3$ oder $2(NO_2)^+(S_3O_{10})^{2-}$ ist die Struktur bekannt (*Eriks* und *MacGillavry* 1954).

In ähnlicher Weise leiten sich auch zahlreiche Komplexsalze vom Wolfram ab, wie die Para- und Meta-wolframate, deren Struktur jedoch noch nicht völlig aufgeklärt ist. Sie stehen in Beziehung zu den Heteropolysäuren, z.B. $(NH_4)_6Mo(MoO_4)_6 \cdot 4H_2O$, Ammonium-paramolybdat.
Keine mehrkernigen Komplexionen sind von den Perchloraten $A[ClO_4]$ erhältlich, in der Tat bilden zwei Tetraeder das ungeladene Oxid Cl_2O_7.
Die bisher besprochenen mehrkernigen (Iso-)Komplexe sind aus Tetraedern aufgebaut. Ein ähnliches Schema führt zur Bildung komplexer Borate, da die $[BO_3]^{3-}$-Gruppe in ihrer Form eines gleichseitigen Dreiecks ebenfalls Ecken mit anderen Dreiecken gemeinsam haben kann. Orthoborate, z.B. $ScBO_3$ und $InBO_3$ sind isomorph mit $CaCO_3$ und $NaNO_3$ und haben separate BO_3^{3-}-Ionen. Die Metaborate sind Beispiele für Ketten von Bor-Sauerstoff-Dreiecken, die miteinander durch zwei gemeinsame Ecken verbunden sind, wie im $Ca(BO_2)_2$. Es gibt auch Metaborate, in denen die Dreiecke einen Ring bilden: $K_3(B_3O_6)$. Bor kann jedoch auch die Koordinationszahl 4 besitzen, z.B. im Danburit $CaB_2Si_2O_8$ und in BPO_4, das eine dem Christobalit (SiO_2) ähnliche Struktur hat. Komplexe mit sowohl vier als auch drei nächsten Nachbarn sind ebenfalls bekannt. B_2O_3 bildet die Verbindung, in der alle drei Ecken gemeinsam sind. Im Dampfzustand bei 1500–1800 °C bildet B_2O_3 ein Molekül O=B—O—B=O mit einem Winkel von 95° am zentralen Sauerstoffatom und mit BO-Abständen von 1,20 Å bzw. 1,36 Å (*Akishin* und *Spiridonov* 1960).

Oktaederkomplexe

In den aus Oktaedern aufgebauten Komplexen kommen – wie bereits erwähnt – sowohl gemeinsame Kanten als auch sogar gemeinsame Flächen vor. Da eine Koordinationszahl 6 beim Sauerstoff selten erreicht wird wie z.B. in den Verbindungen Ca_3UO_6, Ca_3WO_6 (*Steward* und *Runciman* 1953), werden diese mehrkernigen Komplexe hauptsächlich unter Beteiligung von Halogenionen gebildet (siehe auch unten). Es existieren viele Oktaederkomplexe mit individuellen Gruppen wie in der K_2PtCl_6-Struktur (z.B. K_2SnCl_6, K_2ReF_6, Cs_2GeF_6, K_2OsBr_6, $(NH_4)_2PbCl_6$ usw.; die Struktur der Verbindungen A_3BX_6 entspricht dem ebenfalls: $(NH_4)_3FeF_6$, $(NH_4)_3AlF_6$ und $(NH_4)_3[MoO_3F_3]$) und weiterhin in der Kryolithstruktur, Na_3AlF_6.
Außerdem gibt es verschiedene Typen mehrkerniger Komplexe. Die Struktur des Tl_2AlF_5 bildet eine unbeschränkte Kette von Oktaedern, jeder mit zwei entgegengesetzten gemeinsamen Ecken. Bei vier gemeinsamen Ecken entstehen Blätter; $TlAlF_4$ ist ein Beispiel dafür. Andere Möglichkeiten gibt es bei den komplexen Aluminium-fluoriden. So werden im $Na_5Al_3F_{14}$ Blätter aus Oktaedern gebildet, von denen ein Drittel vier gemeinsame Ecken besitzt, der Rest jedoch nur zwei (*Brosset* 1937, 1938).

Im $Cs_3Tl_2Cl_9$, $K_3W_2Cl_9$ und $Cs_2Cr_2Cl_9$ (*Wessel* und *Ydo* 1957) gibt es Gruppen, die aus zwei Oktaedern mit einer gemeinsamen Fläche gebildet sind. Ketten aus Oktaedern mit gemeinsamen Kanten, also von der Zusammensetzung BX_4 finden sich in $K_2[HgCl_4] \cdot H_2O$ und $K_2[SnCl_4] \cdot H_2O$.
In der Struktur des Wolfram-trioxyds, WO_3, gehören alle Ecken der Oktaeder zu zwei Gruppen.
Heteropolysäuren bilden ähnlich eine Gruppe von Verbindungen, bei denen es erst dann möglich gewesen ist, die korrekte stöchiometrische Zusammensetzung anzugeben, nachdem die Strukturprinzipien durch Kristallstrukturanalyse besser bekannt geworden waren. Die am besten bekannte Heteropolysäure ist die Phosphomolybdänsäure, führt doch die Prüfung auf Phosphation mit Hilfe von Ammonium-molybdat zur Bildung des wohlbekannten, wenig löslichen Ammonium-phosphomolybdats, das von *Berzelius* entdeckt wurde [Bruttozusammensetzung nach dem Trocknen: $(NH_4)_3PO_4 \cdot 12MoO_3$].
Heteropolysäuren entstehen vor allem aus Molybdän- und Wolframsäure mit Bor, Silicium und Phosphor. Die Struktur besteht aus Oktaedern von MoO_6 bzw. WO_6. Zwölf dieser Gruppen sind so um das Zentralion herum angeordnet, daß dieses von vier Sauerstoffionen tetraedrisch umgeben wird. Die Oktaeder haben Kanten und vielleicht auch Flächen mit anderen Oktaedern gemeinsam. Auf diese Weise wird die Zusammenstzung des erwähnten Niederschlages $(NH_4)_3[P(Mo_3O_{10})_4]$, ähnlich erhalten wir $[P(W_3O_{10})_4]^{3-}$ oder noch besser $[P(W_{12}O_{40})]^{3-}$, da keine ganz separaten W_3O_{10}-Gruppen entdeckt werden können. Eine Ecke eines jeden Tetraeders ist frei, vier gehören zu zwei und eine zu drei Oktaedern, so daß sich das Verhältnis ergibt: O: W = 10/3: 1. Die Heteropolysäuren und ihre Salze enthalten zusätzlich noch eine große Anzahl von Wassermolekülen. In den freien Säuren liegt ein Teil von ihnen wahrscheinlich als Oxoniumion H_3O^+ vor, z. B. in der Borwolframsäure $[OH_3]_5[B(W_3O_{10})_4] \cdot 26H_2O$, die mit dem Ammoniumsalz der entsprechenden Zusammensetzung $(NH_4)_5[B(W_3O_{10})_4] \cdot 26H_2O$ isomorph ist.
Für viele Verbindungen ist die Struktur keinesfalls unzweideutig bestimmt.

11. Ion-Molekül-Komplexe

a) Ion-Dipol-Komplexe

Zu dieser Gruppe gehören die zahlreichen Hydrate und Ammoniakate (Ammine) und ebenso die ionischen Verbindungen, die Kristall-Alkohol, -Äther oder -Amine usw. enthalten.
Die Energie eines Teilchens mit einem (günstig gerichteten) permanenten Dipolmoment μ in einem von einer Ionenladung e der Entfernung r aus-

gehenden Feld ist: $U = -e\mu/r^2 = -\mu F$, wobei F die Feldstärke am Ort des Dipols darstellt.

In einem Teilchen mit der Polarisierbarkeit α wird nach der Definition durch ein Feld der Feldstärke F ein Dipolmoment der Größe $\mu_i = \alpha F$ induziert. (Das induzierte Moment ist stets dem induzierenden Feld parallel gerichtet.) Die Wechselwirkungsenergie ist hier proportional zu $-\mu_i F = -\alpha F^2 = -\alpha e^2/r^4$.

Die Berechnung der zuerst erwähnten Energie eines permanenten Dipols in einem elektrischen Feld ist einfach.

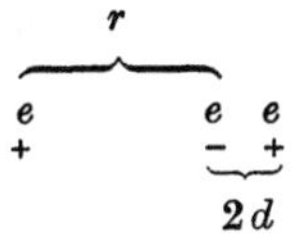

$$\mu \equiv e \cdot 2d$$

$$U = -\frac{e^2}{r-d} + \frac{e^2}{r+d} = -\frac{e^2}{r}\left(\frac{1}{1-\frac{d}{r}} - \frac{1}{1+\frac{d}{r}}\right)$$

oder wenn $d \ll r$

$$U = -\frac{e^2}{r}\,\frac{2d}{r} = -\frac{e\mu}{r^2}. \tag{1}$$

Bei der Berechnung der Energie eines polarisierbaren Teilchens in einem elektrischen Feld müssen wir außerdem berücksichtigen, daß Energie verbraucht wird, um den induzierten Dipol zu bilden, in dem positive und negative Ladungen durch einen bestimmten Abstand getrennt sind. Die durch eine geringe Änderung der Feldstärke F um den Betrag dF hervorgerufene Änderung der Energie dU ist μdF. Das Moment des Dipols kann dabei unter Vernachlässigung kleinerer Einflüsse als konstant und gleich αF betrachtet werden, also: $dU = -\mu_i dF = -\alpha F dF$. Die Gesamtenergie unter Einschluß der für die Induktion benötigten Energie wird gefunden durch Integration zwischen den Grenzen Null und dem tatsächlichen Wert von F:

$$U = -\alpha \int_0^F F\,dF = -\frac{1}{2}\alpha F^2 = -\frac{1}{2}\,\frac{\alpha e^2}{r^4}. \tag{2}$$

Es läßt sich leicht beweisen, daß die Ausdrücke (1) und (2) für U tatsächlich die Dimension einer (elektrischen) Energie haben, das heißt e^2/L (Ladung)^2/Länge, wenn man beachtet, daß die Dimensionen von μ bzw. α, $e \cdot L$ (Ladung · Länge) bzw. L^3 (Länge)^3 sind.

Beide Arten von Wechselwirkungsenergie treten stets zwischen einem Ion und einem Teilchen mit einem permanenten Dipolmoment auf, beide tragen sie zur Bildung des Komplexes bei.

Die Stabilität des Komplexes steigt wiederum mit ansteigender Ladung und abnehmendem Radius des Ions an. Ein großes Dipolmoment oder eine große Polarisierbarkeit erhöhen die Stabilität, vorausgesetzt der kürzeste Abstand r bleibt klein oder der Dipol ist auf jeden Fall exzentrisch angeordnet.

Hydrate

Zur Illustration sei erwähnt, daß fast alle Lithiumsalze bei Raumtemperatur stabile Hydrate bilden (*Wells* 1954). Es gibt auch zahlreiche Fälle, in denen ein Natriumsalz Hydrate bildet oder hygroskopisch ist, im Gegensatz zu den entsprechenden Kaliumverbindungen, z.B. dem Sulfat oder Nitrat.

Die Ionen höherer Wertigkeit binden gewöhnlich eine große Zahl von Wassermolekülen. Die gegenseitige elektrostatische Abstoßung der koordinierten neutralen Wasser*moleküle* ist viel kleiner als die der Fluor- oder Sauerstoff*ionen*, die von gleicher Größe sind. So findet man Oktammin- und Ennea-aquo-Komplexe z.B. $[Ba(NH_3)_8]Cl_2$ bzw. $[La(H_2O)_9](BrO_3)_3$ und sogar $Th(H_2O)_{12}(NO_3)_4$. Die Struktur des Hydrats $Na_2S \cdot 9H_2O$ entspricht fast der kubischen Modifikation des Eises. Es liegt deshalb tatsächlich Eis vor, in dem zwei Na^+-Ionen, ein HS^--Ion und ein OH^--Ion in den Hohlräumen des aus acht Wassermolekülen gebildeten Netzes eingelagert sind (*Machatschki* 1954). Eis nimmt gleichermaßen 10 % NH_4F auf, das ein gleiches Verhältnis von Protonen zu negativen Ionen aufweist wie Wasser (*Brill* und *Zaromb* 1954; *Zaromb* 1956).

Der Einfluß des nicht komplexen negativen Ions auf die Stabilität zeigt sich auch in der Kristallisation ohne Wasser, z.B. der Erdalkalifluoride im Gegensatz zu den anderen Halogeniden. Andererseits hat Natriumperchlorat die Zusammensetzung $NaClO_4 \cdot H_2O$, während das Sulfat mit dem doppelt geladenen Anion 10 H_2O enthält (Glaubersalz). Hier spielen andere Faktoren eine Rolle, da ja das Perchlorat hygroskopisch und ebenfalls sehr leicht löslich ist.

Ähnlich sind auch die meisten Hexamminkomplexe des Nickels $[Ni(NH_3)_6]X_2$ sehr stabil, nur das Fluorid zerfällt sofort beim Versuch, es aus dem Chlorid durch doppelte Umsetzung mit AgF herzustellen.

Die Frage nach der Hydratation von Ionen in Lösung (Seite 89) ist im wesentlichen die gleiche wie bei der Bildung von komplexen Hydraten im festen Zustand.

Ammoniakate (Ammine)

Während Ammoniak ein kleineres Dipolmoment (1,44 D) besitzt als Wasser (1,84 D) ist seine Polarisierbarkeit größer ($\alpha = 2{,}26 \cdot 10^{-24}$ cm^3 bzw. $\alpha = 1{,}48 \cdot 10^{-24}$ cm^3). Da die Energie der Bindung durch Polarisation (Gleichung (2)) proportional dem Quadrat der Feldstärke ist und nicht direkt proportional der Feldstärke wie die Wechselwirkung (Gleichung (1)) mit einem permanenten Dipol, wird Ammoniak durch Ionen mit hoher Feldstärke, d.h. mit hoher Ladung und kleinem Radius fester gebunden als Wasser (*van Arkel* und *de Boer*). Es ist eine wohlbekannte Tatsache, daß Calciumchlorid Ammoniak fast ebenso fest bindet wie

Wasserdampf (ebenso Alkohol). Ammoniakate, die in wäßriger Lösung stabil sind, d.h., wo Ammoniak die Wassermoleküle um das Ion herum verdrängen kann, werden unter den hoch geladenen Ionen der Hauptgruppenelemente (a-Gruppenelemente) nicht gefunden. Dagegen sind in wäßriger Lösung existenzfähige Ammoniakate der Ionen von Nebenelementen (b-Gruppenelementen) bekannt, z.B. der bekannte blaue Kupfer-Ammoniak-Komplex. Hier spielt der Einfluß der London-Wechselwirkung zwischen zwei leicht polarisierbaren Teilchen mit; auf der anderen Seite bilden diese Ionen auch sehr leicht Elektronenpaarbindungen. So hat $[Co(NH_3)_4](NO_3)_2$ wahrscheinlich eine ebene Struktur, die – wie auf Seite 173 diskutiert wird – auf Atombindungen hinweist.
Die Bildung eines Komplexes unter Freisetzung von Energie stabilisiert die gebildeten Verbindungen, und es ist deshalb verständlich, daß $Cu(NH_3)_4J_2$ im Gegensatz zu CuJ_2 tatsächlich existiert. Gleichermaßen sind Komplexverbindungen des dreiwertigen Kupfers, des zweiwertigen Silbers und des einwertigen positiven Jods bekannt. Beispiele hierfür sind:
$K_7[Cu^{III}(JO_6)_2] \cdot n\,H_2O$ und $[Ag^{II}(pyridin)]S_2O_8$, in dem das Ag^{2+}-Ion in gleicher Weise paramagnetisch ist wie Cu^{2+}. Es ist zweifelhaft, ob im $[JPy_2]ClO_4$ überhaupt noch eine Ion-Dipol-Bindung vorliegt (siehe Seite 348), da es den Jodoniumverbindungen wie $[J(C_6H_5)_2]ClO_4$ sehr ähnlich sind. $K_3[Co(CN)_6]$ (Seite 167) ist ein typisches Beispiel für die Stabilisierung der Wertigkeit 3 im Co^{3+} durch Komplexbildung. Während z.B. KJ_3 nicht stabil ist, sind Hydrate $[K(H_2O)_2]J_3$ im festen Zustand bekannt.

b) Ion-unpolares Molekül

Für Verbindungen wie die Polyhalogenide und die Polysulfide, formal auch die Azide, könnte angenommen werden, daß sie durch Anlagerung eines oder mehrerer neutraler unpolarer Halogen-, Schwefel- oder Stickstoffmoleküle an ein Halogenid-, Sulfid- oder Nitridion entstanden sind. Diese Betrachtungsweise ist bestimmt unrichtig für die Azide; das Azidion N_3^- ist linear, im Gegensatz zu der dreieckigen Struktur, die für die Ionenbindung zu erwarten ist.
Van Arkel und *de Boer* betrachteten ursprünglich die Polyhalogenide wie J_3^-, JCl_2^- usw. als aus einem Ion und einem Molekül bestehende Komplexe. Diese Komplexe sind stabil, vor allem in Kombination mit großen positiven Ionen außerhalb des Komplexes, z.B. Cäsium- oder insbesondere Tetra-alkyl-ammonium-Ionen. So sind sogar J_9^--Ionen bekannt.
Indessen ist das JCl_2^--Ion symmetrisch und linear gebaut mit dem Jod in der Mitte. In dem sorgfältig untersuchten JCl_4^- ist das Chlor in einem Quadrat um das Jod herum angeordnet (*Mooney* 1938). Daraus folgt, daß

Halogenmoleküle als solche nicht an der Komplexbildung teilnehmen. Eine reine, aus einem positiven Jodion und zwei negativen Halogenionen bestehende Ionenbindung ist ebenfalls denkbar und gibt sicher einen Anteil zu den X_3^--Ionen.
Für die höheren Komplexe wie JCl_4^- ist eine Konstitution

$$\begin{matrix} Cl^- & & Cl^- \\ & J^{3+} & \\ Cl^- & & Cl^- \end{matrix}$$

wegen der ebenen Struktur dieser sehr beständigen Verbindungen ausgeschlossen, außerdem müßte sie durch das J^{3+}-Ion im Grundzustand paramagnetisch sein, was nicht der Fall ist.
Für die zwölf Elektronen (eines von jedem Chloratom und vom J^--Ion acht außerhalb der gefüllten 4d-Schale) stehen eine 5s-Bahn oder Orbital und drei 5p-Bahnen zur Verfügung und es muß deshalb noch zwei zusätzliche 5d-Bahnen um das Zentralatom herum geben (Orbitals: Seite 140). Diese sechs Orbitals bilden durch Hybridisation (Seite 148) einen Satz von nach den Ecken eines Oktaeders gerichteten Bindungen. Zwei von ihnen an entgegengesetzten Ecken sind durch zwei freie oder einsame Elektronenpaare besetzt, die an der Bindung nicht teilnehmen, die vier anderen sind nach den Chloratomen an den Ecken eines Quadrates gerichtet, so daß eine ebene Struktur entsteht*).

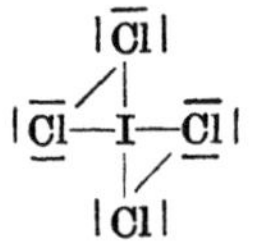

Die ionische Elektronenkonfiguration gibt jedoch zweifellos einen Anteil zur Stabilität, insbesondere, wenn die Differenz der Elektronegativitäten beträchtlich ist. *Emeléus* hat auch das $KBrF_4$**) erhalten, mit der gleichen Struktur wie das JCl_4^--Ion (*Sly* und *Marsh* 1957).
Für das JCl_2^--Ion wäre eine Konfiguration sp^3d für die zehn Elektronen rund um das Jod herum zu erwägen. Diese ergibt eine dreiseitige Doppelpyramide, wo die Chloratome die zwei Spitzen und die drei nicht binden-

*) Als Alternative ist auch möglich, daß die zwei nicht bindenden Elektronenpaare die 5s- und eine 5p-Bahn besetzen, während die acht bindenden Elektronen die zwei 5p- und zwei 5d-Orbitals besetzen, deren hybridisierte Formen die vier in einer Ebene liegenden Bindungen bilden.

**) Polyfluoride, wie RbF_3 und CsF_3 existieren nicht; die als solche angesprochenen Produkte enthalten Rb_2JF_7 und $RbBrF_4$ (*Bode* und *Klesper* 1951, 1961 auch *Emeleus* und *Sharpe* 1948, 1949).

den Elektronenpaare die Verbindungslinien in der Äquatorialebene besetzen würden.
Die Untersuchung mittels Röntgenstrahlen ergab jedoch Strukturen für J_3^-, J_5^-, J_7^- und J_9^-, die erheblich hiervon abweichen. J_3^- ist tatsächlich linear, aber asymmetrisch, wie von *Mooney* gefunden wurde (CsJ_3: J – J 2,83 Å und 3,03 Å, *Tasman* und *Boswijk* 1955). Im $N(CH_3)_4J_5$ liegen die Jodatome auf einem Netz mit fast quadratischen Maschen (Winkel 95°) (*Hach* und *Rundle* 1951, *Broekema, Havinga* und *Wiebenga* 1957); ein L-förmiges J_5^- ist unterscheidbar, das aus einem J^--Ion als Ecke und zwei J_2-Molekülen im Abstand von 3,17 Å gebildet ist (J – J 2,81 Å). Die Bindung kann als Ergebnis von Resonanz zwischen den folgenden Konfigurationen betrachtet werden:

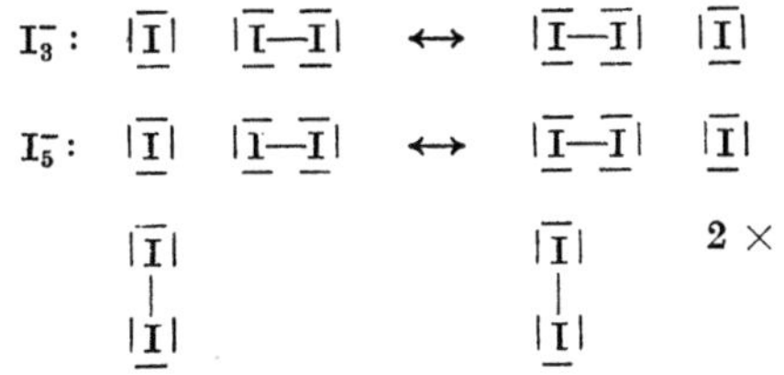

und

Im J_3^--Ion kann das Vorherrschen einer der zwei Konfigurationen auf den Einfluß des positiven Ions zurückgeführt werden. Im J_5^--Ion sind die Konfigurationen nicht von vornherein gleichwertig. Der Abstand im freien J_2-Molekül ist 2,67 Å. Er wird im vorliegenden Falle vergrößert, während der $J^- - J_2$-Abstand beträchtlich verkürzt ist. Der kürzeste Abstand zwischen verschiedenen Ionen ist der gleiche wie zwischen verschiedenen Molekülen im J_2 (J_2: 3,54 Å, J_5^-: 3,55 Å). Der rechte Winkel ist eine Folge des Winkels von 90° zwischen den betreffenden p-Funktionen; die Oktettkonfiguration wird aufrechterhalten. Bei einer elektrostatischen Bindung infolge Polarisation wäre eine lineare Struktur zu erwarten. Die Struktur des $N(C_2H_5)_4J_7$ enthält (symmetrische) J_3^--Ionen und J_2-Moleküle, sie besteht also aus $N(C_2H_5)_4J_3 \cdot 2J_2$ (*Havinga* 1957). Die Verbindung $N(CH_3)_4J_9$ ist tatsächlich $N(CH_3)_4J_5 \cdot 2J_2$ (*James, Hach, French* und *Rundle* 1955), jedoch mit einem J_5^--Ion mit dem Jodidion an einem Ende des L und umgeben von zwei anderen Jodmolekülen (*Rundle* 1961; *Wiebenga* u.a. 1961). CsJ_4 sollte als Cs_2J_8 geschrieben werden, und zwar ein Z-förmiges Ion J_8^{2-} mit Jodidionen an beiden Ecken enthaltend (*Havinga, Boswijk* und *Wiebenga* 1954).
Die Struktur der Polysulfide, z.B. Na_2S, Na_2S_4, Na_2S_5, $BaS_4 \cdot H_2O$, Cs_2S_6 usw. beruht auf der Bildung von spiralig gewundenen Ketten aus Schwefelatomen (*Abrahams* 1954, *Abrahams* und *Grison* 1953), analog den Ketten in den S_8-Ringen des elementaren rhombischen Schwefels (*Abrahams* 1955).

Im S_4^{2-}-Ion sind die zwei äußeren Abstände 2,026 Å, der innere ist 2,067 Å, mit Bindungswinkeln von 104,5°. Im S_6^{2-}-Ion werden abwechselnde S–S-Abstände von 2,02 Å und 2,11 Å gefunden, wiederum mit den kleinen Werten an beiden Enden und in der Mitte (Bindungswinkel 108,8°). Dieser Effekt ist wahrscheinlich auf Resonanz zurückzuführen zwischen den Konfigurationen

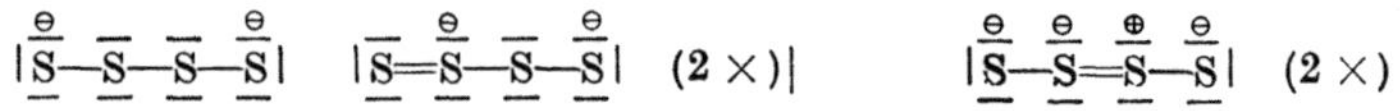

Die letzte Konfiguration ist sehr unwahrscheinlich, da sie Ladungen gleichen Vorzeichens an benachbarten Atomen enthält (Nachbarladungsregel Seite 223). Im Schwefel selbst ist die S–S-Bindungslänge nur 2,048 Å (monoklin) bzw. 2,057 Å (rhombisch) mit Bindungswinkeln von 107,8° bzw. 102,2° (*Abrahams* 1955, 1961; *Caron* und *Donohne* 1961).
Analoge Ketten von Schwefelatomen werden in den Tetra- und Pentathionat-Ionen $S_4O_6^{2-}$ und $S_5O_6^{2-}$ gefunden (*Foss, Furberg* und *Zachariasen* 1954):

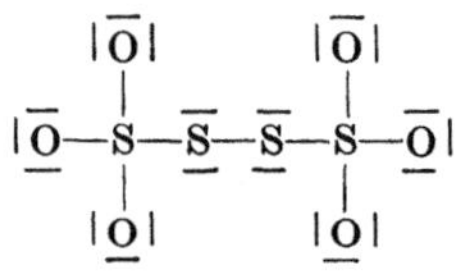

Ketten werden auch in den Polysulfiden gefunden wie den Sulfanen H_2S_n und den Chlorsulfanen S_nCl_2 mit n bis zu 8 (*Feher* u.a. 1955, 1956, 1957). Auch 6- und 8gliedrige Ringe spielen eine Rolle in der Schwefelchemie (*Becke-Goehring* 1961).

12. Elektrolytische Dissoziation

Eine einfache Verbindung kann nicht nur in Atome oder Moleküle dissoziieren, also in ihre Bestandteile, sondern auch in Ionen. Dieses Phänomen ist komplizierter, weil es in (wäßriger) Lösung auftritt. Auf der einen Seite erscheint hier die Dissoziationsenergie und auf der anderen Seite die Wechselwirkungsenergie eines Ions mit den Lösungsmittelmolekülen (Hydratationsenergie Seite 89).
Es folgt, daß genau genommen keine direkte Beziehung zwischen der Natur der Bindung im festen Zustande und der Dissoziation in wäßriger Lösung zu existieren braucht. Indessen sind Salze, d.h. Verbindungen aus Säuren und Basen, gewöhnlich auch im festen Zustande aus Ionen aufgebaut (unter Umständen aus komplexen Ionen). Soweit sie in Wasser löslich sind, liegen sie hierin vollständig dissoziiert vor (starke Elektro-

lyte). In den Fällen, wo Ausnahmen vorkommen, z.B. den Quecksilberhalogeniden, spielen Atombindungskräfte eine wesentliche Rolle, wie sich an der Bildung spezieller Molekülgitter im festen Zustande zeigt.

Die Cadmium- und die Bleihalogenide sind ebenfalls unvollständig dissoziiert, d.h., es werden in erster Linie die Ionen $[CdCl]^+$ und $[PbCl]^+$ gebildet, deren Dissoziationskonstanten klein sind (in der Größenordnung von 0,01–0,03, für $[CdJ]^+$ sogar nur 0,004).

Aus der Leitfähigkeit in nicht extrem verdünnten Lösungen geht hervor, daß in zahlreichen Fällen Ionenpaare gebildet werden (*Bjerrum*), d.h. Kombinationen von Ionen, deren jedes noch seine Hydrathülle enthält, die deshalb nicht den Molekülen entsprechen.

Verständlicherweise zeigen vor allem die höherwertigen Ionen dieses Phänomen. So treten Ionenpaare z.B. bei den Alkalisulfaten, den Erdalkalinitraten und beim Bariumhydroxid auf mit der Bildung von $[MSO_4]^-$, $[MNO_3]^+$, $[Ba(OH)]^-$ und weiterhin auch in $[Ce^{4+}(OH)^-]^{3+}$, $[Fe^{3+}(OH)^-]^{2+}$. Es können aber auch noch viel größere Ionen gebildet werden. So wurde in Lösungen von Wismutperchlorat nach verschiedenen Methoden die Existenz des Ions $[Bi_6(OH)_{12}]^{6+}$ nachgewiesen (*Olin* 1957; *Levy, Danford* und *Agron* 1959).

In verdünnten Lösungen verhalten sich Zinkhalogenide ganz wie starke Elektrolyte, in stärker konzentrierten Lösungen dagegen anders. Wahrscheinlich beruht dies auf der Bildung von höheren Komplexen, z.B. von $[ZnX_4]^{2-}$, deren Dissoziation viel stärker von der Konzentration abhängt als beim $[ZnX]^+$.

Manche Elektrolyte scheinen schwach zu sein, obwohl dies tatsächlich nicht so ist. Das kommt immer vor, wenn das (elektrolytisch) undissoziierte Molekül eine geringe Stabilität besitzt und deshalb nichtelektrolytisch stark dissoziiert. Wäßrige Lösungen von Kohlensäure*), schwefliger Säure, Ammoniak usw. sind Beispiele hierfür.

Auf der anderen Seite beweist eine geringe Löslichkeit in Wasser oder große Flüchtigkeit (siehe später), also die Abwesenheit des Salzcharakters nicht ohne weiteres, daß keine Ionenbindung vorliegt.

Obwohl die Bezeichnungen „Salz" und „salzähnlich" in der Chemie häufig benützt werden, ist es unmöglich, eine gute Definition zu geben, was darunter präzis zu verstehen ist. So geht es mit historischen Begriffen: Ihre Bedeutung wird unklar.

Ursprünglich verstand man unter dem „sal" der Alchimisten eine Substanz, die eine äußere Ähnlichkeit mit dem gewöhnlichen Salz zeigte. Es waren kristalline, in Wasser leicht lösliche und neutral reagierende Substanzen, wie Salpeter (sal petri), sal glauberi ($Na_2SO_4 \cdot 10H_2O$), sal ammoniac usw.

Nach den Lehrbüchern ist ein Salz das Produkt aus der Reaktion eines sauren mit einem basischen Oxid, oder entsteht neben Wasser aus einer

---

*) Die Kohlensäure ist als Ätherat erhalten worden; Zersetzung findet schon bei -10 °C statt (*Galinos* und *Carotti* 1961).

Säure und einer Base. Aber diese Definition ist keineswegs zufriedenstellend. Was sind eigentlich Oxide? Ist Na_2S tatsächlich ein Salz und Na_2O und Na_2O_2 nicht? Ist SiF_4 nicht ein Salz, da es doch aus SiO_2 und HF entstanden gedacht werden kann? Diese Reaktion ist nicht hypothetisch wie die zwischen Al_2O_3 und H_2S unter Bildung von Al_2S_3. Na_3N ist bestimmt ein Salz, vielleicht auch Na_3As, aber Na_3Sb ist ganz überwiegend metallisch (Bild 1, Seite 17), obwohl SbH_3 eine stärkere Säure darstellt als NH_3. Es wäre richtiger, alle im festen Zustande aus Ionen aufgebauten Verbindungen als Salze oder salzähnliche Verbindungen zu bezeichnen, wenn es nicht dem normalen Sprachgebrauch zuwiderliefe, NaOH als Salz, $HgCl_2$ vielleicht aber nicht als solches zu bezeichnen.
Das Wort „Salz“ mag weiterhin in der auf dem chemischen Gefühl und der intuitiven alchemistischen Manier beruhenden, vagen Bedeutung benützt werden. In dieser Weise betrachtet, sind Salze sicher aus Ionen auf gebaut.

13. Stärke von Säuren und Basen

Die Säuren und Basen bilden einen speziellen Fall der Dissoziation in Ionen, so daß die Frage nach der Stärke von Säuren eine weitere Diskussion erfordert. Wir werden uns hier auf die anorganischen Säuren und Basen beschränken. Zu diesem Zwecke benützten *van Arkel* und *Carrière* ein vereinfachtes Schema, indem sie die freien Moleküle als völlig aus Ionen und dem Wasserstoffion mit dem Radius Null aufgebaut betrachten (*van Arkel* und *Carrière* 1937; *van Arkel* 1956). Sie vernachlässigen also die Energie, die erforderlich ist, um das Säuremolekül aus dem normalen Bindungszustand in den rein ionischen Zustand zu bringen. Mit Hilfe dieses Ionenmodells wird die Dissoziationsenergie für die Abspaltung eines oder mehrerer Wasserstoffionen berechnet. Diese Energie ist jedoch bestimmt nicht die übliche Dissoziationsenergie, da die Energie der Hydratation der Dissoziationsprodukte (des Protons und des Anions) nicht mit in Rechnung gestellt wird. Es kann nicht direkt bewiesen werden, daß die Reihenfolge der so berechneten „absoluten“ Säurestärken mit den tatsächlichen Stärken in wäßriger Lösung übereinstimmt, wenn eine Übereinstimmung auch im allgemeinen plausibel erscheint.
Die auf diese Weise berechnete Dissoziationsenergie hängt für die von einfachen negativen Ionen wie denen der Halogene, des Sauerstoffs, des Schwefels und seiner Homologen und des Stickstoffs und seiner Homologen abgeleiteten Säuren nur von der Ladung und dem Radius des negativen Ions ab. Es ist also verständlich, daß die Säurestärke mit größer werdendem Radius in der Reihe HF, HCl, HBr, HJ ansteigt und gleichermaßen in den Reihen H_2O, H_2S, H_2Se, H_2Te und NH_3, PH_3, AsH_3 und

SbH_3. In Übereinstimmung mit der oben erwähnten Stabilitätsregel nimmt jedoch die Stabilität in der gleichen Richtung ab. Die kleine Säurestärke der Wasserstoffverbindungen des Sauerstoffs und Schwefels verglichen mit den entsprechenden Verbindungen des Fluors und Chlors muß auf die zweifach negative Ladung der Ionen vom Sauerstoff und Schwefel zurückgeführt werden, da ihre Ionenradien denen der entsprechenden Halogene etwa gleich sind. Die Wasserstoffverbindungen der negativen dreiwertigen Elemente wie Stickstoff und Phosphor haben eine größere Tendenz, ein Proton aufzunehmen (NH_4^+, PH_4^+) als eines abzugeben. Sie sind also Basen im Sinne von Brönsteds Definition (Seite 77).
Für die komplexen Säuren haben *van Arkel* und *Carrière* aus ihren Modellvorstellungen im Hinblick auf die Reihenfolge der Säurestärken eine Reihe von Folgerungen gezogen.

1. Säuren des Sauerstoffs sind schwächer als Säuren des Fluors, da das Proton im ersten Falle von einem zweiwertigen Ion, im zweiten von einem einwertigen Ion abgetrennt werden muß.

Beispiel: $HB^{3+}F_4$ ist eine sehr starke, $H_3B^{3+}O_3$ eine extrem schwache Säure.

2. In der Gruppe der Sauerstoff- oder der Fluor-Säuren führt eine höhere Ladung (oder kleinerer Radius) des Zentralions zu einer stärkeren Säure infolge der stärkeren Abstoßung des Protons. Es wird so die bekannte Regel erklärt, daß die Säuren der höchsten Oxydationsstufe die stärksten sind.

Beispiele: $H_2S^{6+}O_4$ stärker als $H_2S^{4+}O_3$, $HN^{5+}O_3 > H_2C^{4+}O_3 > H_3B^{3+}O_3$; $H_2SO_4 > H_2SeO_4 > H_2TeO_4$; $HClO_4 > HClO_3 > HClO_2 > HClO$.

Die Tatsache, daß die phosphorige Säure H_3PO_3 ($p_K = 1{,}80$) etwas stärker ist als die Phosphorsäure ($p_K = 2{,}10$), scheint eine Ausnahme zu sein. Tatsächlich leitet sich diese Säure nicht vom dreiwertigen Phosphor ab, sondern das Anion der dibasischen Säure enthält ein negatives Wasserstoffion $[H^-P^{5+}O_3]^{2-}$, weshalb die Säure stärker sein muß als die sauerstoffhaltige. Das gleiche gilt für das Anion der einbasischen unterphosphorigen Säure $[H_2^-PO_2]^-$.

3. Der Unterschied in der *relativen* Zahl der koordinierten Sauerstoffionen ist von viel geringerer Bedeutung; eine größere Zahl an Sauerstoffionen führt durch ihren kombinierten Effekt zu festerer Bindung und demzufolge zu einer kleineren Säurestärke. Dies ist keine Angelegenheit von tatsächlichen Unterschieden in der Koordinationszahl, sondern von Änderungen in der relativen Zahl der Sauerstoffionen je Zentralion durch die Bildung von mehrkernigen Komplexionen.

Die Erklärung der größeren Stärke der Metaphosphorsäure HPO_3 gegenüber der Orthophosphorsäure H_3PO_4 als Folge einer unterschiedlichen

Koordinationszahl ist nicht richtig, da HPO_3 als solche nicht existiert sondern polymere Ionen bildet, die aus Komplexen von *Sauerstofftetraedern* aufgebaut sind (Bild 8). Insgesamt besteht hier tatsächlich ein Unterschied im Verhältnis O : P.

Natürlich bilden die genannten Regeln nur eine erste Annäherung an das Problem und bei ihrer Anwendung ist weiterhin Vorsicht geboten. Auf der anderen Seite liefern die einfachen Argumente in vielen Fällen eine treffende Erklärung der Beobachtungen. Ein Beispiel hierfür ist die Pyrophosphorsäure $H_4P_2O_7$. Die einzelnen Dissoziationsstufen einer mehrbasischen Säure unterscheiden sich stets beträchtlich in ihrer Stärke. Bei der Pyrophosphorsäure ist dies für die erste und zweite Stufe nicht der Fall und ganz ähnlich für die dritte und vierte Stufe. Die Erklärung ist, daß das P_2O_7-Ion aus zwei Tetraedern mit einer gemeinsamen Ecke besteht (Bild 8). Das erste Proton wird von einem der zwei Tetraeder abgespalten, das zweite verständlicherweise vom anderen Tetraeder. Die Energie für die Abtrennung dieses zweiten Protons differiert nicht wesentlich von der für das erste Proton. Ein drittes Proton muß von einem der bereits negativ geladenen Tetraeder abgespalten werden. Die dritte Stufe ist also viel weniger sauer als die vorhergehenden, während die vierte wiederum nur wenig schwächer ist als die dritte Stufe. In der Tat sind die Dissoziationskonstanten für $H_4P_2O_7$:

$$K_1 = 1{,}4 \cdot 10^{-1},\ K_2 = 1{,}1 \cdot 10^{-2},\ K_3 = 2{,}9 \cdot 10^{-7} \text{ und } K_4 = 3{,}6 \cdot 10^{-9}.$$

Im Vergleich hierzu unterscheiden sich die drei Stufen bei der Phosphorsäure in ihrer Acidität erheblich:

$$K_1 = 0{,}8 \cdot 10^{-2},\ K_2 = 1{,}2 \cdot 10^{-7},\ K_3 = 1{,}8 \cdot 10^{-12}.$$

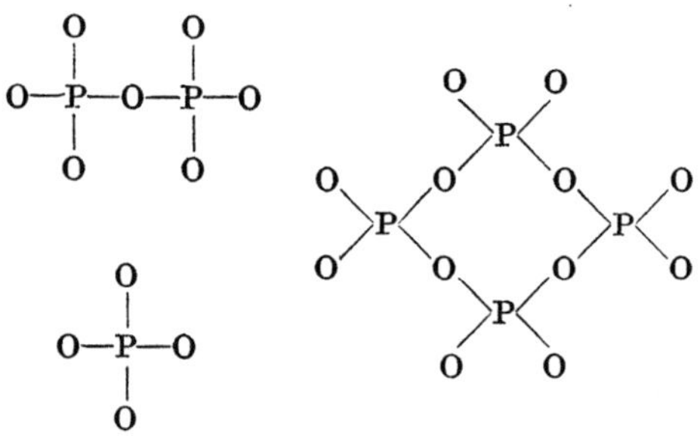

Bild 8. Das Anion der Ortho-, Pyro- und Tetra-meta-Phosphorsäure

Die Dissoziation der Hydroxide fällt mit abnehmendem Radius und ansteigender Ladung des positiven Metallions. Mit ansteigender Ladung wird andererseits die Abstoßung des Protons größer, und es erfolgt der Übergang zu den Säuren:

$$NaOH,\ Mg(OH)_2,\ Al(OH)_3,\ Si(OH)_4,\ P(OH)_5 \rightarrow H_3PO_4,\quad \text{usw.}$$

Der Übergang, der durch amphotere Hydroxide charakterisiert ist, läßt sich im Periodensystem entlang einer Diagonalen finden, da der Radius der Metallionen nach rechts und nach unten zunimmt (Seite 27). So sind HOH, $Be(OH)_2$ und $Al(OH)_3$ amphoter und ebenso die Oxide des Titans, Niobs und Wolframs. Das Oxid mit der höchsten Oxydationsstufe hat immer die am stärksten ausgeprägten sauren Eigenschaften. CrO_3 ist ein ausschließlich Säuren bildendes Oxid, Cr_2O_3 ist überwiegend basisch, obwohl trotzdem Chromite existieren, CrO ist dagegen ausschließlich basisch.

Auch *Kossiakoff* und *Harker* (1938) haben die elektrostatische Anziehungsenergie zwischen dem Wasserstoffion und verschiedenen Atomen i im Anion einer komplexen Sauerstoffsäure berechnet. Sie schrieben jedoch jedem Atom die formale Ladung q_i (Seite 152) zu, die für die Lewis-Konfiguration des Elektronenpaarmodells des nicht in Resonanz stehenden Moleküls berechnet wurde (*Furberg* 1955). Diese Verteilung der Ladungen dürfte angemessener sein als das extrem ionische Modell von *van Arkel* und *Carrière*.

$H_3PO_4 \rightarrow H^+ + H_2PO_4^-$: H^+ 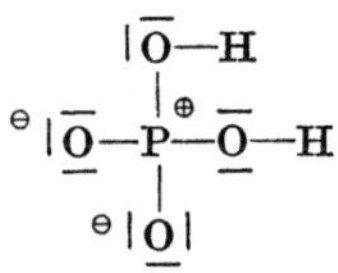

Der Anfangsschritt des Dissoziationsprozesses ist die Entfernung eines Protons von seinem Sauerstoffatom (formale Ladung -1), zu dem der Abstand 0,95 Å (r_{i1}) beträgt, in Richtung auf das nächste Wassermolekül (O– – –O-Abstand 2,70 Å), über einen Abstand von 0,80 Å (der Abstand von einer zur anderen Position innerhalb der O–H– – –O-Brücke beträgt $r_{i2} = 1{,}75$ Å). Die effektive Dielektrizitätskonstante D wird gleich 3 gesetzt. Die Übertragung des Protons auf andere Wassermoleküle trägt sehr wenig zur Dissoziationsenergie bei, da bei diesen weiteren Schritten die Dielektrizitätskonstante 80 anzunehmen ist.
Die potentielle Energie der Dissoziation wird also:

$$\Delta U = \sum_i \frac{e\,q_i}{D}\left(\frac{1}{r_{i1}} - \frac{1}{r_{i2}}\right) + C\,.$$

Die anderen Änderungen der (freien) Energie bei der Dissoziation werden als im wesentlichen konstant betrachtet. Ein von der Struktur abhängiges Entropieglied trägt der Zahl n_H der zur Dissoziation befähigten Wasserstoffe und der Zahl n_O der zur Aufnahme der abgespalteten Protonen befähigten Sauerstoffatome Rechnung:

$$S = -R \ln \frac{n_O}{n_H}\,.$$

Das Ergebnis ist:

$$-RT\ln K = \Delta G = \sum_i \frac{e q_i}{D}\left(\frac{1}{r_{i1}} - \frac{1}{r_{i2}}\right) + RT\ln\frac{n_O}{n_H} + C.$$

Die Konstante C wird gefunden durch Gleichsetzung der berechneten und der beobachteten Werte K für die Orthophosphorsäure.
Die Ergebnisse sind recht zufriedenstellend, wie die nachstehende Tabelle zeigt:

Säurestärken
$pK = -\log K$ einiger anorganischer Säuren

	berechnet	beobachtet		berechnet	beobachtet
H_3PO_4	(2,1)	2,1	H_3AsO_4	2,5	2,3
$H_2PO_4^-$	6,5	6,7	$H_2AsO_4^-$	6,2	7,0
HPO_4^{2-}	11,4	11,4	$HAsO_4^{2-}$	10,5	9,2
$H_4P_2O_7$	1,5	0,9	H_2SO_3	2,3	1,9
$H_3P_2O_7^-$	3,8	2,0	H_2SeO_3	2,9	2,3
$H_2P_2O_7^{2-}$	7,6	6,6	H_2TeO_3	3,1	2,5
$HP_2O_7^{3-}$	10,3	8,6	HSO_4^-	2,0	1,9
			HSO_3^-	7,0	7,0

Für Moleküle, in denen wesentliche Resonanz auftritt, wie z.B. die Carbonsäuren, ist die beobachtete Dissoziationsenergie viel kleiner als die berechnete. Das ist auf die Tatsache zurückzuführen, daß durch die Resonanz die Ladung über das ganze Molekül dekolalisiert und die Energie des Anions durch die vergrößerten Möglichkeiten zur Resonanz herabgesetzt wird (Seite 193).
Einige wesentliche Punkte beider theoretischen Behandlungen der Säurestärke werden durch eine auf *Pauling* (1947, 1953) und *Ricci* (1948) zurückgehende empirische Beziehung wiedergegeben.
Für eine Säure H_aMO_b sind die Größen mit dem hauptsächlichen Einfluß die formale Ladung m des Zentralatoms und die Größe $n = b - a$, der Überschuß an Sauerstoffatomen über die Zahl der abspaltbaren Wasserstoffatome.
Die Säurestärke wird roh wiedergegeben durch:

$$pK = 7{,}5 - 10m + 5n.$$

Diese Formel bringt die Tatsache zum Ausdruck, daß die Säurestärke der aufeinanderfolgenden Dissoziationsstufen einer mehrbasischen Säure (mit *einem* Zentralatom!) jeweils um etwa 5 Einheiten abfällt. Die Säurestärke der ersten Dissoziationsstufe fällt jedoch ebenfalls um 5 Einheiten in einer Reihe wie H_2SiO_4, H_3PO_4, H_2SO_4 und $HClO_4$, in der sowohl m als auch n gleichzeitig um eine Einheit zunehmen.

Die gleichen auf der Elektrostatik beruhenden Argumente können ebenso auf die Dissoziation der Hydroxide angewandt werden. Wie bereits erwähnt, fällt die Basenstärke der Hydroxide mit abnehmendem Radius und zunehmender Ladung des Metallions. So ist LiOH deutlich schwächer basisch als die anderen Alkalihydroxide; dieses geht aus der Hydrolyse von Lösungen der Lithiumsalze bei höherer Temperatur hervor. Eine Lösung von $MgCl_2$ in Wasser hydrolysiert beim Erhitzen vollständig, beim $CaCl_2$ ist dies kaum der Fall. Ähnlich ist $Si(OH)_4$ sauer, $Ge(OH)_4$ amphoter, $Th(OH)_4$ dagegen eine Base.

Der Begriff „Base" gilt jedoch nicht nur für die Hydroxide. Nach *Brönsted* ist eine Base ein Proton-Acceptor, eine Säure dagegen ein Protondonator (*Brönsted* 1923; *Lowry* 1923). Genauer ausgedrückt, sind die Begriffe „Säure" und „Base" nicht voneinander unabhängig, sondern stehen über den Protonenaustausch miteinander in Beziehung. So verhält sich Wasser gegenüber einer starken Säure als Base und bildet das Oxniumion OH_3^+. Zum Beispiel ist das Hydrat $HClO_4 \cdot H_2O$ bzw. besser Oxonium-perchlorat $OH_3(ClO_4)$ isomorph mit $NH_4(ClO_4)$, in dem NH_3 als Base fungiert (*Lee* und *Carpenter* 1959; *Truter* 1961). Im Fluoronium-perchlorat (seine Existenz ist zweifelhaft (*Brauer* und *Distler* 1954) würde HF die Rolle der Base spielen: $FH_2(ClO_4)$. Phosphorsäure kann sich ebenfalls gegenüber einer sehr starken Säure als Base verhalten, z.B. $[P(OH)_4]ClO_4$ (*Arlman* 1937; *Simon* und *Weist* 1952).

Wasser vermag ebenfalls als Säure zu reagieren, also ein Proton auf eine sehr starke Base, z.B. O^{2-} übertragen; diese Base ist viel stärker als OH^-: $H_2O + Na_2O \rightarrow 2NaOH$.

Wasser verhält sich auch gegen schwächere Basen wie S^{2-} und das Acetation als Säure. Die Hydrolyse einer Acetatlösung und die Neutralisation einer Lösung einer starken Säure durch Natriumacetat sind also einfache Säure-Base-Reaktionen.

Vom Standpunkt der Elektrostatik läßt sich die Reihe abnehmender Basizität ohne weiteres als Folge von Ladung und Radius des negativen Ions verstehen:

$$O^{2-} > S^{2-} > Se^{2-}, \quad OH^- > SH^- > SeH^-, \quad NH_3 > OH_2 > FH.$$

$$\text{und} \quad NH_2^- > OH^-.$$

Wir können also die Säure-Base-Reaktion allgemein wie folgt formulieren: Säure I + Base I $\rightleftharpoons$ Säure II + Base II, z.B.:

$$OH_3^+ + OH^- \rightleftharpoons H_2O + H_2O$$

$$HCl + NH_3 \rightleftharpoons NH_4^+ + Cl^-$$

$$HCl + CH_3COO^- \rightleftharpoons CH_3COOH + Cl^-$$

$$H_2PO_4^- + CO_3^{2-} \rightleftharpoons HCO_3^- + HPO_4^{2-}$$

Säuren oder Basen im älteren Sinne sind Verbindungen oder Ionen, die in wäßriger Lösung stärkere Säuren oder stärkere Basen sind als das Wasser. In anderen Lösungsmitteln wie flüssigem Ammoniak oder Essigsäure sind die Verhältnisse ganz anders. Im flüssigen Ammoniak spielt das NH_2^--Ion die Rolle des OH^--Ions der wäßrigen Lösungen.

Nach der Ansicht *Brönsteds* ist es nicht mehr nötig, von der wäßrigen Lösung des Ammoniaks als „Ammoniumhydroxid" zu sprechen*).
Die Lösung enthält OH^- und NH_4^+-Ionen infolge des Gleichgewichts $NH_3 + H_2O \rightleftharpoons NH_4^+ + OH^-$. Die Bildung des Salzes NH_4Cl aus Ammoniak und Chlorwasserstoffsäure kann auch in der Gasphase stattfinden, wo ganz sicher kein Ammoniumhydroxid existiert. Das gleiche gilt für die substituierten Stickstoffbasen. Es besteht kein Grund, für Anilin-Hydrochlorid $C_6H_5NH_2 \cdot HCl$ zu schreiben, vielmehr ist $\left[C_6H_5\overset{\oplus}{N}H_3\right]Cl^{\ominus}$ richtig.
Es ist noch ein allgemeinerer Säure-Basen-Begriff möglich (*Lewis*). Hier sind Basen Verbindungen oder Gruppen wie z.B. O^{2-}, OH^-, H_2O, NH_3, NH_2^- und F^- mit einem freien Elektronenpaar (Elektronendonatoren oder nucleophile Verbindungen), das an Reaktionen mit einem Elektronenacceptor teilnehmen kann.
Als Säuren werden Atome oder Gruppen angesehen, die ein Elektronenpaar aufnehmen können (Elektronenacceptoren oder elektrophile Verbindungen), z.B. Moleküle mit einem Elektronensextett (Seite 163) wie BF_3. (Das gleiche gilt für das Proton, das die Heliumschale anstrebt.) Die Bildung von $BF_3 \cdot NH_3$ und von H_2SO_4 aus SO_3 und Wasser sind also Säure-Base-Reaktionen (*Luder* und *Zuffanti* 1946).
Acceptor-Donator-Reaktionen dieses Typs haben eine ganz allgemeine Bedeutung (siehe auch Seite 344) und die Konzeption von *Lewis* stellt eine wertvolle Verallgemeinerung dar. Indessen ist es zweifelhaft, ob die Bezeichnungen „Säure" und „Base" hier noch angemessen sind, da sie schon lange eine spezielle Bedeutung haben. Der Nutzen der Brönstedschen Verallgemeinerung besteht darin, daß der alte Begriff „Base" einen Sinn erhält, der mit der ursprünglichen Auffassung übereinstimmt, jedoch ohne das Schwergewicht auf die Hydroxide als einzige Basen zu legen (*Bell* 1947). Man vergleiche die Alkaloide, die mit Sicherheit keine Hydroxide bilden, aber immer als Basen angesprochen worden sind.

14. Flüchtigkeit

Das Gleichgewicht zwischen dem Dampf und der Flüssigkeit oder dem festen Stoff wird durch das Thermodynamische Potential (Freie Enthalpie) G bestimmt ($G = U + PV - TS = H - TS$, Seite 36).
Im Gleichgewicht ist diese Größe in beiden Phasen gleich, $\Delta G = 0$.

---

*) Es kann bewiesen werden, daß diese Spezies nicht existiert (*van Velden* und *Ketelaar* 1947; *Briegleb* 1942). Es existiert jedoch hier ein Hydrat $HOH\ldots NH_3$ mit einer Wasserstoffbrücke wie im festen Zustande (*Siemons* und *Templeton* 1954).

Nach den Gesetzen der Thermodynamik wird die Abhängigkeit der Freien Enthalpie der Gasphase vom Druck durch den Term $RT \ln p$ wiedergegeben.
Wir erhalten also:

$$-RT \ln p = \Delta H_0 - T \Delta S_0 .$$

Darin ist ΔH_0 die latente Verdampfungswärme (bei konstantem Druck) und ΔS_0 die Verdampfungsentropie bei 1 Atmosphäre.
(Dieser Ausdruck geht auch aus der bekannten Dampfdruckformel von *Clausius-Clapeyron* hervor:

$$\frac{1}{p}\frac{dp}{dT} = \frac{Q}{RT^2}, \quad \text{bzw. nach Integration} \quad \ln p = -\frac{Q}{RT} + C$$

in der $Q = \Delta H$ die latente Verdampfungswärme darstellt, die als temperaturunabhängig angenommen ist).
Wenn der Druck p in Atmosphären ausgedrückt wird, ist er beim Siedepunkt T_s gleich 1 und damit $C \cdot R = \Delta H/T_s = \Delta S_0$. In diesem Ausdruck finden wir die latente Verdampfungswärme bei konstantem Druck, dividiert durch die absolute Siedetemperatur. Nach der Regel von *Pictet-Trouton* besitzt dieser Quotient für „normale“ Flüssigkeiten einen annähernd konstanten Wert von etwa 22. Das bedeutet, daß auch die Verdampfungsentropie bei 1 Atmosphäre ebenfalls etwa 22 cal/Grad · Mol ist (Alkalihalogenide etwa 24 cal/Grad · Mol).
Für das Sublimationsgleichgewicht gilt die entsprechende Regel von *le Chatelier* und *Matignon*: $\Delta S_0 \approx 32$ cal/Grad · Mol.
Tatsächlich sind die „Konstanten“ etwas von der Temperatur abhängig. Wir sind jedoch trotzdem in der Lage, innerhalb einer Gruppe von ähnlichen Substanzen aus der theoretischen Reihenfolge der latenten Verdampfungswärmen Schlußfolgerungen auf den Gang der Siedepunkte als experimentell gut bekannten Größen zu ziehen.
Aus einem einfachen Kreisprozeß erhalten wir für die Sublimationswärme $Q = U - M$. Da die latente Schmelzwärme kleiner ist als die latente Verdampfungswärme und sich etwa in gleicher Weise wie diese ändert, ist die Reihenfolge der Verdampfungswärmen von Feststoff und Flüssigkeit für verschiedene Verbindungen etwa die gleiche. Die Schlußfolgerungen bezüglich der Sublimationswärme können deshalb mit den Daten für die Siedepunkte verglichen werden.

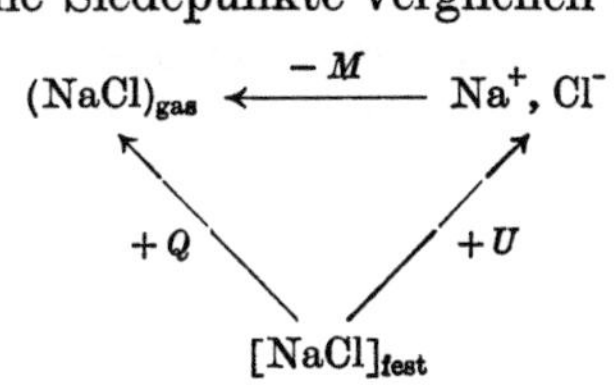

Wir haben bereits einen Ausdruck für die Gitterenergie U abgeleitet [Formel (3) Seite 32]. In ganz gleicher Weise folgt für die Energie des Moleküls:

$$M = -N \frac{e^2}{r^+ + r^-}\left(1 - \frac{1}{n}\right),$$

da hier die Madelung-Konstante natürlich gleich 1 ist.

$$Q = U - M = N \frac{A\, e^2\left(1 - \frac{1}{n}\right)}{r^+ + r^-} - N \frac{e^2\left(1 - \frac{1}{n}\right)}{r^+ + r^-}$$

$$= N\,(A - 1)\,\frac{e^2}{r^+ + r^-}\left(1 - \frac{1}{n}\right).$$

Es folgt, daß der Siedepunkt, z.B. in der Gruppe der Alkalihalogenide mit ansteigendem Radius der Ionen fallen wird. In der Tat sinkt der Siedepunkt der Fluoride vom LiF zum CsF und ähnlich für die Halogenide eines Alkalimetalls vom Fluorid zum Jodid (Ausnahme: Cäsiumhalogenide). Mit ansteigender Ladung nimmt die Flüchtigkeit und gleicherweise die Schmelzbarkeit sehr stark ab. Man vergleiche NaF, CaO, Y_3O_3 und ThO_2; das letztgenannte Oxid wird als äußerst feuerfestes Material benützt (ähnlich ZrO_2).

Wenn wir die Gruppe der Chloride, Bromide und Jodide betrachten, finden wir eine ganz andere Reihenfolge und kompliziertere Verhältnisse als bei den Fluoriden. Der für die Anziehungsenergie benützte Ausdruck $\left[-N \frac{e^2}{r^+ + r^-}\right]$ ist unvollständig (*Fajans, van Arkel* und *de Boer*). Die Ionen verhalten sich nicht nur als geladene Partikel, sondern sie sind ebenfalls polarisierbar. Unter dem Einfluß eines äußeren Feldes (z.B. dem eines anderen Ions) wird durch Verlagerung von negativer und positiver Ladung ein Dipol induziert. In der Hauptsache kann die durch die äußere Elektronenschale repräsentierte negative Ladung verlagert werden. Insbesondere bei großen Ionen, in denen die äußere Schale weiter vom Einfluß der Kernladung entfernt ist, ist die Polarisierbarkeit hoch.

Auf der anderen Seite ist die Polarisierbarkeit der positiven Ionen – mit Ausnahme des Cäsiums und der Ionen der Nebengruppe (b-Gruppen) – sehr klein. Dem Ausdruck für die Coulomb-Energie muß ein Glied für die Anziehung zwischen dem positiven Ion und dem im negativen Ion induzierten Dipol zugefügt werden.

Wenn der Abstand zwischen den Mittelpunkten der positiven und der negativen Ionen $r^+ + r^-$ ist und der induzierte Dipol als im Zentrum des negativen Ions befindlich angesehen wird, beträgt die Wechselwirkungsenergie $-\frac{1}{2}\alpha F^2 = \frac{-\alpha e^2}{2(r^+ + r^-)^4}$ (siehe Seite 65). Die Energie je Gramm-Molekül wird also*):

$$-\frac{e^2 N}{r^+ + r^-}\left(1 - \frac{1}{n}\right) - \frac{\alpha e^2 N}{2(r^+ + r^-)^4}.$$

Für die Sublimationswärme erhalten wir dann:

$$Q = \frac{e^2 N}{r^+ + r^-}\left[(A-1)\left(1 - \frac{1}{n}\right) - \frac{\alpha}{2(r^+ + r^-)^3}\right].$$

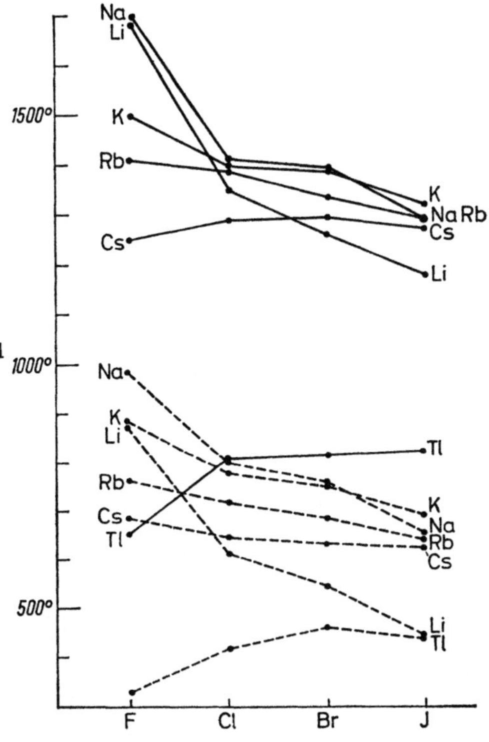

Bild 9. Siedepunkte (———) und Schmelzpunkte (- - - - -) der Alkalihalogenide

Durch den Einfluß der sehr großen Polarisierbarkeit des Jodidions ergibt sich eine solche Reihenfolge der Siedepunkte, daß das Lithiumjodid den niedrigsten Siedepunkt zeigt. Ähnlich liegt der Siedepunkt vom CsF

*) Mit einer erweiterten Formel (*Cubicciotti* 1961) wird eine gute Übereinstimmung mit den experimentellen Werten der Dissoziationsenergie erhalten (*Brewer* und *Brackett* 1961; *Rothberg* 1961).

niedriger als der vom CsCl, weil im ersten Falle das Cäsiumion durch das kleinere Fluorion polarisiert wird, während im zweiten Falle das Chlorion das Cäsium in viel geringerem Umfang polarisiert. Das gleiche gilt in noch größerem Maße für Thalliumverbindungen (Bild 9, Tabelle 9).

Tabelle 9: Polarisierbarkeit α einiger Ionen*), Atome und Gruppen**) in 10^{-24} cm^3

Li^+	0,03	Be^{2+}	0,01	Ag^+	1,9	F^-	0,81
Na^+	0,24	Mg^{2+}	0,10	Tl^+	3,9	Cl^-	2,98
K^+	1,00	Ca^{2+}	0,60	Zn^{2+}	0,5	Br^-	4,24
Rb^+	1,50	Sr^{2+}	0,90	Cd^{2+}	1,15	J^-	6,45
Cs^+	2,40	Ba^{2+}	1,69	Hg^{2+}	2,45	OH^-	1,89
NH^{4+}	1,65	La^{3+}	1,3	Pb^{2+}	3,6	O^{2-}	3

F	0,38	O (Hydroxyl)	0,59	H	0,42
Cl	2,28	O (Äther)	0,64	C	0,93
Br	3,34	O (Carbonyl)	0,84	CH_2	1,77
J	5,11	N (primär)	0,87	Doppelbindung	0,58 extra
CN	2,12	N (sekundär)	0,93	Dreifachbindung	0,86 extra
H	0,42	N (tertiär)	1,03	$-C_6H_5$	9.38

*) Aus der Refraktion (siehe Seite 354) nach *Fajans* und *Heydweiller*, und *Böttcher* (*Böttcher* 1946, *Böttcher* und *Scholte* 1951).

**) Aus der Refraktion für $\lambda \to \infty$.

Weiterhin ist es inkorrekt, den gleichen Wert für den Abstand zwischen den Ionen im festen Zustand und in der Gasphase zu nehmen. Durch den Einfluß der unterschiedlichen Koordinationszahl (Seite 34) 6 bzw. 1, ist der Ionenabstand im gasförmigen Molekül 14 % kleiner, was experimentell durch Elektronenbeugung sichergestellt ist (Seite 34 und Tabelle 10, *Ketelaar* 1938, *Verwey* und *de Boer* 1940).

Pauling (*Pauling, The Nature of The Chemical Bond*); *Huggins* 1933, 1957; *Wasastjerna* 1935) hat jedoch eine ganz andere Erklärung für die genannten Diskrepanzen zwischen dem Gang der Siedepunkte und dem Gang der Ionenradien gegeben. Während oben der Ursprung für die Unregelmäßigkeiten in der Energie des gasförmigen Moleküls gesucht wurde, führt *Pauling* bei der Gitterenergie eine Korrektur ein, die vom Verhältnis der Radien der positiven und negativen Ionen abhängig ist.

Die Summe der Radien ist viel kleiner als die im Kristall des LiCl, LiBr und LiJ beobachteten Abstände, was auf eine Berührung der Anionen zurückzuführen ist (Seite 24).

Die Sublimationsenergie dieser Substanzen wird also beträchtlich tiefer liegen als für das „normale“ Verhältnis der Abstände. Das senkt die Wärmeeffekte beim Schmelz- und Siedepunkt. Für die entsprechenden Natriumsalze ist der Effekt viel kleiner und bei den anderen Salzen überhaupt ohne Bedeutung.

	$r^+ + r^-$ (berechnet) Å	d_{MX} (beobachtet) Å
LiF	2,01	2,01
LiCl	2,49	2,57
LiBr	2,64	2,75
LiJ	2,87	3,02

Im Gitter von LiF, NaBr und NaJ (r^+/r^- liegt nahe am kritischen Wert von 0,414, Seite 28) es besteht Kontakt zwischen Anionen und Kationen und zwischen den Anionen, und die Abstoßungsenergie wird in diesem Falle größer sein als bei anderen Salzen, in denen sich entweder nur die Anionen und die Kationen oder nur die Anionen berühren (doppelte Abstoßung). Auf Grund der doppelten Abstoßung werden deshalb die Siede- und Schmelzpunkte für LiF usw. ebenfalls etwas niedriger sein als nach den Ionenvolumina zu erwarten ist.
Das Verhalten der Thallium-halogenide, wo das Verhältnis der Radien das gleiche ist wie in den Rubidiumverbindungen, muß mit Sicherheit durch Polarisation des positiven, leicht polarisierbaren Thalliums durch das kleine Fluorion erklärt werden.
Da die Schmelzpunkte qualitativ den gleichen Gang zeigen wie die Siedepunkte, scheint es nicht angemessen, diese Phänomene ausschließlich mit einem unterschiedlichen Verhalten der Moleküle im Gaszustand zu erklären. Der geringe Einfluß der Polarisation wird deutlich aus der Seite 34 (siehe auch Tabelle 10) angeführten Berechnung der Abnahme des zwischenionischen Abstandes beim Übergang vom Gitter zum gasförmigen Molekül, wo nur die Coulomb-Anziehung und die Born-Abstoßung berücksichtigt wurden. Die Dipolmomente der Alkali-halogenid-Moleküle weisen auf einen kleineren Wert hin als $e \cdot d$ entspricht. Das ist eine Folge der Polarisation. Tatsächlich ist die Diskrepanz am größten für die Lithium-halogenide und für CsF. Der Wert des Dipolmoments, das unter Berücksichtigung der Polarisation berechnet wurde (*Rittner* 1951) stimmt gut mit den beobachteten Werten überein (Tabelle 10). Es ist sowohl experimentell als auch theoretisch schwierig, zwischen dem Einfluß der rein elektrostatischen Polarisation und dem eines Übergangs von der reinen Ionenbindung zur partiellen Atombindung zu unterscheiden (siehe auch Seite 137).

Tabelle 10. Dipolmomente und Bindungsabstand der Alkali-halogenid-Moleküle (*Ketelaar* 1938; *Rittner* 1951; *Honig, Mandel, Stitch* und *Townes* 1954)

	$d_{beob.}$ Å	$d_{ber.}$ Å	$\mu_{beob.}$ D	*e. d.* D	$\mu_{ber.}$ D
LiBr	2,170	2,24	6,19	10,42	5,14
LiJ	2,392	2,52	6,25	11,48	5,37
NaCl	2,361	2,38	8,5	11,33	7,77
KF	(2,17)	2,16	8,62	10,42	8,06
KCl	2,667	2,70	10,0	12,80	9,18
KBr	2,821	2,85	10,61	13,54	9.58
KJ	3,048	3,07	11,05	14,63	9,92
RbBr	2,945	2,99	10	14,14	9,92
CsF	2,345	2,56	7,88	11,26	7,28
CsCl	2,906	3,03	10,40	13,95	9,36
CsBr	3,072	3,19	—	14,74	9,97
CsJ	3,315	3,44	12,1	15,91	10,61

Es soll hier auch bemerkt werden, daß es jetzt bekannt ist, daß in dem Dampf der Alkalihalogenide teilweise dimere und sogar höhere polymere Moleküle vorkommen. Die Bindung erfolgt durch die starke Wechselwirkung infolge der großen Dipolmomente der Einzelmoleküle (*Rothberg* 1961). So wurde für NaCl das Verhältnis Dimer zu Monomer bei 920 °K: 0,253 (*Miller* und *Kusch* 1956) und bei 1002 °K: 0,34 (*Akishin* 1960) gefunden; diese Werte sind noch druckabhängig. Für LiF gilt bei 1098 °K $LiF : Li_2F_2 : Li_3F_3 = 1 : 0,73 : 0,32$ (*Akishin* 1960). Für die Dissoziationsenergie werden von den genannten Autoren folgende Werte gefunden: $\Delta H = 46,6$ bzw. 45,4 kcal bei ungefähr 1000 °K; auch 51,0 kcal (*Barton* und *Bloom* 1959) und 48,0 kcal bei etwa 1300 °K (*Datz* u.a. 1960, 1961).
Neben den sehr wenig flüchtigen Halogeniden, Oxiden, Sulfiden u.a., die offensichtlich einen salzähnlichen Charakter besitzen, stehen die flüchtigen, niedrigschmelzenden Verbindungen der höherwertigen Elemente, die in der Schmelze den elektrischen Strom nicht leiten.
Der Übergang vom nichtflüchtigen zum flüchtigen Molekül, z.B. vom AlF_3 zum SiF_4 wird häufig, aber inkorrekt, einem Übergang von der Ionenbindung zur Atombindung zugeschrieben.
Wir sahen weiter oben, daß das einwertige Natriumion im Gitter von sechs Chlor- oder Fluorionen umgeben ist, die Koordinationszahl beträgt also 6. Beim Übergang zu höher geladenen Ionen wie Mg^{2+}, Al^{3+} und Si^{4+} nimmt der Radius ab, und die Koordinationszahl fällt auf den Wert 4. Wenn die Koordinationszahl der Ladung gleich wird, können im Gitter Moleküle unterschieden werden, obwohl sie aus Ionen bestehen. Im Steinsalzgitter ist das Natriumion mit den es umgebenden sechs Chlor-

ionen kein neutrales Ganzes, nur das gesamte Gitter ist neutral. Im Silicium-tetrafluorid ist jedes SiF_4-Molekül ein elektrisch neutraler Komplex. Die Kräfte, die es auf Nachbarmoleküle ausübt, können also nur sehr klein sein. Sie gehören zum Typ der van-der-Waals-Wechselwirkung (Kap. V).

Silicium-tetrafluorid ist also eine flüchtige Verbindung, weil das Molekül in der Gasphase „umhüllt" oder „abgeschirmt" ist, d.h., die Ladung hat die Koordinationszahl erreicht, im Gegensatz etwa zum Natriumfluorid, wo dieses Verhältnis nur 1 : 6, Magnesiumfluorid und Aluminiumfluorid, wo das Verhältnis 2 : 6 bzw. 3 : 6 ist.

Bei dem gleichen positiven Ion setzt die Abschirmung durch ein großes negatives Ion eher ein als durch ein kleines. Aluminiumfluorid AlF_3 ist deshalb noch eine typische, wenig flüchtige, nicht abgeschirmte Verbindung, während Aluminiumchlorid und noch stärker das Bromid und Jodid flüchtige abgeschirmte Verbindungen darstellen.

Tabelle 11: Siedepunkte und Schmelzpunkte von Fluoriden und Oxiden

	NaF	MgF_2	AlF_3	SiF_4	PF_5	SF_6	JF_7
Fp	992	1266	—	− 90,3	− 93,7	− 56	+ 5,5
Kp	1700	2227	1257 (subl.)	− 95,5 (subl.)	− 84,5	− 63,8 (subl.)	+ 4,5 (subl.)
	Na_2O	MgO	Al_2O_3	SiO_2	P_2O_5	SO_3	Cl_2O_7
Fp	—	2800	2050	1725	580	+ 16,8	− 91,5
Kp	1275 (subl.)	2850	3300	2590	594	+ 44,8	+ 82

Bei diesen Alumiumhalogeniden ergeben sich noch andere Schwierigkeiten, weil die Koordinationszahl 4 beträgt (und nicht 3 wie das noch beim Bor der Fall ist). Das Molekül besteht in der Gasphase, ebenso wie in der flüssigen Phase aus Al_2X_6, d.h. aus zwei Tetraedern mit einer gemeinsamen Kante. Solche Moleküle liegen im festen Zustande auch beim Bromid und Jodid vor, nicht dagegen beim Chlorid, das noch ein Koordinationsgitter ähnlich dem des Chromchlorids besitzt (*Ketelaar*, *MacGillavry* und *Renes* 1947). Aluminiumchlorid bildet also gerade den Übergang.

Die für die Flüchtigkeit abgeschirmter Verbindungen geltenden Regeln werden in Kapitel V diskutiert. Gleicherweise wird die Flüchtigkeit von Wasserstoffverbindungen dort behandelt werden.

Die elektrische Leitfähigkeit der Halogenide im flüssigen Zustand (z.B. der Chloride), ergibt ebenfalls einen recht deutlichen Unterschied zwischen den nicht leitenden abgeschirmten Verbindungen und den gut leitenden nicht abgeschirmten Verbindungen mit freien Ionen in der Schmelze (*Biltz* und *Klemm*, siehe z.B. *W. Hückel, Anorganische Kristallchemie*). Aluminiumchlorid bildet auch hier insofern einen speziellen Fall, als die feste Substanz (Koordinationsgitter) ganz außergewöhnlich eine höhere Leitfähigkeit besitzt als die Schmelze (Moleküle Al_2Cl_6).

15. Härte und Farbe

Härte

Härte ist eine Eigenschaft, die zwar unmittelbar beobachtet, jedoch nur mit großer Schwierigkeit in exakter Weise bestimmt werden kann. Die üblichen Zahlen nach der Skala von *Mohs* geben nur die richtige Reihenfolge, die durch die Möglichkeit bestimmt wird, die Verbindung durch die Standardsubstanz dieser Skala zu ritzen. Die Beziehung zwischen Härte und Anziehungsenergie ist, wenn auch natürlich nur qualitativ, nichtsdestoweniger völlig klar. Höhere Ladung und kleinerer Abstand laufen auf eine größere Härte hinaus (*Plendl* und *Gielisse* 1962).
Eine sehr große Härte wäre also in den Nitriden und Carbiden zu erwarten, in denen drei- und vierwertige negative Ionen vorliegen würden, falls man eine Ionenbindung annimmt. Tatsächlich gehören die extrem harten Verbindungen, z.B. Carborundum SiC ebenso wie BN, AlN, TiN, TiC und WC zu diesen Gruppen.
Der umgekehrte Schluß, daß wegen der Härte ein Aufbau dieser Gitter aus Ionen plausibel wäre, ist jedoch mit Sicherheit unrichtig, da der Diamant, die überhaupt härteste Substanz, gewiß nicht aus vierwertigen positiven und negativen Ionen aufgebaut ist. Die Atombindung, die im Diamant, in SiC, BN und AlN vorherrscht, führt zu extremer Härte. Das gleiche findet sich auch in den zuletzt erwähnten metallischen Einlagerungsverbindungen (Seite 328).

Tabelle 12: Härte in Abhängigkeit von Ladung und Abstand

Verbindung	Härte	Abstand Å	Verbindung	Härte	Abstand Å	Verbindung	Härte	Abstand Å
BeO	9,0	1,65	CaO	4,5	2,40	NaF	3,2	2,31
MgO	6,5	2,10	CaS	4,0	2,84	MgO	6,5	2,10
CaO	4,5	2,40	CaSe	3,2	2,96	ScN	7–8	2,22
SrO	3,5	2,57	CaTe	2,9	3,17	TiC	8–9	2,16
BaO	3,3	2,77						
						LiBr	2,5	2,75
						MgSe	3,5	2,73

Die Übereinstimmung zwischen Theorie und Experiment kann nur dann als vollständige Bestätigung der Theorie vorgebracht werden, wenn sich zeigen läßt, daß andere Theorien zu einem im wesentlichen anderen Resultat führen würden.

Farbe

Eine Substanz ist farbig, wenn sichtbares Licht absorbiert wird, d.h. wenn Elektronenübergänge möglich sind, deren Energiedifferenz einem Lichtquant einer Wellenlänge im sichtbaren Teil des Spektrums entspricht (Seite 235).
In verdünnten Lösungen der anorganischen Salze erweist sich die Lichtabsorption als unabhängig von der Konzentration, d.h. der molare Extinktionskoeffizient ε ist konstant und das Lambert-Beer-Gesetz demzufolge erfüllt. Die Absorption setzt sich additiv aus den Anteilen der Ionen zusammen. Diese Tatsachen bilden den überzeugendsten Beweis dafür, daß die starken Elektrolyte vollständig dissoziiert sind. Es gibt jedoch Ausnahmen. So ist eine konzentrierte Lösung von Kupferchlorid $CuCl_2$ grün anstatt blau, sie wird sogar gelb beim Zusatz von HCl infolge der Bildung von komplexen Ionen $CuCl_4^{2+}$ anstatt von undissoziierten Molekülen. Lösungen von Eisen(III)-Salzen sind gelb bis braun, aber die Farbe verschwindet bei Zusatz einer starken, nicht komplexbildenden Säure wie HNO_3 völlig, da sie von Ionen hervorgerufen wurde, die durch Hydrolyse entstanden sind, z.B. $Fe(OH)^{2+}$, $Fe(OH)_2^+$ oder sogar durch kolloides $Fe(OH)_3$. Beim Eisen(III)-chlorid bleibt beim Zusatz von HCl die gelbe Farbe infolge Komplexbildung bestehen. Die Ionen mit einer Edelgas-Elektronen-Konfiguration oder einer Achtzehnerschale sind in Lösung alle farblos. Die Ionen der Übergangsmetalle, die Lanthaniden- und Actinidenionen und generell die Ionen mit unvollständigen Elektronenschalen, z.B. Cu^{2+} sind farbig.
Die von der Lösung gezeigte Farbe ist in den meisten Fällen nicht die der freien Ionen, sondern vielmehr die der hydratisierten Ionen. Es besteht oft ein Unterschied in der Farbe der Lösung und der des voll hydratisierten festen Salzes und der Farbe des wasserfreien Salzes. So sind z.B. wasserfreies Nickelfluorid, -chlorid, -bromid und -jodid grün bzw. gelb, braun und schwarz, Kobaltfluorid, -chlorid, -bromid und -jodid dagegen hellrosa, blaßblau, leuchtend grün und schwarz. Wasserfreies Kupfersulfat ist farblos, ganz zum Unterschied von den bekannten Farben der Lösungen dieser Ionen: grün, rosa und blau.
Die Farbe fester anorganischer Substanzen hängt stark von der Wechselwirkung des farbigen Ions mit seiner Umgebung ab. Im allgemeinen wandert die charakteristische Absorption mit ansteigender Polarisation (*Fajans*) und wachsendem Atombindungcharakter (*Pitzer* und *Hildebrand*

1941; *Donohue* und *Helmholz* 1944) nach längeren Wellenlängen. Sowohl die Energie des angeregten als auch die des Grundzustandes des Elektronenüberganges wird durch Polarisation herabgesetzt. Diese Abnahme ist jedoch für den angeregten Zustand mit seiner höheren Polarisierbarkeit größer, so daß die beiden Niveaus näher aneinander rücken.
Die oben erwähnten Nickel- und Kobalt-halogenide bilden eine solche Reihe ansteigender Polarisation, während die Fluoride mit reinen Ionenbindungen von geringer Polarisation die gleiche Farbe haben wie die hydratisierten Ionen, in denen die Wassermoleküle ebenfalls durch Ion-Dipol-Kräfte gebunden sind. Die Jodide ähneln in der Farbe dem elementaren Jod sehr stark. Die Ammine der Übergangsmetalle, z. B. des dreiwertigen Kobalts, haben, im Gegensatz zu den Hydraten, vorherrschend Atombindungen (Seite 170), sie zeigen alle Arten lebhafter Farben.
Das Verhalten der Elektronenniveaus des Zentralatoms unter dem Einfluß der Liganden ist ausführlicher quantitativ untersucht worden, insbesondere die Aufspaltung der entarteten d-Elektronen-Niveaus im freien Ion unter dem Einfluß des kubischen elektrischen Feldes, das von den oktaedrisch angeordneten, das Zentralatom umgebenden Ionen oder Dipolmolekülen herrührt (Seite 171) (Kristallfeldtheorie, *Hartmann* u.a. 1951, 1955; *Hartmann* 1954, Theorie der chemischen Bindung § 142; *Orgel* 1952, 1955; *Griffith* und *Orgel* 1957).
Sowohl die Farbe als auch das magnetische Moment liefern den experimentellen Beweis für die Änderung der Elektronenniveaus und der Elektronenverteilung bei einer Änderung der Stärke und des Typs der Bindung im Komplex (Seite 165).
Verbindungen mit freien oder nahezu freien Elektronen, die zur Elektronenleitung im festen Zustand führen, sind schwarz oder dunkelfarbig. In manchen Fällen gilt auch das Umgekehrte. Feste Verbindungen, die ein Element in zwei Wertigkeitsstufen enthalten, sind in der Regel ebenfalls dunkel gefärbt, weil der Übergang eines Elektrons vom niedriger zum höher oxydierten Zustand in den meisten Fällen ohne große Änderung der Energie des Systems möglich ist. Es ist klar, daß dies beispielsweise für eine extrem ionische Konfiguration nicht zutrifft, etwa für das farblose Thiosulfation $S_2O_3^{2-}$ oder $[S^{6+}(O_3^{2-}S^{2-})]^{2-}$. Ein überzeugendes Beispiel ist die schwarze Farbe des beim Zusatz von Ammoniak zu einer Mischung von Ferro- und Ferrisalzen gebildeten Niederschlages, während die Hydroxide der beiden reinen Salze ziemlich hellfarbig sind.

16. Löslichkeit und Hydratation

Infolge der historischen Entwicklung der Chemie aus der Analyse ist die Löslichkeit einer Verbindung, insbesondere die Löslichkeit in Wasser, noch immer ein wichtiges Charakteristikum.

Die Löslichkeit organischer Verbindungen, der Edelgase und dergleichen wird in Kap. V behandelt, während wir hier die Löslichkeit der typischen Ionengitter diskutieren wollen.

Die Tatsache, daß viele Verbindungen in wäßriger Lösung in Ionen dissoziiert sind, wird unrichtigerweise als hinreichender Beweis dafür vorgebracht, daß diese Verbindungen auch im festen Zustand aus Ionen aufgebaut sein müssen. Es ist gleichermaßen inkorrekt, aus der Unlöslichkeit zu folgern, daß keine ionische Bindung vorliegt.

Eine nur auf den energetischen Verhältnissen beruhende Argumentation ist ganz unzulänglich, da bei der Auflösung der meisten Salze Wärme verbraucht wird, während nur bei einigen wenigen, jedoch gewiß nicht außergewöhnlich löslichen Verbindungen Wärme frei wird, wie Na_2SO_4 (wasserfrei), $CaSO_4$ usw.

Es sind auch Fälle bekannt, wo der Wärmeeffekt sehr veränderlich ist und sogar bei einer Veränderung der Konzentration das Vorzeichen wechselt ($CaCl_2$, LiCl usw.).

Die treibende Kraft beim Lösungsprozeß und ebenso bei der Verdampfung ist das Bestreben, trotz des entgegenwirkenden Einflusses der Energieänderung zu einem Zustand größerer Entropie zu gelangen. Das heißt, das System sucht einen Zustand größerer Wahrscheinlichkeit anzunehmen, die durch die viel größere Zahl von Möglichkeiten (Konfigurationen oder Zustände) zur Realisierung des Systems im Hinblick auf den Ort und die Geschwindigkeit der Moleküle in der Gasphase oder der Flüssigkeit gegeben ist, gegenüber der in der reinen festen Phase.

Indessen ist die Entropieänderung bei der Auflösung – im Gegensatz zur Verdampfung – von der Natur der Substanz nicht unabhängig. Die Größe der Lösungswärme steht in keiner direkten Beziehung zur Größe der Löslichkeit. In einer graphischen Darstellung der Löslichkeit verschiedener Salze als Funktion der Temperatur sehen wir auch, daß sich die Kurven häufig schneiden, d. h., die Reihenfolge der Löslichkeit ändert sich mit der Temperatur. Bei tiefen Temperaturen ist das Salz mit einer großen Lösungswärme (dem aufgenommenen Wärmebetrag) tatsächlich weniger löslich, bei höheren Temperaturen ist dies umgekehrt. Die Lösungswärme ist die Differenz zwischen der Gitterenergie und der Hydratationsenergie, sie ist jedoch klein im Vergleich zu diesen.

Die Gitterenergie für 0 °K muß für 298,16 °K mit der Differenz der spezifischen Wärmen des Kristalls und des aus freien Ionen bestehenden Gases korrigiert werden. Für KCl erhält man:

$U_0 = H_0 = -168{,}5$ kcal/Mol; $H_{298} = -169{,}0$ kcal/Mol; die Lösungswärme ist $\Delta H_L = +4{,}1$ kcal/Mol, und die gesamte Hydrationswärme kann also zu $H_{\mathrm{H}} = H_{298{,}1} + \Delta H_{\mathrm{L}} = -164{,}9$ kcal/Mol berechnet werden.

Die Gitterenergie der Silberhalogenide (mit Ausnahme des Fluorids) wird durch den Beitrag der van-der-Waals-London-Anziehung zwischen den

leicht polarisierbaren Kationen und Anionen erhöht, die Hydratationsenergie bleibt infolge der kleinen Polarisierbarkeit von Wasser normal. Die Hydratationsentropie pflegt ebenfalls der der Alkalihalogenide ganz vergleichbar zu sein. Die geringe Löslichkeit dieser Silberverbindungen kann zu Recht auf den Anteil der London-Kräfte zur Gitterenergie zurückgeführt werden. Die Silberhalogenide sind tatsächlich in dem leichter polarisierbaren, flüssigen Ammoniak leichter löslich, während z.B. NaF sich infolge des kleineren Dipolmoments des NH_3 nur sehr wenig löst. Silberfluorid und die Silbersalze komplexer einbasischer Sauerstoffsäuren sind wiederum in Wasser alle glatt löslich. Das gleiche gilt für die Kupfer- und Bleisalze. Was die Paare Tl^+-K^+, $Cd^{2+}-Ca^{2+}$ anlangt, die annähernd gleiche Hydratationsenergien und -entropien aufweisen, so sind die Fluoride der polarisierbaren Ionen ohne Edelgas-Elektronen-Konfigurationen stets am leichtesten, die Jodide am wenigsten löslich.
Die geringe Löslichkeit der zwei- und höherwertigen Verbindungen, wie MgO, CuS, $BaSO_4$, $AlPO_4$ (Mg_3N_2) usw. muß auf die große Gitterenergie zurückgeführt werden.
Es ist jedoch nicht gerechtfertigt, kleine relative Differenzen in der Löslichkeit in einer ähnlichen, rein energetischen Weise zu erörtern.
Warum sind z.B. die Salze der schwereren Alkalimetalle K^+, Rb^+, Cs^+ (aber auch NH_4^+) mit großen negativen Komplexionen wie den Perchloraten, Silicofluoriden usw. weniger löslich als die der leichteren Alkalimetalle? Im allgemeinen sind sonst die Salze der zuerst genannten Metalle leichter löslich, vgl. LiF mit KF. *Van Arkel* bringt dies mit der hohen Säurestärke dieser Säuren in Verbindung, aus der er auf eine allgemein kleinere Anziehungsenergie für positive Ionen schließt.
Auf der anderen Seite steigt die Hydratationswärme proportional $1/r^+$ mit abnehmendem Radius des positiven Ions an; die Gitterenergie steigt ebenfalls, jedoch proportiomal $1/(r^+ + r^-)$. Dieser Einfluß wird bei großen negativen Ionen gering sein, so daß die verschiedene Reihenfolge der Löslichkeit in der Reihe der Alkalimetallsalze mit kleinen Anionen (F^-) bzw. großen Anionen (ClO_4^-, SiF_6^-, PF_6^-, $PtCl_6^{2-}$) erklärt wird. Ag^+ verhält sich mit nicht polarisierbaren Anionen ganz ähnlich wie Na^+, das etwa den gleichen Radius besitzt (vgl. Tabelle 13). Die Unlöslichkeit von Ag_3PO_4 verglichen mit Na_3PO_4 muß auf eine Abweichung von der reinen Ionenbindung zurückgeführt werden, wie auch durch die gelbe Farbe bekräftigt wird (Seite 87). Infolge der ungenügenden Kenntnis der Lösungswärmen und -entropien ist eine solche Schlußfolgerung schwierig zu rechtfertigen, obwohl das Phänomen deutlich ist. Es sei daran erinnert, daß die Differenz der Lösungsentropie ΔS_L z.B. zwischen F^- und J^- 23 cal/Grad · Mol beträgt. Dies verursacht bei Raumtemperatur ($T = 298$ °K) einen Unterschied in der Freien Energie bei konstantem Druck d.h. der Freien Lösungsenthalpie ΔG von 6,9 kcal bei einem Unterschied

der Lösungswärme ΔH von NaF und NaJ von nur 2,4 kcal ($\Delta G = \Delta H - T\Delta S$).

Die Zahl der von einem Ion gebundenen Wassermoleküle, d.h. die Hydratationszahl, ist nicht klar definiert. Die verschiedenen Methoden zu ihrer Bestimmung (Überführung, Beweglichkeit, Entropie, Volumenänderung bei der Auflösung, spezifische Wärme usw.) liefern voneinander abweichende Ergebnisse.

Nachstehend werden Angaben über die Zahl der fest gebundenen Wassermoleküle gemacht (primäre Hydratation), die aus der Hydratationsentropie berechnet wurden (in Klammern: Aus der Ionenbeweglichkeit erhaltene Werte) (*Eucken* 1948, *Bockris* 1949, *Haase* 1958):

Hydratationszahlen

Li^+	5 (6)	Mg^{2+}	10 (14)	F^-	5 (2)
Na^+	4 (4)	Ca^{2+}	7 (12)	Cl^-	2 (0,9)
K^+	2 (1,5)	Ba^{2+}	6 (10)	Br^-	1,5 (0,6)
Cs^+	1 (1)			J^-	0,5 (0,2)

Um die Hydratationsenergie zu berechnen, d.h. die Energieänderung des Ions, wenn es aus dem Vakuum ins Wasser gebracht wird, ist der einfachste Weg, das Wasser nach *Born* als ein kontinuierliches Medium mit der Dielektrizitätskonstante $D = 80$ zu betrachten. Nach den Gesetzen der Elektrostatik beträgt die gesuchte Energie $U_H = -\frac{1}{2}\frac{e^2}{r}\left(1 - \frac{1}{D}\right)$, wobei die Energie einer geladenen Kugel in einem Medium der Dielektrizitätskonstante D gleich $\frac{1}{2}\frac{e^2}{rD}$ ist.

Man erhält also für K^+ mit $r = 1{,}33$ Å $U_H = -122$ kcal/g-Ion, für Cl^- mit $r = 1{,}81$ Å $U_H = -89$ kcal/g-Ion.

Die separaten Hydratationsenergien können experimentell nicht direkt bestimmt werden, aber die Summe ist aus der Gitterenergie und der Lösungswärme eines Salzes bekannt, wie bereits diskutiert wurde. Für KCl beträgt die totale Hydratationsenergie 164,9 kcal/Mol (Seite 89), also erheblich weniger als eben berechnet (211 kcal/Mol).

Nun ist diese Berechnung unzweifelhaft sehr roh und das makroskopische Bild eines kontinuierlichen Mediums sicher inkorrekt. Die Dielektrizitätskonstante wird in der unmittelbaren Nachbarschaft des Ions sehr viel kleiner sein als 80, weil die Wassermoleküle sich infolge des hier herrschenden Feldes stark orientieren und diese Hydrat-„Hülle" deshalb viel weniger leicht polarisierbar ist als „freies" Wasser.

Die experimentellen Werte der totalen Hydratationswärme (Enthalpie) der Alkali-halogenide bei 298,1 °K zeigen konstante Differenzen, ebenso wie bei den interionischen Abständen (Seite 24) z. B.:

NaCl	185,0 kcal	NaBr	176,9 kcal
KCl	164,9 kcal	KBr	156,7 kcal
Diff.	20,1 kcal	Diff.	20,2 kcal

Sobald einmal ein Wert erhalten worden ist, lassen sich also Hydratationswärmen für einzelne Ionen ermitteln (Tabelle 13).

Es läßt sich erwarten, daß die Hydratationswärme proportional $1/r$ (allgemein z^2/r) sein wird, ebenso wie viele andere mit der Hydratation zusammenhängende Phänomene.

Wenn wir die totale Hydratationsenergie, z. B. aller Natriumhalogenide als Funktion von $1/r^-$ des negativen Ions graphisch auftragen, wird eine annähernd gerade Linie erhalten. Der Schnittpunkt mit der Ordinate ($1/r^- = 0$) ergibt dann die Hydratationswärme des Natriumions (in Kombination mit einem imaginären Anion von unendlich großem Radius). Etwas bessere Ergebnisse erhält man bei Benutzung von $r^- + a^-$ (und $r^+ + a^+$) an Stelle der eigentlichen Kristallradien. Die Werte der Parameter a^- und a^+ werden so gewählt, daß gerade Linien erhalten werden, sie betragen 0,10 Å für Anionen bzw. 0,85 Å für Kationen. Die Tabelle 13 gibt eine Anzahl von Werten für die Hydratationswärme (-enthalpie) wieder (*van Arkel* und *de Boer*, Monographie § 37; *van Arkel*, Molecules and Crystals 1949, 1957; *Voet* 1936; *Latimer* 1936, 1938, 1952, 1955; *Latimer* u. a. 1939; *Verwey* 1940, 1942; *Eley* und *Evans* 1938; *Eucken* 1949; *Strehlow* 1952; *Benjamin* und *Gold* 1954; *Rundles* 1956; *Michailow* und *Drakin* 1955; *Drakin* und *Michailow* 1959; *Samoilow* 1961; *Wassilew* 1960; *Noyes* 1962; *Halliwell* und *Nyburg* 1963).

Bei K^+ und F^- ist die Hydratationsenergie mit 75 kcal bzw. 122 kcal für das negative Ion größer, obwohl beide etwa den gleichen Radius besitzen. Das ist auf die exzentrische Lage der Zentren der positiven Ladungen im Wassermolekül zurückzuführen (siehe auch Wasserstoffbindung, Abschn. 45). Dieses Ergebnis läßt sich berechnen, wenn die Struktur und die Ladungsverteilung im Wassermolekül genau berücksichtigt wird (*Verwey* 1941).

Untersuchungen mit Hilfe von Röntgenstrahlen haben gezeigt, daß in sehr konzentrierten Salzlösungen mehrwertiger Ionen, z. B. von $Th(NO_3)_4$ das stark hydratisierte Th_4^+-Ion praktisch alles Wasser gebunden enthält, so daß eine ziemlich regelmäßige Anordnung dieser Ionen entsteht (*Prins* 1935).

Die Hydratationsentropie kann auch experimentell als Differenz zwischen der Standardentropie der hydratisierten Ionen (aus Messungen der spezifischen Wärme auf der Basis des Nernstschen Wärmetheorems, des drit-

Tabelle 13. Hydratationsenthalpie und -entropie*) bei 25 °C.
In kcal/Mol bzw. cal/Grad · Mol

	$-\Delta H_H$	$-\Delta S_H$		$-\Delta H_H$	$-\Delta S_H$		$-\Delta H_H$	$-\Delta S_H$
H^+	259	24,3	Mg^{2+}	456	66,5	OH^-	87	26
Li^+	121,3	26,7	Ca^{2+}	377	53	F^-	122	26
Na^+	95,2	19,2	Sr^{2+}	342	51	Cl^-	89,8	12,5
K^+	75,0	10,7	Ba^{2+}	308	41	Br^-	81,7	8,8
Rb^+	69,1	7,8	Zn^{2+}	485	67	J^-	71,3	3,3
Cs^+	61,2	7,1	Cd^{2+}	428	57,5	CN^-	83,5	0
Ag^+	111,9	20,6	Hg^{2+}	435	49	NO_3^-	61	−8
Tl^+	76,2	9,7	Fe^{2+}	455	68	SO_4^{2-}	–	20
NH_4^+	70	6,5	Al^{3+}	1110	118	CO_3^{2-}	–	36
			Fe^{3+}	1042	119	S^{2-}	330	16

*) Änderung der Entropie beim Übergang vom Standardgaszustand (1 at) zur idealen 0,041m Lösung, d.h. allgemein bei gleicher Konzentration in beiden Zuständen. Für eine 1-molare Konzentration ist ΔS_H 6,33 cal/Grad · Mol niedriger (wiederum auf das Gas von 1 at bezogen).

ten Hauptsatzes der Thermodynamik abgeleitet) und der theoretisch berechneten absoluten Entropie der gasförmigen Ionen ermittelt werden, bezogen auf Volumeneinheit und gleiche Konzentration (*Latimer* u. a. 1939, 1955; *Eucken* 1949; *Strehlow* 1952; *Benjamin* und *Gold* 1954). Die Hydratationsentropie läßt sich auch theoretisch berechnen (*Eley* und *Evans* 1938).

Es zeigt sich (Tabelle 13), daß bei der Hydratation ein – häufig beträchtlicher – Verlust an Entropie eintritt, und daß dieser Entropieverlust der Hydratationsenergie grob proportional ist; beide Größen gehen mit z^2/r parallel (z ist die Wertigkeit). Das läßt sich leicht verstehen: Durch die feste Bindung der Wassermoleküle an das Ion werden die Bewegungsmöglichkeiten dieser Wassermoleküle stark eingeschränkt, was eine Verringerung der Entropie bedeutet (Bildung eines „Eisberges" um das Ion herum). Die Verhältnisse können auch in der Weise interpretiert werden, daß die Hydratation eines Ions einem großen inneren Druck auf die umgebenden Wassermoleküle entspricht, was ebenfalls eine Verringerung der Entropie mit sich bringt.

Die Freie Energie der Hydratation bei konstantem Druck (Freie Enthalpie) kann nun ebenfalls berechnet werden ($\Delta G_H = \Delta H_H - T\Delta S_H$)*). Es ist diese Größe und nicht die Energie selbst, die mit der elektrischen Energie nach *Born* verglichen werden muß; die Unterschiede sind jedoch

*) Die Frage nach dem Einzelwert der Freien Hydratationsenthalpie für ein Ion hängt direkt zusammen mit der Frage nach dem Absolutwert des Potentials der Wasserstoffelektrode (*de Bethune* 1958, 1959; *Jakuszewski* 1959).

nicht groß. Im allgemeinen sind Änderungen in der Hydratationsenthalpie und der Hydratationsentropie in der Freien Enthalpie gegenläufig. Allgemeine Schlußfolgerungen auf die Löslichkeit und das elektrochemische Potential sind deshalb nicht möglich. Insbesondere zeigt das elektrochemische Potential keine direkte Parallele zum Ionisationspotential des Metallatoms im Gaszustand.

Wir haben gesehen, daß die elektrostatische Theorie der Ionenbindung in der Lage ist, Rechenschaft über die Eigenschaften großer Gruppen, insbesondere anorganischer Verbindungen zu geben. Es ist auch von großem Interesse, daß in den Arbeiten von *Kossel*, *Born*, *Goldschmidt*, *van Arkel* und *de Boer*, *Pauling*, *Zachariasen*, *Mayer* u. a. die Frage nach der Erklärung der Eigenschaften von Verbindungen gestellt worden ist. Nur auf dieser Basis ist eine weitere Entwicklung der theoretischen Chemie möglich. Auch hier bildet die Wißbegierde den Anfang der Wissenschaft.

Allgemeines Schrifttum

J. M. Bijvoet, *N. H. Kolkmeyer* und *C. H. McGillavry*, X-ray Analysis of Crystals, London 1951, 2. Aufl. 1952, Dt. Ausgabe Berlin 1940

G. B. Bokii, Kristallochimia, 2. Ausgabe Moskau 1960.

C. W. Bunn, Chemical Crystallography, 2. Aufl. Oxford 1961.

H. J. Emeléus und *J. S. Anderson*, Modern Aspects of Inorganic Chemistry, London 1938, 3. Aufl. 1960.

R. C. Evans, An Introduction to Crystal Chemistry, 2. Aufl. London 1963.

W. Kleber, Kristallchemie, Leipzig 1963.

F. Hein, Chemische Koordinationslehre, 2. Aufl. Leipzig 1957.

J. E. Hiller, Grundriß der Kristallchemie, Berlin 1952.

W. Hückel, Anorganische Strukturchemie, Stuttgart 1948; s. a. Structural Chemistry of Inorganic Compounds, I, II, Amsterdam 1950, 1951.

J. Lewis und *R. G. Wilkins*, Modern Coordination Chemistry, New York 1960.

N. V. Sidgwick, Chemical Elements and Their Compounds, I, II, Oxford 1950.

A. E. Van Arkel, Molecules and Crystals, London 1949, 2. Aufl. 1957.

A. E. Van Arkel und *J. H. de Boer*, Die Chemische Bindung als elektrostatische Erscheinung, Leipzig 1931; La Valence et l'Electrostatique, Paris 1936.

A. F. Wells, Structural Inorganic Chemistry, Oxford, 3. Aufl. 1961.

Literaturhinweise

S. C. Abrahams, Acta Cryst., **7** (1954) 423; **8** (1955) 661; **14** (1961) 311, 1008.

S. C. Abrahams und *E. Grison*, Acta Cryst., **6** (1953) 206.

L. H. Ahrens, Geochim. et Cosmochim. Acta, **2** (1952) 155.

P. A. Akishin u.a., Chem. Abstr., **54** (1960) 18007.

P. A. Akishin und *V. P. Spiridonow*, Dokl. Akad. Nauk. SSSR, **131** (1960) 557.

A. P. Altshuller, J. Chem. Phys., **22** (1954) 1136.

A. E. van Arkel, Molecules and Crystals, London 1949, 1957.
A. E. van Arkel und *G. Carrière*, Chem. Weekblad, **33** (1937) 182.
E. J. Arlman, Rec. trav. chim., **56** (1937) 919.

R. M. Barrer, Quart. Revs. (London), **3** (1949) 293.
R. M. Barrer und *W. M. Meier*, Trans. Faraday Soc., **54** (1958) 1074.
N. Bartlett, Proc. Chem. Soc., 1962, 218; Endeavour, **23** (1964) 3.
J. L. Barton und *H. J. Bloom*, J. Phys. Chem., **63** (1959) 1785.
E. C., Baughan, Trans. Faraday Soc., **55** (1959) 736.
M. Becke-Goehring, Angew. Chem., **73** (1961) 589.
J. Beintema, Koninkl. Ned. Akad. Wetenschap. Proc., **38** (1935) 1015; **39** (1936) 652.
J. Beintema, Rec. trav. chim., **56** (1937) 931.
R. P. Bell, Quart. Revs. (London), **1** (1947) 113.
N. V. Belov., Acta Cryst., **10** (1957) 757.
L. Benjamin und *V. Gold*, Trans. Faraday Soc., **50** (1954) 797.
G. Bergerhoff, Z. anorg. u. allgem. Chemie, **299** (1959) 328.
R. B. Bernstein und *M. Metlay*, J. Chem. Phys., **19** (1951) 1612.
F. Bertaut, J. phys. radium, **13** (1952) 499.
A. J. de Bethune, J. Chem. Phys., **29** (1958) 616; **31** (1959) 847.
J. O'M. Bockris, Quart. Revs. (London), **3** (1949) 173.
H. Bode und *E. Klesper*, Z. anorg. u. allgem. Chemie, **267** (1951) 97; **313** (1961) 161.
M. Born und *J. E. Mayer*, Z. Physik, **75** (1932) 1.
C. J. F. Böttcher, Rec. trav. chim., **65** (1946) 19, 91.
C. J. F. Böttcher und *Th. G. Scholte*, Rec. trav. chim., **70** (1951) 209.
G. Brauer und *H. Distler*, Z. anorg. u. allgem. Chemie, **275** (1954) 157.
D. W. Breck et al., J. Am. Chem. Soc., **78** (1956) 5963.
L. Brewer und *E. Brackett*, Chem. Revs., **61** (1961) 425.
G. Briegleb, Naturwissenschaften, **30** (1942) 506.
R. Brill, H. G. Grimm, C. Hermans und *Cl. Peters*, Ann. Physik, (5) **34** (1939) 393.
R. Brill und *S. Zaromb*, Nature, **173** (1954) 316.
R. Brill et al., Naturwissenschaften, **32** (1944) 33.
J. Broekema, E. E. Havinga und *E. H. Wiebenga*, Acta Cryst., **10** (1957) 596.
J. N. Brönsted, Rec. trav. chim., **42** (1923) 718.
L. Broussard und *D. P. Shoemaker*, J. Am. Chem. Soc., **82** (1960) 1041.
C. Brosset, Z. anorg. u. allgem. Chemie, **235** (1937) 139; **238** (1938) 201; **239** (1938) 301.
J. M. Bijvoet und *K. Lonsdale*, Phil. Mag., (7) **44** (1953) 204.
J. M. Bijvoet und *W. Nieuwenkamp*, Z. Krist., **86** (1933) 466.

C. F. Callis, J. R. Van Wazer und *P. G. Arvan*, Chem. Revs., **54** (1954) 777.
A. Caron und *J. Donohue*, Acta Cryst. **14** (1961) 548.
H. H. Claassen, H. Selig und *J. G. Malm*, J. Am. Chem. Soc., **84** (1962) 3593; et al., Science, **138** (1962) 136.
D. Clark, H. M. Powell und *A. F. Wells*, J. Chem. Soc., (1942) 642.
D. Cubiciotti, J. Chem. Phys. **31** (1959) 1646; J. Phys. Chem., **65** (1961) 1058.

A. Datz, U.S. Atomic Energy Comm. ORNL –2933 (1960).
S. Datz, W. T. Smith und *E. H. Taylor*, J. Chem. Phys., **34** (1961) 558.

R. M. Diamond und *D. G. Tuck*, Progr. Inorganic Chemistry, **2** (1960) 109.
J. Donohue und *L. Helmholz*, J. Am. Chem. Soc., **66** (1944) 295.
S. J. Drakin und *V. A. Michailov*, Russ. J. of Phys. Chem., **33** (1959) 45 (Engl. Übers.), J. physik. Chem. UdSSR, **33** (1959) 1544.
M. van Driel und *C. H.*, *MacGillavry*, Rec. trav. chim., **62** (1943) 167.

P. Ehrlich und *L. Gentsch*, Naturwissenschaften, **40** (1953) 460; **41** (1954) 211.
P. Ehrlich et al., Z. anorg. u. allgem. Chemie, **283** (1956) 58; **288** (1956) 148, 156.
D. D. Eley und *M. G. Evans*, Trans. Faraday Soc., **34** (1938) 1093.
H. J. Emeléus und *A. G. Scharpe*, J. Chem. Soc., 1948, 2135; 1949, 2206.
O. Emersleben, Z. phys. Chem. (Leipzig), **199** (1952) 170.
K. Eriks und *C. H. MacGillavry*, Acta Cryst., **7** (1954) 430.
A. Eucken, Z. Elektrochem., **52** (1948) 6.
A. Eucken, Lehrbuch der chemischen Physik, 3. Ausg., Bd. II 2, Leipzig 1949, S. 991.
H. M., *Evjen*, Phys. Rev., **39** (1932) 675.

F. Feher et al., Z. anorg. u. allgem. Chemie, **281** (1955) 151, 161; **287** (1956) 45; **288** (1956) 103, 113, 123; **292** (1957) 203, 210.
Y. D. Feikema, Dissertation, Groningen 1963.
J. E. Fleming und *H. Lynton*, Chem. and Ind., 1960, 1416.
O. Foss., *S. Furberg* und *W. H. Zachariasen*, Acta chem. Scand., **8** (1954) 459, 473.
S. Furberg, Acta Chem. Scand., **9** (1955) 1557.

A. G. Galinos und *A. A. Carotti*, J. Am. Chem. Soc., **83** (1961) 752.
E. Glueckauf und *H. A. C. McKay*, Nature, **165** (1950) 594.
D. Grdenic und *S. Ščarničar*, Nature, **172** (1953) 584; Acta Cryst., **8** (1955) 275.
J. S. Griffith und *L. E. Orgel*, Quart. Revs. (London), **11** (1957) 381.
H. Grunze und *E. Thilo*, Die Papierchromatographie der kondensierten Phosphate, Berlin 1954.

R. Haase, Z. Elektrochem., **62** (1958) 279.
R. J. Hach und *R. E. Rundle*, J. Am. Chem. Soc., **73** (1951) 3538, 4321.
H. F. Halliwell und *S. C. Nyburg*, Trans. Faraday Soc. **59** (1963) 1126.
G. B. Hargreaves und *R. D. Peacock*, J. Chem. Soc., (1958) 2170.
H. Hartmann, Theorie der chemischen Bindung auf quantentheoretische Grundlage, Berlin 1954.
H. Hartmann et al., Z. phys. Chemie (Leipzig), **197** (1951) 116, 239; Z. phys. Chemie (Frankfurt), **4** (1955) 376.
E. E. Havinga, Dissertation, Groningen 1957.
E. E. Havinga, *K. H. Boswijk* und *E. H. Wiebenga*, Acta Cryst., **7** (1954) 487.
L. Helmholz und *J. E. Mayer*, J. Chem., Phys., **2** (1934) 245.
J. L. Hoard, J. Am. Chem. Soc., **61** (1939) 1252.
J. L. Hoard und *H. H. Nordsieck*, J. Am. Chem. Soc., **61** (1939) 2853.
K. Höjendahl, Kgl. Danske Videnskab. Selskab, Mat. fys. Medd., **16** (1938) 133.
A. Honig, *M. Mandel*, *M. L. Stitch* und *C. H. Townes*, Phys. Rev., **96** (1954) 629.
R. Hoppe, et. al., Z. anorg. u. allgem. Chemie, **324** (1963) 214., Angew. Chem., **76** (1964) 455.
R. Hosemann, Freiberger Forschungsh., **B 37** (1959) 99.

M. L. Huggins, J. Chem. Phys., **1** (1933) 643; **5** (1937) 143.
M. L. Huggins, J. Am. Ceram. Soc., **38** (1955) 172.
H. H. Hyman, Noble Gas Componds, Chicago 1963.

J. A. Ibers et. al. Science, **139** (1963) 106.
B. Jakuszewski, J. Chem. Phys., **31** (1959) 846.
W. J. James, R. J. Hach, D. French und *R. E. Rundle*, Acta Cryst., **8** (1955) 814.
G. Jander und *F. Kienbaum*, Z. anorg. u. allgem. Chemie, **316** (1962) 41.

A. F. Kapustinskii, Z. phys. Chemie (Leipzig), **B 22** (1933) 257; Quart. Revs. (London), **10** (1956) 283; Acta Chem. Acad. Soc. Hung., **18** (1959) 313.
L. J. Katzin, Nature, **166** (1950) 605.
J. A. A. Ketelaar, Ned. Tijdschr. Natuurk., **5** (1938) 233.
J. A. A. Ketelaar und *E. W. Gorter*, Z. Krist., **101** (1939) 367.
J. A. A. Ketelaar, C. H. MacGillavry und *P. A. Renes*, Rec. trav. chim., **66** (1947) 501.
A. Klemenc und *V. Gutmann*, Monatshefte **81** (1950) 361.
R. Kohlmuller, Ann. chim., (13) **4** (1959) 1183.
L. Kolditz, Z. anorg. u. allgem. Chemie, **280** (1955) 313; Angew. Chem., **68** (1956) 154.
L. Kolditz und *H. Preiß*, Z. anorg. u. allgem. Chemie, **310** (1961) 242.
E. Kordes, Z. Elektrochemie, **65** (1961) 968.
A. Kossiakoff und *D. Harker*, J. Am. Chem. Soc., **60** (1938) 2047.

M. F. C. Ladd und *W. H. Lee*, Trans. Faraday Soc., **54** (1958) 34; J. Inorg. Nucl. Chem., **15** (1960) 14.
W. M. Latimer, The Oxidation States of the Elements and Their Potentials in Aqueous Solutions, New York 1952.
W. M. Latimer, J. Chem. Phys., **23** (1955) 90.
W. M. Latimer, K. S. Pitzer und *C. M. Slansky*, J. Chem. Phys., **7** (1939) 108.
W. M. Latimer et al., Chem. Revs., **18** (1936) 349; J. Am. Chem. Soc., **60** (1938) 1829.
F. S. Lee und *G. B. Carpenter*, J. Phys. Chem., **63** (1959) 279.
H. A. Levy und *P. A. Agron*, J. Am. Chem. Soc., **85** (1963) 241.
H. A. Levy, M. D. Danford und *P. A. Agron*, J. Chem. Phys., **31** (1959) 1458.
F. Liebau, Z. Naturforsch., **15b** (1960) 467, 468.
K. H. Lieser, Z. anorg. u. allgem. Chemie, **292** (1957) 114; **305** (1960) 133, 255.
H. L. Link und *L. J. Wood*, J. Am. Chem. Soc., **60** (1938) 2320.
L. H. Long, Quart. Revs. (London), **7** (1953) 134.
R. S. Long u.a., Proc. Int. Conf. Peaceful Use Atomic Energy, **8** (1956) 77.
T. M. Lowry, Chemistry & Industry, **42** (1923) 43.
W. F. Luder und *S. Zuffanti*, The Electronic Theory of Acids and Bases, New York 1946.

C. H. MacGillavry und *H. C. J. DeDecker*, Rec. trav. chim., **60** (1941) 153.
C. H. MacGillavry, H. C. J. DeDecker und *L. Nijland*, Nature, **164** (1949) 448.
C. H. MacGillavry und *C. L. van Panthaleon van Eck*, Rec. trav. chim., **62** (1943) 729.

F. Machatschki, persönliche Mitteilung, 1954.
J. D. Mackenzie, Modern Aspects of the vitreous State, London 1960.
D. S. Martin, *R. E. Rundle* und *S. A. Golden*, J. Chem. Phys., **24** (1956) 1114.
A. May, Phys. Rev., **52** (1937) 339.
J. E. Mayer, J. Chem. Phys., **1** (1933) 270.
J. E. Mayer und *L. Helmholz*, Z. Physik, **75** (1932) 19.
J. E. Mayer et al., J. Chem. Phys., **1** (1933) 327, 647.
W. J. Michailow und *S. J. Drakin*, J. Phys. Chem. UdSSR, **29** (1955) 2133.
R. C. Miller und *P. Kusch*, J. Chem. Phys., **25** (1956) 860.
R. C. L. Mooney, Z. Krist., **98** (1938) 377.
G. W. Morey, The Properties of Glass, 2. Ausg., New York 1954.
D. F. C. Morris, Acta Cryst., **9** (1956) 197.
D. F. C. Morris und *L. H. Ahrens*, J. Inorg. Nucl. Chem., **3** (1956) 263.

G. Nagorsen, *S. Lyng*, *A. Weiss* und *A. Weiss*, Angew. Chemie, **74** (1962) 119.
J. Naray-Szabo, Nature, **183** (1959) 886.
R. M. Noyes, J. Am. Chem. Soc., **84** (1962) 513.

A. Olin, Acta Chem. Scand., **11** (1957) 1445.
L. E. Orgel, J. Chem. Soc., (1952) 4756; J. Chem. Phys., **23** (1955) 1004.

L. Pauling, General Chemistry, San Francisco 1954, Weinheim 1962.
L. Pauling, School Science and Mathematics, 1953, S. 429.
G. Pinsker, Acta Physicochim. UdSSR, **18** (1943) 311.
G. Pinsker und *Kurdjumova*, Kristallographie, UdSSR, **3** (1958) 501.
K. S. Pitzer und *J. H. Hildebrand*, J. Am. Chem. Soc., **63** (1941) 2472.
J. N. Plendl und *P. J. Gielisse*, Phys. Rev. **125**, (1962) 828.
H. M. Powell und *D. Clark*, Nature, **145** (1940) 971.
J. A. Prins, J. Chem. Phys., **3** (1935) 72, 362.
H. O. Pritchard, Chem. Revs., **52** (1953) 529.

E. Rabinowitsch und *E. Thilo*, Z. physik. Chem. (Leipzig) **B 6** (1929) 284.
T. B. Reed und *D. W. Breck*, J. Am. Chem. Soc., **78** (1956) 5972.
J. E. Ricci, J. Am. Chem. Soc., **70** (1948) 109.
E. S. Rittner, J. Chem. Phys., **19** (1951) 1030.
C. Romers, *J. A. A. Ketelaar* und *C. H. MacGillavry*, Acta Cryst., **4** (1951) 114.
F. D. Rossini et al., Selected Values of Chemical Thermodynamic Properties, N.B.S. Circ. 500, Washington 1952.
G. M. Rothberg, J. Chem. Phys., **34** (1961) 2069.
R. E. Rundle, Acta Cryst., **14** (1961) 585.
J. E. B. Randles, Trans. Faraday Soc., **52** (1956) 1573.

O. J. Samoilow, Die Struktur wäßriger Elektrolytlösungen und die Hydratation der Ionen, Leipzig 1961.
K. Sasvári, Acta Phys. Acad. Soc. Hung., **11** (1960) 333.
N. Schrewelius, Z. anorg. u. allgem. Chemie, **238** (1938) 241.
F. Seel, Angew. Chemie, **66** (1954) 581.

F. Seel und *O. Detmer*, Z. anorg. u. allgem. Chemie, **301** (1959) 113.
F. Seel und *G. Simon*, Angew. Chemie, **72** (1960) 709.
J. Sherman, Chem. Revs., **11** (1932) 93.
H. Siebert, Z. anorg. u. allgem. Chemie, **301** (1959) 312.
S. Siegel und *E. Gebert*, J. Am. Chem. Soc., **85** (1963) 241.
W. J. Siemons und *D. H. Templeton*, Acta Cryst., **7** (1954) 194.
A. Simon und *M. Weist*, Z. anorg. u. allgem. Chemie, **268** (1952) 301.
W. G. Sly und *R. E. Marsh*, Acta Cryst., **10** (1957) 378.
D. F. Smith, J. Chem. Phys., **38** (1963) 270.
K. H. Stern und *E. S. Amis*, Chem. Revs., **59** (1959) 1.
J. M. Stevels, Progress in the Theory of the Physical Properties of Glass, New York 1948.
J. M., Stevels, Glass Ind., **35** (1954) 135; Philips Techn. Rev., **22** (1960–1961) 300.
E. G. Steward und *W. A. Runciman*, Nature, **172** (1953) 75.
H. Strehlow, Z. Elektrochem., **56** (1952) 119.

P. Tarte, Ind. Chim. Belge, **26** (1961) 1545.
H. A. Tasman und *K. H. Boswijk*, Acta Cryst., **8** (1955) 59, 587.
D. H. Templeton, J. Chem. Phys., **21** (1953) 2097; **23** (1955) 1629.
D. H. Templeton et al., J. Am. Chem. Soc., **85** (1963) 242.
E. Thilo u.a., Z. anorg. u. allgem. Chemie, **291** (1957) 186; **306** (1960) 317.
E. B. Thomas und *L. J. Wood*, J. Am. Chem. Soc., **56** (1934) 92; **57** (1935) 822; **58** (1936) 1341.
B. Topley, Quart. Revs. (London), **3** (1949) 345.
M. R. Truter, Acta Cryst., **14** (1961) 318.
D. G. Tuck und *R. M. Diamond*, J. Phys. Chem., **65** (1961) 193.

B. K. Vainshtein, Quart. Revs. (London), **14** (1960) 105.
P. F. van Velden und *J. A. A. Ketelaar*, Chem. Weekblad, **43** (1947) 401.
E. J. W. Verwey, Rec. trav. chim., **60** (1941) 887; **61** (1942) 127; Chem. Weekblad, **37** (1940) 530.
E. J. W. Verwey und *J. H. de Boer*, Rec. trav. chim., **59** (1940) 633.
A.. Voet, Trans. Faraday Soc., **32** (1936) 1301.

T. C. Waddington, Adv. Inorg. Chem. Radiochem., **1** (1959) 157.
B. E. Warren, Chem. Revs., **26** (1940) 237.
J. A. Wasastjerna, Soc. Sci. Fennica Commentationes Phys.-Math., **8** (1935) Nr. 21.
V. P. Wassilew, J. physik. Chem. UdSSR, **34** (1960) 1763.
J. R. van Wazer, Phosphorus and its compounds, I Chemistry, New York 1958.
J. L. Weeks et al., J. Am. Chem. Soc., **84** (1962) 4344, 4612.
G. Wehner, Z. anorg. u. allgem. Chemie, **276** (1954) 72.
A. Weiß, H. Witte und *E. Wölfel*, Z. phys. Chem. (Frankfurt), **10** (1957) 98.
A. F. Wells, Quart. Revs. (London), **8** (1954) 380.
G. J. Wessel und *D. J. W. Ydo*, Acta Cryst., **10** (1957) 466.
E. H. Wiebenga, E. E. Havinga und *K. H. Boswyk*, Adv. Inorg. Chem. and Radiochem., **3** (1961) 133.
W. Wieker, Z. Elektrochemie, **64** (1960) 1047.

H. Witte und *E. Wölfel*, Z. physik. Chem. (Frankfurt), **3** (1955) 296; Revs. Modern Physics, **30** (1958) 51.
L. J. Wood und *L. J. Breithaupt*, J. Am. Chem. Soc., **74** (1952) 727.
A. A. Woolf und *H. J. Emeléus*, J. Chem. Soc., (1949) 2865.

W. H. Zachariasen, Z. Krist., **80** (1931) 137.
W. H. Zachariasen, Acta Cryst., 1 (1948) 263; Phys. Rev., **73** (1948) 1104; J. Chem. Phys., **16** (1948) 254; Acta Cryst., **7** (1954) 783, 792.
S. Zaromb, J. Chem. Phys., **25** (1956) 350.
E. Zintl und *W. Morawietz*, Z. anorg. u. allgem. Chem., **236** (1938) 372.

III. Die Atombindung

Obwohl Valenzstriche in chemischen Formeln seit einem Jahrhundert üblich sind, konnte lange Zeit kein Begriff für ihre eigentliche Bedeutung gegeben werden. Man arbeitete mit ihnen auf dem geduldigen Papier als Häkchen, die willkürlich gelöst, gedreht usw. werden konnten. Auch die Rutherford-Bohr-Theorie des Atoms bildete keine Erklärung, nicht einmal für die Bindung zweier Wasserstoffatome zu einem Wasserstoffmolekül. Die erfolgreiche Oktett-Theorie und die Theorie der Elektronenpaarbindungen von *Lewis* und *Langmuir* waren noch rein formal, wurden jedoch später als im wesentlichen richtig erkannt.
Die Berechnung der Energie des Wasserstoffmoleküls durch *Heitler* und *London* (1927) muß zusammen mit der Konzeption des Tetraedermodells des Kohlenstoffs durch *van't Hoff* und *le Bel* als einer der wichtigsten Beiträge zur theoretischen Chemie seit *Daltons* Atomhypothese angesehen werden. Wir werden jedoch der Behandlung des Wasserstoffmoleküls die Diskussion des Wasserstoff-Molekül-Ions H_2^+ vorausgehen lassen, da das Problem hier mit nur einem Elektron einfacher ist als beim H_2.
Der erste Schritt führte bald zu einer fundamentalen neuen Einsicht in die Konstitution des Benzols und anderer aromatischer Moleküle. Eine korrekte Konzeption der Molekülstruktur war in der organischen Chemie durch die induktiv-intuitive Methode schon ziemlich früh erhalten worden, das war aber bezüglich der Konstitution aromatischer Moleküle nicht der Fall.
Erst die Quantenmechanik gab die Lösung des Benzolproblems. Die gleichen Vorstellungen legten auch den Grundstein für das bessere Verständnis der Konjugation und der Beziehung zwischen Farbe und Konstitution organischer Verbindungen.

17. Teilchen und Wellen

Nach den Ansichten der meisten Physiker im 17. und 18. Jahrhundert fanden die einfachen Phänomene der (geometrischen) Optik wie die geradlinige Ausbreitung, Reflexion und Brechung in der Korpuskulartheorie von *Newton* eine völlig acceptable Erklärung. *Huygens* jedoch wies darauf hin, daß das Licht ein Schwingungsvorgang ist. Er schlug eine Wellentheorie (Undulationstheorie) vor, mit der er die geradlinige Ausbreitung

ebenso wie die Reflexion und Brechung erklären konnte. Der zunächst geringe Erfolg dieser Theorie wird klar, wenn man bedenkt, wie viel einfacher es ist, die geradlinige Fortpflanzung, wie sie etwa in der Bildung eines Schattens zum Ausdruck kommt, durch die Newtonsche Hypothese fliegender Teilchen zu erklären als durch die viel komplizierteren Erörterungen von Wellenfronten nach *Huygens*.
Die Kontroverse wurde zugunsten der Wellentheorie entschieden, weil diese unmittelbar eine vernünftige Erklärung der Interferenz und der Beugungsphänomene zu geben imstande war.
Weiterhin stand die Beobachtung von *Foucault*, daß die Geschwindigkeit der Ausbreitung des Lichtes in einem Medium kleiner ist als im Vakuum, im Widerspruch zur Theorie der korpuskularen Emission.
Im 20. Jahrhundert jedoch wurde in der Quantenhypothese von *Planck* dem Licht wiederum ein diskontinuierlicher Charakter zugeschrieben, in der es als ein Strom von Energiequanten betrachtet wurde. In der Tat übt Licht einen Druck auf eine Oberfläche aus. Dieser Effekt war bereits 1754 gesucht worden, ließ sich jedoch erst 1900 experimentell nachweisen (*Lebedew*). *Einstein* rückte insbesondere den korpuskularen Charakter der Lichtquanten (Photonen) in den Vordergrund. Diese Darstellung wurde in brillanter Weise durch den photoelektrischen Effekt und den Compton-Effekt (Seite 103) bestätigt.
Die zwei Betrachtungsweisen, die Wellentheorie des Lichts und die Theorie korpuskularer Quanten schließen einander keineswegs aus. Beide sind imstande, alle Phänomene richtig zu erklären. Für einige Phänomene gibt die eine Theorie, für andere die alternative Theorie die einfachste und klarste Interpretation, ohne daß jedoch Widersprüche auftreten. Nach *Bohr* spricht man von komplementären Theorien.
Als *Hittorf* (1869) (und später *Goldstein* 1876) Experimente mit einer Entladungsröhre durchführte und dabei die Bildung eines Schattens eines in der Röhre befindlichen Metallkreuzes beobachtete, zog er – ebenso wie *Newton* und seine Zeitgenossen – die einleuchtende Schlußfolgerung, daß er es mit einer Korpuskularstrahlung zu tun haben müsse. Später wurde diesen Partikeln von *Stoney* (1891) der Name „Elektronen“ gegeben.
Auf der Basis dieser korpuskularen Konzeption der Kathodenstrahlen war es nicht schwierig, verschiedene später gefundene Phänomene zu erklären, wie die Beugung im magnetischen und elektrischen Feld, aus der der Wert e/m bestimmt werden konnte.
Erst 1927 zeigten die Experimente von *Davisson* und *Germer* und von *G. P. Thomson*, daß diese Elektronenstrahlen genau die gleichen Beugungserscheinungen zeigten wie sie durch *von Laue*, *Friedrich* und *Knipping* 1912 an Röntgenstrahlen beobachtet worden war. Die Beugung von Röntgenstrahlen stand in Übereinstimmung mit der vorherrschenden Ansicht über die Natur dieser Strahlen. Bei den Elektronen jedoch schien

dieser Wellencharakter in vollständigem Gegensatz zu den mehr als 50 Jahre vertretenen Ansichten zu stehen. *De Broglie* hatte seine fundamentale Hypothese über die Wellennatur der Elektronen erst drei Jahre vorher in seiner Dissertation veröffentlicht (1924).

Wie wäre die Entwicklung der Physik verlaufen, wenn *Hittorf*, *Goldstein* oder *Lenard* zufällig eine Goldfolie an Stelle des massiven Metallkreuzes in den Weg der Kathodenstrahlen gebracht hätten? Hätten sie nicht die Beugungsphänomene als unwiderlegbaren Beweis für die Wellennatur der Kathodenstrahlen betrachtet?

Plancks fundamentale Formel in der Quantentheorie lautet:

$$E = h\nu \tag{1}$$

Eine nicht weniger fundamentale Formel ist die von *Einstein*:

$$E = mc^2 \tag{2}$$

Durch sie wird die Äquivalenz von Energie und Masse zum Ausdruck gebracht.

Durch Kombination der beiden Formeln erhalten wir:

$$mc^2 = h\nu \tag{3}$$

bzw. wenn wir die Frequenz ν durch die Wellenlänge λ im Vakuum mit Hilfe der Beziehung $\nu = c/\lambda$ ersetzen, ergibt sich

$$\lambda = \frac{h}{mc} = \frac{h}{p}, \tag{4}$$

wobei p den Impuls des Lichtquants der Masse m und der Geschwindigkeit c darstellt.

Die Beziehung zwischen der Masse (oder dem Impuls) des Lichtquants und der Wellenlänge der Strahlung wird experimentell durch den Compton-Effekt bestätigt, d.h. die Veränderung der Wellenlänge von Röntgenstrahlen, die an einem Elektron gestreut werden. Dieser Effekt läßt sich leicht berechnen, wenn sowohl das Elektron als auch das Strahlenquant als miteinander kollidierende Materiepartikel behandelt werden.

Bei der Ableitung der Gesetze für den Zusammenstoß werden das Gesetz von der Erhaltung der Energie und das Gesetz von der Erhaltung des Impulses genau so angewandt wie bei mechanischen Zusammenstößen beispielsweise etwa von Billardkugeln.

Wir wollen einen zentralen Zusammenstoß zwischen einem Lichtquant der Frequenz ν und der Masse $h\nu/c^2$ und einem Elektron der Masse m_0 betrachten. Wir leiten hier die Formel für den einfachsten Fall ab, nämlich den einer Streuung von 180°, d.h. das Lichtquant bewegt sich nach dem Stoß genau in entgegengesetzter Richtung mit der Frequenz ν', während das Elektron eine Geschwindigkeit v in der ursprünglichen Richtung erhalten hat. Es gelten das Gesetz von der Erhaltung der Energie:

$$h\nu = h\nu' + \frac{1}{2} m_0 v^2 \tag{5}$$

und das Gesetz von der Erhaltung des Impulses:

$$mc = -m'c + m_0 v, \tag{6}$$

wobei $m = h\nu/c^2$ und $m' = h\nu'/c^2$ die Masse des Lichtquants vor und nach dem Zusammenstoß bedeuten. Daraus folgt

$$\frac{h\nu}{c} = -\frac{h\nu'}{c} + m_0 v. \tag{6'}$$

(Das negative Vorzeichen in (6) und (6′) ist wegen der entgegengesetzten Richtung nach der Streuung nötig).

Aus (6′) erhält man:

$m_0 v = \frac{2h\nu}{c}$ wenn angenommen wird, daß $\nu + \nu' \approx 2\nu$, da die Änderung der Frequenz nur klein ist.

Aus (5) ergibt sich

$$h(\nu - \nu') = \frac{1}{2m_0}\frac{4h^2\nu^2}{c^2} \quad \text{oder} \quad \frac{c(\nu - \nu')}{\nu^2} = \frac{2h}{m_0 c}.$$

Durch einfache Umformung erhalten wir mit der Approximation $\lambda\lambda' \approx \lambda^2$:

$$\lambda' - \lambda = \Delta\lambda = \frac{2h}{m_0 c} = 2\lambda_0. \tag{7}$$

(Die allgemeine Formel ist $\Delta\lambda = 2\lambda_0 \sin^2 \vartheta/2$, wobei ϑ den Streuwinkel darstellt).

Die Compton-Wellenlänge $\left(\lambda_0 = \frac{h}{m_0 c} = 0{,}024\ \text{Å}\right)$ ist eine universelle Konstante, welche die Wellenlänge eines Lichtquants von der Masse eines Elektrons repräsentiert.

$\Delta\lambda$ ist nur für kurzweilige Röntgenstrahlen eine meßbare Größe; mit anderen Worten, nur bei dieser Strahlung ist die Masse des Lichtquants nennenswert im Vergleich zur Ruhemasse m_0 des Elektrons. Entsprechend Gleichung (4) wird also der Strahlung in der komplementären Theorie außer der Wellennatur noch eine Teilchennatur zugeschrieben und umgekehrt.

De Broglie machte 1924 den Schritt, die Teilchennatur eines sich bewegenden Elektrons mit einem Wellenphänomen zu verbinden, wozu er durch Symmetriebetrachtungen und die Notwendigkeit veranlaßt wurde, die fundamentalen Züge der Natur zu verallgemeinern. Die de-Broglie-Beziehung ähnelt der Beziehung (4):

$$\lambda = \frac{h}{p} = \frac{h}{mv}. \tag{4'}$$

Hier sind jetzt m und v die (Ruhe-)Masse und die Geschwindigkeit des Elektrons (wir vernachlässigen hier überall die Relativitätskorrekturen). Diese Beziehung erfuhr eine direkte experimentelle Bestätigung durch die bereits erwähnten Experimente von *Davisson* und *Germer* und von *Thomson* über die Beugung von Elektronenstrahlen am Kristallgitter. Für Elektronen, die eine Potentialdifferenz P durchlaufen haben, ist die Energie $eP = {}^1/_2\, mv^2$ (kinetische Energie), so daß $(mv)^2 = 2\, meP$ wird und daraus

$$\lambda = \frac{h}{\sqrt{2meP}}.$$

Wenn wir die Werte der universellen Konstanten einsetzen und die Potentialdifferenz in Volt ausdrücken, erhalten wir

$$\lambda = \sqrt{\frac{150}{\mathrm{V}}}\,\text{Å}.$$

Für eine Potentialdifferenz von 150 V bzw. 60000 V bekommen wir deshalb $\lambda = 1$ Å bzw. $\lambda = 0{,}05$ Å. Das stimmt mit den Experimenten von *Davisson* und *Germer* überein. Mit Hilfe den beobachteten Ablenkungswinkel konnte aus den Gitterabständen die Wellenlänge in der gleichen Weise berechnet werden wie bei Röntgenstrahlen. Wir können deshalb Gleichung (4′) auch als ein rein experimentelles Ergebnis betrachten, aus dem die Wellennatur des Elektrons und die Richtigkeit der Gleichung (4′) empirisch hervorgeht.

Die Wellennatur ist nicht nur mit Elektronen verbunden, sondern mit jeder Materie. Sie tritt jedoch in der makroskopischen Welt nicht in Erscheinung, weil die Wellenlänge wegen der großen Masse den anderen Dimensionen gegenüber viel zu klein ist. Sogar beim Licht treten Beugungsphänomene tatsächlich nur dann auf, wenn die Dimensionen eines Loches oder Hindernisses von der Größenordnung der Wellenlänge sind. Für Protonen der gleichen Energie ist die Wellenlänge $\sqrt{1836}$ mal kleiner als für Elektronen. Es sind jedoch auch mit Protonen, Heliumkernen und Lithiumionen Beugungsphänomene beobachtet worden. Neutronen werden ebenfalls an Kristallgittern gebeugt (*Bacon* 1962, 1963; *Lonsdale* 1951; *Rundle* 1951; *Peterson* und *Levy* 1951; *Balke* und *Lutz* 1960). Bei thermischen Neutronen ist ${}^1/_2\, mv^2 = 3/2\, kT$ und die damit übereinstimmende Wellenlänge bei 298 °K deshalb 1,46 Å.

De Broglie war in der Lage, aus seiner Beziehung (4') eine im Hinblick auf die stationären Zustände des Wasserstoffatoms sehr bedeutungsvolle Folgerung zu ziehen. Sein Ergebnis stimmte mit dem von *Bohr* überein. Die stationären Zustände waren in der Bohrschen Theorie vollständig *ad hoc* eingeführt worden, um die Spektren zu erklären, während sie aus der Grundhypothese von *de Broglie* logisch und klar folgen.

Ein stationärer Zustand eines als Wellenphänomen betrachteten Elektrons bedeutet eine stationäre Wellenbewegung, in der der Bahnumfang deshalb ein ganzes Vielfaches der Wellenlänge sein muß. Diskrete Bahnen der Länge λ, 2λ, 3λ usw. entstehen also offensichtlich als Ergebnis der jeweils vorkommenden ganzen Zahlen. λ ist jedoch wegen des Zusammenhangs zwischen der Wellenlänge des Elektrons und dem Impuls für verschiedene Energiezustände nicht gleich, d.h. λ hängt von der Energie ab.

Die Bedingung für eine stabile Kreisbahn der Ordnung n vom Radius a_n ist nach (4'):

$$2\pi a_n = n\lambda_n = \frac{nh}{mv}. \tag{8}$$

Bei einer kreisförmigen Bewegung um einen Kern mit der Ladung Ze wird die Zentripetalkraft durch die Coulomb-Kraft wiedergegeben:

$$\frac{mv^2}{a_n} = \frac{Ze^2}{a_n^2}. \tag{9}$$

Aus (8) und (9) ergibt sich

$$a_n = \frac{n^2 h^2}{4\pi^2 e^2 m Z}. \tag{10}$$

Dieses Ergebnis ist exakt das gleiche wie das von *Bohr*. Für die Gesamtenergie = potentielle Energie + kinetische Energie erhalten wir für den Fall der kreisförmigen Bewegung:

$$W = -\frac{Ze^2}{a_n} + \frac{1}{2}mv^2 = -\frac{1}{2}\frac{Ze^2}{a_n}$$

bzw. nach Einsetzen der Beziehung (10)

$$W = -\frac{2\pi^2 e^4 m Z^2}{h^2 n^2}. \tag{11}$$

Dieser Ausdruck ist wiederum der gleiche wie der von *Bohr*, aber die Bedeutung der (Haupt-) Quantenzahl n als einer ganzen Zahl ist jetzt klar geworden als logisch notwendig für einen stationären Zustand.

18. Wellenfunktion und Wellengleichung

Der Nutzen, dem Elektron eine Wellennatur zuzuschreiben, ist auf diese Weise deutlich geworden. Die wellenmechanische Beschreibung muß

durch die Aufstellung einer allgemeinen Gleichung vervollständigt werden, die das Verhalten eines Elektrons entsprechend dieser Konzeption wiedergibt.
Die charakteristische Größe in irgendeinem Wellenphänomen ist die Wellenfunktion ψ, die Amplitude als Funktion der räumlichen Koordinaten und der Zeit. Wir werden jedoch die Zeitabhängigkeit außerhalb der Betrachtungen lassen; in der Chemie – auch in chemischen Reaktionen – haben wir es stets mit stationären Zuständen zu tun. Nur in Phänomenen wie der Emission von Strahlung usw. kommt diese Zeitabhängigkeit zur Diskussion.
Die Amplitude selbst ist ebensowenig meßbar wie die des sichtbaren Lichts. In beiden Fällen ist es die Intensität, dargestellt durch die Größe ψ^2, die sich physikalisch bestimmen läßt und die deshalb eine physikalische Bedeutung besitzt.
Allgemein ist ψ nicht reell, sondern komplex; es tritt so durchweg $\psi\psi^*$ auf an Stelle von ψ^2, wobei ψ^* die zu ψ konjugiert komplexe Größe ist. Indessen kann ψ in den hier speziell interessierenden Problemen als reell betrachtet werden, so daß diese Verfeinerung der Bezeichnung weggelassen wird.
Nach der Quantentheorie ist die Intensität des Lichts nunmehr auf zwei Weisen zu interpretieren, die jedoch im wesentlichen äquivalent sind, da kein Experiment denkbar ist, das zugunsten einer Interpretation zu entscheiden gestatten würde. Wir können die Intensität als die Dichte der Lichtquanten am betrachteten Punkte auffassen; d.h. die Zahl der Quanten je Einheitsvolumen oder als die Wahrscheinlichkeit, ein Lichtquant in diesem Element anzutreffen. In der Wellenmechanik bezeichnet ψ^2 ähnlich sowohl die Ladungsdichte (in atomaren Einheiten, andernfalls ist sie $e\psi^2$) als auch die Wahrscheinlichkeit, das Elektron hier zu finden. Im ersten Falle denkt man sich das Elektron gewissermaßen über den Raum verteilt, dem zweiten, statistischen Konzept liegt die Vorstellung eines individuellen diskreten Elektrons zugrunde. Da sich jedoch nur statistische Tatsachen sammeln, d.h. messen lassen, kann man folglich nicht sagen, ob das Elektron in einem gegebenen Augenblick an einer bestimmten Stelle ist oder nicht. Wir kennen nur die Wahrscheinlichkeit ψ^2, es dort zu treffen.
Wie ist nun die Frage zu beantworten, was denn nun tatsächlich schwingt?
Im 19. Jahrhundert war man so entschieden davon überzeugt, daß das Verständnis der Naturerscheinungen darin bestand, sie auf ein mechanisches Bild zu reduzieren, so daß man einen „Äther“ erfand, um diese Frage für das Licht beantworten zu können. Diesem Äther kommt allerdings keine physikalische Realität zu. Sowohl für Licht wie für Elektronen geht die Analogie zu den mechanischen Schwingungen (schwingende Saite, Orgelpfeifen usw.) nicht weiter als bis zur Tatsache, daß sich ψ

mathematisch ähnlich verhält wie die physikalisch reelle Amplitude im mechanischen Analogon. Der klassische Sprachgebrauch „Welle", „Teilchen", „Bahn" ist metaphorisch.
ψ kann eine Wahrscheinlichkeitsamplitude genannt werden. Sie selbst ist nicht beobachtbar, ohne sie kann aber kein einziges, die mikroskopischen atomaren Vorgänge wiedergebendes Naturgesetz formuliert werden.
Die Frage, ob dieses Bild einer Welle einer objektiven Realität entspricht oder ein Produkt des menschlichen Gehirns mit dessen begrenzten Fähigkeiten ist oder die Frage, ob sich das Elektron tatsächlich irgendwo aufhält oder nicht, da wir ja nur die Wahrscheinlichkeit kennen, es dort zu finden, ist eine philosophische Frage. Das ist eine Angelegenheit der Weltanschauung aber nicht des Wissens, da es kein Experiment gibt, das Ergebnisse liefert, die nicht auf der Basis eines Wahrscheinlichkeitsbildes vorausgesagt werden könnten (oder auf der eines verstreuten, „verschmierten" Elektrons) (*Born* 1955).
Es ist ebenso klar, daß es nicht länger eine strikte Kausalität geben kann, wie sie den Vorstellungen des 19. Jahrhunderts entsprach. Die Naturgesetze für den Mikrokosmos haben einen statistischen Charakter. Die für den Makrokosmos geltenden Gesetze, die aus ihnen folgen, haben deshalb im wesentlichen den gleichen Charakter, wenn es hier auch schwieriger ist, die statistische Natur durch direkte makroskopische Experimente zu beweisen.
Die Wellenfunktion ψ muß einer Anzahl von Bedingungen genügen, die aus der Forderung herrühren, daß die Funktion eine physikalische Bedeutung haben muß. Wir wollen hier nur erwähnen, daß die Wellenfunktion im Unendlichen Null sein muß; bei endlichen Distanzen ist ψ gewöhnlich von Null verschieden, d.h., die Ladungswolke reicht bis ins Unendliche, im Gegensatz zu dem Bild des Elektrons als begrenzter geladener Sphäre.
Da ψ^2 die Wahrscheinlichkeit oder Ladungsdichte darstellt, ist es zweckmäßig, die Lösung der Wellenfunktion für ein Elektron stets mit einem Faktor zu versehen (aus der untenstehenden Bedingung zu ermitteln), so daß die Integration über den Raum Eins ergibt:
$\int \psi^2 \, dv = 1$. Mit anderen Worten ist die Wahrscheinlichkeit, das Elektron in dem unendlichen Raum zu finden, gleich 1 oder – was dasselbe ist – die totale Ladung im gesamten Raum muß 1 sein (in atomaren Einheiten). Die Bedingung wird als Normierungsbedingung bezeichnet und die ihr gehorchende Wellenfunktion ist normiert.
Eine ausschließlich auf der Intensität beruhende Betrachtung kann niemals zur Erklärung der Interferenzphänomene führen, wo ja z.B. Licht + Licht tatsächlich Auslöschung ergeben kann. Die Amplituden der beiden interferierenden Wellen sind in einem solchen Falle einander entgegengesetzt. Es ist also notwendig, bei der Diskussion der Elektronen

stets von der Wellenfunktion ψ auszugehen, und wir werden sehen, daß es ähnlich bedeutungsvoll ist, ob die beiden Wellenfunktionen das gleiche oder entgegengesetzte Vorzeichen haben.
Das totale Vorzeichen einer Wellenfunktion ist natürlich nicht wesentlich, weil nur ψ^2 eine wesentliche Bedeutung besitzt.
Die stationären Zustände, auf die wir uns hier beschränken, entsprechen den stationären Wellen in der Schwingungstheorie; Schwingungsbäuche korrespondieren mit hoher Ladungsdichte und Knoten mit einer Ladungsdichte Null.
Die Wellenfunktion gehorcht einer Differentialgleichung, die in der gleichen Form auch für das Licht geschrieben werden kann, die (zeitunabhängige) Wellengleichung von *Schrödinger* (1926):

$$\nabla^2 \psi + \frac{8\pi^2 m}{h^2}(W - V)\psi = 0 .$$

W = Gesamtenergie, die für einen definierten Zustand einen konstanten Parameter darstellt.
V = potentielle Energie, die eine Funktion der Koordinaten ist.
$\nabla^2\psi$ ist eine Abkürzung für

$$\frac{\partial^2 \psi}{\partial x^2} + \frac{\partial^2 \psi}{\partial y^2} + \frac{\partial^2 \psi}{\partial z^2} .$$

Diese Gleichung kann als fundamentales Naturgesetz für die Mechanik der Elektronen anerkannt werden, dessen Richtigkeit viele Male durch das Experiment geprüft worden ist, ebenso wie das Gravitationsgesetz von *Newton* das fundamentale Gesetz der makroskopischen Mechanik darstellt. Die de-Broglie-Beziehung bildet dann ein spezielles Ergebnis dieser Gleichung.
Es läßt sich auch zeigen, daß die Schrödinger-Gleichung für ein Wellenphänomen nichts weiter ist als eine Form der klassischen Differentialgleichung für ein Wellenphänomen.
Ihr neuer Zug besteht in der Anwendung auf Elektronen mit Hilfe der experimentell gesicherten de-Broglie-Beziehung. Diese Beziehung folgt ihrerseits, wie wir oben gesehen haben, aus der Kombination der fundamentalen Beziehungen von *Planck* und *Einstein* in der Form $h\nu = mc^2$ (Seite 103).
Eine ebene Welle, die sich entlang der x-Achse fortpflanzt, gehorcht der folgenden Gleichung für die Amplitude U:

$$U = A \sin 2\pi \left(\frac{x}{\lambda} - \nu t\right) \tag{1}$$

(oder der Alternativmöglichkeit mit dem Cosinus, was zur gleichen Welle mit einer Phasendifferenz von 90° führt).

Die Differentialgleichung für diese Welle wird durch doppelte Differentiation nach der Koordinate x bzw. nach der Zeit erhalten.

$$\frac{\partial^2 U}{\partial x^2} = -\frac{4\pi^2}{\lambda^2} U, \tag{2}$$

$$\frac{\partial^2 U}{\partial t^2} = -4\pi^2 \nu^2 U. \tag{3}$$

Die stationären Zustände, wie sie in der Quantenchemie untersucht werden, entsprechen den stationären Wellen, für die gilt:

$$U = A \sin 2\pi \frac{x}{\lambda} \cos 2\pi\nu t$$

(oder mit Sinus und Cosinus vertauscht).
Der uns interessierende, von der Zeit unabhängige Teil

$$U = A \sin 2\pi \frac{x}{\lambda} \quad \left(\text{oder} = A \cos 2\pi \frac{x}{\lambda}\right)$$

erfüllt die Differentialgleichung (2).
Die Gleichung (2) ist demzufolge die charakteristische zeitunabhängige Wellengleichung, die wir nun mit Hilfe der de-Broglie-Beziehung

$$\lambda = \frac{h}{m v}$$

auf ein Elektron anwenden.
Wir erhalten dann:

$$\frac{\partial^2 U}{\partial x^2} + \frac{4\pi^2 m^2 v^2}{h^2} U = 0$$

und durch Einführen der kinetischen Energie $T = {}^1/_2\, mv^2$:

$$\frac{\partial^2 U}{\partial x^2} + \frac{8\pi^2 m T}{h^2} U = 0. \tag{4}$$

Nun wird sich im allgemeinen die kinetische Energie T eines Elektrons, das sich in einem elektrischen Feld bewegt, unter dem Einfluß dieses Feldes ändern, während die Gesamtenergie gleich bleibt. Diese Gesamtenergie ist die Summe aus kinetischer und potentieller Energie:

$$W = T + V.$$

Wir erhalten so die endgültige Form für die Wellengleichung (für den zeitunabhängigen Teil und eine eindimensionale Welle).

$$\frac{\partial^2 U}{\partial x^2} + \frac{8\pi^2 m}{h^2}(W - V)\, U = 0. \tag{5}$$

Diese Gleichung ist der Schrödinger-Gleichung vollständig analog. Um die vollständigen Lösungen zu erhalten, muß diese Gleichung noch mit $\cos 2\pi\nu t$ (siehe oben) multipliziert werden, wobei die Frequenz ν natürlich mit der Wellenlänge verknüpft ist.

Für den dreidimensionalen Fall ersetzen wir die Amplitude U durch ψ, und die Gleichung geht über in

$$\left.\begin{aligned} &\nabla^2\psi + \frac{8\pi^2 m}{h^2}(W - V)\psi = 0\,, \\ &\left(\nabla^2\psi \equiv \frac{\partial^2\psi}{\partial x^2} + \frac{\partial^2\psi}{\partial y^2} + \frac{\partial^2\psi}{\partial z^2}\right). \end{aligned}\right\} \tag{6}$$

Die Schrödinger-Gleichung beschreibt die Elektronen auch in den kompliziertesten Fällen ebenso wie die Bewegung der Planeten und Monde dem Newtonschen Gesetz unterliegt. Das Problem ist in beiden Fällen, diese Gleichung zu lösen!

Für den einfachsten Fall, ein freies, sich im Vakuum entlang der x-Achse ohne potentielle Energie ($V = 0$) bewegendes Elektron, läßt sich die Lösung ohne weiteres hinschreiben.

Die Differentialgleichung wird dann erfüllt durch

$$\psi = A\cos 2\pi\frac{x}{\lambda}\,, \quad \text{oder} \quad \psi = A\sin 2\pi\frac{x}{\lambda}$$

und wir erhalten:

$$\left(\frac{2\pi}{\lambda}\right)^2 = \frac{8\pi^2 m}{h^2} W \quad \text{oder} \quad \lambda = \frac{h}{\sqrt{2mW}}\,.$$

(Die allgemeinere Lösung ergibt

$$\psi = Ae^{-2\pi i x/\lambda}).$$

Das Ergebnis repräsentiert also eine Welle entlang der x-Achse und von einer Wellenlänge, die mit der experimentell durch *Davisson* und *Germer* sowie durch *G. P. Thomson* ermittelten übereinstimmt (siehe Seite 105): Wenn das Elektron eine Potentialdifferenz P durchlaufen hat, beträgt seine Gesamtenergie $W = eP$.

Für ein Elektron im Raum und einer von Null verschiedenen potentiellen Energie ($V \neq 0$) erhalten wir:

$$\lambda' = \frac{h}{\sqrt{2m(W - V)}}\,.$$

Wenn also ein Elektronenstrahl aus dem Vakuum in einen Kristall eintritt, wo ein Potential P_i herrscht (demzufolge ist $V = -eP_i$), ändert sich die Wellenlänge. Mit anderen Worten ergibt sich ein Brechungsindex:

$$n = \frac{\lambda}{\lambda'} = \sqrt{\frac{(W-V)}{W}} = \sqrt{\frac{(P+P_i)}{P}}\,.$$

Es tritt demzufolge ebenso Brechung ein wie bei Licht, das in ein optisch dichteres Medium eintritt.

P_i ist nun in der Größenordnung von 10–25 V, so daß dieser Brechungseffekt in den Experimenten von *Davisson* und *Germer* bei $P = 30$–300 V deutlich beobachtet wurde, nicht dagegen in denen von *Thomson* mit $P \approx 30000$ V.

Das Problem eines Elektrons in einem Kasten wird im Kapitel IV behandelt.

Die Verbindung zwischen Wellenmechanik und klassischer Mechanik läßt sich durch Transformation der Gleichung (6) deutlich machen.

In der klassischen Mechanik gilt:

$$W = T + V = \frac{1}{2m}(p_x^2 + p_y^2 + p_z^2) + V(x, y, z)\,. \tag{7}$$

Die kinetische Energie ist: $T = \frac{1}{2} m v^2 = \frac{1}{2m}(p_x^2 + p_y^2 + p_z^2)$; die potentielle Energie V ist lediglich eine Funktion der Ortskoordinaten x, y und z.

Wir können also schreiben:

$$W = H(p, q)\,, \tag{8}$$

da die Gesamtenergie eine Funktion der Impulse und der Koordinaten q darstellt. Diese Formel wird Hamilton-Gleichung genannt (deshalb der Buchstabe H).

Die Wellengleichung (6) kann nun wie folgt geschrieben werden:

$$W\psi = -\frac{1}{2m}\left(\frac{h}{2\pi}\right)^2\left(\frac{\partial^2}{\partial x^2} + \frac{\partial^2}{\partial y^2} + \frac{\partial^2}{\partial z^2}\right)\psi + V\psi\,. \tag{9}$$

Die Gleichungen (7) und (9) entsprechen einander formal, wenn wir lediglich die Größe p_x in (7) durch den auf die Wellenfunktion wirkenden Operator $\frac{h}{2\pi i}\frac{\partial}{\partial x}$ ersetzen. Tatsächlich entspricht p^2 als zweifache Operation dann $-\left(\frac{h}{2\pi}\right)^2\frac{\partial^2}{\partial x^2}$.

Mit anderen Worten wird die Größe p der klassischen Mechanik in der Wellenmechanik durch einen Operator ersetzt. Ähnlich tritt an die Stelle der potentiellen Energie ebenfalls ein Operator, nämlich die Multiplikation der Funktion für die potentielle Energie V mit der Wellenfunktion ψ.

Anstatt der klassischen Gleichung (8) können wir für die Wellengleichung nunmehr auch schreiben:

$$W\psi = H\psi\,. \tag{10}$$

H ist hier ein Symbol nicht für eine Größe, sondern für eine Operation, der die Wellenfunktion ψ unterworfen wird (siehe Seite 118); H wird Hamilton-Operator

genannt. Dieser *Operator H* hat die gleiche Form wie die *Funktion H* in der klassischen Mechanik, wenn die oben erwähnten Regeln beachtet werden.
Bei der Berechnung der Gesamtenergie W (Seite 118) ebenso wie anderer dynamischer Größen, die klassisch als Funktion von p und q ausgedrückt werden können, besteht die Rechenmethode in der Wellenmechanik in der Transformation in die entsprechenden Operatoren unter Anwendung der gleichen Regeln.

19. Das Wasserstoffatom

Für das Wasserstoffatom gilt einfach $V = -e^2/r$, und die Gleichung ist damit lösbar, wenn auch einige mathematische Geschicklichkeit erforderlich ist. Es zeigt sich, daß eine Lösung nur für gewisse Werte der Gesamtenergie W möglich ist. Die diskreten Energiezustände, die in der Bohrschen Theorie *ad hoc* eingeführt wurden, ergeben sich also von selbst. Diese Zustände sind durch gewisse Größen charakterisiert, die ganze Zahlen darstellen müssen, die Quantenzahlen. Diese folgen also unmittelbar aus den mathematischen Eigenschaften der Gleichung. Für den Grundzustand des Wasserstoffatoms findet man die Wellenfunktion

$$\psi = \frac{1}{\sqrt{\pi}}\left(\frac{1}{a}\right)^{3/2} e^{-r/a} \quad \text{mit} \quad a = \frac{h^2}{4\pi^2 m e^2} = 0{,}529\ \text{Å},$$

wobei a dem Radius der Bohrschen Bahn entspricht, und für die Energie:

$$W_H = -\frac{2\pi^2 e^4 m}{h^2} = -\frac{1}{2}\frac{e^2}{a},$$

wie bereits Seite 106 direkt abgeleitet worden war.
Für höhere Zustände ergeben sich folgende Lösungen der Gleichung:

$$1\,\text{s} \quad n = 1\,(\text{K-Schale}) \quad l = 0 \quad m = 0: \quad \psi = \frac{1}{\sqrt{\pi}}\left(\frac{1}{a}\right)^{3/2} e^{-r/a}$$

$$2\,\text{s} \quad n = 2\,(\text{L-Schale}) \quad l = 0 \quad m = 0: \quad \psi = \frac{1}{4\sqrt{2\pi}}\left(\frac{1}{a}\right)^{3/2}\left(2 - \frac{r}{a}\right) e^{-r/2a}$$

$$2\,\text{p}_z \quad = 2\,(\text{L-Schale}) \quad l = 1 \quad m = 0: \quad \psi = \frac{1}{4\sqrt{2\pi}}\left(\frac{1}{a}\right)^{3/2}\frac{r}{a}\, e^{-r/2a}\cos\vartheta$$

$$2\,\text{p}_x \quad = 2\,(\text{L-Schale}) \quad l = 1 \quad m = -1: \psi = \frac{1}{4\sqrt{2\pi}}\left(\frac{1}{a}\right)^{3/2}\frac{r}{a}\, e^{-r/2a}\sin\vartheta\cos\varphi$$

$$2\,\text{p}_y \quad = 2\,(\text{L-Schale}) \quad l = 1 \quad m = +1: \psi = \frac{1}{4\sqrt{2\pi}}\left(\frac{1}{a}\right)^{3/2}\frac{r}{a}\, e^{-r/2a}\sin\vartheta\sin\varphi.$$

Die Winkel ϑ und φ entsprechen als Polarkoordination der geographischen Breite und Länge, während r den Abstand vom Zentrum (dem

Kern) darstellt. Für die Energie der höheren Zustände erhalten wir den gleichen Ausdruck wie in der Bohrschen Theorie

$$W_H = -\frac{1}{2}\frac{e^2}{a}\frac{1}{n^2}.$$

Im Wasserstoffatom ist die Energie für den 2s- und die drei 2p-Zustände gleich. In einem Atom mit mehr Elektronen bleibt die Energie für die drei 2p-Zustände gleich, der 2s-Zustand hat hier jedoch eine niedrigere Energie (Tauchbahnen, Seite 10).
Die Hauptquantenzahl n, die Nebenquantenzahl l mit den Werten 0, 1 ... bis n-1 und die magnetische Quantenzahl m mit den Werten $-l$, $-(l-1) \dots 0 \dots (l-1)$, l folgen direkt aus der wellenmechanischen Theorie. Jeder Zustand kann weiterhin wegen der Spinquantenzahl s, die die Werte $+{}^1/_2$ und $-{}^1/_2$ besitzen kann, durch zwei Elektronen besetzt werden.

Die Schrödinger-Gleichung für das Wasserstoffatom wird durch Separation in drei Gleichungen gelöst, deren jede nur von einer Variablen abhängt. Die einfachste ist die von φ abhängige, der geographischen Länge in Polarkoordinaten. Diese Gleichung ist $\frac{1}{\Psi}\frac{\partial^2 \Psi}{\partial \psi^2} = \text{const.}$ bzw. $\frac{\partial^2 \Psi}{\partial \psi^2} = -m^2 \Psi$, wobei m eine Konstante darstellt. Eine Lösung dieser einfachen Gleichung ist $\Psi = A \sin m\,\psi$.
Diese Gleichung ist nun physikalisch nur dann sinnvoll, wenn beim Anstieg des Arguments ψ um 2π, d.h. nach einer ganzen Umdrehung die Funktion wieder den gleichen Wert besitzt. Es ist klar, daß dies nur dann der Fall ist, wenn m eine positive oder negative Zahl oder Null ist. Die magnetische Quantenzahl der Bohrschen Theorie tritt also notwendigerweise als eine ganze Zahl in Erscheinung.
Der Faktor A folgt aus der Normierungsbedingung $\int_0^{2\pi} \psi^2\, dv = 1$, so daß wir erhalten $A = 1/\sqrt{\pi}$ außer für $m = 0$, wo $A = 1/\sqrt{2\pi}$ ist.
Eine allgemeinere Lösung der obigen Differentialgleichung ist $A\, e^{im\psi}$ bzw. gleichberechtigt $A\, e^{-im\psi}$, und Linearkombinationen aus ihnen stellen also auch Lösungen dar. Diese Tatsache kann benützt werden, um reelle anstatt komplexe Lösungen zu erhalten:

$$\frac{1}{2} A\,(e^{im\psi} + e^{-im\psi}) = A \cos|m|\,\psi \quad \text{und}$$

$$\frac{1}{2i} A\,(e^{im\psi} - e^{-im\psi}) = A \sin|m|\,\psi .$$

Für die 2p-Zustände mit $m = 0$, $m = 1$, $m = -1$, erhalten wir als Lösungen

$$\frac{1}{\sqrt{2\pi}},\ \frac{1}{\sqrt{\pi}}\cos\varphi \quad \text{bzw.} \quad \frac{1}{\sqrt{\pi}}\sin\varphi .$$

Wir betrachten die Wellenfunktion des niedrigsten Zustandes, des 1s-Zustandes des Elektrons. Diese Funktion hängt lediglich vom Abstand r und nicht von den Winkeln ab. Die Funktion ψ und deshalb auch die

Ladungsverteilung $e\psi^2$ ist deshalb kugelsymmetrisch. Die Funktion für die radiale Verteilung $4\pi r^2 \psi^2$ gibt eine bessere Information als die Funktion ψ^2. Die Funktion ψ^2 ist der Wahrscheinlichkeit proportional, das Elektron in einem Einheitsvolumen vom Abstand r zu finden, während die erste Funktion der Wahrscheinlichkeit proportional ist, das Elektron in einer Kugelschale der Dicke dr und einem Abstand r zu treffen. (Wenn die Zahl n der Treffer je Einheitsfläche gleichmäßig über die Zielfläche verteilt ist, wird die Wahrscheinlichkeit eines Treffers im Abstand r vom Zielmittelpunkt proportional $2\pi rn$).

Diese radiale Dichteverteilung hat ein Maximum bei $r = a$ (Bild 10). Nach der Bohrschen Theorie beschreibt das Elektron in diesem Zustand ($n = 1$, K-Schale) eine Kreisbahn mit dem Radius $a = \frac{h^2}{4\pi^2 m e^2}$. Aus der wellenmechanischen Beschreibung folgt, daß dieser Wert den *wahrscheinlichsten* Wert für den Abstand des Elektrons vom Kern darstellt, während nach *Bohr* das Elektron *nur* in dieser Distanz vom Kern vorkommen kann. Nach der neuen Betrachtung ist die Bahn des Elektrons „verschmiert".

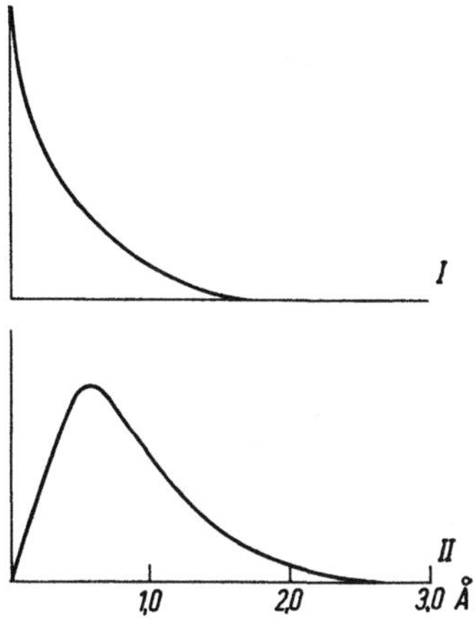

Bild 10. Wellenfunktion ψ (I) und radiale Ladungsverteilung $4\pi r^2 \psi^2$ (II) als Funktion des Abstandes für das Wasserstoffatom im Grundzustand (1 s)

Weiterhin ist nunmehr zu erkennen, daß die Ladung kugelsymmetrisch verteilt ist. Auf diese Weise verschwindet eine andere Schwierigkeit in der Bohrschen Theorie von selbst, nämlich die der sog. räumlichen Quantisierung. Ein Elektron, das in einer ebenen Bahn kreist, würde ein magnetisches Moment hervorrufen, was im Gegensatz zur Erfahrung steht. Um diese Schwierigkeit zu eliminieren, mußte *Bohr* zu seiner Zeit neue Hypothesen aufstellen.

Bei der Untersuchung der Wellenfunktion für den 2s-Zustand ($n = 2$, M-Schale) ergibt sich, daß diese ebenfalls kugelsymmetrisch ist. Das ist allgemein für alle s-Zustände ($l = 0$) der Fall, unabhängig von der Hauptquantenzahl. Die Dichteverteilung zeigt zwei Maxima für $n = 2$, drei für $n = 3$ usw.

Wir wollen nunmehr die 2p-Zustände betrachten. Aus den in den obigen Gleichungen vorkommenden Winkeln φ und ϑ ist zu ersehen, daß die Ladungsverteilung in diesen Zuständen nicht mehr kugelsymmetrisch sein kann. Wir wollen nun diese Winkelabhängigkeit eingehender untersuchen, d.h. die Funktionen $\cos\vartheta$, $\sin\vartheta \cdot \cos\varphi$ und $\sin\vartheta \cdot \sin\varphi$.

Die graphische Darstellung von $\cos\vartheta$ als Funktion des in einer Ebene befindlichen Winkels ϑ ergibt eine Kombination von zwei Kreisen

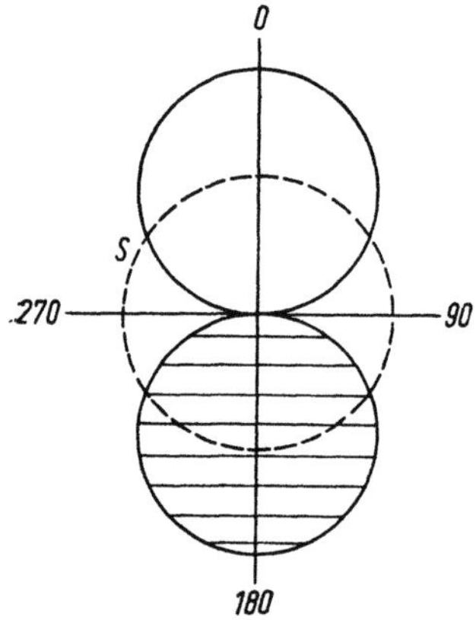

Bild 11. Cos ϑ als Funktion der Winkelkoordinate ϑ und vom Winkel abhängiger Teil der p-Funktion ———. Vom Winkel abhängiger Teil der s-Funktion – – – –

(Bild 11). Man erinnere sich daran, daß in der besser bekannten Darstellung von $\cos\alpha$ als einer Sinuskurve der Winkel nicht als solcher aufgetragen wird, sondern als Linearkoordinate. Im Falle der p_z-Funktion ist der vom Winkel abhängige Faktor eine Kombination von zwei Kugeln entlang der Z-Achse. Im oberen Teil ist das Vorzeichen positiv, im unteren negativ. Wir bezeichnen die p_z-Funktion als antisymmetrisch im Hinblick auf die horizontale Ebene, da die eine Hälfte das Spiegelbild der anderen ist, lediglich mit umgekehrten Vorzeichen; die s-Funktion ist dagegen symmetrisch. Die Ladungsverteilung, d.h. die Funktion ψ^2 ist ebenso hantelförmig entlang der Z-Achse, aber wieder symmetrisch.

Die Untersuchung der anderen zwei Funktionen zeigt, daß diese genau die gleiche Form haben, jedoch entlang der X- bzw. Y-Achse gerichtet sind. Infolge ihrer ausgeprägten Richtungsabhängigkeit spielen diese p-Funktionen eine besondere Rolle bei der Bildung gerichteter Bindungen (Seite 144).

Eine allgemeine Eigenschaft von Bedeutung ist die Orthogonalität, d.h., für Wellenfunktionen verschiedenen Charakters gilt:

$$\int \psi_1 \psi_2 \, dv = 0 .$$

Das Integral $\int \psi_s \psi_{p\,z} \, dv = 0$ über den Raum oberhalb der horizontalen Ebene (positive z-Werte) ist also gleich dem Integral über den Raum unterhalb der horizontalen Ebene (negative z-Werte), besitzt jedoch ein entgegengesetztes Vorzeichen (Seite 149 und 195).

Es sei noch auf eine bemerkenswerte Eigenschaft hingewiesen: Die Ladungsverteilung der drei Elektronen, jeweils eines in den Zuständen p_x, p_y und p_z, wird natürlich wiedergegeben durch $\psi^2_{p\,x} + \psi^2_{p\,y} + \psi^2_{p\,z}$. Wenn wir also die Quadrate der oben erwähnten, vom Winkel abhängigen Funktionen zusammenzählen:

$\cos^2\varphi \sin^2\vartheta + \sin^2\varphi \sin^2\vartheta + \cos^2\vartheta$, dann zeigt eine einfache Umformung, daß dieser Ausdruck gleich Eins ist. Diese kombinierte Ladungsverteilung der drei Elektronen ist demnach wiederum unabhängig von φ und ϑ, sie ist mit anderen Worten sphärisch.

Wir finden so, daß die Ladungsverteilung in einem Stickstoffatom mit zwei Elektronen im 1s-Zustand, zwei Elektronen im 2s-Zustand und jeweils einem Elektron in jedem der drei 2p-Niveaus kugelförmig sein muß. Das gleiche muß für das Neon gelten, wo je zwei Elektronen in jedem der drei p-Zustände vorhanden sind. Ähnlich wie Neon haben auch alle Ionen mit der Neonkonfiguration wie Na^+, Mg^{2+}, Al^{3+}, F^- und O^{2-} eine rein sphärische Ladungsverteilung. Das Bild dieser Atome und Ionen als Kugeln ist also gerechtfertigt.

Dieses Ergebnis läßt sich weiter verallgemeinern: Die Ladungsverteilung einer gefüllten Unterabteilung (alle Zustände mit dem gleichen Werte von l) und jedes gefüllten Hauptquantenzustands bzw. jeder Schale (mit gleichem Wert für n) ist kugelsymmetrisch. Alle Atome und Ionen mit einer Edelgaselektronenkonfiguration und ebenso alle Ionen mit einer 18-Elektronen-Konfiguration wie Cu^+, Ag^+, Zn^{2+}, Ga^{3+} usw. (in denen eine d-Unterabteilung vollständig gefüllt ist) haben deshalb sphärische Symmetrie.

Auch eine halbgefüllte Schale wie z.B. im Gd^{3+} mit sieben Elektronen in der 4f-Schale ist kugelsymmetrisch und damit zusammenhängend relativ stabil (Seite 13).

Es ist nunmehr leicht, mit Hilfe der erhaltenen Lösungen die potentielle Energie zu berechnen, z.B. für ein Elektron im 1s-Zustand. Wir wollen zu diesem Zwecke sozusagen den Durchschnittswert dieser Größe berechnen. Wir bilden hierzu jedesmal die Summe der Größe $-e^2/r$ für einen speziellen Abstand r, multipliziert mit der Wahrscheinlichkeit ψ^2, daß sich ein Elektron in diesem Abstand befindet, und teilen den erhaltenen Ausdruck durch die Summe aller Wahrscheinlichkeiten ψ^2.

Nach dem Übergang von der Summation zur Integration wird dieser Ausdruck:

$$\frac{\int\limits_{r=0}^{r=\infty} -\frac{e^2}{r}\,\psi^2\,4\,\pi\,r^2\,d\,r}{\int\limits_{r=0}^{r=\infty} \psi^2\,4\,\pi\,r^2\,d\,r} = -\frac{e^2}{a} = -\frac{4\,\pi^2\,m\,e^4}{h^2}\,.$$

Infolge der Normierung wird der Nenner gleich 1; das Volumenelement ist eine Kugelschale $4\pi r^2 dr$. Das Ergebnis ist das gleiche wie nach der Bohrschen Theorie, wo a den Radius der Bahn und $-e^2/a$ die potentielle Energie darstellt.

Die Berechnung der Gesamtenergie (und allgemein aller dynamischen Größen) ist in der Wellenmechanik etwas komplizierter als die Berechnung der statischen Größen wie z.B. von $\bar{r}$ und $\overline{1/r}$ (siehe auch Seite 112). Die Wellengleichung wird oft in der Form geschrieben

$$H\psi = W \cdot \psi \tag{1}$$

Die linke Seite $H\psi$ (man beachte, daß kein Punkt dazwischen steht, da es sich nicht um eine Multiplikation handelt) ist also ein Symbol für

$$-\frac{h^2}{8\,\pi^2\,m}\,\nabla\,\psi^2 + V\,\psi\,. \tag{2}$$

H ist hier ein Symbol nicht für eine Quantität, sondern für eine Operation, die mit der Funktion ψ vorgenommen werden soll, ähnlich etwa den Symbolen $d/d\,x$ bzw. log. Die Operation setzt sich hier jedoch zusammen aus einer doppelten Differentiation von ψ, multipliziert mit einem konstanten Faktor und einer Multiplikation von ψ mit einem Ausdruck für die potentielle Energie (Seite 112). Die Berechnung der Gesamtenergie verläuft wie folgt: Man multipliziert beide Seiten der Gleichung $H\psi = W\psi$ mit ψ und integriert die linke und die rechte Seite über den gesamten Raum. Auf der rechten Seite erhält man dann $\int W \cdot \psi^2\,dv = W$, infolge der Normierungsbedingung $\int \psi^2\,dv = 1$, und weil die Gesamtenergie einen konstanten Parameter darstellt.

Entsprechend dieser Prozedur ist die Gleichung für die Energie: $\int \psi \cdot H\psi\,dv = W$. Zur Berechnung von W ist es also zunächst notwendig, die Wellenfunktion ψ zu kennen oder wenigstens eine Näherung von ihr, an der die durch H symbolisierte Operation ausgeführt werden muß, so daß dann die Integration folgen kann.

Als Beispiel diene der Wasserstoff im Grundzustand. Wir müssen nun in die obige Herleitung (2) für die linke Seite $H\psi$ der Wellengleichung

$V = -e^2/r$ einsetzen sowie den nachstehenden Wert von ψ für den Grundzustand (Seite 114):

$$\psi = \frac{1}{\sqrt{\pi}} \left(\frac{1}{a}\right)^{3/2} e^{-r/a}.$$

Wir benützen nun Polarkoordination mit Beschränkung auf r wegen der sphärischen Symmetrie von ψ_{1s} und erhalten so

$$\nabla^2 \psi = \frac{1}{r^2} \frac{\partial}{\partial r}\left(r^2 \frac{\partial \psi}{\partial r}\right).$$

Nach Substitution und Differentiation ergibt sich

$$\nabla^2 \psi = \frac{1}{a^2} - \frac{2}{a r} \psi.$$

Durch Einsetzen in (2) und mit $V \cdot \psi = -\frac{e^2}{r} \psi = -\frac{h^2}{8\pi^2 m} \frac{2}{a r} \psi$ erhalten wir:

$$H \psi = -\frac{h^2}{8\pi^2 m a^2} \psi.$$

Multiplikation mit ψ und Integration ($dv = 4\pi r^2 dr$) ergibt:

$$W_H = \int \psi \cdot H \psi \, dv = -\frac{h^2}{8\pi^2 m a^2} = -\frac{1}{2} \frac{e^2}{a} \quad \text{mit} \quad a = \frac{h^2}{4\pi^2 m e^2}.$$

Dieses Ergebnis für die Energie ist das gleiche wie in der Bohrschen Theorie.

20. Das Wasserstoffmolekülion H_2^+

Das einfachste denkbare Molekül ist H_2^+, das Wasserstoffmolekülion, mit zwei Kernen und einem Elektron. Es kommt nicht als beständige chemische Verbindung vor, aber in Entladungen in Wasserstoff-Gas kann ein Spektrum beobachtet werden, das ihm zugeschrieben werden muß. Die Dissoziationswärme und der Kernabstand sind aus dem Spektrum bekannt.

Für dieses Wasserstoffmolekülion H_2^+ müssen wir in die Wellengleichung einsetzen

$$V = +\frac{e^2}{r_{AB}} - \frac{e^2}{r_A} - \frac{e^2}{r_B}.$$

Tatsächlich besteht hier Abstoßung zwischen den beiden Kernen A und B in der Entfernung r_{AB} und Anziehung zwischen dem einen Elektron und jedem der im Abstand r_A bzw. r_B befindlichen Kerne. Die auf diese Weise zustande kommende Gleichung ist noch direkt lösbar. Wir werden jedoch eine Näherungsmethode benützen, die auch bei der Berechnung des Wasserstoffmoleküls notwendig ist.

a) Qualitative Diskussion

Wir wollen zunächst versuchen, die Lösung durch eine qualitative Betrachtung zu finden.

Für sehr große Abstände zwischen den beiden Kernen läßt sich die Lösung der Gleichung leicht angeben.

Weiterhin ist es plausibel, diese für sehr große Abstände gültige Lösung als erste Näherung für kleinere Abstände zu benützen.

Bei großen Abständen der Kerne haben wir einfach ein System aus einem Proton und einem Wasserstoffatom, die sich in einem beträchtlichen Abstand voneinander befinden. Die Ladungsverteilung im Wasserstoffatom ist unter diesen Umständen die gleiche wie in einem separaten Wasserstoffatom. Die Ladungsverteilung wird beschrieben durch $\psi_{\mathrm{I}}^2 = \psi_A^2$ (1), d.h., das Elektron (1) bewegt sich um den Kern A ebenso wie im Grundzustand (1 s) eines Wasserstoffatoms.

Grundsätzlich und als charakteristisch für die Quantenmechanik – im Gegensatz zur klassischen Mechanik – muß man feststellen, daß die obige Aussage unvollständig ist. Tatsächlich kann das Elektron ebensogut im Gebiet des Kernes B gefunden werden. (Diese Konfiguration besitzt die gleiche Energie): $\psi_{\mathrm{II}}^2 = \psi_B^2$ (1). Das Wasserstoffmolekülion kann deshalb sowohl als $H_A H_B^+$ formuliert werden als auch als $H_A^+ H_B$. Die beiden Konfigurationen sind äquivalent, und da die Wahrscheinlichkeit, ein Elektron in einem großen Abstand vom Kern zu finden, klein, jedoch nicht Null ist, kann das Elektron gewissermaßen springen. Beide Konfigurationen werden deshalb im gleichen Maße zum aktuellen stationären Zustande beitragen. Die bei langen Beobachtungszeiten zu findende Ladungsverteilung wird also sein: $\Psi^2 = (\psi_{\mathrm{I}}^2 + \psi_{\mathrm{II}}^2)/2$ (Bild 12, jedoch für größeren Kernabstand).

Wie steht es mit Ψ selbst? Hier entsteht eine Zweideutigkeit, da tatsächlich sowohl $\Psi_S = (\psi_{\mathrm{I}} + \psi_{\mathrm{II}})/\sqrt{2}$ als auch $\Psi_A = (\psi_{\mathrm{I}} - \psi_{\mathrm{II}})/\sqrt{2}$ die Bedingungen erfüllen. [Bei großen Abständen wird $2\psi_{\mathrm{I}}\psi_{\mathrm{II}}$ sehr klein, weil *entweder* ψ_{I} oder ψ_{II} an jeder Stelle nahezu Null wird (Bild 12, aber für einen viel größeren Abstand).]

Bei kleineren Kernabständen sind Ψ_S und Ψ_A verschieden, und die entsprechende Energie differiert ebenfalls. In der Tat besitzt der symmetrische Zustand S mit der Anhäufung von negativer Ladung zwischen den beiden positiven Kernen eine niedrigere Energie als der antisymmetrische

Zustand A*). Für sehr kleine Abstände überwiegt jedoch die Abstoßung der Kerne in beiden Fällen.

Wir haben in dieser Weise zwei Näherungslösungen für unser H_2^+-Ion erhalten. Die Veränderung der Energie als Funktion des Kernabstandes ist für beide Fälle im Bild 13 wiedergegeben. Wir erkennen, daß die symmetrische Lösung S (mit gleichen Vorzeichen) zu Anziehung und Bildung eines stabilen Moleküls führt, die antisymmetrische Lösung A (mit entgegengesetzten Vorzeichen) dagegen nur Abstoßung ergibt. Die Disso-

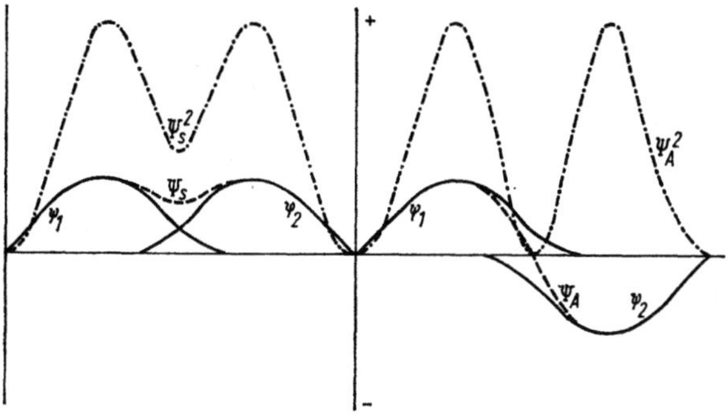

Bild 12. Symmetrische (Ψ_S) und antisymmetrische (Ψ_A) Lösungen für die Wellenfunktion (– – – –) und die Ladungsverteilung (– • – • –) bei mittlerem Kernabstand

ziationswärme D und der Kernabstand r_0 des Wasserstoffmolekülions kann direkt aus der Figur abgelesen werden. Ohne irgendwelche andere Kenntnis numerischer Daten als der Werte für die fundamentalen Konstanten h, e und m können wir so in erster Näherung D zu 40,7 kcal und r_0 zu 1,21 Å berechnen. Experimentell wird gefunden: $D = 63{,}81$ kcal und $r_0 = 1{,}06$ Å. Die exakte Lösung ergibt $D = 63{,}933$ kcal und $r_0 = 1{,}06$ Å. Hier ist eine Stufe erreicht worden, wo der berechnete Wert zuverlässiger wird als der gemessene, wie dies in der Geometrie stets der Fall ist.

Wir haben bereits auf die Analogie zwischen der Wellenfunktion und der Amplitude des Lichts und anderer Schwingungsphänomene hingewiesen. Es gibt nun auch ein mechanisches Analogon der beiden oben beschriebenen Wellenfunktionen Ψ_S und Ψ_A.

Wir betrachteten zwei gleiche Pendel, die unabhängig voneinander in der gleichen Weise schwingen wie separate Pendel (analog ψ_{I} und ψ_{II} des

*) Eine Wellenfunktion ist symmetrisch (im Hinblick auf Vertauschung), wenn sie bei Vertauschung gleicher Partikel, in diesem Fall der Kerne, gleich bleibt; sie ist antisymmetrisch, wenn sie dabei das Vorzeichen wechselt.

oben betrachteten Falles) und eine Frequenz $\nu_{\rm I} = \nu_{\rm II}$ besitzen. Wenn wir nun eine schwache Kopplung in Form einer schwachen Feder zwischen ihren äußersten Enden anbringen, finden wir, daß die von diesem Komplex vollführten Schwingungen viel komplizierter sind. Ihre Analyse läßt zwei Arten der Bewegung erkennen: In der einen, der rascheren Bewegung, bewegen sich die Pendel entgegengesetzt, die rücktreibende Kraft wird größer und die Frequenz erhöht: $\nu_A > \nu_{\rm I} = \nu_{\rm II}$. In der anderen, der langsameren Bewegung, schwingen die Pendel in Phase und besitzen eine Frequenz $\nu_S < \nu_{\rm I} = \nu_{\rm II}$*).

Dieses Ergebnis gilt nur, wenn die Kopplung schwach ist. Ganz ähnlich können unsere Wellenfunktionen $\psi_{\rm I} \pm \psi_{\rm II}$ nur bei einem nicht zu kleinen Abstand zwischen den Kernen als gute Näherung betrachtet werden. Die formale Analogie mit den Wellenfunktionen im Wasserstoffmolekülion ist vollständig. Die symmetrische Bewegung in gleicher Phase $\psi_{\rm I} + \psi_{\rm II}$ hat auch die niedrigste Energie, d.h., entsprechend der Planckschen Beziehung die niedrigste Frequenz. In einer Hinsicht ergibt sich jedoch ein Unterschied: Im mechanischen Modell ist die Temperatur nicht enthalten, die jedoch im wellenmechanischen Modell eine Rolle spielt. Die beiden Schwingungstypen, die symmetrische und die antisymmetrische, haben im mechanischen Modell die gleiche Wahrscheinlichkeit. Im wellenmechanischen Modell dagegen verhält sich die Besetzung des antisymmetrischen Zustandes zu der des symmetrischen wie $e^{-\delta W/kT}: 1$ [entsprechend dem Boltzmannschen Gesetz, wenn $\delta W = h\,(\nu_A - \nu_S)$ die Energiedifferenz zwischen den beiden Zuständen darstellt]. Wenn $\delta W \gg kT$ ist, werden die Moleküle ausschließlich in dem niedrigsten, d.h. symmetrischen Zustand zu finden sein, und wir erkennen, daß *in diesem Falle* ein Energieabfall von $\delta W/2$ gegenüber einem der nicht gekoppelten Zustände auftritt, was bei großen Abständen realisiert ist. Falls $\delta W \ll kT$ ist, werden sich die Moleküle gleichmäßig auf beide Zustände verteilen und die Gesamtenergie ist der des getrennten Zustandes gleich.

Bei festerer Kopplung der beiden Pendel steigt die Frequenzdifferenz bzw. δW an. Im Falle der Elektronen ist diese Kopplung fast immer so groß, daß gilt: $\delta W \gg kT$.

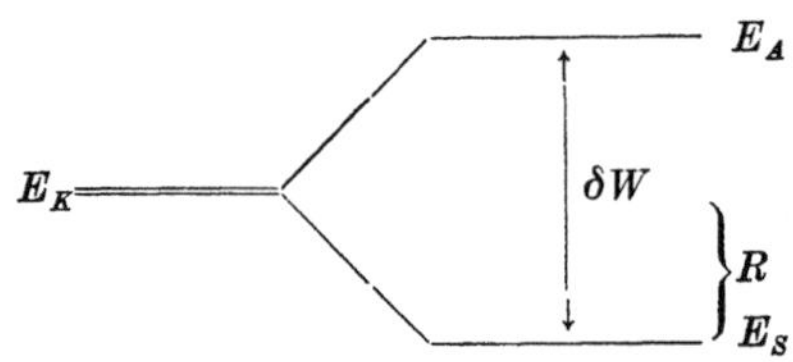

*) Im speziellen Fall von gekoppelten mathematischen Pendeln erhalten wir $\nu_S = \nu_{\rm I} = \nu_{\rm II}$, weil die Oszillationsperiode hier unabhängig von der Masse ist und nur von der Länge des Pendels abhängt.

Die Energiesenkung von $^1/_2\,(\delta W)$ wird auch Resonanzenergie R genannt. Diese Größe liefert die Bindungsenergie des Moleküls oder doch wenigstens den Teil, der nicht in der klassischen elektrostatischen Wechselwirkung enthalten ist (die im H_2^+-Molekül zur Abstoßung führt, siehe Kurve K in Bild 13).

Die Frequenzdifferenz $\nu_A - \nu_S$ läßt sich im Modell der gekoppelten Pendel auch sichtbar machen. Wenn wie eines der beiden Pendel in Bewegung setzen, wird seine Bewegung langsam gedämpft, während das andere Pendel in Schwingung gerät, bis schließlich der gleiche Bewegungsablauf

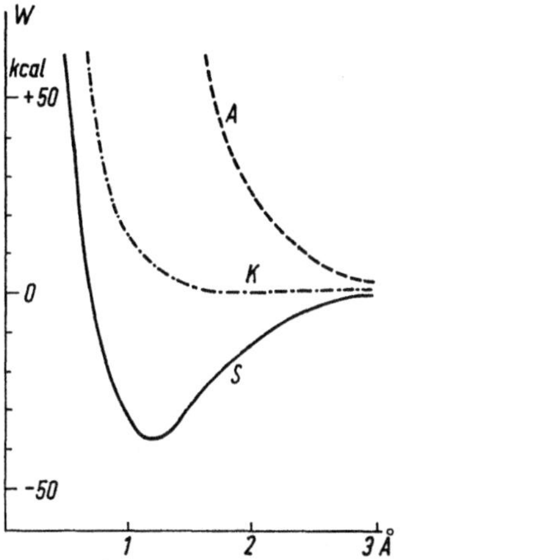

Bild 13. Energie als Funktion des Kernabstandes im Wasserstoffmolekülion H_2^+.
——— symmetrischer Zustand,
– – – – antisymmetrischer Zustand,
–·–·– klassische Wechselwirkung

in entgegengesetzter Richtung durchlaufen wird usw. Diese Übergangsfrequenz ist nun $(\nu_A - \nu_S)$. Es ist verführerisch, die Frequenzdifferenz im H_2^+-Ion in analoger Weise als Frequenz zu erklären (der jedoch kein physikalischer Sinn zugeschrieben werden kann), mit der das Elektron gewissermaßen ausgetauscht wird, d.h. der Frequenz des Austausches $HH^+ \leftrightarrow H^+H$. Diese Frequenzdifferenz ist von der Größenordnung der Elektronenschwingungen, also der Wellen des ultravioletten Lichts mit einer Wellenlänge von etwa 0,2 μ.

Es ist hier notwendig, näher auf die reale Bedeutung der oben erhaltenen Ergebnisse einzugehen. Wenn wir in der Mathematik Ergebnisse in Worten wiedergeben, benützen wir Ausdrücke wie „Sphäre" nicht nur im Sinne von drei, sondern auch von mehr Dimensionen. Diese Ausdrücke sind von Objekten des täglichen Lebens entlehnte Bilder, in diesem Falle von einer Kugel, die sich nur unter gewissen Aspekten entsprechen. Das gleiche tritt in der Physik und besonders in der Wellenmechanik auf. Wenn wir von Lichtschwingungen oder Elektronenwellen sprechen, spielen wir auf die Analogie zwischen gewissen mathematischen Formulierungen für diese Phänomene und den für mechanische Schwingungen geltenden Formeln an. Dies beinhaltet jedoch gewiß nicht, daß eine vollständige Übereinstimmung auch in anderer Hinsicht besteht.

So hat die Amplitude einer Stimmgabel eine reale physikalische Bedeutung, sie ist der experimentellen Bestimmung zugänglich. Das ist jedoch nicht der Fall bei der Amplitude des Lichts oder von Elektronen.

Wenn wir von Resonanz und in diesem Zusammenhang von einem Austausch $HH^+ \leftrightarrow H^+H$ sprechen, illustrieren wir lediglich unsere abstrakte Beweisführung mit einem aus der klassischen Mechanik entnommenen Bild. Wenn man alle Assoziationen mit einschlägigen mechanischen Phänomenen vermeiden will, spricht man auch von *Mesomerie* („zwischen den Teilen", *Ingold*).

Die separaten Konfigurationen HH^+ und H^+H sind Denkvorstellungen, die selbst keine physikalische Bedeutung beseitzn (ebenso wie der Austausch), da sie niemals Gegenstand einer physikalischen Untersuchung sein können, im Gegensatz zum stationären Zustand.

Einen wesentlichen Sinn hat nur die gesamte Wellenfunktion Ψ, da sie einen stationären Zustand beschreibt. Die Aufteilung von Ψ in $\psi_I \pm \psi_{II}$ ist künstlich und nur ein Mittel, um eine angenäherte Lösung der Wellengleichung zu finden, also eine notwendige Konsequenz der Unvollkommenheit unserer Mathematik. Resonanz ist deshalb ebenfalls kein reales physikalisches Phänomen, sondern ein menschliches Denkmittel. In gleicher Weise sagen wir von einem Kinde „ganz die Mutter" und dann vielleicht „ganz der Vater". Wir meinen damit nicht, daß der Charakter oder die Persönlichkeit des Kindes zwischen der des Vaters und der Mutter alterniert („resoniert"), oder daß beide in ihm als Teile gegenwärtig sind. Wir versuchen, seine Persönlichkeit in erster Näherung als Summe zweier anderer Wesen zu beschreiben. Ganz ähnlich kann eine Analyse eines menschlichen Wesens nach der Intelligenz, dem Charakter usw. sehr nützlich sein, beruht jedoch nicht auf der Gegenwart unterscheidbarer Teile, die für sich untersucht werden können.

So kann man auch nicht von einem Gleichgewicht zwischen zwei Formen HH^+ und H^+H sprechen. Ein thermodynamisches Gleichgewicht kann nur dann existieren, wenn jede Form wenigstens eine Lebensdauer von der Größenordnung der Zeit zwischen zwei Zusammenstößen besitzt. Diese Zeit ist viele tausend Male größer als die oben erwähnte „Zeit für den Austausch" $1/(\nu_A - \nu_S)$.

Wir haben gefunden, daß die Energie des Wasserstoffmolekülions niedriger ist als die auf der Grundlage klassischer Wechselwirkung H^+H (Bild 13K) berechnete. Dieses Ergebnis war die Folge der Tatsache, daß wir die Konfiguration HH^+ ebenfalls berücksichtigten, d.h. eine Folge der Vorstellung, nach der der stationäre Zustand als aus zwei Elektronenkonfigurationen aufgebaut betrachtet wurde, zwischen denen ein Übergang möglich ist*).

Die Bindung im H_2^+-Ion beruht auf dieser Resonanz bzw. diesem Austausch, und die Bindungsenergie ist im wesentlichen die Resonanzenergie. Wie wir sehen werden, gilt das gleiche für die Atombindung ganz allgemein (Seite 142) und für die „aromatische Bindung" im besonderen (Seite 200).

Nichtsdestoweniger wurde nur das klassische Coulomb-Gesetz auf die Wechselwirkung angewandt. Der spezielle Charakterzug der Atombindung hängt also nicht von einer speziellen nichtklassischen Wechselwirkung ab, sondern von dem besonderen wellenmechanischen Verhalten der Elektronen. Als Ergebnis dieses Wellencharakters kann (im symmetrischen Zustand) negative Ladung an einer Stelle angehäuft werden, wo die potentielle Energie der Elektronen niedrig ist. In der individuellen Konfiguration H^+H überwiegt die Abstoßung der beiden Kerne, wie in Figur 13 K zu sehen ist, gegenüber der Anziehung des einen Protons durch die „Wolke" negativer Ladung um das andere Proton herum bei allen Abständen.

Wir können diese Ergebnisse in dem folgenden Theorem verallgemeinern:

Der stationäre Zustand eines Elektronensystems, für das verschiedene Konfigurationen denkbar sind, zwischen denen Übergänge statthaft sind, kann als eine Kombination dieser separaten Konfigurationen beschrieben werden, deren Energie tiefer liegt als die der Konfigurationen mit der niedrigsten Energie. Diese Energiedifferenz ist als Resonanzenergie bekannt.

Wir haben die Bindung als ein auf eine Abnahme der potentiellen Theorie zurückzuführendes Phänomen beschrieben. Wie steht es nun mit der kinetischen Energie? Ein sehr allgemeines Theorem, das Virialtheorem (*Pitzer, Quantum Chemistry,* Seite 139 und 426; *Kauzmann, Quantum Chemistry,* Seiten 229, 244, 437; *Hartmann, Die Theorie der chemischen Bindung,* Seite 136ff.), auf ein System angewandt, in dem die Kräfte aus der elektrostatischen Wechselwirkung von Ladungen bestehen, besagt das Folgende:

$$2\,\overline{T} = -\overline{V} \quad \text{oder} \quad W = \overline{T} + \overline{V} = -T = \frac{1}{2}\,\overline{V}\,.$$

Darin ist W die Gesamtenergie, $\overline{T}$ und $\overline{V}$ sind die zeitlichen Mittel der kinetischen und der potentiellen Energie. Die niedrigere Gesamtenergie des Moleküls H_2^+ verglichen mit der des Protons plus dem Wasserstoffatom ist also trotz der Zunahme der kinetischen Energie in der Tat auf einen Abfall der potentiellen Energie zurückzuführen. Eine andere Möglichkeit, die Bindungsenergie zu beschreiben, nämlich als „Ausdehnungsenergie", ergibt sich aus der Erwägung, daß die kinetische Energie

*) Siehe z.B. Seite 195. Es besteht hier ein Unterschied zu den früheren Vorstellungen einer Valenztautomerie (*Wieland*).

(Nullpunktenergie) bei der Vergrößerung des den Elektronen zur Verfügung stehenden Raumes erniedrigt wird (Seite 303). Es läßt sich jedoch zeigen, daß diese Erniedrigung der kinetischen Energie (und folglich eine Erhöhung der potentiellen Energie) nur bei Abständen eintritt, die größer als der zwei- bis dreifache Gleichgewichtsabstand im Molekül sind.
Die Zuverlässigkeit einer gegebenen Wellenfunktion läßt sich testen, indem man $\overline{T}$ und $\overline{V}$ getrennt berechnet und prüft, ob $W = {}^1/_2\,\overline{V} = -\,\overline{T}$ ist oder nicht.
Die für das Wasserstoffatom berechneten Werte von W und $\overline{V}$ (Seiten 118, 119) erfüllen diese Bedingung.
Die ersten Näherungen für die auf Seite 127 und 132 für H_2^+ und H_2 benützten Wellenfunktionen ergeben jedoch große Abweichungen. Wenn andererseits eine effektive Ladung Z in die Variationsfunktion eingeführt wird (Seite 130 und 133) wird das Virialtheorem erfüllt.

b) Quantitative Behandlung

Die in wellenmechanischen Berechnungen benützten Näherungsmethoden sind die Störungsrechnung und die Variationsmethode. Die erste Methode geht von einem einfachen Fall aus, für den die Lösung bekannt ist (ungestörter Zustand), in unserem Falle vom Wasserstoffatom. Die aktuelle Situation wird dann als Folge einer (schwachen) Störung dieses Zustandes betrachtet, hier der Störung durch das Feld des zweiten Protons.
Die Variationsmethode geht von einer im Prinzip willkürlichen Funktion aus, deren Parameter verändert werden, bis die Übereinstimmung mit der richtigen Lösung im Hinblick auf ein besonderes Kriterium, hier der Energie, so gut ist wie möglich.
Die erste Methode wurde für die Berechnung der Planetenbahnen entwickelt, hat aber auch häufige Anwendung auf die Wellenmechanik von Atomen gefunden. Die zweite Methode ist mitunter physikalisch weniger klar, führt aber in den meisten Fällen mit geringerem Rechenaufwand schneller und genauer zum Endresultat als die erste Methode. Die Variationsmethode wird hauptsächlich in der wellenmechanischen Behandlung von Molekülen benützt.

Wir wollen nun die Variationsmethode auf das H_2^+-Ion anwenden. Wir wählen vorläufig willkürlich eine Funktion Ψ, in der mehrere Parameter vorkommen, denen wir solche Werte geben, daß diese Variationsfunktion Ψ so gut wie möglich mit der richtigen, aber noch unbekannten Wellenfunktion ψ übereinstimmt. Was ist das Kriterium dafür? Es wird durch die Berechnung der Größe geliefert, die mit der Gesamtenergie übereinstimmt: $E = \int \Psi \cdot H\,\Psi\,dv$. Je kleiner dieses Ergebnis für geringe Veränderung der Parameter wird, desto besser nähert sich Ψ dem richtigen Wert von ψ. Tatsächlich ist es plausibel, daß jede Abweichung von ψ, d.h. jede von der richtigen Ladungsverteilung abweichende Ladungsverteilung, mit höherer Energie verknüpft ist. Es ist natürlich notwendig, die Funktion Ψ so zu wählen,

daß die Aussicht besteht, dem Endergebnis mit der Variation einer kleinen Zahl von Parametern nahezukommen. Im Fall des H_2^+-Ions ist die Wahl einfach.
In den meisten Fällen wählt man als Variationsfunktion Ψ eine lineare Kombination von Wellenfunktionen, die näherungsweise richtig sind, z. B. für große Abstände der beiden Kerne. In diesem Falle wählen wir (siehe Seite 120):
$\Psi = c_1\psi_I + c_2\psi_{II}$ (ψ_I und ψ_{II} sind die Wasserstoff-1s-Funktionen).
Es müssen nun solche Werte für die Koeffizienten c_1 und c_1 gesucht werden, daß die mit der Variationsfunktion Ψ korrespondierende Energie so niedrig wie möglich ist. Wir finden diese Bedingungen durch Differentiation von E nach c_1 bzw. c_2, da für den Minimalwert von E im Hinblick auf c_1 und c_2 gilt:

$$\frac{\partial E}{\partial c_1} = \frac{\partial E}{\partial c_2} = 0 .$$

Die oben erwähnte Größe $\int \Psi \cdot H \Psi \, dv$ muß noch durch $\int \Psi^2 dv$ dividiert werden, da Ψ im Gegensatz zu ψ nicht normiert ist. Der Ausdruck für die Energie wird dann (Seite 118):

$$E = \frac{\int \Psi \cdot H \Psi \, dv}{\int \Psi^2 dv}; \quad \text{oder} \quad E \int \Psi^2 dv = \int \Psi \cdot H \Psi \, dv .$$

Nach Substitution von Ψ wird die Gleichung nach c_1 und c_2 differenziert. Im ersten Fall erhalten wir (und analog für c_2):

$$\begin{aligned}\frac{\partial E}{\partial c_1} & \left(c_1^2 \int \psi_I^2 \, dv + 2 c_1 c_2 \int \psi_I \psi_{II} \, dv + c_2^2 \int \psi_{II}^2 \, dv\right) + \\ & E \left(2 c_1 \int \psi_I^2 \, dv + 2 c_2 \int \psi_I \psi_{II} \, dv\right) = \\ & = 2 c_1 \int \psi_I \cdot H \psi_I \, dv + c_2 \int \psi_I \cdot H \psi_{II} \, dv + c_2 \int \psi_{II} \cdot H \psi_I \, dv .\end{aligned}$$

Anwendung der oben stehenden Bedingung für das Minimum von E ergibt zwei lineare homogene Gleichungen für die beiden Unbekannten c_1 und c_2

$$c_1(Q - E) + c_2(\beta - \Delta E) = 0 . \qquad (1)$$

$$c_1(\beta - \Delta E) + c_2(Q - E) = 0 . \qquad (2)$$

Hierin haben wir wegen der Normierung $\int \psi_I^2 \, dv = \int \psi_{II}^2 \, dv = 1$ gesetzt und die folgenden Abkürzungen eingeführt:

$$\int \psi_I \psi_{II} \, dv = \Delta, \ \int \psi_I \cdot H \psi_I \, dv = \int \psi_{II} \cdot H \psi_{II} \, dv = Q \quad \text{und}$$

$$\int \psi_I \cdot H \psi_{II} \, dv = \int \psi_{II} \cdot H \psi_I \, dv = \beta ,$$

da ψ_I und ψ_{II} im wesentlichen äquivalent sind. Beide stellen sie Wellenfunktionen für ein sich um das Proton A bzw. B bewegendes Elektron dar. Der Operator H ist für den Kern A und für den Kern B symmetrisch, d.h., er ändert sein Vorzeichen bei Vertauschung von A und B nicht.
Dieses System der Gleichungen (1) und (2) hat nur dann eine von Null verschiedene und somit physikalisch sinnvolle Lösung, wenn die Gleichungen sich nicht wider-

sprechen (sondern voneinander abhängen). Die Bedingung hierfür in diesem System linearer homogener Gleichungen

$$a\,x + b\,y = 0$$

$$c\,x + d\,y = 0$$

ist natürlich: $a/c = b/d$ oder $ad - bc = 0$.
Mathematisch bedeutet diese Bedingung für die Lösbarkeit im allgemeinen Sinne, daß die Determinante der Koeffizienten Null sein muß.
Die Determinante bzw. die aus ihr ableitbare mit der obigen Feststellung übereinstimmende Bedingung ist:

$$\begin{vmatrix} Q - E & \beta - \Delta E \\ \beta - \Delta E & Q - E \end{vmatrix} = 0 \quad \text{oder} \quad (Q - E)^2 = (\beta - \Delta E)^2, \tag{3}$$

Die Ausrechnung von (3) ergibt zwei Lösungen für E.
Nur für diese Werte der Energie ist also ein physikalisch sinnvoller stationärer Zustand möglich.
Diese Lösungen sind:

$$E_S = \frac{Q + \beta}{1 + \Delta} \quad \text{und} \quad E_A = \frac{Q - \beta}{1 - \Delta}. \tag{4}$$

Es ist nunmehr einfach, die Unbekannten c_1 und c_2 durch Einsetzen von E_A und E_S in die Gleichungen (1) und (2) zu finden. Man erhält $c_1 = -c_2$ bzw. $c_1 = c_2$. Die absoluten Werte stellt man durch Anwendung der Normierungsbedingung auf die Wellenfunktionen Ψ_A und Ψ_S fest:

$$c_1 = c_2 = \frac{1}{\sqrt{2\,(1 + \Delta)}} \quad \text{(symmetrische Lösung)}$$

bzw.

$$c_1 = -\,c_2 = \frac{1}{\sqrt{2\,(1 - \Delta)}} \quad \text{(antisymmetrische Lösung).}$$

Was ist nun die wesentliche Bedeutung dieser Ergebnisse für E_A und E_S? Es ist notwendig, den Sinn der durch die Symbole Q, β und Δ*) dargestellten Größen ausführlicher zu untersuchen.
Q ist nach Definition:

$$Q = \int \psi_{\mathrm{I}} \cdot H\, \psi_{\mathrm{I}}\, d\,v = \int \psi_{\mathrm{II}} \cdot H\, \psi_{\mathrm{II}}\, d\,v\,.$$

Der Hamilton-Operator ist der gleiche wie für das Wasserstoffatom, vergrößert durch die neuen Terme in der potentiellen Energie für die Wechselwirkung des

*) Siehe z.B. die Seite 20 zitierten Werke von *L. Pauling* und *E. B. Wilson*; *H. Eyring*, *J. Walter* und *G. E. Kimball*; *K. S. Pitzer*; *W. Kauzmann*; *H. Hartmann*.

Elektrons mit dem anderen Kern und der Kerne miteinander.

$$H\,\psi_{\mathrm{I}} = -\,\frac{h^2}{8\,\pi^2\,m}\,\nabla^2\,\psi_{\mathrm{I}} - \left(\frac{e^2}{r_A} + \frac{e^2}{r_B} - \frac{e^2}{r_{AB}}\right)\psi_{\mathrm{I}}\,.$$

Durch Integration erhalten wir:

$$Q = \int \psi_{\mathrm{I}} \cdot H\,\psi_{\mathrm{I}}\,d\,v = \int \psi_{\mathrm{I}}\left(-\,\frac{h^2}{8\,\pi^2\,m}\,\nabla^2\,\psi_{\mathrm{I}} - \frac{e^2}{r_A}\,\psi_{\mathrm{I}}\right)d\,v -$$

$$-\int \frac{e^2}{r_B}\,\psi_{\mathrm{I}}^2\,d\,v + \int \frac{e^2}{r_{AB}}\,\psi_{\mathrm{I}}^2\,d\,v\,.$$

Das erste Glied ist das gleiche wie beim Wasserstoffatom und somit gleich W_H. Im dritten Term stellt r_{AB} einen Parameter dar und keine Funktion der Koordinaten des Elektrons am Kern A, so daß die Integration auf $\int \psi_{\mathrm{I}}^2\,dv = 1$ (wegen der Normierung) beschränkt wird und man deshalb erhält:

$$Q = W_H + J + \frac{e^2}{r_{AB}}\,, \quad \text{darin ist} \quad J = -\int \frac{e^2}{r_B}\,\psi_{\mathrm{I}}^2\,d\,v\,.$$

Die Größe J ist in der Tat die klassische Coulomb-Wechselwirkung zwischen einem Proton B und der durch ψ_{I}^2 wiedergegebenen Elektronenwolke rund um den Kern A. Das letzte Glied gibt die gegenseitige Couloumb-Abstoßung der beiden Kerne wieder. Die Gesamtgröße Q wird demzufolge als Coulomb-Energie bezeichnet, sie bildet die klassische Energie (K, Bild 13).

Die Größe $\Delta = \int \psi_{\mathrm{I}}\psi_{\mathrm{II}}\,dv$ bezeichnet das Ausmaß, in dem sich die Wellenfunktionen der Wasserstoffatome A und B überlappen, sie wird deshalb „Überlappungsintegral" genannt.

Das Integral $\beta = \int \psi_{\mathrm{I}} \cdot H\psi_{\mathrm{II}}\,dv$ ist besonders wichtig. Die Ausrechnung ergibt:

$$\beta = \Delta \cdot W_H + K + \Delta \cdot \frac{e^2}{r_{AB}}\,, \quad \text{darin ist} \quad K = -\int \frac{e^2}{r_B}\,\psi_{\mathrm{I}}\,\psi_{\mathrm{II}}\,d\,v\,.$$

Wir erhalten also:

$$E_S = W_H + \frac{e^2}{r_{AB}} + \frac{J + K}{1 + \Delta} \approx Q + K\,;$$

$$E_A = W_H + \frac{e^2}{r_{AB}} + \frac{J - K}{1 - \Delta} \approx Q - K\,.$$

Aus dem Vorzeichen folgt, daß K eine Anziehungsenergie ist. Dieses Energieintegral K ist das Austauschintegral. Es ist typisch für die wellenmechanische Theorie, weil in ihm sowohl ψ_{I} als auch ψ_{II} vorkommen, d.h., diese Energie beruht auf der Austauschbarkeit des Elektrons zwischen den beiden Kernen A und B. Die Energie K stellt praktisch die Bindungsenergie dar. Für größere Kernabstände ist $\Delta \ll 1$, und in erster Näherung erhalten wir $E_S \approx Q + K$ und $E_A \approx Q - K$.

Die Resonanzenergie R ist dann $^1/_2\,\delta W = K$ (vgl. Seite 122, Bild 13).

Die Variationsfunktion Ψ kann mit mehr Parametern versehen werden, so daß die Energie im Hinblick auf diese Parameter ebenfalls verringert werden kann. Die Übereinstimmung mit der richtigen Energie läßt sich also schrittweise verbessern. Die Einführung einer effektiven Kernladung Z in die Wasserstoff-Funktionen ψ_{I} und ψ_{II} an Stelle der Kernladung 1 bildet eine dieser Erweiterungen.

21. Das Wasserstoffmolekül H_2

Wie steht es nun mit dem Wasserstoffmolekül selbst? Können wir vielleicht ebenfalls mehr als eine Wellenfunktion dafür schreiben? Wir haben es hier mit zwei Elektronen 1 und 2 und außerdem mit zwei Kernen A und B zu tun. Wie sieht die Wellenfunktion aus, wenn der Kernabstand so groß ist, daß sich das Elektron 1 wie in einem freien Wasserstoffatom um den Kern A [$\psi_A(1)$] bewegt und das Elektron 2 um den Kern B [$\psi_B(2)$]? Es zeigt sich, daß das Produkt $\psi_A(1) \cdot \psi_B(2)$ diesen Zustand beschreibt. Beim Einsetzen in die Wellengleichung zerfällt diese in zwei Teile, deren jeder mit der Gleichung für ein separates Wasserstoffatom identisch ist. Die beiden Teile repräsentieren das Elektron 1 am Kern A und das Elektron 2 am Kern B. Die Gesamtenergie zerfällt ebenfalls in zwei Teile.

Beim Einsetzen von $\Psi = \psi_A(1) \cdot \psi_B(2)$ in die Wellengleichung erhalten wir $\nabla^2 \Psi = \psi_B(2)\, \nabla_1^2 \psi_A(1) + \psi_A(1)\, \Delta_2^2 \psi_B(2)$ tatsächlich ist $\nabla^2 = \frac{\partial^2}{\partial x_1^2} + \cdots \frac{\partial^2}{\partial x_2^2} + \cdots = \nabla_1^2 + \nabla_2^2$, und $\psi_A(1)$ und ∇_1^2 enthalten nur die Koordinaten x, y und z des ersten, $\psi_B(2)$ und ∇_2^2 nur die des zweiten Elektrons. Für große Abstände spaltet die potentielle Energie V ebenfalls auf in

$$V_1 + V_2 = -\frac{e^2}{r_{1A}} - \frac{e^2}{r_{2B}}; \quad \frac{1}{r_{1B}}, \quad \frac{1}{r_{2A}} \quad \text{und} \quad \frac{1}{r_{AB}}$$

können vernachlässigt werden (r_{1B} ist der Abstand des Elektrons 1 vom Kern B usw.). Nach Trennung von W in W_1 und W_2 zerfällt die ganze Gleichung in zwei Teile, deren einer nur von den Koordinaten des Elektrons (1) und der andere von denen des Elektrons (2) abhängt:

$$\psi_B(2)\left(\nabla_1^2 \psi_A(1) + \frac{8\pi^2 m}{h^2}(W_1 - V_1)\psi_A(1)\right) + \psi_A(1) \times$$
$$\left(\nabla_2^2 \psi_B(2) + \frac{8\pi^2 m}{h^2}(W_2 - V_2)\psi_B(2)\right) = 0.$$

Nach Division mit $\psi_A(1) \cdot \psi_B(2)$ erhalten wir eine Gleichung mit zwei Termen, die ausschließlich Funktionen des Elektrons (1) oder des Elektrons (2) sind.
Jeder Teil kann für sich gleich Null gesetzt werden, so daß tatsächlich zwei Wellengleichungen für zwei getrennte Wasserstoffatome erhalten werden. Die Produkt-Funktion erweist sich also als richtig gewählt.

Die Funktion $\psi_A(1) \cdot \psi_B(2)$ ist in diesem Falle aber nicht die einzige Möglichkeit. Wir können ebenso richtig $\psi_B(1) \cdot \psi_A(2)$ als Lösung für die Wellenfunktion angeben, die die beiden Wasserstoffatome für einen großen Abstand beschreibt. Die Differenz zwischen den zwei Lösungen ist subtiler als im Falle des Wasserstoffmolekülions, wo der Unterschied sogar in einer chemischen Formel zum Ausdruck gebracht werden konnte. Die Differenz im H_2^+-Ion bestand im *Austausch* des einen Elektrons zwischen beiden Kernen, während es sich hier um eine *Vertauschung* der zwei Elektronen (1) und (2) handelt. In der Funktion $\psi_A(1) \cdot \psi_B(2)$ gehört das Elektron (1) zu A und (2) zu B, in der Funktion $\psi_B(1) \cdot \psi_A(2)$ gehört Elektron (1) umgekehrt zu Kern B und (2) zu A.
Natürlich sind beide Funktionen vollständig äquivalent, soweit es die Energie betrifft; tatsächlich könnte man sogar sagen, daß überhaupt kein Unterschied besteht. Aber das wird später diskutiert werden (Seite 139).
Für kleinere Abstände der beiden Kerne ist es einleuchtend, wie im Fall des H_2^+-Ions auch hier als Variationsfunktion zu wählen:

$$\Psi = c_{\mathrm{I}}\,\psi_A(1)\,\psi_B(2) + c_{\mathrm{II}}\,\psi_B(1)\,\psi_A(2).$$

Aus der Äquivalenz der beiden Terme wird unmittelbar deutlich, daß $|c_{\mathrm{I}}| = |c_{\mathrm{II}}|$, so daß es zwei Möglichkeiten gibt:

$$\Psi_S = n[\psi_A(1)\,\psi_B(2) + \psi_B(1)\,\psi_A(2)] \quad \text{und}$$

$$\Psi_A = n'[\psi_A(1)\,\psi_B(2) - \psi_B(1)\,\psi_A(2)]$$

$(n, n' =$ Normierungsfaktor).

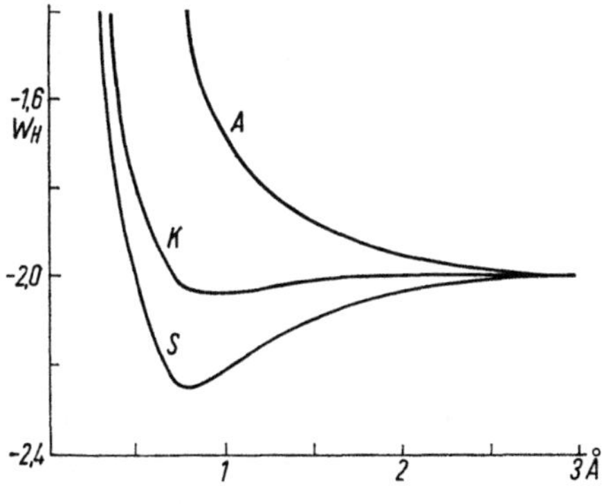

Bild 14. Energie als Funktion des Kernabstandes für H_2.
A antisymmetrischer Zustand,
S symmetrischer Zustand,
K klassische (Coulomb-) Wechselwirkung.
W_H = 313,7 kcal = 13,60 eV

Es ist nun mit erheblichem Aufwand möglich, die Energie für die symmetrische und die antisymmetrische Lösung zu berechnen. Die symmetrische Lösung ergibt wiederum eine Potentialkurve mit einem Minimum und entspricht deshalb der Bildung eines stabilen Moleküls, während die antisymmetrische Lösung eine Abstoßung für alle Abstände ergibt (Bild 14).

Die klassische Wechselwirkung – also ohne den Austauscheffekt – führt hier zu einer sehr geringen Anziehung, die einer Dissoziationswärme von nur etwa 10 kcal entsprechen würde.

In Tabelle 14 werden die Ergebnisse der ersten Näherung und der an Wellenfunktionen mit mehr Parametern durchgeführten Berechnungen angeführt. Das exakte Ergebnis ist innerhalb der angegebenen Grenzen erreicht worden und die Übereinstimmung mit dem Experiment vollständig.

Die Rechnung für das Wasserstoffmolekül ähnelt der für das H_2^+-Ion sehr stark; tatsächlich kann die Variationsfunktion im wesentlichen in der gleichen Form geschrieben werden:

$$\Psi = c_1 \psi_{\mathrm{I}} + c_2 \psi_{\mathrm{II}}, \quad \text{nunmehr mit} \quad \psi_{\mathrm{I}} = \psi_A(1)\, \psi_B(2) \quad \text{bzw.}$$
$$\psi_{\mathrm{II}} = \psi_B(1)\, \psi_A(2).$$

Es ergeben sich also zwei Lösungen

$$E_S = \frac{Q + \beta}{1 + \Delta} \quad \text{und} \quad E_A = \frac{Q - \beta}{1 - \Delta}.$$

Die Bedeutung der Symbole Q, Δ und β ist jetzt jedoch eine andere; die Hamilton-Gleichung ist auch komplizierter:

$$H\psi = -\frac{h^2}{8\pi^2 m} \nabla_1^2 \psi - \frac{h^2}{8\pi^2 m} \nabla_2^2 \psi - \left(\frac{e^2}{r_{1A}} + \frac{e^2}{r_{2A}} + \frac{e^2}{r_{1B}} + \right.$$
$$\left. + \frac{e^2}{r_{2B}} - \frac{e^2}{r_{AB}} - \frac{e^2}{r_{12}}\right) \psi .$$

Hierin bezieht sich ∇_1^2 und ∇_2^2 auf die Koordinaten der Elektronen (1) bzw. (2); die potentielle Energie enthält jetzt die Abstände der beiden Elektronen von den beiden Kernen und voneinander.

Der weitere Verlauf ist im Prinzip wie beim H_2^+-Ion:

$$E_S = 2W_H + \frac{e^2}{r_{AB}} + \frac{J' + K'}{1 + \Delta} \approx Q + K',$$

$$E_A = 2W_H + \frac{e^2}{r_{AB}} + \frac{J' - K'}{1 - \Delta} \approx Q - K'.$$

J' ist hier wiederum ein Coulomb-Term, der das gleiche Integral J für die Wechselwirkung eines der Kerne mit den Elektronen des anderen Kerns und umgekehrt enthält (also B mit $\psi_A(1)$ und A mit $\psi_B(2)$), sowie zusätzlich ein Integral für die elektrostatische Wechselwirkung der beiden Elektronen, d.h. der gegenseitigen Durchdringung der beiden Elektronenwolken:

$$J'' = \int\int \frac{e^2}{r_{12}} \psi_A^2(1)\, \psi_B^2(2)\, dv_1\, dv_2 .$$

Der Term K' beinhaltet die Austauschenergie. Neben dem gleichen Integral wie im H_2^+-Ion tritt noch ein doppeltes Austauschintegral auf:

$$K'' = \int\int \frac{e^2}{r_{12}} \psi_A(1)\, \psi_B(2)\, \psi_B(1)\, \psi_A(2)\, d v_1\, d v_2 .$$

Dieses Integral ist am schwersten zu berechnen (*Sugiura*).
Das Ergebnis mit dieser einfachen Variationsfunktion ist nicht sehr gut (Tabelle 14 erste Zeile), nichtsdestoweniger war diese Berechnung durch *Heitler* und *London* zu seiner Zeit eine Offenbarung, weil die Theorien in dieser Periode überhaupt keine Erklärung für die Bindung im H_2-Molekül zu geben imstande waren.
Wellenfunktionen mit effektiven Kernladungen und schließlich mehr oder weniger umfassende polynomische Variationsfunktionen führen zu völliger Übereinstimmung mit dem Experiment (Tabelle 14).

Tabelle 14: Berechnung des Wasserstoffmoleküls

Art der Variationsfunktion	Dissoziationsenergie*)	Abstand (Å)
Heitler-London, Wasserstoff-Funktionen	72,3 kcal	0,80
Wang, desgl., mit effektiver Kernladung	86,6 kcal	0,76
Weinbaum, mit Ionentermen	92,1 kcal	0,77
Weinbaum, desgl., mit Polarisation	94,4 kcal	—
James-Coolidge, Polynom mit 5 Termen	103,7 kcal	0,77
James-Coolidge, Polynom mit 11 Termen	107,85 kcal	—
James-Coolidge, Polynom mit 13 Termen	108,15 kcal	—
James-Coolidge, geschätzter Einfluß weiterer Terme	108,70 ± 0.3 kcal	0,74
Beobachtet	108,65 kcal	0,7395

*) Das ist die Tiefe der Potentialmulde. Um die experimentelle Dissoziationsenergie zu erhalten (Tabelle 18), muß die Nullpunktenergie $^1/_2\, h\nu$ abgezogen werden.

Außer den beiden äquivalenten Funktionen $\psi_A(1)\,\psi_B(2)$ und $\psi_B(1)\,\psi_A(2)$ sind auch zwei andere untereinander äquivalente Funktionen möglich, die ebenfalls für große Abstände gelten, nämlich $\psi_A(1)\,\psi_A(2)$ und $\psi_B(1)\,\psi_B(2)$. Während die ersten beiden der Formel HH entsprechen, korrespondieren die beiden letzten mit den ionischen Konfigurationen H^-H^+ und H^+H^-, d.h., beide Elektronen sind am Kern A oder am Kern B zu finden. Die ionischen Konfigurationen haben jedoch einen Energie-Inhalt, der $I - E = 296$ kcal über dem für die Atomkonfiguration liegt. Eine verbesserte Variationsfunktion ist deshalb (*Weinbaum*):

$$\Psi = c_{\rm I}\,\psi_A(1)\,\psi_B(2) + c_{\rm II}\,\psi_B(1)\,\psi_A(2) + c_{\rm III}\,\psi_A(1)\,\psi_A(2) + + c_{\rm IV}\,\psi_B(1)\,\psi_B(2) .$$

Darin ist $|c_I| = |c_{II}|$ und $|c_{III}| = |c_{IV}|$, jedoch $c_{III} \ll c_I$. Das Wasserstoffmolekül zeigt also vorherrschend Atombindung, aber die ionischen Konfigurationen steuern nichtsdestoweniger ebenfalls zum stationären Zustand bei. Das Ionenmodell ist deshalb sogar hier teilweise anwendbar, wenn auch nur im geringen Ausmaße. Der Gesamtanteil der beiden ionischen Konfigurationen beträgt 6%.

Diese Feststellung ist besonders geeignet, zu zeigen, wie das wellenmechanische Bild alle Übergänge von einem rein homöopolaren Bild (mit der alleinigen Einbeziehung von I und II) bis zum rein heteropolaren Bild (mit der alleinigen Einbeziehung von III und IV) beinhaltet. Bei ungleichen Kernen, d.h. bei verschiedener Elektronegativität, erhält eine der beiden ionischen Konfigurationen eine größere Bedeutung, während die andere kaum noch wichtig ist. Die Bindung ist deshalb polar, selbst obwohl der Anteil der Atomkonfigurationen (homöopolare Terme) noch überwiegt. In extremen Fällen können die heteropolaren Terme groß sein, so daß sie eine überwiegend ionische Bindung repräsentieren*).

Wie lassen sich nun die relativen Werte der homöopolaren Koeffizienten (c_I ist stets gleich c_{II}) im Vergleich zu c_{III} bzw. c_{IV} (je nachdem ob A^-B^+ oder A^+B^- die niedrigere Energie repräsentiert) experimentell bestimmen? Das ist eine grundlegende, die Konstitution der Moleküle betreffende Frage bzw. die Frage nach der Natur der Bindungen. Einiges Material läßt sich nur auf indirektem Wege erhalten (*Pearson* 1961, 1963; *Görlich* 1961; *Wilmshurst* 1962).

Eine sehr rohe Schätzung, die den Einfluß der Polarisation vernachlässigt, ergibt sich durch den Vergleich des beobachteten elektrischen Moments einer Bindung mit dem Moment, das für Ionen im gleichen Abstand gefunden würde (Seite 83). Das Dipolmoment von HCl ist 1,03 D, im Vergleich zum theoretischen Moment $e \cdot d = 4{,}80 \cdot 1{,}28 \cdot 10^{-18}$ est. E · cm $= 6{,}07$ D für ein aus unpolarisierbaren Ionen bestehendes Molekül. Daraus würde ein Anteil an ionischer Konfiguration von 17% folgen. Diese Werte geben wahrscheinlich die Größenordnung richtig wieder und sind für Vergleiche geeignet. Man findet so in der Reihe HF, HCl, HBr und HJ die Werte von 43%, 17%, 11% und 5%

Wenn wir die Wellenfunktion annehmen:

$$\psi = \psi_{At} + \lambda \psi_{Ion},$$

---

*) Wir sprechen von Ionenbindung und Atombindung (häufig auch als kovalente Bindung bezeichnet) und nicht von heteropolarer im Gegensatz zu homöopolarer Bindung, weil diese letzten Ausdrücke nur einen Sinn zur Charakterisierung der Methode für die Annäherung an die reale Wellenfunktion besitzen; sie sind von *Kossel* (*van Arkel* und *de Boer*) und von *Heitler* und *London* in diesem Sinne benützt worden. Bei ungleichen Atomen führt auch die homöopolare Näherung zu einer Bindung, die wegen der Differenz der Elektronegativität ein elektrisches Moment besitzt und deshalb (hetero)polar ist.

so ist die Ladungsverteilung ψ^2 in nullter Näherung unter Vernachlässigung der Überlappung (Seite 270) eine Überlagerung von ψ^2_{At} ohne ein Dipolmoment (was sicher unrichtig ist, siehe Seite 281) und von $\lambda^2 \psi_{\text{Ion}}{}^2$ mit einem Dipolmoment $e \cdot d$ für die Ladungsverteilung der ionischen Konfiguration. Die oben erwähnte Schätzung des Ionencharakters aus dem Dipolmoment ist mit dem Parameter λ verknüpft durch:

$$\% \text{ Ionencharakter} = 100 \cdot \frac{\lambda^2}{1 + \lambda^2}.$$

Für die Halogenwasserstoffe erhalten wir für λ: 0,86, 0,45, 0,36 und 0,25 (siehe auch Seite 136).

Der Anteil der ionischen Konfigurationen ist auch aus einer anderen Eigenschaft ersichtlich. *Pauling* postuliert, daß die Dissoziationswärme für reine Atombindungen bzw. kovalente Bindungen additiv sein soll, d.h.:

$$D_{AB}^{\text{theor.}} = \frac{D_{AA} + D_{BB}}{2} \text{ *) **)}.$$

Die Abweichung vom theoretischen Wert $\Delta_{AB} = D_{AB}^{\text{exp.}} - (D_{AA} + D_{BB})/2$ die stets positiv sein muß, hat ihren Ursprung in der Resonanzenergie, die aus der Beteiligung von ionischen Konfigurationen (A^+B^- bzw. A^-B^+) herrührt. Diese Differenz Δ_{AB} ist auch die Reaktionswärme der Reaktion $^1/_2\, A_2 + {}^1/_2\, B_2 = AB + \Delta_{AB}$. *Pauling* hat auf diesen Differenzen eine Skala der Elektronegativität gegründet (der Fähigkeit eines Atoms in einem Molekül, Elektronen anzuziehen). Er setzt:

$$(x_A - x_B) = 0{,}208 \sqrt{\Delta_{AB}} \quad (\Delta_{AB} \text{ in kcal}).$$

(Bild 15 und Tabelle 15.)

(*Pauling, The Nature of the Chemical Bond, Die Natur der chemischen Bindung; Haissinsky* 1949; *Huggins* 1953; *Pritchard* und *Skinner* 1955; *Gordy* und *Thomas* 1956; *Little* und *Jones* 1960; *Allred* 1961; *Jczkowsky* und *Margrave* 1961.)

Eine Formel für die Elektronegativität wurde von *Gordy* 1946 abgeleitet:

$$x = 0{,}31 \frac{n + 1}{r} + 0{,}50,$$

---

*) Es besteht jedoch Veranlassung, das geometrische Mittel $\sqrt{D_{AA} \cdot D_{BB}}$ dem arithmethischen Mittel vorzuziehen.

**) Anmerkung des Übersetzers: Diese wie die nachfolgenden Auffassungen *Paulings* und weitere additive Schemata sind kritisiert worden: *W. Hückel*, J. prakt. Chem. (4) *5*, 105 (1957); *A. Burawoy*, Trans. Faraday Soc. *39*, 79 (1943); *E. Warhurst*, Proc. Roy. Soc. (London) A *207*, 32 (1951); *T. L. Cottrell* und *L. E. Sutton*, Proc. Roy. Soc. (London) A *207*, 49 (1951); *C. A. Coulson*, Proc. Roy. Soc. (London) A *207*, 63 (1951).

in der n die Zahl der Elektronen in der Valenzschale und r den Radius des einfach gebundenen Atoms in Å bedeutet (Seite 183).
Das Dipolmoment einer Bindung AB entspricht in dieser Skala roh der Differenz $x_A - x_B$, z.B. HF, HCl, HBr und HJ mit $\mu = 1{,}91$; $1{,}03$; $0{,}78$ und $0{,}38$ D und $x_A - x_B$ 1,9; 0,9; 0,8 und 0,4.

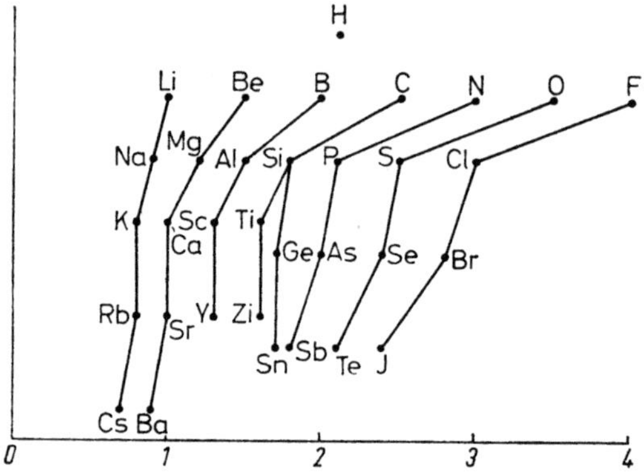

Bild 15. Elektronegativitätsskala nach *Pauling*

Der Anteil der ionischen Konfiguration läßt sich aus der Positionsdifferenz in dieser Skala ableiten. Wir erhalten in dieser Weise für die Reihen C–H, N–H, O–H und F–H: 4%, 19%, 39% und 60% und für C–F, C–Cl, C–Br und C–J: 43%, 11%, 3% und 0%. Bei den Kohlenstoff-Halogen-Bindungen sind diese Anteile viel kleiner als auf der Basis der

Tabelle 15A: Elektronegativitätsskala nach *Mulliken*

			H 2,1
C 2,5	N 3,0	O 3,5	F 3,9
Si 1,8	P 2,1	S 2,5	Cl 3,0
Ge 1,8	As 2,0	Se 2,4	Br 2,8
Sn 1,8	Sb 1,9	Te 2,1	J 2,5

B 1,8–2,0; Li 1,0; Na 0,9; K 0,8; Cs 0,7.

ziemlich großen Dipolmomente zu erwarten wäre. Der Grund hierfür ist wahrscheinlich, daß selbst eine reine Atombindung polar sein kann (Seite 281).

Wie oben vermerkt, wird die Reaktionswärme, die auch der Bildungswärme der Verbindung AB entspricht, durch den Anteil der ionischen Konfiguration bestimmt, selbst wenn die Bindung AB vorherrschend eine Atombindung ist. Das ist wichtig in Verbindung mit dem offensichtlich großen Gültigkeitsbereich der Theorie der Ionenbindung.

Mulliken hat eine Elektronegativitätsskala auf einem anderen und besseren Wege erhalten, deren Werte gut mit denen von *Pauling* übereinstimmen (Tabelle 15A).

Um ein Atom A und ein Atom B in die Ionen A^+ und B^- zu überführen, ist eine Energie $I_A - E_B$ nötig, die Summe der Ionisationsenergie und der Elektronenaffinität. Um jedoch A^- und B^+ zu erhalten, ist die Energie $-E_A + I_B$ erforderlich. *Mulliken* postuliert nun, daß A und B die gleiche Elektronegativität besitzen, wenn diese beiden Energien gleich sind, also $I_A - E_B = -E_A + I_B$ oder $I_A + E_A = I_B + E_B$. Wenn A stärker elektronegativ ist als B, d.h., wenn es leicht ist, A^-B^+ zu bilden, dann ist $I_A + E_A > I_B + E_B$. In anderen Worten: $x_M = I_A + E_A$ stellt ein Maß für die Elektronegativität dar.

Mulliken benützt nicht die für freie Atome geltenden Werte, sondern berücksichtigt den Valenzzustand des Atoms, wie er im Molekül verwirklicht ist. Auch die Hybridisierung (Seite 146) hat einen Einfluß. So ergibt sich für das Kohlenstoffatom die Reihenfolge der Elektronegativität $sp > sp^2 > sp^3$ (*Moffitt* 1950). Die Relation der Mulliken-Skala x_M zur Pauling-Skala x_P wird am besten wiedergegeben durch $x_M/3{,}15 = x_P$ (*Pritchard* und *Skinner* 1955) oder durch $x_P = 0{,}168\ (x_M - 1{,}23)$ (*Hinze* und *Jaffé* 1962).

Die zur Zeit beste Methode zur Ermittlung des partiellen Ionencharakters einer Atombindung basiert auf der Kern-Quadrupol-Kopplungskonstante (*Gordy* 1951; *Gordy* u.a. 1953; *Ito* 1961).

Die Kopplungskonstante Q wird aus der Hyperfeinaufspaltung im Mikrowellenspektrum bestimmt. Die Kopplung zwischen dem Kernspin und der umgebenden Elektronenwolke wird durch eine Abweichung des elektrischen Feldes der auf den Kern wirkenden Elektronenwolke von der sphärischen Symmetrie verursacht. Für das Chloridion, wie für alle Ionen mit abgeschlossenen Schalen, ist die Kopplungskonstante $Q = 0$. Für ein Chloratom mit einem ungepaarten p-Elektron ist $Q = -110$ Mhz/sec. Für eine reine Atombindung mit einem reinen p-Charakter ist der gleiche Wert zu erwarten. Das ist beim Chlormolekül sehr nahe der Fall, $Q = -108{,}5$ Mhz/sec. (Die Differenz zeigt 1% s-Charakter der Cl—Cl-Bindung an.) Der Wert $Q_{\text{beobachtet}}/Q_{\text{Atombindung}}$ (mit dem Wert für Cl_2 für $Q_{\text{Atombindung}}$) kann als Maß für den Atombindungscharakter bzw. $1 - Q_{\text{beobachtet}}/Q_{\text{Atombindung}}$ als Maß für den Ionencharakter betrachtet werden. *Gordy* nimmt für die letzte Größe Gleichheit mit $(x_A - x_B)/2$ an.

	$Q_{beob.}/Q_{At.B.}$	$(x_A - x_B)/2$		$Q_{beob.}/Q_{At.B.}$
Cl_2	(0,00)	0	LiBr	0,048
BrCl	0,05	0,10	LiJ	0,086
JCl	0,24	0,25	NaCl	0,01
CH_3Cl	0,30	0,25	NaBr	0,075
SiH_3Cl	0,63	0,60	NaJ	0,113
GeH_3Cl	0,58	0,60	KCl	0,004
			KBr	0,013
			KJ	0,026

Die Schwierigkeit besteht darin, zwischen kleinen Anteilen an s-Charakter und ionischen Anteilen zu unterscheiden (*Ito* 1961).

Die Werte für die Alkali-halogenide zeigen tatsächlich nahezu reinen Ionencharakter an, wobei – wie erwartet – beim Übergang vom Chlorid zum Jodid der Ionencharakter etwas abnimmt (*Townes* und *Dailey* 1949; *Honig* u.a. 1954). Allerdings bewirkt die elektrostatische Polarisation eine Änderung in der gleichen Richtung (Seite 83).

Der Ionencharakter der C—Cl-Bindung dagegen ist relativ gering (*Dailey* 1960).

Die Beziehung zwischen der chemischen Verschiebung im Spektrum der kernmagnetischen Resonanz*) und der Elektronegativität ist noch nicht generell geklärt. Die chemische Verschiebung $\delta = (H_S - H_R)/H_R$ (H_S, H_R sind die magnetischen Feldstärken, bei denen der Stoff bzw. der Standardstoff bei gegebener Frequenz Resonanz zeigt) ist um so größer, je stärker die Abschirmung des magnetischen Kernes, z.B. des Protons, ist. In den Verbindungen CH_3CH_2R nimmt der Wert von $\delta_{CH_3} - \delta_{CH_2}$ linear zu mit der Elektronegativität von R. Im Benzol wird die chemische Verschiebung beeinflußt sowohl durch die lokale σ-Elektronendichte, wie durch das π-Elektronensystem. Es besteht eine Proportionalität mit den Parametern σ_r (für para-) und σ_i (für meta-substituierte Verbindungen) (*Taft* 1957, auch S. 255).

22. Der Elektronenspin

Es mag den Leser erstaunen, daß wir uns in den vorangegangenen Paragraphen niemals mit dem Elektronenspin und dem Elektronenpaar befaßt haben.

Tatsächlich ist die Wechselwirkung der Elektronenspins ohne direkte Bedeutung für unsere die Bindungsenergie betreffenden Eröterungen, da diese magnetische Energie nur gering ist. Wir sahen, daß Bindung oder

*) *L. M. Jackman*, Applications of Nuclear Magnetic Resonance Spectroscopy in organic Chemistry, London 1959; *J. D. Roberts*, Nuclear Magnetic Resonance. New York 1959; *J. A. Pople, W. G. Schneider* and *H. J. Bernstein*, High-resolution NMR, New York 1959; *K. Hauser*, Elektronen- und Kernresonanz als Methoden der Molekülforschung, Weinheim 1961.

Abstoßung von zwei Wasserstoffatomen durch die Coulomb-Wechselwirkung der Ladungswolke bestimmt wird, die in der Region zwischen den Kernen verdichtet oder verdünnt ist, je nachdem ob die zwei Wasserstoff-Atomfunktionen das gleiche oder entgegengesetzte Vorzeichen besitzen (die gleiche oder entgegengesetzte Phase). Der Elektronenspin ruft ein Phänomen hervor, das für das Verhalten der Wellenfunktionen symptomatisch ist, jedoch ohne wesentliche Bedeutung für die Energie.
Das Pauli-Prinzip wurde in der älteren Quantentheorie als Verbot formuliert, nach dem zwei Elektronen nicht in einem und demselben Quantenzustand existieren können, d.h. nicht den gleichen Satz von Quantenzahlen haben dürfen. Dieses Prinzip behält in der Wellenmechanik seine Gültigkeit, wird allerdings häufig anders formuliert. Wenn zwei Elektronen genau den gleichen Zustand besetzten, würde eine Vertauschung der beiden keinen Unterschied hervorrufen. Das Pauli-Prinzip in der modernen Formulierung lautet: Bei der Vertauschung zweier Elektronen (oder allgemein zweier gleicher Teilchen mit entgegengesetztem Spin, also auch Wasserstoffkernen usw.) muß die gesamte Wellenfunktion ihr Vorzeichen wechseln.
Die Gesamtwellenfunktion ist nicht nur eine Funktion der Ortskoordinaten der Elektronen, sondern enthält außerdem ihre Spinkoordinaten. Die symmetrische Wellenfunktion für das Wasserstoffmolekül:

$$\Psi_s = \psi_A(1)\,\psi_B(2) + \psi_B(1)\,\psi_A(2)$$

ergibt bei Vertauschung von Elektron (1) und (2) wieder den gleichen Ausdruck. Die antisymmetrische Wellenfunktion

$$\Psi_A = \psi_A(1)\,\psi_B(2) - \psi_B(1)\,\psi_A(2)$$

wechselt dagegen bei der gleichen Operation ihr Vorzeichen. Um das Pauli-Prinzip zu erfüllen, müssen die Spinfunktionen der zwei Elektronen (die nur den Charakter + oder − haben, wie z.B. Rechts- oder Linksdrehung) im ersten Fall offensichtlich verschieden sein. Im Fall der antisymmetrischen Bahnfunktion müssen die Spinfunktionen dagegen gleich sein. Das bedeutet, daß im symmetrischen anziehenden Zustande die Elektronen entgegengesetzten Spin besitzen; im abstoßenden Zustand sind die Spins parallel gerichtet. Die Atome ziehen im bindenden Zustande jedoch einander nicht an, weil die Elektronenspins entgegengerichtet sind, sondern weil die Elektronen im symmetrischen Zustande im Raum zwischen den Kernen angehäuft sind.
(Der Patient ist nicht krank, weil das Quecksilber im Fieberthermometer hoch steht, sondern weil gewisse biochemische Prozesse vor sich gehen, die einen Temperaturanstieg bewirken.)
Auch mit der älteren Formulierung des Pauli-Prinzips können wir verstehen, daß eine Durchdringung der Elektronenbahnen im anziehenden

Zustande, wo beide Elektronen sich gewissermaßen am gleichen Platz befinden, nur dann möglich ist, wenn ein Unterschied in der Spinorientierung besteht.

Wie bereits erwähnt, sind die zur Beschreibung von Formulierungen und Ergebnissen der Wellentechnik benützten Bezeichnungen wie ,,Wellenfunktion", ,,Elektronenbahn"*), ,,Resonanz" usw. aus der klassischen Mechanik übernommen. In dieser gibt es Begriffe, die zumindest in gewisser Hinsicht den hier zur Diskussion stehenden wellenmechanischen Begriffen entsprechen. Das gilt auch für den Elektronenspin. Die Hypothese von *Uhlenbeck* und *Goudsmith* brachte die Einführung einer vierten Quantenzahl s, die nur die Werte $+{}^1/_2$ und $-{}^1/_2$ annehmen kann, in die Bohrsche Quantentheorie. In der Wellenmechanik bedeutet dies, daß die Gesamtwellenfunktion außer der Bahnfunktion noch einen anderen Faktor enthält, die Spinfunktion. Diese Spinfunktion kann durch α oder β wiedergegeben werden, wobei z. B. α den Zustand $s = +{}^1/_2$ und β den Zustand $s = -{}^1/_2$ beschreibt. Das entspricht dem mechanischen Analogon, dem Kreisel, woher die Bezeichnung ,,Spin" übernommen worden ist. Auch der Kreisel kann sich rechts- oder linksläufig drehen, d. h., die Rotationsachse (z. B. Drehung im Uhrzeigersinne) kann in die Richtungen + oder − weisen. Dem Elektron kann ein magnetisches Moment und ein mechanisches Drehimpulsmoment zugeordnet werden, aber die Beziehung zwischen ihnen ist anders als bei einem Kreisstrom, als welcher die Bewegung des Elektrons auf seiner Bahn aufgefaßt werden kann. Dies weist wiederum auf den formalen und eingeschränkten Charakter der Entsprechungen von klassisch-mechanischen und wellenmechanischen Vorstellungen hin.

Mit zwei Elektronen (1) und (2) können wir die folgenden vier Spinfunktionen zusammensetzen:

$$\begin{aligned}
&\alpha(1)\,\alpha(2)\\
&\beta(1)\,\beta(2)\\
&\alpha(1)\,\beta(2) + \beta(1)\,\alpha(2)\\
&\alpha(1)\,\beta(2) - \beta(1)\,\alpha(2).
\end{aligned}$$

α (1) β (2) allein würden nicht genügen, weil die Elektronen (1) und (2) im wesentlichen ununterscheidbar sind; wir müssen Linearkombinationen in Anspruch nehmen, wie wir das oben bei den Bahnfunktionen taten.

Es ist klar, daß die ersten drei Kombinationen in bezug auf Vertauschbarkeit der Elektronen (1) und (2) symmetrisch sind. Nur die letzte Funktion ist antisymmetrisch, d. h., sie wechselt ihr Vorzeichen bei Vertauschung von (1) und (2), und nur diese eine Funktion kann deshalb mit der symmetrischen Bahnfunktion des bindenden Zustandes verknüpft werden, der also ein Gesamtspinmoment $S = 0$ besitzt.

*) Für ,,Bahn" wird auch im Deutschen häufig die das gleiche bedeutende angelsächsische Bezeichnung ,,orbital" benützt.

Die anderen drei Spinfunktionen, mit der antisymmetrischen Bahnfunktion des abstoßenden Zustandes multipliziert, ergeben ebenfalls drei verschiedene Gesamtwellenfunktionen. Diese drei Funktionen entsprechen drei Zuständen gleicher Energie (sie sind dreifach entartet) mit dem Gesamtspinmoment $S = 1$.
Die Entartung verschwindet im magnetischen Feld und entsprechend den drei obigen Spinfunktionen ergeben sich drei Niveaus, je nachdem die Projektion des Spinmoments in Richtung des Feldes $+1$, -1 oder 0 ist. Der anziehende Zustand ist deshalb ein Singulett-, der abstoßende ein Triplettzustand und die Wahrscheinlichkeiten der beiden Zustände verhalten sich wie ihre statistischen Gewichte $(2S + 1)$, d.h. wie 1 : 3.
Da das Proton ebenfalls einen Spin (Kernspin) $^1/_2$ besitzt, sind im Wasserstoffmolekül eine einzige in bezug auf den Kernspin antisymmetrische Kombination und drei in bezug auf den Kernspin symmetrische Kombinationen möglich. Da die antiparallele Kernspinkombination nicht in eine parallele Kombination transformiert werden kann (außer z.B. im Magnetfeld), gibt es tatsächlich zwei Arten von Wasserstoffmolekülen. Die erste Kombination hat den Namen para-Wasserstoff, die zweite den Namen ortho-Wasserstoff erhalten. Weil das statistische Gewicht in diesem Falle 1 : 3 ist, besteht der normale Wasserstoff aus 25% para- und 75% ortho-Wasserstoff. Außer der extrem kleinen Differenz im magnetischen Verhalten wäre sonst kein Unterschied zwischen den beiden Arten, wenn nicht die para-Wasserstoffmoleküle (mit antiparallelem Kernspin) ausschließlich in den geradzahligen Rotationsniveaus (einschließlich dem Niveau 0) vorkämen, die ortho-Wasserstoffmoleküle (mit parallelem Kernspin) aber nur in den ungeradzahligen Niveaus für die Rotation des ganzen Moleküls, also mit 1 als dem niedrigsten. Das wiederum ist verbunden mit dem symmetrischen Charakter der geradzahligen Rotationsfunktionen und dem antisymmetrischen Charakter der ungeradzahligen Rotationsfunktionen, d.h., diese wechseln ihr Vorzeichen bei einer Drehung um 180°, wobei die Kerne vertauscht werden. Die Energie des para-Moleküls ist im niedrigsten Rotationszustand deshalb niedriger als die des ortho-Moleküls in seinem niedrigsten möglichen Rotationsniveau 1, und bei tiefen Temperaturen liegt das echte Gleichgewicht ganz auf der Seite der para-Modifikation.
Zwischen para- und ortho-Wasserstoff bestehen keine Unterschiede in den physikalischen und chemischen Eigenschaften, außer bei tiefen Temperaturen im Hinblick auf die spezifische Wärme und die Wärmeleitfähigkeit. Die Umwandlung in para-Wasserstoff findet bei tiefen Temperaturen erst nach Absorption an Aktivkohle statt. Die umgekehrte Reaktion tritt bei Raumtemperatur in Gegenwart von Katalysatoren, insbesondere paramagnetischen Stoffen (Sauerstoff, freien Radikalen Ionen der Seltenen Erden) ein und erfolgt spontan bei hohen Temperaturen, bedenen bereits teilweise Dissoziation stattfindet.

23. Ein-, Zwei- und Drei-Elektronenbindung und Born-Abstoßung

Im H_2^+-Ion ist die Bindung eine Folge des (Platz-) *Aus*tausches eines Elektrons*). Im Wasserstoffmolekül beruht die Bindung auf der *Ver*tauschung zweier Elektronen, die ein Elektronenpaar mit antiparallelem

*) Siehe Fußnote auf S. 142.

Spin bilden. Im He_2^+-Ion mit zwei Kernen und drei Elektronen haben wir eine Drei-Elektronenbindung. Wie im H_2^+-Ion beruht diese auf dem (Platz-)Austausch oder anders ausgedrückt auf Resonanz zwischen $HeHe^+$ und He^+He*). Anstatt eines separaten Elektrons wird hier ein Elektronenpaar ausgetauscht.
Die Bindungsenergie beträgt in diesen drei Fällen:

H_2^+ 64 kcal
H_2 108 kcal
He_2^+ 58 kcal.

An diesen Zahlen wird deutlich, daß die Elektronenpaarbindung fester ist als die der zwei anderen Typen. Tatsächlich kommen diese anderen Typen in stabilen Molekülen kaum jemals vor (Ausnahme O_2, Seite 225). Es gibt jedoch noch einen anderen Grund für die Bevorzugung der Elektronenpaarbindung. Wie bereits im Falle des Moleküls AB gezeigt, liegt die Energie einer der beiden Formeln A^+B^- bzw. A^-B^+ stets sehr viel niedriger als die der anderen Konfiguration. Der Platztausch wird daher stark gehemmt und eine der Konfigurationen erscheint in der Wellenfunktion nur mit einem kleinen Koeffizienten. Bei der Vertauschung zweier Elektronen besteht die Schwierigkeit nicht; die Elektronenpaarbindung wird also bei Bindungen zwischen verschiedenen Atomen noch stärker dominieren. Im Extremfall einer großen Differenz zwischen A^+B^- und A^-B^+ erhalten wir eine Ionenbindung, in der nur eine dieser beiden Konfigurationen in der Wellenfunktion erscheint.
Wenn wir einen Schritt weiter gehen und ein Molekül betrachten, das aus zwei Heliumatomen (im Grundzustand) aufgebaut wäre, so finden wir, daß hier keine Möglichkeit eines Platztausches mehr besteht, ohne mit dem Pauli-Prinzip in Konflikt zu kommen. So läßt sich nur eine einzige Wellenfunktion ohne irgendwelche Resonanzmöglichkeiten schreiben, und es herrscht zwischen den beiden Heliumatomen stets Abstoßung. (Die van-der-Waals-Anziehung ist ein relativ schwacher Effekt, der nur in einer genaueren Berechnung in Erscheinung tritt, Seite 333).
Die Elektronenwolken der beiden Heliumatome können einander nicht durchdringen. Dies stünde im Gegensatz zum Pauli-Prinzip (genau so wie bei der antisymmetrischen Bahnfunktion des H_2), weil die Spins jeweils zweier Elektronen parallel wären.
Hier erkennt man den Grund für die allgemeine Abstoßung erstens aller Ionen mit abgeschlossenen Elektronenkonfigurationen und darüber hin-

---

*) Anmerkung des Übersetzers: Diese Analogie zum mechanischen Fall hat nur *formalen* Charakter und bedeutet nicht, daß im stationären Zustand (Grundzustand) von den betreffenden Elektron eine Pendelbewegung zwischen den beiden Kernen ausgeführt wird. Ganz entsprechend besitzen die angegebenen Grenzstrukturen für das He_2^+-Ion keine reale Existenz (Seite 124, 194).

aus aller Atome, die nicht durch ein Elektronenpaar aneinander gebunden sind. Tatsächlich ist die Wahrscheinlichkeit für zwei Wasserstoffatome von vornherein für den abstoßenden Zustand gleich 3 gegenüber 1 für den anziehenden (symmetrischen) mit antiparallelen Spins (Seite 141). Die Wechselwirkung zweier Wasserstoffatome mit beliebigem Spin ist deshalb $^3/_4$ Abstoßung + $^1/_4$ Anziehung. Nach der Berechnung für Wasserstoff (Kurve A und S, Bild 14) ergab sich ungefähr $Q - K'$ bzw. $Q + K'$ (Seite 132); die Summe ist deshalb $Q - {}^1/_2\, K'$. Diese Größe stellt eine Abstoßung dar, da $^1/_2\, K'$ negativ ist und Q bei kleineren Abständen nicht viel abnimmt (Kurve K). Auch zwischen zwei Wasserstoffatomen verschiedener Kohlenwasserstoffmoleküle besteht Abstoßung und ebenso zwischen zwei am gleichen Kohlenstoffatom gebundenen Wasserstoffatomen, da hier keine Bindung zwischen den Wasserstoffatomen und deshalb auch keine Spinorientierung besteht.
Wir können also für die Gesamtenergie schreiben:
$E = E_{Atome} + \sum$ (über alle Elektronen) $Q'_{ij} + \sum$ (gepaarte Elektronen) $K'_{ij} - {}^1/_2 \sum$ (ungepaarte Elektronen) $K'_{ij} - \sum$(Elektronen mit parallelen Spins) K'_{ij}. (Q' ist die Größe Q von Seite 129 minus der atomaren Energie W_H.) Wieder ist H_3^+ möglich, nicht aber H_3, weil das dritte Elektron stets einen Spin hat, der dem eines der beiden anderen Elektronen parallel ist, so daß deshalb Abstoßung eintritt.
Diese allgemeine Abstoßung nicht miteinander verbundener Atome bildet den Grund für die geringe Kompressibilität kondensierter Phasen, eine Auffassung, die durch *Born* bereits *ad hoc* eingeführt worden war (Seite 32).
Die Abstoßung von Atomen, die nicht aneinander gebunden sind, findet ihren Ausdruck auch in dem van-der-Waals-Radius eines Atoms (Seite 185).
Die Abstoßung der nicht an der Bindung beteiligten Elektronen ist der Grund, daß in Atombindungen gewisse Atomradien (Seite 183) eingehalten werden, ganz ähnlich wie die Ionenradien in Ionenbindungen.
Um die niedrigste Energie zu erhalten, werden wir in diesem Kapitel überdies stets versuchen, die Elektronen in den *Molekülen* so weit als möglich in Paaren anzuordnen, entweder in Bindungselektronenpaaren oder in „einsamen", zu einem Atom gehörenden Paaren. In Molekülen mit einer ungeraden Zahl von Elektronen wie NO, NO_2, $FeCl_3$, HgCl, Freien Radikalen usw. ist es unmöglich, alle Elektronen in Paaren unterzubringen. In diesen Fällen treten jedoch häufig Dimere auf, in denen dies möglich ist. Neben einigen wenigen komplizierten Biradikalen (Seite 234) stellt der Sauerstoff die einzige Ausnahme von dieser Regel dar. Mit Ausnahme dieser Verbindungen mit einer ungeraden Anzahl von Elektronen, O_2 und den Salzen und Komplexen von paramagnetischen Ionen und Atomen sind alle Verbindungen diamagnetisch.

Die descriptive Theorie der Atombindung von *G. N. Lewis* und *I. Langmuir* basiert auf der Bildung von Elektronenpaaren. Im Hinblick auf die Stabilität der Edelgaskonfiguration bildet jedes Atom, soweit dies möglich ist, eine Anordnung von acht Elektronen (Oktett) aus (Wasserstoff nur zwei; Heliumkonfiguration) (Oktett-Theorie).

Elektronen mit parallelem Spin trachten einander zu vermeiden, so daß die gegenseitige Abstoßung (Korrelationsenergie) auf diese Weise geringer ist als zwischen Elektronen mit antiparallelem Spin in der gleichen Bahn. *Bei im übrigen gleichen Verhältnissen* ist deshalb die Energie der Konfiguration mit möglichst weitgehend parallelen Spins der Elektronen am niedrigsten. Ein Atom mit Elektronen in entarteten Energieniveaus (den drei p-Niveaus, fünf d-Niveaus, sieben f-Niveaus) wird deshalb die Konfiguration mit der maximalen Gesamtspinzahl annehmen (Regel von *Hund*, z.B. N : ^4S; Fe^{3+} : ^6S; Gd^{3+} : ^8S mit drei, fünf bzw. sieben Elektronen mit parallelem Spin, vgl. auch Seite 171). In den ferromagnetischen Kristallen besitzt der Zustand mit parallelen Spins ebenfalls die niedrigste Energie. K' ist positiv. Auch in einem Molekül hat der Zustand mit zwei parallelen Spins ($S = 1$, drei Einstellungen im Magnetfeld: $+1$, 0, -1 Triplettzustand) stets eine niedrigere Energie als der sonst gleiche Zustand mit zwei antiparallelen Spins ($S = 0$, eine Einstellung im Magnetfeld, Singulettzustand).
Bei Molekülen im Grundzustand mit einer geraden Anzahl Elektronen kann ein Triplettzustand nur auftreten, wenn das höchste besetzte Energieniveau zweifach entartet ist (doppelt vorkommt) und von nur zwei Elektronen besetzt werden kann, wie dieses bei Sauerstoff der Fall ist. Bei Molekülen in einem angeregten Zustand dagegen, wobei ein Elektron in ein höheres Niveau versetzt wurde und also auch in einem tieferen Niveau nur ein Elektron zurückbleibt, ist sowohl ein Triplettzustand wie ein Singulettzustand möglich bei der gleichen Elektronenverteilung (Seite 275).

24. Gerichtete Valenz, Hybridisierung

Wir haben gesehen, daß die Bindung zwischen zwei Atomen durch ein Elektronenpaar in der Weise hervorgebracht wird, daß sich die Ladungsräume der beiden Elektronen entgegengesetzten Spins überlappen und dadurch die Ladungsdichte im Raum zwischen den Kernen ansteigt, woraus eine negative Austauschenergie K' resultiert. Das Austauschintegral zwischen nichtbindenden Elektronen, die nicht miteinander gepaart sind, ist positiv und spiegelt Abstoßung wider. Die aus der gegenseitigen Abstoßung der Kerne und der Coulomb-Wechselwirkung der Elektronen untereinander und jeweils mit den anderen Kernen bestehende Coulomb-Energie ist klein und negativ, wird jedoch für etwas kleinere Abstände stark positiv.
Es ist nun offensichtlich – wie zuerst *Pauling* aussprach –, daß die Bindung so stattfindet, daß die genannte Überlappung maximal ist.
Bei einer sphärischen Wellenfunktion eines Elektrons in einem s-Zustand

(mit einer Wellenfunktion vom s-Typ bzw. s-Orbital) gibt es natürlich keine Vorzugsrichtung*).
Das ist jedoch bei einem p-Orbital ganz anders, der in bezug auf seine Winkelabhängigkeit eine hantelförmige Gestalt hat, die aus zwei aneinander stoßenden Kugeln besteht und entlang der x-, y- oder z-Achse gerichtet ist (Bild 11). Die Ladungsverteilung ψ_p^2 hat die Form der Ziffer 8.
Wir wollen nun die Atome der ersten Periode des Periodensystems im Hinblick auf ihre Verbindungen mit Wasserstoffatomen betrachten, speziell was ihre räumliche Anordnung angeht.

Fluor	↑↓	↑↓	↑↓	↑	Grundzustand (^{2}P).
	2s	$2p_x$	$2p_y$	$2p_z$	

Zwei der neun Elektronen des Fluoratoms sind in der damit abgeschlossenen K-Schale zu finden, während von den sieben L-Elektronen zwei im 2s-Niveau und vier in zwei 2p-Niveaus Elektronenpaare bilden. Das letzte Elektron ist ungepaart und befindet sich ebenfalls in einem 2p-Niveau. Es ist nun plausibel, daß bei der Bindung die Überlappung so groß wie irgend möglich wird, ohne die sich abstoßenden Kerne einander näher zu bringen. Das Wasserstoffatom mit seiner sphärischen Ladungsverteilung wird sich deshalb an das Fluoratom in der Richtung der Hantelachse binden:

```
 ..
:F: H
 ..
```

Sauerstoff	↑↓	↑↓	↑	↑	Grundzustand (^{3}P).
	2s	$2p_x$	$2p_y$	$2p_z$	

Im Sauerstoffatom befinden sich zwei ungepaarte Elektronen im niedrigsten Energiezustand, und zwar jedes in einem anderen p-Zustand. Die für die Bindung verfügbaren Elektronen bilden deshalb zwei aufeinander senkrecht stehende, hantelförmige Ladungsräume. Im Molekülmodell für das Wasser H_2O entsteht so eine rechtwinklige Struktur:

```
 ..
:O:H.
 ..
 H
```

Sekundäre Einflüsse, z. B. die gegenseitige Abstoßung der partiell positiv geladenen Wasserstoffatome und die der beiden Bindungselektronenpaare rufen eine geringe Vergrößerung des Bindungswinkels von 90° auf

*) Aus s-Funktionen gebildete Bindungen sind generell schwach, vgl. Na—Na 17,3 kcal. Eine Ausnahme macht H_2 mit 103,2 kcal; hier kann jedoch der Abstand sehr gering sein, da keine inneren Elektronenschalen existieren, die einander abstoßen.

104°27′ hervor (Seite 158). In anderen Verbindungen des Sauerstoffs ist der Bindungswinkel von der gleichen Größenordnung, z.B. F–O–F im F_2O 101,5°; C–O–C 110°.
Beim Schwefel, Selen und Tellur liegt der Bindungswinkel näher an 90° (H_2S 92,3°; H_2Se 91°; H_2Te 89,5°) (*Gillespie* und *Nyholm* 1957; *Gillespie* 1960), weil hier infolge der größeren S–H-, Se–H- und Te–H-Abstände die elektrostatische und die auf Austausch beruhende Abstoßung geringer ist.
In dem Molekül des Wasserstoffperoxyds, H_2O_2, ist der Bindungswinkel OOH gleich 101°. Die beiden OH-Bindungen bilden einen Winkel von 106° miteinander. Diese Form wird wohl bedingt durch die gegenseitige Abstoßung der freien Elektronenpaare an den Sauerstoffatomen.

Stickstoff	↑↓	↑	↑	↑	Grundzustand (^{4}S)
	2s	$2p_x$	$2p_y$	$2p_z$	

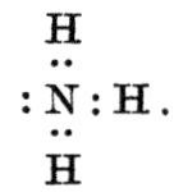

Die Bindung der drei Wasserstoffatome am Stickstoff zum Ammoniak erfolgt durch drei ungepaarte p-Elektronen in Richtung ihrer aufeinander senkrecht stehenden Orbital-Achsen. Die Struktur des Ammoniaks ist in der Tat die einer dreiseitigen Pyramide. Aus den gleichen Gründen wie im Wassermolekül ist der Bindungswinkel auf 106,75° vergrößert.
Für PH_3 (93,8°), AsH_3 (91,6°) und SbH_3 (91,5°) ist der Bindungswinkel wiederum kleiner, analog beim NF_3 infolge des viel größeren F–F-Abstandes und der geringeren Abstoßung 102,2°.
Im Molekül des Hydrazins, N_2H_4 ist der Bindungswinkel NNH gleich 112° und die beiden Hälften sind, wie bei dem H_2O_2 (siehe oben) gegeneinander um 90–95° verdreht (*Yamaguchi* et al. 1959).

Kohlenstoff	↑↓	↑	↑		Grundzustand (^{3}P).
	2s	$2p_x$	$2p_y$		

Was passiert nun beim Kohlenstoffatom? Im Grundzustand sind die vier L-Elektronen in Form eines einsamen Elektronenpaares im niedrigsten Energiezustand (2s) und je eines ungepaarten, bindungsfähigen Elektrons in zwei p-Zuständen angeordnet. Man sollte deshalb CH_2 als die normale Wasserstoffverbindung erwarten mit einer Struktur wie der des Wassers. Tatsächlich existiert das CH_2 als ein sehr instabiles Produkt, das z.B. bei der Zersetzung von Keten, $CH_2{=}C{=}O$ und Diazomethan, CH_2N_2 entsteht, aber auch aus Methylenchlorid, CH_2Cl_2 und aus Methylchlorid, CH_3Cl gebildet werden kann (*Friedmann* und *Berger* 1960; *Rabinovitch* und *Setser* 1961).

CH_2 in der obengenannten gewinkelten Struktur mit gepaarten Elektronen (Singulettzustand), in welcher Form es wohl meistens bei der Bildung entsteht, wird auch Carben genannt. Es gibt jedoch noch einen anderen Zustand niedriger Energie (Triplettzustand) mit zwei parallelen Elektronenspins für das CH_2, ein lineares Biradikal, welches dann auch als Methylen bezeichnet wird (*Etter*, *Skovronek* und *Skell* 1959; *Herzberg* und *Shoosmith* 1959; *Anet*, *Bader* und *van der Auwera* 1960; *Kirmse* 1961). Der Kohlenstoff ist nichtsdestoweniger in den meisten Fällen vierwertig. Wie kann das erklärt werden?

Es sind auch andere Elektronenkonfigurationen außer dem oben erwähnten Grundzustand möglich, so z. B. eine (^5S), in denen die vier Elektronen alle ungepaart und auf den 2s- und die drei 2p-Niveaus verteilt sind.

Kohlenstoff	↑	↑	↑	↑	angeregter Zustand (^5S).
	2s	$2p_x$	$2p_y$	$2p_z$	

Der Kohlenstoff wird also tatsächlich als vierwertiges Element reagieren, falls die zur „Überführung" des Atoms aus dem zweiwertigen Grundzustand in den vierwertigen angeregten Zustand notwendige Energie durch die bei der Knüpfung der beiden neuen Bindungen frei werdende Energie gedeckt werden kann. Diese vier Bindungen wären jedoch nicht alle gleichwertig: drei wären p-Bindungen, die vierte eine wahrscheinlich schwächere s-Bindung.

Bei gleichem Kernabstand und demnach gleicher Abstoßung ist die Überlappung und nach *Pauling* (siehe jedoch auch weiter unten) deshalb auch die Bindungsenergie für eine Kombination einer 2p-Funktion mit der 1s-Funktion eines Wasserstoffatoms größer als die einer 2s-Funktion mit dem gleichen Partner (Bild 11).

Das Überlappungsintegral $s = \int \psi_A \psi_B \, dv$ (Seite 129, 269) stellt ein viel besseres Kriterium dar als das Produkt der Maximalwerte beider Orbitals für einen gegebenen Abstand r entsprechend der ursprünglichen Auffassung *Paulings*. Nach *Pauling* wäre die sp^3-Bindung stärker, im Gegensatz zu den unten angeführten experimentellen Daten.

C—H-Bindung

Typ	Molekül	Bindungslänge	Dissoziationsenergie	Kraftkonstante
sp	Acetylen	1,059 Å	~121 kcal	5,88 10^5 Dyn/cm
sp^2	Äthylen	1,085 Å	~104 kcal	5,05 10^5 Dyn/cm
sp^3	Methan	1,092 Å	~101 kcal	4,88 10^5 Dyn/cm
p	CH-Radikal	1,120 Å	80 kcal	4,09 10^5 Dyn/cm

Diese Reihenfolge steht in völliger Übereinstimmung mit der Änderung des Überlappungsintegrals bei der Hybridisierung (*Walsh* 1947; *Maccoll* 1950; *Herzberg* und *Stoicheff* 1955; *Costain* und *Stoicheff* 1959; *Bernstein* 1959).

Die Wellengleichung gibt offensichtlich eine s- und drei p-Funktionen als Lösung für das Kohlenstoffatom im ^5S-Zustand. Eine lineare Kombination dieser vier Funktionen stellt jedoch ebenfalls eine Lösung dar (Hybridisierung, Hybridorbitals).
Pauling hat nun die Frage gestellt, welche vier neuen Wellenfunktionen entstehen, wenn man solche Linearkombinationen eines s- und dreier p-Funktionen vornimmt und fordert, daß diese neuen Funktionen äquivalent sein sollen. Jede dieser Hybrid-sp^3-Funktionen wird durch ein Elektron besetzt (sp^3 bedeutet eine Kombination eines s- mit drei p-Zuständen, d^2sp^3 das gleiche in Kombination mit zwei d-Zuständen einer tieferen Schale).
Es zeigt sich, daß auf diese Weise vier neue Funktionen entstehen, die vom Zentrum nach den Ecken eines Tetraeders gerichtet sind und einen Winkel von jeweils 109°28′ miteinander bilden. Für das Methan wird so tatsächlich das Tetraedermodell erhalten, das bereits 1874 durch *van't Hoff* und *le Bel* postuliert worden war*).
Diese Struktur ist jedoch nicht so eindeutig, wie man vielleicht erwarten könnte. Tatsächlich braucht die Hybridisierung für die vier Bindungen *a priori* nicht mehr äquivalent zu sein, wenn diese durch verschiedene Bindungspartner besetzt sind. Dies würde zu Abweichungen in den Bindungswinkeln führen. Experimentell erweisen sich die Abweichungen jedoch als äußerst klein oder Null:

CH_3F	∠ HCH	110,0°
CH_3Cl	∠ HCH	110,2°
CH_2Cl_2	∠ ClCCl	111,8°
$CHCl_3$	∠ ClCCl	110,4°
CHF_3	∠ FCF	108,6°.

In der tert. Butylgruppe ist der Bindungswinkel CCC gleich 111°, der C–C-Abstand 1,525 Å (*Zeil* 1961).

Die Hybridisierung für den sp-Typ, also von einer s- mit einer p-Funktion, ist einfacher. Die zwei neuen Funktionen sind allgemein:

$$\psi_1 = C_{11}\,\psi_s + C_{12}\,\psi_p$$
$$\psi_2 = C_{21}\,\psi_s + C_{22}\,\psi_p\,.$$

*) Der endgültige experimentelle Beweis für das Tetraedermodell wurde durch die brillante Bestimmung der absoluten Konfiguration des asymmetrischen Kohlenstoffatoms in optisch aktiven Verbindungen geliefert (*Bijvoet* 1949; *Bijvoet, Peerdemans* und *van Bommel* 1951).

Wegen der Normierung von ψ_1 und ψ_2 müssen wir erhalten:

$$C_{11}^2 + C_{12}^2 = 1$$
$$C_{21}^2 + C_{22}^2 = 1,$$

da $\int \psi_s \psi_p \, dv = 0$ (orthogonale Funktionen, Seite 117).
Ebenso ergibt sich:

$$C_{11}^2 + C_{21}^2 = 1$$
$$C_{12}^2 + C_{22}^2 = 1,$$

da es nur eine s- und eine p-Funktion gibt, die über ψ_1 und ψ_2 verteilt sind. Wir nehmen weiterhin an, daß beide neuen Funktionen äquivalent sind, d.h., die s-Funktion ist gleich auf beide verteilt oder $|C_{11}| = |C_{21}|$.
Diese vier Gleichungen ergeben:

$|C_{11}| = |C_{12}| = |C_{21}| = |C_{22}| = \frac{1}{\sqrt{2}}$; mit $C_{11} = C_{21}$ willkürlich positiv gewählt, so daß $C_{12} = +\frac{1}{\sqrt{2}}$ und $C_{22} = -\frac{1}{\sqrt{2}}$ oder umgekehrt.

Wenn wir nur die winkelabhängigen Teile betrachten, erhalten wir $\psi_s = \frac{1}{\sqrt{4\pi}}$ und $\psi_{pz} = \frac{\sqrt{3}}{\sqrt{4\pi}} \cos\vartheta$, deren Faktoren durch die Normierungsbedingung

$$\int_0^{\pi}\int_0^{2\pi} \psi^2 \sin\vartheta \, d\vartheta \, d\varphi = 1$$

bestimmt sind.

Die sp-Funktionen sind:

$$\psi_1 = \frac{1}{\sqrt{2}}\psi_s + \frac{1}{\sqrt{2}}\psi_p = \frac{1}{\sqrt{4\pi}}\frac{1}{\sqrt{2}}(1 + \sqrt{3}\cos\vartheta),$$

$$\psi_2 = \frac{1}{\sqrt{2}}\psi_s - \frac{1}{\sqrt{2}}\psi_p = \frac{1}{\sqrt{4\pi}}\frac{1}{\sqrt{2}}(1 - \sqrt{3}\cos\vartheta).$$

Die eine sp-Funktion ist in Bild 16a im Hinblick auf ihre Winkelabhängigkeit dargestellt, die andere ist äquivalent mit ihr, weist jedoch in die entgegengesetzte Richtung. Dieser Hybridisationstyp liegt in den linearen Molekülen des $HgCl_2$ und $HgBr_2$ vor.
In ähnlicher Weise werden für die sp^2-Hybridisierung drei Funktionen gefunden, die in einer Ebene liegen und jeweils einen Winkel von 120° miteinander einschließen. Außer der oben erwähnten Normierungsbedingung müssen diese Hybridfunktionen auch die Orthogonalitätsbedingung erfüllen: $\int \psi_i \psi_k \, dv = 0$, was weitere Gleichungen für die Koeffizienten ergibt. Da die Zahl der Unbekannten für die sp^3-Funktion immer noch größer ist als die Zahl der Gleichungen (16 Unbekannte und 14 Glei-

chungen), ist noch eine weitere Bedingung notwendig, und *Pauling* hat für die Funktionen Gleichwertigkeit angenommen. Die vier sp^3-Funktionen sind:

$$\psi_1 = \frac{1}{2}\,s + \frac{\sqrt{3}}{2}\,p_x; \qquad \psi_3 = \frac{1}{2}\,s - \frac{1}{2\sqrt{3}}\,p_x + \frac{1}{\sqrt{2}}\,p_y - \frac{1}{\sqrt{6}}\,p_z,$$

$$\psi_2 = \frac{1}{2}\,s - \frac{1}{2\sqrt{3}}\,p_x + \frac{\sqrt{2}}{\sqrt{3}}\,p_z; \quad \psi_4 = \frac{1}{2}\,s - \frac{1}{2\sqrt{3}}\,p_x - \frac{1}{\sqrt{2}}\,p_y - \frac{1}{\sqrt{6}}\,p_z\,^{*}).$$

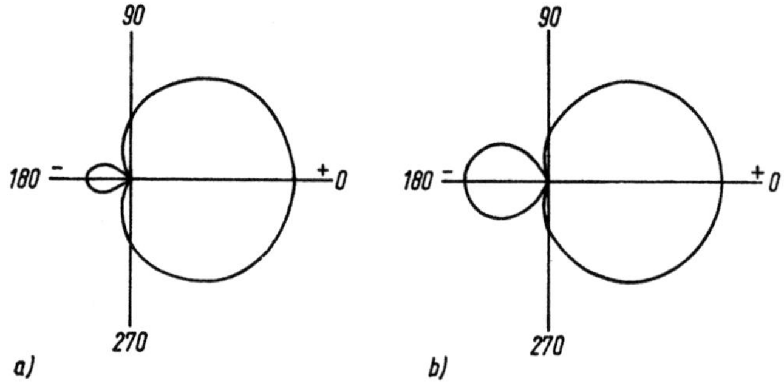

Bild 16. Hybridwellenfunktionen (Winkelabhängigkeit)

a. $\psi(sp) = \frac{1}{\sqrt{2}}(s + p) = \frac{1}{\sqrt{4\pi}}\,\frac{1}{\sqrt{2}}\left(1 + \sqrt{3}\cos\vartheta\right),$

eine der beiden digonalen Funktionen.

b. $\psi(sp^3) = \frac{1}{2}\left(s + p\sqrt{3}\right) = \frac{1}{\sqrt{4\pi}}\,\frac{1}{2}\,(1 + 3\cos\vartheta),$

eine der vier Tetraederfunktionen.

Bei den anderen Elementen der vierten Gruppe wie Silicium, Germanium und Zinn finden wir die gleiche sp^3-Hybridisierung, also tetraedrische Bindungen.

---

*) Beziehungsweise nach Rotation des Koordinatensystems:

$$\psi_1 = \frac{1}{2}(s + p_x + p_y + p_z); \quad \psi_3 = \frac{1}{2}(s - p_x - p_y + p_z);$$

$$\psi_2 = \frac{1}{2}(s + p_x - p_y - p_z); \quad \psi_4 = \frac{1}{2}(s - p_x + p_y - p_z);$$

woraus die Äquivalenz der Funktionen direkt ersichtlich ist.

Bor

Beim Bor mit drei Elektronen in der L-Schale ergibt sich die Dreiwertigkeit aus der sp^2-Hybridisierung mit drei Bindungen in einer Ebene bei Winkeln von 120°. Das ist der Fall im BF_3, $B(CH_3)_3$ usw.

Bor 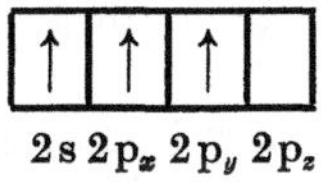 angeregter Zustand (^4P)

Die Konstitution der Borhydride stellt jedoch ein besonderes Problem dar, da BH_3 nicht (monomolekular) existiert (Seite 226).

Da die L-Schale nur acht Elektronen aufnehmen kann, ist es klar, daß die größte Zahl von Elektronenpaaren und demnach die maximale Wertigkeit eines Atoms in der ersten Periode des Periodensystems nur höchstens vier sein kann. Stickstoffverbindungen mit fünf Atombindungen am Stickstoff, d. h. fünf Valenzstrichen, sind deshalb unmöglich. Strukturformeln dieser Art sollten verworfen und durch die korrekte Formulierung der Konstitution ersetzt werden.
So ist Ammoniumchlorid nicht

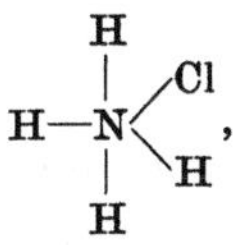 , sondern 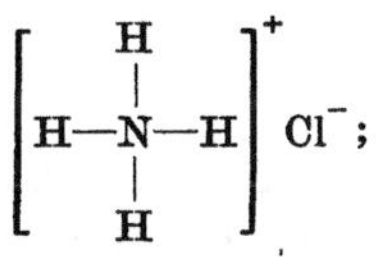

Ammoniumchlorid existiert als freies Molekül überhaupt nicht.
Salpetersäure und Nitrate werden mitunter immer noch unrichtig formuliert:

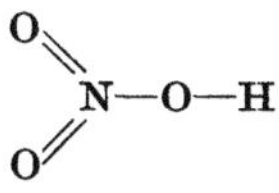 bzw. 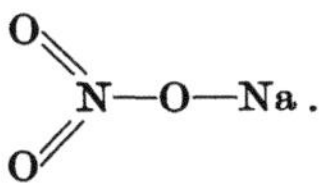

Richtiger ist 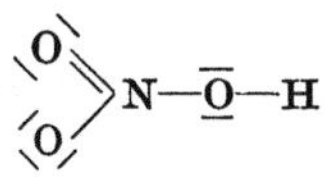 in Resonanz mit 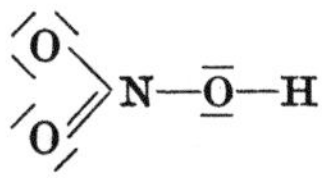 und etwas

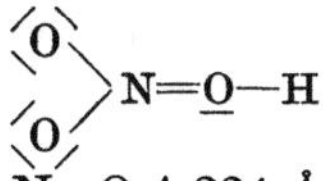 (N–O 1,206 Å, N–OH 1,405 Å bzw. für das Nitration N–O 1,224 Å):

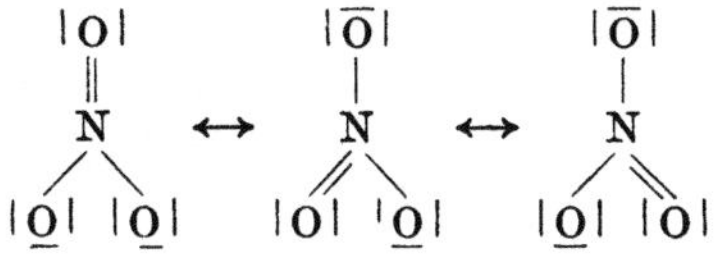

Ganz allgemein wird jedes Atom von vier Elektronenpaaren umgeben (Oktett-Theorie), entweder als Bindungs- oder einsamen Elektronenpaaren (Wasserstoff von zwei Elektronen). Ein Bindungsstrich in der Formel repräsentiert stets ein gemeinsames Elektronenpaar, während man die einsamen Elektronenpaare in gleicher Weise durch quergestellte Striche angibt. Die ältere Wiedergabe der Elektronen durch Punkte wird ebenfalls noch häufig angewandt.
Im Elementarunterricht sollte man sich besser der Wiedergabe von anorganischen Substanzen durch Strukturformeln mit Bindestrichen enthalten, wenn man nicht tiefer in die Einzelheiten eingeht, nachdem man die Atombindung und die Resonanz in aromatischen Verbindungen behandelt hat. Der Aufbau anorganischer Substanzen aus Ionen läßt sich jedoch ohne spezielle Schwierigkeiten wiedergeben. Strukturen wie $[N^{3-}H_4^+]Cl^-$ und $Na^+[N^{5+}O_3^{2-}]$ sind unzweifelhaft weit von der Realität entfernt, aber jedenfalls nicht prinzipiell unrichtig wie die oben erwähnten Valenzstrukturen.
Atombindungen können zwischen neutralen Atomen gebildet werden wie im Methylamin:

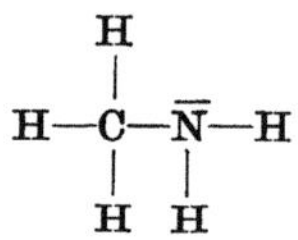

Der einfach positiv geladene Stickstoff N^+ ist jedoch iso-elektronisch mit dem Kohlenstoff und bildet deshalb Bindungen der gleichen Art. Methan ist iso-elektrisch mit dem tetraedrisch gebauten Ammoniumion. Diese Bindungen sind von ganz derselben Natur wie die zwischen formal neutralen Atomen (siebe Abschn. 25, Oniumverbindungen).

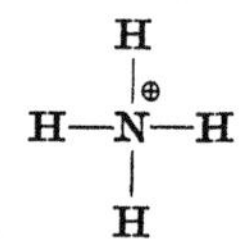

Die *formale Ladung* des Atoms wird ermittelt, indem man jedes Bindungselektronenpaar halbiert und dann die Gesamtzahl der Elektronen mit der des neutralen Atoms vergleicht. So ist im Nitration die formale Ladung des Stickstoffatoms $+1$, die des doppelt gebundenen Sauerstoffs $=\overline{\underline{\mathrm{O}}}$ ist Null und die des einfach gebundenen Sauerstoffs $-\overline{\underline{\mathrm{O}}}|$ ist -1. Diese formale Ladung gibt die tatsächliche Ladungsverteilung nur teilweise wieder, die außerdem durch die Elektronegativitätsdifferenzen bestimmt wird. So sitzt die positive Ladung im Ammoniumion ganz sicher zu einem wesentlichen Teil auf den Wasserstoffatomen, trotz deren formaler Ladung Null, verglichen mit $+1$ für das Stickstoffatom.

Wir geben diese formale Ladung hier stets durch ⊕ oder ⊖ wieder. Die algebraische Summe der formalen Ladungen ist gleich der Ladung des betreffenden Moleküls oder Ions.
Für die Atome der zweiten und höherer Perioden des Periodensystems gilt die Oktettregel nicht mehr streng.
Zuerst in der M-Schale treten jetzt d-Elektronen auf. Überdies zeigt das Auftreten von Übergangselementen nach Calcium, daß die Energiedifferenz zwischen dem 4s-Zustand (N-Schale) und dem 3d-Zustand (M-Schale) klein ist. Aus den Spektren geht ebenso hervor, daß die Energiedifferenzen der Übergänge 4s – 3s und 4s – 3p viel kleiner sind als der Übergänge zwischen 3s – 2s und 3s – 2p.
Weiterhin ist das Ionisationspotential der Elemente der zweiten Periode kleiner als das der ersten Periode, die Konfiguration mit einer formalen positiven Ladung kann also leichter entstehen. Hier ist nämlich eine große Zahl verschiedener Konfigurationen denkbar, zwischen denen Resonanz stattfindet.

Phosphor

Die normale Wertigkeit des Elements Phosphor beträgt drei, wie beim Stickstoff: PH_3, PCl_3 usw. In den einfach positiv geladenen Zustand ist der Phosphor vierwertig. P^+ kommt nicht nur in den Phosphoniumverbindungen wie PH_4J vor, sondern auch in den Lewis-Langmuir-Konfigurationen der Säuren:

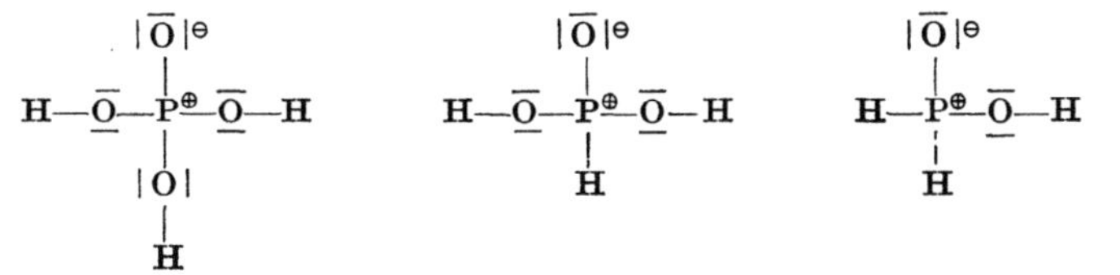

ortho-(pyro- und meta-)Phosphorsäure — phosphorige Säure — unterphosphorige Säure

Im Gegensatz zum Stickstoff besteht beim Phosphor die Möglichkeit, durch Anheben der 3s-Elektronen in den 3d-Zustand (oder vielleicht auch den 4s-Zustand) fünf Elektronenpaarbindungen zu bilden.

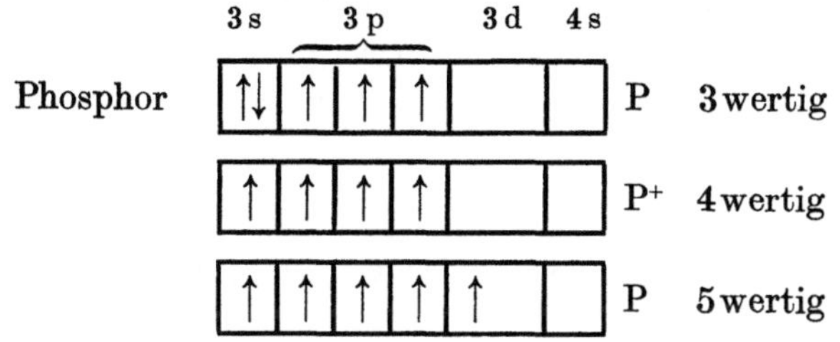

Wir treffen diesen Zustand im PCl_5, PBr_5 usw. an, in denen aus der Hybridisierung sp^3d eine trigonale Bipyramide resultiert. Diese Fünfwertigkeit zeigt sich auch in anderen möglichen Elektronenkonfigurationen der Phosphorsäuren. Sie sind für die Tatsache verantwortlich zu machen, daß die „freien" Sauerstoffatome im Tetrametaphosphation (Seite 74) und in der Orthophosphorsäure selbst einen erheblich kleineren Bindungsabstand haben (*Furberg* 1955).

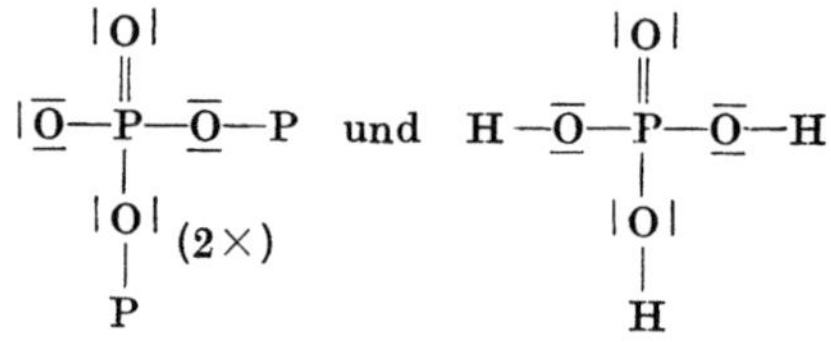

Die Bindungslängen zu den freien und den Hydroxylsauerstoffen in der Orthophosphorsäure H_3PO_4 sind 1,57 Å bzw. 1,52 Å. Im Orthophosphation PO_4^{3-} liegt die gleiche Konfiguration vor wie in den iso-elektronischen Sulfat- und Perchlorationen.
In Verbindungen mit stark elektronegativen Ionen, insbesondere Fluor, kommt auch die Sechswertigkeit des Phosphors vor, PF_6^-:

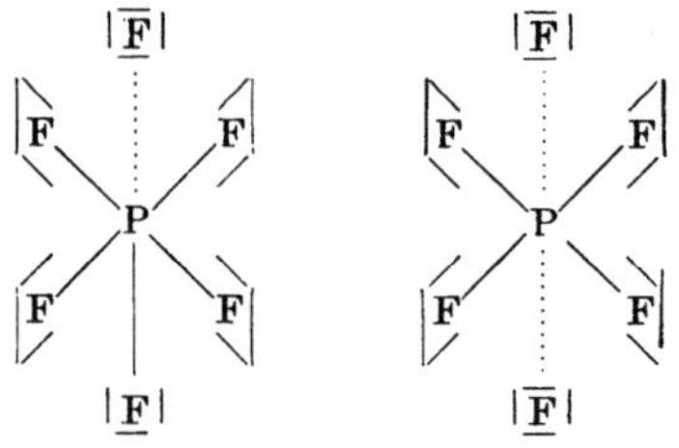

Dieses Ion ist iso-elektronisch mit SF_6, für das die folgenden Feststellungen gleichermaßen gelten. Es besteht Resonanz zwischen Konfigurationen mit vier Atombindungen und zwei Ionenbindungen oder fünf Atom- und einer Ionenbindung als der wahrscheinlichsten Konstitution und weiterhin einer Konfiguration mit sechs oktaedrischen sp^3d^2-Bindungen. Durch diese Resonanz entstehen sechs gleichwertige Bindungen. Beim PF_5, nicht dagegen beim PCl_5 und PBr_5, gibt es sicher einen erheblichen Beitrag der Konfigurationen mit vier Atombindungen und einer Ionenbindung.

Schwefel

Im Grundzustand ist das ungeladene Schwefelatom in der Lage, zwei Bindungen zu bilden wie im H_2S (siehe oben).

Als S^+, in bezug auf die äußeren Elektronen iso-elektronisch mit Stickstoff, kann der Schwefel drei Bindungen bilden wie in den Sulfonium-Verbindungen (Seite 161) aber auch in SO_3^{2-} und SO_2.

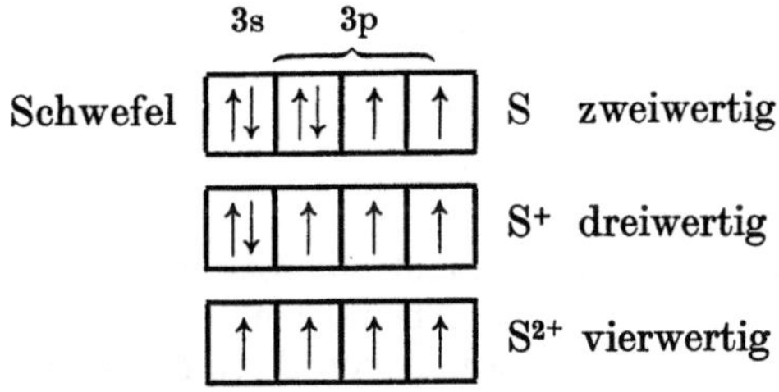

Der Bindungswinkel im SO_2, 119°30′, stimmt überein mit dem zu erwartenden Winkel von 120–125° für eine Bindungsanordnung ähnlich der am Kohlenstoff im Äthylen (sp^2-Hybridisierung, Seite 149), wobei das einsame Elektronenpaar den gleichen Orbital besetzt wie ein Elektronenpaar der C–H-Bindungen im Äthylen.

SO_3^{2-}:

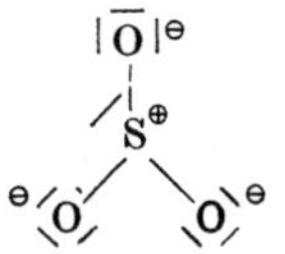

SO_2:

Das mit N^+ und C iso-elektronische Atom S^{2+} kann durch sp^2-Hybridisierung mit drei weiteren Atomen ein ebenes Molekül bilden. Die sich ergebende Konstitution SO_3 ähnelt dem NO_3^- und CO_3^{2-}.

SO_3:

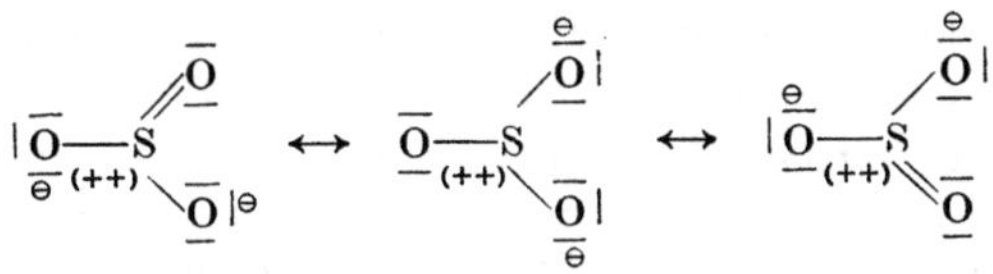

Der S–O-Abstand sowohl im SO_2 als auch im SO_3 (1,43 Å) ist sogar noch kleiner als der für eine S^+–O-Bindung zu erwarten wäre (1,49 Å) (Seite 183). Zum Gesamtzustand steuern also Konfigurationen unter Benützung der 3d-Orbitals sicher erheblich mit bei.

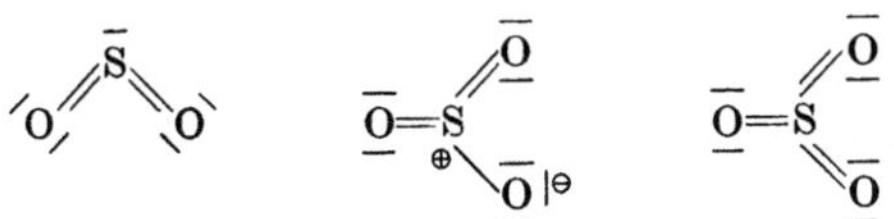

Konfigurationen mit fünf und sechs Bindungen geben auch zur Elektronenkonfiguration des Sulfations mit einem S–O-Abstand von 1,51 Å ihren Anteil.

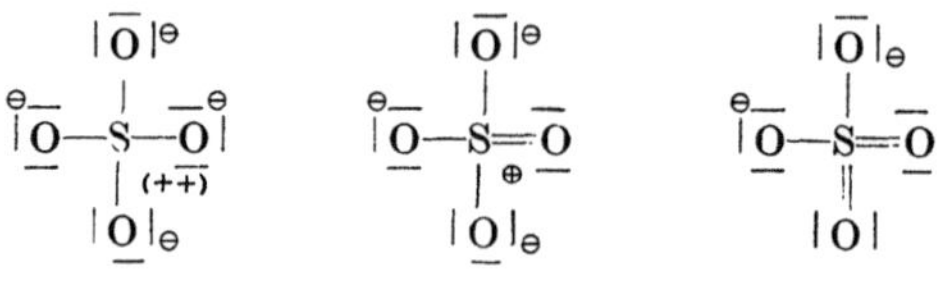

Es ist noch nicht möglich, die relative Bedeutung abzuschätzen, mit der diese Konfigurationen zum Gesamtzustand beitragen.

Die Atombindung ist nicht auf die Bindung von Atomen zu separaten Molekülen beschränkt, sondern führt auch zur Bildung von Gittern, d.h. dreidimensionalen Riesenmolekülen.

Der Diamant*) ist der Prototyp dieser Gruppe fester Substanzen. Ähnliche Verhältnisse finden sich beim Bor, Silicium, Germanium, Carborund (SiC), Aluminium- und Bornitrid (AlN und BN) und in gewissem Sinne in den Modifikationen des SiO_2. In einigem Ausmaß ist auch die Bindung im ZnS (Zinkblende, Wurtzit) auf Atombindungen zurückzuführen (Seite 30).

Wie sich nach der hohen Bindungsenergie erwarten läßt (in Analogie zur C–C-Bindung), sind diese Substanzen extrem hart und besitzen eine äußerst geringe Flüchtigkeit (Seite 86).

Graphit kann als ein zweidimensionales Riesenmolekül betrachtet werden, das aus einer Reihe von kondensierten Ringen besteht. Die Bindung zwischen den einzelnen Schichten ist sehr schwach und wie in Molekülgittern, auf van-der-Waals-Wechselwirkung zurückzuführen. Das hier vorliegende endlose System von π-Elektronen führt zu metallischer Leitfähigkeit, jedoch nur in Richtung der Ringebene!

Bornitrid ist kürzlich auch in einer diamantähnlichen Form erhalten und als „Borazon" bezeichnet worden (*Wentorf* 1957, 1961), während die gewöhnliche Modifikation graphitähnlich ist (Seite 231).

Der Ausgangspunkt der obigen Erörterungen war der Grundzustand des freien Atoms. Es gibt jedoch noch eine andere Möglichkeit, die auf der Beobachtung basiert, daß eine gegebene Anzahl von Elektronenpaaren in einer Valenzschale – unabhängig davon, ob es sich um freie oder bindende Elektronenpaare handelt – stets in etwa der gleichen Weise angeordnet ist (*Sidgwick* und *Powell* 1940). Wir erhalten deshalb die folgenden Anordnungen für die nicht zu den Übergangselementen gehörenden Elemente: zwei Elektronenpaare, linear; drei Paare, ebenes Dreieck; vier Paare, Tetraeder; fünf Paare, trigonale Bipyramide; sechs Paare, Oktaeder;

*) Über die künstliche Herstellung des Diamants und das Phasendiagramm des Kohlenstoffs lese man *Wentorf* (1959), *Bovenkerk* et al. (1959) und *Neuhaus* (1957, 1961).

sieben Paare, fünfseitige Bipyramide (Tabelle 15B, *Gillespie* und *Nyholm* 1957; *Gillespie* 1960).

Die Hydride der Elemente der ersten Periode, CH_4, NH_3, OH_2 und FH sind isoelektronisch mit Neon. Das Neonatom kann als der Grundtyp des Zentralatoms dieser Moleküle betrachtet werden, wenn wir sie uns als aus diesem und Protonen aufgebaut denken. Neon hat acht Elektronen in der M-Schale. Diese Elektronen lassen sich in zwei Gruppen zu je vier Elektronen teilen, die sich in der Spinorientierung unterscheiden. Wegen des Pauli-Verbots (Seite 139) ist die wahrscheinlichste Anordnung innerhalb jeder Gruppe diejenige mit den Elektronen in den Ecken eines Tetraeders (*Lennard-Jones* 1954, *Daudel* u.a. 1954, 1955). Es gibt jedoch keine Wechselbeziehung zwischen diesen beiden Gruppen, die eine gleiche Wahrscheinlichkeit für irgendeine relative Orientierung besitzen, so daß die sphärische Symmetrie (Seite 117) erhalten bleibt.

Tabelle 15B: Form von Molekülen (Einfachbindungen)

Gesamtzahl der Elektronenpaare	Hybridisierung	Zahl der bindenden Elektronenpaare	Molekülform	Beispiel
2	sp	2	linear	$HgCl_2$
3	sp^2	3	ebenes Dreieck	BF_3
3	sp^2	2	V-förmig (120 °)	$SnCl_2$
4	sp^3	4	Tetraeder	CH_4
4	sp^3	3	trigon. Pyramide	NH_3
4	sp^3	2	V-förmig (109,5 °)	OH_2
4	sp^3	1	linear	FH
5	sp^3d	5	trigon. Bipyramide	PCl_5 (gas)
5	sp^3d	4	irregulär. Tetraeder	SCl_4
5	sp^3d	3	T-förmig	ClF_3
5	sp^3d	2	linear	$[JCl_2]^-$
6	sp^3d^2	6	Oktaeder	SF_6, $[PF_6]^-$
6	sp^3d^2	5	quadrat. Pyramide	JF_5
6	sp^3d^2	4	Quadrat	$[JCl_4]^-$
7	sp^3d^3	7	pentagon. Bipyramide	JF_7
7	sp^3d^3	6	irregulär. Oktaeder	$[SbBr_6]^{2-}$

Die gleiche tetraedrische Anordnung findet sich in Molekülen mit vier Elektronenpaaren, entweder Bindungselektronenpaaren oder freien Elektronenpaaren in der L-Schale. Da aber jetzt ein oder mehrere Bindungselektronenpaare entlang der Bindung orientiert sind, besitzen die den beiden Elektronengruppen entsprechenden Tetraeder nunmehr eine festgelegte, identische Orientierung im Molekül. Ausgehend vom Neonatom als Grundtyp wird man für die Reihe der iso-elektronischen Hydride vom CH_4 bis zum FH, Bindungswinkel von 109°28′ erwarten. Da aber das Zentrum der Ladungswolke eines Bindungselektronenpaares in größerem Abstand zum Zentralatom liegt als das Zentrum der Ladungswolke eines einsamen Elektronenpaares, wird die Abstoßung einsames Elektronenpaar – einsames Elektronenpaar größer sein als die Abstoßung einsames Elektronenpaar – Bindungselektronenpaar und Bindungselektronenpaar – Bindungselektronenpaar. Das führt zu einer Verkleinerung des Bindungswinkels unter den Wert für das Tetraeder, wie sie auch beim NH_3 (106,75°) und noch ausgeprägter beim OH_2 (104,5°) gefunden wird (*Bent* 1961).
Die Zentren der Ladungsverteilung im Wassermolekül bilden also nahezu ein Tetraeder mit zwei negativen und zwei positiven Ecken. Diese Ladungsverteilung bestimmt z. B. die Kristallstruktur des Eises (Seite 389), das Dipolmoment (Seite 281) und die Assoziation durch Wasserstoffbrückenbindungen (Seite 390).
Bei den Elementen der zweiten und höherer Perioden des Periodensystems ist wegen der größeren Unterschiede in der Abstoßungsenergie der Elektronenpaare eine noch stärkere Verringerung der Bindungswinkel zu erwarten (vgl. Seite 146).
Wenn wir den Wasserstoff durch das stärker elektronegative und größere Fluoratom ersetzen, wird der Bindungswinkel noch kleiner (NF_3:102,1°; OF_2: 101,5°).
Die Veränderung der Bindungswinkel ist mit einer entsprechenden Änderung in der Hybridisierung verbunden. Man kann annehmen, daß in den Hydriden der ersten Periode die Bindungselektronenpaare Orbitals besetzen, die sich eher dem sp^3-Charakter als dem reinen p-Orbital nähern (Seite 145), während für die Elemente der zweiten und höherer Perioden das Gegenteil gilt. Beide Betrachtungsweisen haben also ihre speziellen Vorteile auf diesem oder jenem Gebiet, sie gehen jedoch in höherer Näherung ineinander über.
In Schalen mit mehr als acht Elektronen werden die d-Orbitals benützt (Seite 155, 157). Wir werden später die Bindungsbildung der Übergangselemente diskutieren, die ebenfalls unter Einbeziehung der d-Orbitals verläuft.

25. Oniumverbindungen

Wir wissen, daß in den ionischen Verbindungen kein wesentlicher Unterschied zwischen der Haupt- und Nebenvalenz (koordinativer Valenz) besteht. Das geht aus der symmetrischen Anordnung der Koordinationsverbindungen von *Werner* hervor, z. B. $[SiF_6]^{2-}$, $[BF_4]^-$, $[SO_4]^{2-}$ usw. Bei der Atombindung kann die Bindungszahl („Bindigkeit“), die Anzahl der vom zentralen Atom ausgehenden Valenzen, auch größer sein als der normalen Wertigkeit entspricht. Die sog. „Onium“-Verbindungen gehören zu dieser Klasse: Ammonium-, Oxonium-, Sulfonium-, Phospho-

nium- und Jodoniumverbindungen usw. (siehe auch Seite 53). Das Zentralatom (N, O, S, P, J) besitzt in diesen Fällen im Grundzustand ein oder mehrere einsame Elektronenpaare, die in Bindungselektronenpaare übergehen können. Das Zentralatom erhält dadurch eine formale positive Ladung von +1 bzw. manchmal auch höher.
Das Bindungselektronenpaar wird in diesen Fällen, z.B. im Ammoniumion oder einem Aminoxid

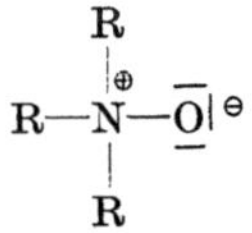

nur durch einen der beiden Partner geliefert, was jedoch die wesentliche Natur der Bindung nicht beeinträchtigt.
Lowry und *Sidgwick* haben diese Bindung zwischen Stickstoff und Sauerstoff als „semipolare Bindung" (kovalente Bindung + Ionenbindung) oder „koordinative Bindung" bezeichnet und durch das Symbol → gekennzeichnet. Die Spitze des Pfeils weist in die Richtung des Elektronenübergangs, also

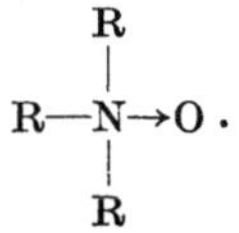

Wir verwerfen diese Bezeichnungen und das Symbol als irreführend und überflüssig.
Die ältere Formulierung

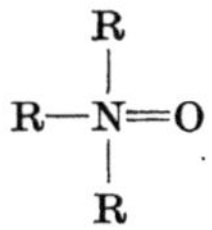

ist natürlich vollständig falsch (Seite 151). Die N–O-Bindung in den Aminoxiden ähnelt in ihren Eigenschaften einer „normalen" Einfachbindung (Bindungslänge 1,36 Å).
Der einfachste Fall ist die Anlagerung eines Protons an das Stickstoffatom des Ammoniakmoleküls:

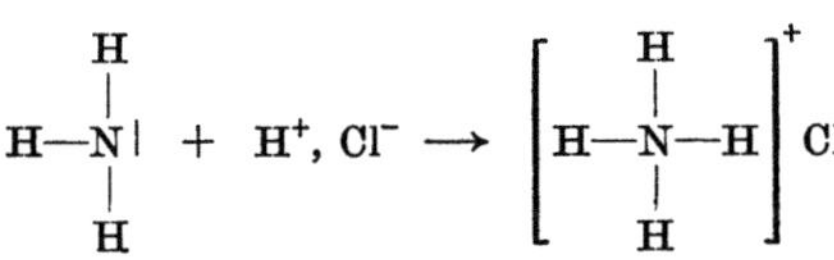
Ammoniumchlorid

Die Phosphonium- und Oxonium-Salze sind ähnlich gebaut (Oxoniumsalz, siehe Seite 77).

Die Existenz des Oxoniumions im festen Zustand ist gesichert (*Conway*, *Bockris* und *Linton* 1955). Sowohl Infrarotspektren (*Ferriso* und *Hornig* 1953, 1955; *Bethell* und *Sheppard* 1953; *Mullhaupt* und *Hornig* 1956; *Taylor* und *Vidale* 1956) als auch die magnetische Kernresonanz (*Richards* und *Smith* 1951) erweisen die Anwesenheit des OH_3^+-Ions in den festen Hydraten starker Säuren. In den Infrarotspektren flüssiger Lösungen war jedoch bis vor kurzem kein Anzeichen für die Gegenwart des Oxoniumions zu finden.
Es wurde sogar angenommen, daß das Oxoniumion eine zu kleine Lebensdauer besitze, um im Spektrum in Erscheinung zu treten. *Falk* und *Giguère* (1957) haben aber gezeigt, daß die Infrarotspektren wäßriger Lösungen von Mineralsäuren, z. B. HCl, HNO_3, $HClO_4$, H_2SO_4 und H_3PO_4 doch die dem OH_3^+-Ion zukommenden Banden zeigen, die Lebensdauer des Ions ist also größer als 10^{-13} Sekunden.

Aus den Vibrationsfrequenzen des NH_4^+-Ions geht hervor, daß dieses Ion eine tetraedrische Struktur besitzt und alle Bindungen deshalb gleich sind. Wie oben festgestellt, liegt eine sp^3-Hybridisierung vor, wie in dem iso-elektronischen Methan.
Die Bildung von Ammoniumverbindungen durch Addition eines Protons erfolgt in der gleichen Weise bei den primären, sekundären und tertiären Aminen. Es besteht sicher kein Grund, Ammoniumchlorid als NH_4Cl zu formulieren, jedoch immer noch Anilin-hydrochlorid und Pyridin-hydrochlorid zu sagen und als $C_6H_5NH_2 \cdot HCl$ bzw. $C_5H_5N \cdot HCl$ zu schreiben, anstatt $[C_6H_5NH_3]Cl$ und $[C_5H_5NH]Cl$, d. h. Anilinium- und Pyridiniumchlorid.
Die Ammoniumsalzbildung kann auch intramolekular erfolgen wie in den Aminosäuren:

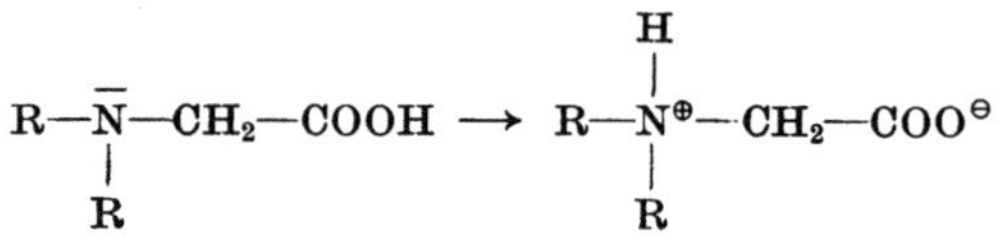
„Zwitterion“

Bei der Bildung von Peralkylammoniumsalzen kann man (formal) an einen Zwischenschritt denken, in dem ein Alkylion entsteht.

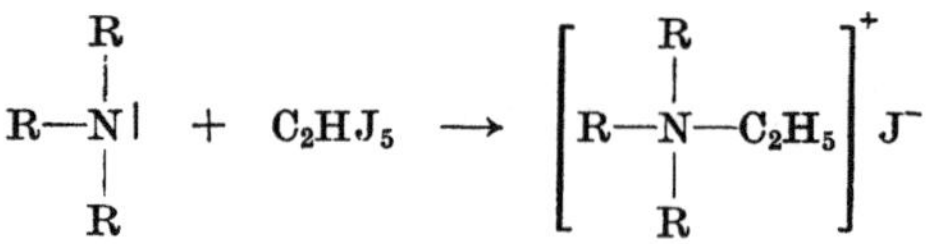
Tetra-alkyl-ammonium-jodid

Ganz ähnlich sind die Betaine intramolekulare Peralkyl-ammonium-Salze und den Zwitterionen der Aminosäuren analog.

$(CH_3)_3N^{\oplus}—CH_2—COO^{\ominus}$ Betain

Das Betain hat keine Ringstruktur, wie dies in älteren Formulierungen zum Ausdruck kam.

Ähnlich entstehen Alkyl-oxonium-Verbindungen aus Sauerstoffverbindungen:

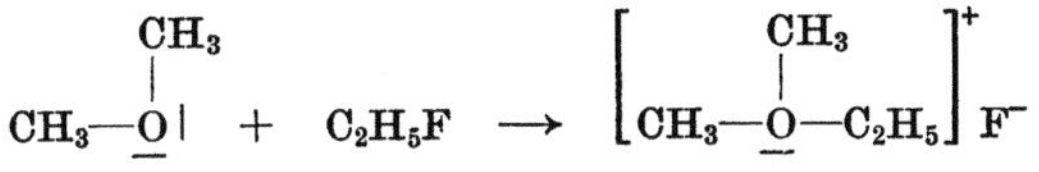

Diese Verbindung wird stabilisiert, wenn außerdem noch ein komplexes Anion wie BF_4^- durch gleichzeitige Zugabe von Bortrifluorid entsteht (*Meerwein* et al. 1937, 1939).

Auf der anderen Seite besitzt die Verbindung aus Dimethyläther und Salzsäure $(CH_3)_2O \cdot HCl$ keine salzähnliche Struktur und ist keine typische Oxoniumverbindung. Die Bindung erfolgt hier durch van-der-Waals-Kräfte (Wasserstoffbindung, Seite 387).

Infolge der größeren Elektronegativität des Sauerstoffs verglichen mit der des Stickstoffs entstehen Oxoniumverbindungen viel seltener als Ammoniumverbindungen, da ja das zentrale Atom dabei eine formale positive Ladung erhält.

Auf der anderen Seite sind die Sulfonium- und Jodoniumsalze wegen der kleineren Elektronegativität des Schwefels und Jods stabiler als die Oxoniumverbindungen.

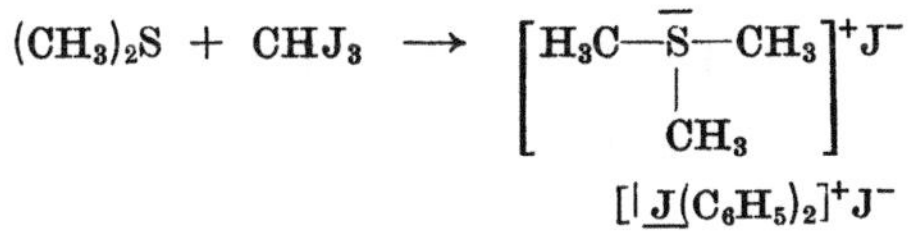

Sulfonium-Salz

Diphenyljodonium-Salz

Ein Atom mit einem freien Elektronenpaar kann wie in den oben formulierten Fällen nur mit Atomen, Ionen oder Molekülen reagieren, denen ein Elektronenpaar fehlt, d.h. die nur ein Elektronensextett haben. (Dem Wasserstoffion fehlt natürlich ebenfalls ein Elektronenpaar zur abgeschlossenen Konfiguration der K-Schale.)

Wir haben uns oben mit Beispielen beschäftigt, in denen positive Ionen (Wasserstoffion und Alkylionen) gebunden wurden. Ähnliche Reaktionen sind auch mit ungeladenen Molekülen und Atomen möglich, die ein Elektronensextett haben. Nach den Vorstellungen von *Lewis* sind diese Umsetzungen Säure-Base-Reaktionen*) (siehe Seite 78).

Das Boratom besitzt in seinen normalen Verbindungen wie dem Bortrifluorid und der Borsäure nur ein Elektronensextett. Diese Stoffe bilden deshalb Verbindungen mit Molekülen, die Atome mit einsamen Elek-

*) Über eine ähnlich allgemeine Auffassung von Säure-Base-Reaktionen durch *Ussanowitsch* siehe *Gehlen* 1954.

tronenpaaren enthalten, z. B. Sauerstoff- oder Stickstoffatome. Besonders beim Bortrifluorid sind zahlreiche stabile Verbindungen mit Alkoholen, Äthern und Carbonsäuren bekannt.

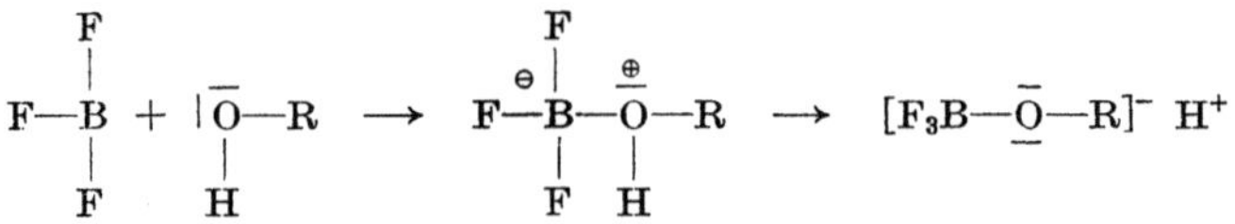

Die Verbindung von Bortrifluorid mit Alkohol ist eine viel stärkere Säure als der Alkohol selbst, weil der Sauerstoff in ihr eine formale positive Ladung annimmt. Das gleiche gilt für die Additionsverbindungen von Bortrifluorid mit Carbonsäuren. Bortrifluorid und ganz ähnlich Aluminiumchlorid sind aktive Katalysatoren in vielen Reaktionen, unter anderem bei Polymerisationen und Substitutionen. Polare Konfigurationen der Doppelbindung mit einem freien Elektronenpaar an einem der beiden Kohlenstoffe werden durch Anlagerung eines Bor- oder Aluminiumsatoms mit einer Elektronensextettkonfiguration stabilisiert (Seite 256). Die Konstitution der ziemlich stark sauren Komplexe aus Alkylboraten und Alkohol oder aus Borsäureestern und Polyalkoholen, deren Hydroxylgruppen cis-ständig sind, muß ähnlich sein (*Boeseken* 1933):

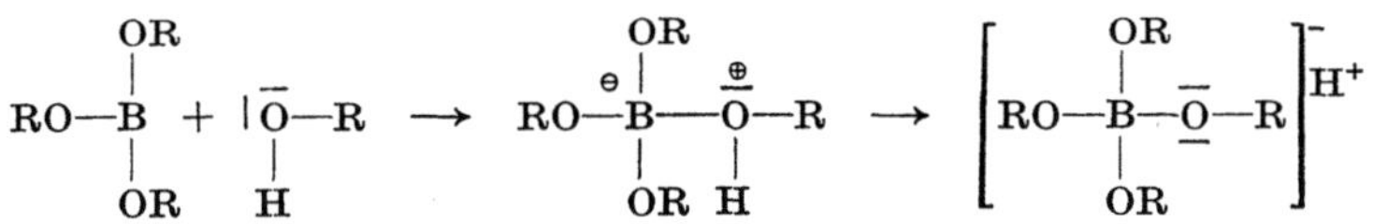

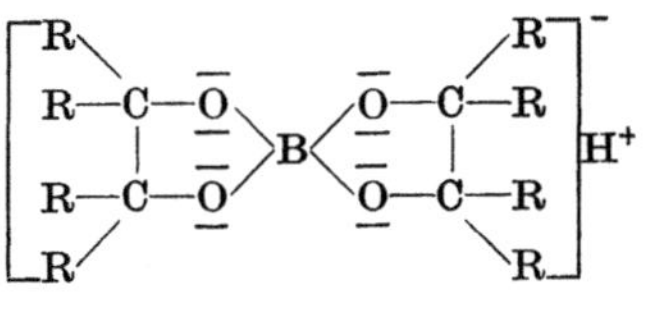

Es ist nicht die Esterbildung als solche, die zum Anstieg der Säurestärke führt, sondern die Addition des Sauerstoffatoms mit seinem freien Elektronenpaar an das Elektronensextett des Boratoms. Das wird deutlich an der sehr geringen Säurestärke der Verbindung aus *einem* Molekül Diol mit *einem* Molekül Borsäure (*Hermans* 1925):

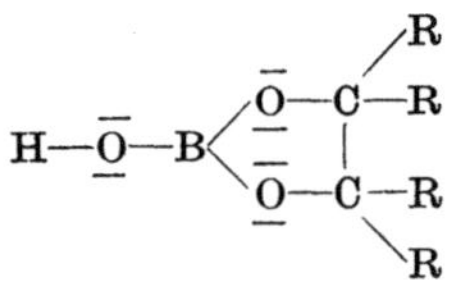

Die große Tendenz zur Auffüllung des Elektronensextetts wird sichtbar in der Bildung von Komplexen des Bortrifluorids mit Argon, obwohl keine der beiden Verbindungen ein Dipolmoment besitzt (vergleiche Seite 344). Mit Wasser entstehen sog. Hydrate; $BF_3 \cdot H_2O$ ist jedoch $H(BF_3OH)$ und $BF_3 \cdot 2H_2O$ ist tatsächlich $(OH_3)(BF_3OH)$, isomorph mit den entsprechenden Fluoboraten und Perchloraten (*Klinkenberg* und *Ketelaar* 1935; *Greenwood* u.a. 1951, 1958). Komplexe entstehen auch z.B. mit Kaliumsulfat wie

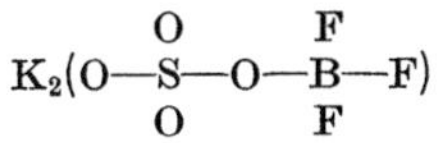

Diese Verbindung entspricht dem Pyrosulfat; das Bortrifluorid reagiert also analog dem SO_3. Diese Anlogie zwischen SO_3 und BF_3 wie auch die Bildung von Polymeren deutet auf Elektronen-acceptor-Eigenschaften des Schwefelatoms im SO_3 unter Bildung von Elektronenkonfigurationen mit zehn und zwölf Elektronen (Seite 155).

Sowohl in den ringförmigen, trimeren $(SO_3)_3$-Molekülen der flüchtigen eisähnlichen Modifikation wie auch in den Kettenpolymeren der asbestähnlichen β- und γ-Modifikationen sind die Sauerstoffatome tetraedrisch um das Schwefelatom herum angeordnet. Indessen betragen die S–O–S-Abstände in der Kette 1,60 und 1,61 Å, die Abstände zu den beiden freien Sauerstoffatomen dagegen 1,40 bzw. 1,41 Å. Diese letzten Bindungen sind deshalb den S=O-Bindungen, die ersten dagegen mehr den S–O-Einfachbindungen ähnlich (*Westrik* und *MacGillavry* 1941, 1954). Im Dampfzustand liegen Einfachmoleküle mit einer ebenen Struktur vor, in der Flüssigkeit besteht ein Gleichgewicht zwischen der monomeren und der trimeren Form (*Gerding* u.a. 1937).

Die Verbindung $SO_3 \cdot NH_3$ ist besser bekannt als Amidosulfonsäure oder Sulfaminsäure: $H_2NSO_2(OH)$. In dem sehr stabilen $BF_3 \cdot NH_3$ ($\Delta H = -42$ kcal) erfolgt keine Wasserstoffübertragung; der B–N-Abstand beträgt 1,60 Å (Summe der Radien = 1,58 Å) (*Hoard* 1951).

Auch andere Atome als das Proton mit einem unvollständigen Elektronenoktett bilden gleicherweise Bindungen mit Atomen, die freie Elektronenpaare besitzen. So entstehen ähnlich den Oxoniumverbindungen die Aminoxide, die Sulfoxide und Sulfone durch Addition eines Sauerstoffatoms an das Stickstoff- oder Schwefelatom von Aminen oder Sulfiden.

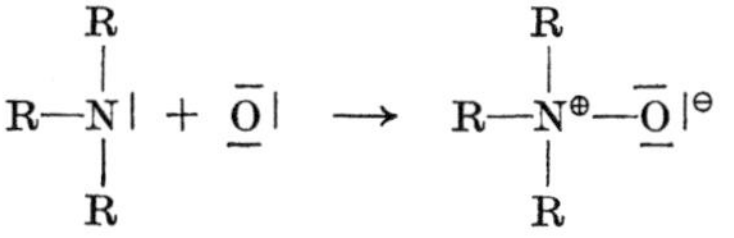

Aminoxid

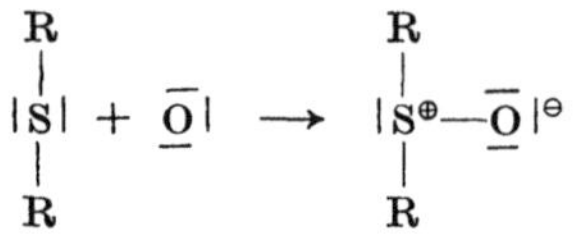

Sulfoxid

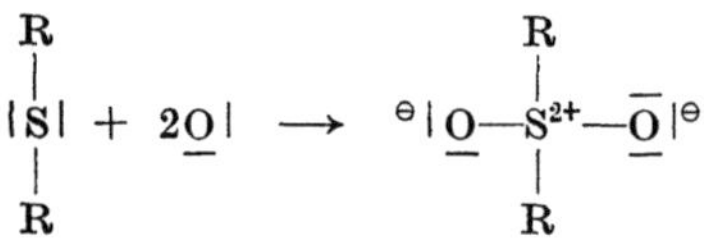

Sulfon

Das Sauerstoffatom hat in allen diesen Fällen eine formale negative Ladung, während das Stickstoff- oder Schwefelatom eine entsprechende positive Ladung besitzt. Früher wurden Doppelbindungen formuliert, später auch semipolare Bindungen. Es besteht jedoch kein wesentlicher Unterschied zur normalen Einfachbindung.
Alle diese Beispiele zeigen die starke Tendenz der Elemente der ersten Periode zur Bildung vollständiger Oktette, wie sie im Rahmen der Lewis-Langmuir-Theorie (siehe auch Seite 198) wegen der relativen Stabilität der Edelgaselektronenkonfiguration gefordert werden. Bei den Elementen der zweiten Periode besteht darüber hinaus eine Tendenz zur Bildung von fünf oder sechs Bindungen (Seite 153).

26. Komplexverbindungen*)

Im Kap. II haben wir Komplexe behandelt, in denen die elektrostatischen Kräfte der Ionenbindung überwogen. Es gibt jedoch auch zahlreiche Komplexe, in denen die Koordination durch Elektronenpaare bewirkt wird. Dieser Typ von Komplexen bildet sich gewöhnlich aus schwach elektropositiven Atomen mit großer Ionisationsenergie, die deshalb keine Ionen mit einer Edelgaskonfiguration ergeben (Übergangsmetalle) und schwach elektronegativen, leicht polarisierbaren Ionen wie denen der Halogene Cl, Br, J und der Pseudohalogene CN und CNS oder mit O_2^{2-} und S^{2-}. Nichtionische Komplexe entstehen auch mit einigen wenig polarisierbaren Ionen wie NO^+, HO^-, NO_2^-, Oxalat usw. Bei der Bildung von Elektronenpaarbindungen ist es nicht wesentlich, daß die koordinierten Gruppen alle Ionen sind, es können auch neutrale Moleküle mit freien

*) Allgemeine Literatur: *Bjerrum* 1950; *Burkin* 1951; *Quagliano* and *Schubert* 1952; *Hein* 1950; *Martell* and *Calvin* 1952; *Bailar* 1956; Rec. Trav. chim. Pays-Bas, 75 (1956) 557; *Gillespie* and *Nyholm* 1975; *Orgel* 1960; *Graddon* 1961.

Elektronenpaaren mit oder ohne Dipolmoment sein wie NH_3, H_2O, NO, CO und Äthylendiamin ($H_2N-CH_2-CH_2-NH_2$)*).
Die besondere Stabilität dieser Komplexe mit einem Zentralion ohne Edelgaskonfiguration wurde früher auf der Grundlage einer starken elektrostatischen Polarisation durch das Zentralion erklärt, dem damit ein besonders starkes Coulomb-Feld zugeschrieben wurde. Das ist jedoch nicht korrekt (siehe Seite 172). Wir vergleichen z.B. die Verbindung $SO_4[Fe(H_2O)_7]$ mit $K_4[Fe(CN)_6]$. Eisen(II)-sulfat ist paramagnetisch und besitzt das Moment, das infolge der Gegenwart von Fe^{2+}-Ionen zu erwarten ist. Kalium-hexacyanoferrat(II) ist dagegen diamagnetisch. Dieses Ergebnis beweist, daß sich die Konfiguration der Elektronenspins im Fe^{2+}-Ion mit vier ungepaarten Elektronen parallelen Spins im Hexacyanoferrat(II) grundsätzlich geändert hat. Bei der Bindung der sechs Cyanidionen, die selbst diamagnetisch sind, sind neue Elektronenpaare in einer solchen Weise gebildet worden, daß keine ungepaarten Elektronen mehr übrigbleiben.
Dieser Gegensatz ist ganz fundamental. Wir haben zwar gesehen, daß ein Übergang von der reinen Atombindung zur Ionenbindung denkbar ist (Seite 134), diese Kontinuität besteht jedoch nach den Prinzipien der Wellenmechanik nur dann, wenn das Gesamtspinmoment für beide Zustände gleich ist (siehe auch Seite 195). Ein Übergang und demzufolge Resonanz (Seite 194) zwischen der Atombindung im Hexacyanoferrat(II)-Komplex und einer Ionenbindung wäre nur für einen Zustand möglich, in dem das Fe^{2+}-Ion ein Gesamtspinmoment Null hätte. Die Energie dieses Zustandes liegt jedoch weit über der des Grundzustandes. Umgekehrt würde der Übergang von der Ionenbindung zur Atombindung mit vier parallelen Spins und sechs Bindungselektronenpaaren gleicherweise einem sehr stark angeregten Zustand entsprechen. Das magnetische Ver-

*) Es läßt sich erwarten, daß die Stabilität von Komplexen z-wertiger Kationen mit Anionen eine Funktion des Potentials z/r ist. Indessen hängt die Stabilität der Komplexe von zweiwertigen Ionen der Übergangsmetalle mit Molekülen wie NH_3, Äthylen-diamin, Salicylaldehyd als Liganden stark von der Polarisation des Moleküls ab (Seite 65). Das Ionisationspotential ($I = I_1 + I_2$ für $Me \rightarrow Me^{2+} + 2e$ bzw. I_2 für $Me^+ \rightarrow Me^{2+} + e$) ist ein Maß für die Anziehung von Elektronen durch das Kation. Die gut bekannte Reihenfolge der Stabilität $Mn^{2+} < Fe^{2+} < Co^{2+} < Ni^{2+} < Cu^{2+} < Zn^{2+}$ entspricht der von I_2 (weniger gut der von I) (*Irving* and *Williams* 1948, 1953; *Ahrens* 1952). Eine quantitative Beziehung wird gegeben durch: $\log K + p(I - q)$, worin K die Gleichgewichtskonstante der Reaktion $Me^{2+} + A \rightleftharpoons MeA^{2+}$ und p und q von der Natur des Liganden, der Temperatur und dem Lösungsmittel abhängige Konstanten sind (*van Panthaleon van Eck* 1953). Die Beziehungen können nicht als gültig betrachtet werden, wenn der Gesamtspin des Kations sich bei der Komplexbildung ändert (Seite 170).

halten von Komplexen ist deshalb in vielen Fällen ein äußerst wichtiges Charakteristikum für den Bindungszustand. Es sei nochmals darauf hingewiesen, daß auch eine durch Elektronenpaare vermittelte reine Atombindung polar sein wird, wenn die gebundenen Atome erhebliche Unterschiede in der Elektronegativität aufweisen (Seite 281).
Obwohl ein fundamentaler qualitativer Unterschied zwischen der Ionenbindung und der Atombindung besteht, ist die Bildung von Elektronenpaaren als solchen ein Symptom und nicht der Grund für die Bindung. Tatsächlich läßt sich nicht sagen, welcher Teil der Bindungsenergie einen elektrostatischen Ursprung hat und welcher Teil auf Austauschkräften beruht.
Leider stehen uns keine Daten zur Verfügung, aus denen wir den Charakter einer Bindung für Moleküle und Ionen, die infolge ihrer Symmetrie kein Dipolmoment besitzen, auch nur angenähert ableiten können. Die Intensität von Infrarotabsorptionsbanden (*Mecke* 1950; *Lippert* und *Mecke* 1951; *Bell, Thompson* und *Vago* 1948; *Hornig* und *McKean* 1955), die Quadrupol-Kopplungs-Konstanten (Seite 137) und die paramagnetische Resonanz können wichtige Aufschlüsse über partielle Dipolmomente und über das Ausmaß geben, in dem die Elektronen zwischen den Atomen verteilt sind.

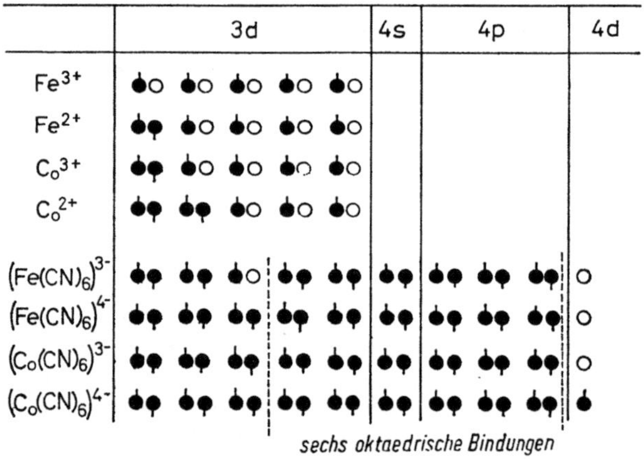

Bild 17. Elektronenkonfiguration des zwei- und dreiwertigen Eisens und Kobalts im Zustand des freien Ions und in den Cyanidkomplexen (*Pauling*). (Die Elektronen im 4d-Zustand können evtl. auch im 5s-Zustand sein.)

Wir wollen die Natur der Bindungen im $[Fe(CN)_6]^{4-}$ etwas eingehender betrachten. Die Elektronenkonfiguration des Fe^{2+} (Bild 17) enthält die

Argonkonfiguration und weitere sechs Elektronen in den fünf verfügbaren Niveaus der 3d-Unterschale, vier davon ungepaart und zwei gepaart.
Das Cyanidion $|C{\equiv}N|$ besitzt ein einziges nichtbindendes Elektronenpaar an dem formal negativ geladenen Kohlenstoffatom. Es sind also insgesamt $6 + 6 \cdot 2 = 18$ Außenelektronen bzw. neun Paare unterzubringen; zwölf Elektronen sind bindend, die verbleibenden sechs werden als nichtbindende Elektronenpaare zunächst die drei niedrigsten verfügbaren 3d-Niveaus des Eisenatoms besetzen.
Für die verbleibenden zwölf Bindungselektronen stehen die zwei anderen 3d-Niveaus, ein 4s-Niveau und drei 4p-Niveaus in der N-Schale zur Verfügung. Auf diese Weise entsteht die Konfiguration des Kryptons. Dieser Zustand ist demzufolge diamagnetisch und nach der Theorie der Hybridwellenfunktionen (Seite 148) weisen die Bindungen des Zentralions, die aus zwei d-, einer s- und drei p-Funktionen (Symbol d^2sp^3) gebildet sind, in die Ecken eines Oktaeders.
Im $K_3[Fe(CN)_6]$ ist die Situation ähnlich. Allerdings ist hier ein Elektron weniger vorhanden, so daß ein Elektron ungepaart bleibt, da das Kaliumhexacyanoferrat(III) einen entsprechenden Magnetismus besitzt. Das freie Fe^{3+}-Ion, das z.B. im K_3FeF_6 vorliegt, hat jedoch ein viel größeres magnetisches Moment entsprechend den fünf Elektronen mit ungepaarten Spins.
Es ist interessant, die Konfiguration der komplexen Cyanide des zwei- und dreiwertigen Cobalts und Eisens zu vergleichen (Bild 17).
Das freie Co^{3+}-Ion nimmt so leicht ein Elektron auf, daß es nur im CoF_3 existiert (es ist ein starkes Oxydationsmittel und macht aus Wasser Sauerstoff frei), während das Co^{2+} stabil ist. Bei den Hexacyaniden ist die Situation jedoch gerade umgekehrt. Hier ist das $K_3[Co^{3+}(CN)_6]$ mit einer Kryptonelektronenkonfiguration sehr stabil, und das $K_4[Co^{2+}(CN)_6]$ mit einem Elektron mehr stellt ein starkes Reduktionsmittel dar, das selbst Wasser zu Wasserstoff reduziert. Wenn wir konzentrierte Lösungen von KCN und einem Cobaltsalz, z.B. Co^{2+}-Acetat mischen, entwickelt sich Wasserstoff in ähnlicher Weise, wie wenn ein Alkalimetall mit Wasser in Berührung gebracht wird. Tatsächlich beruht die allgemeine Bildungsmethode der Co^{3+}-Komplexe auf der Oxydation durch den Luftsauerstoff, sobald die komplexbildenden Komponenten zusammengegeben werden.
Der Paramagnetismus von Atomen und Molekülen hat zwei Ursachen: den Spin der Elektronen und das magnetische Moment des sich auf seiner Bahn bewegenden Elektrons (*Selwood* 1956; *Goodenough* 1963). Das magnetische Moment des Elektrons wird gewöhnlich in der Einheit des Bohrschen Magnetons ($B.M. = eh/4\pi\, mc$) ausgedrückt. (Das mit dem Spin des Atomkernes verknüpfte magnetische Moment

ist sehr klein, da das Bohrsche Magneton hier um den Faktor m_e/m_H kleiner ist.)

Das aus dem Spin resultierende magnetische Moment für n ungepaarte Elektronen mit der Spinquantenzahl s ($|s| = {}^1/_2$) und der Gesamtspin-Quantenzahl $S = n \cdot s = {}^1/_2\, n$ wird gegeben durch

$$\mu = 2\sqrt{S(S+1)} = \sqrt{n(n+2)}\ B.M.$$

Der Beitrag der Bahnbewegung eines Elektrons hängt von der Bahnmomentquantenzahl l ab:

$$\mu = \sqrt{l(l+1)}\ B.M.$$

Die Bahnbewegung eines s-Elektrons steuert also nicht mit bei. Bei mehr Elektronen tritt die Gesamtbahnquantenzahl L auf, die aus der Vektoraddition der individuellen l-Werte resultiert.

Das magnetische Moment hängt allgemein jedoch vom Gesamtdrehimpulsmoment des Elektronensystems ab, das durch Kombination von S und L zu J erhalten wird. Das magnetische Moment wird damit

$$\mu = g\sqrt{J(J+1)}\ B.M.$$

Ein Ion wie Ce^{3+} mit einem Elektron außerhalb der abgeschlossenen Schalen mit $S = {}^1/_2$, $L = 3$ (f-Elektron) besitzt ein Gesamtdrehimpulsmoment $J = 5/2$ in dem durch das Symbol $^2F_{5/2}$ repräsentierten niedrigsten Zustand. Das magnetische Moment ist $g \cdot \sqrt{5/2 \cdot 7/2}$ mit $g = 6/7$ und demnach $\mu = 2{,}54\ B.M.$ (experimenteller Wert 2,37–2,77). Der Faktor g, der Landé-Faktor, ist eine Funktion der Werte von J, L und S und besitzt einen Wert in der Größenordnung von 1.

Bei den paramagnetischen Ionen der Übergangsmetalle liegen die Dinge etwas anders, weil wir es nicht mit dem Verhalten von freien gasförmigen Ionen zu tun haben, sondern mit hydratisierten Ionen oder Ionen, die mit anderen im Kristallgitter befindlichen Ionen in Wechselwirkung stehen. Die elektrischen Felder der Umgebung stören die Elektronenbahnen in solch einer Weise, daß der Bahnmagnetismus fast völlig verschwindet. Es bleibt also praktisch nur der Spinmagnetismus übrig, da der Spin durch ein elektrisches Feld kaum beeinflußt wird, sondern nur auf ein Magnetfeld anspricht. Der g-Faktor für den Spinmagnetismus beträgt stets 2, und das magnetische Moment ist für alle diese Ionen direkt mit der Gesamtzahl ungepaarter Spins verknüpft, ensprechend der oben angegebenen Formel $\mu = \sqrt{n(n+2)}$.

Auf diese Weise erhalten wir die folgenden Werte:

Magnetische Momente (in Lösung)

Ion	3d-Elektronen	Ungepaart	Moment	
			berechnet	beobachtet
K^+, Ca^{2+}, Sc^{3+}, Ti^{4+}	0	0	0,00	0,00
Ti^{3+}, V^{4+}	1	1	1,73	1,7
V^{3+}	2	2	2,83	2,4
V^{2+}, Cr^{3+}	3	3	3,88	3,8–3,9
Cr^{2+}, Mn^{3+}	4	4	4,90	4,8–4,9
Mn^{2+}, Fe^{3+}	5	5	5,92	5,9
Fe^{2+}, Co^{3+}	6	4	4,90	5,3
Co^{2+}	7	3	3,88	5,0–5,2
Ni^{2+}	8	2	2,83	3,2
Cu^{2+}	9	1	1,73	1,9–2,0
Cu^+, Zn^{2+}, Ga^{3+}	10	0	0,00	0,00

Die Bestätigung der Struktur für die Cyanidkomplexe wird in den folgenden magnetischen Momenten gefunden:

$[Fe^{2+}(H_2O)_6]\ (NH_4)_2(SO_4)_2$	μ beobachtet 5,3	berechnet 4,90
$K_4Fe^{2+}(CN)_6$; $K_3Co^{3+}(CN)_6$	0	0
$(NH_4)_3Fe^{3+}F_6$	5,9	5,92
$K_3Fe^{3+}(CN)_6$	2,33	1,73
$K_3Co^{3+}F_6$	5,3	4,90
$[Co^{2+}(H_2O)_6]\ (NH_4)_2(SO_4)_2$	5,1	3,88
$[Co^{3+}(NH_3)_6]\ Cl_3$	0	0

Das Eisen im Oxyhämoglobin zeigt die gleiche oktaedrische Anordnung d^2sp^3 wie die Cyanide, mit sechs Bindungen zu den vier Stickstoffatomen des Porphyrins, einem Stickstoffatom des Globins und dem Sauerstoffmolekül (oder anderen Gruppen wie CO). Die Fe(II)-Verbindung ist ebenfalls diamagnetisch, während die Fe(III)-Verbindung ein magnetisches Moment $\mu = 2{,}5$ (berechnet 1,73) besitzt, ähnlich dem $K_3Fe(CN)_6$.
Die obigen Beispiele bezogen sich auf Komplexe mit einer Koordinationszahl 6. Die Komplexe mit der Koordinationszahl 4 sind ebenfalls interessant. In diesem Falle können ebene oder tetraedrische Anordnungen vorliegen; die ebenen mit den dsp^2-Bindungen in Richtung auf die Ecken eines Quadrates, die tetraedrischen mit sp^3-Bindungen in Richtung auf die Ecken eines Tetraeders.
Das Ni^{2+}-Ion hat acht 3d-Elektronen. Im Komplex $[Ni(CN)_4]^{2-}$ sind deshalb $8 + 4 \cdot 2 = 16$ Elektronen zu betrachten. Für die nicht bindenden Elektronenpaare stehen vier 3d-Niveaus zur Verfügung, für die vier Bindungselektronenpaare ein 3d-, ein 4s- und zwei 4p-Niveaus. Es entsteht so ein ebener diamagnetischer Komplex, wie auch durch Röntgen-

strukuranalyse bewiesen wird. Das bekannte Nickel-dimethylglyoxim gehört ebenfalls zu dieser gleichen Gruppe, ebenso auch $K_2Pd(CN)_4$ und K_2PdCl_4.

Die Komplexe $[Ni(H_2O)_4]^{2+}$, $[Ni(NH_3)_4]^{2+}$ usw. sind jedoch paramagnetisch mit $\mu = 2{,}6$–$3{,}2$. Die Bindung ist hier offensichtlich anders. Das Moment weist auf die Gegenwart von Ion-Dipol-Bindung hin bei gleicher Elektronenstruktur wie im Ni^{2+}-Ion bzw. auf die Bildung von vier Bindungen mit Hilfe der 4s- und der drei 4p-Niveaus mit den acht nicht bindenden Elektronen in den fünf 3d-Niveaus. In beiden Fällen ist eine tetraedrische Anordnung mit zwei ungepaarten Elektronen zu erwarten.

Selbst in magnetischen Ionen läßt sich ein Unterschied in der Natur der Bindungen nicht immer auffinden. So besitzt ein Cr^{3+}-Ion mit sechs Nachbarn drei ungepaarte 3d-Elektronen entweder in Ionenbindungen oder in d^2sp^3-Atombindungen. Resonanz ist jedoch nicht ausgeschlossen.

Bei der Bildung von Elektronenpaarbindungen ist es nicht wesentlich, ob die koordinierten Gruppen sämtlich Ionen oder neutrale Moleküle sind. So ist $[Fe^{2+}(CN)_5NH_3]^{3-}$ diamagnetisch und dem Kalium-hexacyanoferrat(II) analog.

Die Bindungen zwischen Wassermolekülen und Eisen oder zweiwertigem Cobalt sind jedoch ionisch, da der Sauerstoff eine hohe Elektronegativität besitzt. Dreiwertiges Cobalt bildet Elektronenpaarbindungen mit allen erwähnten Ionen und Gruppen, wie sich am Diamagnetismus zeigt, analog wie beim $K_3[Co(CN)_6]$. Mit Fluor entsteht durch Ionenbindung jedoch ein stark paramagnetischer Komplex, K_3CoF_6 (4 Spins).

Das negativ geladene Cyanidion $[|C{\equiv}N|]^-$ kann durch das iso-elektronische Nitrosylion $[|N{\equiv}O|]^+$ ersetzt werden, wobei die Bindungsverhältnisse unverändert bleiben. So ist $Na_2[Fe(CN)_5(NO)]$ (Natrium-nitroprussid) diamagnetisch, analog dem $K_4[Fe(CN)_6]$.

Unabhängig davon kommt das Nitrosylion auch z.B. im $NO(ClO_4)$, $NOPF_6$, $(NO)AlCl_4$ und $(NO)_2SnCl_6$ vor, wobei sich die letzte Verbindung als mit anderen komplexen Zinn(IV)-chloriden isomorph erweist, so daß die Formel $2NOCl \cdot SnCl_4$ den Aufbau aus den Ionen NO^+ und $SnCl_6^{2-}$ nicht korrekt wiedergibt. Dies gilt auch für Verbindungen wie $NOSbF_6$ und $NOSbCl_6$, deren erste selbst bei sehr hohen Temperaturen nicht zersetzlich ist. Auch die Bleikammerkristalle $NO[HSO_4]$ stellen ein Nitrosylsalz dar.

Das CO-Molekül ist ebenfalls iso-elektronisch mit $|C{\equiv}N|^-$ mit den anteiligen Grenzstrukturen $|C{\equiv}O|$ und $|C{=}\underline{\overline{O}}$ (Seite 223). Das $K_3[Fe^{2+}(CN)_5CO]$ ist also isomorph mit $Ke_3[Fe^{3+}(CN)_6]$.

Gemischte Komplexe kommen sehr verbreitet vor, z.B. die vom Hexammin-cobalt(III)-chlorid $[Co(NH_3)_6]Cl_3$ ausgehende Reihe, in dem zunehmend Ammoniakmoleküle durch Nitritionen ersetzt sind bis zum

$K_3[Co(NO_2)_6]$, dem Kalium-hexanitrito-cobaltiat. Das mittlere Glied $[Co(NH_3)_3(NO_2)_3]$ stellt einen Nichtelektrolyten dar, da der Komplex hier ungeladen ist.
Vom hydratisierten Chrom(III)-chlorid sind Isomere bekannt, unter anderem: $[Cr(H_2O)_6Cl_3]$ (violett) und $[Cr(H_2O)_4Cl_2]Cl \cdot 2H_2O$ (dunkelgrün). Bei der ersten Verbindung lassen sich drei Chlorionen mit Silbernitrat fällen, bei der zweiten nur eines.
Bei Komplexen geeigneter Zusammensetzung kommt auch cis-trans-Isomerie vor, z.B. beim $[Co(NH_3)_4Cl_2]^-$ mit den beiden Chlorionen an einer Kante (cis-) oder an entgegengesetzten Ecken eines Oktaeders (trans-), die auch durch die Farbe unterscheidbar sind und durch die Vorsilben praseo- (grün) oder violeo- bezeichnet werden. Optische Isomeren wurden bereits 1911 durch *Werner* entdeckt. Es werden hier zwei Spiegelbildisomeren erhalten mit einer, zwei oder drei Gruppen, die zwei Koordinationszentren besetzen wie Äthylendiamin und Oxalatgruppen, und andererseits mit unterschiedlichen einwertigen Gruppen wie NH_3, Cl^- oder NO_2^- an den anderen Positionen.

Kristallfeldtheorie

Einen anderen Weg für die Behandlung der Komplexbildung von Übergangsmetallen stellt die Kristallfeldtheorie oder besser Ligandenfeldtheorie dar (*Hartmann* u.a. 1951, 1955; *Orgel* 1952, 1955, 1960; *Bjerrum* u.a. 1954, 1956; insbesondere *Orgel* 1952, 1955; *Orgel* und *Sutton* 1954; *Griffith* und *Orgel* 1957. Vgl. auch die Übersicht *H. Hartmann* und *H. L. Schläfer*, Angew. Chemie *70*, 155 (1958); *Orgel* 1960; *Graddon* 1961; *Sutton, Buchs* 1961; *Liehr* 1962).
Das Übergangsmetallion ist in einem oktaedrischen Komplex einem elektrischen Feld von kubischer Symmetrie unterworfen. Die fünf entarteten d-Niveaus gleicher Symmetrie im freien Ion spalten unter dem Einfluß des Ligandenfeldes in zwei Niveaus auf, einen niedrigeren Triplett- (t_{2g}) und einen höheren Dublettzustand (e_g). Die Orbitals des Tripletts entsprechen einer hohen Elektronendichte zwischen den Linien, die man sich als Verbindungen zwischen dem Zentralion und den Liganden denken kann, das Dublett einer hohen Dichte entlang dieser Linien, so daß durch die negativen Ladungen bzw. die negativen Pole des Dipols der Liganden eine Abstoßung entsteht.
Bei Anwesenheit von einem, zwei oder drei d-Elektronen finden diese ihren Platz in den Triplettniveaus mit parallelen Spins. Bei vier bis sieben d-Elektronen sind zwei Fälle zu betrachten. Bei einer geringen Aufspaltung im Falle schwacher Felder füllen die Elektronen sowohl die Triplett- wie auch die Dublettniveaus mit parallelen Spins so weit wie möglich (Komplexe mit hohem Spin), während bei einem starken Feld zunächst die Triplettzustände gefüllt werden, und nur im Falle von sieben d-Elektronen besetzt ein Elektron einen der Dublettzustände (Komplexe mit niedrigem Spin). Für acht und neun d-Elektronen besteht kein Unterschied in der Spinanordnung.
Die Energiedifferenz Δ zwischen Dublett- und Triplettniveaus beträgt z.B. für hydratisierte zweiwertige Ionen 7500–12500 cm^{-1}, für hydratisierte dreiwertige

Ionen 13500–21000 cm^{-1}. Die Farbe der Komplexionen (Seite 87) beruht allgemein auf Übergängen von Triplett- zu Dublettzuständen. Die Anordnung von vier, sechs, fünf und sieben Elektronen in den Komplexen mit niedrigem Spin führt zu dem bedeutenden Energiegewinn von Δ, 2Δ, 2Δ bzw. Δ, verglichen mit der Anordnung mit hohem Spin im freien Ion.

Zahl der d-Elektronen	Schwaches Feld Hoher Spin					Starkes Feld Niedriger Spin				
	t_{2g}			e_g		t_{2g}			e_g	
1	↑			—		↑			—	
2	↑	↑		—		↑	↑		—	
3	↑	↑	↑	—		↑	↑	↑	—	
4	↑	↑	↑	↑		↑↓	↑	↑	—	
5	↑	↑	↑	↑	↑	↑↓	↑↓	↑	—	
6	↑↓	↑	↑	↑	↑	↑↓	↑↓	↑↓	—	
7	↑↓	↑↓	↑	↑	↑	↑↓	↑↓	↑↓	↑	
8	↑↓	↑↓	↑↓	↑	↑	↑↓	↑↓	↑↓	↑	↑
9	↑↓	↑↓	↑↓	↑↓	↑	↑↓	↑↓	↑↓	↑↓	↑↓

Die aus dem ansteigenden Wert von Δ abzuleitende Reihenfolge ansteigender Stärke des Ligandenfeldes, ist J^- Br^-, Cl^-, F^-, H_2O, Oxalat, Pyridin, NH_3, NO_2, CN^-.

Beispiele für Komplexe mit starkem Feld bzw. niedrigem Spin sind $[Fe(CN)_6]^{4+}$ und $[Fe(CN)_6]^{3+}$ mit sechs bzw. fünf Elektronen in den Triplettniveaus, übereinstimmend mit dem beobachteten magnetischen Moment (Seite 169). Beim $[Co(NH_3)_6]^{3+}$, $[Co(NH_3)_6]^{2+}$ und $[Ni(NH_3)_6]^{2+}$ sind 0, 1 bzw. 2 Elektronen in den Dublettniveaus.

Beispiele für Fälle mit schwachem Feld sind die hydratisierten Mn^{2+}- und Fe^{3+}-Ionen, die Komplexe mit hohem Spin (fünf d-Elektronen mit parallelen Spins) darstellen.

Die Unterscheidung der Ligandenfeldtheorie zwischen Komplexen mit hohem Spin und solchen mit niedrigem Spin entspricht der Unterscheidung von ionischen und kovalenten Komplexen durch *Pauling*, die oben diskutiert wurde. Beide beruhen auf dem gleichen Kriterium des magnetischen Verhaltens.

Nach der Ligandenfeld- und der Valenzbindungstheorie kann das Dublett (e_g) für die Bildung von d^2sp^3-Bindungen benützt werden. Die Valenzbindungstheorie postuliert jedoch, daß Elektronen ohne wesentliche Änderung in der Natur der Bindungen in die (antibindenden) Dublettorbitals gehen können. Für typisch kovalente Komplexe des Co^{2+}, z.B. $[Co(CN)_6]^{4-}$ nimmt die Valenzbindungstheorie die Hebung eines Elektrons auf ein 5s-Niveau an (das eine niedrigere Energie besitzt als der in Bild 17, Seite 166 wiedergegebene 4d-Zustand. Nach der Ligandenfeldtheorie sind Ionenbindungen mit einem Elektron in den Dublettniveaus ebenfalls möglich. Nach der Valenzbindungstheorie existiert ein scharfer Wechsel von der Atom- zur Ionenbindung. Die Ligandenfeldtheorie postuliert einen graduellen Übergang mit steigender Bedeutung der Atombindungen bei abnehmender Anzahl von Elektronen in den Dublettzuständen.

Das Ligandenfeld ist tatsächlich im wesentlichen ein elektrisches Feld, wie jede Wechselwirkung von Elektronen elektrostatischer Natur ist (Seite 125). Dieses Feld beruht jedoch nur zu einem sehr kleinen Ausmaß auf den klassischen Kräften, die bei der Ionenbildung, also zwischen geladenen Zentralionen und den Ladungen bzw. Dipolen von Liganden wirken. Das wird deutlich an der oben gegebenen Reihenfolge für die Zunahme des Ligandenfeldes.

Die Coulomb-Anziehung zwischen einem Kation und einem Fluorion mit einer negativen Einheitsladung wird sicher sehr viel stärker sein als die Anziehung zwischen dem Kation und NH_3, das nur ein kleines Dipolmoment besitzt und eine effektive negative Ladung am negativen Ende des Dipols, die nur einen kleinen Bruchteil einer Elektronenladung darstellt.

Offensichtlich ist die elektrostatische Polarisation im klassischen Sinne ebenfalls nur von geringem Einfluß, da CN^- nicht viel leichter polarisierbar ist als J^-. Die ansteigende Stärke des Ligandenfeldes spiegelt tatsächlich den stärker werdenden Übergang von Elektronenladung in Richtung vom Liganden zum Zentralion unter Bildung von Atombindungen wider, die derjenigen bei der Bildung von Ionenbindungen ohne Austausch von Elektronen entgegengesetzt ist. Der Fall des starken Feldes entspricht also allgemein der Atombindung, und die Ligandenfeldtheorie und die Valenzbindungstheorie unterscheiden sich hier nicht wesentlich. Die Ligandenfeldtheorie ist jedoch sehr wertvoll, wenn es darum geht, Einzelheiten von Spektren, Hydratationsenergien usw. zu erklären.

Die oben erwähnten Komplexe des Nickels und Palladiums mit der Koordinationszahl vier sind interessant, weil hier eine ebene Konfiguration vorliegt, die auf der Basis der elektrostatischen Theorie der Ionenbindung nicht erklärbar ist, die vielmehr ein Tetraeder voraussagt. Der Diamagnetismus dieser Komplexe weist außerdem auf Elektronenpaarbindungen hin. Das Vorkommen von cis- und trans-Isomeren steht in Übereinstimmung mit einer ebenen Struktur, ist dagegen mit einer tetraedrischen Anordnung unvereinbar.

In den meisten Komplexen von nichtmagnetischen Ionen, d. h. der meisten Ionen außer der Eisengruppe, läßt sich aus dem magnetischen Verhalten nicht auf Unterschiede zwischen den beiden Bindungstypen schließen.

In vielen Fällen läßt sich der Komplex oder das Molekül gleichermaßen auf der Basis eines Ionenmodells wie auf der eines Modells mit Atombindungen beschreiben. Auf der einen Seite ist die Atombindung für die extrem stabilen Komplexe mit schwach elektronegativen großen Gruppen wie Cyanid, NO, CO, Ammoniak usw. gesichert. Andererseits sind Komplexionen wie AlF_6^{3-} und SiF_6^{2-} sicher vorherrschend aus Ionen aufgebaut, da eine reine Atombindung unter Verletzung der Oktettregel durch die Benützung von 3d-Niveaus energetisch weniger wahrscheinlich ist. Die anderen Komplexe des Fluors gehören allgemein zur gleichen Kategorie. Die Atombestände im SiF_4 weisen z. B. auf teilweise Ionenbindung hin. Das ist viel wahrscheinlicher als die Annahme eines partiellen Doppelbindungscharakters, um die beobachtete Verkürzung der Si–F-Abstände zu erklären (Summe der Atomradien: *Pauling* 1,81 Å;

Stevenson und *Schomaker* 1,69 Å; beobachtet: 1,54 Å). Die Summe der Ionenradien beträgt dagegen 1,52 Å (berechnet aus den Werten von *Zachariasen* für einwertige Ionen, Seite 34, mit Korrekturen für Ladung und Koordinationszahl).

Es ist beim gegenwärtigen Stande nicht möglich, bezüglich des vorherrschenden Bindungstyps in den zahlreichen Sauerstoffkomplexen eine Entscheidung zu treffen; wahrscheinlich sind beide Typen beteiligt. Vom didaktischen Standpunkt aus dürfte die Auffassung einer ionogenen Struktur häufig den Vorteil der einfacheren Formulierungen bieten, im Gegensatz zum Typ mit Atombindung mit dessen zahlreichen Resonanz-(Mesomerie-)Möglichkeiten. Bei der Diskussion der Konstitution organischer Moleküle läßt sich andererseits ohne Diskussion der Resonanz kein richtiges Verständnis erhalten. Weiterhin erscheint in den Fällen, wo Ionen mit einer von der Edelgaskonfiguration abweichenden Elektronenkonfiguration angenommen werden müssen, die Atombindung häufig akzeptabler. Die Regel von *Zachariasen*, nach der Komplexe von Zentralionen ohne Edelgaselektronenkonfiguration eine asymmetrische Struktur besitzen, folgt direkt aus der Gegenwart eines nicht bindenden Elektronenpaares am Zentralatom (vgl. Seite 155). So stellt z.B. das Sulfition (und ebenso $[ClO_3]^-$, $[JO_3]^-$ usw.)

$[SO_3]^{2-}$ 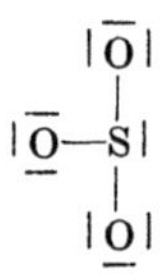

eine Pyramide dar. Bei einem Aufbau aus Ionen wäre dagegen eine ebene Struktur wahrscheinlich, da die Polarisierbarkeit das Zentralions klein ist. Andererseits sind nach beiden Auffassungen der Bindung bei einer Anordnung von drei Atomen um das Zentralatom herum ebene Strukturen zu erwarten und bei einer solchen von vier Liganden tetraedrische Strukturen, falls 3 · 8 bzw. 4 · 8 Elektronen außerhalb der abgeschlossenen Schale verfügbar sind, so daß am Zentralatom kein nichtbindendes Elektronenpaar vorkommt. In diesen Fällen besteht stets die Möglichkeit der Formulierung mit Edelgaselektronenkonfigurationen. NO_3^-, CO_3^{2-} und SO_3 sind also tatsächlich eben gebaut (siehe Seite 151 und 155).

Bisher haben wir Komplexe besprochen, die als Ganzes ein Ion darstellen und die demzufolge auch Komplexsalze genannt werden. Der Komplex selbst mag dabei ganz oder teilweise aus Ionen oder neutralen Molekülen aufgebaut und die Bindungen ionisch (Abschn. 8–11) oder Atombindungen (Abschn. 26 und 25) sein.

In den Atom- oder Elementkomplexen und auch in den im Kap. V zu besprechenden Molekülkomplexen liegen neutrale Verbindungen vor.

Die am besten bekannten Atomkomplexe sind die Carbonylverbindungen (*Cable* und *Sheline* 1956; *Anderson* 1947) und die damit verwandten Nitrosylverbindungen, die speziell von den Metallen der Eisengruppe gebildet werden.

Nickelcarbonyl $Ni(CO)_4$ ist im Gegensatz zum Nickelatom (und -ion) diamagnetisch. Außerhalb der Argonkonfiguration finden sich hier acht 3d- und zwei 4s-Elektronen. Zusammen mit den acht bindenden Elektronen des CO ergeben sich 18 Elektronen, die fünf 3d- einen 4s- und drei 4p-Orbitals füllen, d.h. die Kryptonkonfiguration erreichen. Im $Fe(CO)_5$ und $Cr(CO)_6$ besitzt das Metall zwei bzw. vier Elektronen weniger, insgesamt ergibt sich jedoch die gleiche Kryptonkonfiguration. Die dazwischen stehenden Elemente Cobalt und Mangan können solche einfachen Carbonylverbindungen nicht bilden.

Pauling schließt aus den kleinen Metall-Kohlenstoff-Abständen, daß neben den Konfigurationen mit Einfachbindung $>Ni-C\equiv O|$ auch solche wie $>Ni=C=\overline{O}$ eine Rolle spielen. Die Wahrscheinlichkeit hierfür ist nicht sehr groß, da andererseits die C–O-Abstände auf das Strukturelement $-C\equiv O$ hinweisen.

Die Carbonyle des Chroms und Eisens entsprechen genau den gleichartig gebauten Verbindungen der homologen Elemente Mo, W und Ru, Os. Vom Pd und Pt, den Homologen des Nickels, sind jedoch keine Carbonylverbindungen bekannt.

Alle Carbonylverbindungen sind relativ leicht flüchtige Verbindungen: $Ni(CO)_4$ Kp.: 43 °C, $Fe(CO)_5$ Kp.: 103 °C.

Es gibt jedoch auch zahlreiche Vielkern-Carbonyl-Verbindungen. Da $Co(CO)_4$ ein Elektron weniger besitzen würde als die oben erwähnte Kryptonkonfiguration, existiert dieses Molekül selbst nicht, sondern nur die dimere Form $Co_2(CO)_8$, ebenso wie zwei Bromatome das Brommolekül mit seiner Kryptonkonfiguration bilden (beim Iridium und Rhodium existieren analoge Fälle).

Beim Mangan ist die Verbindung $Mn_2(CO)_{10}$ bekannt und ähnlich $Re_2(CO)_{10}$. Die Existenz des Mangancarbonyls läßt sich beim Vergleich mit $Fe(CO)_5$ ebenso verstehen, wie oben für das Cobaltcarbonyl diskutiert wurde.

Vom Eisen (und vom Ruthenium und Osmium) sind jedoch außerdem $Fe_2(CO)_9$ und $Fe_3(CO)_{12}$ bekannt. Die Untersuchung der Kristallstruktur ergibt das nachstehende Bild mit dreizähliger Symmetrie um die Fe–Fe-Achse. Eine Fe–Fe-Bindung liegt vor, da der Diamagnetismus darauf hindeutet, daß die Spins der Elektronen im Eisen kompensiert, diese also gepaart sind.

Zwei nichtbindende Elektronenpaare liegen im 3d-Zustand vor zusammen mit sieben Bindungselektronen mit d^3sp^3-Hybridisierung.

Die allgemeine Elektronenkonfiguration der Carbonylwasserstoffverbindungen wie $H_2Fe(CO)_4$ muß der des $Fe(CO)_5$ ähnlich sein; tatsächlich steuern zwei Wasserstoffatome genauso zwei Elektronen bei wie ein CO-Molekül. Daraus folgt, daß auch $HCo(CO)_4$ existiert, das dem Brom-

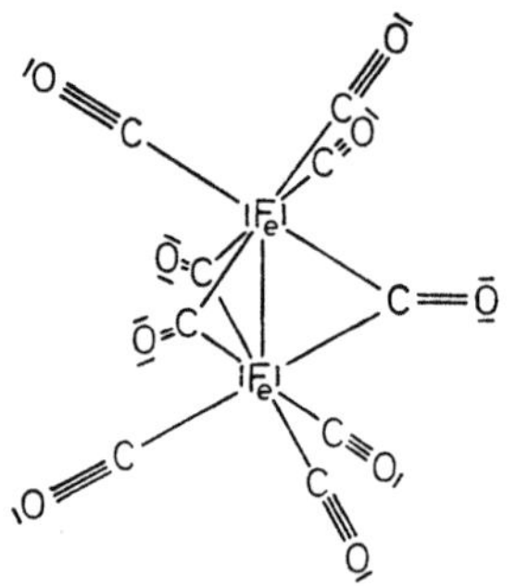

wasserstoff formal entspricht. Die räumliche Konfiguration dieser Verbindungen ist die gleiche wie im $Ni(CO)_4$: Die vier CO-Moleküle sind tetraedrisch um die Metall-Wasserstoff-Gruppierung bzw. das Nickelatom herum angeordnet (sp^3-Bindungen) (*Hieber* 1960).
Es ist wahrscheinlich nicht richtig, eine direkte Bindung des Wasserstoffatoms an das Metallatom anzunehmen anstatt an die CO-Gruppe, also Me–C≡O–H. Dies ist eine ungewöhnliche Bindung mit zwei formalen positiven Ladungen am Sauerstoffatom. Der Wasserstoff ist jedoch leicht durch Metalle ersetzbar, und aus den entstandenen Verbindungen kann das Carbonylhydrid durch Säuren regeneriert werden.
Wenn NO ein einsames Elektron an das Zentralatom abgibt, entsteht das NO^+-Ion, welches das iso-elektronische CO vertreten kann. Man vergleiche die iso-elektronischen Verbindungen $Ni(CO)_4$, $Co(CO)_3NO$ und $Fe(CO)_2(NO)_2$, die alle die gleiche räumliche Struktur besitzen. Sie entsprechen deshalb den oben erwähnten Carbonylhydriden.
Eine interessante Verbindungsklasse stellen die stabilen Komplexe der Übergangsmetalle mit dem Cyclopentadienylanion $C_5H_5^-$ (*Wilkinson* u.a. 1954; *Pauson* 1955b; *Cotton* 1955) und mit dem Benzolmolekül (*Fischer* und *Hafner* 1955, 1956) dar, die kürzlich entdeckt wurden. Der zuerst gefundene Vertreter war das Ferrocen, $Fe(C_5H_5)_2$, eine orangefarbene, äußerst stabile Verbindung. Verwandte Verbindungen sind z.B.:

$Co(C_5H_5)_2$, $Ni(C_5H_5)_2$, $Ru(C_5H_5)_2$, $Mn(C_5H_5)_2$, $Cr(C_5H_5)_2$,
$V(C_5H_5)_2$, $[Ni(C_5H_5)_2]^+$, $[Fe(C_5H_5)_2]^+$, $[Ti(C_5H_5)_2]^{2+}$, $[Ta(C_5H_5)_2]^{3+}$,
$Y(C_5H_5)_3$, usw,

Beim Benzol sind $Cr(C_6H_6)_2$, $[Cr(C_6H_6)_2]^+$ und $Mo(C_6H_6)_2$ bekannt.

In allen diesen Komplexen sind sowohl das Cyclopentadienylanion als auch das Benzolmolekül in ihren chemischen Reaktionen vollständig aromatisch. Die Untersuchung der Kristallstruktur hat gezeicgt, daß alle eine „Sandwich-Struktur" besitzen*) mit dem Metallatom zwischen den beiden parallelen Ringen im gleichen Abstand von allen Kohlenstoffatomen.
In den Cyclopentadienylverbindungen stehen die beiden gleichseitigen Fünfecke auf Lücke mit der Symmetrie D_{5d}, sie besitzen ein Symmetriezentrum an der Stelle des Metallatoms. Der C–C-Abstand von 1,40 Å ist nur wenig größer als im Benzol (1,38 Å) (*Dunitz*, *Orgel* und *Rich* 1956). Die aus dem Infrarotabsorptionsspektrum abgeleiteten Kraftkonstanten der C–H- und C–C-Streckschwingungen (*Lippincott* und *Nelson* 1958) zeigen ebenfalls, daß die Konstitution des Cyclopentadienylanions der des Benzols nahezu gleich ist (Seite 216).

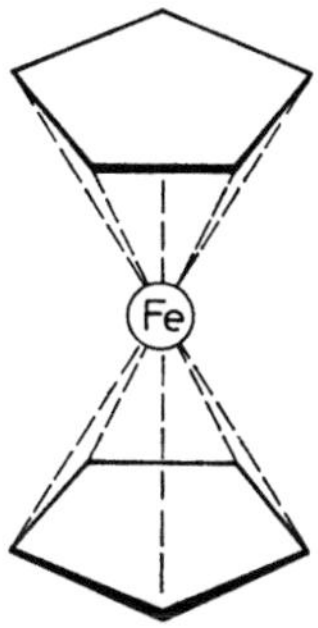

Zur Erklärung der Bindung in diesen Verbindungen sind verschiedene Theorien aufgestellt worden, die sich zumeist auf der gleichen Linie bewegen wie bei der Erklärung der Bindung in den Cyanid- und Carbonylkomplexen. Die einfachste Beschreibung besteht in der Auffassung, daß in dem diamagnetischen $Fe(C_5H_5)_2$ das Eisenatom wiederum eine Kryptonkonfiguration mit zehn π-Elektronen besitzt, ebenso wie im $Fe(CN)_6^{4-}$ und im $Fe(CO)_5$ (*Fischer* und *Fritz* 1961).
Die gleiche Konfiguration ist für das $Cr(C_6H_6)_2$ möglich mit zwölf an das Chromatom gelieferten Elektronen (*Fischer* und *Pfab* 1952; *Ruch* und *Fischer* 1952; *Ruch* 1956).
Auch solche Verbindungen wie $(C_5H_5)ReH$, $(C_5H_5)_2WH_2$ und $(C_5H_5)_2MoH_2$ haben eine Radon- bzw. Xenonkonfiguration; die Wasserstoffatome befinden sich wohl innerhalb der Elektronenwolke im Kegel (*Wilkinson* und *Birmingham* 1955; *Green*, *Pratt* und *Wilkinson* 1958; *Fritz* et al. 1960).

*) Ausnahmen sind die Tricyclopentadienylverbindungen der Metalle der dritten Gruppe und der Seltenen Erden. Diese besitzen ionischen Charakter und hydrolysieren leicht, im Gegensatz zu den meisten anderen Dicyclopentadienylkomplexen.

Im entsprechenden Cobaltocen und Nickelocen sind es ein bzw. zwei Elektronen mehr, im $Mn(C_5H_5)_2$ und $[Fe(C_5H_5)_2]^+$ dagegen ein Elektron weniger und im $Cr(C_5H_5)_2$ zwei Elektronen weniger als in der Kryptonkonfiguration. Tatsächlich sind alle diese Verbindungen paramagnetisch mit einem Moment, das in der vorstehenden Reihenfolge einem, zwei, einem bzw. zwei ungepaarten Elektronen entspricht. Man hat anzunehmen, daß die beiden Extraelektronen im $Ni(C_5H_5)_2$ in zwei verschiedenen 4d-Niveaus Platz finden, obwohl das 5s-Niveau eine niedrigere Energie besitzt. Dort müßten sie jedoch gepaart sein. Es ist außerdem nicht leicht zu verstehen, warum die Bindung innerhalb des Cyclopentadienylions und im Benzolmolekül bei der Komplexbildung kaum verändert wird.
Auf der Molecular-Orbital-Betrachtung von zwei $d\pi - p\pi$-Einfachbindungen basierende genaue Beschreibungen sind gegeben worden (z.B. *Dunitz* und *Orgel* 1953; *Cotton* und *Wilkinson* 1954; *Craig* u.a. 1954 und insbesondere *Moffitt* 1954).
Die Existenz der Benzolkomplexe stellt jedoch ein die Auffassungen von *Fischer* und *Ruch* stützendes Argument dar, ebenso die Existenz von Carbonylverbindungen z.B. $V(C_5H_5)(CO)_4$, $Mn(C_5H_5)(CO)_3$, $Co(C_5H_5)(CO)_2$ und $Ni(C_5H_5)NO$, die wiederum eine Kryptonkonfiguration besitzen (*Linnett* 1956; *Orgel* 1956).
Über die Struktur anderer Atomkomplexe wie der Alkalimetall- und Erdalkalimetall-Ammoniak-Komplexe, z.B. $Li(NH_3)_4$ und $Ca(NH_3)_6$ ist wenig bekannt. Speziell die letzte Verbindung ist sehr stabil. Diese Substanzen zeigen Leitfähigkeit für Elektronen wie die wohlbekannte blaue Lösung von Natrium in flüssigem Ammoniak. Es sind die Metallionen Li^+ und Ca^{2+} anwesend, die vom Ammoniak durch Ion-Dipol-Kräfte solvatisiert werden. Freie solvatisierte Elektronen sind ebenfalls vorhanden.
$K_4[Ni(CN)_4]$ gehört ebenfalls zu dieser Gruppe. Es entsteht aus Kalium in flüssigem Ammoniak und normalem $K_2[Ni(CN)_4]$. Die Verbindung kann vielleicht als ein aus einem Nickelatom und vier CN-Ionen aufgebauter Komplex betrachtet werden. Sie besitzt dann $10 + 4 \cdot 2$ Elektronen um das Zentralatom herum in einer Kryptonkonfiguration wie im $Ni(CO)_4$ anstatt $8 + 4 \cdot 2$ im gewöhnlichen Ni^{2+}-Komplex. Man hätte dann tetraedrische sp^3-Bindungen zu erwarten, im Gegensatz zur normalen dsp^2-Bindung im $K_2[Ni(CN)_4]$. Die Kristallstruktur ist jedoch nicht bekannt.

27. Die Mehrfachbindung

In der Hypothese von *van't Hoff* und *le Bel* wurde die Doppelbindung zwischen zwei Kohlenstoffatomen durch zwei Tetraeder mit einer gemeinsamen Kante wiedergegeben. Dieses Modell vermag die cis-trans-

Isomerie von 1,2-Derivaten des Äthylens zu erklären und führt auch zu einem ebenen Molekülmodell. Die sich ergebende Gleichwertigkeit der zwei Bindungen ist jedoch nicht richtig.
Die wellenmechanische Theorie der Atombindung führt zu einem detaillierteren Bild der Doppelbindung (*Penney*), das nicht mehr auf einem Tetraedermodell beruht.
Wie ist nun der Bindungszustand im Methylradikal CH_3?
Für die Bildung der drei Bindungen muß das Kohlenstoffatom in die auf Seite 147 erwähnte, angeregte Konfiguration gebracht werden. Wenn mit den Elektronen von drei Wasserstoffatomen drei gleichwertige Bindungen geschlossen werden, bleibt natürlich ein Elektron ungepaart. Die drei Bindungselektronenpaare besetzen die Funktionen mit der niedrigsten Energie, d.h. $2s + 2 \cdot 2p$, also etwa $2s + 2p_x + 2p_y$, so daß wir eine sp^2-Hybridisation und Bindungswinkel von 120° erhalten. Das ungepaarte Elektron ist dann im p_z-Zustand. Das Radikal besitzt dann eine ebene Struktur mit einer hantelförmigen Wellenfunktion für das einsame Elektron senkrecht zur Ebene und antisymmetrisch im Hinblick auf die Molekülebene.
Wir sprechen von einer π-Wellenfunktion und einem π-Elektron, wenn die Wellenfunktion bezüglich Spiegelung zur Ebene des Moleküls antisymmetrisch ist, und von einer σ-Funktion, wenn sie symmetrisch ist. Die sechs Bindungselektronen sind deshalb alle σ-Elektronen, das einsame Elektron ein π-Elektron. Eine π-Funktion hat in der Molekülebene einen Knoten mit dem Wert Null, eine σ-Funktion dagegen an dieser Stelle einen großen Wert.
Das Äthan kann man sich von zwei Methanmolekülen abgeleitet denken, wobei die C–C-Bindung den Platz zweier C–H-Bindungen einnimmt unter Aufrechterhaltung der Bindungsverhältnisse, wie aus den unveränderten Bindungswinkeln ersichtlich ist. Ähnlich kann man auch das Äthylen aus zwei Methylradikalen herleiten.
In diesem Bild sind die beiden ebenen Gruppen durch eine C–C-Bindung ($\sigma-\sigma$-Bindung) verknüpft. Die beiden π-Elektronen können eine zweite C–C-Bindung bilden ($\pi-\pi$-Bindung), wenn ihre Orbitalfunktionen so kombiniert werden, daß die resultierende Funktion im Hinblick auf Vertauschung beider Elektronen symmetrisch ist (ebenso wie im bindenden Zustande von H_2), d.h. mit ihren positiven Hälften in die gleiche Richtung weist (Bild 18). Die Spins der beiden π-Elektronen sind anti-parallel. Diese zweite Bindung besitzt eine kleinere Bindungsenergie als die erste, weil die Überlappung weniger günstig ist (Bindungsenergie: C–C 83,0 kcal, C=C 146,4 kcal).
Eine Verdrehung der beiden Molekülhälften gegeneinander würde diese Überlappung noch ungünstiger machen und die Bindungsenergie vergrößern. Bei einer Drehung von 180° würde die Wechselwirkung der π-

Elektronen zu einer Abstoßung führen (antisymmetrische Orbitalfunktion, parallele Spins).
Die direkte Umwandlung von cis- in trans-Isomeren und umgekehrt würde deshalb eine sehr hohe Aktivierungsenergie erfordern. Im Falle des Dichloräthylens erfolgt die Konversion durch den katalytischen Einfluß von Brom-*Atomen*, und der erste Schritt ist die Addition eines Bromatoms unter Bildung eines Radikals mit einer frei drehbaren C–C-Einfachbindung.

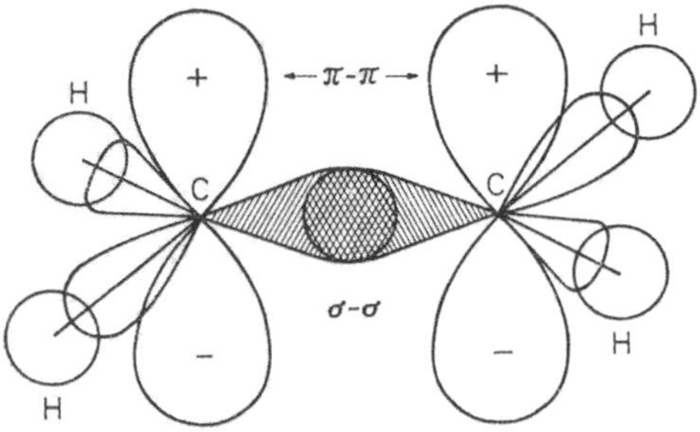

Bild 18. Wellenfunktionen der Bindungselektronen im Äthylenmolekül $CH_2{=}CH_2$

Im Gegensatz zu älteren Vorstellungen finden wir, daß die Doppelbindung stärker ist als eine C–C-Einfachbindung. Das zeigt sich in dem Verhalten von gesättigten und ungesättigten Kohlenwasserstoffen bei der Dissoziation und Pyrolyse.
Auf der anderen Seite ist die Doppelbindung sehr reaktionsfähig. Es können z.B. Wasserstoff, Halogene und Halogenwasserstoffe addiert werden. Die Energiebilanz dieses Prozesses entspricht der Bindungsenergie zweier Einfachbindungen zwischen den Kohlenstoffatomen und den addierten Atomen abzüglich der Dissoziationswärme des addierten Moleküls und der Energie, die erforderlich ist, um die π-Bindung aufzuspalten. Grob ausgedrückt, ist die Fähigkeit zur Addition von Atomen der Tatsache zuzuschreiben, daß die zweite Bindung im Doppelbindungssystem schwächer als die erste ist – alle einfachen Bindungen als gleichartig betrachtet. Bei der Addition von Jod an Äthylen wird infolge der kleinen Bindungsenergie der C–J-Bindung (Tabelle 18) nur ein kleiner Energiebetrag frei (13,4 kcal). Umgekehrt läßt sich aus Dijodäthan leicht Jod abspalten.
Als Ergebnis der festeren Bindung beträgt die Bindungslänge der Doppelbindung 87 % der Länge einer Einfachbindung: C–C 1,54 Å, C=C 1,34 Å (Tabelle 16).
Andere Doppelbindungen wie $R_1R_2C{=}O$, RN=NR sind ganz ähnlich ebenfalls aus einer σ–σ-Bindung und einer π–π-Bindung aufgebaut.

Entsprechend tritt in den Azoverbindungen (Azobenzol) auch die gleiche cis-trans-Isomerie auf wie in den Äthylenderivaten.
Im Molekül des Acetylens mit einer dreifachen C–C-Bindung liegen die erste C–C-Bindung und die C–H-Bindungen auf einer Geraden (sp-Hybridisierung), das Molekül ist also linear. Die zweite und dritte Bindung sind $\pi-\pi$-Bindungen ähnlich wie die zweite Bindung im Äthylen. Die Bindungslänge von 1,20 Å beträgt nur 78% der einer Einfachbindung.
Die gleiche Dreifachbindung findet sich in |N≡N|, H–C≡N|, Cl–C≡N| usw.; diese Moleküle sind linear gebaut wie das Acetylen.
Eine Mehrfachbindung besitzt nicht unbedingt einen ungesättigten Charakter, wie durch das Stickstoffmolekül illustriert wird. Die sehr feste Dreifachbindung bewirkt, daß Verbindungen mit einfachen oder doppelten Bindungen zwischen zwei Stickstoffatomen, wie Hydrazine $R_1R_2N-NR_3R_4$ oder Azoverbindungen $R_1N=NR_2$ ziemlich leicht unter Stickstoffentwicklung zerfallen. Umgekehrt führt die Anlagerung von Wasserstoff an Stickstoff wegen der niedrigen Bindungsenergie der N–N-Bindung leicht zu Ammoniak, aber nicht zu Hydrazin.
Die auffallende Abnahme der Energie für die Einfachbindung in der Reihe C–C, N–N, O–O (F–F) wird von *Pitzer* (1948) mit der gegenseitigen Abstoßung der einsamen Elektronenpaare in der Außenschale erklärt. Bei den Elementen der zweiten (und höherer) Perioden besteht darüber hinaus Abstoßung der inneren Schalen, was die Abwesenheit von stabilen Mehrfachbindungen der Elemente außerhalb der ersten Periode erklärt.
Das Hybridisierungsverhältnis ist nicht notwendigerweise für alle mit verschiedenen Substituenten besetzten Bindungen gleich.
Wir haben angenommen, daß die beiden CH-Bindungen und die $\sigma-\sigma$-C–C-Bindung im Äthylen den gleichen sp^2-Charakter besitzen, d.h. $^1/_3$ s und $^2/_3$ p mit Bindungswinkeln von 120° für H–C–H und H–C–C. Wenn wir annehmen, daß die C–H-Bindungen den gleichen Charakter haben wie im Methan ($^1/_4$ s und $^3/_4$ p), dann besteht die C–C-Bindung aus $^1/_2$ s und $^1/_2$ p und der Winkel H–C–H beträgt 109°28′, der Winkel H–C–C 125°16′*).
Tatsächlich wird im Äthylen und seinen Derivaten ein zwischen den Werten für die beiden Fälle liegender Winkel gefunden, H–C–C= 121–124°. Der Bindungscharakter liegt deswegen zwischen den beiden Typen.
Die C–H-Bindung im Acetylen (und HCN) weicht von der im Methan ab. Das zeigt sich an dem kleinen Bindungsabstand von 1,065 Å gegenüber 1,095 Å im Methan und an der Verstärkung der positiven Ladung des

*) Der kleinere C=C-Abstand z.B. im Tetrametyläthylen verglichen mit dem C–C-Abstand begünstigt einen größeren Anteil der Doppelbindung an s-Charakter.

Wasserstoffatoms (vgl. Seite 220). Der C–H-Abstand im Äthylen beträgt 1,071 Å. Das Molekül des Allens $CH_2=C=CH_2$ ist insgesamt nicht mehr eben. Wir können nicht mehr strikt von σ- und π-Elektronen sprechen. Trotzdem behalten die Elektronen in den separaten Bindungen ihren Charakter. Die beiden $\sigma-\sigma$-C–C-Bindungen liegen auf der Bindungslinie und die beiden $\pi-\pi$-Bindungen in zwei aufeinander senkrecht stehenden und durch die Bindungslinie gehenden Ebenen*).
Die CH_2-Gruppen liegen wiederum in Ebenen, die senkrecht auf der von der benachbarten $\pi-\pi$-Bindung gebildeten Ebene stehen. In Derivaten des Allens wurde 1935 optische Isomerie entdeckt; auf ihre Möglichkeit war bereits von *van't Hoff* 1874 hingewiesen worden. Im Keten $CH_2=C=O$ und im Kohlendioxid $O=C=O$ liegt eine ähnliche Konfiguration vor.

Ein System von kumulierten Doppelbindungen führt zu geringerer Stabilität. Die Hydrierungswärme von Allen ist mit 71,3 kcal/Mol größer, als für zwei nichtkonjugierte Doppelbindungen zu erwarten wäre (etwa 58–60 kcal/Mol).
Das Kohlendioxid ist jedoch 26 kcal/Mol stabiler als zwei Keton-C=O-Bindungen entspricht. Das ist wahrscheinlich auf Resonanz zurückzuführen (Seite 223).

28. Atomradien

Analog wie bei den Ionenradien läßt sich auch eine Tabelle der Atomradien aufstellen, mit deren Hilfe die Bindungsabstände für Elektronenpaarbindungen berechnet werden können (Tabelle 16). Als Ausgangspunkt kann man einfach die beobachteten Längen von Bindungen zwischen ähnlichen Atomen benützen, z.B. den Halogenen, Kohlenstoffatomen, Stickstoffatomen usw.
Je nachdem eine Einfach-, Doppel- oder Dreifachbindung vorliegt, ergeben sich jedoch Unterschiede. So beträgt die C–C-Bindungslänge sowohl im Diamant als auch in den gesättigten aliphatischen Kohlenwasserstoffen 1,54 Å, die C=C-Bindungslänge ist jedoch 1,34 Å und die von C≡C 1,20 Å**).
Der Atomradius für den einfach gebundenen Kohlenstoff beträgt deshalb 0,77 Å. Ähnlich sind die Werte für die Halogenatome gleich dem halben Bindungsabstand der molekularen Halogene.
Der Begriff der Atomradien beruht nicht auf einer sicheren theoretischen Basis. Er gibt lediglich die empirisch festgestellte Tatsache wieder, daß

---

*) Nach der auf die individuelle Bindung beschränkten Definition ist die σ-Funktion zylindersymmetrisch bezüglich der Bindungsachse (Winkelmoment Null). Die π-Funktion besitzt eine Komponente entlang der Bindungsachse, vgl. die s- und p-Zustände mit Werten für die Drehimpulsquantenzahl l von 0 bzw. 1 (Seite 223).

**) Genauere Werte sind: Äthan 1,543 Å, Äthylen 1,353 Å, Acetylen 1,207 Å (*Herzberg* und *Stoicheff* 1955).

die mit Hilfe dieser Atomradien berechneten Bindungsabstände zwischen unterschiedlichen Atomen gewöhnlich gut mit den gefundenen Werten übereinstimmen (innerhalb $\pm$ 0,02 Å) (*Rogowski* 1962).
In der Originaltabelle von *Pauling* (Tabelle 16) sind die Werte für N, O und F (0,70 Å; 0,66 Å und 0,64 Å) aus den Abständen der Bindung an Kohlenstoff errechnet. Spätere Untersuchungen an Hydrazin, Wasserstoffperoxid und Fluor lieferten für diese Atomradien Werte von 0,74 Å, 0,74 Å und 0,72 Å. Im H_2 beträgt der Abstand 0,74 Å, und der Atomradius des Wasserstoffs wäre dann 0,37 Å. Es wird jedoch gefunden, daß der Atomradius beim Wasserstoff erheblich variiert, der Durchschnittswert für Verbindungen beträgt 0,29 Å.
Eine Revision der Paulingschen Tabelle ist vorgeschlagen worden (*Schomaker* und *Stevenson* 1941). Die strikte Additivität wurde dabei fallengelassen und der Einfluß der Polarität und außerdem die verbesserten Werte der Atomradien für N, O und F berücksichtigt (siehe Fußnote zu Tabelle 16).
In den meisten Fällen – speziell bei organischen Molekülen – liefern diese verbesserten Zahlenwerte Ergebnisse, die nur wenig von denen abweichen, die mit den Werten der Originaltabelle erhalten wurden.

Tabelle 16: Atomradien nach *Pauling* (in Å)*)

				H 0,29
B 0,88	C 0,77	N 0,70	O 0,66	F 0,64
	Si 1,17	P 1,10	S 1,04	Cl 0,99
	Ge 1,22	As 1,21	Se 1,17	Br 1,14
	Sn 1,40	Sb 1,41	Te 1,37	J 1,33

Faktor für die Doppelbindung 0,87 (zweite Reihe 0,91)
Faktor für die Dreifachbindung 0,78 (zweite Reihe 0,85)

*) Bei Atomen mit einer formalen Ladung + 1 wird der Radius auf einen Wert vermindert, der in der Mitte zwischen dem normalen Wert und dem für das nächste Atom liegt. Bei einer Ladung von − 1 erhöht sich der Radius auf den in der Mitte zwischen dem Normalwert und dem für das vorhergehende Atom liegenden Wert.
In der erwähnten Revision der Tabelle tritt an Stelle der Additivität die Formel $r_{AB} = r_A + r_B - 0{,}09\ (x_A - x_B)$, in der die Elektronegativitätsdifferenz $x_A - x_B$ (Seite 135) eine Rolle spielt. Außerdem sind beim Gebrauch dieser Formel die Werte 0,74 Å, 0,74 Å bzw. 0,72 Å für N, O bzw. F einzusetzen.

Erhebliche Differenzen zwischen den beobachteten Bindungslängen und der Summe der Atomradien weisen darauf hin, daß der Charakter der betrachteten Bindung anders ist, z.B. infolge von Resonanz zwischen Strukturen mit Doppelbindungen (Seite 207 und 212).

Die Beziehung zwischen den Atomabständen und dem Bindungstyp (Seite 207) wurde für die C–C-Bindung ursprünglich empirisch erhalten, indem 1,54 Å für die Einfachbindung, 1,39 Å für die Bindung im Benzol und 1,34 Å für die Doppelbindung gegen den Doppelbindungscharakter (Werte 0, $^1/_2$ und 1) aufgetragen wurde. Ein vierter Punkt wird durch den Abstand von 1,42 Å im Graphit gebildet, der $^1/_3$ Doppelbindungscharakter besitzt (Bild 19).

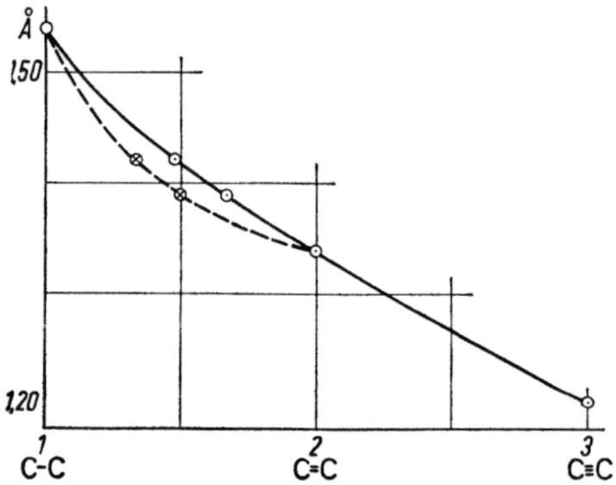

Bild 19. Länge der Kohlenstoffbindung als Funktion des Bindungscharakters nach *Pauling* (– – – –) bzw. der (totalen) Bindungsordnung nach *Coulson* (———)

Eine ähnliche empirische Kurve läßt sich erhalten, wenn an Stelle des Paulingschen Doppelbildungscharakters ein anderes Kriterium wie die „Bindungsordnung“ (Seite 277) benützt wird, um die Konstitution der Bindung zu charakterisieren.

Für diese Beziehung läßt sich eine theoretische Erklärung geben, so daß dieser Kurventyp – proportional deformiert – auch für andere Bindungen benützt werden kann.

Es sei darauf hingewiesen, daß der Atomradius im Gegensatz zum Ionenradius nicht dem Radius einer Kugel entspricht, er stellt lediglich eine partielle Bindungslänge dar. Diese Werte sind jedoch für Berechnungen brauchbar, die eine besondere Bedeutung besitzen als Hinweis auf den Bindungscharakter und auch für die Berechnungen von Molekülmodellen benützt werden können, insbesondere bei organischen Verbindungen.

Der Abstand, auf den sich nicht direkt aneinander gebundene Atome nähern können, läßt sich aus den Werten für die van-der-Waals-Radien (Tabelle 17) ermitteln. Zwischen diesen Atomen sind nur die van-der-Waals-Kräfte wirksam, daher auch der Name. Diese Radien stimmen ziemlich gut mit den Ionenradien überein, d.h., ein Halogenion hat einen ähnlichen Raumbedarf wie ein kovalent gebundenes Halogenatom. Das steht mit der Tatsache in Verbindung, daß die Radien in beiden Fällen von der Born-Abstoßung abhängen und diese wiederum von der Wechselwirkung der Acht-Elektronen-Konfiguration, die für das Ion $|\overline{\underline{\mathrm{Cl}}}|^{-}$ und das Atom $|\overline{\underline{\mathrm{Cl}}}-$ praktisch gleich ist.

Tabelle 17: Äußere oder van-der-Waals-Radien (in Å)

		H
		1,2
N	O	F
1,5	1,40	1,35
P	S	Cl
1,9	1,85	1,80
As	Se	Br
2,0	2,00	1,95
Sb	Te	J
2,2	2,20	2,15

Methylgruppe CH_3 und Methylengruppe CH_2: 2,0.
Halber Durchmesser des aromatischen Kerns 1,85.

Diese van-der-Waals-Radien sind nützlich für die Berechnung von Abständen in Molekülen im Hinblick auf die Möglichkeit sterischer Hinderung usw. Modelle, die sowohl die Bindungslängen als auch die Raumerfüllung korrekt wiedergeben, lassen sich aus Kugeln herstellen, deren Radien den van-der-Waals-Radien proportional sind. Aus den Kugeln sind Segmente in solch einer Weise herausgeschnitten, daß sowohl die Bindungslängen als auch die Bindungswinkel ihre richtigen Werte erhalten („Kalotten-Modell“ nach *Stuart*).

29. Bindungsenergie

Die Bindungsenergie eines zweiatomigen Moleküls ist die Wärme, die für die Dissoziation in die beiden Atome im Grundzustand nötig ist. Die photo-chemische Dissoziation führt dagegen mitunter zu zwei Atomen, von denen sich eines im angeregten Zustand befindet, z.B. bei den Halogenen.

Bei vielatomigen Molekülen und insbesondere bei Kohlenstoffverbindungen ist es schwierig, eine korrekte Definition zu geben (*Szwarc* und *Evans* 1950; *Szwarc* 1950).
Was ist nun die C–H-Bindungsenergie im Methan? Wir können darunter ein Viertel der gesamten Bindungsenergie verstehen, d.h. ein Viertel der notwendigen Energie, um CH_4 in C + 4 H aufzuspalten (Atomisierungswärme). Diese Bindungsenergie entspricht jedoch nicht der Energie, die erforderlich ist, um ein Wasserstoffatom aus dem Methan zu entfernen, also der Dissoziationswärme für die Reaktion $CH_4 \rightarrow CH_3 + H$. Tatsächlich findet eine Umordnung der Elektronenverteilung in dem auf diese Weise gebildeten Methylradikal statt (Übergang von der sp^3- zur sp^2-Hybridisierung, Seite 179). Die für diese Reaktion benötigte Energie ist demzufolge kleiner als die für die Abspaltung des einen Wasserstoffatoms, jedoch ohne Veränderung der anderen C–H-Bindungen. Diese zuletzt genannte Energie könnte ebenfalls als die C–H-Bindungsenergie im CH_4 angesehen werden.
Die (mittlere) Bindungsenergie, wie oben als ein Teil der gesamten Bindungsenergie definiert, besitzt einen großen praktischen Nutzen, da sie leicht aus den Verbrennungswärmen errechnet werden kann, die für viele Verbindungen gut bekannt sind*).
Für die den anderen Definitionen entsprechende Dissoziationsenergie sind spektroskopische Daten und Ionisationspotentiale bzw. Erscheinungspotentiale („appearance potential") erforderlich, die nicht immer so gut bekannt sind. Die zweite Definition ist die der (Gleichgewichts-) Dissoziationsenergie, die dritte die einer „vertikalen" Dissoziationsenergie.
Bei der (mittleren) Bindungsenergie bestehen jedoch noch zwei Schwierigkeiten:
a) Bei der Reaktion $CH_4 \rightarrow C + 4\,H$ entstehen freie Kohlenstoffatome, und es ist deshalb notwendig, die Verdampfungswärme des Graphits zu kennen. Müssen wir nun die Werte der Energie für $CH_4 \rightarrow$ C (Valenzzustand) + 4 H oder $CH_4 \rightarrow$ C (Grundzustand ^3P) + 4 H verwenden? Wir haben bereits gesehen, daß der Kohlenstoff im angeregten Zustande vierwertig ist. Dieser Zustand ist wegen der Hybridisierung nicht von gleicher Energie wie der spektroskopisch wohlbekannte ^5S-Zustand (*Pauling* 1949). Es macht nun nichts aus, welcher Bezugspunkt für den Vergleich der Bindungsenergie gewählt wird, die absoluten Werte hängen jedoch davon ab. Die in Tabelle 18 angeführten Bindungsenergien be-

*) Die Verbrennungswärme selbst kann auch als eine additive Funktion von Atom- oder Gruppenanteilen ausgedrückt werden. Diesen Atom- oder Gruppenwerten kann jedoch keine fundamentale Bedeutung beigemessen werden (*Wheland* 1945, 1955; *Klages* 1949; *Franklin* 1949, 1950).

ziehen sich auf das Kohlenstoffatom im Grundzustand mit 170,9 kcal als Wert für die Verdampfungswärme des Graphits*).
Die Bindungsenergie wird wie folgt berechnet.
Man betrachtet den Kreisprozeß:

$$\begin{array}{ccc}
CH_4 & \xrightarrow{\quad 4E_{CH} \quad} & C + 4H \\
\Big\downarrow {-Q_{CH_4}} & & \Big\uparrow {S_C + 2D_{H_2}} \\
CO_2 + 2H_2O & \xrightarrow[Q_C + 2Q_{H_2}]{} & C_{gr} + 2H_2
\end{array}$$

Darin ist Q die jeweilige Verbrennungswärme, S_C die Sublimationswärme des Kohlenstoffs und D_{H_2} die Dissoziationswärme des Wasserstoffs, alle bei konstantem Druck ($Q = -\Delta H$) und bei 298,15 °K (25 °C)**).
Daraus folgt:

$$4E_{CH} = -Q_{CH_4} + 2Q_{H_2} + Q_C + S_C + 2D_{H_2}$$

bzw.

$$4E_{CH} = -212{,}8 + 2 \cdot 68{,}3 + 94{,}0 + 170{,}9 + 2 \cdot 104{,}2 = 397{,}1 \text{ kcal;}$$

$$E_{CH} = 99{,}3 \text{ kcal.}$$

Für einen Kohlenwasserstoff C_nH_{2n+2} erhalten wir:

$$E_{total} = nQ_C + (n+1)Q_{H_2} - Q_{C_nH_{2n+2}} + nS_C + (n+1)D_{H_2}.$$

b) Um die Werte der Bindungsenergie einzelner Bindungen aus der Gesamtbindungsenergie abzuleiten, ist es notwendig, die Annahme zu machen, daß die Gesamtbindungsenergie sich additiv aus diesen Einzelanteilen zusammensetzt, also

$$E_{total} = (2n+2)E_{CH} + (n-1)E_{CC}.$$

---

*) Der wahrscheinlichste Wert für die Sublimationswärme des Kohlenstoffs (Atomisierung zu Kohlenstoffatomen) ist bei 0 °K 169,58 ± 0,45 kcal bzw. 170,9 kcal bei 298 °K (*Brewer* und *Searcy* 1956). Andere mögliche Werte, die ebenfalls früher für die Berechnung von Bindungsenergien benützt wurden, sind etwa 125 kcal (Seite 188) (*Coates* und *Sutton* 1948), 138 ± 3 kcal (*Cottrell* 1954) und 141,9 kcal (*Doehaerd*, *Goldfinger* und *Waelbroek* 1952). Über diesbezügliche Diskussionen siehe *Springall* 1950; *Cottrell* 1954; *Brewer* und *Searcy* 1956; *Kern* 1956. Verschiedene Werte sind auch für die Dissoziationsenergie von N_2 angegeben worden, nämlich 170,26 kcal und 225,04 kcal.

**) Diese Dissoziationswärme des Wasserstoffs (Δ H, 298 °K, 1 at), die auch die H—H-Bindungsenergie darstellt, ist nicht mit der spektroskopischen Dissoziationsenergie identisch. Diese letzte Größe ist die Dissoziationswärme bei 0 °K, da die kinetische Energie nicht berücksichtigt wird. Die beiden Werte sind 104,18 kcal/Mol bzw. 103,24 kcal/Mol.

Falls diese Annahme richtig ist, muß die Verbrennungswärme in der homologen Reihe der *n*-Alkane je CH_2-Gruppe (also $E_{CC} + 2\,E_{CH}$) um einen konstanten Betrag zu nehmen. Das ist in der Tat der Fall innerhalb 0,3 kcal von C_3H_8 ab und innerhalb 0,1 kcal von C_5H_{12} ab. Zwischen CH_4 und C_2H_6 besteht eine erhebliche Diskrepanz von 3 kcal. Der Unterschied in der C–H-Bindungslänge (1,095 Å bzw. 1,100 Å für CH_4 bzw. C_2H_6) weist ebenfalls auf einen Unterschied in der C–H-Bindungsenergie in diesen beiden Fällen hin.

Die gleichen konstanten Differenzen findet man auch in den homologen Reihen der Alkohole, Äther, Alkene, Alkine usw. mit mehr als fünf Kohlenstoffatomen.

Der Einfluß der Verdampfungswärme des Graphits S_C ist bei den einzelnen Bindungen unterschiedlich. Es läßt sich leicht nachweisen, daß $E_{CH} - {}^1/_4\,S_C$ und ähnlich $E_{C-C} - {}^1/_2\,S_C$, $E_{C=C} - S_C$, $E_{C=O} - {}^1/_2\,S_C$ und $E_{C\equiv C} - {}^3/_2\,S_C$ sämtlich Konstanten sind.

Unter Benützung von $S_C = 124{,}3$ kcal erhalten wir für die Bindungsenergie von C_{al}–H, C–C und C=C die Werte 86,8; 59,7 und 99,8 kcal. Dieser niedrige Wert für die Sublimationswärme des Kohlenstoffs wurde bei der Aufstellung von Tabellen durch *Pauling* (1950); *Syrkin* (1943); *Syrkin* und *Djatkina* (1950) und von *Coates* und *Sutton* (1948) benützt. Die sehr umfangreiche Zusammenstellung von Werten durch *Cottrell* (1. Aufl. 1954) basiert auf dem etwas höheren Wert von 138 kcal für S_C; in der 2. Aufl. 1958 wurde jedoch $S_C = 170{,}9$ kcal benutzt. *Pitzer* (1953) benützte den Wert von 170,4 kcal und berechnete die Bindungsenergien für 0 °K. Die Unterschiede zu den Werten in Tabelle 18 A sind nur gering.

Die direkte Bestimmung der Hydrierungswärme gibt zusätzliche Information über die Differenz zwischen $E_{C=C}$ und E_{C-C}. Bei der Berechnung wird jedoch auch die Bindungsenergie E_{C-H} benützt, die wiederum von dem für S_C gewählten Werte abhängt (*Kistiakowsky* u.a. 1935, 1936, 1951; *Williams* 1942).

Glockler (1951, 1961) hat versucht, die Differenzen in der C–H-Bindungsenergie zu berücksichtigen. Die so erhaltenen Werte (Tabelle 18, letzte Kolonne) sind zwar wertvoll als Hinweise, basieren jedoch auf zu vielen Annahmen, um von praktischem Nutzen zu sein (siehe auch *Klement* et al. 1960).

Außer der (mittleren) Bindungsenergie sind einige Werte für die Dissoziationswärme in Tabelle 18 B zusammengestellt (*Szwarc* 1950, 1951, 1957; *Cottrell* 1958).

Die Nichtäquivalenz der beiden Begriffe wird aus der Tatsache deutlich, daß die mittlere Bindungsenergie für die O–H-Bindung im Wasser 110,5 kcal beträgt, während die Dissoziationswärme bei 298 °K für die Ablösung des ersten Wasserstoffs 118,5 kcal ist. Die Dissoziationswärme für das zweite Wasserstoffatom (Dissoziationswärme für das OH-Radi-

Tabelle 18:

A. Mittlere Bindungsenergien (in kcal/Mol für 298,1 °K)

H–H	104,2 (103,2)	C–H(CH_4)	99,3	*Glockler* 1951
F–F	37,6	$C_{aliph.}$–H	98,5	96,7
Cl–Cl	57,9 (57,1)	=C–H	–	101,6
Br–Br	46,2 (45,4)	≡C–H	–	103,4
J–J	36,1 (35,5)			
Li–Li	(25)	C–C (Diam.)	85	84,5
Na–Na	(17,3)	C–C	83,0	83,3
K–K	(11,8)	C=C	146,4	125
O–O	35	C≡C	199,8	181
|O∵∴O| ($^3\Sigma$)	119,1 (118,0)	C–F	110 ± 10	
$\overline{O}=\overline{O}$ ($^1\Delta$)	96,5 (95,4)	C–Cl	80	
$\underline{N}-\underline{N}$	40–45	C–Br	68	
N=N	90	C–J	52	
N≡N	225,9 (225,0)	N–Cl	46	
B–H	93,1	C–O	85	
N–H	93,4	C=O (Ald.)	176	
O–H	110,5	C=O (Ket.)	179	
F–H	135 (134)	C–S	67	
Cl–H	103,1 (102,2)	S–S	67	
Br–H	87,4 (86,5)	C–N	68	
J–H	71,4 (70,5)	C=N	~145	
Si–H	76	C≡N	213	
P–H	77	N–O	~ 50	
S–H	87,5	N=O	~145	
Subl.				
Graphit	170,9 (298 °K)	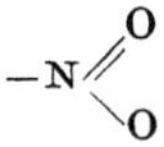	210	

Werte in Klammern: Bindungsenergien bei 0 °K

B. Dissoziationswärme (in kcal/Mol)

CH_3–H	101	101	$C_{aliph.}$–H	90–98	$C_{al.}$–$C_{al.}$	80
					(CH_2=$CHCH_2$)–CH_3	61,5
(Rad.)CH_2–H	79	(100)	$C_{ar.}$–H	104	$C_{ar.}$–$C_{ar.}$	91
(Rad.)CH–H	(84)	(116)	=C–H	~104	(C_6H_5)CH_2–CH_2(C_6H_5)	47
(Rad.)C –H	80	80	≡C–H	<121	$(C_6H_5)_3C$–$C(C_6H_5)_3$	11
Summe	342	397	$C_2H_2CH_2$–H	83(77)	C–OH	~90
			CH_2=CH_2CH_2–H	77	HO–OH	54
$C_{prim.}$–H	97		HO–H	118		
$C_{sec.}$–H	94		H_2N–H	104	C–Cl	80
$C_{tert.}$–H	90		N–N	~60	C–Br	65
			O–O	30–35	C–J	52

kal) beträgt 102,5 kcal. Natürlich muß die Summe der Dissoziationswärme der Gesamtbindungsenergie gleich sein, also 118,5 + 102,5 = 2 · 110,5 kcal. (Bei 0 °K sind die Dissoziationswärmen 107,6 kcal bzw. 101,3 kcal, *Giguère* 1959.)
Die Dissoziationswärmen für die einzelnen Dissoziationsschritte am Methan, speziell für CH_3 und CH_2, sind entweder noch nicht direkt gemessen worden oder nicht gut bekannt. Nach *Jordan* und *Longuet-Higgins* (1962) erfordern die vier Dissoziationsstufen: 101,7, 114, 100 und 81,5 kcal, insgesamt natürlich wiederum gleich 397,2 kcal
Die Unterschiede zwischen der Dissoziationswärme und der Bindungsenergie für die C–H-Bindung im Propylen und Toluol und für die C–C-Bindung im Buten-(1) und Diphenyläthan sind interessant (Tabelle 18B).
Sie sind nicht auf Unterschiede in den betreffenden Bindungen dieser Moleküle zurückzuführen, wie aus der Gesamtbindungsenergie ersichtlich ist, die aus der Verbrennungswärme (oder Hydrierungswärme) ermittelt werden kann. Es handelt sich vielmehr um eine besondere Stabilität der gebildeten Tolyl- und Allylradikale (Seite 233).
Die Unterschiede in der Verbrennungswärme isomerer Verbindungen beweisen, daß die Additivität nur angenähert besteht. Die Differenzen sind jedoch nur in der Größenordnung von 1–2 kcal je Seitenkette. Der Unterschied zwischen *n*-Butan und *iso*-Butan beträgt z.B. 1,6 kcal, zwischen *n*-Octan und 2,2,4-Trimethylpentan 3,1 kcal. Die verzweigten Kohlenwasserstoffe haben stets die kleinere Verbrennungswärme und somit den kleineren Energieinhalt.
Bei den Alkenen ergeben sich ebenfalls Unterschiede, z.B. zwischen Buten-(1) und *iso*-Buten 4,0 kcal, zwischen *cis*-Buten-(2) und *trans*-Buten-(2) 1,0 kcal und zwischen Buten-(1) und *trans*-Buten-(2) 2,6 kcal, wobei jeweils die zuerst genannte Verbindung den höheren Energiegehalt besitzt. Bei höheren Temperaturen wird deshalb das Gleichgewicht zwischen den beiden Isomeren nach der Seite der weniger verzweigten und der geradkettigen Isomeren verschoben (*Farkas* 1950).
Das unterschiedliche Verhalten der C–H-Bindungen im Acetylen zeigt sich in den großen Differenzen, die für die C≡C-Bindungsenergie gefunden werden (wenn die C–H- und C–C-Bindungsenergien, Tabelle 18, in allen Fällen als gleich angenommen werden!), nämlich für Acetylen, Methylacetylen, Dimethylacetylen (Butin-(2)) und Butin-(1) 194,8 kcal, 199,8 kcal, 204,2 kcal und 199,7 kcal.
Eine erhöhte Energie findet sich in den Cycloparaffinen mit kleinen Ringen, wie nach der Spannungstheorie von *Baeyer* zu erwarten war. Dieser Effekt beruht auf den Abweichungen der Bindungswinkel im Ring vom Idealwert 109°28′, weil die Überlappung für einen unveränderten Wert der Winkel der sp^3-Funktionen nicht maximal sein kann. Die Konstitu-

tion des Cyclopropans weicht allerdings von derjenigen der offenkettigen Kohlenwasserstoffe ab (*Kilpatrick* und *Pitzer* 1946; *Coulson* und *Moffitt* 1947).

Erniedrigung der C–C-Bindungsenergie		Erniedrigung der Gesamt-Bindungsenergie	
Cyclopropan	9,3 kcal	1,1 Dimethylcyclohexan	(0) kcal
Cyclobutan	6,5 kcal	*cis*- 1,2 Dimethylcyclohexan	2,1 kcal
Cyclopentan	1,2 kcal	*trans*- 1,2 Dimethylcyclohexan	0,2 kcal
Cyclohexan	0,2 kcal	*cis*- 1,3 Dimethylcyclohexan	–0,9 kcal
Cycloheptan	0,9 kcal	*trans*- 1,3 Dimethylcyclohexan	1,0 kcal
Cyclo-octan	1,2 kcal	*cis*- 1,4 Dimethylcyclohexan	1,0 kcal
cis-Decahydronaphthalin	0 kcal	*trans*- 1,4 Dimethylcyclohexan	–0,9 kcal
trans-Decahydronaphthalin	0 kcal		

Auch in den großen Kohlenstoffringen, C_5 bis C_{17}, gibt es eine erhöhte Energie (*Dunitz* und *Prelog* 1960). Während bei kleinen Ringen die Deformationsenergie (Valenzwinkelspreizung, *Baeyer*) überwiegt, ist bei größeren Ringsystemen die Torsionswinkelenergie (Abweichung von dem Minimum bei Rotation um die C–C-Bindung, *Pitzer*, Seite 192) wichtig.
Der Energieinhalt der C–C-Bindung ist im spannungsfreien Cyclohexan gegenüber dem der offenkettigen Paraffine erhöht, analog dem höheren Energiegehalt der normalkettigen Alkane gegenüber den verzweigten Alkanen mit mehr CH_3-Gruppen, die im Cyclohexan völlig fehlen.
Die größere Anzahl einander räumlich benachbarter Wasserstoffatome in den verzweigtkettigen Kohlenwasserstoffen führt zu einem niedrigeren Energiegehalt. Wahrscheinlich ist die intramolekulare van-der-Waals-London-Anziehung in einer kompakteren Molekülstruktur größer. Im gleichen Ausmaß ist auch die zwischenmolekulare Anziehung bei verzweigten Kohlenwasserstoffen kleiner. Diese besitzen demzufolge einen niedrigeren Siedepunkt als die entsprechenden normalkettigen Alkane (Abschn. 42).
Informationen bezüglich der feineren Unterschiede in der Bindungsenergie verschiedener Bindungen können aus den Schwingungsfrequenzen im Infrarot- und Raman-Spetrum erhalten werden, sowie aus den kleinen Veränderungen in den Bindungslängen. Diese sind durch halbempirische Beziehungen miteinander und mit der Bindungsenergie verknüpft (Regel von *Badger* usw.).

Die Badger-Regel lautet: $k(r - d_{ij})^3 = \text{const} = 1{,}86 \cdot 10^5$. Darin sind k die Kraftkonstante, r die Bindungslänge und d_{ij} eine Konstante, die von der Stellung der Elemente i und j in den Perioden des Periodensystems abhängt (*Badger* 1934). Die Pauling-Regel lautet dagegen: Bindungsenergie mal Bindungslänge ist für ähnliche Bindungen eine Konstante (*Pauling* 1954; *Baughan* 1957).

*Rotation um die C–C-Bindung**)

In der älteren organischen Chemie wurde angenommen, daß eine freie Drehbarkeit um die C–C-Bindung möglich ist, weil z. B. keine Isomeren des 1,2-Dichloräthans isoliert werden können. Genaue Messungen der spezifischen Wärme des Äthans bei tiefen Temperaturen und gleicherweise der Unterschied zwischen berechneten und experimentell bestimmten Daten für Gleichgewichte von Kohlenwasserstoffen haben jedoch ergeben, daß hier keine Rede von einer *freien* Drehbarkeit sein kann**). Die Rotation ist tatsächlich möglich, es muß dabei aber eine Energiebarriere von etwa 3 kcal/Mol überwunden werden. Der Zustand niedrigster Energie ist derjenige, in dem die zwei Methylgruppen oder die Methyl- und die Methylengruppe „auf Lücke" stehen (sog. gestaffelte Konformation, englisch „staggered conformation"). Die verschiedenen Rotationsisomeren, die mit Hilfe der üblichen Methoden normalerweise nicht isolierbar sind, werden Konformationen (Konstellationen) genannt (*Lau* 1961). Im 1,2-Dichloräthylen usw. erweisen sich zwei Lagen als relativ energiearm, die trans- (anti-) Lage und die „schiefe" (englisch „skew", französisch „gauche") Lage, wobei die letzte im Gaszustand um 1,14 kcal energiereicher ist als die trans-Lage, die durch eine hohe Energiebarriere von ihr getrennt ist. Im flüssigen Zustand verschiebt sich das Gleichgewicht in Richtung auf die schiefe Form ($\Delta H = 0{,}0$ kcal), weil die zwischenmolekulare Wechselwirkung und deshalb auch die Kohäsion für die Konformation mit einem Dipolmoment größer ist. Für $Br-CH_2-CH_2-Br$ beträgt die Energiedifferenz für die beiden Konformationen in der Gasphase bzw. Flüssigkeit 1,70 kcal bzw. 0,73 kcal. Im festen Zustande liegt immer nur die trans-Konformation vor (*Mizushima* u. a. 1953). Das Infrarot-, Raman- und Mikrowellenspektrum zeigt zwei Gruppen von Banden, deren Intensitätsverhältnis mit der Temperatur variiert. Die Tatsache, daß das Dipolmoment dieser Verbindung temperaturabhängig ist, weist ebenfalls auf eine Veränderung des Gleichgewichts zwischen den beiden Konformationsisomeren hin.

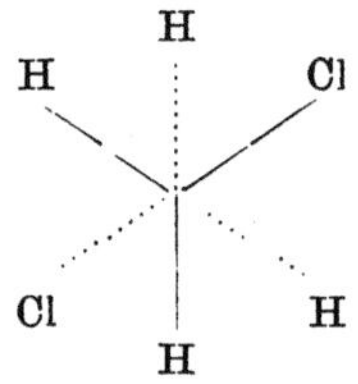

trans

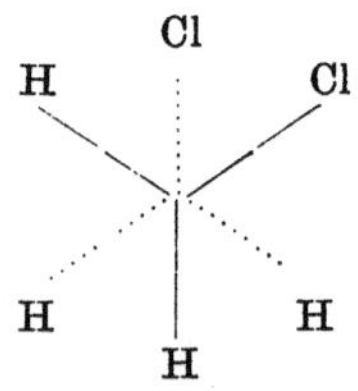

schief (gauche, skew)
zwei optische Isomeren)

*) Allgemeine Literatur: *Pitzer* und *Kilpatrick* 1946; *Pitzer* 1951; *Mizushima* 1954; *Smith* 1955; *Mizushima* und *Shimanouchi* 1957; *Miller* 1962.

**) Auch die Drehung um die O–O- und um die N–N-Bindung ist nicht frei (S. 146).

Während die Höhe der Energiebarriere bei den geradekettigen Paraffinen etwa 3 kcal/Mol beträgt, findet man bei den Olefinen für die Drehung um die der C=C-Bindung benachbarte C–C-Bindung nur 2 kcal/Mol.
In der Gruppierung C–C≡C besteht völlig freie Drehbarkeit. Im Toluol und Xylol ist die Rotation ebenfalls nur wenig behindert (0,5 kcal/Mol).
In Molekülen wie CH_3NH_2 und CH_3OH besteht eine Hinderung der Drehbarkeit um die C–N- bzw. C–O-Achse, die etwa 2 bzw. 1 kcal/Mol ausmacht.
Es ist noch nicht ganz klar, wie diese Hinderung der freien Drehbarkeit zu erklären ist.

Höhe der Energiebarriere für CH_3X (in kcal/Mol)

X	CH_3	C_2H_5	CCl_3	OH	CHO
Höhe	2,87	3,3	2,7	1,1	2,6

Weitere Daten gibt *E. B. Wilson* 1959.

Die gegenseitige Born-Abstoßung zwischen den an verschiedene Kohlenstoffatome gebundenen Wasserstoffatomen spielt sicher eine Rolle, ist jedoch wahrscheinlich nicht für den gesamten Energiebetrag verantwortlich zu machen. Ein anderer Grund mag die Wechselwirkung zwischen den Dipol- (und Quadrupol-) Momenten der C–H-Bindungen sein (*Lassettre* und *Dean* 1949; *Oosterhoff* 1951) und eine gewisse Wechselwirkung des Wasserstoffatoms mit der Ladungswolke der anderen Kohlenstoffatome. Die gegenseitige Abstoßung der C–H-Bindungselektronen an den Kohlenstoffatomen, die bei der sp^3-Hybridisierung näher an diese Kohlenstoffatome konzentriert sind, ergibt wohl die einleuchtendste Deutung der Energiebarriere im Äthan (*Wilson* 1960; auch *Stewart* und *Eyring* 1958).

30. Resonanz zwischen Valenzkonfigurationen bzw. Mesomerie*)

Der Begriff der Resonanz wurde oben als Grundlage für die Theorie der Atombindung entwickelt. Dabei wurde die Wellenfunktion, die die Elektronen im H_2^+ und H_2 beschreibt, durch eine Kombination von Funktionen erhalten, die ihrerseits separate Strukturen beschreiben, die sich voneinander durch Platztausch (H_2^+) oder Vertauschung (H_2) von Elektronen unterscheiden.

*) Anmerkung des Übersetzers: Die Terminologie des Autors weicht von der in der deutschsprachigen Literatur üblichen ab, wo im allgemeinen von „Valenz*strukturen*" gesprochen wird. Vgl. auch die unten gegebenen Definitionen.

Diese Multiplizität von Elektronenkonfigurationen besteht nicht nur bei der Bindung zwischen zwei Atomen, sondern ebenfalls in vielen anderen Fällen, in denen man für das Gesamtmolekül mehr als eine Formel schreiben kann, die verschiedenen Elektronenkonfigurationen entsprechen.

Wir benützen den Ausdruck „Konfiguration“ zur Kennzeichnung verschiedener Elektronenanordnungen, während der Terminus „Struktur“ eine bestimmte räumliche Lage der Atomkerne bezeichnet. Im Gegensatz zur Struktur besitzt die einzelne Konfiguration keine reale physikalische Bedeutung.

Der stationäre Zustand, d.h. der tatsächliche, chemischen und physikalischen Untersuchungen zugängliche Zustand (Seite 106) kann nur durch eine Kombination aller Konfigurationen wiedergegeben werden, die in unterschiedlichem Maße zum Gesamtzustand beitragen. Viele Eigenschaften, wie die Bindungslängen und die Ladungsverteilung, liegen zwischen den für die separaten Konfigurationen erwarteten Werten. Die Energie ist stets niedriger als für irgendeine der separaten Konfigurationen zu erwarten wäre. Die Resonanzenergie (RE) ist die Differenz zwischen der Energie des stationären Zustandes und der für die energieärmste Konfiguration berechneten Energie.

Es sei nochmals betont, daß weder die Resonanz noch die separaten Konfigurationen eine physikalische Bedeutung besitzen (Seite 124). Man muß sich bewußt bleiben, daß Resonanz kein physikalisches Phänomen, sondern der Bestandteil einer Rechenmethode ist (VB-Methode, Seite 263), die dazu dient, die wahre Wellenfunktion des stationären Zustandes angenähert zu ermitteln. Die Berechtigung für die Methode liegt in ihren Erfolgen bei der Verknüpfung von Beobachtungen zu einem geschlossenen, theoretischen Bild der Molekülkonstitution. Es ist demnach ebenfalls unrichtig, von einem Gleichgewicht zwischen zwei oder mehreren Formen eines Moleküls zu sprechen oder sich vorzustellen, das Molekül existiere in einem Moment in dieser, im nächsten Moment in der anderen Konfiguration. Hierin besteht der Unterschied zur Tautomerie, wo die räumliche Lage der Atomkerne in den einzelnen tautomeren Formen verschieden ist. Dabei unterliegt jedes Molekül einer Anzahl von Zusammenstößen, ehe die Umwandlung stattfindet, und die Gesetze des thermodynamischen Gleichgewichts sind also anwendbar.

Bedingungen für die Resonanz

1. Resonanz existiert nur, wenn ein Übergang von einer Elektronenkonfiguration in die andere prinzipiell möglich ist. Nach der Wellenmechanik ist die Bedingung dafür, daß die Konfigurationen den gleichen Symmetriecharakter haben. Insbesondere müssen sie die gleiche Anzahl (ge-

wöhnlich Null) ungepaarter Spins besitzen*). Der symmetrisch anziehende (bindende) und der antisymmetrische abstoßende (antibindende) Zustand im H_2^+ (Seite 121) können also nicht kombiniert werden, ebenso auch nicht der Singulettzustand (anziehend) und der Triplettzustand (abstoßend) im H_2 (Seite 141) oder der ionische und der Atombindungszustand im Hexacyanoferrat(II)-Ion (Seite 165).
Die Berechnung der Energie des H_2^+ und H_2 zeigt, daß die Größe $\beta = \int \psi_I \cdot H \psi_{II} \, dv$ die Aufspaltung der Energieniveaus als Folge der Resonanz bestimmt (Seite 129). Der Hamilton-Operator H hängt von der Ladungsverteilung ab und ist demzufolge symmetrisch (sofern das Molekül symmetrisch ist) und unabhängig von der Spinorientation. Wir nehmen nun für ψ_I und ψ_{II} einen verschiedenen Symmetriecharakter an, z.B. sei ψ_I symmetrisch und ψ_{II} antisymmetrisch im Hinblick auf eine Spiegelung einer als vertikal gedachten Symmetrieebene (Bild 12). Die Integration über die linke oder rechte Hälfte des gesamten Raumes liefert dann gleiche Beträge, die jedoch wegen des antisymmetrischen Charakters von ψ_{II} ein entgegengesetztes Vorzeichen haben. Das Integral über den gesamten Raum wird folglich Null (orthogonale Funktionen, siehe Seite 117). Das gleiche ist bei einem Integral über das Produkt zweier verschiedener Spinfunktionen der Fall.
2. Resonanz ist nur möglich (bzw. zumindest von Bedeutung für die Energie) zwischen Elektronenkonfigurationen der gleichen räumlichen Struktur. Wie Seite 123 gezeigt wurde, entspricht die Aufspaltung der Energieniveaus gewissermaßen einer Austauschfrequenz. Infolge der viel größeren Masse der Kerne wäre diese Frequenz für solche Übergänge sehr klein (proportional $1/\sqrt{m}$), bei denen die Verlagerung auch von Atomkernen nötig ist.
Der eigentliche Grund für die geringe Aufspaltung der Energie bei der Kernresonanz liegt in diesem Falle in der kurzen de-Broglie-Wellenlänge (Seite 105). Falls beide Konfigurationen nicht eine identische Anordnung der Kerne besitzen, ist die Wellenfunktion deshalb in einem kleinen Gebiet konzentriert und die Überlappung äußerst gering.
Bei der Aufspaltung $\delta W < kT$, wie sie stets bei der Kernresonanz vorliegt, ergibt sich keine Stabilisierung mehr (Seite 122).
Es sei deshalb daran erinnert, daß z.B. in der Wiedergabe der zwei Kekulé-Formen des Benzols durch klassische Strukturformeln die Bindungslängen bzw. Bindungswinkel als gleich angesehen werden müssen, entsprechend denen im Benzol.

Kernresonanz ist an sich durchaus möglich und erfolgt z.B. im Ammoniakmolekül; sie liegt auch in gewissen anderen Phänomenen von Wasserstoffkernen vor (Abschnitt 45).

---

*) Mit Ausnahme der zu vernachlässigenden Wahrscheinlichkeit einer geringen Spin-Spin- und Spin-Bahn-Kopplung (*McClure* 1952).

Die beiden Formen des Ammoniakmoleküls lassen sich wiedergeben mit dem Stickstoffatom links bzw. rechts der durch die drei Wasserstoffatome gebildeten Ebene. Diese Formen sind tatsächlich verschieden in bezug auf das Koordinatensystem des Moleküls. Wenn man die drei Wasserstoffatome einmal als voneinander verschieden ansieht, würde der Übergang von einer Form in die andere demjenigen von einem optischen Antipoden in den anderen entsprechen.

Die Potentialkurve für NH_3 ist in Bild 20 wiedergegeben. Es finden sich zwei durch eine Energiebarriere von 5,88 kcal getrennte Minima. Die beiden Lagen des Stickstoffatoms befinden sich in einem Abstand von 0,38 Å von der Ebene der Wasserstoffatome. Die Aufspaltung in zwei Niveaus entspricht durchaus der Kombination von zwei Wellenfunktionen (ψ_L und ψ_R für die linke bzw. rechte Form) unter Bildung von $\psi_L + \psi_R$ für den symmetrischen bzw. $\psi_L - \psi_R$ für den antisymmetrischen Zu-

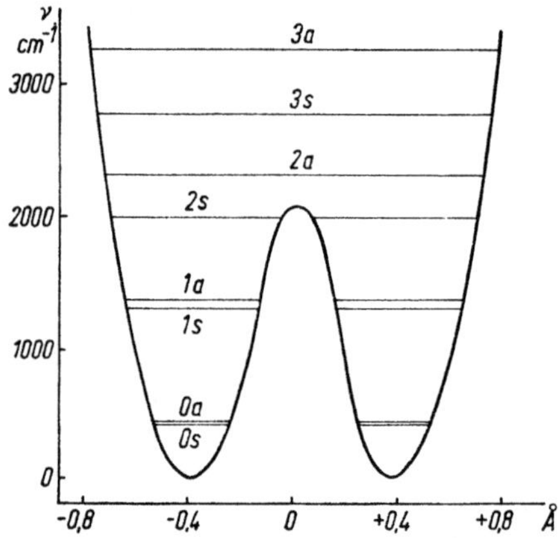

Bild 20. Potentielle Energie V von NH_3 als Funktion des Abstandes des Stickstoffatoms von der Ebene der drei Wasserstoffatome

stand. Die Aufspaltung ist hier also eine Folge der Überlappung von ψ_L und ψ_R. Diese Funktionen nehmen in der Zwischenregion exponentiell ab, so daß die Aufspaltung für die höheren Niveaus größer ist, wo die Potentialbarriere schmaler ist.

Das reale Maß für die Breite der Potentialbarriere stellt die de-Broglie-Wellenlänge dar. Die aktuelle Breite der Barriere ist bei gleichen geometrischen Dimensionen somit für Deuteronen (Kerne von schwerem Wasserstoff) größer als für Protonen.

Die Aufspaltung ist also für ND_3 viel kleiner als für NH_3. Es ist weiterhin richtiger, zu sagen, daß die Pyramide der Wasserstoffatome mit dem Stickstoffatom an der Spitze umgestülpt wird, als von einer Verlagerung des Stickstoffatoms zu sprechen. In Anbetracht seiner größeren Masse ist die Bewegung des Stickstoffatoms sehr gering. Die Aufspaltung der Niveaus in ein niedrigeres symmetrisches (s) und ein höheres antisymmetrisches (a) Niveau bewirkt eine Verdoppelung im Spektrum. Während im Infrarotabsorptionsspektrum nur die Übergänge von einem antisymmetrischen zum symmetrischen Niveau oder umgekehrt erlaubt sind, entsprechen die Linien im Raman-Spektrum Übergängen zwischen Niveaus vom gleichen Charakter.

Energieniveaus

NH$_3$	ND$_3$
3 a 2861 cm^{-1}	2113 cm^{-1}
3 s 2380	1830
2 a 1910	1429
2 s 1597,4	1359
1 a 968,08	749,0
1 s 932,24	745,6
0 a 0,66	$<$ 0,2
0 s 0	0

Infrarotfrequenz: 0 s — 1 a 968,08 cm^{-1}

– 0 a — 1 s 931,58 cm^{-1}

– $\Delta\nu = \Delta_1 + \Delta_0 =$ 36,5 cm^{-1}

(für ND$_3$ 749,0 cm^{-1} bzw. 745,6 cm^{-1}, $\Delta\nu = 3{,}4$ cm^{-1})

Die sehr kleine Aufspaltung des Grundzustandes von 0,66 cm^{-1} ist gleich 1,9 cal/Mol entsprechend 1 °K.

Der Übergang 0 s → 0 a ist auch möglich, aber die entsprechende Wellenlänge von 1,5 cm ist so lang, daß er nicht mehr in den Bereich der infraroten Strahlung fällt, sondern in den der kürzesten Radiowellen, der Mikrowellen. Dieser Übergang war die erste Beobachtung von Molekülabsorption in diesem Gebiet (*Cleeton* und *Williams* 1934), das jetzt intensiv studiert wird und in das die reinen Rotationsspektren der meisten Verbindungen fallen. Aus den Mikrowellenspektren im Bereich von 0,5–10 cm lassen sich Atomabstände mit verblüffender Genauigkeit ermitteln (*Gordy Smith* und *Trambarulo* 1953; *Townes* und *Schawlow* 1955; *Ingram* 1955; Gen. Disc. Faraday, Soc. Nr. 19, 1955)(für lineare unsymmetrische Moleküle $^{16}O\,^{12}C\,^{32}S$: C—O: 1,637 Å; C—S: 1,5586 Å; HCN: C—H: 1,061 Å; C—N: 1,157 Å; FCl: 1,62811 Å).

3. Während die Elektronenkonfigurationen den beiden vorstehenden Bedingungen für die Resonanz strikt gehorchen müssen, ist dies nur in begrenztem Ausmaße für die Bedingungen 3 und 4 notwendig.

Die Resonanzenergie ist nur für den Fall von zwei oder mehreren Konfigurationen gleicher Energie maximal. Nur die Konfigurationen mit einer kleinen Energiedifferenz zur Konfiguration mit der niedrigsten Energie können deshalb wesentlich zum stationären Zustand beitragen. Mit anderen Worten ist Resonanz nur zwischen Konfigurationen mit nicht zu großen Energieunterschieden möglich.

Bild 21 zeigt die Resonanzenergie für zwei Konfigurationen als Funktion der Energiedifferenz zwischen ihnen, alle Energien ausgedrückt in Einheiten der Größe $\beta = \int \psi_A \cdot H\psi_B \, dv$. β ist z.B. für Benzol in der Größenordnung von 40 kcal/Mol*).

*) Diese Größe β (siehe Seite 129) muß von der Austauschenergie β unterschieden werden, die auf Seite 269 in die MO-Methode eingeführt wird. Das oben gebrauchte β entspricht vielmehr der Austauschenergie α in der VB-Methode (Seite 263).

Diese Bedingung erklärt die Beschränkung auf die sog. Lewis-Langmuir-Konfigurationen, in denen jedes Atom von acht Elektronen (Wasserstoff von zwei Elektronen) umgeben ist. Es gibt jedoch viele Ausnahmen. In einer chemischen Reaktion ist der Anteil der verschiedenen Konfigurationen am (aktivierten) Zwischenzustand der Reaktion, dem sog. aktivierten Komplex, ganz unterschiedlich von ihrem Anteil am Grundzustand, da der aktivierte Zustand einen hohen Energieinhalt besitzt.

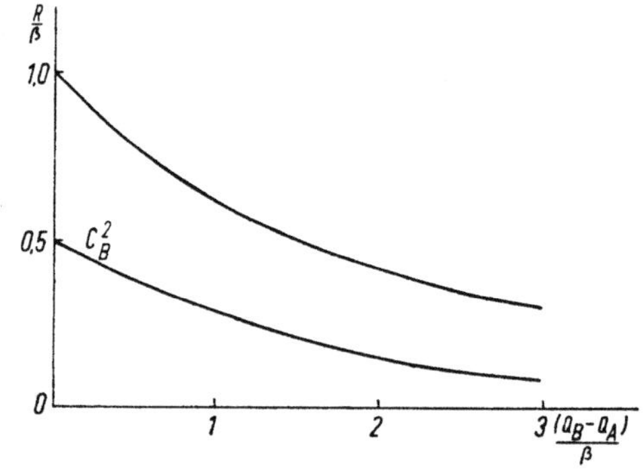

Bild 21. Resonanzenergie R und Anteil $C_B^2/(C_A^2 + C_B^2)$ der Konfiguration B als Funktion der Energiedifferenz zwischen den Konfigurationen B und A, ausgedrückt in Einheiten der Austauschenergie β

Eine besonders energiereiche Konfiguration, die nur wenig zum Grundzustand beiträgt, kann deshalb die bei weitem bedeutungsvollste im Übergangszustand chemischer Reaktionen sein (Abschn. 36).

In einer Ableitung analog der auf Seite 126, jetzt jedoch für zwei verschiedene Konfigurationen A und B, tritt die Determinante auf:

$$\begin{vmatrix} Q_{AA} - E & \beta - \Delta E \\ \beta - \Delta E & Q_{BB} - E \end{vmatrix} = 0 .$$

Wir setzen nun $Q_{BB} \equiv \int \psi_B \cdot H\psi_B \, dv$ gleich $Q_{AA} - \delta\beta$. Wenn wir Δ vernachlässigen, ergibt sich: $Q_{AA} - E = +\frac{1}{2}\delta\beta \pm \beta\sqrt{1 + \frac{1}{4}\delta^2}$. Für ein negatives Vorzeichen und unter Beachtung, daß $Q_{AA} - E$ die Resonanzenegie repräsentiert (die Energie Q_{AA} der Konfiguration A ist kleiner als Q_{BB}, da δ positiv und β negativ ist) folgt: $\frac{R}{\beta} = \frac{1}{2}\delta - \sqrt{1 + \frac{1}{4}\delta^2}$, was in Bild 21 wiedergegeben ist.
Das Verhältnis C_B/C_A ist:

$$-\frac{Q_{AA} - E}{\beta} = -\frac{R}{\beta} .$$

Der Anteil der Konfiguration B zur Ladungsverteilung $C_B^2/(C_A^2 + C_B^2)$ ist in Bild 21 ebenfalls aufgetragen.

Es ist klar, daß Konfigurationen mit höherem Energieinhalt immer noch einen bedeutenden Einfluß auf die Energie des stationären Zustandes haben können, wenn auch ihr Anteil zur Ladungsdichte gering ist.

4. Für eine ebene Struktur wird die Resonanzenergie ein Maximum. Die Elektronenkonfigurationen werden deshalb so eben sein wie möglich. In den meisten Fällen sind es Elektronen in p-Funktionen, die sog. π-Elektronen (Seite 179), die für die Multiplizität der Konfigurationen verantwortlich sind (vgl. Benzol). Die bestimmende Größe β ist nun eng mit der „Überlappung" der Wellenfunktion verknüpft.
Wie am Äthylen erklärt, stehen die Achsen der Wellenfunktionen der π-Elektronen senkrecht auf der durch die Gruppierung 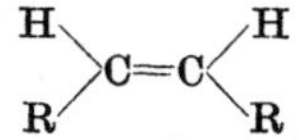 gebildeten Ebene. Die Überlappung wird maximal, wenn die beiden Funktionen parallel sind, das gesamte Molekül also eben ist.
Die Tatsache, daß die Überlappung und demnach die Resonanzenergie für eine ebene Struktur maximal sind, führt zu einer Stabilisierung dieser ebenen Struktur gegenüber anderen Strukturen. Wenn die Ausbildung einer ebenen Struktur durch sterische Faktoren gehindert wird, ist die Resonanzenergie kleiner (Seite 208 und 240).
Die Einführung des Resonanzbegriffs hat zu einer befriedigenden Erklärung zahlreicher experimenteller Fakten geführt, die auf der Basis der vorher bestehenden Theorien nicht erklärbar waren. Dieser Begriff der Resonanz, eingeführt und entwickelt auf der Grundlage der Wellenmechanik, zeigt nichtsdestoweniger eine gewisse Analogie zu früheren Auffassungen wie denen von *Lowry* und *Ingold* und von *Arndt*. Der mitunter bevorzugte Begriff „Mesomerie" wird dann lediglich für die hier behandelte Resonanz zwischen Valenzkonfigurationen benützt und deckt sich deshalb nicht mit dem allgemeineren Begriff der Resonanz. Viele Beispiele illustrieren die Bedeutung und das Ausmaß des Resonanzbegriffes.

a) Benzol

Das wichtigste Beispiel stellt das Benzolmolekül und ganz allgemein der aromatische Kern dar. Die sechseckige Kekulé-Struktur, obwohl in mehrfacher Hinsicht zufriedenstellend, besitzt zwei Mängel: Erstens führt die Vierwertigkeit des Kohlenstoffs zu Schwierigkeiten bei der Anordnung der drei Doppelbindungen.

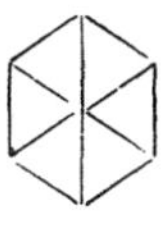

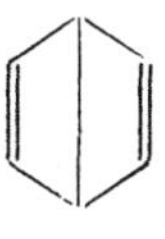

Man war entweder gezwungen, unwahrscheinliche oder unklare Strukturen wie die Claus-Bayer-Armstrong- oder die Dewar-Strukturen*) anzunehmen oder aber eine Oszillation zwischen den beiden Kekulé-Anordnungen. Zweitens gab es keine befriedigende Erklärung, warum das Benzol nicht so reagiert, wie man es für ein Molekül mit drei Doppelbindungen erwarten sollte, oder um das Problem anders auszudrücken, worin der Grund für den fundamentalen Unterschied zwischen Benzol und Cyclohexatrien liegt (dieser Benennung entspricht nach der Genfer Nomenklatur ein Molekül mit einer Struktur, wie sie durch eine der beiden Kekulé-Formeln wiedergegeben wird).

Die beiden Kekulé-Formeln repräsentieren zwei äquivalente Elektronenkonfigurationen. Der aktuelle Zustand des Moleküls entspricht also einer Resonanz zwischen beiden. Alle sechs Bindungen sind deshalb gleich, sie besitzen einen Charakter zwischen einer Einfach- und einer Doppelbindung. Zur gleichen Zeit stabilisiert die Resonanz den stationären Zustand gegenüber den isolierten Kekulé-Strukturen. Diese Energiesenkung kompensiert teilweise den ungesättigten Charakter der Doppelbindung (siehe Seite 180).

Der Resonanzbegriff beseitigt also beide Schwierigkeiten. Wenn *Kekulé* die Hypothese aufgestellt hätte, daß die Oszillation zwischen den beiden Strukturen gleichzeitig der Grund für die Stabilität des Benzols sei, wäre der Resonanzbegriff in ähnlicher Weise vorweggenommen worden wie die wellenmechanische Theorie der gemischten (hybridisierten) Wellenfunktionen durch das Tetraedermodell des Kohlenstoffs von *van't Hoff* und *le Bel*. Der Resonanzbegriff kann ebenso wie das tetraedrische Kohlenstoffatom benützt werden, ohne in jedem Fall die Theorien der Wellenmechanik explizit anzuwenden, die in der Basis dieser Begriffe liegen.

Der genaue Betrag der Resonanzenergie (RE) kann aus experimentellen Daten nicht ermittelt werden, da der Energieinhalt einer separaten Kekulé-Struktur nicht bekannt ist (Seite 194). Man kann jedoch die Energie des Cyclohexatriens recht gut aus den Bindungsenergien (Tabelle 18) ableiten, d.h. für ein ringförmiges Molekül mit abwechselnden Bindungen, die denen im Äthan und Äthylen entsprechen, also mit abwechselnden C–C- und C=C-Bindungen mit Bindungslängen von 1,54 Å und 1,34 Å.

Entsprechend der Bedingung 2 (Seite 195) sollten die Kekulé-Konfigurationen die gleiche Anordnung der Atome haben, wie sie im stationären Zustande des Benzols vorliegt, also eine ebene Struktur mit sechs gleichen C–C-Abständen von 1,39 Å. Es ist sowohl durch Elektronenbeugung als

*) Neuerdings ist beobachtet worden, daß das 1,2,4-Tri-*t*-Butylbenzol bei Belichtung in eine korrespondierende Dewar-Struktur, also in eine Bicyclo-Hexadienverbindung übergeht (*van Tamelen* und *Pappas* 1962).

auch durch Interpretation der Raman- und Infrarotspektren eindeutig bewiesen, daß diese Struktur eines ebenen, gleichseitigen Sechsecks richtig ist.

Wenn wir die Energiedifferenzen zwischen den verschiedenen räumlichen Strukturen vernachlässigen, können wir die Gesamtbindungsenergie für eine Kekulé-Konfiguration berechnen (Tabelle 18):

$$6E_{\mathrm{CH}} + 3E_{\mathrm{CC}} + 3E_{\mathrm{C=C}} = 6 \cdot 98{,}5 + 3 \cdot 83{,}0 + 3 \cdot 146{,}4 = 1279{,}2\,\mathrm{kcal}.$$

Die Verbrennungswärme des Benzols (Gaszustand) beträgt 789,1 kcal. Mit Hilfe der auf Seite 187 angeführten Methode finden wir eine Gesamtbindungsenergie von 1318,1 kcal. In dieser zuerst von *Pauling* angewandten Weise wird für das Benzol eine Resonanzenergie von 38,9 kcal/Mol errechnet.

In gleicher Weise berechnete Resonanzenergien für andere Moleküle sind in Tabelle 19 aufgeführt.

Tabelle 19: Resonanzenergie
(berechnet aus der Verbrennungswärme im Gaszustand, in kcal/Mol*))

Benzol	39	36	Pyridin	40	23
Toluol	42	35	Furan	18	16
Naphthalin	72	61	Pyrrol	27	21
Anthracen	103	84	Thiophen	25	29
Phenanthren	110	91	Chinolin	61	47
Naphthacen	138	110	Phenol	41	36
Styrol	44	38	Anilin	47	38
Cyclooctatetraen	9	4	Benzochinon	5	4
Biphenyl	84	71	Essigsäure	19	13
Stilben (trans)	92	77	Äthylacetat	21	16
Azulen	42	33	Acetanhydrid	30	29
Tropolon	27	21	Acetamid	17	16

*) Erste Spalte: Aus den Bindungsenergien der Tabelle 18 berechnete Werte. Zweite Spalte: Werte nach *Wheland*, „Resonance in Organic Chemistry" (1955, Seite 86), berechnet mit Hilfe der Methode von *Klages* (1949). Fast identische Werte werden nach der Methode von *Franklin* (1949, 1950) erhalten. Siehe auch Seite 186.

Bei der Berechnung der Resonanzenergie aus den Verbrennungswärmen muß die Differenz zwischen zwei großen Zahlenwerten ermittelt werden. Die direkte Bestimmung der Hydrierungswärmen bildet eine genauere Methode (*Kistiakowsky* u.a. 1935, 1936, 1951).

Für den Wärmeeffekt bei der Hydrierung des Benzols zu Cyclohexan werden 49,8 kcal/Mol gefunden. Bei der Addition eines Moleküls H_2 an eine normale (nicht konjugierte) Doppelbindung werden 28–30 kcal/Mol frei. Wir wählen das Cyclohexen als Vergleichssubstanz, dessen Hydrierung 28,6 kcal/Mol liefert. Die Hydrierungswärme des Benzols ist $3 \cdot 28,6 - 49,8 = 36,0$ kcal/Mol niedriger als für eine Substanz mit drei normalen Doppelbindungen zu erwarten wäre. Das Benzol ist also 36,0 kcal/Mol stabiler als das Cyclohexatrien, die Resonanzenergie beträgt demnach 36,0 kcal. In der Tabelle 20 sind aus den Hydrierungswärmen durch Vergleich mit den „normalen" Kohlenwasserstoffen berechnete Resonazenergien aufgeführt, wie sie von *Kistiakowsky* und Mitarbeitern bestimmt wurden. Als Bezugssubstanzen dienen die rechtsstehenden Verbindungen mit dem gleichen Substitutionstyp der Doppelbindung.

Die Stabilisierung des Benzols durch das System von drei konjugierten Doppelbindungen im Ring wird noch deutlicher erkennbar, wenn wir aus den Hydrierungswärmen der obigen Tabelle die Hydrierungswärmen für die drei getrennten Schritte berechnen:

Benzol → 1,3-Cyclohexadien → Cyclohexen → Cyclohexan.

Tabelle 20: Resonanzenergien aus Hydrierungswärmen (in kcal/Mol)

Substanz	Beob. Hydrierungswärme	Ber.	R. E.	Vergleichssubstanz	Beob. Hydrierungswärme
Benzol	49,8	85,8	36,0	Cyclohexen (I)	28,6
Äthylbenzol	48,9	84,1	35,2	I und Trimethyläthylen (II)	26,9
o-Xylol	47,3	82,4	35,1	I und Trimethyläthylen (II)	26,9
Hydrinden	45,8	82,4	36,6	I und Trimethyläthylen (II)	26,9
Styrol	77,5	114,4	36,9	I, II und 1-Buten (III)	–
Inden	69,9	109,3	39,4	II, III und Cyclopenten	26,9
1,3-Butadien	57,1	60,6	3,5	1-Buten (III)	30,3
1,3-Cyclohexadien	55,4	57,2	1,8	Cyclohexen	28,6
1,3,5-Cycloheptatrien	72,8	79,5	6,7	Cyclohepten	26,5
1,4-Pentadien	60,8	60,6	≈ 0	1-Buten	30,3
1,3-Pentadien	54,1	58,3	4,2	III und 2-Penten	28,0
1,3-Cyclopentadien	50,9	53,8	2,9	Cyclopenten	26,9
1,5-Hexadien	60,5	60,6	≈ 0	III und 2-Penten	28,0
1,4-Dihydro-naphthalin*)	27,6	28,6	1	Cyclohexen	28,6
cis-Stilben*)	26,3	28,6	2,3	*cis*-2-Buten	28,6
trans-Stilben*)	27,6	20,6	7,0	*trans*-2-Buten	27,6

*) Nur die nicht zum aromatischen Ring gehörende Doppelbindung wird hydriert.

Im ersten Schritt ist die Addition eines Moleküls Wasserstoff mit einem Energie*anstieg* von 5,6 kcal verknüpft. Praktisch die gesamte Resonanzenergie geht also bereits in diesem Schritt verloren. Die Hydrierungswärme für den zweiten Schritt, in dem 55,4 − 28,6 = 26,8 kcal freigesetzt werden, ist nur 1,8 kcal kleiner (hierüber siehe Seite 210) als für den letzten Schritt (28,6 kcal).

Die Differenz zwischen der Verbrennungswärme der hydrierten Verbindung und der Ausgangsverbindung plus Wasserstoff kann ebenfalls benützt werden, um die Hydrierungswärme zu errechnen.

Die sechs Elektronen der Doppelbindung im Benzol, auch Elektronen zweiter Art oder π-Elektronen genannt, sind nicht lokalisiert, sondern können sich gewissermaßen um den ganzen Ring herum frei bewegen. Das zeigt sich in dem hohen anisotropen Diamagnetismus des Benzols und anderer aromatischer Moleküle. Wenn man den Ring als einen Supraleiter betrachtet, kann das magnetische Moment berechnet werden, das durch ein senkrecht zur Ringebene wirkendes magnetisches Feld induziert wird (*Pauling* 1936, *London* 1937). Das Ergebnis der Rechnung stimmt gut mit der Beobachtung überein (*Lonsdale* 1937, 1939).

Die Ergebnisse von Ozonisierungsversuchen an Benzol und Benzolderivaten wie *o*-Xylol stehen in Einklang mit der Gleichwertigkeit der Bindungen und stellen deshalb einen chemischen Beweis für die Resonanz in aromatischen Verbindungen dar (*Levine* und *Cole* 1932 und insbesondere *Wibaut* und Mitarbeiter 1950, 1956, 1957; siehe auch Seite 258). *Wibaut* und *Haayman* (1941) fanden bei der Ozonisierung von *o*-Xylol, daß die Reaktionsprodukte Dimethylglyoxal, Methylglyoxal und Glyoxal im Verhältnis 1 : 2 : 3 entstehen. Das entspricht der Erwartung, wenn angenommen wird, daß beide Kekulé-Konfigurationen die gleiche Wahrscheinlichkeit zur Reaktion mit drei Molekülen Ozon haben.

Wenn wir gemäß Bedingung 3, Seite 197 versuchen, alle möglichen (nichtpolaren) Lewis-Langmuir-Konfigurationen für das Benzol mit Elektronenpaarbindungen zu schreiben, ergeben sich fünf Möglichkeiten. Neben den zwei Kekulé-Konfigurationen treten noch drei Dewar-Konfigurationen auf.

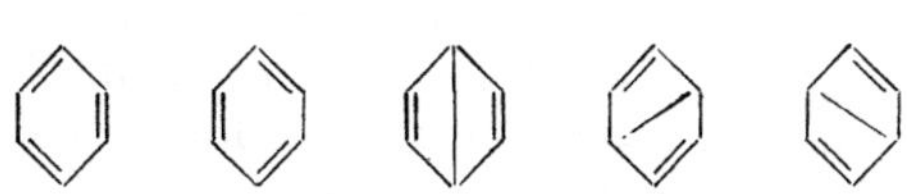

Es sind allerdings noch weitere Konfigurationen möglich, wie die zentrische Formel (*Claus*) und drei Ladenburg-Formeln von auf die Ebene projizierten Prismen. Es läßt sich jedoch zeigen, daß diese Formeln als

Superpositionen der fünf bereits oben genannten Konfigurationen aufgefaßt werden können.

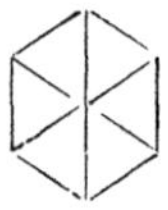

zentrisch
(*Claus*)

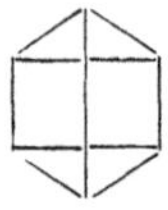

Ladenburg

Die Linie zwischen den Atomen in para-Stellungen in den Dewar-Konfigurationen besitzt hauptsächlich formale Bedeutung („lange Bindung", „Formalbindung"), sie bezeichnet ein Paar von Elektronen mit entgegengesetzten Spins. Infolge der Verdoppelung der normalen Bindungslänge gibt es hier keine wesentliche Überlappung der Wellenfunktionen mehr, und dieses Elektronenpaar repräsentiert keine wesentliche Bindungsenergie. Der Energieinhalt der Dewar-Konfiguration liegt deshalb etwa 60 kcal, d.h. um den Betrag einer doppelten Bindung höher als der einer Kekulé-Konfiguration. Übereinstimmend mit den Betrachtungen auf Seite 198) ist die gesamte Beteiligung der drei Dewar-Konfigurationen am stationären Zustand nur gering, er beträgt 22 % in bezug auf die Ladungsverteilung. Die Resonanzenergie wird durch diesen Anteil um 15 % vergrößert, von 0,9 α auf 1,11 α (Seite 263).
Im Benzol selbst tragen beide Kekulé-Konfigurationen (und ebenfalls die drei Dewar-Konfigurationen) gleich zum stationären Zustand bei. Das braucht jedoch in Substitutionsprodukten nicht der Fall zu sein. Insbesondere ist angenommen worden, daß die Ringspannung im gesättigten Ring des Hydrindens zu einer Bevorzugung der Konfiguration mit einer beiden Ringen gemeinsamen Einfachbindung führt, da so die erforderliche Abweichung der Bindungswinkel vom Normalwert kleiner sein kann als in der anderen Konfiguration („Mills-Nixon-Effekt", *Mills* und *Nixon* 1930; *Wheland* 1942, *Badger* 1951).

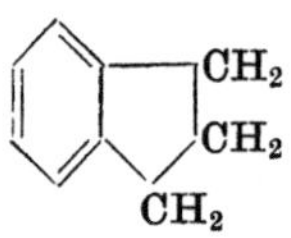

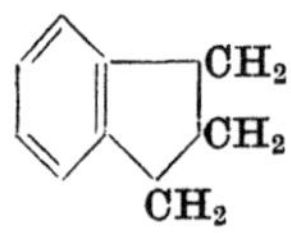

Die vorgebrachten Argumente waren jedoch nicht überzeugend. Inzwischen haben genaue Berechnungen ergeben (*Longuet-Higgins* und *Coulson* 1946), daß die gemeinsame Bindung sogar einen etwas höheren Doppelbindungscharakter besitzt als die benachbarten Bindungen. Einen Beweis liefert die Ozonisierung. Ozon greift an der gemeinsamen Bindung zu 80 % gegenüber 20 % an den benachbarten Bindungen an (*Wibaut* und *de Jong* 1956).

b) Andere aromatische Kohlenwasserstoffe und heterocyclische Verbindungen

Isocyclische Verbindungen

Bei allen aromatischen Verbindungen besteht Resonanz zwischen verschiedenen Elektronenkonfigurationen, deren Zahl bei größeren Molekülen rasch ansteigt. Insbesondere wächst die Zahl der möglichen sog. angeregten Konfigurationen*), in denen (analog wie in den Dewar-Strukturen im Benzol) zwei oder mehr formale Bindungen vorliegen.

Für das Naphthalin gibt es drei nicht angeregte Konfigurationen von praktisch gleicher Energie, eine symmetrische (*Erlenmeyer*) und zwei asymmetrische (*Erdmann*), die den Kekulé-Konfigurationen entsprechen:

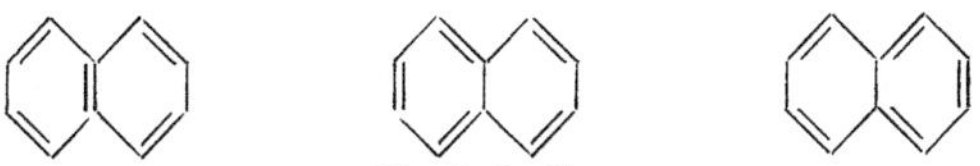

Naphthalin

Außerdem kommen noch 16 einfach angeregte Konfigurationen, 19 doppelt und vier dreifach angeregte Konfigurationen hinzu, die insgesamt 42 Lewis-Langmuir-Konfigurationen ergeben.

Die drei zuerst genannten Konfigurationen steuern zu 39,4 %, 30,3 % bzw. 30,3 %**) zum stationären Zustand bei.

Es besteht also kein Grund für eine Diskussion, welche Formel vorzuziehen ist.

Für Anthracen und Phenanthren lassen sich vier bzw. fünf nicht angeregte Konfigurationen schreiben.

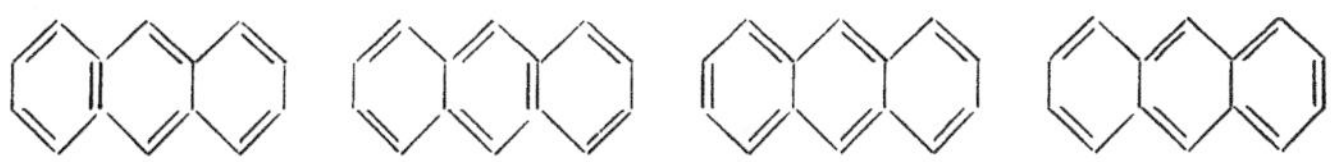

Anthracen

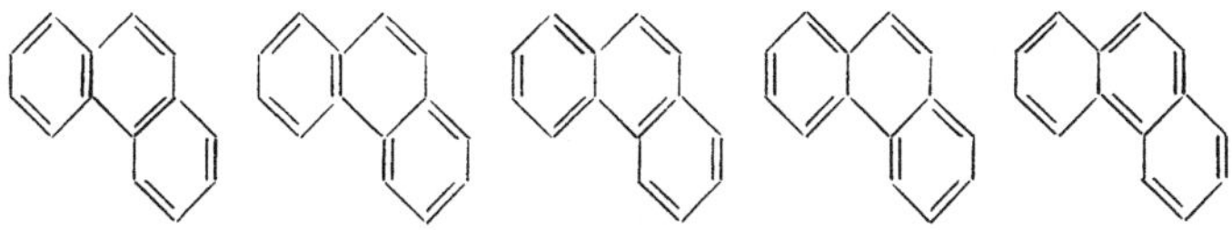

Phenanthren

---

*) Diese angeregten *Konfigurationen* müssen scharf von den angeregten *Zuständen* (Seite 235) unterschieden werden.

**) Diese Zahlen werden erhalten, wenn nur die nicht angeregten Kekulé-Konfigurationen berücksichtigt werden. Mit Hilfe einer verfeinerten Berechnung erhält man 36,6% für die symmetrische und je 14,4% für jede der nicht angeregten asymmetrischen Konfigurationen, 30,5% für alle 16 einfach angeregten Konfigurationen zusammen, 4,9% für die 19 doppelt angeregten und 0,04% für die vier dreifach angeregten Konfigurationen (*Sherman* 1934).

Die wichtigste der angeregten Konfigurationen des Anthracens ist die symmetrische 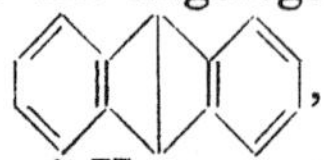, in der die sehr stabile Konfiguration des Benzols für zwei Kerne enthalten ist. Das ist von Bedeutung für die chemischen Reaktionen dieser Kohlenwasserstoffe (Abschn. 35), z. B. der Bildung eines 9,10-Chinons, des Anthrachinons.

Die Resonanzenergie des Anthracens beträgt 103 kcal, die des Phenanthrens 110 kcal (Tabelle 19).

Die räumliche Struktur der genannten Mehrkernkohlenwasserstoffe ist völlig eben, wie aus der Kristallstrukturanalyse ersichtlich ist. Dies gilt gleicherweise für alle anderen kondensierten, aromatischen Ringsysteme*) (*Robertson* 1950, 1953).

Wir können jedoch nicht erwarten, daß alle C–C-Bindungen den gleichen Charakter und demnach die gleiche Länge besitzen wie im Benzolmolekül.

Wenn wir uns den stationären Zustand dieser Moleküle in einer rohen ersten Näherung als eine einfache Überlagerung von gleichen Anteilen der nicht angeregten Konfigurationen (Kekulé-Konfigurationen) vor-

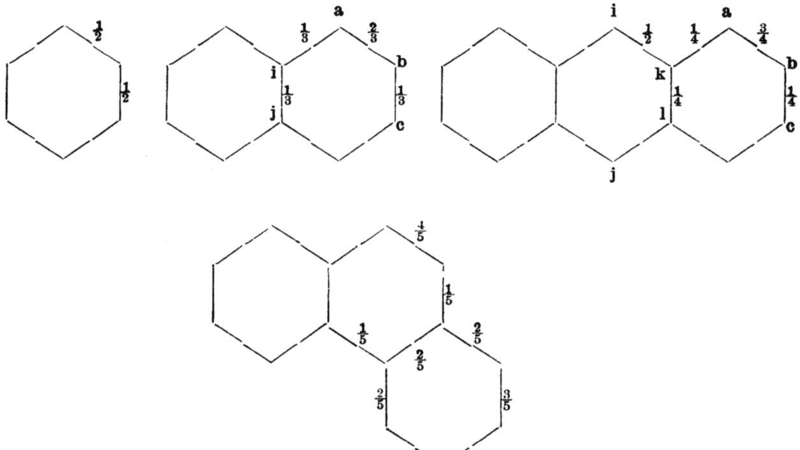

---

*) In „überfüllten" Molekülen wird die ebene Anordnung des Aromaten durch sterische Hinderung unmöglich gemacht, z. B. im 3 : 4–5 : 6-Dibenzanthracen und im Triphenylbenzol. Im Octamethylnaphthalin werden nur die Methylgruppen aus der Ebene gedrängt (*Bell* und *Waring* 1949; *McIntosh, Robertson* und *Vand* 1954; *Donaldson* und *Robertson* 1953; *Bastiansen* und *Hassel* 1952; *Farag* 1954; *Harnik, Herbstein, Schmidt* und *Hirschfeld* 1954).

stellen, finden wir wesentliche Unterschiede im Doppelbindungscharakter der Bindung, wie er von *Pauling**) definiert worden ist.
Obwohl sehr grob, gibt dieser Doppelbindungscharakter die Unterschiede recht gut wieder. So reagiert Naphthalin mit Ozon vorzugsweise an den 1,2-Bindungen und nicht an der 2,3-Bindung, Phenanthren addiert Brom sehr leicht an der 9,10-Bindung, die $^4/_5$ Doppelbindungscharakter besitzt.
Die Bindungslängen zeigen ebenfalls das gleiche *qualitative* Bild (*Cruickshank* 1956, 1957); die quantitativen Unterschiede sind geringer als erwartet werden könnte (siehe Seite 279).

Naphthalin	1–2 (*a–b*)	1,361 Å	Anthracen	1–2 (*a–b*)	1,366 Å
	2–3 (*b–c*)	1,421 Å		2–3 (*b–c*)	1,419 Å
				i–k	1,399 Å
	a–i	1,425 Å		*a–k*	1,433 Å
Gemeinsame Bindung	*i–j*	1,410 Å		*k–l*	1,436 Å

Man kann sagen, daß die Resonanzenergie proportional zur Zahl der Valenzkonfigurationen ansteigt. Phenanthren besitzt tatsächlich eine höhere Resonanzenergie als Anthracen.
Wenn wir nun zu anderen Kohlenwasserstoffen übergehen, dann zeigt sich wie erwartet, daß die Anfügung von Alkylgruppen wie im Toluol, Xylol, Äthylbenzol und Hydrinden keinen wesentlichen Einfluß auf die Resonanzenergie hat (Tabellen 19 und 20).
Das wird jedoch anders, wenn Konjugation zwischen Mehrfachbindungen in der Seitenkette und denen im aromatischen Kern besteht (vgl. die Resonanzenergie von Styrol und Stilben mit der des Benzols). Wir werden hierauf bei der Diskussion der Konjugation in offenen Ketten zurückkommen.
Im Diphenyl ist die Resonanzenergie 6 kcal größer als für zwei Benzolkerne erwartet würde. Diese zusätzliche Resonanzenergie hat ihren Ursprung in der Beteiligung von angeregten Konfigurationen wie

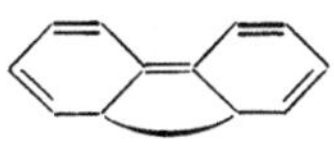

Die zentrale Bindung ist also verkürzt; sie beträgt 1,48 Å (im Kristall). Die Bedingung hierfür ist, daß beide Phenylkerne in einer Ebene liegen. Das ist in der Tat beim Diphenyl und höheren Polyphenylen der Fall.

*) Falls man die Unterschiede in den Anteiligkeiten berücksichtigt (Seite 205), wird der Bindungscharakter im Naphthalin, der durch Überlagerung der Kekulé-Konfigurationen gegeben ist: *ab* 0,70 (0,63), *bc* 0,30 (0,29), *ai* 0,30 (0,27), *ij* 0,39 (0,41); der in Klammern angegebene Bindungscharakter wird erhalten, wenn *alle* 42 Konfigurationen mit ihren jeweiligen „Gewichten" berücksichtigt werden (bezüglich anderer Berechnungen siehe Seite 266 und Tabelle 24).

Da jedoch die zusätzliche, die Koplanarität stabilisierende Resonanzenergie nur klein ist, wird es verständlich, daß die ebene Struktur infolge der sterischen Hinderung (Born-Abstoßung) von Gruppen in *ortho*-Position (2,2′, 6,6′) verlorengeht (Atropisomerie, Absorptionsspektrum, Seite 241).

Stilben und Azobenzol kommen in zwei Isomeren vor. In diesen Fällen ist in den *trans*-Isomeren die ebene Struktur realisiert*), sie ist für die *cis*-Isomeren räumlich nicht möglich.

Die Stabilität der *trans*-Verbindungen ist eine Folge der zusätzlichen Resonanz (Extraresonanzenergie *trans*-Stilben: 7,0 kcal; der Energieinhalt von *trans*-Azobenzol ist 10 kcal niedriger als von der *cis*-Form). Diese Resonanz zeigt sich auch an den zwischenatomaren Abständen: *trans*-Stilben C–C 1,445 Å, C=C 1,33 Å; Azobenzol *trans*-C–N 1, 415Å, *cis*-C–N 1,46 Å (Normalwert der C–C- bzw. C–N-Bindung 1,54 bzw. 1,47 Å). In der letzten Verbindung bilden die Ringebenen einen Winkel von 50°:

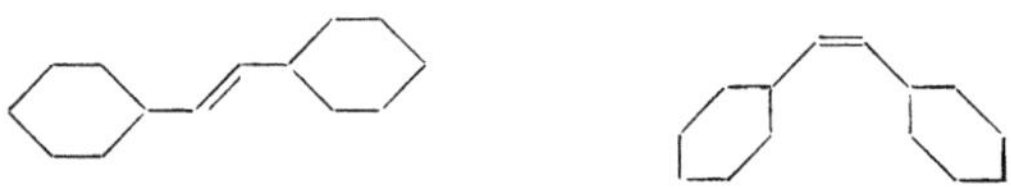

trans- und *cis*-Stilben (bzw. *trans*- und *cis*-Azobenzol).

Heterocyclische Verbindungen

Wir können das Benzol als aus Methingruppen =CH– (·Ċ:H) aufgebaut ansehen mit zwei Elektronen in den C–C–σ-Bindungen und einem π-Elektron. Eine oder mehrere dieser CH-Gruppen können durch ein Stickstoffatom (·Ṅ:) ersetzt sein. In dieser Weise erhalten wir heterocyclische Verbindungen mit sechsgliedrigen Ringen, wie Pyridin, Chinolin, Diazine, Triazine usw. Das System der π-Elektronen ist das gleiche geblieben, und die gleichen Konfigurationen sind möglich wie in den entsprechenden isocyclischen Kohlenwasserstoffen. Sie zeigen alle den gleichen aromatischen Charakter.

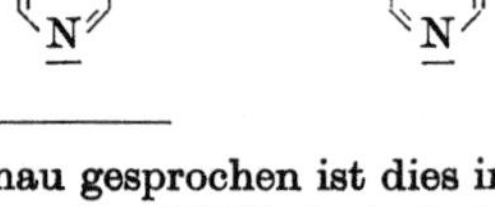

*) Genau gesprochen ist dies im Kristall nur für die Hälfte der Moleküle der Fall, die andere Hälfte hat die beiden Phenylgruppen in parallelen Ebenen. Das ist sicher eine Folge des entgegengesetzten Einflusses der Stabilisierung durch zusätzliche Resonanzenergie und der größeren Kohäsionsenergie infolge besserer Packung der Moleküle in diesem speziellen Gitter.

Man kann sich fragen, warum Pentazin CHN_5 und Hexazin N_6 (ein Polymeres des Stickstoffs) nicht existieren, obwohl doch die Triazine $C_3H_3N_3$ und ebenfalls die Tetrazine $C_2H_2N_4$ sehr stabile Verbindungen sind. Das beruht nicht auf der Instabilität dieser Moleküle als solchen, sondern auf der besonderen Stabilität der Dreifachbindung im Stickstoff und in HCN gegenüber den entsprechenden Einfach- und Doppelbindungen. Bei der Kohlenstoff-Kohlenstoff-Dreifachbindung ist dies nicht im gleichen Ausmaß der Fall (Tabelle 18).

Es gelten folgende Relationen:

$$E\,(N{\equiv}N) > [E\,(N{=}N) + E\,(N{-}N)]$$
$$E\,(C{\equiv}N) \approx [E\,(C{=}N) + E\,(C{-}N)]$$
$$E\,(C{\equiv}C) < [E\,(C{=}C) + E\,(C{-}C)]$$

Die N≡N- und in geringerem Maße die C≡N-Dreifachbindung hat also nicht einen solch ungesättigten Charakter wie die C≡C-Bindung (Seite 181).

Sechsringe mit einem Sauerstoffatom (Pyran) oder einem Schwefelatom als Heteroatom besitzen natürlich keinen aromatischen Charakter.

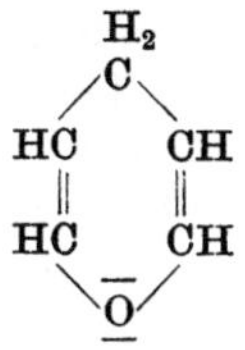

Pyran

Die heterocyclischen fünfgliedrigen Ringsysteme wie das Pyrrol, Furan, Thiophen, Thiazol, Imidazol usw. verdienen dagegen besondere Aufmerksamkeit.

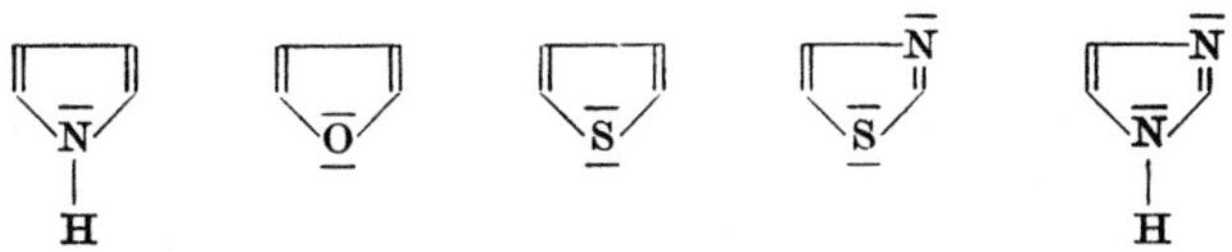

Das Heteroatom (N, O oder S) besitzt einsame Elektronenpaare, und es kann deshalb ein System von sechs π-Elektronen gebildet werden, das dem im Benzol analog ist.

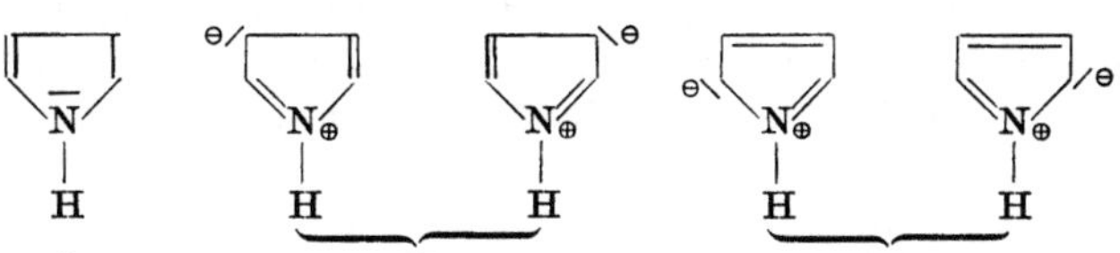

I II III

Das gleiche Bild gilt für das Furan und das Thiophen. In den Konfigurationen II und III hat das Heteroatom ein Elektronenpaar geliefert und erhält deshalb eine formale Ladung von +1. Bei einem stärker elektronegativen Heteroatom, wie dem Sauerstoff im Furan, besitzen diese Konfigurationen eine erheblich höhere Energie und tragen demzufolge zur Resonanz wenig bei. Der aromatische Charakter des Furans ist in der Tat weniger ausgeprägt als der des Pyrrols und Thiophens*). Das Furan hat auch die kleinste Resonanzenergie (Tabelle 19).
In allen drei Systemen ist die zentrale C–C-Bindung länger (1,46 Å, 1,44 Å und 1,44 Å) als die beiden anderen (im Pyrrol I z. B. 1,35 Å).
Das Stickstoffatom in aliphatischen Aminen, im Pyridin usw. besitzt basische Eigenschaften, d.h., es kann mit Hilfe seines freien Elektronenpaares ein Proton binden. Im Pyrrol gehen dagegen bei der Addition eines Protons die Resonanzmöglichkeiten II und III verloren, so daß das positive Ion nicht durch Resonanz stabilisiert wird. Die auf das Proton ausgeübte Anziehung, d.h. die Basizität, ist also beim Pyrrol sehr klein. Die Bildung eines negativen Ions wie im Pyrrolkalium verhindert dagegen die Resonanz nicht. Das Pyrrol zeigt aus diesem Grunde saure Eigenschaften.
Tatsächlich wird die Ablösung des Protons durch die formale positive Ladung in II bzw. III sogar begünstigt, ähnlich wie in dem sauren R_3NH^+-Ion (und ebenso dem Ammoniumion) und dem Phenol (Seite 217). Die Konfiguration des Pyrrolanions mit der negativen Ladung auf dem Stickstoffatom ist die stabilste. Im Tetrazol gibt es mehrere solcher Konfigurationen, und diese Substanz ist wegen der stärkeren Mesomerie im Ion ziemlich stark sauer ($K \sim 10^{-5}$).

31. Konjugation von Doppelbindungen und freien Elektronenpaaren

A. Es ist schon lange bekannt, daß die Konjugation von Doppelbindungen in offenen Ketten einen bedeutenden Einfluß auf die chemischen und physikalischen Eigenschaften ausübt. Das wird durch die verschiedenen Werte für die Hydrierungswärme in Tabelle 20 illustriert. An dem Refraktionsinkrement zeigt sich, daß die π-Elektronen in konjugierten Bindungen beweglicher sind als in isolierten Doppelbindungen.
Wenn zwei *nicht konjugierte* Doppelbindungen in einem Molekül vorhanden sind (wie im 1,4-Pentadien und 1,5-Hexadien), ist die Hydrierungswärme normal, d.h., sie entspricht dem doppelten Wert einer Doppelbindung. Wenn die beiden Doppelbindungen jedoch in einer offenen oder

*) Es ist jedoch wahrscheinlich, daß im Thiophen auch die d-Orbitals des Schwefels eine Rolle spielen (*Longuet-Higgins* 1949a; *Evans* und *de Heer* 1949).

geschlossenen Kette konjugiert sind, sinkt die Hydrierungswärme um 2–4 kcal/Mol*). Diese Senkung erreicht in einem konjugierten Trien 6,7 kcal/Mol. Der gleiche Effekt wird beobachtet, wenn die Doppelbindung mit dem Phenylkern konjugiert ist, vgl. z.B. 1,4-Dihydronaphthalin mit Styrol und Inden (Tabelle 20).
Es besteht wiederum Resonanz mit anderen Konfigurationen; diese haben jedoch alle einen höheren Energieinhalt als die eine „normale" Konfiguration (II).

$H_2\overset{\ominus}{\underline{C}}{-}CH{=}CH{-}\overset{\oplus}{C}H_2$ (I) $\quad H_2C{=}CH{-}CH{=}CH_2$ (II) $\quad H_2\overset{\oplus}{C}{-}CH{=}CH{-}\overset{\ominus}{\underline{C}}H_2$ (III)

$H_2C{-}CH{=}CH{-}CH_2$ (Enden durch langen Bindestrich verbunden) (IV)

Der lange Bindestrich in IV hat nur formalen Charakter und deutet an, daß an den Enden freie Elektronen auftreten (d.h. freie Valenzen), deren Spins entgegengesetzt gerichtet sind.
Die entsprechende Konfiguration mit parallelen Spins würde tatsächlich die gleiche Energie wie IV repräsentieren, nach Abschn. 30,1 ist diese Konfiguration jedoch von der Resonanz ausgeschlossen.
Die Anteile der drei Konfigurationen I, III und IV verleihen den 2,3-Bindungen einen gewissen Doppelbindungscharakter (20%), der aus der verringerten Bindungslänge von nur 1,47 Å hervorgeht.
Die Beiträge der Konfigurationen außer II sind auch an dem chemischen Verhalten konjugierter Systeme zu erkennen. Bei der Reaktion mit Halogen finden wir z.B. nebeneinander 1,2- und 1,4-Addition, während die Reaktion mit Natrium zu Polymerisation führt (Abschn. 35).
Im Butadiin (Diacetylen $HC{\equiv}C{-}C{\equiv}CH$) ist die mittlere Bindung nur 1,38 Å lang. Hier wirken Konjugation und Änderung der Hybridisierung in der gleichen Richtung, denn bereits im Propin (Methylacetylen) ist die Länge der $C{-}CH_3$-Bindung auf 1,46 Å verringert.

---

*) In neuerer Zeit sind Einwände gegen die Erklärung von Eigenschaften, wie Atomabständen und Energieunterschieden (siehe auch Tabelle 20) ungesättigter Verbindungen auf Grund von Resonanz erhoben worden (z.B. *Dewar* und *Schmeising* 1959; *Michailow* 1960; *Trotter* 1960).
Man schreibt die experimentellen Befunde ausschließlich Unterschieden der Hybridisierung zu; die Bindung $C(sp^2){-}C(sp^2)$ sei verschieden nach Energie und Abstand von $C(sp^2){-}C(sp^3)$ und $C(sp^3){-}C(sp^3)$.
Die Auffassung wird jedoch aus guten Gründen nicht allgemein geteilt (*Mulliken* 1959, *Yates* 1961), wenigstens nicht für die konjugierten Verbindungen. (Über Hyperkonjugation, Seite 285.)

Wir haben bereits mehrere Beispiele für die Konjugation einer Doppelbindung mit einem aromatischen System gegeben. Die Resonanzenergien sind hier größer als bei Konjugation zwischen zwei aliphatischen Doppelbindungen.

Für das Styrol lassen sich die folgenden Konfigurationen schreiben:

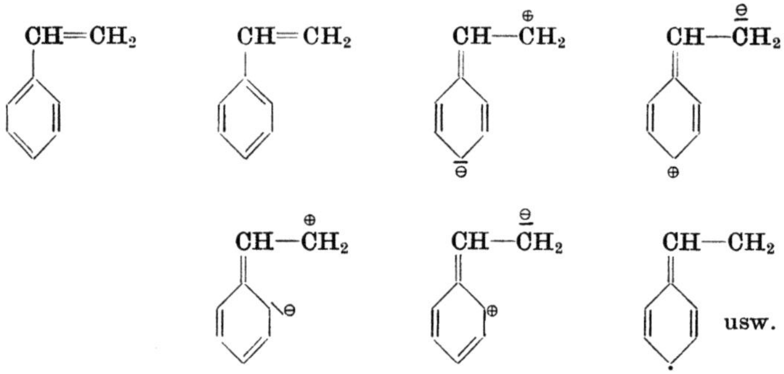

Es kommen noch die entsprechenden Spiegelbilder hinzu und die Konfigurationen, die einsame Elektronen mit entgegengesetzten Spins an den Stellen haben, die in den obigen Formeln eine positive oder negative Ladung tragen. Die Zahl der Konfigurationen ist deshalb erheblich größer als in den Butadienen.

Die Konjugation ist in keiner Weise auf die C=C-Bindungen beschränkt, und die Resonanz ist folglich ebenfalls sehr wichtig bei Konjugation von C=C- mit C=O-Bindungen und von C=O-Bindungen miteinander.

Die erste Gruppierung tritt z. B. in aromatischen Ketonen, den Estern der Acrylsäure und beim Crotonaldehyd $CH_3-CH=CH-CH=O$ auf. Die zweite Gruppierung findet sich im Glyoxal und Diacetyl, wo die C–C-Bindung infolge der Resonanz zwischen den beiden Carbonylgruppen auf 1,47 Å verkürzt ist. Weiterhin sind beide Substanzen gelb gefärbt (Abschn. 34). Die Berechnung der Resonanzenergie ist in diesem Falle unsicher, weil die Bindungsenergie für die C=O-Bindung variabel ist und die polare Wechselwirkung für den Energieinhalt ebenfalls eine Rolle spielt.

B. Die Konjugation von Mehrfachbindungen mit den freien Elektronenpaaren (einsamen Elektronenpaaren) von Stickstoff-, Sauerstoff-, Schwefel- und Halogenatomen stellt eine Ausdehnung des historischen Begriffs der Konjugation dar, die jedoch für ein gutes Verständnis der Eigenschaften substituierter aromatischer und ganz allgemein ungesättigter Verbindungen unentbehrlich ist.

Wenn wir das Vinylchlorid $CH_2=CH-Cl$ mit dem Äthylchlorid CH_3-CH_2-Cl vergleichen, finden wir einen wichtigen Unterschied in den Eigenschaften der C–Cl-Bindung. Das Chloratom im Vinylchlorid kann nur äußerst schwer durch Hydroxyl ersetzt werden (Verseifung), während der gleiche Prozeß beim Äthylchlorid sehr leicht eintritt. Vinylchlorid zeigt sich ebenfalls weniger reaktionsfähig als Äthylchlorid in der Reaktion mit Natriumdampf nach der Methode der „verdünnten“ Flamme. Die Aktivierungsenergie für die Reaktion liegt also beim Vinylchlorid höher.

Eine weitere Illustration ist das ähnliche Verhalten der C—Br-Bindung beim Austausch von Brom durch Jod. Die Geschwindigkeitskonstanten betragen:

$CH_2{=}CH{-}CH_2Br$	$K = 126$
$CH_3{-}CH{=}CHBr$	$K = 0{,}00017$

Die Resonanzenergie läßt sich zu etwa 20 kcal berechnen. Diese chemische Stabilität geht einer Verkürzung der C—Cl-Bindungslänge im Vinylchlorid auf 1,69 Å gegenüber 1,76 Å im Äthylchlorid parallel. Diese „Verfestigung“ der C—Cl-Bindung ist gleicherweise aus der vergrößerten Kraftkonstante ersichtlicht. Diese Konstante f verknüpft die rücktreibende Kraft mit der Verschiebung aus der Ruhelage, sie steht mit der Frequenz der C—Cl-Oszillation in Beziehung durch den Ausdruck $\nu = \frac{1}{2\pi}\sqrt{\frac{f}{m}}$. Die Schwingungsfrequenz ist deshalb im Vinylchlorid größer als im Äthylchlorid. Das kleinere Dipolmoment des Vinylchlorids (1,44 D gegenüber 2,00 D für Äthylchlorid) zeigt, daß im Vinylchlorid das Chlor gegenüber dem übrigen Molekül weniger negativ ist als im Äthylchlorid. Alle diese experimentellen Tatsachen finden eine plausible Erklärung, wenn man die Elektronenkonfigurationen etwas eingehender betrachtet. Das Molekül ist eben, und die Wellenfunktion der beiden π-Elektronen der C=C-Doppelbindung stehen senkrecht auf der Molekülebene und sind antisymmetrisch in bezug auf diese Spiegelebene. Das Bindungselektronenpaar der C—Cl-Bindung ist ein σ-Elektronenpaar wie in den C—H-Bindungen. Eines der nichtbindenden Elektronenpaare des Chloratoms ist ein 2s-Elektronenpaar, das symmetrisch ist. Wenn wir das Bindungselektronenpaar in seiner Bahn um das Chlor herum als ein $2p_x$-Paar bezeichnen, ist die Wellenfunktion eines der nichtbindenden Elektronenpaare die eines $2p_y$-Paares, das ebenfalls in der Molekülebene liegt. Das verbleibende dritte Paar ($2p_z$) steht dann senkrecht zur Molekülebene, und die beiden Elektronen sind ebenfalls π-Elektronen mit dem gleichen Symmetriecharakter wie die π-Elektronenpaare in der Doppelbindung. Es gibt deshalb zwei Elektronenkonfigurationen, die den Langmuir-Lewis-Bedingungen gehorchen:

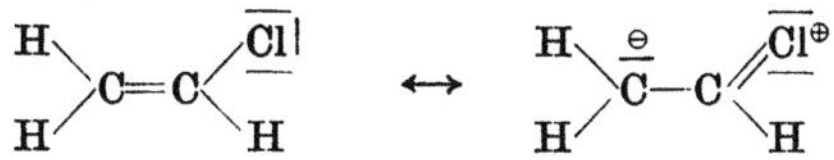

Die Energie der zweiten Konfiguration liegt etwa um 60 kcal höher. Die C–Cl-Bindung besitzt einen gewissen Doppelbindungscharakter von etwa 15%, wie sich aus der Abnahme des C–Cl-Abstandes herleiten läßt*).

Diese Tatsache sowie die veränderte Ladungsverteilung (das Chlor ist positiver als normal) erklärt die oben erwähnten experimentellen Befunde. Der verminderte Doppelbindungscharakter der C=C-Bindungen zeigt sich ebenfalls deutlich in den experimentellen Daten, und zwar in einer verringerten Tendenz zur Addition von Halogen usw. und einer kleineren Kraftkonstante, die sich in einer niedrigeren C=C-Frequenz äußert.

In der Reihe der di-, tri- und tetra-Chloräthylene wird der Doppelbindungscharakter der C–Cl-Bindung kleiner, derjenige der C=C-Bindung fällt aber ebenfalls weiter ab. Das geht aus dem bis zu 1,73 Å im C_2Cl_4 ansteigenden C–Cl-Abstand und der weiteren Verringerung der C=C-Frequenz hervor.

Es ist klar, daß die gleichen Phänomene in den aromatischen Halogenverbindungen auftreten, z.B. im Chlorbenzol, da in diesem Falle die gleichen Resonanzmöglichkeiten bestehen:

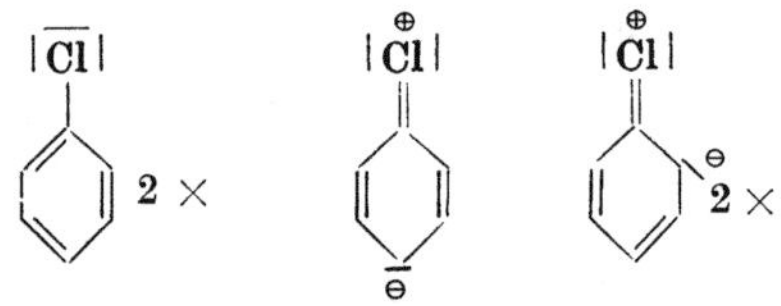

Die geringe Beweglichkeit des Halogenatoms und der niedrige Wert des Dipolmoments sind nicht nur für aromatische Halogenverbindungen charakteristisch, sondern ganz allgemein für ein Halogenatom, das an ein ungesättigtes Kohlenstoffatom gebunden ist.

Der C–Cl-Abstand im Cl–C≡N (Chlorcyan) bzw. Cl–C≡C–H (Chloracetylen) ist ebenfalls vom Normalwert 1,76 Å auf sogar 1,67 Å bzw. 1,68 Å verkürzt.

Quantitative Berechnungen des Charakters der C–Cl-Bindung in substituierten Äthylen- und Benzolderivaten stehen in guter Übereinstimmung mit den erhältlichen experimentellen Daten (*Sherman* und *Ketelaar* 1939; *Ketelaar* 1939, siehe jedoch auch Seite 276).

Ähnliche Erscheinungen zeigen andere Atome mit freien Elektronenpaaren, wie Sauerstoff, Schwefel und Stickstoff. Wir werden hier in der Hauptsache die basischen und sauren Eigenschaften besprechen.

---

*) Aus Quadrupol-Kopplungs-Konstanten (Seite 137) ist ein viel kleinerer Wert von nur 6% Doppelbindungscharakter ermittelt worden (vgl. Verweisungen auf Seite 276).

c) **Basenstärke***)

Wir betrachten die Elektronenkonfigurationen des Anilins:

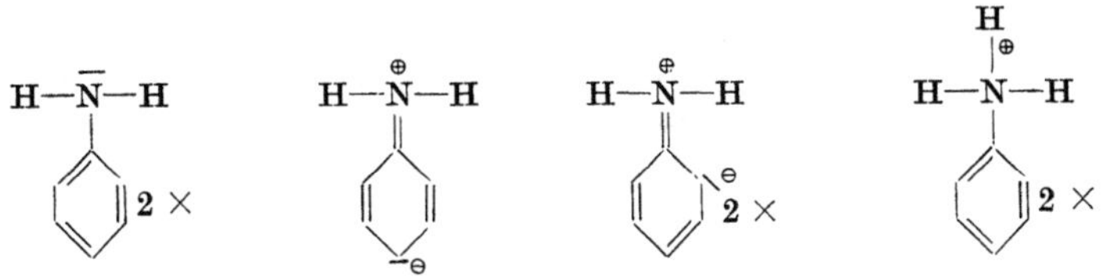

Anilin Aniliniumion

Es besteht hier eine zusätzliche Resonanz. Die Basizität des Anilins liegt deshalb auch niedriger als die eines aliphatischen primären Amins wie des Cyclohexylamins. Diese spezielle Resonanz im Anilinmolekül besteht im Aniliniumion nicht mehr, weil das freie Elektronenpaar hier durch die Addition eines Protons in ein Bindungselektronenpaar übergegangen ist. Die Dissoziationskonstante für die Base K_b steht in Beziehung zur (freien) Energie ΔF der Protonenaddition durch den Ausdruck

$$\Delta F = - RT \ln K_b .$$

Das Verhältnis

$$\frac{K_b \text{ (Anilin)}}{K_b \text{ (prim. aliph. Amin)}}$$

ist $4{,}6 \cdot 10^{-10}/3 - 5 \cdot 10^{-4} = 1{,}5 - 0{,}9 \cdot 10^{-6}$. Das entspricht einer Differenz der Freien Energie ΔF von 8,4 – 7,9 kcal/Mol (T = 298 °K). Da hier kein Grund besteht, einen wesentlichen Entropieunterschied ΔS anzunehmen, ist die Protonenaffinität des Anilins, ΔU also um 8 kcal niedriger als für aliphatische Amine. Dieser Wert ist etwas größer als die aus der Verbrennungswärme ermittelte Extraresonanzenergie von 2–8 kcal/ Mol.

Die obige Konstante K_b für das Gleichgewicht Amin + $H^+ \rightleftharpoons$ Ammoniumion steht in einer einfachen Beziehung zu der herkömmlichen aber weniger allgemeinen Basizitätskonstante K'_b für das Gleichgewicht Amin + $H_2O \rightleftharpoons$ Ammoniumion + OH^-: $K_b = K'_b \cdot [H_2O]/K_W = 55{,}5 \cdot 10^{14} \cdot K'_b$; benützt wird immer $K''_b = 55{,}5\, K'_b$. Das oben berechnete Verhältnis bleibt davon unbeeinträchtigt.

Die Basizität des Diphenylamins und des Triphenylamins ist noch niedriger. Das letztgenannte Amin bildet nur mit den stärksten Säuren wie $HClO_4$ Salze. Eine Bedingung für maximale Resonanz ist eine völlig

*) *C. A. van der Werf*, Acids, bases and the chemistry of the covalent bond, New York 1961.

ebene Struktur. Das ist jedoch beim Triphenylamin nicht möglich. Auch beim N,N-Dimethyl-o-toluidin ist dies der Fall, das eine stärkere Base als Dimethylanilin darstellt, während das o-Toluidin praktisch die gleiche Basenstärke besitzt wie das Anilin*).

Der saure Charakter der Cyclopentadiene stellt ein interessantes Beispiel für einen ähnlichen Einfluß dar. Bemerkenswerterweise bildet dieser Kohlenwasserstoff leicht ein Kaliumsalz. Während es im Cyclopentadien nur eine Konfiguration von Bedeutung gibt (wir vernachlässigen also die Resonanz des konjugierten Systems), besitzt das Cyclopentadienylanion das gleiche Elektronensystem wie das Pyrrol und wird demnach im gleichen Ausmaß durch Resonanz stabilisiert.

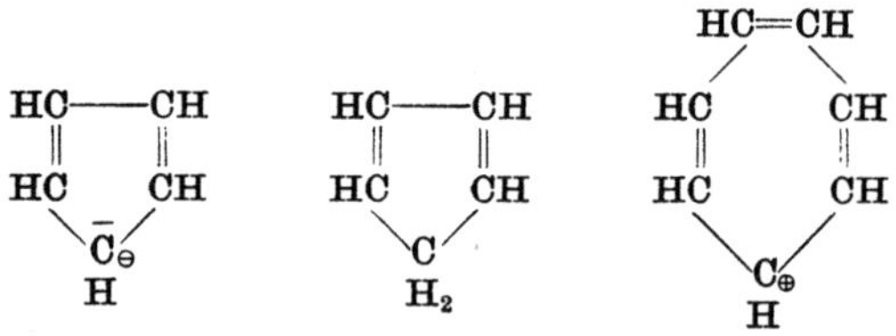

$[C_5H_5]^-$ Kohlenwasserstoff $[C_7H_7]^+$

Wir haben die stabilen Di-Cyclopentadienyl-Komplexe wie das Ferrocen, $Fe(C_5H_5)_2$, bereits besprochen (Seite 176). Dem Cyclopentadienylanion ist das Cycloheptatrienylkation oder Tropyliumion z.B. in $(C_7H_7)Br$ verwandt. In der Tat sind die zwischenatomaren Abstände und die Kraftkonstanten denen des Benzols sehr ähnlich. Alle drei Verbindungen haben die Form ebener, gleichseitiger Vielecke (*Nelson, Fateley* und *Lippincott* 1956; *Fateley* und *Lippincott* 1957). Die Konstitution ist also im wesentlichen die gleiche für alle drei 6π-Elektronensysteme (Seite 283), wie bereits von *E. Hückel* (1935) vorausgesagt wurde.

Die niedrige Basizität des Pyridins kann nicht in einer solch einfachen Weise erklärt werden. In der Base und im Pyridiniumion ist die gleiche Resonanz möglich. Das folgende läßt sich sagen: Ebenso wie NH_4^+ stärker sauer ist als CH_4, ist auch das Pyridiniumion, $C_6H_5NH^+$ stärker sauer als Benzol C_6H_6. Da Benzol seinerseits stärker sauer ist als CH_4 (Seite 220), ist das Pyridiniumion stärker sauer als ein Alkylammoniumion, d.h., Pyridin stellt eine schwächere Base dar als das Alkylamin. Bisher ist jedoch noch keine quantitative Berechnung verfügbar.

*) Anmerkung des Übersetzers. Diese sehr vereinfachten Erklärungen geben nicht immer ein richtiges Bild der Verhältnisse. Insbesondere spielen auch Solvatationseffekte mitunter eine wichtige Rolle, vgl. *H. C. Brown* und *A. Cahn*, J. Amer. Chem. Soc. 72, 2939 (1950).

Säurestärke (*Kirkwood* und *Westheimer* 1939, 1947)

Die Säurestärke wird in der Hauptsache durch zwei Faktoren bestimmt:

1. Elektrostatische Induktion.
2. Resonanz.

Der erste schon ziemlich lange bekannte Einfluß zeigt sich in der Veränderung der Säurestärke in der nachstehenden Reihe:

1-Chlorbuttersäure $1{,}45 \cdot 10^{-3}$; 2-Chlorbuttersäure $8{,}8 \cdot 10^{-5}$; 3-Chlorbuttersäure $3 \cdot 10^{-5}$; Buttersäure $1{,}5 \cdot 10^{-5}$.

Je näher der positive Pol des C–Cl-Dipols dem Sauerstoffatom der OH-Gruppe steht und dort eine positive Ladung induziert, um so stärker wird die Energie für die Abspaltung des Protons erniedrigt. Die starke Abhängigkeit von der Entfernung und die Abwesenheit eines alternierenden Effekts sind Anzeichen dafür, daß hier ein direkter elektrostatischer Effekt wirksam ist. Der Einfluß dieses Effektes läßt sich leicht berechnen. Der zweite Einfluß ist dafür verantwortlich, daß das Phenol unter anderem eine viel stärkere Säure darstellt als ein aliphatischer Alkohol wie Cyclohexanol und daß, wie bereits erwähnt, das Cyclopentadien saure Eigenschaften hat. Er spielt auch eine vorherrschende Rolle in der Carboxylgruppe.

Beim Phenol wirken die beiden Effekte in der gleichen Richtung. Durch den Betrag der anderen Konfigurationen im Phenol erhält das Sauerstoffatom eine formale positive Ladung. Weiterhin ist die Resonanz im Phenolat-Ion stärker als im Phenol selbst, weil die Energiedifferenzen zur normalen Konfiguration kleiner sind.

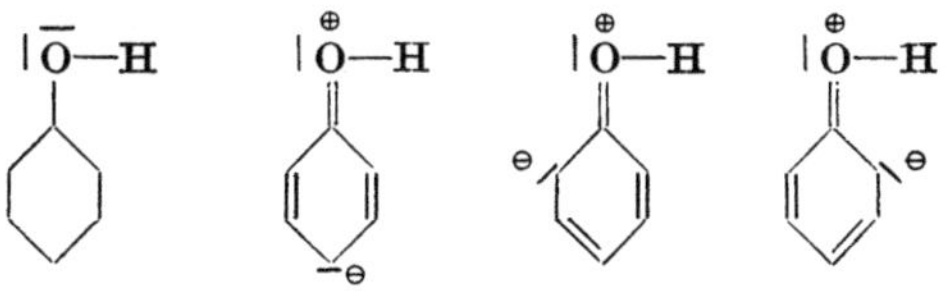

Phenol

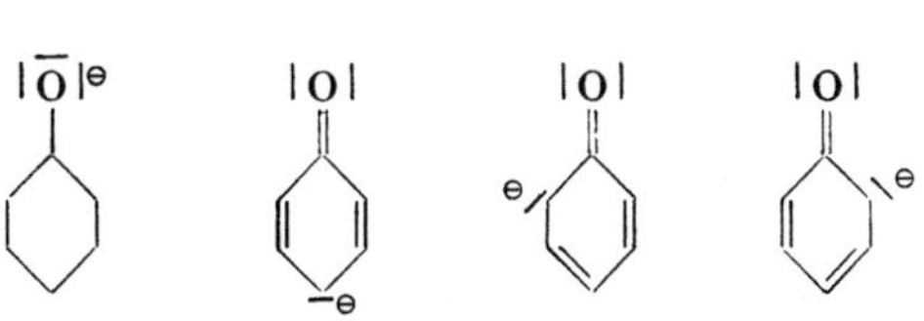

Phenolat-Ion

Dieses Ergebnis läßt sich zur Feststellung verallgemeinern, daß eine Enolgruppe C=C–OH stärker sauer ist als ein ungesättigter Alkohol, in dem die Doppelbindung nicht mit dem Sauerstoffatom konjugiert ist.

Das 1,3-Cyclohexadion und der Glutacon-dialdehyd sind deshalb in der Enolform deutlich sauer ($K_a \sim 10^{-6}$):

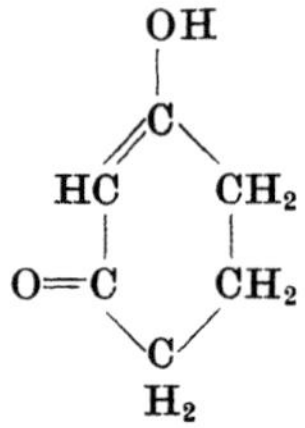

HO—CH=CH—CH=CH—CH=O

Der Vinylalkohol wäre sauer wegen des Anteils der Konfiguration

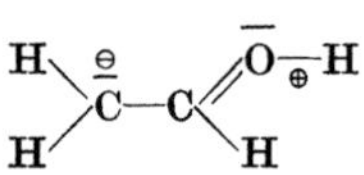

Diese Verbindung isomerisiert sich deshalb leicht durch Übergang eines Protons zum Acetaldehyd, ehe sie isoliert werden kann.

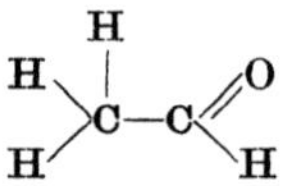

Das Aceton besitzt ebenfalls einen sauren Charakter, wie sich aus dem vollständigen Austausch von Wasserstoff gegen Deuterium im alkalischen Medium zeigt, in dem das Gleichgewicht nach der Seite der sauren Enolform verschoben wird.

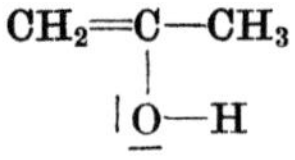

Die Nitrophenole sind noch stärkere Säuren als das Phenol. Die Nitrogruppe sollte nicht – wie bereits mehrfach betont – als 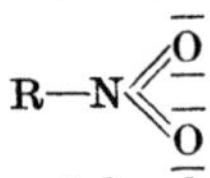 mit fünfwertigem Stickstoff formuliert werden, sondern ist vielmehr ein Resonanzhybrid zwischen

Das steht in Einklang mit dem sehr hohen Dipolmoment dieser Gruppe von 3,3 D, dem Bindungswinkel von 127° und dem N–O-Abstand von 1,21 Å.
Wenn $-NO_2$ als Substituent in aromatischen Molekülen fungiert, gibt es jedoch noch weitere mögliche Konfigurationen:

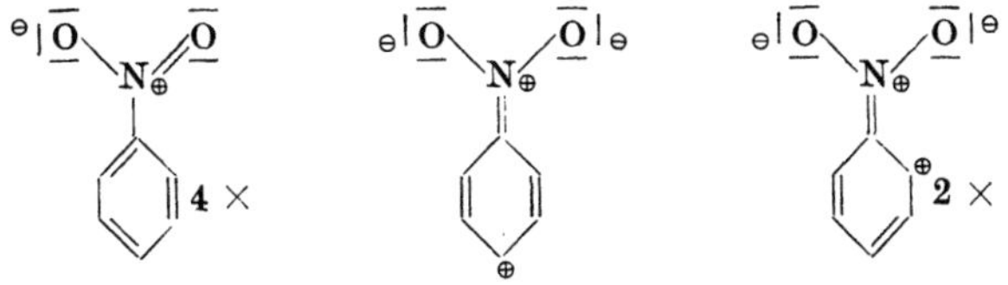

Das Dipolmoment wird durch diese Resonanz auf 3,93 D erhöht. Wenn wir zu den Nitrophenolen übergehen, sind die folgenden Konfigurationen zu betrachten:

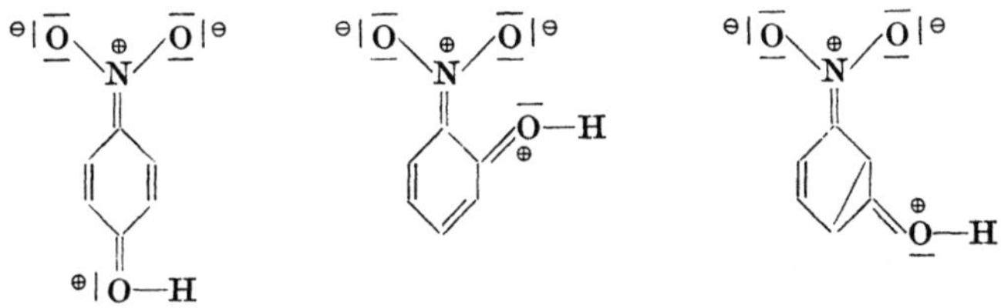

para — K: $6{,}5 \cdot 10^{-8}$ | *ortho* — $6{,}8 \cdot 10^{-8}$ | *meta* — $5{,}3 \cdot 10^{-8}$

Die Nitrophenole sind erheblich stärker sauer als das Phenol (K-Phenol $1{,}3 \cdot 10^{-10}$). Die oben formulierte Resonanz ist bei ortho- und para-Nitrophenol ohne eine formale Bindung möglich. Diese beiden sind in der Tat stärkere Säuren als das meta-Nitrophenol. Der Induktionseffekt muß jedoch ebenfalls eine Rolle spielen, da das m-Nitrophenol stärker sauer ist als das Phenol. Im 2,4,6-Trinitrophenol, der Pikrinsäure, ist die Acidität noch weiter verstärkt. Ähnlich werden auch die CH-Gruppen in den Polynitrobenzolen stärker sauer infolge der positiven Ladungen, die durch die Nitrogruppen auf den Kohlenstoffatomen induziert werden.
Bei den Nitrophenolen ist die Resonanz ebenso wie im Phenol im Anion stärker als in dem undissoziierten Molekül. Das geht aus der bekannten gelben Färbung der Ionen gegenüber dem farblosen Phenol hervor (Seite 241).
Die am besten bekannten sauren organischen Verbindungen sind die Carbonsäuren. Warum hat nun die Gruppe 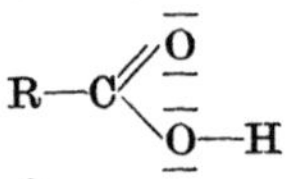 eine so hervorstechende Tendenz, ein Proton abzugeben?

Sowohl in der undissoziierten Säure als auch im Anion tritt hier Resonanz auf. Bei der Carboxylgruppe gibt es zwei nichtäquivalente Konfigurationen, die jedoch im Anion äquivalent werden. Das wird durch die Kristallstrukturanalyse bestätigt.

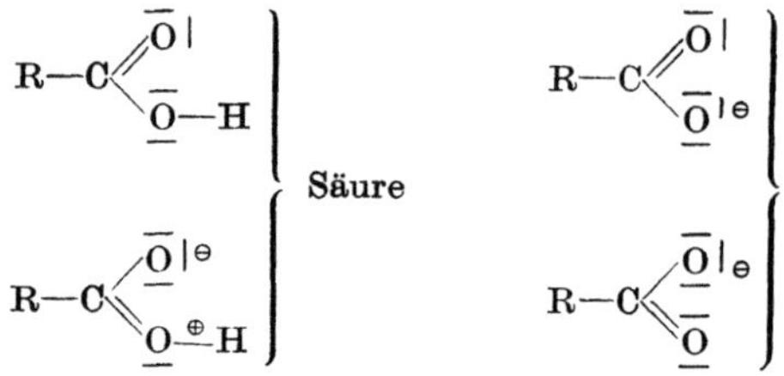

Die hohe Säurestärke der Hydroxylgruppe muß hauptsächlich auf Resonanz zurückgeführt werden, die dem Sauerstoff eine formale positive Ladung verleiht, und auf die Stabilisierung des Ions durch vollständige Resonanz zwischen zwei äquivalenten Konfigurationen.
Die beiden C–O-Abstände in der Säure betragen 1,24 Å und 1,36 Å gegenüber den normalen Werten von 1,24 Å bzw. 1,43 Å für den C=O- bzw. C–OH-Abstand. Im Ion werden beide Abstände gleich (1,28 Å).
Die gleichen Resonanzmöglichkeiten wie in der Säure sind auch in den Estern und den Säureamiden vorhanden (Tabelle 19).
Bei den Anhydriden gibt es jedoch drei Konfigurationen:

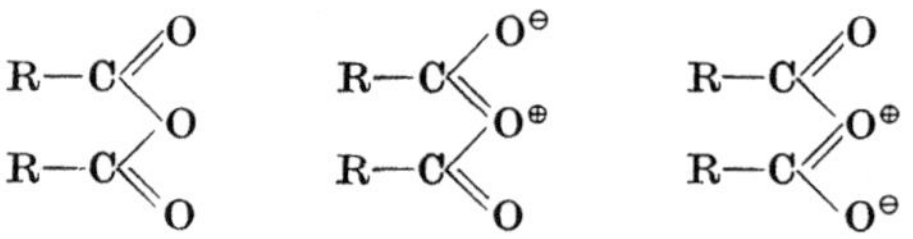

Die Resonanzenergie beträgt in diesem Falle etwa 30 kcal/Mol.
Ein anderer Einfluß auf die Säurestärke ist noch nicht erwähnt worden. Das ist die Änderung der Ladungsverteilung durch die Veränderung der Hybridisierung.
Wir vergleichen die C–H-Bindung in der Reihe
$C_{aliph.}$–H, $C_{Äthylen}$–H und $C_{Acetylen}$–H, in der sich der Hybridcharakter von sp^3 über sp^2 zu sp ändert. Die Berechnung ergibt, daß sich das Maximum der Ladungsdichte in der gleichen Reihenfolge immer weiter zum Kohlenstoff verschiebt. Das führt einerseits zu einer Verkürzung des C–H-Abstandes (Seite 147) und zu einem Anstieg der Bindungsenergie (Seite 147) und andererseits zu einer Änderung der effektiven Ladung des Wasserstoffatoms, das stärker positiv wird.
Man kann auch sagen, daß die Elektronegativität des Kohlenstoffatoms in der obigen Reihenfolge ansteigt (Seite 137). Im Gegensatz zur an-

steigenden Energie für die Abspaltung eines H-*Atoms* sinkt die Energie für die Abspaltung von H^+ in der gleichen Richtung, und die Säurestärke wird entsprechend größer.

Die Änderung der Ladungsdichte in der oben erwähnten Reihe ist auch aus den partiellen Dipolmomenten der C–H-Bindungen ersichtlich, obwohl die absoluten Werte noch nicht ganz sicher sind. Aus den Intensitäten der Banden für die Streckschwingungen im Infrarot ist eine Änderung von $-0{,}4$ D (H negatives Ende des Dipols) bis zu $+0{,}4$ D abgeleitet worden (*Gent* 1948; *Mecke* 1950; *Lippert* und *Mecke* 1951). Aus den Deformationsschwingungen (bending) von CH_4 bzw. C_2H_2 ist jedoch auch $+0{,}2$ D (H positiv) bzw. $+1{,}0$ D ermittelt worden (*Bell*, *Thompson* und *Vago* 1948; *Hornig* und *McKean* 1955; *Coulson* und *Stephen* 1957).

Wesentliche Veränderungen in der Ladungsverteilung können auch in der Bindung $C_{aliph.}-H$ eintreten. Im Chloroform $HCCl_3$ ist der Wasserstoff durch den Einfluß der elektronegativen Chloratome stärker positiv (siehe auch Seite 378).

Eine weitere Veränderung der Elektronegativität findet sich in der Reihe $C_{prim}-$, $C_{sek}-$, $C_{tert}-$, in der die negative Ladung des Zentralatoms abnimmt, wenn H durch CH_3 ersetzt wird (siehe auch Seite 259). Dies führt zu einer Abnahme der Dissoziationsenergie für das H-Atom (Tabelle 18b) und zu einer Senkung der (hypothetischen) Säurestärke der betreffenden Kohlenwasserstoffe. Bei halogenierten Kohlenwasserstoffen ergibt sich ein Anstieg des Dipolmoments und eine erhöhte Tendenz zur heterolytischen Dissoziation (in Ionen) der C–Cl-Bindung (ansteigende Geschwindigkeit der Hydrolyse beim Übergang von primären über sekundäre zu tertiären Chloriden).

32. Resonanz in anderen Molekülen
Borhydride

Es gibt zahlreiche andere interessante Fälle, in denen eine klare Vorstellung der Konstitution nur möglich ist, wenn der Begriff der Resonanz eingeführt wird.

Die übliche Formulierung der Nitrile ($R-C\equiv N$) und der Isonitrile ($R-N=C$) deutet auf einen tiefgreifenden Unterschied im Bindungscharakter hin. Es zeigt sich jedoch, daß die Bindungsabstände und die Schwingungsfrequenzen in beiden Fällen gleich sind. Mit anderen Worten ist die Kohlenstoff-Stickstoff-Bindung in beiden Fällen die gleiche, sie besitzt hauptsächlich den Charakter einer Dreifachbindung. Die Konfiguration $R-\overset{\oplus}{N}\equiv\overset{\ominus}{C}|$ herrscht in den Isonitrilen offensichtlich vor.

Auch in anorganischen Molekülen tritt Resonanz auf. Die dreizählige

Symmetrie und die verkürzten Bindungslängen im Nitration (Seite 151) und im Carbonat-Ion deuten auf Resonanz zwischen den Strukturen:

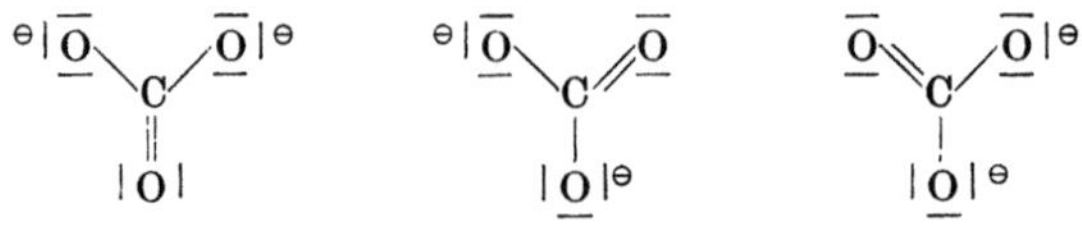

Die beobachteten Abstände sind: C–O 1,31 Å und N–O 1,22 Å, während die Werte der Tabelle 16 mit einer Korrektur für die Ladung von 0,02 Å ergeben würden:

$C—O^-$	1,45 Å,	$C{=}O$	1,21 Å
$N^+—O^-$	1,36 Å,	$N^+{=}O$	1,13 Å

Die Resonanz im SO_3 und im SO_4^{2-} wurde bereits besprochen (Seite 155). Im allgemeinen ist es schwieriger, sichere Aussagen über die Konstitution anorganischer Verbindungen zu machen. Einmal fehlt die Möglichkeit zum Vergleich mit ähnlich gebauten Verbindungen, wie im Falle der Kohlenstoffverbindungen. Die Werte für Atomradien usw. sind deshalb ebenfalls viel weniger zuverlässig. Die Resonanzenergie läßt sich überhaupt nicht berechnen, weil Werte für die Beträge der einzelnen Bindungen fehlen. Weiterhin spielen polare Effekte und aus ionischen Konfigurationen herrührende Anteile eine viel bedeutendere Rolle, da hier viel größere Unterschiede in der Elektronegativität bestehen.

Das Azidion N_3^- (Anion der Stickstoffwasserstoffsäure) ist bemerkenswert. Natriumazid wurde früher als 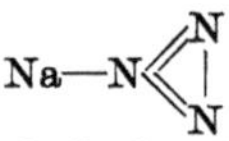 formuliert. Die Kristallstrukturanalyse hat jedoch gezeigt, daß das Ion linear gebaut ist. Die folgenden Konfigurationen sind anteilig:

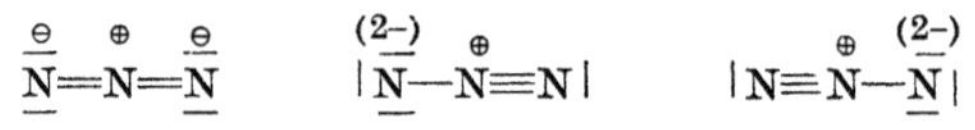

I II III

Da der Abstand von 1,15 Å kleiner ist, als für die erste Konfiguration zu erwarten (1,22 Å), müssen die beiden anderen Konfigurationen in beträchtlichem Ausmaße zum Gesamtzustand beitragen. Die auf die Dreifachbindung zurückgehende Verkürzung der Bindung muß größer sein als die Dehnung durch den Anteil der Einfachbindung.

In den organischen Aziden 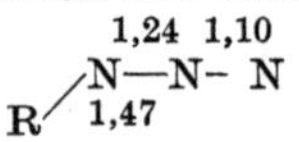 sind die ersten beiden Konfigurationen anteilig:

Die dritte Konfiguration

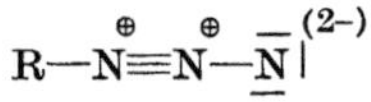

ist energetisch unwahrscheinlich, weil sie eine gleiche Ladung auf den Nachbaratomen besitzt („adjacent charge rule“, *Pauling*).
In den organischen und den nicht-ionischen anorganischen Aziden (Aziden der b-Untergruppen und anderer Ionen ohne Edelgasschale) bestehen deshalb weniger Möglichkeiten zur Resonanz.
Das ist wahrscheinlich einer der Faktoren, die die Instabilität von Verbindungen wie Silber- und Bleiazid bedingen im Gegensatz zu den stabilen Aziden wie NaN_3 und $Ba(N_3)_2$.
CNO^-, N_2O (NNO), CO_2 und NO_2^+ sind linear gebaute Moleküle, in denen Resonanz zwischen analogen Konfgurationen in Betracht zu ziehen ist. Diese Moleküle sind iso-elektronisch mit N_3^-:

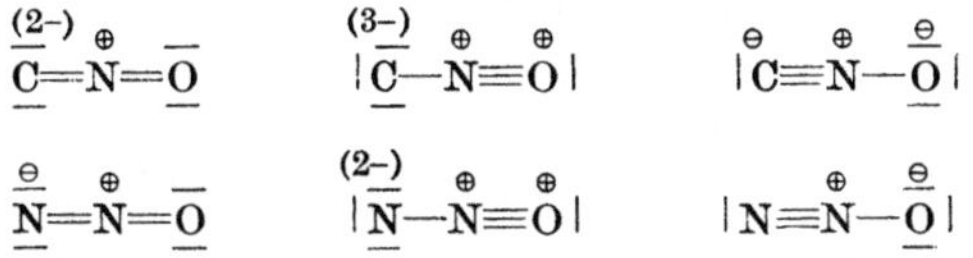

I II III

In beiden Fällen ist die Konfiguration II wegen der ungünstigen Ladungsverteilung auszuschließen.
Wie beim N_3^- sind bei CO_2, COS und CS_2 alle drei Konfigurationen möglich. Wenn man die Energie des CO_2 aus der Bindungsenergie der Carbonylgruppe berechnet, ergibt sich eine Differenz von 33 kcal/Mol, die mit bedeutenden Einschränkungen als Resonanzenergie betrachtet werden kann. Für COS und CS_2 berechnet *Pauling* 20 bzw. 11 kcal/Mol. Ferner ist die Kraftkonstante für CO_2 größer als für die Carbonylgruppe, übereinstimmend mit den obigen Feststellungen.

Im CO_2, O=C=O, das im Gegensatz zum Allen $H_2C=C=CH_2$ (Seite 182) sehr stabil ist, liegt ein spezieller Typ der Resonanz vor. Wenn die z-Achse als Molekülachse betrachtet wird, läßt sich die linke Doppelbindung als eine σ_z-Bindung und eine π_x-Bindung beschreiben. Der linke Sauerstoff besitzt zwei freie Elektronenpaare, ein 2s- und ein $2p_y$-Paar. Die rechte Doppelbindung enthält dann eine σ_z-Bindung und eine π_y-Bindung und der rechte Sauerstoff ein freies 2s- und ein freies $2p_x$-Elektronenpaar. Es ist nun Resonanz möglich zwischen dem $2p_x$-Elektronenpaar und dem π_x-Bindungselektronenpaar und zwischen dem $2p_y$- und dem π_y-Elektronenpaar. Der Bindungsabstand von 1,16 Å ist deshalb sehr klein, verglichen mit einem für die Doppelbindung berechneten Wert (Tabelle 16) von 1,24 Å.
Im Kohlenmonoxid CO ist der Bindungsabstand sogar noch kürzer, 1,128 Å (Dreifachbindung 1,12 Å). Weiterhin ist das Dipolmoment von 0,12 D sehr klein, und die Eigenschaften des Kohlenoxids ähneln denen des Stickstoffs N_2 mit seiner Drei-

fachbindung. Im Kohlenoxid findet sich ebenso wie im Stickstoff eine π_x-, eine π_y- und eine σ-Bindung: |C≡O|. Das σ-Bindungselektronenpaar und das einsame Elektronenpaar am Kohlenstoffatom besetzen zwei nichtäquivalente sp-Hybridorbitals (Seite 150); am Sauerstoffatom wird die σ-Bindung durch den p_z-Orbital gebildet, während das einsame Elektronenpaar den 2s-Orbital besetzt. Die Elektronegativitätsdifferenz würde zu einer negativen Aufladung des Sauerstoffatoms führen. Indessen kompensiert das einsame Elektronenpaar im sp-Orbital des Kohlenstoffatoms dieses Dipolmoment fast völlig.

Das linear gebaute Nitrylkation (Nitroniumion) NO_2^+ (iso-elektronisch mit CO_2) kommt im NO_2PF_6, NO_2ClO_4 (*Truter*, *Cruikshank* und *Jeffrey* 1960) und auch im festen N_2O_5 vor, das nach der Kristallstruktur tatsächlich Nitryl-Nitrat $NO_2^+ NO_3^-$ ist (*Grison*, *Eriks* und *de Vries* 1950). Dieses Ion stellt auch den aktiven Bestandteil der Nitriersäure dar, d.h. Mischungen von Salpetersäure mit Schwefelsäure (Seite 252).

Die Resonanz führt fast immer zu einer Verkürzung von Bindungen. Der abnorm große N–Cl-Abstand (1,95 Å, berechnet 1,69 Å) im Nitrosylchlorid NOCl bildet jedoch einen speziellen Fall. Er muß ebenfalls einer Resonanz zugeschrieben werden, an der jedoch keine Konfiguration mit einer Cl–N-Doppelbindung teilnimmt, sondern eine ionische Konfiguration (*Ketelaar* und *Palmer* 1937; *Rogers* und *Williams* 1961).

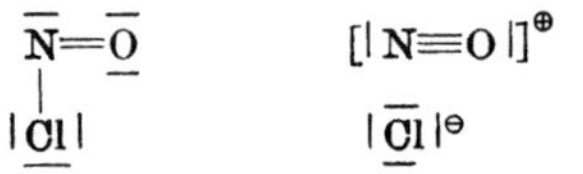

Paramagnetische Moleküle, unter ihnen O_2, NO, NO_2 und ClO_2 bilden eine Gruppe für sich. Die letzten drei Verbindungen haben eine ungerade Zahl von Elektronen und müssen deshalb ein ungepaartes Elektron besitzen, das für den Magnetismus verantwortlich ist.

Für das NO sind die Konfigurationen

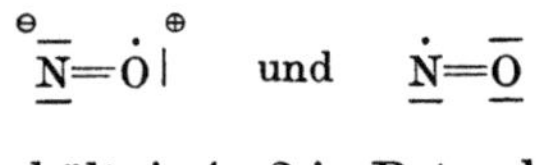

im Verhältnis 1 : 2 in Betracht zu ziehen (*Dousmanis* 1955). Es wird also ein ungepaartes π-Elektron gegen ein Elektronenpaar ausgetauscht. Das ist eines der seltenen Beispiele für eine Drei-Elektronen-Bindung wie im He_2^+ (Seite 141). Wir können dies symbolisch als |N$\overset{\cdots}{=}$O| darstellen. Der Bindungsabstand ist in der Tat kürzer (1,14 Å) als der für N=O berechnete (1,18 Å).

Das Dipolmoment des NO ist jedoch nur klein (0,2 D), so daß eine Konfiguration $\cdot\overset{\oplus}{\underline{N}}-\overline{\underline{O}}|^{\ominus}$ ebenfalls in Betracht gezogen werden muß. Es ist zweifelhaft, ob der Resonanzbegriff für die Betrachtung einfacher anorganischer Verbindungen wie NO, CO, CO_2 usw. wirklich von großem

Wert ist. Auf der anderen Seite ist es fast ebensowenig möglich, für die meisten dieser Verbindungen ionische Strukturen zu formulieren. Es wäre besser – soweit möglich – die Ladungsverteilung durch genauere wellenmechanische Methoden zu berechnen, ohne zu versuchen, die Ergebnisse durch Überlagerung von Valenzkonfigurationen zu interpretieren*).

Das Molekül des NO_2 hat eine V-Form mit einem N—O-Abstand von 1,189 Å und einen Bindungswinkel von 134° (*Moore* 1950; *Weston* 1957). Diese Struktur deutet auf eine Resonanz zwischen zwei spiegelbildlichen Konfigurationen mit einer der Bindung im NO analogen Dreielektronenbindung:

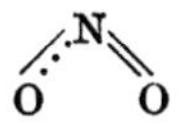

NO und NO_2 bilden zusammen N_2O_3, und jede der beiden Substanzen dimerisiert unter Bildung diamagnetischer Moleküle; in allen drei Fällen werden dabei die einsamen π-Elektronen gepaart (*Gray* und *Yoffe* 1955). $(NO_2)_2$ besitzt eine ebene Struktur vom Äthylentyp mit einem großen N—N-Abstand von 1,64 Å (Kristall; *Broadley* und *Robertson* 1949) bzw. 1,74 Å (Gas; *Smith* und *Hedberg* 1956). Es besteht Resonanz zwischen verschiedenen Konfigurationen vom Typ

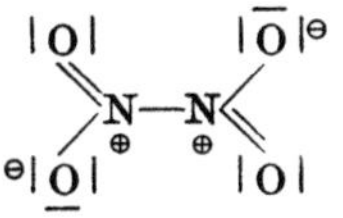

Zwischen den Stickstoffatomen wird eine schwache $\pi-\pi$-Bindung gebildet (*Coulson* und *Duchesne* 1957), die noch weiter geschwächt wird durch den Einfluß der benachbarten Ladungen: N_2O_4 dissoziiert leicht ($\Delta H = +13$ kcal/Mol).
Stickstoffmonoxid NO dimerisiert sich nur bei tiefen Temperaturen mit einer sehr schwachen zwischenmolekularen NO-Bindung (2,38 Å) vom Bindungscharakter $^1/_2$ entsprechend den Konfigurationen:

die von den oben für NO gegebenen abgeleitet sind (*Dulmage, Meyers* und *Lipscomb* 1953; *Orville-Thomas* 1954). Nach einer späteren Untersuchung jedoch (*Lipscomb* et al. 1961) soll nicht eine lange NO, sondern eine gleichfalls lange N—N (2,18 Å)-Bindung vorliegen.

Für das Sauerstoffmolekül würde man $\overline{\text{O}}=\overline{\text{O}}$ als Valenzkonfiguration erwarten. Der Sauerstoff wäre in dieser Konfiguration jedoch diamagnetisch, während er tatsächlich Paramagnetismus zeigt, der sich von zwei

*) Über ein interessantes Modell auf der Basis der auf S. 157 besprochenen Doppelquartette vgl. *J. W. Linnett*, J. Amer. chem. Soc. **83**, 2643 (1961).

parallelen Elektronenspins herleitet. Die zuerst erwähnten diamagnetischen Zustände $^1\Delta$ und $^1\Sigma$ liegen nur wenig (22,6 kcal bzw. 37,4 kcal) über dem Grundzustand ($^3\Sigma$). *Pauling* gibt die Konfiguration |O∴∵O| an; die Bindungslänge von 1,207 Å ist in der Tat kürzer als die der entsprechenden Ionen (siehe unten). Man kann diese Konfiguration des O_2 als einen Übergangsfall zwischen der für die Elektronen in einem Atom gültigen Hund-Regel, nach der die Elektronenspins im Zustand niedrigster Energie so weit wie möglich parallel ausgerichtet werden (siehe auch Seite 144) und der für Moleküle gültigen Lewis-Langmuir-Regel betrachten, nach der die Elektronen im Zustand niedrigster Energie so weit wie möglich zu Paaren verknüpft werden. Wir werden diese Frage nicht weiter behandeln, da dieser Übergang allein steht und sich gerade eben beim Sauerstoff zeigt (*Coulson*, *Valence*, Seite 99).

Die sog. Tetroxide wie K_2O_4 sind in Wirklichkeit Salze mit dem Hyperoxidion O_2^- $(\overline{O}\text{∴}\overline{O})$ mit einer Bindungslänge von 1,28 Å. Dieses Ion ist ähnlich wie das $\overline{N}O$ paramagnetisch. Das Peroxidion O_2^{2-} hat eine normale Valenzkonfiguration $|\overline{O}-\overline{O}|$ mit einer Bindungslänge von 1,49 Å (*Abrahams* u.a. 1954, 1955). Es gibt auch Metallozonide, wie NaO_3, KO_3, CsO_3 und auch $N(CH_3)_4O_3$, welche wiederum paramagnetisch sind mit einem ungepaarten Elektron (*Salomon* et al. 1960).

Die Struktur des Ozons war lange Zeit ungewiß. Es ist jetzt jedoch mit Sicherheit festgestellt worden, daß die Bindungslänge 1,278 Å und der Bindungswinkel 116°45′ betragen. Ozon besitzt ein kleines Dipolmoment von 0,58 D (*Shand* und *Spurr* 1943; *Wilson* und *Badger* 1948; *Hughes* 1952, 1953, 1956). Die nachstehenden vier Konfigurationen sind anteilig, und der O–O-Abstand liegt folglich zwischen dem einer Einfach- und einer Doppelbindung (1,46 Å bzw. 1,10 Å).

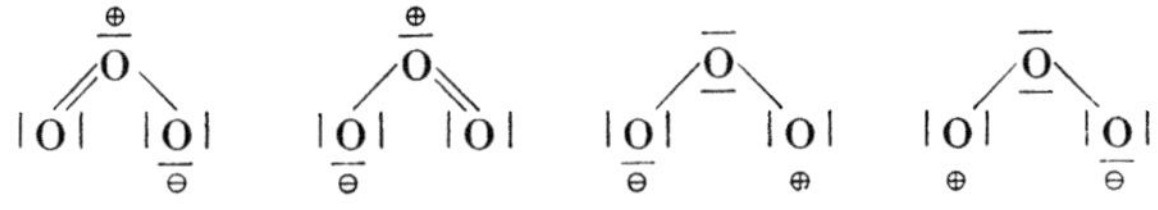

Borhydride

Die Borhydride bilden eine bemerkenswerte Gruppe von Verbindungen (*Bell* und *Emeléus* 1948; *Lipscomb* 1954, 1957; *Platt* 1954a; *Stone* 1954; *Rundle* 1957; *Moore*, *Dickerson* und *Lipscomb* 1957; *Longuet-Higgins* 1958; *Lipscomb* 1959; Advances in Chemistry Nr. 32, Boran to Boranes 1961; *Goubeau* und *Ricker* 1961). Die einfache Verbindung BH_3 existiert nicht. Die Elektropositivität des Bors ist zu klein für eine salzähnliche Struktur, während bei Elektronenpaarbindungen eine Sextettstruktur entstünde. Für BH_4^- ist eine Oktettkonfiguration möglich. In der Tat existieren die Salze $Li[BH_4]$ und $Na[BH_4]$. Sie haben ein dem NaCl ähn-

liches Gitter. Das bekannte Lithiumaluminiumhydrid $LiAlH_4$ ist ebenfalls sehr ähnlich gebaut.
In den sehr stabilen Verbindungen wie $BH_3 \cdot CO$, $BH_3 \cdot NH_3$ und $BH_3 \cdot N(CH_3)_2$ ist das Borsextett durch die einsamen Elektronenpaare der anderen Verbindungen zum Oktett aufgefüllt. Auch das $B(CH_3)_3$, das im Gegensatz zum BH_3 als solches existiert, addiert leicht Verbindungen mit einsamen Elektronenpaaren wie NH_3. Das ist auch der Fall bei den Borhalogeniden, speziell beim BF_3, z.B. $BF_3 \cdot NH_3$ (Seite 162). In anderen Halogeniden kann ein Oktett auch durch Resonanz mit Konfigurationen wie

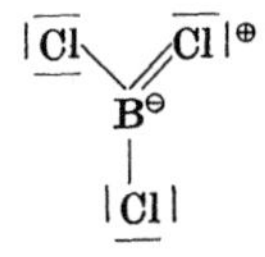

erreicht werden. Die Beteiligung dieser Konfigurationen geht aus den verkürzten Bindungsabständen (1,75 Å) hervor (*Ring* 1962). Allerdings führt eine Sextettkonfiguration des Boratoms zu einer geringeren Abstoßung zwischen den Bindungselektronenpaaren, so daß ebenfalls eine Verkürzung der Bindung resultiert*).
Bei der Einwirkung von Säuren auf Magnesiumborid entsteht eine große Anzahl komplexer Borhydride, in erster Linie B_2H_6 und weiterhin B_4H_{10}, B_5H_9, B_5H_{11}, B_6H_{10} und $B_{10}H_{14}$. Für die Konstitution des Diborans B_2H_6 sind viele Vorschläge gemacht worden. Die Hauptschwierigkeit ergibt sich aus der Tatsache, daß weniger Elektronen verfügbar sind als notwendig sind, um die Orbitals der Atome zu füllen („Elektronenmangelverbindungen" engl.: „electron deficient compounds"). Diese Situation hat eine gewisse Ähnlichkeit mit den Verhältnissen in Metallen, z.B. den Alkalimetallen, bei denen die Zahl der Atomorbitals doppelt so groß ist wie die Zahl der Elektronen.
Ursprünglich wurde aus Ergebnissen der Elektronenbeugung geschlossen, daß die Struktur des B_2H_6 der des Äthans ähneln sollte, jedoch mit abnorm großen B–H-(1,27 Å) und B–B-Abständen (1,86 Å, anstatt 1,76 Å). Es wurde angenommen, daß Einelektronenbindungen (wie im H_2^+) mit der Möglichkeit zur Resonanz zwischen den verschiedenen Konfigurationen beteiligt seien:

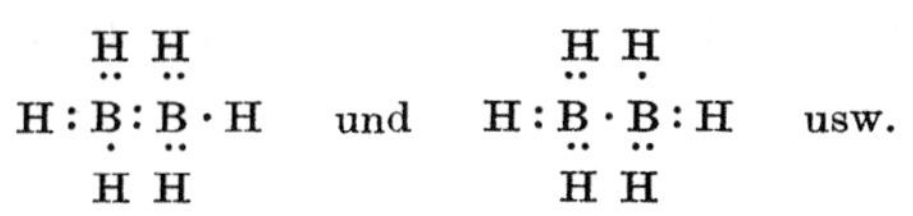

*) Es gibt, wie bei den Borhydriden, auch höhere Chloride wie B_2Cl_4, B_4Cl_4 und B_8Cl_8 (*Atoji* und *Lipscomb* 1953, 1955, 1957, 1959).

Eine echte Doppelbindung, wie früher von *Wiberg* postuliert, ist auf jeden Fall ausgeschlossen.

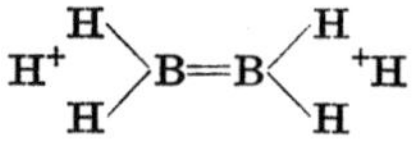

Nichtsdestoweniger erwies sich nach ausgedehnten Untersuchungen des Infrarotabsorptionsspektrums die Übereinstimmung des Diborans mit dem Äthylen größer als die mit dem Äthan. Im Raman-Spektrum ergibt sich auch eine Entsprechung mit dem Al_2Cl_6, das aus zwei Tetraedern mit gemeinsamer Kante aufgebaut ist.

Die jetzt allgemein akzeptierte Struktur des B_2H_2 ist eine Brückenstruktur (*Dilthey*; *Syrkin* und *Djatkina*; *Longuet-Higgins* und *Bell*).

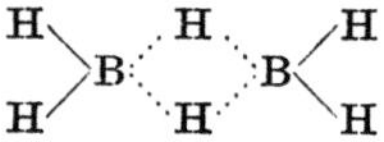

Das durch punktierte Linien angedeutete Viereck liegt in einer Ebene, während die vier äußeren B–H-Bindungen eine auf dieser senkrecht stehende Ebene bilden, analog der Struktur des Al_2Cl_6.

Eine neue Interpretation der Elektronenbeugungsergebnisse (*Hedberg* und *Schomaker* 1951) ist mit dieser Struktur mit einem B–B-Abstand von 1,770 Å vereinbar. Diese Struktur enthält zwei Gruppen von B–H-Bindungen mit Abständen von 1,187 Å bzw. 1,334 Å. Das steht in Übereinstimmung mit den speziellen Bindungen in der Brücke.

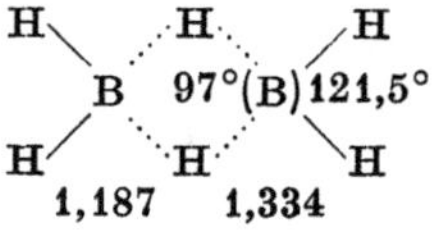

Zwei Wasserstoffe erweisen sich als in einer besonderen Position befindlich, da es nur möglich ist, vier Methylgruppen unter Bildung von $B_2H_2(CH_3)_4$ einzuführen. Die Natriumverbindung $Na_2[B_2H_6]$ würde tatsächlich ein Anion mit einer normalen Äthanstruktur enthalten, ihre Existenz ist jedoch zweifelhaft. Die salzähnliche Ammoniakverbindung $2NH_3 \cdot B_2H_6$ ist anders gebaut und besitzt die Struktur $BH_4^-[H_2B(NH_3)_2]^+$ (*Schultz* und *Parry* 1958).

Die durch punktierte Linien gekennzeichneten Bindungen in der Brükkenstruktur des B_2H_6 bilden einen speziellen Fall. Wir haben hier eine Bindung, die als Resonanzhybrid

betrachtet werden könnte.

Es ist auch angenommen worden (*Syrkin* und *Djatkina*), daß ionische Konfigurationen anteilig sind:

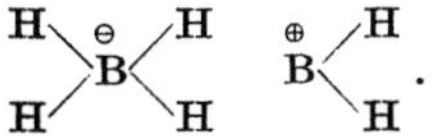

Indessen sind diese Interpretationen unzweckmäßig, da sich zeigen läßt, daß sie keine hinreichende Stabilität für das Molekül des B_2H_6 zu berechnen gestatten.

Pitzer brachte eine „protonierte Doppelbindung" in Vorschlag

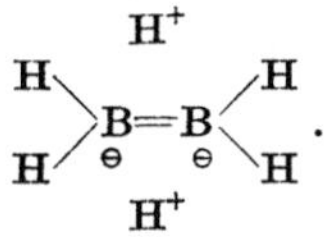

Wegen des beobachteten großen B–B-Abstandes ist es jedoch unrichtig, an eine reale Doppelbindung zu denken. Darüber hinaus besitzt das B_2H_6 keine sauren Eigenschaften, die bei Gegenwart von zwei Protonen vorhanden sein würden.

Zwischen diesem Bild einer protonierten Doppelbindung und den Vorstellungen über die Bindung eines Silberions an ein Olefin in Komplexen wie $AgClO_4$-Cyclohexen, -Benzol usw. besteht eine große Ähnlichkeit. Das Silberion ist in der Ladungswolke der π-Elektronen in der Mitte der RCH=CHR-Bindung (π-Bindung) oberhalb der Molekülebene eingebettet (*Winstein* und *Lucas* 1948; *Andrew* und *Keefer* 1949; *Rundle* und *Goring* 1950).

Es ist jedoch richtiger, die zwei Bindungen in der Brücke als zwei Dreizentren-Molekülorbitals zu betrachten (Seite 269), zu denen je zwei Elektronen gehören (*Longuet-Higgins* 1949b). Die Elektronen sind nicht lokalisiert ebenso etwa wie die Elektronen im Benzol. In Metallen gibt es ebenfalls Orbitals, die viele Atome umfassen. Die Molekülorbitals sind im Diboran aus tetraedrischen sp^3-Hybridorbitals des Boratoms und einem 1s-Orbital des Brückenwasserstoffs zusammengesetzt.

Andere Elektronenmangelverbindungen (*Rundle* 1957; *Longuet-Higgins* 1949b, 1958) mit Brückenstruktur sind z.B. $Al(BH_4)_3$, $Ga(CH_3)_2BH_4$, $Be(BH_4)_2$ mit den Strukturen:

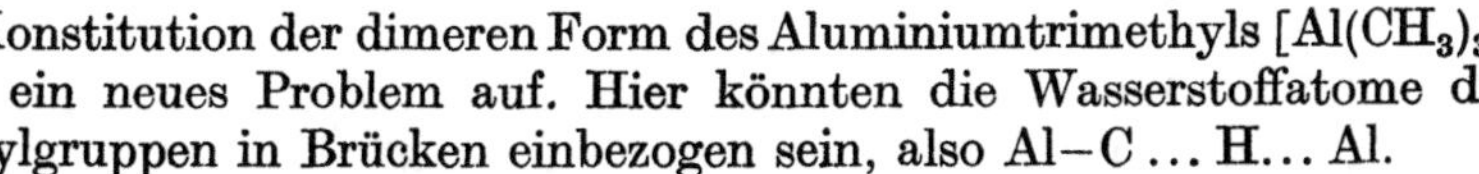

Die Konstitution der dimeren Form des Aluminiumtrimethyls $[Al(CH_3)_3]_2$ wirft ein neues Problem auf. Hier könnten die Wasserstoffatome der Methylgruppen in Brücken einbezogen sein, also Al–C ... H... Al.

Die Struktur der meisten höheren Borane ist aufgeklärt (siehe die oben zitierte Literatur). Das stabile Pentaboran B_5H_9 stellt eine vierseitige

Pyramide dar mit fünf normalen (endständigen) B–H-Bindungen (1,22 Å) und vier Brückenwasserstoffatomen B ... H ... B (1,35 Å) zwischen den Boratomen an der Basisebene im Abstand von 1,80 Å. Die vier B–B-Abstände zu den Boratomen an der Spitze sind 1,69 Å. Diese vier B–B-Bindungen werden von nur sechs Elektronen in drei Vielzentrenmolekülorbitals gebildet. In der verwandten Struktur des instabilen Pentaborans B_5H_{11} ist eine der B ... H ... B-Brücken der B_5H_9-Struktur aufgesprengt, und diese zwei Boratome bilden ebenso wie die Boratome an der Spitze nunmehr je zwei normale B–H-Bindungen.

Im B_4H_{10} liegen zwei Dreiecke vor mit einer gemeinsamen Grundlinie (B–B: 1,75 Å) und vier B ... H ... B-Seiten (B–B: 1,85 Å, B–H: 1,33 und 1,43 Å); die sechs endständigen normalen B–H-Bindungen haben einen Abstand von 1,19 Å.

Für das sehr stabile $B_{10}H_{14}$ ist die Struktur zweier fünfseitiger, regulärer Pyramiden mit einer gemeinsamen Kante gefunden worden. Sie enthält zehn normale B–H-Bindungen (1,25 Å) und vier B...H...B-Brücken (B–H 1,34 und 1,42 Å); die 19 B–B-Abstände betragen 1,76 Å (*Kaspar*, *Lucht* und *Harker* 1950; *Lucht* 1951). Im B_6H_{10} sind die Boratome in einer regulären fünfseitigen Pyramide angeordnet (*Hirshfeld* u.a. 1958).

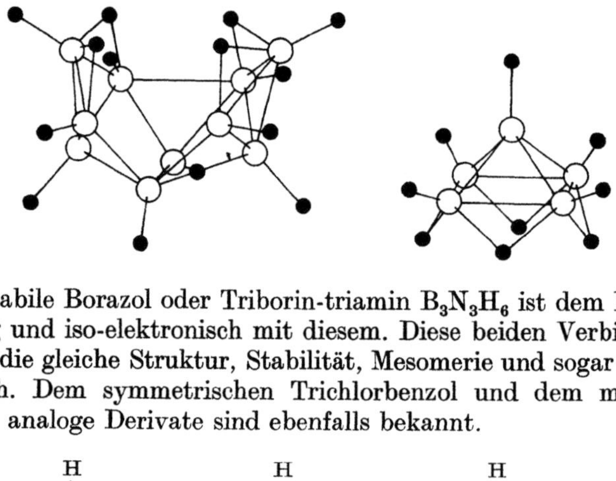

Das stabile Borazol oder Triborin-triamin $B_3N_3H_6$ ist dem Benzol völlig analog und iso-elektronisch mit diesem. Diese beiden Verbindungen besitzen die gleiche Struktur, Stabilität, Mesomerie und sogar den gleichen Geruch. Dem symmetrischen Trichlorbenzol und dem meta-Dibrombenzol analoge Derivate sind ebenfalls bekannt.

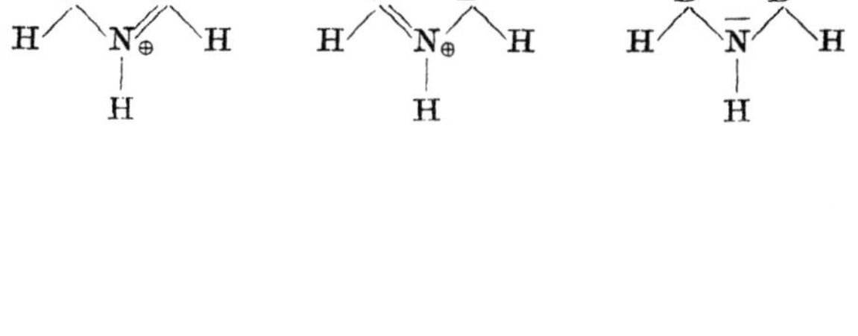

Infolge der ungünstigen Ladungsverteilung (Stickstoff ist stärker elektronegativ als Bor) muß die Struktur mit Einfachbindungen ebenfalls anteilig sein. Der beobachtete B–N-Abstand beträgt 1,44 Å (B–N: 1,58 Å, B=N: 1,36 Å). Das Boroxol $(BO)_3$ ist unbekannt, das $(Cl \cdot BO)_3$ ist jedoch dargestellt worden. Das Derivat $(CH_3BO)_3$ ist dem Paraldehyd $(CH_3CHO)_3$ analog und besitzt einen ebenen, sechsgliedrigen Ring von BO-Gliedern, der Resonanz zeigt (BO beobachtet 1,39 Å, berechnet B–O 1,54 Å, B=O 1,31 Å). Bornitrid BN hat etwa die gleiche Kristallstruktur wie Graphit. Der B–N-Abstand beträgt 1,45 Å, so daß der Unterschied zwischen Borazol und Bornitrid kleiner ist als der zwischen Benzol (1,39 Å) und Graphit (1,42 Å).

Es soll noch auf die Konstitution der polymeren Phosphornitrilchloride $P_3N_3Cl_3$ und $P_4N_4Cl_8$ hingewiesen werden, die ein anderes anorganisches Analogon des Benzols darstellen. In ihnen erweisen sich die P–N-Bindungen im Ring ebenfalls als äquivalent (*Ketelaar* und *de Vries* 1939; *Brockway* und *Bright* 1943; s.a. *Audrieth* u.a. 1943; *Scott* und *Audrieth* 1954; *Klement* und *Koch* 1954; *Craig* und *Paddock* 1958; *Wilson* und *Carroll* 1960; *Paddock* und *Searle* 1959; *Hazekamp, Migchelsen* und *Vos* 1962; *Shaw* et al. 1962 – Übersicht). Die Stabilität des Ringes ist besonders auffallend. Dieser Ring ist jedoch wenigstens im Tetrameren nicht eben!

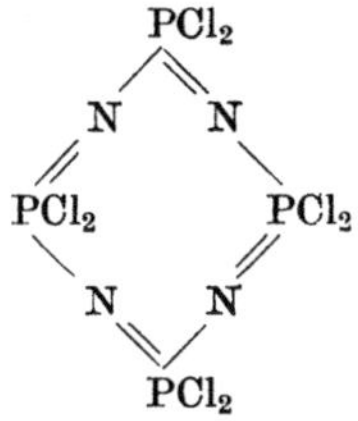

Cyclooctatetraen. Die Frage nach der Konstitution des Cyclooctatetraens ist von Interesse. Obwohl diese Verbindung bereits von *Willstätter* 1911 in nicht ganz reinem Zustande erhalten worden war, ist sie erst durch die direkte Synthese aus Acetylen (*Reppe*) für weitere Untersuchungen erhältlich.

Das Cyclooctatetraen ist eine gelb gefärbte Flüssigkeit vom Schmelzpunkt – 4,7 °C und vom Siedepunkt 142–145 °C. Die räumliche Struktur ist jetzt ziemlich gut aufgeklärt (*Karle* 1952; *Lippincott, Lord* und *McDonald* 1951; *Person, Pimentel* und *Pitzer* 1952; *Bastiansen, Hedberg* und *Hedberg* 1957). Es wurde eine nicht ebene Struktur gefunden mit abwechselnden Einfach- und Doppelbindungen der Länge 1,462 Å bzw. 1,334 Å und einem Bindungswinkel C=C–C von 126,5°. Ein Wiegen- oder Wannenmodell mit rhombischer Symmetrie (D_{2d}) ist dem Kronenmodell mit vierzähliger Symmetrie vorzuziehen. Die Resonanzenergie ist klein, sie beträgt nur 4–6 kcal/Mol (Tabelle 19), was der Resonanzenergie von zwei Paaren konjugierter Doppelbindungen in einer offenen Kette entspricht. Das Cyclooctatetraen ist etwa 35 kcal weniger stabil als das isomere Styrol.

Das Cyclooctatetraen reagiert in verschiedenen Reaktionen (Ozonolyse; *Wibaut* und *Sixma* 1954) unter Bildung eines sechsgliedrigen Ringes. Dies mag auf einen bedeutenden Anteil einer „Dewar"-Konfiguration im aktivierten Zustand zurückzuführen sein (vgl. Anthracen Seite 206):

Benzol und Cyclooctatetraen sind nur zwei Glieder einer Reihe monocyclischer Kohlenwasserstoffe $C_{2m}H_{2m}$ mit $m = 3$ bzw. $m = 4$.

Während das Cyclobutadien in reiner Form nicht bekannt ist, sind die Glieder mit $m = 7$ und $m = 9$ und sogar noch höhere Glieder neuerdings hergestellt worden (*Sondheimer* et al. 1959, 1960).

Die letztere Substanz, das Cyclooctadecanonaen, hat $18 = 4n + 2$ π-Elektronen, eine ebene Struktur und aromatischen Charakter wie das Benzol mit $4n + 2 = 6$ π-Elektronen.

Das zweifach negative Ion aus Cyclooctatetraen durch Einwirkung von Kalium gehört derselben Reihe an mit 10 π-Elektronen, es besitzt ebenfalls eine ebene Struktur und aromatischen Charakter (*Katz* 1960) (siehe auch Seite 199).

33. Freie Radikale*)

Die Ursache für die leichte Dissoziation etwa des Hexaphenyläthans in Triphenylmethylradikale bildet ein interessantes Problem. Eine Lösung dieser Substanz ist in erheblichem Ausmaße dissoziiert; die Dissoziationsenergie beträgt 11 kcal/Mol (Tabelle 18B, Seite 189).

Jedoch auch die Dissoziationsenergien der C^3-H-Bindung im Propen und der C^4-C^3-Bindung in Buten-(1) sind besonders niedrig (Tabelle 18B; Doppelbindungsregel von *O. Schmidt*).

In diesen beiden Fällen ergibt sich aus der Verbrennungswärme und den Spektren, daß die Bindungen selbst keinen Sonderfall darstellen. Die niedrige Dissoziationsenergie muß deshalb auf die besondere Stabilität der Dissoziationsprodukte zurückzuführen sein, deren eines in diesen Fällen das Allylradikal ist. Die besondere Stabilität des Allylradikals beruht auf der Resonanz zwischen zwei äquivalenten Konfigurationen.

$$H_2C{=}CH{-}\dot{C}H_2 \longleftrightarrow H_2\dot{C}{-}CH{=}CH_2$$

*) Gen. Disc. Faraday Soc., Nr. 3 (1947); *Coulson* 1947a; *Moffitt* und *Coulson* 1948a; *Waters* 1948; *Steacie* 1954; *Walling* 1957; *Ingram* 1958.

Die Reaktivität der α-Methylengruppe in Olefinen steht mit dieser Resonanz in direkter Verbindung. Nach Tabelle 18B gelten die gleichen Erwägungen auch für die Dissoziationsenergie der aliphatischen C–H-Bindung im Toluol und der C–C-Bindung im Diphenyläthan, wobei das Benzylradikal entsteht. Für dieses Radikal sind nicht weniger als fünf Konfigurationen denkbar, wenn auch die letzten drei eine etwas höhere Energie haben. Der Doppelbindungscharakter der C–C-Bindung außerhalb des Ringes ist nach Berechnungen von *Coulson* von der gleichen Größenordnung wie derjenige der anderen Bindungen.

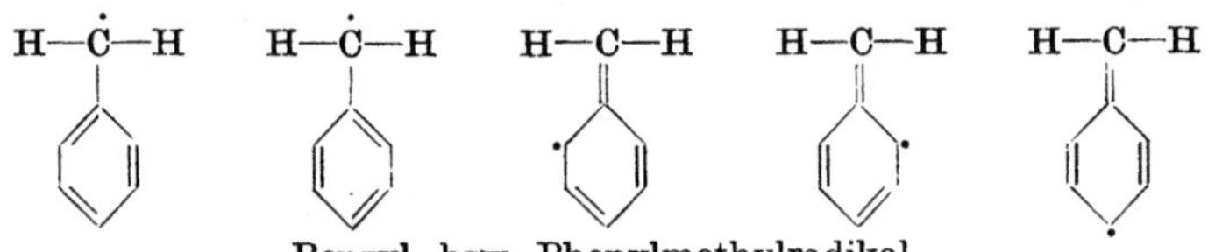

Benzyl- bzw. Phenylmethylradikal

Für das Triphenylmethylradikal lassen sich noch mehr Konfigurationen angeben, da das ungepaarte Elektron in allen drei Phenylgruppen in den ortho- und para-Positionen auftreten kann. Messungen der paramagnetischen Resonanz scheinen jedoch darauf hinzuweisen, daß die Aufenthaltswahrscheinlichkeit für das ungepaarte Elektron an irgendeinen anderen Kohlenstoffatom als dem zentralen gering ist (*Weissman* und *Sowden* 1953).

Das Triphenylmethylradikal besitzt offensichtlich eine hohe Elektronenaffinität (48 kcal) und reagiert leicht mit Molekülen, die ungepaarte Elektronen enthalten, etwa mit Sauerstoff.

Wegen der gegenseitigen Behinderung der Wasserstoffatome in den ortho-Positionen kann das Radikal nicht völlig eben gebaut sein, obwohl dies für eine maximale Resonanz am günstigsten wäre. In dem analogen Triphenyl-carbonium-Ion (Seite 242) ist eine propellerähnliche Form gefunden worden (*Gomes de Mesquita* 1962).

Die Dissoziationswärme wird weiter verringert, wenn die Phenylgruppen durch Diphenyl- und Naphthylgruppen ersetzt sind, die noch mehr Konfigurationen erlauben. Auch das Hexa-p-nitrophenyl-äthan ist vollständig dissoziiert. In diesem Falle können Konfigurationen wie die folgenden auftreten:

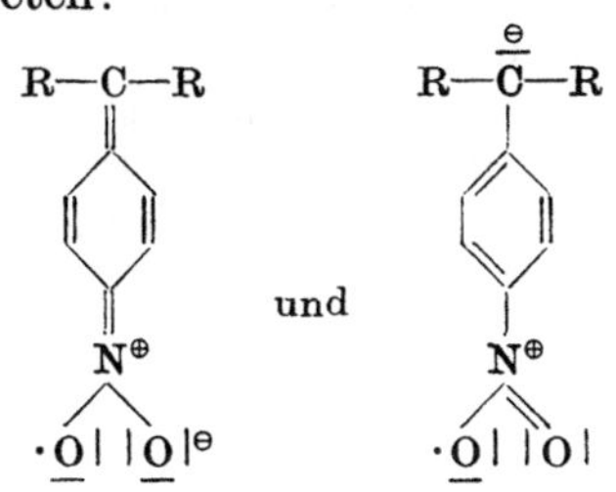

Das durch Entzug eines Wasserstoffatoms aus dem α, α'-Diphenyl-β-picryl-hydrazin entstehende Radikal (DPPH) ist sogar die stabile Form. Früher wurde die Dissoziation des Hexaphenyläthans auf die „Valenzbeanspruchung" oder auf sterische Spannung zurückgeführt. Dem widerspricht aber, daß Tri- und Tetraphenylmethan sehr stabile Verbindungen sind.

Es ist nicht möglich, die niedrigen Dissoziationswärmen ausschließlich mit sterischen Effekten zu erklären. Trotzdem stellen diese einen gewissen Teil (etwa 30 kcal/Mol) der außerordentlichen Erniedrigung der Dissoziationswärme für die C–C-Bindung im Hexaphenyläthan auf 11,5 kcal/Mol gegenüber etwa 80 kcal/Mol im Äthan. *Coops* und Mitarbeiter (1946, 1953) haben die Verbrennungswärmen der nachstehenden Verbindungen mit der des Toluols verglichen und gezeigt, daß die Schwächung der Äthan–C–C-Bindung wahrscheinlich im folgenden Ausmaß eintritt: $Ph_3C-CHPh_2$: 25,8 kcal, Ph_3C-CH_2Ph: 9,4 kcal, Ph_3C-CH_3: 7,9 kcal und $Ph_2HC-CHPh_2$: 5,3 kcal. Der Einfluß des sterischen Faktors zeigt sich auch in der Tatsache, daß Tetraphenyläthan nicht in Radikale dissoziiert, dagegen aber Tetraphenyl-di-(t-butyl-)äthan und Tetramesitylenäthan.

Im Diphenyläthan (Dibenzyl) besteht noch keine merkliche Schwächung der C–C-Bindung. Der Abstand dieser zentralen C–C-Bindung beträgt im Gegenteil 1,51 Å (Normalwert der C–C-Bindung 1,54 Å). Im Hexamethyläthan erfolgt vielleicht eine Schwächung (C–C: 1,58 Å), wahrscheinlich als Folge sterischer Einflüsse; die Verbrennungswärme besitzt jedoch einen normalen Wert.

Der Tschitschibabin-Kohlenwasserstoff ist möglicherweise ein Biradikal:

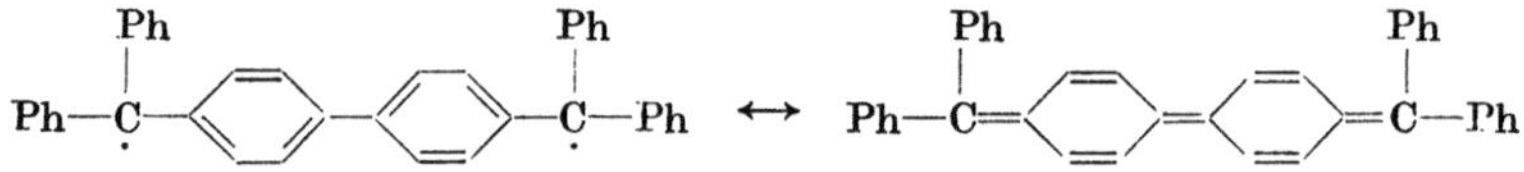

Im Grundzustand sind die beiden freien Elektronen jedoch gepaart, übereinstimmend mit der Bedingung 1, Seite 194 so daß die Substanz in diesem Zustand diamagnetisch und ein Pseudobiradikal ist. Die nur schwache Kopplung der beiden Elektronen wird jedoch aus dem Umstand ersichtlich, daß dieser Stoff die para-ortho-Wasserstoffumwandlung (Seite 141) etwas katalysiert. Der paramagnetische Triplettzustand mit parallelen Spins der beiden Elektronen besitzt eine um nur 2,5 kcal/Mol über der des Singulettgrundzustandes liegende Energie. Bei Raumtemperatur liegen deshalb 4,5 % der Moleküle in der Biradikalform vor (*Hutchinson, Kowalsky, Pastor* und *Wheland* 1952; *Reitz* und *Weissman* 1957).

Wenn wir im Tschitschibabin-Kohlenwasserstoff vier bezüglich der mittleren Bindung ortho-ständige Wasserstoffatome durch Chlor ersetzen, ist keine ebene Struktur mehr möglich und die Substanz wird wegen der verhinderten Kopplung der beiden Elektronen paramagnetisch. Hier ist durch die Isolierung der beiden Zentren ein echtes Biradikal realisiert. Der Schlenk-Kohlenwasserstoff ist ein echtes Biradikal, in dem keine chinoide Konfiguration möglich ist. Der Triplettzustand mit einem Spinmoment von S = 1 stellt den stabilen Zustand dar (*Schwab* und *Bäumel* 1957).

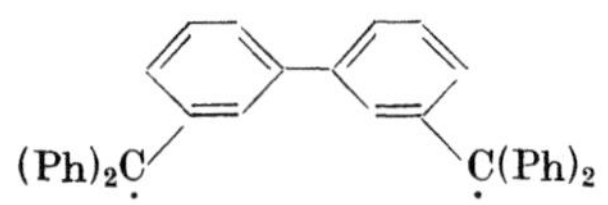

Das Pentacen mit fünf aromatischen Ringen besitzt in noch stärkerem Maße als das Anthracen (Seite 206) den Charakter eines (Pseudo-) Biradikals mit freien Valenzen an den beiden innersten Kohlenstoffatomen, wobei jedoch ebenfalls die Elektronenspins entgegengesetzte Orientierung aufweisen.
Szwarc entdeckte bei der pyrolytischen Zersetzung des para-Xylols das p-Chino-dimethan, das ebenfalls als ein Biradikal formuliert werden kann:

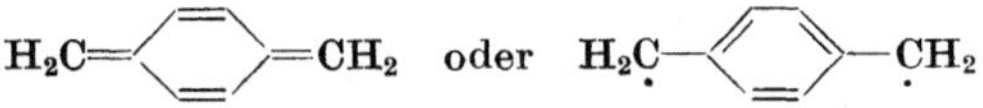

Die Elektronen haben jedoch im Grundzustand ebenfalls entgegengerichtete Spins (Singulettzustand).
Bei den Alkylradikalen steigt die Stabilität in der Reihenfolge CH_3, C_2H_5, n-C_3H_7, iso-C_3H_7 und tert.-C_4H_9 etwas an, da die Energie für die Abspaltung des Wasserstoffatoms vom entsprechenden Kohlenwasserstoff in der vorstehenden Reihe von 101 kcal auf 86 kcal abnimmt (*Szwarc* 1950).

34. Theorie der Farbe*)

Die Beziehung zwischen Farbe und chemischer Konstitution ist experimentell und theoretisch viel bearbeitet worden. Die Farbe einer Substanz, etwa von Farbstoffen und Pigmenten erscheint uns im durchgehenden oder auffallenden Licht und ist deshalb der Farbe der Absorptionsbande komplementär (Tabelle 21). Das Licht wird in der Weise absorbiert, daß die Energie seines Elementarquantums $h\nu$ gerade der Energiedifferenz $E_1 - E_0$ zwischen dem Grundzustand und einem der angeregten Zustände des Elektronensystems im Molekül entspricht. Eine Theorie der

*) *C. Sandorfy*, Die Elektronenspektren in der theoretischen Chemie, Weinheim 1961.

Farbe muß deshalb die Untersuchung des Systems von Energieniveaus umfassen, die mit den verschiedenen Elektronenkonfigurationen des Moleküls verknüpft sind.

Tabelle 21: Absorptionsregion und Farbe

Wellenlänge	Farbe der Absorptionsbande	Komplementärfarbe	Wellenlänge	Farbe der Absorptionsbande	Komplementärfarbe
4000 – 4350 Å	violett	gelbgrün	5600 – 5800 Å	gelbgrün	violett
4350 – 4800 Å	blau	gelb	5800 – 5950 Å	gelb	blau
4800 – 4900 Å	grünblau	orange	5950 – 6050 Å	orange	grünblau
4900 – 5000 Å	blaugrün	rot	6050 – 7500 Å	rot	blaugrün
5000 – 5600 Å	grün	purpur			

Die ältere Theorie von *Witt* besaß einen rein phänomenologischen Charakter. Als Träger der Farbigkeit wurden die Chromophore angesehen, gewöhnlich „ungesättigte" Gruppen wie etwa C=C, die Azogruppe N=N, die Chinongruppierung 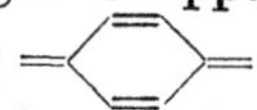, die NO_2-Gruppe und andere. Zusätzlich wurden noch auxochrome Gruppen unterschieden, die die Intensität der Farbe vertiefen und gleichfalls die Farbnuance verändern. Eine Verschiebung der Absorptionsbande nach längeren Wellenlängen wird als bathochromer Effekt dieser Gruppen bezeichnet, eine Verschiebung nach kürzeren Wellenlängen als hypsochromer Effekt. Die Farbe selbst wird im ersten Falle von gelb über rot und purpur nach violett, blau und schließlich nach grün verschoben (vgl. Tabelle 21). Als auxochrome Gruppen fungieren u.a. NH_2, $N(CH_3)_2$, OH, OCH_3 und COOH. Die Theorie von *Witt* gibt jedoch keine tatsächliche Erklärung der beobachteten Effekte, und führt mitunter zu mehrdeutigen Aussagen oder zu Widersprüchen.

Die wellenmechanische Theorie der Resonanz hat heute einen bedeutenden Einblick in das Problem gebracht (*Pauling* 1939; *Brooker* 1942, 1945; *Maccoll* 1947; *Ferguson* 1948; *Wahl* 1948). Für ein Molekül mit nur einer einzigen Valenzkonfiguration, d.h. bei gesättigten Kohlenwasserstoffen liegt der erste angeregte Zustand bei so hohen Energiewerten, daß die Lichtabsorption erst im fernen ultravioletten Teil des Spektrums erfolgt (< 1500 Å). Diese Substanzen sind deshalb farblos, unabhängig von der Form des Moleküls.

Andere Moleküle, die ausschließlich Einfachbindungen, daneben aber auch Atome mit freien Elektronenpaaren enthalten (insbesondere Sauerstoff, Fluor oder Stickstoff) absorbieren ganz ähnlich erst bei Wellenlängen unterhalb 2000 Å (Wasser: 1860 Å; Äther 1900 Å; Ammoniak: 1900 Å). An Kohlenstoffatome gebundenes Chlor, Brom oder Jod ver-

schiebt die Absorption nach längeren Wellenlängen (R–Cl: <2000 Å; R–Br: 2100 Å; R–J: 2600 Å). Eine weitere bathochrome Verschiebung erfolgt, wenn mehrere Halogenatome an ein Kohlenstoffatom gebunden sind (CH_2Br_2: 2300 Å; CH_3J: 2575 Å; CH_2J_2: 3000 Å; CHJ_3: 3490 Å).
Einzelne Doppelbindungen oder isolierte C=C-Bindungen geben ebenfalls erst bei Wellenlängen unter 2000 Å Anlaß zur Absorption. Die Carbonylgruppe $R_2C{=}O$ besitzt jedoch eine schwache Absorption bei der viel längeren Wellenlänge von 2900 Å. Der damit verbundene Elektronenübergang stellt einen anderen Typ dar (N → A- oder N → Q-Übergang), wobei ein Elektron des einsamen Elektronenpaares angehoben wird. Der viel intensivere Übergang der Doppelbindung (N → V) findet sich hier bei 1600 Å, wobei ein π-Elektron der Doppelbindung angeregt wird (Seite 275). Für die Azogruppe(R–N=N–R) liegt die schwache N → Q-Bande bei 3470 Å, der N → V-Übergang dagegen bei viel kürzeren Wellenlängen.
Eine Verlagerung der Absorption zu wesentlich längeren Wellenlängen findet nur statt, wenn ein konjugiertes System vorliegt. Wenn die Absorptionsregion die Wellenlängen des sichtbaren Lichtes erreicht, haben wir es mit farbigen Substanzen zu tun. Das Auftreten von Farbe ist deshalb sehr eng mit Resonanz zwischen mehr als einer Elektronenkonfiguration verbunden.
Die Konjugation zweier Carbonylgruppen wie im Glyoxal und im Dimethylglyoxal (Diacetyl) (N → Q 4200 Å) führt bereits zu gelb gefärbten Substanzen; Glyoxal ist die einfachste farbige organische Verbindung.

Tabelle 22A: **Absorption von Polyenen und Diphenylpolyenen PH–(CH=CH–)$_n$Ph.**

Zahl der C=C-Gruppen	Verbindung	λ_{max} (Å)		
		Polyene	Diphenylpolyene	
			beob.	ber.*)
0	–	–	2415	(2300)
1	Äthylen	1650	3190	3170
2	Butadien	2100	3520	3530
3	Hexatrien	2500	3770	3810
4	Octatetraen	3000	4040	4040
5	Vitamin A	3280	4240	4245
6	Tetrahexadecaen	3600	4450	4430
8	Dihydro-β-carotin	4200		
10	α-Carotin	4450		
11	γ-Carotin	4600		
15	Dehydro-lycopin	5040		

*) $\lambda = 870\sqrt{n} + 2300$ (siehe auch Seite 247); *Drenth* 1954.

Im Acrolein $CH_2=CH-CHO$ liegt die N → Q-Absorptionsbande erst bei 3300 Å. Im Mesityloxid, $(CH_3)_2C=CH-CO-CH_3$, in dem die Carbonylgruppe ebenfalls mit der Kohlenstoffdoppelbindung konjugiert ist, findet sich diese Absorption bei 3270 Å. Die N → V-Übergänge sind in diesen drei Verbindungen ebenfalls nach längeren Wellenlängen verschoben, sie werden bei 1750, 1935 bzw. 2150 Å gefunden.

Wie bereits bei der Diskussion des Wasserstoffmolekülions festgestellt wurde, existieren bei einer Resonanz zwischen zwei Konfigurationen zwei Energiezustände, einer von höherer und einer von niedrigerer Energie als der isolierten Konfiguration entspricht. Die Zahl der Energieniveaus steigt mit wachsender Zahl der Konfigurationen ebenfalls an, während der mittlere Abstand zwischen den Energieniveaus abnimmt (Bild 22). Ein Anstieg in der Zahl der Resonanzmöglichkeiten in einem Molekül ist deshalb mit einer Verschiebung der ersten Absorptionsbande nach längeren Wellenlängen verbunden. Die Substanz kann auf diese Weise farbig werden oder eine Farbvertiefung in Richtung auf Gelb-Rot-Grün erfahren (bathochromer Effekt). Aromatische Kerne und allgemein Systeme mit konjugierten Doppelbindungen, einschließlich der Azogruppe $-N=N-$ und der Carbonylgruppe $C=O$, besitzen allesamt π-Elektronen, und die Einführung dieser Gruppen vergrößert die Zahl der Valenzkonfigurationen.

Mit steigender Zahl von konjugierten Bindungen, z. B. in der Reihe der Polyene, Diphenylpolyene (Tabelle 22 A) und Acene (Tabelle 22 B), wächst die Zahl der Elektronenkonfigurationen, und das Maximum der Absorptionsbande wird parallel damit nach längeren Wellenlängen verschoben. Während die Energie des Grundzustandes wegen der ansteigenden Resonanzenergie in der gleichen Reihenfolge niedriger wird, müssen wir für die Energie des ersten angeregten Zustandes einen noch rascheren Abfall mit ansteigender Zahl der π-Elektronen erwarten (Bild 22).

Der schwarz gefärbte Graphit, der im gesamten sichtbaren und infraroten Gebiet absorbiert, bildet hier den extremen Fall. Das tiefrote Tetraphenylnaphthacen (Rubren) ist ebenfalls ein bekannter farbiger Kohlenwasserstoff.

Obwohl die Ausdehnung des π-Elektronensystems in einer homologen Reihe allgemein mit einem bathochromen Effekt verbunden ist, gibt es einige Ausnahmen. In der Reihe para-Benzochinon, 1,4-Naphthochinon und 9,10-Anthrachinon wird ein hypsochromer Effekt beobachtet.

Andere Einflüsse spielen jedoch ebenfalls ein Rolle. So liegt die Absorptionsbande der Acene mit linearer Annellierung bei einer längeren Wellenlänge als die der entsprechenden Phene mit angularer Annellierung (vgl. Anthracen 3790 Å mit Phenanthren 3535 Å, Naphthacen 4750 Å mit 1,2-Benzanthracen 3850 Å, 3,4-Benzphenanthren 3650 Å, Chrysen 3600 Å, Triphenylen 3500 Å).

Tabelle 22 B: Absorption und Farbe von Acenen

Substanz	Absorptionsbande	Farbe	Berechnet*)
Benzol	2630 Å	farblos	2570 Å
Naphthalin	3125 Å	farblos	3130 Å
Anthracen	3790 Å	farblos	3870 Å
(Phenanthren)	3535 Å	farblos	3150 Å
Naphthacen	4750 Å	orange	4720 Å
Pentacen	5800 Å	violett	5730 Å
Hexacen	6500 Å	grün	
Heptacen	8300 Å	grünschwarz	

*) Berechnet mit Hilfe der (vereinfachten) Valence-bond-Methode mit $\alpha = 46$ kcal anstatt 30–35 kcal (Seite 279).

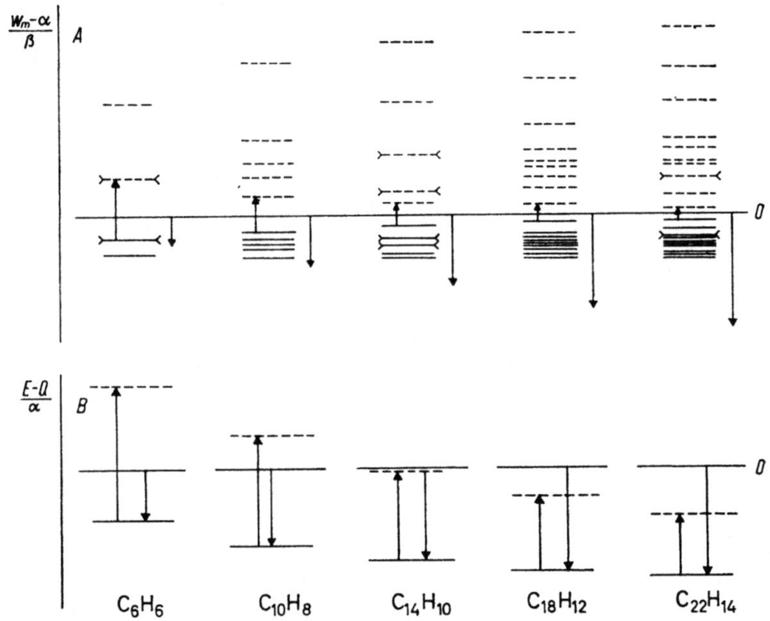

Bild 22. Energieniveaus von Benzol, Naphthalin, Anthracen, Naphthacen und Pentacen

– – – – nicht besetzte Niveaus; ———— besetzte Niveaus;
↑ langewellige Übergänge; ↓ Resonanzenergie
A Molecular orbital-Methode, erste Näherung (S. 273); >——< doppelt entartete Niveaus.
B Valence bond-Methode unter alleiniger Berücksichtigung der Kekulé-Konfigurationen Tabelle 22 B)

Das Spektrum wird zusätzlich durch Gruppen oder Atome beeinflußt, die einsame Elektronenpaare besitzen, z.B. die Aminogruppe NH_2, die Dimethylaminogruppe $N(CH_3)_2$ und wegen der stärkeren Elektronegativität in geringerem Ausmaß die Hydroxyl- und Methoxylgruppe, weiterhin Halogene, Schwefel usw.

Wie wir bereits gesehen haben, können die einsamen Elektronenpaare dieser Gruppen einen Teil des π-Elektronensystems bilden. Der Unterschied zwischen chromophoren und auxochromen Gruppen wird auf diese Weise eine Angelegenheit von sekundärer Bedeutung. Ebenso erweist sich die viel diskutierte Frage, ob den Farbstoffen eine benzoide (benzolähnliche) oder chinoide (chinonähnliche) Struktur zuzuschreiben ist, im Lichte der Resonanztheorie als eine falsch gewählte Alternative.

Die Möglichkeit zur Resonanz, die durch die Multiplizität der Valenzstrukturen widergespiegelt wird, stellt die wahre Basis für die Lichtabsorption dar. Eine isolierte benzoide Struktur ist ebensowenig eine gefärbte Substanz wie eine chinoide Struktur, vgl. das farblose Hydrochinon mit dem sehr schwach gelben Chinon.

Die Absorptionsbanden des Anilins (2870 Å) und Dimethylanilins (2950 Å) sind wegen der zusätzlichen Resonanzmöglichkeiten gegenüber dem Benzol nach längeren Wellenlängen verschoben. Diese zusätzliche Resonanz wird bei der Addition eines Protons unter Bildung des Aniliniumions wieder aufgehoben (Seite 215). Das Absorptionsspektrum dieses Ions ähnelt infolgedessen dem des Toluols (2700 Å).

Phenol absorbiert ebenfalls bei längeren Wellenlängen (2750 Å) als Benzol, bei der Ionisation wird hier jedoch ein bathochromer Effekt beobachtet (Phenolation 2910 Å), weil die Resonanzmöglichkeiten anwachsen (Seite 217).

Gesättigte Gruppen wie die Methyl- und tert.-Butylgruppe üben einen schwachen sekundären und allgemein bathochromen Effekt aus (einige Ausnahmen existieren in Methylazulenen). Dieser Effekt wird durch die Elektronendonatoreigenschaften der Alkylgruppen verursacht, die weniger elektrophil sind als der Wasserstoff (siehe auch Seite 259). In der Reihe Methan, Äthan, Hexan verschiebt sich die Absorptionsbande von 1250 Å auf 1350 Å bzw. 1530 Å. Diese Verschiebung ist ausschließlich auf die Unterschiede in den Resonanzmöglichkeiten des Moleküls in den sehr hoch angeregten oberen Niveaus zurückzuführen, in denen ein Elektron schon beinahe abgespalten und die Verbindung ionisiert wird.

Wenn die Resonanz verhindert wird, z.B. wenn zwei Systeme mit konjugierten π-Elektronen durch eine $-CH_2$-Gruppe voneinander isoliert sind, stellt das Spektrum nur eine Überlagerung der für die getrennten Teile typischen Spektren dar (Isolationseffekt). Die Spektren des Diphenylmethans und des Dibenzyls sind z.B. dem des Toluols sehr ähnlich (Absorptionsbande etwa 2700 Å). Sterische Hinderung der Resonanz führt infolge dieses Isolationseffektes ebenfalls zu einer Verschiebung der Absorptionsbande nach kürzeren Wellenlängen.

trans-Azobenzol 4500 Å (N → Q), 3200 Å (N → V); *trans*-Stilben 2950 Å

cis-Azobenzol 4300 Å (N → Q), 2800 Å (N → V); *cis*-Stilben 2750 Å

Ein bemerkenswerter sterischer Einfluß auf das Spektrum ist auch bei der Einführung einer tert.-Butylgruppe in das Styrol beobachtet worden (*Ramart-Lucas*). So zeigt $C_6H_5-C[C(CH_3)_3]=CH_2$ ein Spektrum wie das Benzol und nicht wie das Styrol, weil die Vinylgruppe aus der Ebene des Phenylrestes herausgedrängt wird. Ein weiteres Beispiel ist das 2,6-Dimethyl-N,N-dimethylanilin, das bei 2600 Å absorbiert (zum Vergleich: N,N-Dimethylanilin 2950 Å). Hier bewirken die *ortho*-Substituenten eine Verdrillung der N,N-Dimethylaminogruppe gegen den aromatischen Ring und verhindern so, daß die π-Elektronen des Stickstoffs an der Resonanz des aromatischen Ringes teilnehmen.

Weitere Beispiele finden sich unter den *ortho*-substituierten Diphenylderivaten. So ist das Spektrum des 2,4,6,2',4,6'-Hexamethyldiphenyls (Dimesityl) dem des Trimethylbenzols (Mesitylen) vergleichbar, ohne die starke Bande bei 2480 Å des Diphenyls zu zeigen (*O'Shaugnessy* und *Rodebush* 1940). Das gleiche ist beim Spektrum von *o,o'*-Diphenylderivaten der Fall, im Gegensatz zu denen der *m,m'*- und *p,p'*-Derivate. In den *ortho*-disubstituierten Diphenylderivaten ist die Bande bei etwa 2500 Å sehr schwach oder überhaupt abwesend, was die fehlende Konjugation zwischen den beiden Phenylgruppen anzeigt, deren Ebenen infolge der sterischen Hinderung um den großen Winkel von 70° gegeneinander verdreht sind (*Braude* und *Forbes* 1955; *Beaven* und *Hall* 1956).

Die Nitrogruppe stellt eine wichtige chromophore Gruppe dar. Sie besitzt bereits selbst zwei Konfigurationen, und einer an einen aromatischen Kern gebundenen Nitrogruppe lassen sich noch weitere Konfigurationen zuschreiben (Seite 219).

Das Nitrobenzol ist schwach farbig. In den Polynitroverbindungen ist die Farbe intensiver gelb und noch tiefer in den (Poly-) Nitrophenolen, speziell in deren ionisierter Form (z.B. Nitrophenol 3150 Å, *p*-Nitrophenolanion 4050 Å, Seite 219).

Da die Resonanz der Nitrogruppe zu (formalen) positiven Ladungen an den *ortho*- und *para*-Positionen führt, kann diese Gruppe dem Effekt anderer Gruppen wie etwa dem der NH_2-Gruppe entgegenwirken (Anti-Auxochrome).

Wenn auch bereits die Pikrinsäure einen Farbstoff darstellt, sind Farbstoffe im allgemeinen doch kompliziertere Verbindungen. Es gibt viele Tausende von Farbstoffen, von denen wir hier nur die Triphenylmethan-Derivate besprechen.

Wir vergleichen hierzu die Elektronenkonfigurationen des Triphenylmethans (Absorption bei 2690 Å, ähnlich dem Benzol) mit denen des dissoziierten Triphenylmethylchlorids (Absorption 4250 Å) und des Dimethylamino-fuchson-hydrochlorids (Absorption 4810 Å).

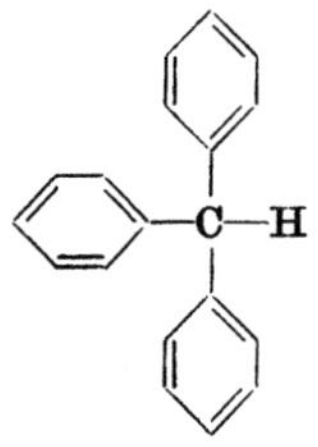

Triphenylmethan

Im Triphenylmethan gibt es keine andere Resonanz als im Benzol selbst, nämlich nur zwischen verschiedenen Kekulé-Konfigurationen.
Im dissoziierten Triphenylmethylchlorid sind neben den Kekulé-Konfigurationen noch neun Konfigurationen mit einer positiven Ladung (Elektronensextett) an den *ortho-* und *para*-Positionen der drei Phenylreste möglich. Tatsächlich sind in dem Triphenylcarboniumion die C–C-Abstände, sowohl diejenigen im Ring wie diejenigen zum zentralen Kohlenstoffatom, ungefähr gleich $1{,}41_5 \pm 0{,}02$ Å (*Gomes de Mesquita* 1962).

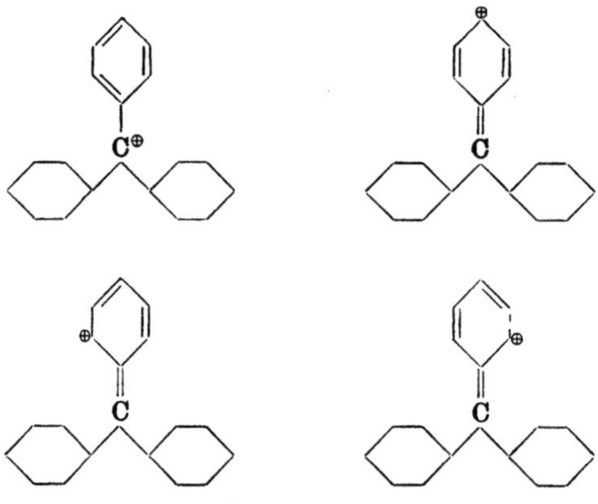

Triphenylmethylion

Das Dimethylaminofuchson-hydrochlorid (N,N-Dimethyl-fuchsonimonium-chlorid) (gelb) enthält die nachstehenden Konfigurationen entweder mit der positiven Ladung auf einem Kohlenstoffatom (Carboniumkonfiguration) oder weiteren mit einer positiven Ladung auf dem Stickstoffatom, das sein einsames Elektronenpaar zu dem allgemeinen System der π-Elektronen beigesteuert hat (Imoniumkonfigurationen).

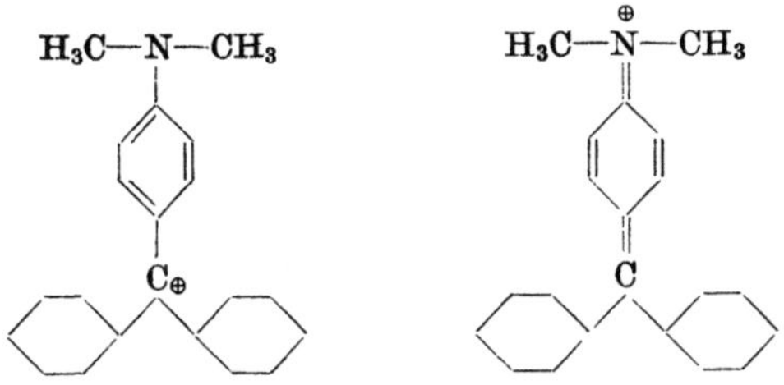

In den letztgenannten Konfigurationen kommen nur Elektronenoktette vor, und diese Konfigurationen sind wegen ihrer niedrigen Energie von besonderer Bedeutung (*Förster* 1950; *Theilacker* 1951).
Wenn nun eine weitere Dimethylaminogruppe in einen zweiten Phenylrest in der *para*-Stellung eingeführt wird, ergeben sich noch mehr Resonanzmöglichkeiten. Diese Verbindung, das Malachitgrün, besitzt ein Absorptionsmaximum bei 6100 Å. Durch die Einführung einer dritten Dimethylaminogruppe unter Bildung des Kristallvioletts schlägt der bathochrome Effekt dieser Gruppe in einen hypsochromen Effekt um, und das Absorptionsmaximum wird nach 5900 Å verschoben. Gleichzeitig wächst die Intensität der Absorption. Das geschilderte Verhalten ist vom Standpunkt der älteren Theorie aus unverständlich. Nach der Resonanztheorie ist dieser bemerkenswerte Effekt eine Folge der hohen Symmetrie des Kristallviolettions. Eine Anzahl von Niveaus besitzt nämlich den gleichen Wert für die Energie (sie sind miteinander entartet), obwohl die Gesamtzahl der Niveaus tatsächlich gewachsen ist. Der mittlere Abstand der Energieniveaus ist vergrößert, so daß die Absorptionsbande nach kürzeren Wellenlängen verlagert wird, während die Intensität, die auf den Übergangswahrscheinlichkeiten beruht, proportional zur Zahl der betreffenden Niveaus angestiegen ist.

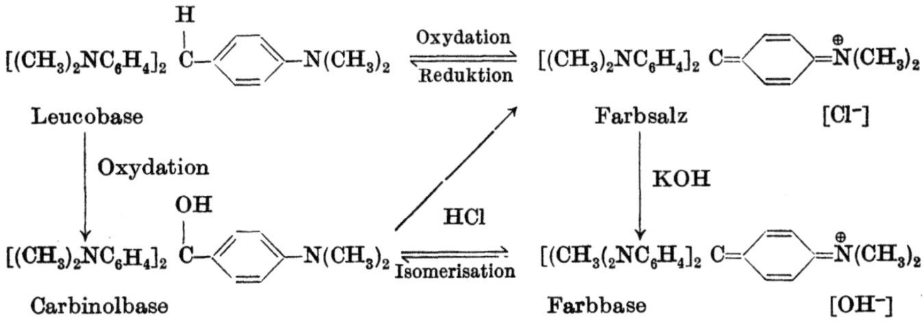

Bekanntlich sind das Farbsalz und die echte Farbbase farbig, im Gegensatz zur farblosen Carbinolbase und der Leukobase. In den letzten beiden gibt es kein Elektronen-,,Loch“ (zu einem Elektronenpaar fehlendes Elektron) mehr am zentralen Kohlenstoffatom. Diese farblosen Verbindungen haben wahrscheinlich außerdem eine tetraedrische Struktur im Gegensatz zu der annähernd ebenen Struktur des Farbions.
Die Salzbildung kann ganz allgemein zu Farbigkeit führen (Halochromie), wenn durch die Ionisation weitere Möglichkeiten für Resonanz gebildet werden. Umgekehrt verhindert jedoch die Addition eines Protons an das Stickstoffatom einer Aminogruppe die Resonanz, da ein einsames, vorher für die Resonanz verfügbares Elektronenpaar in ein Bindungselektronenpaar verwandelt wird.
Die Zugabe von Mineralsäure zu einer Lösung von Kristallviolett führt deshalb zu einer reversiblen Änderung der Farbe nach grün und schließlich gelb. Dabei wird durch die wirksame Eliminierung des Konjugationseinflusses von einer bzw. zwei Dimethylaminogruppen das System des Malachitgrüns bzw. Fuchsonimins nacheinander erreicht. Die Einführung einer Nitrogruppe hat eine ähnliche antiauxochrome Wirkung.
Die Semichinone, z.B. Wursters Rot und Chinhydron bilden eine bemerkenswerte Klasse von intensiv gefärbten Verbindungen. Es handelt sich hier keineswegs um eine Molekülverbindung zwischen einem Molekül von N,N-Dimethyl-*p*-phenylendiamin (I) und einem Molekül der vollständig (durch zwei Bromatome) oxydierten Form, dem Diimoniumsalz II. Wursters Rot stellt ein echtes monomeres Semichinon dar, in dem Resonanz zwischen zwei Elektronenkonfiguartionen besteht, die gleichzeitig die Farbigkeit erklärt.

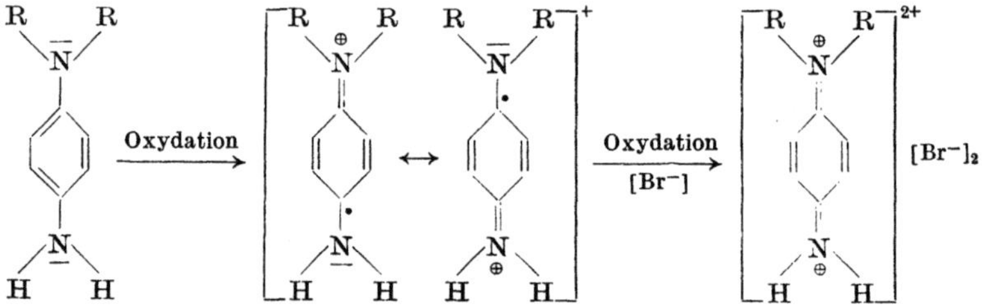

I   Wursters Rot   II

Das Semichinon ist infolge der Anwesenheit eines ungepaarten Elektrons wie die freien Radikale paramagnetisch. Für das Chinhydron als Semichinon erhalten wir:

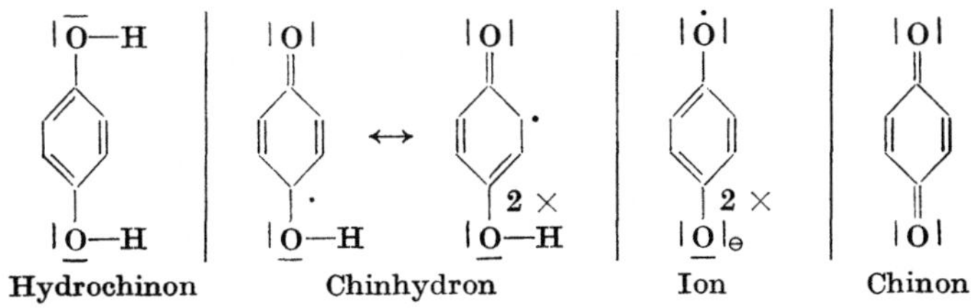

In alkalischer Lösung wird das Semichinonion infolge der Resonanz zwischen zwei benzoiden Konfigurationen mit dem einsamen Elektron an einem der beiden Sauerstoffatome noch weitergehend stabilisiert.
Das Chinhydron selbst liegt aber offensichtlich im festen Zustande nicht als freies Semichinon, sondern polymer vor, da es diamagnetisch ist. Es ließe sich auch als ein Ladungsübertragungskomplex (Charge transfer complex, Seite 347) zwischen Chinon und Hydrochinon auffassen; dafür spricht die starke Färbung.
Die Substanzen vom Porphyrintyp mit vier Pyrrolringen sind wegen ihrer sehr tiefen Farbe und der extremen Stabilität gegenüber chemischen und physikalischen Einflüssen bemerkenswert. Beide Eigenschaften hängen nach der Resonanztheorie natürlich eng zusammen.
Zu dieser Stoffklasse gehört der farbige Bestandteil des Blutes (Häm) und das Blattgrün (Chlorophyll), die beide Derivate des Porphyrins sind, sowie die von *Linstead* entdeckten synthetischen Phthalocyaninfarbstoffe. Im letzten Fall sind die vier Pyrrolringe an Stelle der vier CH-Gruppen im Porphyrin durch Stickstoffatome miteinander verknüpft (Azaporphyrinsystem). In den genannten Stoffen findet sich ein sehr ausgedehntes System miteinander konjugierter Doppelbindungen, das für die Farbe verantwortlich ist.
Ebenso wie die Symmetrie des Benzols nicht aus einer Kekulé-Formel hervorgeht, gibt die in Bild 23 gegebene spezielle Formel nicht wieder, daß

1. das Metallatom an alle vier Stickstoffatome der Pyrrolringe gleichartig gebunden ist;
2. sowohl die 16 C–N-Bindungen in dem großen Ring und die acht C–C-Bindungen, die den Ring mit den Benzolkernen verbinden, äquivalent sind. Die Kristallstrukturanalyse (*Robertson* und *Woodward* 1937, 1940) hat diese Gleichwertigkeit schlüssig bewiesen. Diese Autoren fanden für die C–N-Bindungen 1,34 Å (vgl. die Normalwerte C–N: 1,47 Å; C=N: 1,28 Å) und für die C–C-Bindungen 1,49 Å (Normalwerte C–C: 1,54 Å; C=C: 1,34 Å). Für die C–N-Bindung kann ungefähr ein Doppelbindungscharakter von $^6/_{16} = 37{,}5\,\%$, für die C–C-Bindung ein solcher von $^2/_8 = 25\,\%$ erwartet werden, was etwa mit

den aus den beobachteten Abständen berechneten Werten übereinstimmt. Die Benzolkerne haben die gleiche Konstitution wie in freier Form.

Die Absorptionsbanden im ultravioletten und sichtbaren Gebiet des Spektrums entsprechen Änderungen in der Energie der Elektronen, jedoch gleichzeitig auch Änderungen in der Schwingungs- und Rotationsenergie des Moleküls. Aus diesem Grunde tritt im gasförmigen Zustand ein ganzes System von Banden auf. Im flüssigen Zustand ist infolge der Wechselwirkung des Moleküls mit dem Lösungsmittel nichts von einer Rotationsfeinstruktur sichtbar und gewöhlich auch wenig oder keine

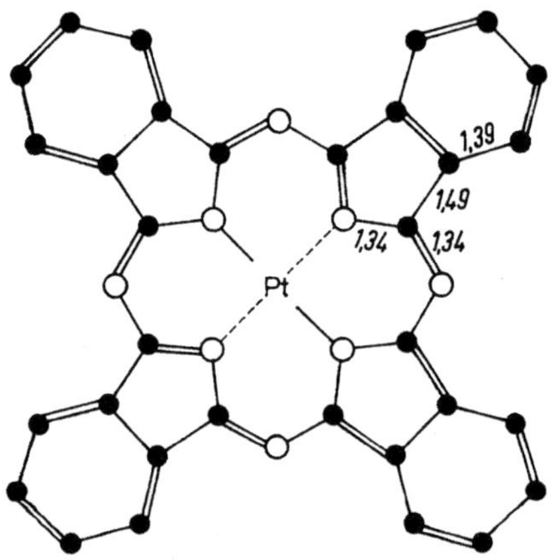

Bild 23. Das Molekül des Phthalocyanins (Platinkomplex) nach *Robertson* (o = Stickstoffatome, • = Kohlenstoffatome)

Schwingungsstruktur. Bei aromatischen Verbindungen ist in unpolaren Lösungsmitteln wie Hexan und Tetrachlorkohlenstoff im Ultraviolettspektrum eine Schwingungsstruktur deutlich erkennbar. Diese Schwingungsstruktur wird in der Hauptsache durch die Schwingungen des angeregten Zustandes bestimmt, sie tritt deshalb im Infrarot- und Raman-Spektrum des normalen Moleküls nicht auf.

Es sind sind schon viele Versuche unternommen worden, eine quantitative Interpretation der Lage von Absorptionsbanden im Ultraviolett und Sichtbaren zu ermöglichen.

Rein empirische Beziehungen (*Clar* 1952) können für die Feststellung der Konstitution von praktischem Interesse sein. Um jedoch eine genaue Einsicht in das Problem zu erhalten, ist eine theoretische Grundlage notwendig.

E. Hückel hat bereits in seiner ersten Veröffentlichung auf die Möglichkeit hingewiesen, die Übergangsfrequenzen aus berechneten Energieniveaus zu ermitteln. Ein Einwand hiergegen ergab sich daraus, daß in der sog. Nullten Näherung (Seite 270) sowohl der Valence-bond- als auch der Molecular-orbital-Methode ganz verschiedene Parameter gewählt werden mußten, je nachdem ob die Resonanzenergie oder die Übergangsfrequenz in Übereinstimmung mit dem Experiment erhalten werden sollte (*Förster* 1940; *Herzfeld* und *Sklar* 1942).

In der Tat zeigt sich auf diese Weise eine leidliche Übereinstimmung zwischen den berechneten Übergangsfrequenzen und den für die längstwellige Absorptionsbande

beobachteten Frequenzen, z.B. in der Benzol-Pentacen-Reihe (Tabelle 22B) und bei den Diphenyl-polyenen (*Drenth* 1954).
Durch weitere Verbesserung der Berechnungen läßt sich jedoch für das Benzol Übereinstimmung erreichen (*van Dranen* und *Ketelaar* 1949, 1950; *Roothaan* und *Parr* 1949). Wir können jedoch hierauf nicht näher eingehen (Seite 274).
Ein anderer Weg wird mit der Einführung eines einfachen Modells für die gemeinsamen π-Elektronen in einem konjugierten System beschritten. Es handelt sich teilweise um quasi-klassische Modelle. So betrachten *Lewis* und *Calvin* (1939) ein n konjugierte Doppelbindungen enthaltendes Polyen als eine Reihe gekoppelter Oszillatoren. Für jeden separaten Oszillator gilt $\nu = \frac{1}{2\pi}\sqrt{\frac{f}{m}}$, wobei f die Kraftkonstante und m die effektive Masse darstellen.

Für n gekoppelte Oszillatoren beträgt die niedrigste Frequenz: $\nu = \frac{1}{2\pi}\sqrt{\frac{f}{nm}}$. Man erhält also für die Änderung der Wellenlänge der Absorptionsbande mit ansteigender Kettenlänge: $\lambda = k\sqrt{n}$. Das Modell einer schwingenden Elektronenwolke von *Henrici* führt zu ähnlichen Ergebnissen (*Henrici* 1940). Hierbei muß eine weitere kleine Konstante k_2 zugefügt werden (sog. Endgruppeneffekt), so daß man erhält: $\lambda = k_1\sqrt{n} + k_2$ bzw. auch $\lambda^2 = k'_1 n + k'_2$.
Formeln dieser Art geben die Lage der Absorptionsbanden in den Polyenen und den Diphenylpolyenen $C_6H_5(-CH{=}CH)_n-C_6H_5$ sehr gut wieder (Tabelle 22A).
Solch ein $\sqrt{n}$-Gesetz wird nicht immer gefunden. Es ist anzunehmen, daß in den Ionen der Cyanin(=Polymethin)-Farbstoffe infolge gleicher Beiträge der beiden Konfigurationen eine gleichmäßige Verteilung der Elektronen über die Polyenkette besteht:

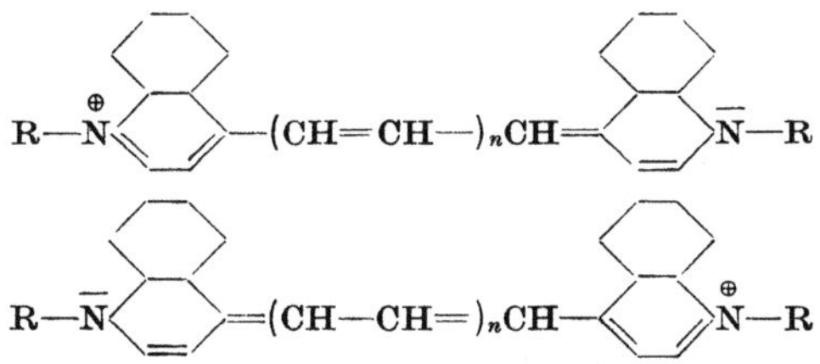

Diese homogene Kette wird nun als eine Saite der Länge l betrachtet, für die wir erhalten $\nu \sim 1/l$ bzw. $\nu = k/n$; $\lambda = kn$. Die Lage der ersten Absorptionsbande ist in der Tat der Länge der Polyenkette proportional.
Freies Elektronenmodell (*Kuhn* 1948, 1951, 1959; *Simpson* 1948; *Bayliss* 1948, 1952; *Platt* 1949).
Eine weitere Einsicht erhält man durch die Anwendung eines vereinfachten Modells, auf das aber wellenmechanische Berechnungen angewandt werden. Ein solches Modell ist nach *O. Schmidt* ein Kasten („Potentialkasten"), in dem sich die π-Elektronen befinden und dessen Größe von der Größe des Moleküls abhängt (genauer von dem Gebiet, über das die Elektronen verteilt sind, also ohne die gesättigten End- und Seitengruppen) (*Schmidt* 1938, 1939, 1940; *Platt* 1953, 1954b und bereits früher *Pauling* 1936; *Lonsdale* 1937, dieser in Verbindung mit dem Diamagnetismus, Seite 203).

Für ein lineares System wie in den Ionen der bereits erwähnten Carbocyanine gibt ein sehr einfaches Modell nach *H. Kuhn* interessante Ergebnisse. Es handelt sich um das einfachste eindimensionale Metallmodell („lineares Elektronengas"), das im Abschn. 37 diskutiert wird.

Die allgemeine Formel für die Energie der Elektronenniveaus lautet (Seite 302):

$$W_k = V_0 + \frac{h^2 k^2}{8\,m\,L^2}\,.$$

Darin bedeutet L die Länge und k die Quantenzahl mit den Werten 1, 2 .... Jedes Niveau wird – von unten beginnend – jeweils von zwei Elektronen besetzt.

Wenn N π-Elektronen vorhanden sind, ist das Niveau $k = N/2$ der höchste besetzte Zustand und $k = N/2 + 1$ der niedrigste unbesetzte Zustand. Der längstwelligen Absorptionsbande entspricht ein Übergang eines Elektrons vom höchsten besetzten in den niedrigsten unbesetzten Zustand

$$\Delta E = h\,\nu_{\text{abs}} = \frac{h^2}{8\,m\,L^2}\left[\left(\frac{N}{2}+1\right)^2 - \left(\frac{N}{2}\right)^2\right] = \frac{h^2}{8\,m\,L^2}(N+1)\,.$$

In den Carbocyaninen steuert nun jedes Kohlenstoffatom ein, die beiden Stickstoffatome an den beiden Enden zusammen drei π-Elektronen bei. Wenn in der Kette der oben angegebenen Carbocyaninformel Z Atome enthalten sind (mit $Z = 2n + 9$), dann sind es $N = Z + 1$ π-Elektronen. Die Länge L ist gleichzusetzen $l = (Z + 1)$, wobei l den mittleren Abstand zwischen zwei Atomen darstellt und für die Ausdehnung der π-Elektronenkette über die Endatome hinaus $2\,l$ zuzufügen sind ($l =$ 1,39 Å). Man erhält so $L = l \cdot N$ bzw.

$$\Delta E = \frac{h^2}{8\,m\,l^2}\cdot\frac{N+1}{N^2} \quad \text{oder} \quad \lambda_{\max} = \frac{8\,m\,c\,l^2}{h}\,\frac{N^2}{N+1}\,.$$

N	n	$\lambda_{\max}$ ber.	$\lambda_{\max}$ beob.
10	0	5790 Å	5900 Å
12	1	7060 Å	7100 Å
14	2	8340 Å	8200 Å
16	3	9590 Å	9300 Å

Dieses Ergebnis weicht nur wenig von der oben erwähnten Formel für eine Saite ab, da N groß ist. Das Modell kann auch auf andere Moleküle erfolgreich angewandt werden. Die „Länge" wird jedoch manchmal ziemlich willkürlich gewählt, und es ist auch oft die Annahme notwendig, daß der Boden des „Behälters" nicht eben, d.h. also V_0 nicht konstant ist, sondern z.B. an den Positionen der stärker elektronegativen Stickstoffatome tiefer liegt.

In den reinen Polyenen ist die Konfiguration mit den um eine Position entlang der Kette verlagerten Doppelbindungen der Normalkonfiguration energetisch nicht gleichwertig (Seite 211). Hier muß das Potential für die π-Elektronen als eine periodische Funktion betrachtet werden, und wir haben es mit Störungen zu tun, wie sie in Abschn. 37 behandelt werden.

Lichten 1954 und *Wheland* 1955 (Buch, S. 681) haben die Überwindung der Schwierigkeiten des Freien Elektronenmodells in Zusammenhang mit dem Virialtheorem (Seite 125) diskutiert. Die Ergebnisse des Freien Elektronenmodells sind im wesentlichen mit denen der Molecular-orbital-Methode (Seite 275) identisch (*Coulson* 1953; *Rüdenberg* und *Scherr* 1953).

35. Chemische Reaktionen*)

Die Chemie ist einerseits die Kenntnis der chemischen Verbindungen als solchen, auf der anderen Seite das Wissen von den Umsetzungen von Substanzen. Es sind stets die chemischen Reaktionen – die Bildung von anderen Verbindungen bei der Wechselwirkung mit chemischen oder physikalischen (Wärme usw.) Reagenzien –, durch welche die Substanzen charakterisiert werden, d.h. durch ihre chemischen Eigenschaften. Diese chemischen Eigenschaften stehen allerdings tatsächlich in engerer Beziehung zum aktivierten Komplex (Übergangszustand, transition state) als zum Molekül im normalen nichtaktivierten Zustande. Die physikochemischen Eigenschaften wie z.B. die geometrische Struktur, thermodynamische (Bindungsenergie), optische (Refraktion), elektrische (Dielektrizitätskonstante und Dipolmoment), magnetische Eigenschaften und Infrarotspektraldaten charakterisieren im wesentlichen den Grundzustand des Moleküls. Diese Eigenschaften haben erst in neuerer Zeit Bedeutung für die Identifikation und die Ermittlung der Konstitution von Molekülen erlangt.

Während unser Wissen um den stabilen Zustand beschränkt ist, ist unser Einblick in die chemischen Reaktionen selbst äußerst gering. Das Wasserstoffmolekül stellt das einzige Molekül dar, das wir vollständig kennen, und die Reaktion *para*-H_2 + H → H + *ortho*-H_2 ist folglich diejenige, über die wir das meiste wissen.

Die chemische Reaktion wird auf der einen Seite durch ihren kinetischen Mechanismus charakterisiert, d.h. durch die Abhängigkeit von den Konzentrationen der Reaktionspartner, und auf der anderen Seite durch die Reaktionsgeschwindigkeitskonstante. Die Geschwindigkeitskonstante ist in ihrer einfachsten Form $k = A\,e^{-\Delta H_A/RT}$, wobei ΔH_A die Aktivierungsenthalpie und A den Frequenzfaktor bedeuten. Der Frequenzfaktor ist

*) *S. Glasstone, K. J. Laidler* und *H. Eyring*, Theory of Rate Processes, New York 1941. Gen. Disc. Reaction Kinetics, Trans. Faraday Soc., **34** (1938) 1; dortselbst **37** (1941) 601, Mechanism and Chemical Kinetics of Organic Reactions in Liquid Systems. Einfachere Darstellungen: *K. J. Laidler*, Chemical Kinetics, New York, 1950; *S. Glasstone*, Textbook of Physical Chemistry, 2. Aufl., S. 1087, New York, 1946 oder andere Lehrbücher: *P. Sykes*, A guide book to mechanism in organic chemistry, London 1961, deutsche Übersetzung, Weinheim 1964; *H. Becker*, Einführung in die Elektronentheorie organisch-chemischer Reaktionen, Berlin 1961.

gleich dem Faktor PZ in der klassischen Stoßtheorie, in dem Z die Stoßzahl ($\approx 10^{11}$) und P den Wahrscheinlichkeitsfaktor oder sterischen Faktor darstellen. Dieser Faktor P kann sehr viel größer als Eins sein, wenn die Aktivierungsenergie über verschiedene innere Freiheitsgrade verteilt ist (monomolekulare Reaktionen), jedoch auch sehr klein (10^{-8}) in Fällen, wo sterische Hinderung eine Rolle spielt.
In der durch *Polanyi* und besonders durch *Eyring* entwickelten Theorie (transition state Theorie) der absoluten Reaktionsgeschwindigkeit enthält der Frequenzfaktor A an Stelle der Stoßzahl die Frequenz kT/h und an Stelle des Wahrscheinlichkeitsfaktors die Größe $e^{\Delta S_A/RT}$, in dem ΔS_A die Aktivierungsentropie darstellt. Diese Entropie enthält den Begriff der sterischen Hinderung, nach der die Wahrscheinlichkeit, daß die Partner in der geeigneten Weise zusammenstoßen, in gewissen Fällen klein ist.
Die Schwierigkeit, eine vollständige Einsicht in die chemischen Reaktionen zu erhalten, liegt in unserer Unkenntnis des aktiven Zustandes, d.h. des „Übergangszustandes" („transition state"), auch „aktivierter Komplex" genannt, der im Verlauf der Reaktion durchschritten wird. Die Energie des Übergangszustandes liegt häufig 20–25 kcal/Mol höher als der Grundzustand, so daß sich seine Konzentration von $10^{-8,6}$ bis $10^{-12,5}$ bei 500 °K erstreckt. Sie ist so klein, daß die normalen Methoden nicht anwendbar sind, um die Struktur und Konstitution dieser aktivierten Komplexe zu bestimmen.
Bei bimolekularen Reaktionen besteht der Übergangszustand bzw. aktivierte Komplex außerdem aus zwei Komponenten*). Demzufolge sind die Veränderungen in der Struktur beider Partner zu betrachten.
Der Reaktionsmechanismus ist am einfachsten in denjenigen Atomreaktionen, in denen keine Aktivierungsenergie auftritt, wie z.B. $Na + Cl_2 \rightarrow NaCl + Cl$ und in vielen Reaktionen, die über freie Radikale ablaufen. Bei den entsprechenden Reaktionen des Natriums mit organischen Chloriden ist stets eine Aktivierungsenergie notwendig, die von der Natur der C–Cl-Bindung abhängt.
So zeigt sich der Unterschied zwischen Chlor, das an ein gesättigtes Kohlenstoffatom bzw. an ein ungesättigtes Kohlenstoffatom wie in Äthylen und Benzolderivaten (Seite 213) gebunden ist, an einer höheren Aktivierungsenergie im zweiten Falle.
Wir haben Seite 198 gesehen, daß $\psi = C_A\psi_A + C_B\psi_B$ ist, wenn die den stationären Zustand repräsentierende Wellenfunktion als aus zwei Wellenfunktionen zusammengesetzt betrachtet werden kann, die den beiden Konfigurationen A und B entsprechen. Das Verhältnis der Koeffizienten C_A und C_B hängt von der Energiedifferenz zwischen A und B ab.

*) Wegen der Assoziation ist die Aktivierungsentropie für bimolekulare Reaktionen stets negativ (– 10 bis – 50 cal/Mol · Grad), mit Ausnahme der Reaktionen zwischen entgegengesetzt geladenen Ionen (ΔS_A bis zu + 30 cal/Mol · Grad).

Wenn die Energie von A erheblich niedriger liegt als die von B, dann gilt für den stationären Zustand der niedrigsten Energie $C_A \gg C_B$, d.h., es steuert in der Hauptsache die Konfiguration A zu diesem Zustande bei. Es gibt jedoch noch einen zweiten Energiezustand, für den $|C_A| \ll |C_B|$ ist. Dieser Zustand entspricht deshalb hauptsächlich der Konfiguration B. Diese Erwägungen gelten für die Resonanz zwischen Elektronenkonfigurationen, und diese zwei Zustände treten auch bei der Behandlung des Wasserstoffmoleküls auf. Neben dem Grundzustand (Singulett) H ↓↑ H haben wir den Triplettzustand H ↑↑ H, in dem die Elektronen parallele Spins besitzen, und weiterhin die ionischen bzw. polaren Konfigurationen H^+H^- und H^-H^+. Die gleichen Möglichkeiten existieren prinzipiell für jede Elektronenpaarbindung.
Wenn ein Molekül in einer chemischen Reaktion vom Ausgangszustand durch Absorption der Aktivierungsenergie in den Übergangszustand übergeht, werden die radikalischen und polaren Konfigurationen, die nur wenig zum Grundzustand beitragen, in diesem (quantenmechanisch betrachtet, stationären) Übergangszustand hauptsächlich anteilig sein. Es ist deshalb bei Reaktionen organischer Moleküle gerechtfertigt, in erster Näherung anzunehmen, daß diese Moleküle häufig in einer dieser ungewöhnlichen Elektronenkonfigurationen (sog. Grenzstrukturen) reagieren.
Es ist jedoch nicht richtig, anzunehmen, daß die Elektronenverteilung des stabilen Zustandes zwischen den verschiedenen *Konfigurationen* hin- und herpendelt und das Molekül reagiert, wenn es sich gerade in der betreffenden Konfiguration befindet.
Die Natur des Moleküls, die der anderen Reaktionspartner, des Katalysators und ebenfalls des Lösungsmittels spielen eine bedeutende Rolle und bestimmen, welche Art von Konfigurationen im Übergangszustand dominiert.
Es besteht jedoch thermodynamisches Gleichgewicht zwischen den Molekülen im Grund*zustand* und im aktivierten *Zustand*. Durch interne Energieübertragungen zwischen verschiedenen Freiheitsgraden und durch Stöße pendeln die Moleküle zwischen beiden Zuständen hin und her.
In der chemischen Reaktion eines Moleküls A mit B wird eine neue Bindung gebildet. Wenn das Elektronenpaar dieser Bindung nur vom Partner A geliefert wird, sprechen wir von einer nucleophilen (anionoiden) Reaktion von A; wenn beide Partner je ein Elektron beisteuern, haben wir es mit einer radikalischen Reaktion zu tun; wenn beide Elektronen von B kommen, liegt eine elektrophile (kationoide) Reaktion von A vor. Es ist klar, daß eine elektrophile Reaktion von A gleichzeitig eine nucleophile Reaktion von B ist.
In dem ersten und dritten Typ von Reaktionen (auch heterolytische Reaktionen genannt) spielen die polaren Konfigurationen die wichtigste Rolle, während beim zweiten Typ (homolytische Reaktionen) die radi-

kalischen Konfigurationen am bedeutungsvollsten sind. Die Aktivierungsenergie für ein isoliertes Molekül ist bei heterolytischen Reaktionen meistens größer als bei homolytischen. Die hohe Solvatationsenergie in (polaren) Lösungsmitteln bewirkt, daß Reaktionen in Lösung im Gegensatz zur Gasphase bevorzugt heterolytisch ablaufen.

Um die Art der Reaktion eines Moleküls zu verstehen, ist es notwendig, zu untersuchen, welches die stabilste aktivierte Konfiguration neben der normalen Konfiguration des Ausgangszustandes ist. Diese spezielle Konfiguration wird den größten Betrag zum aktuellen Übergangszustand beisteuern, während die anderen Konfigurationen zu einem in der Energie noch höher liegenden Übergangszustand führen würden (*Wheland* 1942; *Brown* 1952; *Greenwood* 1952).

Eine quantitative Theorie wird also die Energiedifferenz zwischen dem Ausgangszustand und dem aktivierten Zustand berücksichtigen. An dem reagierenden Atom des Substrats ist entweder ein Elektronenpaar lokalisiert (elektrophile Reaktion bzw. elektrophile Substitution S_E), ein Elektronensextett (positive Ladung; nucleophile Reaktion bzw. nucleophile Substitution S_N) oder ein einzelnes Elektron (Radikalreaktion bzw. radikalische Substitution S_R), oder ein Elektronenpaar ist in einer bestimmten Bindung lokalisiert (echte Doppelbindungsreaktionen). Die verbleibenden Möglichkeiten für Resonanz werden in der Hauptsache bestimmen, welcher der möglichen aktivierten Zustände die niedrigste Energie besitzt und welchen Verlauf die Reaktion demzufolge nehmen wird (Lokalisationshypothesen, *Wheland* 1942; *Kooyman* und *Ketelaar* 1946).

Die Orientierung von neu in den Benzolkern eintretenden Substituenten ist ein Fall, wo wir die experimentellen Ergebnisse ziemlich gut verstehen*).

Die meisten Reaktionen wie Halogenierung, Nitrierung, Sulfonierung usw. verlaufen über ein positives Ion, d.h. ein elektrophiles Reagens, während das aromatische Molekül nucleophil reagiert. Bei der Hydrolyse, Alkoholyse und Aminolyse von Arylhalogeniden sind die Reagentien nucleophil. Radikalreaktionen sind ebenfalls möglich, insbesondere in der Gasphase bei hohen Temperaturen.

Die Nitrierung von Benzol, die Substition eines Protons durch das Nitrylion NO_2^+ (Seite 224), verläuft in zwei Stufen. Der erste geschwindigkeitsbestimmende Schritt ist die Bildung eines σ-Komplexes:

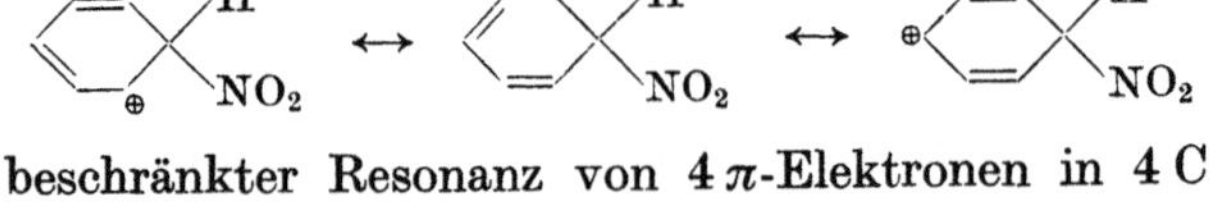

mit beschränkter Resonanz von 4 π-Elektronen in 4 C–C-Bindungen (Lokalisierung). Der zweite, rasche Schritt ist die Eliminierung des Pro-

*) *P. B. O. de la Mare* und *J. H. Ridd*, Aromatic Substitution, London 1959; *K. L. Nelson*, J. Org. Chem., 21 (1956) 145.

tons, das von einer Base B, z.B. dem HSO_4^--Ion im Gemisch HNO_3 + H_2SO_4, als Protonakzeptor gebunden wird.
Die Energie des Systems während der Reaktion ist unten wiedergegeben. Die beiden Maxima repräsentieren die Übergangszustände (aktivierter Komplex) der beiden Reaktionsschritte, das Energieminimum das metastabile Zwischenprodukt, den σ-Komplex.

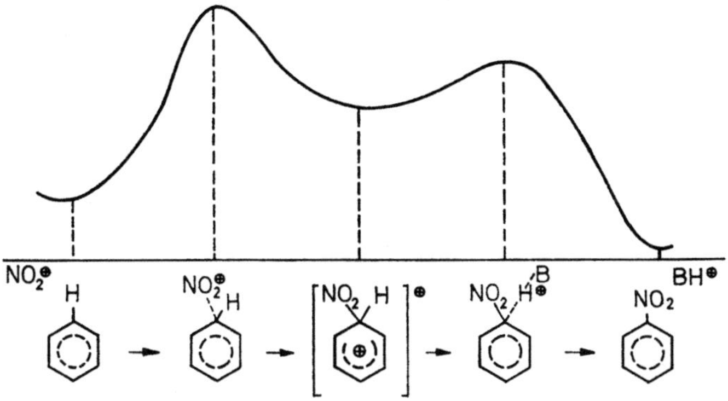

Auch in den noch folgenden Reaktionen kann der Verlauf auf Grund einer Betrachtung der aktivierten *Konfigurationen* des *Grundzustandes* verstanden werden. Dieses Verfahren gilt – wie bereits gesagt – nur in erster Näherung und versagt bisweilen (*Corio* und *Dailey* 1956, *Wepster* 1956).
Für eine genauere Betrachtung wäre es notwendig, die Energiedifferenz zwischen dem Grundzustand und dem jeweiligen aktivierten Komplex (Übergangszustandes) oder wenigstens des σ-Komplexes zu kennen.
Die Elektronenkonfigurationen im Nitrobenzol mit einer positiven Ladung an den *ortho*- und *para*-Stellungen (Seite 219) führen hauptsächlich zur Bildung von *meta*-Dinitrobenzol bei der Nitrierung durch das Nitrylkation NO_2^+ (Seite 224). Diese Reaktion verläuft langsamer als beim Benzol selbst, weil die Elektronendichte im Ring beim Nitrobenzol kleiner ist (Desaktivierung). Das aktive Reagens bei der Bromierung ist das Br^+-Kation. Dieses entsteht durch Komplexbildung des Brommoleküls mit dem Katalysator: $FeBr_3 + Br_2 \rightleftharpoons [FeBr_4]^- Br^+$. Diese Reaktion mit Brom führt beim Nitrobenzol ebenfalls zum *meta*-Derivat.
Brombenzol hat die Konfigurationen:

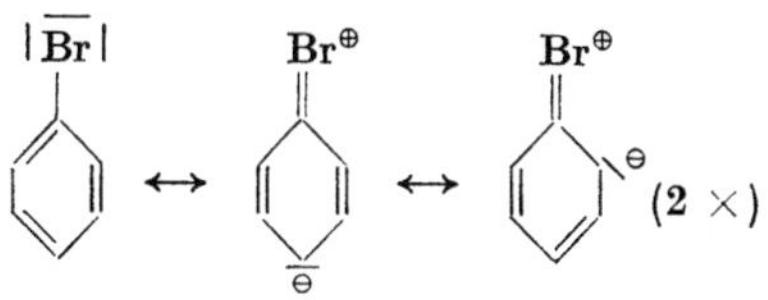

Die Bromierung und Nitrierung führt hier entsprechend den theoretischen Erwartungen hauptsächlich zu den *ortho*- und *para*-Derivaten. Nach den obigen Formeln sollte man eine Aktivierung der *ortho*- und *para*-Positionen gegenüber der Reaktivität im Benzol annehmen. Während jedoch die Reaktion tatsächlich *ortho-para*-Direktion zeigt, ergibt sich im Brombenzol eine allgemeine Senkung der Reaktivität, weil neben dem Resonanzeffekt noch ein elektrostatischer Induktionseffekt (I-Effekt) wirksam ist. Das stark elektronegative Brom zieht Elektronen aus dem Phenylkern an. Dieser Induktionseffekt nimmt mit der Entfernung des Schlüsselatoms vom Reaktionszentrum ab und beeinflußt die *ortho*-Position am stärksten.

Die Nitrierung des Anilins in stark saurem Medium durch das NO_2^+-Ion verläuft über das Aniliniumion, das keine spezielle Resonanz zeigt. Durch die $-NH_3^+$-Gruppe werden die Elektronen des Phenylkerns angezogen. Diese Wirkung äußert sich über die leicht polarisierbaren π-Elektronen hinweg vor allem in der *ortho*- und *para*-Position, so daß demzufolge praktisch nur *m*-Nitranilin erhalten wird. Wenn das Anilin zuvor acetyliert wird, entsteht infolge des hier nicht unterbundenen Resonanzeffektes überwiegend *ortho*- und *para*-Nitranilin (als Acetylderivat).

Bei der Reaktion von Chlornitrobenzol und Nitranilin mit Alkali ist das Halogenatom bzw. die Aminogruppe nur in der *ortho*- oder *para*-Stellung beweglich und wird durch OH (ebenso durch CN, CHS usw.) sehr viel leichter ersetzt als in Chlorbenzol bzw. Anilin. Es handelt sich hier um eine nucleophile Reaktion des OH^--Ions. *o*-Nitrophenol neben etwas *p*-Nitrophenol (aber nicht *m*-Nitrophenol) läßt sich auch durch Erhitzen von Nitrobenzol mit Ätzalkali darstellen durch Anlagerung des OH^--Ions an den Stellen mit einer positiven Ladung.

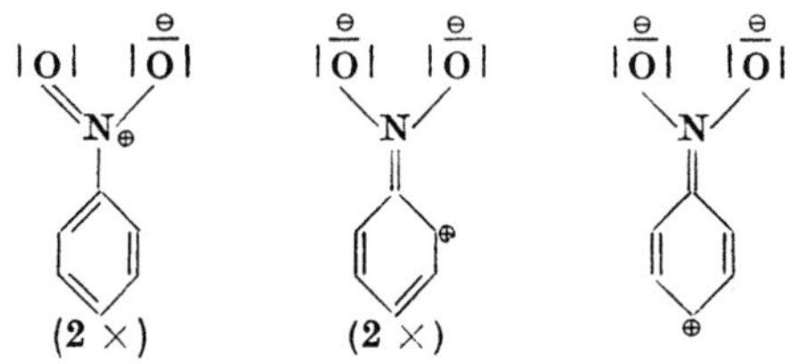

Hammett (Physical Organic Chemistry **1940**, Kap. 7; *Jaffé* **1953, 1959**) hat eine empirische Konstante σ eingeführt, indem er die Effekte von *meta*- oder *para*-Substituenten mit den Reaktionsgeschwindigkeiten oder Dissoziationsgleichgewichten für Reaktionen einer Seitenkettengruppe in Beziehung setzte:

$$\log k - \log k_0 = \varrho\,\sigma .$$

Darin sind k_0 bzw. k die Geschwindigkeits- oder Gleichgewichtskonstanten für das unsubstituierte bzw. substituierte Derivat; ϱ ist die Reaktionskonstante, die vom

Typ der Reaktion oder des Gleichgewichts abhängt, und σ ist die charakteristische Substituentenkonstante. Indem man willkürlich für die Dissoziation der Benzoesäuren $\varrho = 1{,}000$ setzt, lassen sich Tabellen für σ-Werte (und weitere ϱ-Werte) aufstellen (vgl. oben zitierte Literatur). Ohne auf Einzelheiten einzugehen sei vermerkt, daß eine negative Substituentenkonstante $-\sigma$ eine durch den Substituenten hervorgerufene Erhöhung der Elektronendichte am Ort der Reaktion wiedergibt (*Sixma* 1953b, 1954). Die NH_2-Gruppe führt zu einem großen Anstieg ($\sigma_{para} = -0{,}660$), die Nitrogruppe ($\sigma_{para} = +0{,}778$ bzw. bei Phenol- und Anilinderivaten $\sigma_{para} = +1{,}27$) zu einer Abnahme der Elektronendichte im aromatischen Kern. Der Einfluß auf die *meta*-Positionen ist viel kleiner, wie aus unseren vorhergehenden Erörterungen folgt (Seite 214, 219) ($NH_2 : \sigma_{meta} = -0{,}161$, $NO_2 : \sigma_{meta} = +0{,}710$). Der ϱ-Wert gibt die Empfindlichkeit der Reaktion gegenüber Änderungen in der Elektronendichte am Reaktionsort wieder, ihre Bedeutung ist jedoch komplex.
Es ist versucht worden, den Anteil des Induktions- und des Resonanzeffektes in der σ-Konstante zu trennen: $\sigma = \sigma_i + \sigma_r$, wobei die (nicht ganz zutreffende) Annahme gemacht wurde, daß die Resonanz für die *meta*-Position kaum eine Rolle spielt (*Taft* 1957, 1960; auch *van Bekkum, Verkade* und *Wepster* 1959).
Die Hammett-σ-Werte stehen mit der Coulomb-Energie α in der Molekül-Orbital-Theorie (Seite 276) in Verbindung, da beide irgendwie mit den Elektronendonator- oder Akzeptoreigenschaften der Substituenten verknüpft sind (*Jaffé* 1952). $\sigma_r = 15{,}5\,(q_r - 1)$, wobei q_r die Ladung des Kohlenstoffatoms bedeutet (Seite 277). Aus dem gleichen Grunde besteht in substituierten Chlorbenzolen eine Beziehung zwischen dem σ-Wert und der Frequenz der Quadrupolresonanz (Seite 137), da beide mit dem Doppelbindungscharakter der C—Cl-Bindung zusammenhängen (Seite 214, *Bray* und *Barnes* 1957).
Man kann erwarten, daß zwischen ganz verschiedenen Eigenschaften substituierter aromatischer Moleküle viele empirische Beziehungen bestehen, da sie alle von der chemischen Konstitution des Moleküls als Ganzes abhängen, wie dies schon *Butlerow* verkündet hatte, als er die Bezeichnung „chemische Konstitution" vor einem Jahrhundert prägte.

Bei Radikalreaktionen wird das Radikal diejenige Position im Molekül angreifen, wo ein freies Elektron am leichtesten gebildet werden kann. Phenylradikale (aus dem thermischen Zerfall von Benzoylperoxid) treten in das Nitrobenzol nicht an der *meta*-, sondern an den *ortho*- (oder der *para*-) Position ein. Bei hohen Temperaturen (275–600 °C) – etwa bei der Gasphasechlorierung oder -bromierung von Chlor- oder Brombenzol – erfolgt hauptsächlich *meta*-Substitution. Die Radikalreaktion dominiert bei hohen Temperaturen und in der Gasphase, weil die Halogenmoleküle dann teilweise in die Atome aufgespalten sind und keine Solvatation stattfindet, die eine heterolytische Dissoziation begünstigen würde. Die Reaktionswahrscheinlichkeit für Halogen*atome* ist näherungsweise für alle Positionen die gleiche, was bedeutet, daß aus statistischen Gründen von vornherein mehr *meta*- als *para*-Derivat entsteht (*Wibaut* 1949; *Sixma* und *Wibaut* 1950). Es ist jedoch ebenfalls möglich, daß diese Isomerenverteilung auf einer Gleichgewichtseinstellung beruht, da sich das *meta/para*-Verhältnis mit der Temperatur nur sehr wenig ändert (*Engelsma*,

Kooyman und *van der Bij* 1957; *Wibaut, Sixma* und *Lips* 1950; *Engelsma* und *Kooyman* 1961; *Kooyman* und *Louw* 1962). In flüssiger Phase führt die Radikalreaktion zwischen Chlor und Benzol, z.B. unter dem Einfluß von UV-Licht, in einer Kettenreaktion durch Addition des Halogens zum Hexachlorcyclohexan $C_6H_6Cl_6$.
Die Ladungsverteilung im Pyridin führt zu einer Desaktivierung gegenüber der elektrophilen Substitution, die für die Position 3 am kleinsten ist (Bildung von 3-Brompyridin).

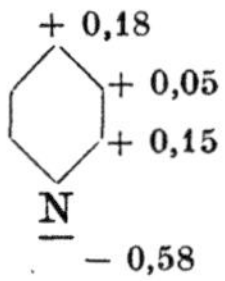

Ladungsverteilung im Pyridin

Bei hohen Temperaturen entsteht durch radikalische Substitution hauptsächlich 2-Brompyridin*).
Mit Natriumamid entsteht in einer nucleophilen Substitution das 2-Aminopyridin.
Ein anderes Beispiel für eine wichtige Gruppe von Reaktionen ist die Polymerisation**) von Vinylderivaten, $R-CH=CH_2$, z.B. Styrol, Acrylsäureester, Vinylchlorid usw. Einige der möglichen Konfigurationen sind:

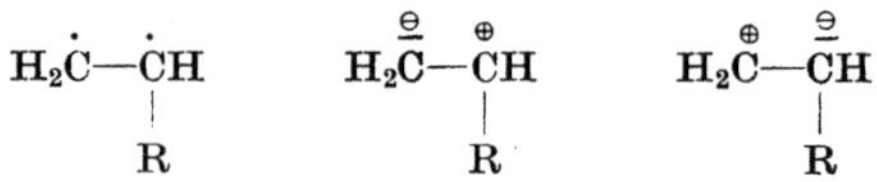

I II III

Die erste Konfiguration muß bei Radikalreaktionen betrachtet werden. Bei der Polymerisation unter dem Einfluß von Phenylradikalen (Ph·) aus Benzolperoxid als „Starter" nimmt die Reaktion folgenden Verlauf:

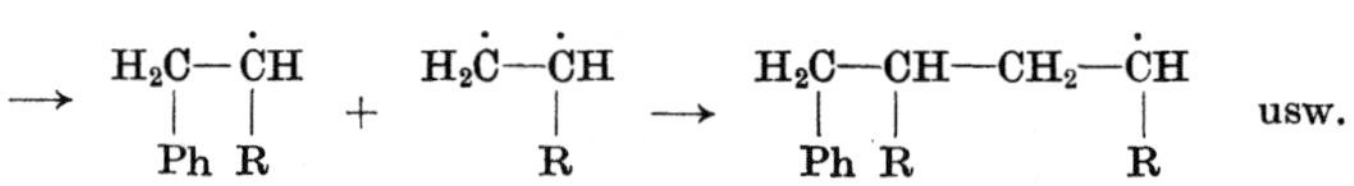

Bei der Reaktion mit einem elektrophilen Reagens wie starker Schwefelsäure, BF_3 (Elektronensextett!) SO_3, $SnCl_4$ (siehe Seite 345) wird die Konfiguration II durch die Anlagerung des Katalysators stabilisiert (wo-

*) Etwa entstandenes 4-Brompyridin reagiert wieder mit Pyridin.
**) *K. Hamann*, Z. Elektrochem., *60* (1956) 317; *P.H. Plesch*, dortselbst *60* (1956) 325.

bei die zuletzt genannten Lewis-Säuren nur in Gegenwart von Spuren Wasser, Alkoholen oder Halogenwasserstoff, den sog. „Kokatalysatoren" wirksam sind).

$$\xrightarrow{H_2SO_4} \underset{\mathrm{H}\ \ \ \mathrm{R}}{H_2C-\overset{\oplus}{C}H}\ HSO_4^{\ominus} + \underset{\mathrm{R}}{H_2\overset{\ominus}{C}-\overset{\oplus}{C}H} \longrightarrow \underset{\mathrm{H}\ \ \ \mathrm{R}\qquad\ \ \mathrm{R}}{H_2C-CH-CH_2-\overset{\oplus}{C}H}\ HSO_4^{\ominus}$$

Mit einem nucleophilen Reagens wie dem Amidion NH_2^- oder dem Triphenylmethylanion erfolgt eine gleichartige Polymerisation über die Konfiguration III.

Das Reagens reagiert stets mit dem endständigen Kohlenstoffatom, weil nur so die Konjugation der π-Elektronen im Rest R (Phenyl- oder Carbonylgruppe, Chloratom) mit dem freien Elektron, dem Elektronensextett oder dem freien Elektronenpaar am Kohlenstoffatom erhalten bleibt. Die überwiegende „Kopf-Schwanz"-Polymerisation, besonders bei tieferen Temperaturen (Cold Rubber), wird auf diese Weise erklärt.

Unter dem Einfluß bestimmter Katalysatoren, wie $TiCl_3 \cdot Al(C_2H_5)_3$ (*Ziegler* 1955), kann auch die räumliche Verteilung der Seitenketten R eine regelmäßige sein (stereospezifische Polymerisation).

Bei einer einseitig regelmäßigen Anordnung der Seitengruppen im Raume spricht man von einem isotaktischen Polymer, bei einer alternierend regelmäßigen Anordnung von einem syndiotaktischen Polymer (*Natta* 1955), im Gegensatz zu dem ataktischen Polymer mit einer statistisch unregelmäßigen Anordnung. Die Hauptkette bildet immer eine flache Zickzack-Kette.

Das elektropositive Natrium kann als nucleophiles Reagens fungieren, da es leicht ein Elektron abgibt. Diese Eigenschaft ist verantwortlich für die Polymerisation von Butadien unter dem Einfluß von Natrium-Metall zu dem bekannten Buna-Kautschuk („Zahlen-Buna"). Zu Beginn entsteht eine kleine Menge des Dinatrium-Butadiens:

$$Na^+[H_2\overset{\ominus}{C}-CH=CH-\overset{\ominus}{C}H_2]^{(2-)}\ Na^+ .$$

Dieses reagiert mit weiterem Butadien in einer Kettenreaktion über die Konfigurationen I und III (Seite 211):

$$[H_2\overset{\ominus}{C}-CH=CH-\overset{\ominus}{C}H_2]^{(2-)}$$

$$\overset{\ominus}{C}H_2-CH=CH-\overset{\oplus}{C}H_2 \qquad \overset{\oplus}{C}H_2-CH=CH-\overset{\ominus}{C}H_2$$

$$Na^+[\overset{\ominus}{C}H_2-CH=CH-CH_2-CH_2-CH=CH-CH_2-CH_2-CH=$$

$$=CH-\overset{\ominus}{C}H_2]^{(2-)}\ Na^+ \qquad \text{usw.}$$

Nach *Ziegler* et al. (1950) soll allerdings die Hauptmenge des mit Natrium erhaltenen Polymerisats durch 1,2-Addition zustande kommen, d.h., die verbleibende Doppelbindung findet sich in der Seitenkette.
Die heute vorwiegend hergestellten Mischpolymerisate mit Acrylnitril (Buna N) oder Styrol (Buna S, in den USA: GRS oder SB) sind das Ergebnis einer radikalischen Polymerisation. Sie haben überwiegend eine gestreckte Struktur, analog der obigen Formulierung.
Als drittes Beispiel wollen wir die Ozonisierung von aromatischen Verbindungen (Seite 203), speziell von Naphthalin, erörtern (*Wibaut* 1950, 1956, 1957, 1959). *Kooyman* und *Ketelaar* (1946), *Kooyman* (1947) und *Ketelaar* und *van Dranen* (1949) nahmen an, daß das Ozon im ersten Schritt mit einem π-Elektronenpaar des Substrats reagiert. Wenn man nunmehr feststellen will, ob im Naphthalin ein Unterschied zwischen der C^1-C^2-Bindung und der C^2-C^3-Bindung besteht, muß man die Energie der anderen π-Elektronen nach der Lokalisierung des einen Bindungselektronenpaares betrachten. Es ist klar, daß diese bei einer Lokalisierung der Bindung an der C^1-C^2-Bindung viel niedriger ist, weil die verbleibenden Bindungen ein System wie im Styrol bilden, d.h. mit einer sehr stabilen „aromatischen" Konfiguration des zweiten Ringes. Bei einer Lokalisation an der C^2-C^3-Bindung entsteht nur eine offenkettige Reihe von vier konjugierten Bindungen, die dem nicht existierenden Phthalen (*o*-Chinon-dimethid) entspricht.

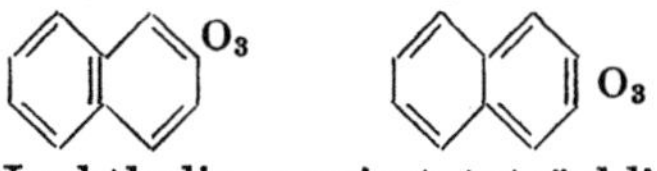

Das Naphthalin reagiert tatsächlich mit Ozon an der C^1-C^2-Bindung. Das Reaktionsprodukt bei der Ozonisation von 2,3-Dimethylnaphthalin ist hauptsächlich das Dimethylglyoxal.

Über den Mechanismus dieser Reaktion ist wenig bekannt (*Brown* 1950b; *Badger* 1951, 1952; *Sixma* und *Wibaut* 1952). Es ist eine Reaktion möglich, in der das mittlere, formal positiv geladene Sauerstoffatom des Ozons (Seite 226) mit einem Elektronenpaar reagiert, das nicht in einer Bindung, sondern an einem Kohlenstoffatom lokalisiert wird. Das Ozon würde in diesem Falle in einem elektrophilen Mechanismus reagieren (*Wibaut, Sixma, Kampschmidt* und *Boer* 1950; *Sixma, Boer* und *Wibaut* 1951). Um jedoch die Unterschiede im Ablauf der Ozonisierung und anderer elektrophiler Reaktionen, z.B. der Bromierung und Nitrierung des Pyrens, zu erklären, nehmen diese Autoren auch eine Wechselwirkung eines der anderen Sauerstoffatome des Ozons mit dem benachbarten Kohlenstoffatom an. Das Gesamtergebnis ist jedoch etwa das gleiche wie es durch die Hypothese der Bindungslokalisation vorausgesagt wird. Nach dem Befund von *Criegee* und *Schröder* (1960) wird im ersten Schritt der Reaktion ein richtiges Ozonid gebildet, in dem eine $-O-O-O-$-Brücke neben der einfachen $\sigma-\sigma$-Bindung die zwei Kohlenstoffatome verbindet.

Diese Anlagerung kann als eine Reaktion gedeutet werden, bei der ein π-Elektronenpaar an einem Kohlenstoffatom im Übergangszustand lokalisiert ist.

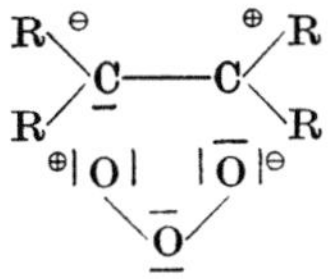

Aus diesem sehr instabilen Ozonid entsteht dann ein „Ozonid“, in dem die C—C-Bindung durch eine —O—O—- und eine —O—-Bindung ersetzt ist.

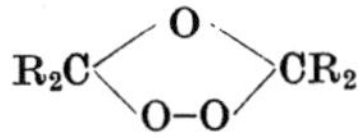

Diese Verbindung ergibt dann mit Wasser zwei Carbonylverbindungen $R_2C{=}O$ und H_2O_2.
Ozonisierungsexperimente haben auch die Beteiligung von polaren Konfigurationen am Pyrrol gezeigt (Seite 209) – wenigstens was den aktivierten Komplex anlangt.

Im Anthracen besitzt die Konfiguration mit freien Elektronen in der 9,10-Position noch eine relativ niedrige Energie. Dieser Stoff geht deshalb an diesen Stellen leicht radikalische Reaktionen, wie z. B. die Oxydation (Seite 206), ein.
Bei der Reaktion von Halogenen mit Butadien erfolgt sowohl 1,2- wie auch 1,4-Addition. Den ersten Schritt stellt wiederum die Reaktion zwischen einem positiven Halogenion und dem Butadien in der Konfiguration I (oder III, Seite 211) dar, die zu den miteinander in Resonanz stehenden Konfigurationen führt:

$$H_2C(Br){-}CH{=}CH{-}\overset{\oplus}{C}H_2 \longleftrightarrow H_2C(Br){-}\overset{\oplus}{C}H{-}CH{=}CH_2$$

Im zweiten Schritt lagert sich das negative Halogenanion (hier Br^-) an der 2- oder 4-Position an. In langen Ketten von konjugierten Doppelbindungen erfolgt die 1,2-Addition zusammen mit der Anlagerung an beiden Enden des Systems.

Die Regel von *Markownikow* besagt, daß bei der Addition von Halogenwasserstoffen an eine Doppelbindung der Wasserstoff stets an das Kohlenstoffatom angelagert wird, das bereits die größte Anzahl Wasserstoffe trägt.
In der Reihe $H > CH_3 > C_2H_5 > n\text{-}C_3H_7 > i\text{-}C_3H_7 > t\text{-}C_4H_9$ nimmt die Elektronegativität (bzw. der elektrophile Charakter) ab, während die Elektronendonatoreigenschaften zunehmen. Das läßt sich z. B. aus dem ersten Ionisationspotential (Abspaltung des Elektrons des Chloratoms) ableiten:

HCl	12,78 eV.	$i\text{-}C_3H_7Cl$	(10,8) eV.
CH_3Cl	11,46 eV.	$n\text{-}C_3H_7Cl$	10,96 eV.
C_2H_5Cl	11,18 eV.	$t\text{-}C_4H_9Cl$	10,2 eV.

Das Proton wird natürlich am leichtesten mit dem Kohlenstoffatom der Doppelbindung reagieren, das die höchste Elektronegativität besitzt. Dies entspricht der oben genannten Regel. Im zweiten Schritt wird das Halogenanion an den verbleibenden Kohlenstoff angelagert. Offensichtliche Ausnahmen sind in vielen Fällen auf einen Radikalmechanismus zurückzuführen, bei dem Sauerstoff oder Peroxide in die Reaktion verwickelt sind.

Viele andere reaktionskinetische Probleme könnten ebenfalls mit Nutzen diskutiert werden (Literatur Seite 287: *Dewar* 1949; *Hermans* 1953, *Ingold* 1955).
Eine der einfachsten Reaktionen eines gesättigten Moleküls ist der Austausch des Broms in einem Alkylbromid durch ein (radioaktives) Brom. In dieser Reaktion $^*Br^- + RBr \rightarrow {}^*BrR + Br^-$ muß das Radiobrom an der Seite angelagert werden, die dem austretenden Bromion abgewandt ist, da die Reaktion bei einem optisch aktiven Alkylbromid von einer Inversion der Konfiguration (Walden-Umkehr) begleitet wird. Der Übergangszustand sieht in diesem Falle so aus, daß beide Bromatome im gleichen Abstand vom Kohlenstoffatom auf einer gestreckten Linie und die drei Wasserstoffatome in einer Ebene senkrecht zu dieser Br–C–Br-Linie angeordnet sind.

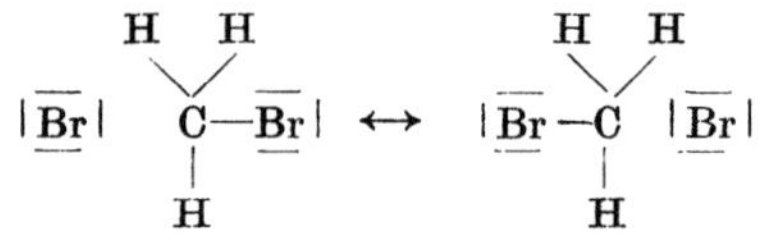

In dieser Kernkonfiguration wird die Energie des Übergangszustandes durch Resonanz noch weiter erniedrigt. Die Aktivierungsenergie beruht in diesem Falle auf der Abstoßungsenergie der nicht miteinander verbundenen Atome, auf der Vergrößerung der Bindungsabstände und auf der Änderung der Bindungswinkeln (*Ingold* u.a. 1955).

36A. Wellenmechanische Berechnungen*)
Methode der Valenzstrukturen (Valence-Bond-Methode) und Methode der Molekülbahnen (Molecular-Orbital-Methode)

Wie bereits weiter oben vermerkt, ist eine exakte Lösung der Wellengleichung für das Wasserstoffmolekülion H_2^+ mit seinen zwei Kernen und einem Elektron möglich, für das einfachste stabile Molekül, das Wasserstoffmolekül H_2, sind jedoch nur Näherungsmethoden anwendbar.

*) Dieser Abschnitt kann von Lesern weggelassen werden, die an der theoretischen Verarbeitung weniger interessiert sind. Weitere Literatur findet sich auf Seite 287 am Ende dieses Kapitels.

Wir möchten die Eigenschaften anderer Moleküle aus dem Einblick in ihre Konstitution verstehen lernen, aber diese Moleküle sind noch komplizierter.
Eine qualitative Einsicht ist häufig von großem Wert, und unser Wissen um die Eigenschaften und Reaktionen chemischer Verbindungen ist in dieser Weise oft vertieft worden. Trotzdem sollte es eine echte theoretische Chemie ermöglichen, quantitative Ergebnisse aus fundamentalen Gesetzen herzuleiten. Die Bedeutung des quantitativen Aspekts der Theorie wird um so dringlicher, als häufig eine Anzahl von Effekten wirksam sind. Diese üben ihren Einfluß auf die Eigenschaften von Verbindungen aus, wirken aber möglicherweise nach entgegengesetzten Richtungen. Zwar ist es dann leicht, eine auf der Erfahrung beruhende qualitative Erklärung zu geben, aber es ist von vornherein keinesfalls sicher, daß ein bestimmter Effekt wirklich überwiegt.
Es gibt in der Wellenmechanik zwei größere Richtungen, die eingeschlagen werden können, um eine angenäherte Lösung der Wellengleichung zu erhalten.

A. Perturbationsmethode (Störungsrechnung)

Die Gleichung wird zuerst exakt gelöst, indem einige Terme für die Wechselwirkung vernachlässigt werden (ungestörtes System). Die erhaltenen Lösungen sind die sog. Wellenfunktionen nullter Ordnung ψ_0 mit dem korrespondierenden Energiewert W_0. Die Energie des gestörten Systems ist $W = W_0 + W'$, wobei W' wiedergegeben wird durch $W' = \int \psi_0 H' \psi_0 \, dv$ und H' die kleine (potentielle) Störungsenergie bedeutet.
Diese Methode ist im allgemeinen von geringer praktischer Bedeutung für Moleküle, weil es gewöhnlich schwierig ist, ein ungestörtes System zu definieren, für das die Lösungen bekannt sind. Darüber hinaus liefert die erste Näherung der Störungsrechnung Ergebnisse von nur geringer Genauigkeit, während die höheren Näherungen mit einem ausgedehnten Rechenaufwand verbunden sind.
Sie ist für einige spezielle Probleme benützt worden, z.B. die Induktionswirkung von Substituenten auf Energieniveaus und Zwischenzustände aromatischer Moleküle (*Sixma* 1951, 1953a; *Dewar* 1952).

B. Die Variationsmethode

Diese bereits von uns angewandte Methode (Seite 127) basiert auf der Voraussetzung, daß der Ausdruck

$$\frac{\int \Psi^* H \Psi \, dv}{\int \Psi^* \Psi \, dv}$$

(Ψ^* ist die konjugiert-komplexe Größe zu Ψ) eine *obere* Grenze für die Energie des Systems darstellt und daß die Variationsfunktion Ψ eine Annäherung an die richtige Wellenfunktion darstellt*). Durch Variation der Parameter in einer gewählten Versuchsfunktion Ψ wird ein Minimalwert für diesen Ausdruck gesucht. In dieser Weise läßt sich sowohl für die Energie als auch für die Wellenfunktion des Systems selbst eine angenäherte Lösung erhalten.
Die wichtige Frage ist die Wahl der Variationsfunktion Ψ, für die gewöhnlich eine lineare Kombination anderer Funktionen benützt wird: $\Psi = \sum c_K \psi_K$ mit den Koeffizienten c_K als den Variationsparametern.
Es gibt zwei wichtige Methoden, um dieses Linearkombinationen zu erhalten.

I. Valence-Bond-(VB-)Methode (Valenzstruktur-Methode)]

(*Hückel* 1937; *Pauling* 1933; *Pauling* und *Wheland* 1933; *Sherman* 1934; *Wheland* 1935.)
Bei dieser Methode wird postuliert, daß die bindenden Elektronen zu Paaren vereinigt sind. Man hat dann herauszufinden, in wie vielen (unabhängigen) Möglichkeiten die $2n$-Elektronen von n-Bindungen in einem Molekül von gegebener (geometrischer) Struktur angeordnet sein können. Diese Konfigurationen lassen sich erhalten, indem man die denkbaren Vertauschungen von Elektronen untersucht, wie wir das bereits im Falle des H_2-Moleküls getan haben. Die VB-Methode ist faktisch eine Ausdehnung der Methode von *Heitler* und *London* auf mehratomige Moleküle.
Die Zahl dieser unabhängigen Konfigurationen oder kanonischen Strukturen ist für $2n$-Elektronen:

$$\frac{(2n)!}{n!\,(n+1)!}$$

$n = 3$	Benzol, 6 π-Elektronen)	5 (siehe Seite 203)
$n = 5$	(Naphthalin, 10 π-Elektronen)	42 (siehe Seite 205)
$n = 7$	(Anthracen, Phenanthren, 14 π-Elektronen)	429 (siehe Seite 205)

Die Variationsfunktion wird nun als lineare Kombination der Funktionen ψ_K gewählt, die diesen kanonischen Strukturen entsprechen. Regeln für die Ermittlung der Größen, die in der Rechnung vorkommen, sind von *Pauling* (1933) und *Eyring* und *Kimball* (1933) gegeben worden.

Diese Methode (1. Hückelsche Methode oder HLS-Methode nach *Heitler*, *London* und *Slater* oder Valence-Bond-(VB-)Methode) entspricht unmittelbar der Elektronenpaartheorie der Valenz von *Lewis*, *Langmuir*,

*) Bezüglich des Beweises siehe z. B. die auf Seite 20 zitierten Bücher von *Pauling* und *Wilson*, *Eyring* u.a., sowie *Kauzmann*.

Ingold und anderen. Jede Konfiguration läßt sich durch Bindestriche beschreiben, deren jeder ein Elektronenpaar zwischen den verschiedenen Atomen symbolisiert. Es läßt sich zeigen, daß sich diese Linien in den kanonischen Strukturen niemals schneiden; Konfigurationen mit sich schneidenden Verbindungslinien können als Kombinationen unabhängiger Konfigurationen angesehen werden.

Die Bedingung für ein Minimum ergibt in ähnlicher Weise wie in der MO-Methode eine Reihe von Gleichungen, die eine Lösung und dadurch eine physikalische Bedeutung haben, wenn die Determinante der Koeffizienten Null ist. Diese Determinante stellt für das Benzol eine Gleichung dar, die bezüglich der Energie E fünften Grades ist. Die Wurzeln haben die Form $E_m = Q - m\alpha$, in der Q die Coulomb-Energie und α das (einfache) Austauschintegral (mitunter auch als J wiedergegeben) darstellen, die den Integralen im Falle des Wasserstoffs entsprechen (Q bzw. β, Seite 132, 198).

Die kleinste Wurzel für Benzol (α negativ) wird zu $-m = \sqrt{13} - 1 = 2{,}61$ gefunden. Die Energie des Benzols beträgt demzufolge $E_B = Q + 2{,}61\,\alpha$. Die Energie einer einzelnen Kekulé-Konfiguration ist $E_K = Q + 1{,}5\,\alpha$, für eine Dewar-Konfiguration $E_D = Q$. Die als Ergebnis der Resonanz auftretende Energiesenkung beträgt deshalb nach der VB-Methode $E_K - E_B = -1{,}11\,\alpha$.

Der stationäre Zustand des Moleküls ist deshalb eine Kombination verschiedener Konfigurationen, für die wir vorzugsweise aber nicht notwendigerweise die kanonischen Konfigurationen wählen. Das Quadrat der Koeffizienten gibt den Anteil der betreffenden Konfiguration zur Ladungsverteilung des stationären Zustandes wieder. Für das Benzol erhalten wir

$$\Psi = c_{K1} \cdot \psi_{K1} + c_{K2} \cdot \psi_{K2} + c_{D1} \cdot \psi_{D1} + c_{D2} \cdot \psi_{D2} + c_{D3} \cdot \psi_{D3} \quad \text{mit} \quad \Sigma c_K^2 = 1$$

(Normierung) und für den Zustand niedrigster Energie:

$$c_{K1}^2 : c_{K2}^2 : c_{D1}^2 : c_{D2}^2 : c_{D3}^2 = 0{,}389 : 0{,}389 : 0{,}073 : 0{,}073 : 0{,}073\,.$$

Die Dewar-Konfigurationen sind also insgesamt zu 22% anteilig. Neben den Kekulé- und Dewar-Konfigurationen sind auch polare Konfigurationen möglich (*Craig* 1950):

12 Konf. 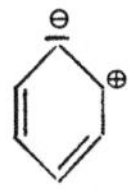 und 12 Konf. 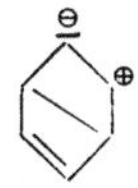

Ihr Anteil zum Grundzustand ist jedoch unbedeutend, nämlich 1,1% bzw. 0,2% für die beiden Gruppen. Sie tragen viel stärker zum angeregten Zustande bei.

Die Vorstellung von einer Resonanz konjugierter Bindungen ist in typischer Weise mit der VB-Näherungsmethode verknüpft, sie besitzt tatsächlich, wie bereits festgestellt wurde (Seite 124), keine tiefgehende reale physikalische Bedeutung. Die VB-Methode läßt sich jedoch leicht in Figuren wiedergeben, die den üblichen chemischen Formeln entsprechen. Der Resonanzbegriff ist deshalb sehr erfolgreich in der qualitativen Anwendung auf zahlreiche Probleme, wie an vielen Stellen in diesem

Kapitel gezeigt wurde. Die Berechnungen mit Hilfe der Valence-Bond-Methode sind gewöhnlich wegen der großen Zahl der zu betrachtenden Konfigurationen besonders kompliziert. Die Erörterung wird deshalb häufig auf die Konfigurationen beschränkt, in denen „Bindungen" ausschließlich zwischen benachbarten Atomen vorkommen (Kekulé-Konfigurationen oder nicht angeregte Konfigurationen ohne „lange" Bindungen). In der üblichen Näherung zeigt sich, daß die Anteile der einfach und doppelt angeregten Konfigurationen sehr rasch ansteigen (in Anthracen 90 %, im Naphthacen mehr als 99 %). Berechnungen von höherer Näherung ergeben jedoch niedrigere Werte für diese Anteile. Der Wert solcher einfachen Berechnungen für die Ermittlung von Absorptionsbanden (*Förster* 1940) ist demzufolge ebenfalls etwas zweifelhaft, obwohl die Berechnungen für eine Reihe verwandter Verbindungen trotzdem verhältnismäßig wertvoll sein können, weil sich hier die Fehler entsprechend kompensieren (Seite 239, Tabelle 22 B).

In den Berechnungen von *Daudel* und *Pullman* („Diagrammes moléculaires", Moleküldiagramm-Methode) des Bindungscharakters und der Ladungsverteilung in sehr komplizierten aromatischen Molekülen sind die einfach und doppelt angeregten Konfigurationen berücksichtigt worden (*Daudel* und *Pullman* 1946; *Daudel* und *Daudel* 1948; *Pullman* und *Pullman* 1949, 1952). Im Hinblick auf die obigen Bemerkungen ist es zweifelhaft, ob die berechneten Werte dieser Anteile eine reale Bedeutung haben, selbst wenn wir von der fundamentalen Schwierigkeit absehen, daß die kanonischen Strukturen nicht einzigartig (invariant) für die Berechnung der Ladungsverteilung sind (sie sind es jedoch für die Energieberechnung), und wenn wir auch die auf der Nichtorthogonalität beruhenden Normierungsschwierigkeiten ignorieren.

Das Gesamt-„Gewicht" (c_k^2) der Konfigurationen, in denen zwischen den Atomen i und j eine Doppelbindung liegt, gibt den Doppelbindungscharakter p_{ij} wieder (*Pauling, Brockway* und *Beach* 1935; *Pauling* und *Brockway* 1937).

Für das Benzol wird durch Überlagerung der oben erwähnten fünf kanonischen Konfigurationen gefunden, daß jede Bindung einen Doppelbindungscharakter von 0,389 + 0,073 = 0,462 besitzt. Im Hinblick auf die stets vorhandene einfache σ-Bindung spricht man auch von einem totalen Bindungscharakter von 1 + dem Doppelbindungscharakter. Dieser Bindungscharakter („indice de liaison double", *Daudel* und *Pullman*) aus den auf der Valence-Bond-Methode basierenden Berechnungen ist von der Bindungsordnung (*Penney, Coulson*) verschieden, wie sie z.B. in der Molecular-Orbital-Methode (Seite 277) erhalten wird. Die beiden Begriffe werden jedoch häufig ohne Unterscheidung benützt. In *Paulings* früherem einfachen Konzept (Seite 207) ist der Bindungscharakter im Benzol gerade 0,5, da nur die Kekulé-Konfigurationen berücksichtigt wurden.

Man kann auch von einem Index der Freien Valenz („indice de liaison libre") von 0,07 für jede Ecke des Benzolmoleküls sprechen, da die *para-para*-Bindung in den Dewar-Konfigurationen keine reale Bindung ist, sondern zwei freie Elektronen (mit entgegengesetzten Spins) an entgegengesetzten Ecken repräsentiert.

Diese freie Valenz f_i (in der VB-Methode) wird wiederum aus dem Gesamtgewicht derjenigen Konfigurationen gefunden, in denen dem Atom i eine Bindung fehlt, d.h., wo es eine formale Bindung besitzt. Die Summe $f_i + \sum_j p_{ij} = 1$ läßt sich leicht verifizieren (*Daudel* und *Pullman*, siehe obige Zitate; *Coulson, Daudel* und *Daudel* 1947; *Moffitt* und *Coulson* 1948a).

Sowohl der Bindungscharakter als auch die freie Valenz hängen im Prinzip von der Wahl der kanonischen Strukturen ab (nicht dagegen die Energie). Im allgemeinen ist es leicht, auf der Basis der chemischen Intuition eine richtige Wahl zu treffen. Für das Naphthalin sind die Ergebnisse für beide Größen unten angegeben (siehe auch Tabelle 24 und Seite 205).

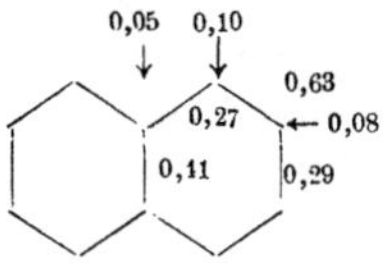

Obwohl die theoretische Basis unsicher ist, besitzen die Zahlen trotzdem einigen Wert für vergleichende Berechnungen, wie sich durch den Vergleich mit anderen Methoden (Tabelle 24) zeigt. Neben zahlreichen anderen Eigenschaften wie Substitutionsreaktionen, Redoxpotentialen usw. besteht ein sehr interessanter Zusammenhang zwischen einer lokalisierten hohen π-Elektronendichte (zwei benachbarte Atome mit einem hohen Index der freien Valenz und einem großen Doppelbindungscharakter der zwischen ihnen liegenden Bindung) und der Krebs erzeugenden Wirkung aromatischer Kohlenwasserstoffe (*Schmidt* 1939a; *Pullman* 1954; *Daudel* 1953; *Badger* 1949; *Kooyman* und *Heringa* 1952; *Pullman* 1955; *Chalvet, Daudel* und *Moser* 1958; *Wilk* 1960). Im 1,2-Benzanthracen ist die sog. K-Region hoher Elektronendichte in der C^3-C^4-Bindung zu suchen.

Die Einführung einer Methylgruppe (Elektronendonator) an einer Position mit hoher freier Valenz verstärkt die carcinogene Wirkung (das 10-Methylderivat ist wirksam). Im 1,2,5,6-Dibenzanthracen, einem der ersten bekannten carcinogenen Kohlenwasserstoffe, sind es zwei Bindungen (C^3-C^4 und C^7-C^8), die eine hohe π-Elektronendichte besitzen. Der Unterschied zwischen dem nicht wirksamen 1,2-Benzpyren und dem wirksamen 3,4-Benzpyren aus Steinkohlenteer wäre dann auf die Tatsache zurückzuführen, daß die erste Substanz nur eine K-Region (C^6-C^7-Bindung), die zweite dagegen deren zwei (außerdem die C^1-C^2-Bindung) besitzt.

Es war sogar möglich, die carcinogene Aktivität von Kohlenwasserstoffen vorauszusagen noch ehe sie synthetisiert worden waren.

Die übliche VB-Methode erfordert langwierige Rechnungen (siehe jedoch *Wheland* 1955; *Heitler* 1955, 1957) oder kann nur nach Einführung ungerechtfertigter Näherungen und zweifelhafter Annahmen angewandt werden. Es gibt jedoch auch eine Alternativmethode, die Methode der „Spin-Zustände" (S-Methode, *Heitler*, *Slater*, *Penney*), die leichter anwendbar ist, sogar für große Moleküle (*Hartmann* 1947; *Vroelant* und *Daudel* 1949; *Daudel* u.a. 1950).

Hier betrachtet man alle Anordnungen der Spins der π-Elektronen, für die die Gesamtspinkomponente $S_z = \sum s_z = 0$ beträgt (der Grundzustand ist fast immer ein Singulettzustand). Diese große Zahl (nämlich $(2n)!/(n!)^2$ für $2n$-Elektronen) wird jetzt jedoch nicht auf einen Satz kanonischer Strukturen reduziert. Obwohl der Grad der Gleichungen höher ist, sind die Lösungen trotzdem leichter zu finden, und überdies ist es nun möglich, gute allgemeine Näherungslösungen zu geben. Weiterhin vermeidet man die oben erwähnte Schwierigkeit, daß die kanonischen Konfigurationen nicht einzigartig für die Ladungsverteilung sind, da in diesem Falle alle Konfigurationen betrachtet werden.

Wir wollen lediglich ein Schema wiedergeben (*Vroelant* und *Daudel* 1949), nach dem die Energie, die Bindungsordnung und die freie Valenz eines willkürlich konjugierten Systems auf einem einfachen Näherungswege abgeleitet werden kann (für offene Ketten oder geradzahlige Ringe, alternierende Kohlenwasserstoffe, Seite 282). Zu diesem Zwecke teilen wir die Kohlenstoff-Kohlenstoff-Bindungen in vier Klassen, die von der Zahl der zu dem konjugierten System gehörenden benachbarten C—C-Bindungen abhängen.

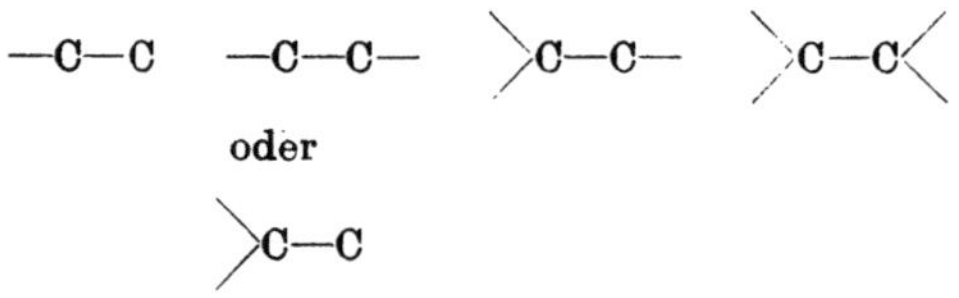

Klasse 1 2 3 4
f 0,618 0,414 0,302 0,236

(Eine isolierte Doppelbindung hat die Klasse 0, $f = 1$).
Die zentrale Bindung im Butadien gehört also zur Klasse 2. Im Benzol sind alle Bindungen der Klasse 2, im Naphthalin ist die Verteilung wie angegeben:

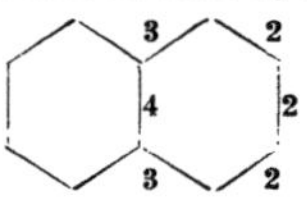

Die Energie hängt in diesen Annäherungen nur von der Zahl der Bindungen und den Klassen ab, zu denen sie gehören.

$$W = Q + \alpha \Sigma_k n_k f_k ,$$

worin Q wiederum die Coulomb-Energie und α das Austauschintegral der VB-Methode sind, ein Parameter, der experimentell zu bestimmen ist. Weiterhin bedeutet n_k die Zahl der Bindungen in der Klasse k und f_k einen Faktor, den Austauschfaktor, der für die Klasse k charakteristisch ist.
Für das Naphthalin erhalten wir also:

	n_k	f_k	$n_k \cdot f_k$	Symbol	Bindungsordnung	Abstand	
						ber.	gef.
Klasse 2	6	0,414	2,484	{22	0,612	1,398 Å	1,404 Å 2–3
				{23	0,652	1,388 Å	1,365 Å 1–2
Klasse 3	4	0,302	1,208	234	0,508	1,420 Å	1,425 Å 1–0
Klasse 4	1	0,236	0,236	3333	0,407	1,445 Å	1,393 Å 0–0′
		$\Sigma n_k f_k$	3,928				

Demnach ist $W = Q + 3{,}928\,\alpha$. Die korrekte Lösung, sowohl der VB-Methode als auch der Spinmethode ohne jede Näherung ist $W = Q + 4{,}040\,\alpha$.

Für das Hexatrien erhalten wir:

	n_k	f_k	$n_k \cdot f_k$
Klasse 1	2	0,618	1,236
Klasse 2	3	0,414	1,242
		$\Sigma n_k f_k$	2,478

$W = Q + 2{,}478\,\alpha$ anstatt $W = Q + 2{,}482\,\alpha$.

Für die Berechnung der Resonanzenergie müssen wir außerdem die Energie der isolierten Konfigurationen kennen. Diese ist $W_i = Q + b\alpha - c \cdot {}^1/_2\alpha$, worin b die Zahl der Doppelbindungen und c die Zahl der Einfachbindungen in dem System konjugierter C—C-Bindungen bedeuten. Man erhält mit dieser vereinfachten Spinmethode für Naphthalin $W_i = Q + 2\alpha$, Resonanzenergie $1{,}928\,\alpha$, für Hexatrien $W_i = Q + 2\alpha$, Resonanzenergie $0{,}478\,\alpha$ (Tabelle 24).

Während so die Energie nur von der Klasse der betreffenden Bindungen abhängt, wird die Bindungsordnung auch durch die Klassen der benachbarten Bindungen bestimmt*).

Hier läßt sich für alle Möglichkeiten eine Tabelle aufstellen. In dieser bezeichnet das Symbol 3333 eine Bindung wie die zentrale Bindung im Naphthalin, die mit vier Bindungen der Klasse 3 verknüpft ist, während sie selbst zur vierten Klasse gehört. Nach der Beziehung zwischen dieser VB-Bindungsordnung und der Bindungslänge (vgl. die MO-Bindungsordnung und den C—C-Abstand, Bild 19) läßt sich also die berechnete Länge für jede Bindung angeben.

Diese Behandlung ist eine Approximation**), da die zentralen Bindungen z.B. im Coronen, Symbol 4444, in Wirklichkeit nicht mit denen im Graphit identisch sind; ihre Länge beträgt im ersten Falle 1,43 Å, im zweiten 1,42 Å (siehe auch Tabelle 24).

Durch die Anwendung dieser Rechenmethode auf das System, das nach der Bindungslokalisation verbleibt, ist es möglich, die Lokalisierungsenergie (Seite 252) sogar für komplizierte Moleküle oder besser die Differenzen der Lokalisierungsenergie für verschiedene Positionen zu berechnen.

Wir können innerhalb dieser Näherungsmethode für ein Atom i auch eine Zahl der freien Valenz angeben (die ganz verschieden ist vom Index der freien Valenz in der VB-Methode) (siehe auch Seite 264 und 277), und zwar in der Form $I_i = C - \sum_j P_{ij}$, d.h. durch Summation der Bindungsordnungen aller vom Atom k ausgehenden Bindungen. Die Konstante C ist für Vergleiche unwichtig; sie wird gleich 1,682 gesetzt,

*) Diese mit der Energie in Beziehung stehende VB-Bindungsordnung entspricht der von *Penney* 1937 eingeführten „Bindungsordnung" und ist also ganz verschieden vom Bindungscharakter nach *Pauling* (Seite 205), sie differiert jedoch zahlenmäßig nur wenig von der MO-Bindungsordnung nach *Coulson* (Seite 277 und Tabelle 24).

**) Eine weitere Verfeinerung ist von *Chalvet* (1955, 1956) eingeführt worden.

um zu gewährleisten, daß keine negativen Zahlen auftreten (siehe jedoch Seite 278). Für die 1-, 2- bzw. 9-Position des Naphthalins hat diese freie Valenz die folgenden Werte:

$$I_1;\ 1{,}682 - 0{,}652 - 0{,}508 = 0{,}522$$
$$I_2:\ 1{,}682 - 0{,}652 - 0{,}612 = 0{,}418$$
$$I_9:\ 1{,}682 - 2 \cdot 0{,}508 - 0{,}407 = 0{,}165\,.$$

Tabelle 23:

Symbol	Bindungs-ordnung	Bindungs-länge in Å	Symbol	Bindungs-ordnung	Bindungs-länge in Å	Symbol	Bindungs-ordnung	Bindungs-länge in Å
1. Klasse			3. Klasse			4. Klasse		
2	0,827	1,362	123	0,367	1,455	2233	0,324	1,465
3	0,873	1,353	124	0,387	1,450	2234	0,346	1,460
2. Klasse			133	0,407	1,445	2244	0,367	1,455
11	0,437	1,438	134	0,428	1,440	2333	0,367	1,455
12	0,524	1,416	144	0,440	1,436	2334	0,387	1,450
13	0,566	1,408	222	0,412	1,443	2344	0,407	1,445
22	0,612	1,398	223	0,452	1,433	2444	0,428	1,440
23	0,652	1,388	224	0,472	1,428	3333	0,407	1,445
24	0,676	1,385	233	0,493	1,423	3334	0,428	1,440
33	0,692	1,380	234	0,508	1,420	3344	0,440	1,436
34	0,714	1,377	244	0,537	1,414	3444	0,469	1,430
44	0,735	1,373	333	0,537	1,414	4444	0,489	1,425
			334	0,556	1,410			
			344	0,578	1,405			

Diese Zahlen der freien Valenz in der S-Methode gehen der Selbstpolisierbarkeit aus der MO-Beschreibung parallel, die noch zu diskutieren sein wird. Eine größere freie Valenz bedeutet deshalb auch eine kleinere Aktivierungsenergie für die elektrophile und wahrscheinlich auch die radikalische Substitution (Seite 280). Eine hohe Bindungsordnung geht einer niedrigen Bindungslokalisierungsenergie eines π-Elektronenpaares in dieser Bindung parallel und demzufolge einer niedrigen Aktivierungsenergie für die molekulare Addition und die Ozonisation.
Die Übereinstimmung dieser Ergebnisse der Spinmethode mit denen der MO-Methode ist sehr zufriedenstellend, so daß man auf die Zuverlässigkeit beider Verfahren vertrauen darf. Die anschauliche Darstellbarkeit der VB-Methode durch die Strukturformeln kanonischer Konfigurationen ist jedoch nicht mehr vorhanden.

II. Molecular-Orbital-Methode (MO-Methode) (Methode der Molekülbahnen*))

(*Hückel* 1937; *Wheland* 1934, 1941; *Coulson* 1939, 1947b; *Longuet-Higgins* und *Coulson* 1947; *Mulliken* 1949; *Parr* 1960)
Hückels zweite Methode ist auch als HMH-Methode (*Hund-Mulliken-Hückel*) bekannt. Sie entspricht der Behandlung der Elektronen im Atom

*) *A. Streitwieser*, Molecular Orbital Theory for Organic Chemists, London 1961.

und im Metall (Kap. IV). Es wird angenommen, daß sich jedes Elektron im Feld der Kerne und der anderen Elektronen bewegt. Die Gesamtwellenfunktion der Elektronen ist dann ein Produkt dieser Einelektronenfunktionen.

Wir wollen nun eine Wellenfunktion für jedes π-Elektron aufstellen, die sein Verhalten im gesamten System beschreibt. Es besteht hier also keine Beschränkung der Elektronen auf spezielle Bindungen, sondern es wird die gesamte Molekülbahn (molecular orbital, MO) betrachtet. Es ist nun üblich, diese Molekülbahnen nach der Methode von *Lennard-Jones* als eine lineare Kombination von Atombahnen („atomic orbitals", AO) zusammenzusetzen, die mit entsprechenden Koeffizienten versehen werden („*L*inear *C*ombination of *A*tomic *O*rbitals", LCAO-Näherung). Diese Atombahnen sind die p_z-Funktionen des Kohlenstoffatoms in einem Molekül mit Doppelbindungen. Das Quadrat eines einzelnen Koeffizienten bezeichnet den Anteil des betreffenden Elektrons zur Ladung im Gebiet dieses speziellen Atoms.

Wir erhalten so eine angenäherte Wellenfunktion $\Psi = \sum_{k=1}^{k=r} c_k \psi_k$, in der $k = 1 \ldots r$ der Index des Atoms k ist. Da alle Elektronen gleich sind, gilt die gleiche Funktion Ψ für alle Elektronen j. Im Benzol geht k von 1 bis 6, j gleichermaßen von 1 bis 6. k und j müssen jedoch nicht immer gleich sein, vgl. das Vinylchlorid (Seite 213) mit k von 1 bis 3 und j von 1 bis 4 und das Triphenylmethylkation mit k von 1 bis 19 und j von 1 bis 18.

Die oben gegebene Gleichung für die Energie kann wiederum für ein Elektron gelöst werden (Ψ ist reell):

$$W = \frac{\int \Psi \cdot H \Psi \, dv}{\int \Psi^2 \, dv}.$$

Nach Substitution von Ψ durch den oben gegebenen Ausdruck und Einführung der folgenden Abkürzungen:

$\int \psi_k \cdot H \psi_k \, dv = \alpha_k$ (Coulomb-Integral)

$\int \psi_i \cdot H \psi_k \, dv = \int \psi_k \cdot H \psi_i \cdot dv = \beta_{ik}$ (Resonanzintegral)

$\int \psi_k^2 \, dv = 1$ (Atom-orbitals sind normiert)

$\int \psi_i \cdot \psi_k \, dv = s_{ik}$ (Überlappungsintegral)

erhalten wir:

$$W = \frac{\sum_k c_k^2 \alpha_k + \sum_i{}' \sum_k c_i c_k \beta_{ik}}{\sum_k c_k^2 + \sum_i{}' \sum_k c_i c_k s_{ik}}$$

($\sum'$ bedeutet Summation über $1 \ldots r$ mit Ausnahme von $i = k$).

Nach dem Prinzip der Variationsmethode muß W nun einen minimalen Wert im Hinblick auf Variation der r Parameter c_k erhalten. Dies liefert r Bedingungen $\frac{\partial W}{\partial c_k} = 0$.

Wir erhalten so einen Satz von r linearen homogenen Gleichungen mit $c_1 \ldots c_r$ als Unbekannten.

$$(\alpha_k - W)\, c_k + \sum_i{}' (\beta_{ik} - s_{ik} W)\, c_i = 0\,.$$

Dieser Satz von Gleichungen hat nur dann eine nichttriviale Lösung (d.h. anders als $c_1 = \ldots c_r = 0$), wenn die Determinante der Koeffizienten gleich Null ist.

$$\begin{vmatrix} \alpha_1 - W & \beta_{12} - s_{12} W & \beta_{13} - s_{13} W \ldots\ldots \\ \beta_{21} - s_{21} W & \alpha_2 - W & \beta_{23} - s_{23} W \ldots\ldots \end{vmatrix} = 0 \qquad (1)$$

Diese Determinante von r Reihen und Spalten bildet eine Gleichung r-ten Grades für die Energie W, und es gibt deshalb r Wurzeln für W. Wir finden eben diese Wurzeln W_m für jedes Elektron j und erhalten die Gesamtenergie des Grundzustandes, wenn wir je zwei Elektronen mit entgegengesetzten Spins in jedem Energieniveau unterbringen, beginnend mit der niedrigsten Wurzel. Die Wellenfunktion wird gefunden durch die Bestimmung der Koeffizienten $c_1 \ldots c_r$ für jeden Wert W_m von W. Dies erfolgt durch die Substitution von W_m in den r linearen Gleichungen. Einer der unbekannten Koeffizienten c wird dann willkürlich gleich 1 gesetzt, und die richtigen Werte werden durch die Normierungsbedingung (in der nullten Näherung $\sum_k c_k^2 = 1$ für jede MO-Wellenfunktion) ermittelt.

Wenn man eine gleiche Anzahl von Atomen (r) und von π-Elektronen (j) vorliegen hat, wie es häufig der Fall ist, wird die Hälfte der den Wurzeln W_m entsprechenden Zustände besetzt.

Es ist nunmehr notwendig, die Zahl der unbekannten Parameter α, β und s in unserer Determinante durch weitere Approximationen zu begrenzen.

Methode der nullten Näherung

Wir vernachlässigen alle Wechselwirkungsintegrale β_{ik} zwischen Atomen, die nicht aneinander gebunden sind, und setzen die anderen Parameter β in den Molekülen einander gleich, wo das konjugierte System aus einer Art von Atomen besteht, z.B. in den iso-cyclischen Kohlenwasserstoffen und den Polyenen. Wir nehmen außerdem an, daß das Coulomb-Integral α_k in diesem Falle für alle Atome gleich ist. Das gilt streng für ein Molekül wie das Benzol, aber offensichtlich schon nicht mehr für das Naphthalin.

In der nullten Näherung nehmen wir auch an, daß das Überlappungsintegral s_{ik} stets Null ist.

Das mag etwas sonderbar erscheinen, da das Wechselwirkungsintegral β_{ik} eng mit der Überlappung und also mit s_{ik} verknüpft ist. Diese Prozedur ähnelt den Störungsrechnungen, wo die Störung H' zusammen mit der ungestörten Wellenfunktion für die Berechnung der Energie benützt wird. Der Wert für die Energie ist deshalb genauer bekannt als die Wellenfunktionen (oder Ladungsverteilung). Dies gilt allgemein für wellenmechanische Berechnungen.

Für das Benzol erhalten wir deshalb als (Säkular-) Determinante:

$$\begin{vmatrix} \alpha-W & \beta & 0 & 0 & 0 & \beta \\ \beta & \alpha-W & \beta & 0 & 0 & 0 \\ 0 & \beta & \alpha-W & \beta & 0 & 0 \\ 0 & 0 & \beta & \alpha-W & \beta & 0 \\ 0 & 0 & 0 & \beta & \alpha-W & \beta \\ \beta & 0 & 0 & 0 & \beta & \alpha-W \end{vmatrix} = 0 = \begin{vmatrix} x & 1 & 0 & 0 & . \\ 1 & x & 1 & 0 & . \\ 0 & 1 & x & 1 & . \\ . & . & . & . & . \\ . & . & . & . & . \end{vmatrix} \qquad (2)$$

mit $(\alpha - W)/\beta = x$.

Diese Gleichung sechsten Grades läßt sich faktorisieren. Es ist jedoch leichter, diese Faktoren direkt mit Hilfe der Symmetrie der Ladungsverteilung im Molekül abzuleiten.

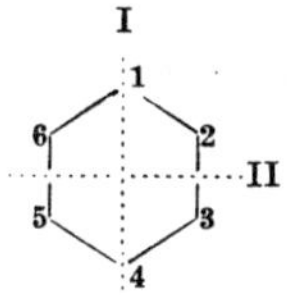

Wir betrachten die beiden Symmetrieflächen I und II. Da die Ladung auf den Atomen links und rechts der Spiegelebene gleich sein muß, ist es klar, daß dies auch für die Quadrate der Koeffizienten in der MO-Wellenfunktion Ψ gilt, also $c_2^2 = c_6^2$ usw. Dies bedeutet jedoch, daß die Wellenfunktionen in zwei Gruppen fallen, je nachdem sie symmetrisch (s) oder antisymmetrisch (a) in bezug auf die Spiegelebene sind, d.h. $c_2 = c_6$ bzw. $c_2 = -c_6$ (Seite 121). Wellenfunktionen von verschiedenem Symmetriecharakter kombinieren nicht, und es entstehen so die folgenden Gruppen von vier Variationsfunktionen. (Der Koeffizient eines Atoms in der Spiegelebene ist im antisymmetrischen Falle gleich Null, weil wir dann haben: $c_1 = -c_1$, woraus folgt $c_1 = 0$.)

aa $\quad c_1 = c_4 = 0 \quad c_2 = -c_6 = -c_3 = c_5$
$$\Psi_{aa} = c_2(\psi_2 - \psi_3 + \psi_5 - \psi_6) \equiv c_2 \Psi_a$$

as $\quad c_1 = c_4 = 0 \quad c_2 = -c_6 = c_3 = -c_5$
$$\Psi_{as} = c_2(\psi_2 + \psi_3 - \psi_5 - \psi_6) \equiv c_2 \Psi'_a$$

sa $\quad c_1 = -c_4 \quad c_2 = c_6 = -c_3 = -c_5$
$$\Psi_{sa} = c_1(\psi_1 - \psi_4) + c_2(\psi_2 - \psi_3 - \psi_5 + \psi_6) \equiv c_1 \Psi_A + c_2 \Psi_B$$

ss $\quad c_1 = c_4 \quad c_2 = c_6 = c_3 = c_5$
$$\Psi_{ss} = c_1(\psi_1 + \psi_4) + c_2(\psi_2 + \psi_3 + \psi_5 + \psi_6) \equiv c_1 \Psi'_A + c_2 \Psi'_B\,.$$

Das Variationsprinzip kann auf diese reduzierten Variationsfunktionen auch separat angewandt werden. Es entstehen dann vier Gleichungen für W in Form der Determinanten, zwei vom ersten Grade und zwei vom zweiten Grade, die wiederum zusammen sechs Wurzeln ergeben, jetzt jedoch in einfacherer Weise als durch Lösung einer Gleichung sechsten Grades.

Beispiel: *sa*

$$\begin{vmatrix} Q_{AA} - \Delta_{AA} W & Q_{AB} - \Delta_{AB} W \\ Q_{BA} - \Delta_{BA} W & Q_{BB} - \Delta_{BB} W \end{vmatrix} = 0 .$$

$$Q_{AA} = \int (\psi_1 - \psi_4) H (\psi_1 - \psi_4) \, dv = 2\alpha$$

$$Q_{BA} = Q_{AB} = \int (\psi_1 - \psi_4) H (\psi_2 - \psi_3 - \psi_5 + \psi_6) \, dv = 4\beta$$

$$Q_{BB} = \int (\psi_2 - \psi_3 - \psi_5 + \psi_6) H (\psi_2 - \psi_3 - \psi_5 + \psi_6) \, dv = 4\alpha - 4\beta$$

$$\Delta_{AA} = 2 \quad \Delta_{BB} = 4 \quad \Delta_{BA} = \Delta_{AB} = 0$$

$$\begin{vmatrix} 2\alpha - 2W & 4\beta \\ 4\beta & 4\alpha - 4\beta - 4W \end{vmatrix} = \begin{vmatrix} \alpha - W & 2\beta \\ \beta & \alpha - \beta - W \end{vmatrix} = 0$$

oder $\alpha - W = 2\beta$ und $\alpha - W = -\beta$.

Die Lösungen für W (in allgemeiner Form $W_m = \alpha - m\beta$) sind wie folgt, wobei der niedrigste Wert ganz unten steht (β ist eine negative Größe).

	c_1	c_2	c_3	c_4	c_5	c_6	Σc_k^2	
sa $W = \alpha - 2\beta$	0,408	−0,408	0,408	−0,408	0,408	−0,408	1	unbesetzt
ss $\alpha - \beta$	0,578	−0,289	−0,289	−0,578	−0,289	−0,289	1	unbesetzt
aa $\alpha - \beta$	0	−0,500	0,500	0	−0,500	0,500	1	unbesetzt
sa $\alpha + \beta$	0,578	0,289	−0,289	−0,578	−0,289	0,289	1	besetzt
as $\alpha + \beta$	0	0,500	0,500	0	−0,500	−0,500	1	besetzt
ss $\alpha + 2\beta$	0,408	0,408	0,408	0,408	0,408	0,408	1	besetzt
Σc_m^2	0,5	0,5	0,5	0,5	0,5	0,5		

Mit zwei Elektronen in jedem der drei tiefsten Niveaus erhält man für die Gesamtenergie E der π-Elektronen:

$$E = 6\alpha + 8\beta .$$

Für die in drei Doppelbindungen lokalisierten π-Elektronen errechnet man einfach $E = 6\alpha + 6\beta$. Es tritt also durch die Delokalisation der Elektronen eine Energiesenkung von 2β ein. Dies ist demzufolge die „Resonanzenergie" in der MO-Methode, die tatsächlich besser als „Delokalisationsenergie" bezeichnet wird (Seite 303).

Erste Näherung

In der nächst höheren Näherung wird s_{ik} nicht mehr länger gleich Null, sondern gleich 0,25 als bestem Wert gesetzt. Die Lösung kann dann aus der mit der nullten Näherung erhaltenen ohne neue Arithmetik abgeleitet werden (*Wheland* 1941).

Es ist leicht nachzuweisen, daß die Determinante (1) mit der oben gegebenen Approximation umgeformt werden kann in:

$$\begin{vmatrix} \alpha - W & \beta - sW & 0 & . \\ \beta - sW & \alpha - W & \beta - sW & . \\ 0 & \beta - sW & \alpha - W & . \\ & & & . \end{vmatrix} = \begin{vmatrix} y & 1 & 0 & . \\ 1 & y & 1 & . \\ 0 & 1 & y & . \\ . & . & . & . \end{vmatrix} \tag{3}$$

die genau die gleiche Form hat wie (2), nur mit y an Stelle von x. Anstatt der Lösungen $x_m = m = (\alpha - W_m)/\beta$ oder $\alpha - W_m = m\beta$ erhalten wir jetzt $y_m = m = (\alpha - W_m)/(\beta - sW_m)$ bzw. $\alpha - W_m = m(\beta - sW_m)$.

Mit der Substitution*) $\beta' = \beta - s\alpha$ erhalten wir nach Umformen

$$\alpha - W_m = \frac{m}{1 - ms}\beta' \quad \text{oder} \quad W_m = \alpha - \frac{m}{1 - ms}\beta',$$

während die nullte Näherung $W_m = \alpha - m\beta$ ergeben hatte.

Die Energiewerte für das Benzol sind also nach der ersten Näherung:

$$W = \alpha + 1{,}333\,\beta', \quad W = \alpha + 0{,}800\,\beta' \text{ (doppelt)},$$
$$W = \alpha - 1{,}333\,\beta' \text{ (doppelt)} \quad \text{und} \quad W = \alpha - 4{,}000\,\beta'.$$

Die Energie einer Konfiguration mit lokalisierten Bindungen kann ebenfalls mit Hilfe des neuen Parameters β' ausgedrückt werden.

Zu diesem Zwecke wenden wir unsere Berechnung auf das π-Elektron einer einzigen Doppelbindung an, wie sie im Äthylen vorliegt. Aus der Säkulardeterminante

$$\begin{vmatrix} \alpha - W & \beta - sW \\ \beta - sW & \alpha - W \end{vmatrix} = 0$$

erhalten wir ($m = \pm 1$, das untere Zeichen ergibt den bindenden Zustand):

$$\alpha - W_i = -(\beta - sW) = -\frac{1}{1 + s}\beta'$$

bzw. $\quad W_i = \alpha + \dfrac{1}{1 + s}\beta' \; (= \alpha + 0{,}80\,\beta',$

während die nullte Näherung $W_i = \alpha + \beta$ ergab).

*) An Stelle von β' benützen einige Autoren (*Coulscn, Pullman*) γ; *Mulliken* bezeichnet andererseits mit γ die Größe, die die meisten Autoren (und wir) in der MO-Methode β nennen, wohingegen er β' für unser β benützt. An Stelle von α werden in der MO-Methode auch q (*Wheland*) und E_0 (*Coulson, Pullman*) gebraucht.

β' ist hier negativ ebenso wie β, und die negativen Wurzeln von m ($m = -2, -1, -1$) entsprechen wiederum den niedrigsten Energieniveaus. Mit $s = 0{,}25$ erhalten wir für die Gesamtenergie der sechs Elektronen im Benzol $E = 6\alpha + 5{,}867\,\beta'$ gegenüber $E_l = 6\alpha + 4{,}800\,\beta'$ für die vollständig lokalisierte Konfiguration. Die Resonanzenergie ist also jetzt $1{,}067\,\beta'$ gegenüber $2{,}00\,\beta$ in der nullten Näherung. Es zeigt sich, daß die Resonanzenergien in einer Reihe von Verbindungen nach dieser Methode der ersten Näherung unter Berücksichtigung der Überlappung praktisch im gleichen Verhältnis zueinander stehen wie in der nullten Näherung (Tabelle 24, Seite 278).

Weitere Näherungen. Absorptionsbanden

Wie wir auf Seite 200 vermerkt haben, basieren die „experimentellen" Werte für die Resonanzenergie auf einem Molekül mit alternierenden „normalen" C—C- und C=C-Bindungen mit Bindungslängen von 1,54 Å bzw. 1,34 Å, während die berechneten Werte auf einer Kekulé-Konfiguration mit Bindungen gleicher Länge von 1,39 Å fußen. Um diese letzte Struktur aus der ersten zu erhalten, müssen die Bindungen zusammengedrückt bzw. ausgedehnt werden, was eine erhebliche Energie erfordert (für Benzol etwa 30 kcal/Mol). Die experimentelle Resonanzenergie müßte um diesen Betrag vergrößert werden. Allerdings sind dann auch andere Veränderungen zu diskutieren, wie solche in der C—H-Bindungsenergie und in der Hybridisierung. Diese wiegen wahrscheinlich die erste Korrektur auf. Wir wollen diese Verfeinerungen nicht besprechen, die bisher nicht mit einiger Genauigkeit zu berechnen sind. Darüber hinaus liegt das Schwergewicht unserer Eröterungen auf den relativen Berechnungen, und hier sind die Korrekturen von geringem Einfluß. Sie verändern lediglich die Absolutwerte unserer Parameter α, β und β'.
Wenn wir also die Lage der ersten Absorptionsbande (Seite 239) berechnen, d.h. die Differenz ΔE zwischen dem höchsten besetzten und dem niedrigsten unbesetzten Zustand, finden wir in den beiden Näherungen $\Delta E = 2\,\beta$ bzw. $\Delta E = 2{,}13\,\beta'$. Mit dem experimentellen Wert für die Resonanzenergie von 36 kcal/Mol erhalten wir für β und β' 18 bzw. 34 kcal, also für ΔE 7900 Å bzw. 3920 Å, während der beobachtete Wert 2630 Å ist. Die erste Näherung gibt für ΔE also deutlich einen viel besseren Wert. In einer noch besseren Näherung ist es nicht mehr notwendig, β für nicht benachbarte Atome gleich Null zu setzen. Es ist auch möglich, die Parameter α und β absolut zu berechnen, in der Praxis ist es jedoch zweckmäßiger, eine halbempirische Beziehung anzuwenden: $\beta_{ik} = \frac{s_{ik}}{s_{ab}} \cdot \beta_{ab}$. Unter Benützung der leicht zu berechnenden Überlappungsintegrale s lassen sich dann die Werte β_{ik} für alle Kombinationen und Abstände zu einem „normalen" Wert β_{ab} für eine spezielle Bindung zwischen den Atomen a und b in Beziehung setzen. Wenn in einem Molekül wie etwa dem Naphthalin der Unterschied der Abstände zwischen nicht gleichartigen Bindungen bekannt ist, kann auch β für diese Bindungen als unterschiedlich betrachtet werden (*van Dranen* und *Ketelaar* 1949, 1950). Wir erhalten nun in der zweiten Näherung für die Resonanzenergie des Benzols $0{,}76\beta'$ bzw. mit $\beta' = 47{,}3$ kcal eine Lage der Absorptionsbande bei 2790 Å. Mit anderen Worten sind die aus thermischen (Resonanzenergie) oder spektroskopischen Daten (Absorptionsbande) berechneten Werte der Konstanten β bzw. β' in der zweiten Näherung praktisch gleich. Mit der Veränderung des Austauschintegrals mit dem Abstand ($0{,}95\,\beta$ bzw. $0{,}65\,\beta$

für beide C—C-Bindungen) erhalten wir für Butadien eine Resonanzenergie von 0,218 β bzw. 0,079 β'. Die nunmehr aus der experimentellen Resonanzenergie berechneten Werte für β und β' von 16 kcal und 44 kcal sind in viel besserer Übereinstimmung mit den anderen (vgl. Tabelle 24). Das Coulomb-Integral α verändert sich ebenfalls. Nach *Mulliken* variiert es von 8,14 eV im Äthylen zu 7,42 eV im Butadien und 7,18 eV im Benzol.

Nach *Mulliken* werden die Orbitals in bindende und nichtbindende oder anti-bindende eingeteilt. In der nullten Näherung der MO-Methode sind diese Niveaus für die π-Elektronen symmetrisch um den Nullpunkt herum verteilt. Das ist in der ersten Näherung jedoch nicht so (Bild 22). Im Benzol und anderen aromatischen Molekülen sind alle bindenden Orbitals mit negativem m gefüllt. Der Übergang eines Elektrons vom höchsten bindenden (N) zum niedrigsten anti-bindenden Niveau V_1 (der $N \rightarrow V_1$-Übergang) entspricht der längstwelligen Absorptionsbande (Seite 237). Der Grundzustand ist ein Singulettzustand, in dem alle Elektronenspins gepaart sind.

Für den ersten angeregten Zustand gibt es jedoch zwei mögliche Spinzustände: den Singulettzustand mit antiparallelen Spins der beiden Elektronen und den Triplettzustand mit parallelen Spins der beiden Elektronen. Der Singulettzustand liegt um den Betrag δ höher, der Triplettzustand um den gleichen Betrag niedriger als das theoretische V_1-Niveau (Regel von *Hund*, Seite 144). Da nur die Singulett-Singulett-Übergänge erlaubt sind (der Triplett-Singulett-Übergang liegt der Phosphoreszenz zugrunde), entspricht die beobachtete Absorptionsbande $\Delta E_{NV_1} = E_{V_1} + \delta - E_N$ (unter Vernachlässigung der Differenzen in α und der Spinwechselwirkung im Grundzustand). In einer verfeinerten Diskussion der Absorptionsspektren muß der Singulett-Triplett-Abstand 2δ (der in den Acenen etwa 11000 bis 14000 cm^{-1} beträgt) berücksichtigt werden (*Platt* u.a. 1949).

	λ beob.	ΔE_{NV_1} berechn.	2δ	$E_{V_1} - E_N$ exp.	$E_{V_1} - E_N$ berechnet	β' aus Spektraldaten berechnet
Naphthalin	2860 Å	35000 cm^{-1}	13700 cm^{-1}	28200 cm^{-1}	1,26 β'	63 kcal
Anthracen	3750 Å	26700 cm^{-1}	12000 cm^{-1}	20700 cm^{-1}	0,84 β'	70 kcal
Naphthacen	4770 Å	21000 cm^{-1}	11000 cm^{-1}	15500 cm^{-1}	0,64 β'	69 kcal
Pentacen	5780 Å	17300 cm^{-1}	11000 cm^{-1}	11800 cm^{-1}	0,44 β'	76 kcal

Von großer praktischer Bedeutung sind halbempirische Berechnungen (vgl. Seite 266). So setzt *Carter* (1949) für die Resonanzenergie R:

$$\frac{R}{\beta} = 0{,}6\,D + 1{,}5 \ln (N - 1)$$

Darin ist D die Zahl der Doppelbindungen, N die Zahl der Kekulé-Konfigurationen (siehe auch *Brown* 1949, 1950a; *Hartmann* 1947).

Eine theoretisch attraktivere Näherung ist von *Roux* und *Daudel* (1950) angegegen worden:

$$\frac{R}{\beta} = a_0 n_0 + a_1 n_1 + a_2 n_2 + a_3 n_3 + a_4 n_4 .$$

Hier sind n_0, n_1, n_2, n_3 und n_4 die Zahlen der Bindungen der ersten, zweiten, dritten und vierten Klasse (Seite 266), während die a-Werte halbempirische Faktoren sind. Die exakten Werte für R/β für einige einfache Substanzen zeigen, daß $a_0 = 2$, $a_1 = 1{,}568$, $a_2 = 1{,}333$; $a_3 = 1{,}177$ (besser $= 1{,}158$) und $a_4 = 1{,}050$.

Die auf dieser Formel basierenden Berechnungen ergeben Werte für die Resonanzenergie, die in enger Übereinstimmung mit den durch exakte Berechnung erhaltenen sind, selbst für sehr große Moleküle.

Heteroatome. Bindungsordnung

Es ist in der MO-Methode besonders leicht, den Unterschied der Elektronegativität eines Atoms gegenüber dem Kohlenstoffatom zu berücksichtigen. Für Moleküle mit anderen Atomen als Kohlenstoff innerhalb des konjugierten Systems setzen wir $\alpha_c + \delta_k \cdot \beta$ für α_k des Atoms k ein, so für Chlor $\delta = 1{,}5$ oder $1{,}7$ und für Stickstoff oder Sauerstoff $\delta = 2$ (*Orgel* u.a. 1951; *Julg* und *Cocordana* 1962). (Im Coulomb-Integral der dem Heteroatom am nächsten gelegenen Kohlenstoffatome wird häufig eine kleine Änderung angebracht, um der Induktion Rechnung zu tragen, z.B. für die Nachbarn eines Stickstoffatoms: $\alpha_c + {}^1/_4\,\beta$ oder $\alpha_c + 0{,}1\,\beta$ für das C-Atom, das ein Cl-Atom trägt. In dieser Weise ließ sich mit diesen Werten die Konstitution der Polychloräthylene und von Chlorbenzolderivaten in guter Übereinstimmung mit den (spärlichen) experimentellen Daten berechnen (Seite 214) (*Ketelaar* 1939; *Sherman* und *Ketelaar* 1939). Genaue Berechnungen sind jedoch mit mehr Parametern, z.B. mit verschiedenen Werten von β für verschiedene Bindungen durchgeführt worden. Als Ausgangspunkt wurden hier die niedrigeren Werte für den Doppelbindungscharakter (S. 214) benützt (*Bersohn* 1954; *Knipe* 1955; *Goldstein* 1956; *Anno* und *Sado* 1956; *Howe* und *Goldstein* 1957; *Hoyland* und *Goodman* 1960).

Coulson und Mitarbeiter haben die MO-Methode auf zahlreiche recht komplizierte Verbindungen angewandt wie sogar das Coronen $C_{28}H_{12}$ und das Ovalen $C_{40}H_{14}$ (*Coulson* 1947b; *Longuet-Higgins* und *Coulson* 1947; *Moffitt* und *Coulson* 1948b; *Buzeman* 1950; *Coulson, Daudel* und *Robertson* 1951). Eine gute Methode für die Berechnung der Veränderung in der Ladungsverteilung bei Einführung von Substituenten, die von der Berechnung des unsubstituierten Kohlenwasserstoffs ausgeht, ist von *Longuet-Higgins* (1950) angegeben worden.

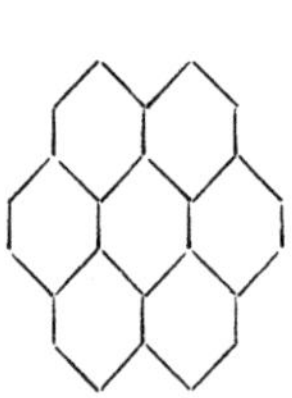

Coronen

Aus den Ergebnissen der MO-Berechnungen können zwei wichtige Größen abgeleitet werden, q_k und p_{ij}. Die Elektronenverteilung, ausgedrückt in Einheiten der Elementarladung, wird durch die Berechnung der Größe $q_k = \Sigma_m c_{mk}^2$ für jedes Atom

gefunden, d.h., indem man die Quadrate der (normierten) Koeffizienten c_k für jedes der Elektronen in den besetzten Wellenfunktionen m summiert. Die Nettoladung beträgt $1 - q_k$.
Es wird gefunden, daß diese Ladungsverteilung qualitativ korrekt ist, quantitativ sind die Ladungsunterschiede jedoch viel kleiner als die berechneten Werte.
An Stelle des Bindungscharakters der VB-Methode haben wir in diesem Falle die Doppelbindungsordnung („mobile bond order"), wie sie von *Coulson* (1939, 1947b, 1951) definiert wurde: $p_{ij} = \Sigma_m c_{mi} c_{mj}$, der Bindung zwischen den Atomen i und j, summiert über alle Elektronen in den besetzten Niveaus m. Die Doppelbindungsordnung geht von 0 für die reine Einfachbindung bis 1 für die reine Doppelbindung. Für das Benzol findet man 0,667. Mit dem Faktor 2 wegen der Besetzung jedes Niveaus durch zwei Elektronen ergibt sich für das Benzol (Seite 272, 279):

$$\Sigma_m c_1 c_2 = 2(0{,}578 \cdot 0{,}289 + 0 \cdot 0{,}500 + 0{,}408 \cdot 0{,}408) = 0{,}667.$$

(Unter totaler Bindungsordnung ist wiederum die oben genannte Doppelbindungsordnung + 1 zu verstehen.)

Es war möglich, eine Kurve zu zeichnen (Bild 19), indem die experimentellen Werte der Bindungslängen für C–C, C=C im Benzol und C=C gegen den Bindungscharakter nach *Pauling* aufgetragen wurden. Man kann gleichermaßen die Bindungsordnung gegen die Bindungsabstände auftragen (*Coulson* 1939, 1947b, 1951) (Bild 19). Diese letzte Kurve besitzt außerdem eine theoretische Basis.
Wie bereits vermerkt, ist die gefundene Bindungsordnung im Benzol nicht $^1/_2$, sondern $^2/_3$. Dies ist verbunden mit einer Senkung der Energie des Systems um die Resonanzenergie oder anders ausgedrückt, ist das Benzol nicht einfach eine Überlagerung der zwei Kekulé-Konfigurationen (Energie je Bindung im Benzol $8\,\beta/6 = 1{,}33\,\beta$, die normale Doppelbindung hat dagegen eine Energie von $2\,\beta$. Die „Bindungsordnung" entspricht also auch energetisch dem Wert $^2/_3$). Die Bindungslänge im Benzol ist deshalb auch kleiner, als es dem Mittel aus den Werten für die C–C-Einfach- und -Doppelbindung entspricht (Bild 19). Die Kurve, welche die Bindungslänge als Funktion der Bindungsordnung zeigt, ist viel weniger gekrümmt und verläuft darüber hinaus von der Einfach- zur Dreifachbindung kontinuierlich im Gegensatz zu der mit Hilfe des Bindungscharakters erhaltenen Kurve.
Es besteht für viele aromatische Kohlenwasserstoffe eine gute quantitative Übereinstimmung zwischen den theoretischen Bindungslängen, berechnet in der genannten Weise aus der Bindungsordnung/Bindungsabstand-Kurve und den experimentellen Werten, wie sie aus genauen Kristallstrukturbestimmungen abgeleitet worden sind (Tabelle 24).

Wir können auch die freie Valenz in der MO-Methode zum Ausdruck bringen (*Coulson* 1946, 1947b; *Daudel* u.a. 1946, 1948), und zwar für das Atom i: $F_i = A_i - \Sigma_j p_{ij}$, d.h., die (totalen) Bindungsordnungen aller Bindungen des Atoms i mit

seinen Nachbarn j werden summiert. Für das Benzol ergibt sich: $2 \cdot 1{,}667 + 1 = 4{,}33$.
Die Konstante A_i wird so gewählt, daß vernünftige Zahlen herauskommen (A_i ist für ein primäres Kohlenstoffatom 4, für ein sekundäres Kohlenstoffatom wie im Benzol $3 + \sqrt{2} = 4{,}41$ und für ein tertiäres Kohlenstoffatom $3 + \sqrt{3} = 4{,}73$, alle in einem konjugierten System).
Die theoretisch exakten Beziehungen sind wichtig:

$$q_k = \frac{\partial E}{\partial \alpha_k} \quad \text{und} \quad p_{ij} = \frac{1}{2} \frac{\partial E}{\partial \beta_{ij}},$$

worin E die Gesamtenergie für die π-Elektronen bedeutet. Diese Gleichungen zeigen die große Bedeutung der Größen q und p. Sie sind auch von praktischer Bedeutung, weil so die Änderung der Energie beim Übergang zu heterocyclischen und substituierten Systemen direkt aus den berechneten Werten für p und q der isocyclischen, unsubstituierten Moleküle folgt.
Diese Beziehungen sind auch von großer Bedeutung für die Berechnung der Differenzen in der Aktivierungsenergie für eine chemische Reaktion, die – begleitet von einer Polarisation – an verschiedenen Stellen im Molekül angreifen kann (*Wheland* und *Pauling* 1935; *Wheland* 1942; *Coulson* und *Longuet-Higgins* 1947). Die Größen p und q behalten ihre Bedeutung in der nullten und ersten Näherung unverändert bei (*Chirgwin* und *Coulson* 1950; *Löwdin* 1950).
Wenn sich dem Atom k eines Kohlenwasserstoffs ein nucleophiles bzw. negatives (oder ein elektrophiles bzw. positives) Reagenz (Seite 251) nähert, erfolgt die Änderung $\partial \alpha_k$ in entgegengesetzten Richtungen, d.h. es ergibt sich ein Anstieg (oder Abfall) der Coulomb-Energie α_k. Es wird deshalb die Energie dann erniedrigt und eine Reaktion tritt dort ein, wo die Elektronendichte q_k niedrig ist (bzw. hoch ist) bzw. wo die Nettoladung $1 - q_k$ positiv (bzw. negativ) ist. Dies wurde bereits auf Seite 253 intuitiv postuliert.
Allgemein erhalten wir:

$$dE = \frac{\partial E}{\partial \alpha_k} d\alpha_k + \frac{1}{2} \frac{\partial^2 E}{\partial \alpha_k^2} d\alpha_k^2 + \ldots$$

Tabelle 24: Resonanzenergie

	VB	Spin*)	MO		Experimentelle Werte (kcal/Mol)			
			nullte Näher.	erste Näher.	α VB	β MO	β' MO	experimentelle Resonanzenergie
Butadien	0,23	0,15	$0{,}47\beta$	$0{,}17\beta'$	15	7,5	20	3,5
Benzol	1,11	0,98	$2{,}00\beta$	$1{,}07\beta'$	32	18	34	36
Styrol	1,31*)	1,18	$2{,}42\beta$	$1{,}21\beta'$	29	16	31	38
Naphthalin	2,04	1,93	$3{,}68\beta$	$1{,}86\beta'$	30	17	33	61
Anthracen	2,95	2,87	$5{,}31\beta$	$2{,}61\beta'$	29	16	33	86
Phenanthren	3,02*)	2,92	$5{,}45\beta$	$2{,}74\beta'$	33	19	36	99

*) Fußnoten siehe nächste Seite.

Totaler Bindungscharakter und Bindungslänge

	Bindungscharakter *Pauling*+)	totale Bindungsordnung			Bindungslänge		
		VB Diagr. mol.	Spin*)	MO *Coulson*	ber.*) Spin	ber.**) *Coulson*	experim.***)
Butadien							
1−2	1,90	1,88	1,827	1,894	1,362 Å	1,35 Å	1,35 Å
2−3	1,20	1,12	1,437	1,447	1,438 Å	1,43 Å	1,46 Å
Graphit	1,33	—	1,489	1,535	1,425 Å	1,417 Å	1,421 Å
Benzol	1,50	1,463	1,612	1,667	1,398 Å	(1,390 Å)	1,393 Å
Naphthalin							
1−2	1,67	1,63	1,652	1,725	1,388 Å	1,378 Å	1,365 Å
2−3	1,33	1,29	1,612	1,603	1,398 Å	1,400 Å	1,404 Å
1−0	1,33	1,27	1,508	1,555	1,420 Å	1,409 Å	1,425 Å
0−0′	1,33	1,41	1,407	1,518	1,445 Å	1,416 Å	1,393 Å
Anthracen							
1−2	1,75	1,45	1,652	1,738	1,388 Å	1,376 Å	1,366 Å
2−3	1,25	$1{,}38_5$	1,612	1,586	1,398 Å	1,403 Å	1,419 Å
1−0	1,25	1,36	1,508	1,535	1,420 Å	1,413 Å	1,433 Å
9−0	1,50	1,37	1,556	1,606	1,410 Å	1,399 Å	1,399 Å
0−0′	1,25	1,15	1,407	1,485	1,445 Å	1,424 Å	1,436 Å
Coronen							
intern	1,30	—	1,489	1,522	1,425 Å	1,415 Å	1,430 Å
radial	1,40	—	1,440	1,538	1,436 Å	1,411 Å	1,430 Å
extern $C_{sek.}-C_{sek.}$	1,70	—	1,692	1,757	1,380 Å	1,372 Å	1,385 Å
extern $C_{sek.}-C_{tert.}$	1,30	—	1,508	1,538	1,420 Å	1,411 Å	1,415 Å

+) Siehe Seite 207.

*) Näherungsmethode nach *Vroelant* und *Daudel* (1949).

**) *Coulson* 1939, 1941; *Lennard-Jones* und *Coulson* 1939. Später wurden aus einer anderen Bindungsordnung/Bindungslänge-Kurve leicht abweichende Werte erhalten (*Coulson, Daudel* und *Robertson* 1951).

***) Werte für Benzol: Kristallstrukturbestimmung: 1,393 Å (*Cox, Cruickshank* und *Smith* 1955; *Cruickshank* 1956); Raman-Spektrum: 1,397 Å (*Stoicheff* 1954, *Langseth* und *Stoicheff* 1956).
Naphthalin: *Ahmed* und *Cruickshank* 1952; *Cruickshank* und *Robertson* 1953.
Anthracen: *Cruickshank* 1956, 1957. Coronen: *Robertson* und *White* 1945.

In den meisten iso-cyclischen Kohlenwasserstoffen (alternierende Kohlenwasserstoffe, siehe Seite 282) ist die Ladungsverteilung uniform, so daß für alle Atome $q_k = 1$ ist. Diese Größen werden dann durch die sog. Selbstpolarisierbarkeit ersetzt:

$$\pi_{kk} = \frac{\partial q_k}{\partial \alpha_k} = \frac{\partial^2 E}{\partial \alpha_k^2}$$

und durch die gegenseitige Polarisierbarkeit:

$$\pi_{ik} = \frac{\partial q_i}{\partial \alpha_k} = \pi_{ki} = \frac{\partial^2 E}{\partial \alpha_i \, \partial \alpha_k}$$

Diese sind wichtige (negative) Größen. Während die Atome C[1] und C[2] im Naphthalin eine gleiche Ladungsdichte haben, ist das bei der Selbstpolarisierbarkeit π_{11} und π_{22} nicht der Fall. π_{11} ist erheblich größer, so daß die Aktivierungsenergie für elektrophile Substitutionen (Chlorierung, Bromierung, Nitrierung u.a.) aber auch für Reaktionen mit nucleophilen Agentien für die 1-Position am kleinsten ist, übereinstimmend mit dem Experiment. Bei höheren Temperaturen findet auch hier ein Übergang zur radikalischen Substitution statt (im Falle der Chlorierung reagieren dann Chloratome), wobei die Stellungen 1 und 2 gleich reagieren (*Sixma* und *Wibaut*, Seite 255).

Die gegenseitige Polarisierbarkeit ist wichtig, weil durch das alternierend positive und negative Vorzeichen von π_{ik}, das davon abhängt, ob eine gerade oder ungerade Anzahl von Bindungen zwischen i und k liegt, die bekannte alternierende Polarität bei der Einführung eines Substituenten theoretisch erklärt wird und auch quantitativ in einfacher Weise berechnet werden kann.

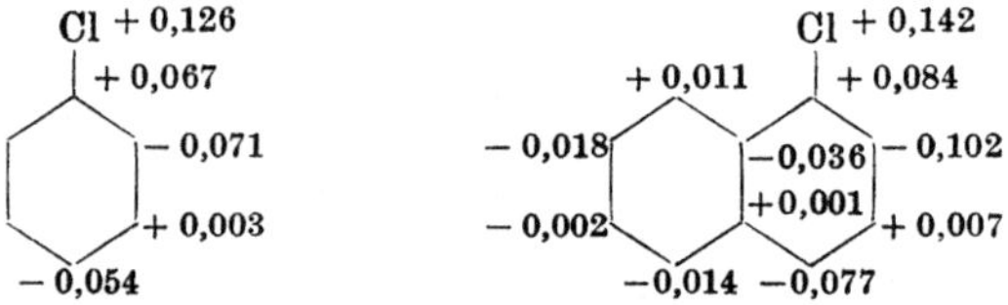

$\mu = 1{,}56\,D$ $(\mu\ Cl—C_{aliph.} \approx 2{,}0\,D)$ $\mu = 1{,}50\,D$

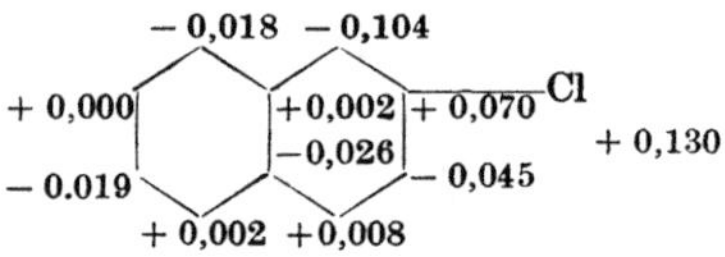

$\mu = 1{,}57\,D$

Die Differenz zwischen 1-Chlor- und 2-Chlornaphthalin beträgt $\mu = 0{,}07$ D, berechnet $\mu = 0{,}08$ D (*Ketelaar* und *Oosterhout* 1946).

36 B. Dipolmoment, nicht alternierende Kohlenwasserstoffe, Vergleich von VB- und MO-Methode, Hyperkonjugation

Dipolmoment

Das elektrische Dipolmoment eines Moleküls ist ein wertvolles Kennzeichen seiner Struktur. Seine Größe bestimmt außerdem die Kohäsionsenergie. Die Beziehung zwischen dem Dipolmoment und der Konstitution ist jedoch bereits für ein zweiatomiges Molekül oder für eine Bindung recht verwickelt (*Coulson, Valence,* Seite 210; *Mulliken* 1950; *Smyth* 1955; *Burnelle* und *Coulson* 1957).

Wir haben verschiedene Dipole zu unterscheiden:

a) Primärer Dipol

Das Molekülorbital für ein Molekül AB wird durch $\psi = \psi_A + \lambda\psi_B$ wiedergegeben. Der Wert des Parameters λ hängt von der Elektronegativitätsdifferenz ab. Falls B stärker elektronegativ ist, wird die Ladungswolke in Richtung auf B verlagert, selbst wenn sowohl ψ_A als auch ψ_B sphärisch sind. Nur für $\lambda = 1$ wird das Dipolmoment gleich Null.

Eine eingehendere Diskussion würde zeigen, daß für $\lambda = 2$ das relative Moment $\mu/e \cdot R_{AB} = 0{,}56$ wird. Für HF, HCl, HBr und HJ wird berechnet, daß $\lambda = 1{,}88$, 1,28, 1,19 und 1,06 ist.

In der Valence-bond-Methode hat der primäre Dipol seinen Ursprung in der Anteiligkeit ionischer Strukturen (Seite 135).

b) Homöopolarer Dipol (Kovalenzmoment)

Selbst wenn $\lambda = 1$ ist oder wenn keine ionischen Terme vorhanden sind, kann ein kleines Dipolmoment vorliegen, das auf dem Größenunterschied der beiden Atome beruht.

Die Ladung ist: $(\psi_A + \psi_B)^2 = \psi_A^2 + 2\psi_A\psi_B + \psi_B^2$.

Selbst wenn ψ_A^2 und ψ_B^2 beide sphärisch gleich sind, braucht die Ladung infolge des Terms $2\,\psi_A\psi_B$ nicht in der Mitte zwischen A und B zu liegen, wenn eine der Funktionen ψ_A und ψ_B weiter in den Raum reicht als die andere.

c) Atomarer Dipol

Die den atomaren Wellenfunktionen s, p, d usw. entsprechenden Ladungswolken sind symmetrisch in bezug auf den Mittelpunkt. Dies ist jedoch nicht mehr der Fall bei Hybridfunktionen wie sp, sp^2 und sp^3. Die aus diesen Funktionen aufgebauten Bindungen haben deshalb ein Dipolmoment, unabhängig von anderen Ursachen.

d) Induzierter Dipol

Das Dipolmoment wird durch die Polarisation nichtbindender Elektronenpaare beeinflußt. Infolge dieses Effekts steigt das Dipolmoment in der Reihe der Alkylchloride vom Methylchlorid ($\mu = 1{,}92$ D) zum n-Butylchlorid ($\mu = 2{,}12$ D) etwas an. Der Unterschied im Moment des Methylchlorids ($\mu = 1{,}92$ D) und des Chloroforms ($\mu = 1{,}02$ D) muß ebenfalls eher der Polarisation als der unbedeutenden Änderung der Bindungswinkel (Seite 148) zugeschrieben werden. Die Vektoraddition von Bindungsmomenten ist näherungsweise nur in den Fällen erlaubt, wo diese Bindungen kein gemeinsames Atom besitzen.

e) Einsames Elektronenpaar

Einsame Elektronenpaare in Hybridorbitals tragen durch ihr atomares Dipolmoment (siehe c) ebenfalls zum Gesamtmoment bei. In einigen Fällen ist dieser Anteil ziemlich groß, von der Ordnung von 1–2 D, z. B. im Wasser und im Ammoniak. NH_3 und NF_3 haben etwa die gleichen Bindungswinkel (107 ° bzw. 102 °), und man würde erwarten, daß die N—F-Bindung wegen der gleichen Elektronegativitätsdifferenz ebenso polar sei wie die N—H-Bindung. Da das NF_3 ein sehr kleines Moment von 0,2 D besitzt, muß hier ein kompensierender Anteil aus dem Moment des einsamen Elektronenpaars wirksam sein. Im NH_3 wird das Moment das entgegengesetzte Vorzeichen haben (etwa 0,7 D mit H positiv), und der Anteil des einsamen Elektronenpaars (etwa 0,7 D) ist zu addieren. Das Dipolmoment des Ammoniaks ist deshalb ziemlich groß (1,47 D) (*McKean* und *Schatz* 1956).

*Nichtalternierende Kohlenwasserstoffe**)

Es ist nützlich, die Kohlenwasserstoffe mit einem konjugierten Bindungssystem in zwei Klassen einzuteilen: Die gewöhnlichen Kohlenwasserstoffe, die ausschließlich offene Ketten oder Ringe mit einer geraden Zahl von Bindungen aufweisen, in denen die Doppel- und Einfachbindungen abwechseln, und die nichtalternierenden Kohlenwasserstoffe. Diese schließen Verbindungen ein wie das Azulen (*Gordon* 1952) und das Fulven (*Day* 1953) mit zehn bzw. sechs „aromatischen" Elektronen. Sie stellen Isomere des Naphthalins bzw. Benzols dar.

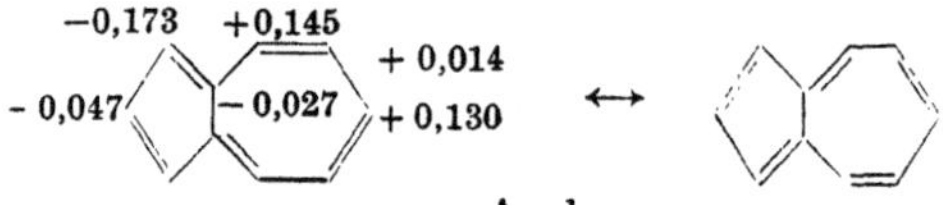

Azulen

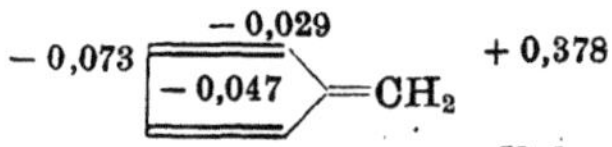

und angeregte Konfigurationen wie

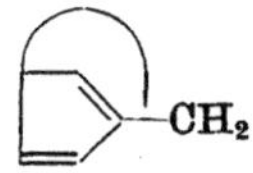

Fulven

Wie angegeben, sind hier die Ladungen nicht mehr für jedes Kohlenstoffatom gleich wie in den alternierenden Kohlenwasserstoffen (*Coulson, Craig* und *Maccoll* 1948; *Berthier* 1953; *Yamakawa* et al. 1960). Die Kohlenwasserstoffe haben deshalb ziemlich große Dipolmomente: Azulen 1,0 D, Dimethylfulven 1,48 D (*Wheland* und *Mann* 1949), Fulven 1,1 D (*Thiec* und *Wiemann* 1956). Die Resonanz kommt auch zum Ausdruck in den ungefähr gleichen C—C-Abständen im Molekül des Azulens (Kristallstrukturanalyse, *Robertson* et al. 1962). Sie sind auch wegen ihrer Farbe bemerkenswert. Das Fulven ist der einfachste gefärbte Kohlenwasserstoff.
Das von *Dewar* (1945) entdeckte Tropolon und das Tropon oder Cycloheptatrienon (*Cook* und *London* 1951; *Pauson* 1955a; *Nozoe* 1956) ähneln dem Azulen.

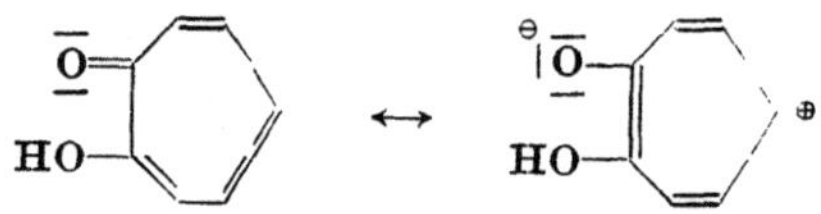

Aus der Elektronenbeugungsuntersuchung des Tropolons (*Heilbronner* und *Hedberg* 1951; *Kimura* und *Kubo* 1953) und aus der Röntgenanalyse von Tropolonderivaten (*Robertson* 1951; *Sasada, Osaki* und *Nitta* 1954) und des Tropons (*Kimura* u.a. 1957) ging hervor, daß der siebengliedrige Ring eben ist und alle Bindungen etwa die gleiche Länge besitzen (1,40 Å); es handelt sich also um ein echtes aromatisches System.
Um diese Äquivalenz entsprechend der VB-Methode durch Elektronenkonfigurationen wiederzugeben, ist es notwendig, ionische Konfigurationen wie die oben formulierten, zu betrachten. Die Dipolmomente von Tropolon (3,53 D) und Tropon (4,17 D) sind größer als man erwarten sollte.

*) *D. Ginsburg*, Non-benzenoid aromatic compounds, New York 1959.

Im Natriumsalz des Tropolons herrscht dagegen Resonanz zwischen äquivalenten Konfigurationen:

Dies bewirkt, daß die Bindungen zwischen den beiden mit den Sauerstoffatomen verbundenen Kohlenstoffatomen viel länger sind (1,47 Å) als die anderen (1,42 – 1,38 Å) (*Sasada* und *Nitta* 1956)

Das positive Tropyliumion (Cycloheptatrienyl-Kation) läßt sich als aromatischer Ring erkennen; es ist iso-elektronisch mit dem Cyclopentadienylanion und mit Benzol (Seite 177).

Die Sydnone (*Baker*, *Ollis* und *Poole* 1949; *Hill* und *Sutton* 1949; *Baker* und *Ollis* 1957) sind ebenfalls bemerkenswert. Die Konfiguration, die die stationäre Ladungsverteilung am besten wiedergibt, ist unten angeführt. Hier lassen sich *nur* ionische Konfigurationen schreiben (meso-ionische Verbindungen). Die Verbindungen besitzen ebenfalls ein sehr hohes Dipolmoment von etwa 6,7 D.

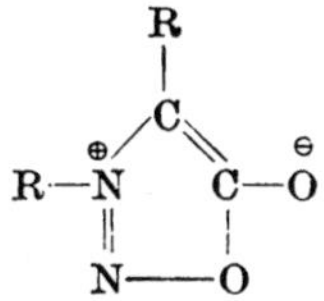

Die MO-Repräsentation, die auf die Aufstellung spezieller chemischer Formeln verzichtet und nur Bindungsordnungen und Ladungsverteilung für die verschiedenen Bindungen angibt, ist der im Falle dieser Kohlenwasserstoffe sehr künstlichen VB-Interpretation bei weitem vorzuziehen. Charakteristisch ist allein die Zahl der „aromatischen" Elektronen.

Vergleich von VB- und MO-Methode

Zusammenfassend können wir die Vor- und Nachteile der VB- und MO-Methode wie folgt interpretieren: Die VB-Methode läßt sich durch die Einführung des Resonanzbegriffes auf der Basis der chemischen Strukturformeln darstellen. Die Bildung von Elektronenpaaren wird hier von vornherein in die Theorie eingeführt, übereinstimmend mit der Erfahrung an praktisch allen Verbindungen.

Es zeigt sich jedoch, daß die Ladungsdichte zwischen zwei Atomen, z. B. im H_2, nach dieser Methode zu niedrig gefunden wird. Es ist außerdem nicht leicht, die VB-Methode ohne weitere vereinfachende Annahmen auf kompliziertere Moleküle anzuwenden. Es ist auch schwierig, den Unterschied in der Elektronegativität von Heteroatomen im Molekül in geeigneter Weise zu berücksichtigen. Die Berechnungen sind bei der MO-Methode viel einfacher, sowohl für Kohlenwasserstoffe als auch für Verbindungen mit Heteroatomen. Es ist darüber hinaus nicht schwierig, die

Rechnungen in besseren Näherungen auszuführen, indem die Nichtäquivalenz ähnlicher Atome und die Wechselwirkung zwischen nicht benachbarten Atomen berücksichtigt wird. Da die Bildung von Elektronenpaaren erst in einem späteren Stadium eingeführt wird, berücksichtigt die MO-Methode die Wechselwirkung zwischen den Elektronen selbst (Korrelationsenergie) nicht genügend. Aus diesem Grunde wird die Elektronendichte zwischen den Atomen im H_2 zu hoch gefunden und die berechneten Veränderungen der Ladungsdichte sind zu groß. Für die Berechnung von Aktivierungsenergien chemischer Reaktionen kommt noch die Schwierigkeit hinzu, daß die übliche Konstruktion der Wellenfunktion aus Atombahnen (atomic orbitals) stets eine Stabilität solcher Komplexe wie H_3, H_4 usw. ergibt.

Die MO-Methode (mit Verfeinerungen) wird gegenwärtig für zuverlässige quantitative Berechnungen durchweg benützt. Bei der Interpretation der Ergebnisse arbeitet man jedoch mit Vorstellungen wie „Bindungsordnung" und „freier Valenz", die tatsächlich denen der VB-Methode entsprechen. Für qualitative Betrachtungen wird wiederum die VB-Methode generell angewandt, wie dies in diesem Buche oft der Fall ist. Man rechnet mit Hilfe der MO-Methode, spricht aber die VB-Sprache!

Die VB- und die MO-Methode werden gleichwertig, wenn wir die Näherung weiter treiben. Das läßt sich am H_2-Molekül nach beiden Methoden zeigen. Wir hatten auf Seite 133 die Heitler-London-Behandlung (VB-Methode) durch Einführung ionischer Terme verbessert

$$\psi_{V.B.} = [\psi_A(1)\psi_B(2) + \psi_B(1)\psi_A(2)] + c[\psi_A(1)\psi_A(2) + \psi_B(1)\psi_B(2)] .$$

In der MO-Methode ist die Wellenfunktion in der LCAO-Näherung für beide Elektronen:

$$\begin{aligned}\psi_{M.O.} &= \psi_{M.O.}(1)\cdot\psi_{M.O.}(2) = [\psi_A(1) + \psi_B(1)][\psi_A(2) + \psi_B(2)] = \\ &= \psi_A(1)\psi_B(2) + \psi_B(1)\psi_A(2) + \psi_A(1)\psi_A(2) + \psi_B(1)\psi_B(2) .\end{aligned}$$

Dieser Funktion für die Konfiguration mit beiden Elektronen im bindenden Orbital $\psi_A + \psi_B$ können wir einen Anteil aus einer Konfiguration mit beiden Elektronen im antibindenden Orbital $\psi_A - \psi_B$ zufügen, um die Variationsfunktion zu verbessern:

$$+ k[\psi_A(1) - \psi_B(1)][\psi_A(2) - \psi_B(2)] .$$

(Die Konfiguration mit je einem Elektron im bindenden und im antibindenden Zustand ist nicht anteilig, da sie unterschiedliche Symmetrie besitzt, Seite 194.)

Die Wellenfunktionen nach den beiden Methoden sind jetzt im Prinzip gleich. Durch Division mit $(1 - k)$ kann die zweite Funktion in exakt die gleiche Form gebracht werden wie die erste, nur mit $(1 + k)/(1 - k)$ an Stelle von c. Wenn wir nun die Parameter in der Variationsfunktion so wählen, daß die Energie ein Minimum wird, wird mit beiden Methoden die gleiche Lösung erhalten. Die Gleichwertigkeit der beiden Methoden bei weiteren Näherungen ist ganz generell (*Longuet-Higgins* 1948; *Dewar* und *Longuet-Higgins* 1952; *Heilbronner* 1962).

Verschiedene verfeinerte Methoden (*Löwdin* 1957) sind mit gutem Erfolg angewandt worden (*Parr* und *Ellison* 1955). In den meisten Fällen sind jedoch ziemlich komplizierte Rechnungen notwendig. Eine Diskussion solcher Methoden liegt nicht im Bereich dieses Buches, z.B. die antisymmetrische MO-Methode (ASMO) (*Goeppert-Mayer* und *Sklar* 1938; *Pariser* und *Parr* 1953), die Self-consistent-field-Methode (SCF, *Roothaan* 1951), die Konfigurationswechselwirkung (configuration interaction CI) (*Parr*, *Craig* und *Ross* 1950) und die Methode der Atome in Molekülen (AIM) (*Moffitt* 1951; Übersicht: *Coulson* 1960; *Preuss* 1960).
Der Erfolg der wellenmechanischen Vorstellungen liegt insbesondere im Gebiet der konjugierten Systeme*).
Der Einfluß gesättigter Gruppen kann teilweise in der gleichen Weise interpretiert werden wie in der älteren Elektronentheorie der chemischen Bindung. So lassen sich z.B. die Änderungen der Eigenschaften beim Ersatz eines Wasserstoffatoms durch eine Methylgruppe auf einen elektrisch-induktiven Effekt zurückführen, wobei die Methylgruppe weniger elektrophil ist als das Wasserstoffatom. Die Methylgruppe ist deshalb im Toluol, Xylol usw. gegenüber dem Ring positiviert (Seite 220, 259). Es gibt jedoch noch eine andere Erklärung.

*Hyperkonjugation***)

Die Hydrierungswärme von trans-Buten-(2) (trans-1,2-Dimethyläthylen) ist 5,2 kcal/Mol kleiner als die von Äthylen, es ist also stabiler als dieses. Wir haben bereits erwähnt, daß die verzweigten aliphatischen Kohlenwasserstoffe stabiler sind als die geradkettigen (Seite 191). *Mulliken* führte die Hypothese der Hyperkonjugation ein, indem er eine formale

---

*) Die Methoden der Quantenchemie sind auch auf andere Gegenstände erfolgreich angewandt worden, z.B. die Redoxpotentiale von Chinonen (*Evans* und *de Heer* 1950; *Fritz* und *Hartmann* 1951; *Magnus* 1956), die polarographische Reduktion (*Maccoll* 1949; *Watson* und *Matsen* 1950; *Hoijtink* u.a. 1953, 1955; *Bergmann* 1954; *Matsen* 1956; *Given* 1958; *Pullman* 1961).
Es besteht eine Beziehung zwischen dem Wert des Halbstufenpotentials $E_{1/2}$ und der Energie $h\nu$, die der längstwelligen UV-Absorptionsbande entspricht: $h\nu = 2E_{1/2} + \text{const.}$, die Energie in eV/Mol ausgedrückt.
Wir haben gesehen, daß in der nullten Näherung (Seite 270) der höchste besetzte Zustand eine Energie gleich $\alpha + m\beta$ und der niedrigste unbesetzte Zustand eine Energie gleich $\alpha - m\beta$ besitzt. Es ergibt sich also $h\nu = -2m\beta$, während $E_{1/2} = \alpha - m\beta$ ist, da bei der polarographischen Reduktion dem niedrigsten unbesetzten Zustand ein Elektron zugefügt wird.
Auch die Basizität (Protonenaffinität) aromatischer Kohlenwasserstoffe ist wellenmechanisch behandelt worden (*Mackor*, *Hofstra* und *van der Waals* 1958).
**) *V. J. Shriner* und *E. Campaigne*, Conf. on Hyperconjugation, London 1959; *M. J. S. Dewar*, Hyperconjugation, New York 1962.

Parallele zwischen Acrylnitril (oder Vinylacetylen) und Propen zog *Deasy* 1945; *Crawford* 1949; *Baker* 1952; *Becker* 1953).

(Hyperkonjugation 1. Ordnung)

(Hyperkonjugation 2. Ordnung ist eine Wechselwirkung zwischen zwei CH_3-Gruppen wie im Äthan, das dem Dicyan oder dem Diacetylen, $CH{\equiv}C-C{\equiv}CH$ als formal analog betrachtet wird).

Obwohl die Hyperkonjugation 1. Ordnung in vielen Fällen möglich erscheint, läßt sich schwer einsehen, wieso sie der bedeutendste unter den zahlreichen Effekten 2. Ordnung sein soll, die neben der gewöhnlichen Resonanz in konjugierten Molekülen vorkommen. Wir haben im Gegenteil gesehen (Seite 147), daß die Änderung in der Hybridisierung beim Übergang von $H-CH_2-C$ zu $H-CH{=}C$ und $H-C{\equiv}C$ mit einer bedeutenden Veränderung der H–C-Bindungslänge verknüpft ist, obwohl hier im Acetylen keine Rede von Hyperkonjugation sein kann. Eine ähnliche Änderung in der Hybridisierung erfolgt wahrscheinlich auch für die $C-CH_3$-Bindung, so daß dadurch der beobachtete $C-CH_3$-Bindungsabstand im Methylacetylen von 1,46 Å wenigstens teilweise erklärt wird.

Wenn auch die Idee der Hyperkonjugation im Prinzip richtig ist, glauben wir deshalb trotzdem, daß keine hinreichende Grundlage besteht, bei der Erklärung der Eigenschaften organischer Verbindungen so viel Wert auf diesen Effekt zu legen anstatt auf den Einfluß der Hybridisierungsänderung und die Unterschiede in der Elektronegativität.

Unser Verständnis ist in vielen Punkten unvollständig. Die Korrelationsenergie und die Wechselwirkung zwischen σ- und π-Elektronen sind in dieser Hinsicht wichtige Probleme.

Schlußbemerkungen

Wir haben gesehen, daß die Wellenmechanik imstande ist, ein befriedigendes Bild von der Atombindung zu geben. Insbesondere bringt die Anwendung des Resonanzkonzepts das Verständnis zahlreicher Erscheinungen.

Resonanz ist genau gesprochen nicht ein reales physikalisches Phänomen, sondern lediglich eine Interpretation als Konsequenz des Weges, auf dem in der Valence-Bond-Methode die Wellenfunktion des stationären Zustandes – z. B. des Benzolmoleküls – durch Linearkombination anderer Wellenfunktionen angenähert konstruiert wird. Diese Konstruktion ist in einer Weise möglich, die gut zur Interpretation dieser Systeme auf der Basis der chemischen Strukturtheorie paßt.

Die Methode der Molekülbahnen ist von großem Wert für quantitative Diskussionen, vor allem bei Molekülen, die Heteroatome enthalten. Für die Zukunft ist noch viel von der besseren Ausarbeitung der modernen Vorstellungen zu erwarten – auch in quantitativer Hinsicht – und von ihrer Anwendung auf die ausgedehnten experimentellen Daten zahlloser organischer Verbindungen. Zu diesem Zwecke wird es jedoch nötig sein, viele dieser an sich lange bekannten Verbindungen in reinem Zustand zu synthetisieren und ihre Verbrennungswärmen, Spektren, Bindungslängen, Dipolmomente usw. zu bestimmen.

Allgemeines Schrifttum

Wellenmechanische Theorie der chemischen Bindung (s. auch S. 20):

C. A. Coulson, Quart. Revs. (London), **1** (1947) 144.
C. A. Coulson, Valence, Oxford 2. Ausg. 1961, ein sehr empfehlenswertes Buch über die Grundlagen der Theorie der Valenz.
P. und *R. Daudel,* Les Apports de la Mécanique Ondulatoire à l'Etude de la Molécule, Paris 1950.
R. Daudel, R. Lefebvre und *C. Moser,* Quantum Chemistry, New York 1959.
H. Hartmann, Theorie der Chemischen Bindung, Berlin 1954.
J. W. Linnett, Wave mechanics and Valency, London 1960.
H. C. Longuet-Higgins und *G. W. Wheland,* in Ann. Rev. Phys. Chem., **1** (1950) 133.
W. G. Penney, The Quantum Theory of Valency, London 1935.
A. und *B. Pullmann,* Les Théories Electroniques de la Chimie Organique, Paris 1952.
C. E. Sutton, Chemische Bindung und Molekülstruktur, Berlin 1961.
J. H. van Vleck und *A. Sherman,* Rev. Modern Phys., **7** (1935) 167.
Ein interessantes Symposium über Bindungsenergien und Bindungslängen findet sich in: Proc. Roy. Soc. (London) **207,** 1–136 (1956). Symposien über die chemische Bindung: J. chim. phys., **46** (1949) 185–306; Z. Elektrochem., **61** (1957) 859–1117; J. Phys. Chem. **61** (1957) 1–68.

Theoretische Organische Chemie:

J. B. Baker, Elektronentheorie der organischen Chemie, Stuttgart 1960.
H. Becker, Einführung in die Elektronentheorie organisch-chemischer Reaktionen, Berlin 1961, 1964.
G. E. K. Branch und *M. Calvin,* The Theory of Organic Chemistry, New York 1945.
L. B. Clapp, Chemistry of the Covalent Bond, San Francisco 1957.
M. J. S. Dewar, The Electronic Theory of Organic Chemistry, Oxford 1949, 1953.
B. Eistert, Tautomerie und Mesomerie, Stuttgart 1938; Chemismus und Konstitution, I, Stuttgart 1948.
E. S. Gould, Mechanismus und Struktur in der organischen Chemie, Weinheim 1962.
L. P. Hammett, Physical Organic Chemistry, New York 1940.

P. H. Hermans, Introduction to Theoretical Organic Chemistry, Amsterdam, New York 1953.
J. Hine, Physical Organic Chemistry, New York 1956; Reaktivität und Mechanismus, Stuttgart 1960.
W. Hückel, Theoretische Organische Chemie, Weinheim 1953; Theoretical Principles of Organic Chemistry, Amsterdam 1955.
C. K. Ingold, Structure and Mechanism in Organic Chemistry, Ithaca 1953.
G. Karagounis, Einführung in die Elektronentheorie organischer Verbindungen, Berlin 1959.
E. Müller, Neuere Anschauungen auf dem Gebiete der organischen Chemie, 2. Aufl. Berlin 1957.
G. Olah, Einführung in die theoretische organische Chemie, Berlin 1960.
L. Pauling, The Nature of the Chemical Bond, Ithaca 1950, deutsche Übersetzung, Weinheim 1962.
H. A. Staab, Einführung in die theoretische organische Chemie, Weinheim 1959, 1962.
A. E. Remick, Electronic Interpretations of Organic Chemistry, 2. Aufl. New York 1949. Ältere Elektronentheorie s. a. *C. K. Ingold*, Chem. Revs., **15** (1934) 225.
Theoretical Organic Chemistry, Proc. Kekulé Symposium, London 1959.
W. A. Waters, The Physical Aspects of Organic Chemistry, 4. Aufl. Oxford 1950.
G. W. Wheland, The Theory of Resonance and its Applications to Organic Chemistry, New York 1945; Resonance in Organic Chemistry, New York 1955.

Literaturhinweise

S. C. Abrahams und *J. Kalnajs*, Acta Cryst., **7** (1954) 838; **8** (1955) 503.
F. R. Ahmed und *D. W. J. Cruickshank*, Acta Cryst., **5** (1952) 852.
L. H. Ahrens, Nature, **169** (1952) 463.
A. L. Allred, J. Inorg. Nucl. Chem., **17** (1961) 215.
J. S. Anderson, Quart. Revs. (London), **1** (1947) 331.
L. J. Andrews und *R. M. Keefer* J. Am. Chem. Soc., **71** (1949) 3644.
F. A. L. Anet, R. F. W. Bader und *A. M. van der Auwera*, J. Am. Chem. Soc., **82** (1960) 3217.
T. Anno und *A. Sadô*, J. Chem. Phys., **25** (1956) 176.
M. Atoji und *W. N. Lipscomb*, J. Chem. Phys., **21** (1953) 172; **23** (1955) 1176; **27** (1957) 195, 196; **31** (1959) 601.
L. Audrieth, R. Steinman und *A. Toy*, Chem. Revs., **32** (1943)

G. E. Bacon, Neutron Diffraction, London 1955; Oxford 1962; Application of Neutron Diffraction in Chemistry, London 1963.
G. M Badger, J. Chem. Soc., (1949) 456.
G. M. Badger, Quart. Revs., (London), **5** (1951) 147; Rec. trav. chim. **71** (1952) 468
R. M. Badger, J. Chem. Phys., **2** (1934) 128.
J. C. Bailar, Chemistry of Coordination Compounds, New York 1956.
J. W. Baker, Hyperconjugation, Oxford 1952.
W. Baker und *W. D. Ollis*, Quart. Revs. (London), **11** (1957) 15.

W. Baker, *W. D. Ollis* und *V. D. Poole*, J. Chem. Soc., (1949) 307.
S. Balke und *G. Lutz*, Chem. Ing. Techn., **32** (1960) 651.
O. Bastiansen, Acta Chem. Scand., **6** (1952) 205.
O. Bastiansen, *L. Hedberg* und *K. Hedberg*, J. Chem. Phys., **27** (1957) 1311.
E. C. Baughan, Trans. Faraday Soc., **53** (1957) 1046.
N. S. Bayliss, J. Chem. Phys., **16** (1948) 287.
N. S. Bayliss, Quart. Revs. (London), **6** (1952) 319.
H. G. Beaven und *D. M. Hall*, J. Chem. Soc., (1956) 4637.
F. Becker, Angew. Chem., **65** (1953) 97.
H. van Bekkum, *P. E. Verkade* und *B. M. Wepster*, Rec. trav. chim., **18** (1959) 815.
F. Bell und *D. H. Waring*, J. Chem. Soc., (1949) 2689.
R. P. Bell und *H. J. Emeléus*, Quart. Revs. (London), **2** (1948) 132.
R. P. Bell, *H. W. Thompson* und *E. E. Vago*, Proc. Roy. Soc. (London), **A 192** (1948) 498.
H. A. Bent, Chem. Revs., **61** (1961) 275.
I. Bergmann, Trans. Faraday Soc., **50** (1954) 829.
H. J. Bernstein, J. Phys. Chem., **63** (1959) 565.
H. Bersohn, J. Chem. Phys., **22** (1954) 2078.
G. Berthier, J. Chem. Phys., **21** (1953) 953; J. chim. phys., **50** (1953) 344.
D. E. Bethell und *N. Sheppard*, J. chim. phys., **50** (1953) C 72.
J. M. Bijvoet, Koninkl. Ned. Akad. Wetenschap. Proc., **52** (1949) 313.
J. M. Bijvoet, *A. F. Peerdemans* und *A. J. van Bommel*, Nature, **168** (1951) 271.
J. Bjerrum, Chem. Revs., **46** (1950) 381.
J. Bjerrum, *C. J. Ballhausen* und *C. Klixbüll Jörgensen*, Acta Chem. Scand., **8** (1954) 1275; Rec. trav. chim., **75** (1956) 658.
M. Boeseken, Bull. soc. chim. France, **53** (1933) 1332.
M. Born, Science, **122** (1955) 675.
H. P. Bovenkerk et al., Nature, **184** (1959) 1094.
E. A. Braude und *W. F. Forbes*, J. Chem. Soc., (1955) 3776.
P. J. Bray und *R. G. Barnes*, J. Chem. Phys., **27** (1957) 551.
L. Brewer und *A. W. Searcy*, Ann. Rev. Phys. Chem., **7** (1956) 259.
J. S. Broadley und *J. M. Robertson*, Nature, **164** (1949) 915.
L. O. Brockway und *W. M. Bright*, J. Am. Chem. Soc., **65** (1943) 1551.
L. J. S. Brooker, Rev. Modern Phys., **14** (1942) 275; Frontiers of Chemistry, 3, Advances in Nuclear Chemistry and Theoretical Chemistry, New York 1945.
R. D. Brown, Trans. Faraday Soc., **45** (1949) 296; **46** (1950a) 146, 1013.
R. D. Brown, J. Chem. Soc., (1950b) 3249.
R. D. Brown, Quart. Revs. (London), **6** (1952) 63.
A. R. Burkin, Quart. Revs. (London), **5** (1951) 1.
L. Burnelle und *C. A. Coulson*, Trans. Faraday Soc., **53** (1957) 403.
A. J. Buzeman, Proc. Phys. Soc. (London), **63** (1950) 827.

J. W. Cable und *R. K. Sheline*, Chem. Revs., **56** (1956) 1.
P. G. Carter, Trans. Faraday Soc., **45** (1949) 597.
O. Chalvet, Rec. trav. chim., **75** (1956) 385; Compt. rend., **240** (1955) 871.
O. Chalvet, *R. Daudel* und *C. Moser*, Compt. rend., **246** (1958) 3457.
B. H. Chirgwin und *C. A. Coulson*, Proc. Roy. Soc. (London), **A 201** (1950) 196.
E. Clar, Aromatische Kohlenwasserstoffe, Berlin 1941, 1952.

G. E. Coates und *L. E. Sutton*, J. Chem. Soc., (1948) 1187.
B. E. Conway, J. O'M. Bockris und *H. Linton*, J. Chem. Phys., **24** (1956) 835.
J. W. Cook und *J. D. London*, Quart. Revs. (London), **5** (1951) 99.
J. Coops et al., Rec. trav. chim., **65** (1946) 128; **72** (1953) 785.
P. L. Corio und *B. P. Dailey*, J. Am. Chem. Soc., **18** (1956) 3043.
C. C. Costain und *B. P. Stoicheff*, J. Chem. Phys., **30** (1959) 777.
F. A. Cotton, Chem. Revs., **55** (1955) 563.
F. A. Cotton und *G. Wilkinson*, Z. Naturforsch., **9b** (1954) 453.
T. L. Cottrell, The Strength of Chemical Bonds, London 1954, 2. Aufl. 1958.
C. A. Coulson, Trans. Faraday Soc., **42** (1946) 106, 265; Proc. Roy. Soc. (London) **A 169** (1939) 413; Proc. Roy. Soc. (Edinburgh), **A 61** (1941) 115; Discussions Faraday Soc., Nr. 2 (1947a) 9; Quart. Revs. (London), **1** (1947b) 144; Proc. Roy. Soc. (London), **A 207** (1951) 91; Proc. Phys. Soc. (London), **66 A** (1953) 652; Rev. Modern Physics, **32** (1960) 170.
C. A. Coulson, Valence, Oxford 1952, 2. Aufl. 1961.
C. A. Coulson, D. P. Craig und *A. Maccoll*, Proc. Phys. Soc. (London), **61** (1948) 22.
C. A. Coulson, P. Daudel und *R. Daudel*, Rev. sci., **85** (1947) 29.
C. A. Coulson, R. Daudel und *J. M. Robertson*, Proc. Roy. Soc. (London), **A 207** (1951) 306.
C. A. Coulson und *J. Duchesne*, Bull. classe sci. Acad. roy. Belg., **43** (1957) 522.
C. A. Coulson und *H. C. Longuet-Higgins*, Proc. Roy. Soc. (London), **A 192** (1947) 16.
C. A. Coulson und *W. E. Moffit*, J. Chem. Phys., **15** (1947) 151.
C. A. Coulson und *M. J. Stephens*, Trans. Faraday Soc., **53** (1957) 272.
E. G. Cox, D. W. J. Cruickshank und *J. A. S. Smith*, Nature, **175** (1955) 766.
D. P. Craig, Proc. Roy. Soc. (London) **A 200** (1950) 401.
D. P. Craig et al., J. Chem. Soc., (1954) 332.
D. P. Craig und *N. L. Paddock*, Nature, **181** (1958) 1052.
V. A. Crawford, Quart. Revs. (London), **3** (1949), 226.
R. Criegee und *G. Schröder*, Chem. Ber., **93** (1960) 689.
D. W. J. Cruickshank, Acta Cryst., **9** (1956) 757, 915; **10** (1957) 470.
D. W. J. Cruickshank und *A. P. Robertson*, Acta Cryst., **6** (1953) 698.

B. P. Dailey, J. Chem. Phys. **33** (1960) 1641.
P. und *R. Daudel*, J. Chem. Phys., **16** (1948) 639.
P. und *R. Daudel* et al., Rev. Sci., **84** (1946) 849; Compt. rend., **223** (1946) 223.
R. Daudel, Cahiers phys., **44** (1953) 1.
R. Daudel, H. Brion und *S. Odiot*, J. chim. phys., **51** (1954) 74, 358, 553; J. Chem. Phys., **23** (1955) 2080.
R. Daudel und *A. Pullman*, J. chim. phys., **43** (1946) 77; J. phys., **7** (1946) 59, 74, 105.
R. Daudel et al., Bull. soc. chim. France, (1950) 66.
J. H. Day, Chem. Revs., **53** (1953) 167.
C. L. Deasy, Chem. Revs., **36** (1945) 145.
M. J. S. Dewar, Nature, **155** (1945) 50; J. Chem. Soc., (1952) 3532.
M. J. S. Dewar und *H. C. Longuet-Higgins*, Proc. Roy. Soc. (London), **A 214** (1952) 482.
M. J. S. Dewar und *H. N. Schmeissing*, Tetrahedron, **5** (1959) 166.

T. Doehaerd, P. Goldfinger und *F. Waelbroek*, J. Chem. Phys., **20** (1952) 757.
D. M. Donaldson und *J. M. Robertson*, J. Chem. Soc., (1953) 17.
G. C. Dousmanis, Phys. Rev., **97** (1955) 967.
J. van Dranen und *J. A. A. Ketelaar*, J. Chem. Phys., **17** (1949) 1338; **18** (1950) 151, 1125.
W. Drenth, Rec. trav. chim., **73** (1954) 249.
W. J. Dulmage, E. A. Meyers und *W. N. Lipscomb*, Acta Cryst., **6** (1953) 760.
J. D. Dunitz und *L. E. Orgel*, Nature, **171** (1953) 121.
J. D. Dunitz, L. E. Orgel und *A. Rich*, Acta Cryst., **9** (1956) 373.
J. D. Dunitz und *V. Prelog*, Angew. Chem., **72** (1960) 896.

J. W. Engelsma und *E. C. Kooyman*, Rec. trav. chim., **80** (1961) 526, 527.
J. W. Engelsma, E. C. Kooyman und *J. R. van der Bij*, Rec. trav. chim., **76** (1957) 325.
R. M. Etter, H. S. Skovronek und *P. S. Skell*, J. Am. Chem. Soc., **81** (1959) 1008.
M. G. Evans und *J. de Heer*, Acta Cryst., **2** (1949) 163; Quart. Revs. (London), **4** (1950) 94.
H. Eyring und *G. E. Kimball*, J. Chem. Phys., **1** (1933) 239, 626.

M. Falk und *P. A. Giguère*, Can. J. Chem., **35** (1957) 1195.
M. S. Farag, Acta Cryst., **7** (1954) 117.
A. Farkas, Physical Chemistry of Hydrocarbons, Vol. I, New York 1949.
W. G. Fateley und *E. R. Lippincott*, J. Chem. Phys., **26** (1957) 1471.
L. N. Ferguson, Chem. Revs., **43** (1948) 385.
C. C. Ferriso und *D. F. Hornig*, J. Am. Chem. Soc., **75** (1953) 4113; J. Chem. Phys. **23** (1955) 1464.
E. O. Fischer und *H. P. Fritz*, Angew. Chem., **73** (1961) 353.
E. O. Fischer und *W. Hafner*, Naturforsch., **10b** (1955) 665; Z. anorg. u. allgem. Chemie, **286** (1956) 146.
E. O. Fischer und *W. Pfab*, Z. Naturforsch., **7b** (1952) 377.
Th. Förster, Z. physik. Chem. (Leipzig), **B 47** (1940) 245; Angew. Chem., **61** (1949) 144.
J. L. Franklin, Ind. Eng. Chem., **41** (1949) 1070; J. Am. Chem. Soc., **72** (1950) 4278.
L. Friedman und *J. G. Berger*, J. Am. Chem. Soc., **82** (1960) 5758.
H. P. Fritz et al., Z. Naturforsch., **15b** (1960) 419.
G. Fritz und *H. Hartmann*, Z. Elektrochem., **55** (1951) 184.
S. Furberg, Acta Chem. Scand., **9** (1955) 1557.

H. Gehlen, Z. physik. Chem. (Leipzig), **203** (1954) 125.
W. L. G. Gent, Quart. Revs. (London), **2** (1948) 383.
H. Gerding, W. J. Nijveld und *G. J. Muller*, Z. physik. Chem. (Leipzig), **B 35** (1937) 193.
P. A. Giguère, J. Chem. Phys., **30** (1959) 322.
R. J. Gillespie, J. Am. Chem. Soc., **82** (1960) 5978.
R. J. Gillespie und *R. S. Nyholm*, Quart. Revs. (London), **11** (1957) 339.
P. H. Given, Nature, **181** (1958) 1001.
G. Glockler, J. Chem. Phys., **19** (1951) 124.
G. Glockler, Tetrahedron, **15** (1961) 87.

M. Goeppert-Mayer und *A. L. Sklar*, J. Chem. Phys., **6** (1938) 645.
E. Görlich, Nature, **192** (1961) 133.
J. H. Goldstein, J. Chem. Phys., **24** (1956) 507.
A. H. Gomes de Mesquita, Dissertation Univ. Amsterdam 1962.
J. B. Goodenough, Magnetism and the chemical Bond, New York 1963.
M. Gordon, Chem. Revs., **50** (1952) 127.
W. Gordy, Phys. Rev., **69** (1946) 604; J. Chem. Phys., **19** (1951) 792.
W. Gordy und *W. J. Orville Thomas*, J. Chem. Phys., **24** (1956) 439.
W. Gordy, W. V. Smith und *R. F. Trambarulo*, Microwave Spectroscopy, New York 1953.
J. Goubeau und *E. Z. Ricker*, Anorg. u. allgem. Chemie, **310** (1961) 123.
D. P. Graddon, An introduction to coordination chemistry, Oxford 1961.
P. Gray und *A. D. Yoffe*, Chem. Revs., **55** (1955) 1069.
M. L. H. Green, C. Pratt und *G. Wilkinson*, J. Chem. Soc., 1958, 3916.
N. N. Greenwood, Trans. Faraday Soc., **48** (1952) 585; J. Inorg. Nucl. Chem., **5** (1958) 224, 229.
N. N. Greenwood und *R. L. Martin*, J. Chem. Soc., (1951) 1915.
J. S. Griffith und *L. E. Orgel*, Quart. Revs. (London) **11** (1957) 381.
E. Grison, K. Eriks und *J. L. de Vries*, Acta Cryst., **3** (1950) 290.

P. W. Haayman und *J. P. Wibaut*, Rev. trav. chim., **60** (1941) 842.
M. Haissinsky, J. chim. phys., **46** (1949) 298.
E. Harnik, F. H. Herbstein, G. M. J. Schmidt und *F. J. Hirschfeld*, J. Chem. Soc., (1954) 3288, 3295, 3302, 3314.
H. Hartmann, Z. Naturforsch., **2a** (1947) 259, 263; Z. physik. Chem. (Frankfurt), **4** (1955) 376; Z. Naturforsch., **15a** (1960) 993.
H. Hartmann und *F. E. Ilse* oder *H. L. Schläfer*, Z. physik. Chem. (Leipzig), **197** (1951) 116, 239; Z. Naturforsch., **6a** (1951) 751, 754, 760.
R. Hazekamp, T. Migchelsen und *A. Vos*, Acta Cryst., **15** (1962) 539.
K. Hedberg und *V. Schomaker*, J. Am. Chem. Soc., **73** (1951) 1482.
E. Heilbronner, Helv. Chim. Acta, **45** (1962) 1722.
E. Heilbronner und *K. Hedberg*, J. Am. Chem. Soc., **73** (1951) 1386.
F. Hein, Chemische Koordinationslehre, 2. Aufl. Zürich 1957, Leipzig 1957.
W. Heitler, Helv. Chim. Acta, **38** (1955) 5; J. chim. phys., **54** (1957) 265.
A. Henrici, Z. physik. Chem. (Leipzig), **B 47** (1940) 93, 111.
P. H. Hermans, Z. anorg. u. allgem. Chem., **142** (1925) 83.
G. Herzberg und *J. Shoosmith*, Nature, **183** (1959) 1801.
G. Herzberg und *B. P. Stoicheff*, Nature, **175** (1955) 79.
K. L. Herzfeld und *A. L. Sklar*, Rev. Modern Phys., **14** (1942) 294.
W. Hieber, Angew. Chem., **72** (1960) 795.
R. W. Hill und *L. E. Sutton*, J. chim. phys., **46** (1949) 244.
J. Hinze und *H. H. Jaffé*, J. Am. Chem. Soc., **84** (1962) 540.
E. L. Hirshfeld, K. Eriks, R. L. Dickerson, E. L. Lippert und *W. N. Lipscomb*, J. Chem. Phys., **28** (1958) 56.
J. L. Hoard, Acta Cryst., **4** (1951) 396, 399, 405.
A. Honig, M. Mandel, M. L. Stitch und *C. H. Townes*, Phys. Rev. **96** (1954) 629.
D. F. Hornig und *D. C. McKean*, J. Phys. Chem., **59** (1955) 1133.
J. R. Hoyland und *L. Goodman*, J. Phys. Chem., **64** (1960) 1816.

G. J. Hoijtink, Rec. trav. chim., **74** (1955) 1525.
G. J. Hoijtink und *J. van Schooten*, Rec. trav. chim., **72** (1953) 903.
J. A. Howe und *J. H. Goldstein*, J. Chem. Phys., **26** (1957) 7.
E. Hückel, Z. Physik, 70 (1931) 204; Z. Elektrochem., **43** (1937) 752, 827 (Überblick).
M. L. Huggins, J. Am. Chem. Soc., **75** (1953) 4123, 4126.
R. H. Hughes, Phys. Rev., **85** (1952) 717; J. Chem. Phys., **21** (1953) 959; **24** (1956) 131.
C. A. Hutchinson, A. Kowalsky, R. C. Pastor und *G. W. Wheland*, J. Chem. Phys., **20** (1952) 1485.

R. P. Iczkowsky und *J. L. Margrave*, J. Am. Chem. Soc., **83** (1961) 3547.
D. J. E. Ingram, Spectroscopy at Radio and Microwave Frequencies, Londen 1955; Free Radicals-As studied by Microwave Methodes, London 1958.
C. K. Ingold et al., J. Chem. Soc., (1955) 3200.
H. Irving und *R. J. P. Williams*, Nature, **162** (1948) 746; J. Chem. Soc., (1953) 3192.
K. Ito et al., J. Am. Chem. Soc. **83** (1961) 4526.

H. H. Jaffé, J. Chem. Phys., **20** (1952) 279, 778; Chem. Revs., **53** (1953) 191; J. Am. Chem. Soc., **81** (1959) 3020.
P. C. H. Jordan und *H. C. Longuet-Higgins*, Mol. Physics, **5** (1962) 121.
A. Julg und *M. Cocordana*, Compt. rend., **254** (1962) 1070.

I. L. Karle, J. Chem. Phys., **20** (1952) 65.
J. S. Kaspar, C. M. Lucht und *D. Harker*, Acta Cryst., **3** (1950) 430.
Th. J. Katz, J. Am. Chem. Soc. **82** (1960) 3784.
P. Kauzmann, Quantum Chemistry, New York 1957.
D. M. H. Kern, J. Chem. Educ., **33** (1956) 272.
J. A. A. Ketelaar, Rec. trav. chim., **58** (1939) 266.
J. A. A. Ketelaar und *T. A. de Vries*, Rec. trav. chim., **50** (1939) 1081.
J. A. A. Ketelaar und *K. J. Palmer*, J. Am. Chem. Soc., **59** (1937) 2629.
J. A. A. Ketelaar und *J. van Dranen*, Rec. trav. chim., **69** (1949) 477.
J. A. A. Ketelaar und *G. W. van Oosterhout*, Rec. trav. chim., **65** (1946) 448.
J. E. Kilpatrick und *K. S. Pitzer*, J. Chem. Phys., **14** (1946) 463.
M. Kimura und *M. Kubo*, Bull. Chem. Soc. Japan, **26** (1953) 250.
K. Kimura et al., J. Chem. Phys., **27** (1957) 320.
J. G. Kirkwood und *F. H. Westheimer*, J. Chem. Phys., **6** (1939) 506, 513; Trans. Faraday Soc., **43** (1947) 77.
W. Kirmse, Angew. Chem., **73** (1961) 161.
G. B. Kistiakowsky et al., J. Am. Chem. Soc., **57** (1935) 876; **58** (1936) 137; **73** (1951) 2972.
F. Klages, Chem. Ber., **82** (1949) 358.
O. Klement et al., Helv. Chim. Acta, **43** (1960) 1766.
R. Klement und *O. Koch*, Chem. Ber., **87** (1954) 333.
L. J. Klinkenberg und *J. A. A. Ketelaar*, Rec. trav. chim., **54** (1935) 157.
R. H. Knipe, J. Chem. Phys., **23** (1955) 2089.
E. C. Kooyman, Rec. trav. chim., **66** (1947) 477.
E. C. Kooyman und *J. W. Heringa*, Nature, **170** (1952) 661.
E. C. Kooyman und *J. A. A. Ketelaar*, Rec. trav. chim., **65** (1946) 859.

E. C. Kooyman und *R. Louw*, Rec. trav. chim., **81** (1962) 365.
H. Kuhn, Helv. Chim. Acta., **31** (1948) 1441; **34** (1951) 1308; Angew. Chem., **71** (1959) 93.

A. Langseth und *B. P. Stoicheff*, Can. J. Phys., **34** (1956) 350.
E. N. Lassettre und *L. B. Dean*, J. Chem. Phys., **17** (1949) 317.
H. H. Lau, Angew. Chem., **73** (1961) 423.
J. E. Lennard-Jones, Adv. Sci., **51** (1954) 136.
J. E. Lennard-Jones und *C. A. Coulson*, Trans. Faraday Soc., **35** (1939) 811.
A. A. Levine und *A. G. Cole*, J. Am. Chem. Soc., **54** (1932) 338.
G. N. Lewis und *M. Calvin*, Chem. Revs., **25** (1939) 273.
W. Lichten, J. Chem. Phys., **22** (1954) 1278.
A. D. Liehr, J. Chem. Educ., **39** (1962) 135.
J. W. Linnett, Trans. Faraday Soc., **52** (1956) 904.
E. Lippert und *R. Mecke*, Z. Elektrochemie, **55** (1951) 366.
E. R. Lippincott, *R. C. Lord* und *R. S. McDonald*, J. Am. Chem. Soc., **73** (1951) 3370.
E. R. Lippincott und *R. D. Nelson*, Spectrochim. Acta, **10** (1958) 307.
W. N. Lipscomb, J. Chem. Phys., **22** (1954) 985, 989; J. Phys. Chemie **61** (1957) 23; Adv. Inorg. Chem. Radiochem., **1** (1959) 117.
W. N. Lipscomb et al., Acta Cryst., **14** (1961) 1100.
E. J. Little und *M. M. Jones*, J. Chem. Educ., **37** (1960) 231.
H. C. Longuet-Higgins, Proc. Phys. Soc. (London), **60** (1948) 270; Trans. Faraday Soc., **45** (1949a) 173; J. chim. phys., **46** (1949b) 275; J. Chem. Phys., **18** (1950) 275; Quart. Revs. (London), **11** (1958) 121.
H. C. Longuet-Higgins und *C. A. Coulson*, Trans. Faraday Soc., **42** (1946) 756; Trans. Faraday Soc., **43** (1947) 87.
K. Lonsdale, Proc. Roy. Soc. (London), **A 159** (1937) 149; **A 171** (1939) 541.
K. Lonsdale, Science Progress, **39** (1951) 209.
P.-O. Löwdin, J. Chem. Phys., **18** (1950) 365; Phys. Chem., **61** (1957) 55.
C. M. Lucht, J. Am. Chem. Soc., **73** (1951) 2373.

D. S. McClure, J. Chem. Phys., **20** (1952) 682.
A. Maccoll, Quart. Revs. (London), **1** (1947) 16; Nature, **163** (1949) 178; Trans. Faraday Soc., **46** (1950) 369.
A. O. McIntosh, *J. M. Robertson* und *V. Vand*, J. Chem. Soc., (1954) 1661.
D. McKean und *P. N. Schatz*, J. Chem. Phys., **24** (1956) 316.
E. L. Mackor, *A. Hofstra* und *J. H. van der Waals*, Trans. Faraday Soc., **54** (1958) 66, 186.
A. Magnus, Z. physik. Chem. (Frankfurt), **9** (1956) 141.
A. E. Martell und *M. Calvin*, Chemistry of the Metal Chelate Compounds, New York 1952.
F. A. Matsen, J. Chem. Phys., **24** (1956) 602.
R. Mecke, Trans. Faraday Soc., Discussions Nr. **9** (1950) 161.
H. Meerwein et al., J. prakt. Chemie (2) **147** (1937) 257; **154** (1939) 83.
B. M. Michailow, Izvest. Akad. Nauk. SSSR, Otdel. Khim. Nauk., (1960) 1379.
D. J. Millen, Progr. Stereochemistry, **1** (1962) 138.
W. H. Mills und *I. G. Nixon*, J. Chem. Soc., (1930) 2510.

S. Mizushima, Structure of Molecules and Internal Rotation, New York 1954.
S. Mizushima und *T. Shimanouchi*, Ann. Rev. Phys. Chem. **7** (1956) 445.
S. Mizushima et al., J. Chem. Phys., **21** (1953) 1411.
W. E. Moffitt, Proc. Roy. Soc. (London), **A 202** (1950) 534, 538; **A 210** (1951) 224, 245.
W. E. Moffitt, J. Am. Chem. Soc., **76** (1954) 3386.
W. E. Moffitt und *C. A. Coulson*, Trans. Faraday Soc., **44** (1948a) 81; Proc. Phys. Soc. (London), **60** (1948b) 309.
E. B. Moore, R. E. Dickerson und *W. N. Lipscomb*, J. Chem. Phys., **27** (1957) 209.
G. E. Moore, J. opt. Soc. Am., **43** (1953) 1045.
J. T. Mullhaupt und *D. F. Hornig*, J. Chem. Phys., **24** (1956) 169.
R. S. Mulliken, J. chim. phys., **46** (1949) 497, 675; J. Am. Chem. Soc., **72** (1950) 4493; Tetrahedron, **6** (1959) 68.

G. Natta, Makromolekulare Chemie, **16** (1955) 213.
R. D. Nelson, W. G. Fateley und *E. R. Lippincott*, J. Am. Chem. Soc., **78** (1956) 4870.
A. Neuhaus, Chem. Ing. Technik, **33** (1961) 220.
A. Neuhaus und *H. J. Meyer*, Angew. Chem., **69** (1957) 551.
T. Nozoe, Fortschr. Chem. org. Naturstoffe, **13** (1956) 232.

L. J. Oosterhoff, Trans. Faraday Soc., Discussions, Nr. 10 (1951) 79.
L. E. Orgel, J. Chem. Soc., (1952) 4756; J. Chem. Phys., **23** (1955) 1004, 1824, 1958; J. Inorg. Nucl. Chem., **2** (1956) 315.
L. Orgel, An introduction to transition-metal chemistry, New York 1960.
L. E. Orgel und *L. E. Sutton*, Proc. Symposium on Coordination Chemistry, Kopenhagen 1954, S. 17.
L. E. Orgel et al., Trans. Faraday Soc., **47** (1951) 113.
W. J. Orville-Thomas, J. Chem. Phys., **22** (1954) 1267.
M. T. O'Shaughnessy und *W. H. Rodebush*, J. Am. Chem. Soc., **62** (1940) 2906.

N. L. Paddock und *H. T. Searle*, Adv. Inorg. Chem. Radiochem., **1** (1959) 347.
C. L. van Panthaleon van Eck, Rec. trav. chim., **72** (1953) 50, 529.
R. Pariser und *R. G. Parr*, J. Chem. Phys., **21** (1953) 466.
R. G. Parr, J. Chem. Phys., **33** (1960) 1184.
R. G. Parr, D. P. Craig und *I. G. Roß*, J. Chem. Phys., **18** (1951) 1561.
R. G. Parr und *F. O. Ellison*, Ann. Rev. Phys. Chem., **6** (1955) 171.
L. Pauling, J. Chem. Phys., **1** (1933) 280; **4** (1936) 673, Proc. Natl. Acad. Sci. U.S., **25** (1939) 577; **35** (1949) 229; J. Phys. Chem., **58** (1954) 663.
L. Pauling, The Nature of the Chemical Bond, 2. Aufl., 2. Impr., Ithaca 1950.
L. Pauling und *L. O. Brockway*, J. Am. Chem. Soc., **59** (1937) 1223.
L. Pauling, L. O. Brockway und *J. Y. Beach*, J. Am. Chem. Soc., **57** (1935) 2705.
L. Pauling und *G. W. Wheland*, J. Chem. Phys., **1** (1933) 362.
P. L. Pauson, Chem. Revs., **55** (1955a) 9; Quart. Revs. (London), **9** (1955b) 391.
R. G. Pearson et al., Inorg. Chem., **2** (1963) 358.
W. B. Pearson, Nature, **190** (1961) 406.
W. G. Penney, Proc. Roy. Soc. (London), **A 158** (1937) 306.
W. B. Person, G. C. Pimentel und *K. S. Pitzer*, J. Am. Chem. Soc., **74** (1952) 3437.

S. W. Peterson und *H. A. Levy*, J. Chem. Phys., **19** (1951) 1416.
K. S. Pitzer, J. Am. Chem. Soc., **70** (1948) 2140; Trans Faraday Soc., Discussions, Nr. 10 (1951) 53; Quantum Chemistry, London 1953.
K. S. Pitzer und *J. E. Kilpatrick*, Chem. Revs., **39** (1946) 435.
J. R. Platt, J. Chem. Phys., **17** (1949) 484; et al., 470; J. Chem. Phys., **22** (1954a) 1033; **21** (1953) 1597; **22** (1954b) 1448.
H. Preuß, Naturwissenschaften, **47** (1960) 241.
H. O. Pritchard und *H. A. Skinner*, Chem. Revs., **55** (1955) 745.
A. Pullman, Bull. soc. chim. France, (1954) 595; Compt. rend., **253** (1962) 1210.
A. Pullmann und *B. Pullman*, J. chim. phys., **46** (1949) 212; Cancérisation par les substances chimiques, Paris 1955.
B. Pullman und *A. Pullman*, Les Théories Electroniques de la Chimie Organique, Paris 1952.

J. V. Quagliano und *L. Schubert*, Chem. Revs., **50** (1952) 201.

B. S. Rabinovitch und *D. W. Setser*, J. Am. Chem. Soc., **83** (1961) 750.
D. C. Reitz und *S. I. Weissman*, J. Chem. Phys., **27** (1957) 968.
R. E. Richards und *J. A. S. Smith*, Trans. Faraday Soc., **47** (1951) 1261.
M. A. Ring et al., Inorg. Chem., **1** (1962) 109.
J. M. Robertson, J. Chem. Soc., (1951) 1222.
J. M. Robertson, Organic Crystals and Molecules, Ithaca 1953.
J. M. Robertson und *J. G. White*, J. Chem. Soc., (1945) 607.
J. M. Robertson und *I. Woodward*, J. Chem. Soc., (1937) 219; (1940) 36.
J. M. Robertson et al., Acta Cryst., **3** (1950) 245; **15** (1962) 1.
J. D. Rogers und *D. Williams*, J. Chem. Phys., **34** (1961) 2195.
F. Rogowski, Z. Naturforsch., **17a** (1962) 933.
C. C. J. Roothaan, Rev. Modern Phys., **23** (1951) 69.
C. C. J. Roothaan und *R. G. Parr*, J. Chem. Phys., **17** (1949) 1001.
M. Roux und *R. Daudel*, Bull. soc. chim. France, **17** (1950) 1260.
E. Ruch und *E. O. Fischer*, Z. Naturforsch., **7b** (1952) 676.
K. Rüdenberg und *C. W. Scherr*, J. Chem. Phys., **21** (1953) 1565, 1583.
R. E. Rundle, Ann. Rev. Phys. Chem., **2** (1951) 235; J. Phys. Chem., **61** (1957) 45.
R. E. Rundle und *J. H. Goring*, J. Am. Chem. Soc., **72** (1950) 5337.

I. J. Salomon et al., J. Am. Chem. Soc., **82** (1960) 5640; J. Phys. Chem., **64** (1960) 168.
Y. Sasada und *I. Nitta*, Acta Cryst., **9** (1956) 205.
Y. Sasada, K. Osaki und *I. Nitta*, Acta Cryst., **7** (1954) 113.
O. Schmidt, Z. physik. Chem. (Leipzig), **B 39** (1938) 59; **B 42** (1939a) 83; **B 44** (1939a) 185; 194; **B 47** (1940) 1.
V. Schomaker und *D. P. Stevenson*, J. Am. Chem. Soc., **63** (1941) 37.
D. R. Schultz und *R. W. Parry*, J. Am. Chem. Soc., **80** (1958) 4.
G. M. Schwab und *A. Bäumel*, Z. physik. Chem. (Frankfurt), **10** (1957) 347.
E. S. Scott und *L. F. Audrieth*, J. Chem. Educ., **31** (1954) 173.
P. W. Selwood, Magnetochemistry, 2. Aufl., New York 1956.
W. Shand und *R. A. Spurr*, J. Am. Chem. Soc., **65** (1943) 179.
R. A. Shaw et al., Chem. Revs., **62** (1962) 247.

J. Sherman, J. Chem. Phys., **2** (1934) 488.
J. Sherman und *J. A. A. Ketelaar*, Physica, **6** (1939) 572.
N. V. Sidgwick und *H. M. Powell*, Proc. Roy. Soc. (London), **A 176** (1940) 153.
W. T. Simpson, J. Chem. Phys., **16** (1948) 1124.
F. L. J. Sixma, J. Chem. Phys., **19** (1951) 1209; Rec. trav. chim., **72** (1953a) 273; (1953b) 538, 543, 673; **73** (1954) 235, 243.
F. L. J. Sixma, H. Boer und *J. P. Wibaut*, Rec. trav. chim., **70** (1951) 1005.
F. L. J. Sixma und *J. P. Wibaut*, Rec. trav. chim., **69** (1950) 577; **71** (1952) 473.
D. W. Smith und *K. Hedberg*, J. Chem. Phys., **25** (1956) 1283.
J. W. Smith, Science Progress, **43** (1955) 660
Ch. P. Smyth, J. Phys. Chem., **59** (1955) 1121.
F. Sondheimer et al., Tetrahedron Letters **3** (1959) 3; J. Am. Chem. Soc., **81** (1959) 4755; **82** (1960) 755, 5765.
H. D. Springall, Research (London), **3** (1950) 260.
E. W. R. Steacie, Atomic and Free Radical Reactions, I und II, New York 1954.
G. M. Stewart und *H. Eyring*, J. Chem. Educ., **38** (1958) 550.
B. P. Stoicheff, Can. J. Phys., **32** (1954) 330.
F. G. A. Stone, Quart. Revs. (London), **9** (1955) 174.
Y. Syrkin, J. physik. Chem., UdSSR, **17** (1943) 347.
Y. Syrkin und *M. E. Dyatkina*, Structure of Molecules and the Chemical Bond, London 1950.
M. Szwarc, Chem. Revs., **47** (1950) 75; Quart. Revs. (London), **5** (1951) 22; Ann. Rev. Phys. Chem., **8** (1957) 439.
M. Szwarc und *M. G. Evans*, J. Chem. Phys., **18** (1950) 618.

R. W. Taft, J. Am. Chem. Soc., **79** (1957) 1045; J. Chem. Phys., **26** (1957) 93; J. Phys. Chem., **64** (1960) 1805.
E. E. van Tamelen und *S. P. Pappas*, J. Am. Chem. Soc., **84** (1962) 3789.
R. C. Taylor und *G. L. Vidale*, J. Am. Chem. Soc., **78** (1956) 5999.
W. Theilacker, Chem. Ber., **84** (1951) 204.
J. Thiec und *J. Wiemann*, Bull. soc, chim. France, (1956) 177.
C. H. Townes und *B. P. Dailey*, J. Chem. Phys., **17** (1949) 782.
C. H. Townes und *A. L. Schawlow*, Microwave Spectroscopy, New York 1955.
J. Trotter, Tetrahedron, **8** (1960) 13.
M. R. Truter, D. W. J. Cruikshank und *G. A. Jeffrey*, Acta Cryst., **73** (1960) 855.

C. Vroelant und *R. Daudel*, Bull. soc. chim. France, **16** (1949) 37, 217; Compt. rend., **228** (1949) 399.

H. Wahl, Bull. soc. chim. France., **15** (1948) 726.
C. Walling, Free Radicals in Solation, New York 1957.
A. D. Walsh, Trans. Faraday Soc., **43** (1947) 60.
W. A. Waters, The Chemistry of Free Radicals, Oxford 1948.
A. I. Watson und *F. A. Matsen*, J. Chem. Phys., **18** (1950) 1305.
S. I. Weissman und *J. S. Sowden*, J. Am. Chem. Soc., **75** (1953) 503.
R. H. Wentorf, J. Chem. Phys., **26** (1957) 956; **34** (1961) 809; J. Phys. Chem., **63** (1959) 1934.
B. M. Wepster, Rec. trav. chim., **75** (1956) 1473.

R. E. Weston, J. Chem. Phys., **26** (1957) 1248.
R. Westrik und *C. H. MacGillavry*, Rec. trav. chim., **60** (1941) 7941; Acta Cryst., **7** (1954) 764.
G. W. Wheland, J. Chem. Phys., **2** (1934) 474; **3** (1935) 356; J. Am. Chem. Soc., **63** (1941) 2025; **64** (1942) 900; J. Chem. Phys., **23** (1955) 79.
G. W. Wheland, Resonance in Organic Chemistry, New York 1955; s. a. The Theory of Resonance and its Applications to Organic Chemistry, New York 1945.
G. W. Wheland und *D. E. Mann*, J. Chem. Phys., **17** (1949) 264.
G. W. Wheland und *L. Pauling*, J. Am. Chem. Soc., **57** (1935) 2086.
J. P. Wibaut, Experientia, **5** (1949) 337; Bull. soc. chim. France, (1950) 998; J. chim. Phys., **53** (1956) 111; **54** (1956) 143; Festschrift A. Stoll, S. 227, Basel 1957; Chimia, **2** (1957) 298, 321; Adv. in Chemistry, Series **21** (1959) 153.
J. P. Wibaut und *F. P. K. de Jong*, Koninkl. Ned. Akad. Wetenschap. Proc., **B 59** (1956) 285.
J. B. Wibaut und *F. L. J. Sixma*, Rec. trav. chim., **73** (1954) 796.
J. P. Wibaut, F. L. J. Sixma, L. W. F. Kampschmidt und *H. Boer*, Rec. trav. chim. **69** (1950) 1355.
J. P. Wibaut, F. L. J. Sixma und *H. Lips*, Rec. trav. chim., **69** (1950) 1031.
M. Wilk, Z. Elektrochem., **64** (1960) 930.
G. Wilkinson und *J. M. Birmingham*, J. Am. Chem. Soc., **77** (1955) 3421.
G. Wilkinson, P. L. Pauson und *F. A. Cotton*, J. Am. Chem. Soc., **76** (1954) 1970, 4281.
R. B. Williams, J. Am. Chem. Soc., **64** (1942) 1395.
J. K. Wilmshurst, J. Chem. Educ., **39** (1962) 132.
E. B. Wilson, Adv. Chem. Phys., **2** (1959) 367.
E. B. Wilson und *R. M. Badger*, J. Chem. Phys., **16** (1948) 741.
A. Wilson und *D. F. Carroll*, J. Chem. Soc., (1960) 2548.
S. Winstein und *H. J. Lucas*, J. Am. Chem. Soc., **60** (1938) 836.

A. Yamaguchi et al., J. Chem. Phys., **31** (1959) 843.
M. Yamakawa et al., J. Am. Chem. Soc., **82** (1960) 5665.
W. F. Yates, J. Phys. Chem., **65** (1961) 185.

W. Zeil, Angew. Chem., **73** (1961) 751.
K. Ziegler et al., Angew. Chem., **67** (1955) 426.
K. Ziegler et al., Ann. Chem. **567** (1950) 72.

IV. Die metallische Bindung

Die charakteristischen Eigenschaften der Metalle sind ihre hohe elektrische und thermische Leitfähigkeit und ihr metallischer Glanz. Die letzte Eigenschaft ist eine direkte Folge der sehr starken Absorption von Licht aller Wellenlängen. Im Zustand feinster Verteilung sind die Metalle tatsächlich schwarz.

Diese metallischen Eigenschaften wurden früher der Anwesenheit freier Elektronen zugeschrieben. Die klassische Theorie dieses Elektronengases (*Drude-Lorentz*) führt jedoch zu Widersprüchen. Zum Beispiel wäre eine spezifische Wärme von $^3/_2\,R$ für dieses einatomige Gas zu erwarten, im Gegensatz zu der Beobachtung, daß die Regel von *Dulong* und *Petit* (nach der die spezifische Atomwärme etwa $^6/_2\,R$ ausmacht) sowohl für Leiter als auch für Nichtleiter gilt. Das berechnete Verhältnis von Wärmeleitfähigkeit zu elektrischer Leitfähigkeit (Wiedemann-Franz-Konstante) stimmte ebenfalls mit der Beobachtung nicht überein.

Da jedoch die Elektronen einen Spin $^1/_2\,h/2\pi$ besitzen, verhält sich dieses Gas ganz anders (Fermi-Dirac-Statistik) als ein System von Partikeln ohne Spin (Bose-Einstein-Statistik), wie es gewöhnliche Gasmoleküle darstellen.

Nach der Fermi-Dirac-Statistik kann jeder Zustand höchstens zwei Partikel mit entgegengesetztem Spin aufnehmen. Nach der Bose-Einstein-Statistik besteht ebenso wie in der klassischen Maxwell-Boltzmann-Statistik keine Begrenzung der Teilchenzahlen in einem gegebenen Zustand. In der klassischen Statistik wurden die Partikel im gleichen Zustande als voneinander unterscheidbar angenommen. Da sich diese Annahme in der Quantentheorie als unrichtig erwiesen hat, sind Partikel im gleichen Zustand nach der Bose-Einstein-Statistik ununterscheidbar. Die Vertauschung zweier Partikel in identischen Zuständen ist in der Quantenstatistik bedeutungslos, im Gegensatz zur klassischen Statistik. Wenn der Abstand zwischen den Energieniveaus groß ist gegenüber der thermischen Energie kT, werden nach der Fermi-Dirac-Statistik alle Niveaus – beginnend vom tiefsten – mit jeweils zwei Elektronen besetzt, so weit wie deren Zahl reicht. Die verbleibenden Niveaus bleiben unbesetzt. Nach der klassischen Statistik und ebenso nach der Bose-Einstein-Statistik würden natürlich alle Partikel bei sehr niedrigen Temperaturen den untersten Zustand besetzen. Bei hohen Temperaturen dagegen, bei denen der Abstand zwischen den Niveaus gegenüber der thermischen Energie kT relativ klein geworden ist, erfolgt eine Verteilung über zahlreiche Niveaus. Die Unterscheidung zwischen Fermi-Dirac-, Bose-Einstein- und Maxwell-Boltzmann-Statistik verschwindet dann, weil das Verbot der Besetzung eines Zustandes durch mehr als zwei Partikel unwirksam wird, da es bereits nach der klassischen Statistik äußerst unwahrscheinlich ist, daß ein Zustand dann durch mehr als zwei Teilchen besetzt wird. (Die Gesamtzahl der Niveaus ist sehr groß gegenüber der Zahl der Elektronen.)

Die Zahl der Partikel n_i, die im Zustand der Energie ε_i und vom statistischen Gewicht g_i (Zahl der Zustände i) in der wahrscheinlichsten Verteilung anwesend sind, wird durch die folgenden Formeln für die drei erwähnten Arten der Statistik*) gegeben:

Maxwell-Boltzmann (klassische Statistik):

$$n_i = \frac{g_i}{B\,e^{\varepsilon_i/kT}}$$

Fermi-Dirac [Partikel mit ungeradzahligem (halbintegralem) Spin]

$$n_i = \frac{g_i}{B\,e^{\varepsilon_i/kT} + 1}$$

Bose-Einstein [Partikel mit geradzahligem (integralem) Spin einschließlich Null]:

$$n_i = \frac{g_i}{B\,e^{\varepsilon_i/kT} - 1}$$

B ist eine Proportionalitätskonstante, die aus der Bedingung $\Sigma n_i = N$ zu bestimmen ist (N ist die Gesamtzahl der Partikel).

Wenn g_i, die Zahl der verfügbaren Zustände sehr groß ist gegenüber n_i, so daß $g_i/n_i = B e^{\varepsilon_i/kT} + a$ ($a = 0$ oder ± 1 für die drei oben erwähnten Fälle) groß gegen 1 ist, verschwindet der Unterschied zwischen den drei Formen, d.h., die klassische Statistik ist gültig. Das ist der Fall für die Translationsenergie von Gasen bei Temperaturen oberhalb 1 °K. In diesem Fall ist $B \cdot N = \sum_i g_i \cdot e^{-\varepsilon_i/kT} \equiv Z$ oder $B = Z/N$, mit Z als (molekularer) Verteilungsfunktion („Zustandssumme").

Für ein einatomiges Gas (nur Translationsenergie) gilt:

$$B = \frac{(2\pi m k T)^{3/2}}{h^3} \cdot \frac{V}{N}\,.$$

Wir sehen, daß B für Elektronen stets viel kleiner sein wird als für Atome, weil $m_e \ll m_H$ und weil außerdem die Partikeldichte N/V fast immer für Elektronen viel

*) Siehe auch Lehrbücher wie: *W. J. Moore*, Physical Chemistry, New York 1957; *S. Glasstone*, Theoretical Chemistry, New York 1944; *J. C. Slater*, Introduction to Chemical Physics, New York 1939; *E. A. Moelwyn-Hughes*, Physical Chemistry, Cambridge 1957; *H. Eyring, J. Walter* und *G. E. Kimball*, Quantum Chemistry, New York 1944.

größer ist als für Gase. Die klassischen statistischen Gesetze, wie das Gleichverteilungsgesetz, aus dem die oben erwähnte Atomwärme herleitbar ist, gelten nicht für Elektronen. Dies ist erst bei viel höheren Temperaturen der Fall. So entspricht eine Temperatur von 1 °K für Helium (1 at) einer Temperatur von 25200 °K für Elektronen ($V = 13{,}0\ cm^3$, Li bei 298 °K), beide mit $\varepsilon = kT$.

Obwohl die Theorie der Metalle und also auch die der metallischen Bindung im wesentlichen wellenmechanischer Natur ist, liefert die klassische Betrachtung trotzdem eine gute Näherung für die Gesamtbindungsenergie bei einem Aufbau aus positiven Ionen und Elektronen, d.h. für die Gitterenergie. Hierbei wird angenommen, daß die negative Ladung gleichförmig über den von einem regulären Gitter mit den positiven Ionen gebildeten Raum verteilt ist. Dieses Modell ergibt ziemlich gute Resultate, wenn wir es mit einem großen Abstand der Ionen im Vergleich zu ihrer Größe zu tun haben, wie im Lithium (Abstand 3,03 Å, $r^+ = 0{,}68$ Å). Die Formel für die Gitterenergie eines Metalls (*Wilson* 1936, 1953) ist der für die Energie des Ionengitters eng verwandt, und zwar:

$$U = -1{,}581 \frac{Ne^2}{r} \quad \text{(raumzentriertes Metall)},$$

$$U = -1{,}628 \frac{Ne^2}{r} \quad \text{(flächenzentriertes Metall)}.$$

Die Übereinstimmung zwischen berechneten und beobachteten Werten ist besser als erwartet (Tabelle 25).

Ein analoges Modell hat *Pitzer* (1962) auf die Lösungen der Alkalimetalle in den geschmolzenen Alkalihalogeniden angewandt. Neben den positiven Metallionen und den negativen Halogenidionen befinden sich in der Schmelze Elektronen, die sich ähnlich wie Anionen vom gleichen Radius wie die Halogenidionen betragen.

Bei den einwertigen Metallen kommen beide Gitter vor. Die Alkalimetalle haben raumzentriert kubische, die Metalle der Kupfergruppe flächenzentrierte Gitter.

Tabelle 25: Gitterenergie bei 0 °K (kcal/Grammatom)

	S	I_1	U			S	I_2	U beob.
			beob.	ber.				
Li	37,1	124,4	161,5	175	Be	78	634	720
Na	26,0	118,5	144,5	143	Mg	36	522	558
K	21,5	100,0	121,5	113	Ca	42	415	467
Rb	20,5	96,1	116,6	107,5	Sr	39	385	424
Cs	18,8	89,7	108,5	100	Ba	42	350	392
Cu	82	178,0	260	211	Zn	31,2	631	662
Ag	69	174,7	244	187	Cd	26,8	597	624
Au	91	212,8	304	187,5	Hg	14,5	674	689

Der experimentelle Wert der Gitterenergie U wird aus der Summe der Sublimationswärme S der Metalle und der Ionisationsenergie I des Atoms gefunden: $U = S + I$.

37. Elektronen im Metall

Eine einfache Behandlung des wellenmechanischen Modells (*Sommerfeld*) ist jedoch wichtiger. Die Elektronen sind in einem Stück Metall gewissermaßen in einem Potentialkasten mit reflektierenden Wänden eingeschlossen. Tatsächlich können sie das Metall nicht verlassen, weil hierfür eine hohe Anregung (Austrittsarbeit, photoelektrische Energieschwelle) notwendig ist. Wir wollen nun spezieller einen eindimensionalen Streifen des Metalls der Länge l betrachten. Hier sind die Elektronen wie in einem Flußbett auf beiden Seiten eingeschlossen. Die möglichen stationären Energiezustände gibt Bild 24 wieder. Die stationäre Wellenbewegung muß an den Außenseiten stets Knoten haben, da die Wellenfunktion außerhalb des Potentialkastens Null sein muß (die Wahrscheinlichkeit, ein Elektron außerhalb zu finden, ist Null, da es infolge der hohen Potentialwände nicht aus dem Kasten heraus kann). Die Wellenlängen der stationären Zustände sind $2\,l/1,\ 2\,l/2 \ldots 2\,l/k;\ k = 1, 2, 3 \ldots$ Die Energie des jeweiligen Zustandes beträgt $W = V_0 + \frac{h^2}{m}\frac{1}{\lambda^2} = V_0 + \frac{h^2 k^2}{8\,m\,l^2}$; das erste Glied entspricht der potentiellen Energie auf dem Grunde des Kastens, das zweite der kinetischen Energie $\frac{1}{2}\,m v^2 = \frac{h^2}{2\,m}\,\frac{1}{\lambda^2}$, da $\lambda = h/mv$ (de-Broglie-Beziehung, Abschn. 18).

Jeder Zustand kann durch zwei Elektronen mit entgegengesetztem Spin besetzt werden. Wenn sich in dem Metallstreifen n Atome mit insgesamt n Leitfähigkeitselektronen befinden (Alkalimetalle, Kupfergruppe), dann werden $n/2$ Niveaus besetzt. Die Energie ist eine quadratische Funktion der Wellenzahl $1/\lambda$. Diese Beziehung wird durch die Hälfte einer Parabel wiedergegeben, vgl. Bild 25, rechte Hälfte. Das Bild des Elektrons in einem Kasten ist auch in anderer Hinsicht für den Einblick in die chemische Bindung wichtig.

Wir wollen uns unmittelbar neben dem Kasten im Bild 24 einen ähnlichen Kasten vorstellen. In beiden sollen die niedrigsten Niveaus zwei Elektronen enthalten, während die anderen unbesetzt seien.

Wenn wir die Trennwand zwischen den beiden Kästen entfernen und die vier Elektronen in dem auf das Doppelte verlängerten Kasten unterbringen, ist ein neues Niveau $k' = 1$ entstanden, das tiefer liegt als die Niveaus $k = 1$ der ursprünglichen beiden Kästen, die nun der Zustand $k' = 2$ in dem vergrößerten Kasten geworden sind mit $l' = 2\,l$. Die Gesamtenergie für die vier Elektronen – vorher $4\left(V_0 + \frac{h^2}{8ml^2}\right)$ – ist jetzt:

$$2\left(V_0 + \frac{h^2}{32ml^2}\right) + 2\left(V_0 + \frac{4h^2}{32ml^2}\right) = 4V_0 + \frac{5}{2}\,\frac{h^2}{8ml^2}.$$

Die kinetische Energie liegt also jetzt um $\frac{3}{2}\,\frac{h^2}{8ml^2}$ niedriger.

Diese Senkung der Energie bei einer Vergößerung des Raumes, in dem sich die Elektronen bewegen können, ist genau das, was wir auch beim Übergang von einer einzigen isolierten Kekulé-Konfiguration, in der jedes

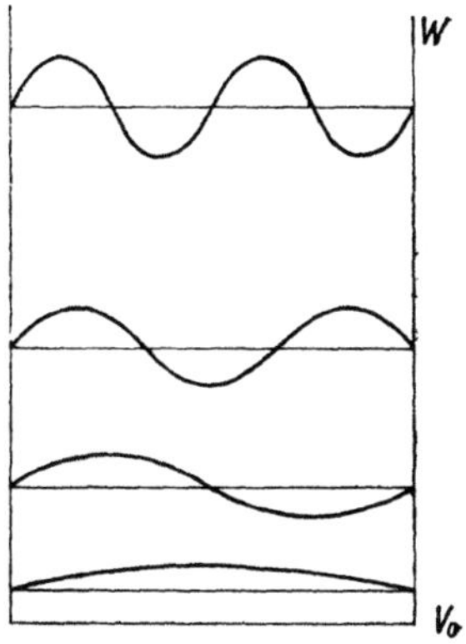

Bild 24. Energieniveaus und Wellenfunktionen für ein Elektron in einem Kasten

π-Elektronenpaar auf eine C=C-Bindung beschränkt ist, zum Benzol feststellten, in dem nunmehr eine ringförmige Potentialrinne der doppelten Länge für die sechs π-Elektronen zusammen verfügbar ist. Dieses Bild für die Stabilität des Benzols als Folge der „Vergrößerungs"- oder „Delokalisations"-Energie ist ganz anders als der Resonanzbegriff. Trotzdem sind beide verwandt, und während die Resonanzvorstellung eng mit der Valenzstrukturmethode (VB-Methode) korrespondiert, entspricht das oben skizzierte Bild eher der Molecular-orbital-Methode (Abschn. 36).

In dem Beispiel des Potentialkastens ist die Energiesenkung ausschließlich auf den Abfall der kinetischen Energie zurückzuführen. Bei der Bildung von Molekülen wie H_2^+ und H_2 stellt die Senkung der potentiellen Energie den entscheidenden Faktor dar; die kinetische Energie steigt sogar an, wie es durch das Virial-Theorem gefordert wird (Seite 125).

Das gleiche Metallmodell ist von *O. Schmidt*, *H. Kuhn* u.a. für die Berechnung der Lichtabsorption gefärbter Substanzen angewandt worden (Seite 247).

An Stelle der obigen „intuitiven" Lösung kann das Ergebnis auch aus der Schrödinger-Gleichung abgeleitet werden.

Es wurde auf Seite 111 bewiesen, daß $\psi = A \sin 2\pi\, x/\lambda$ (bzw. mit dem entsprechenden cos) eine Lösung dieser Gleichung für $V = \text{const} = V_0$ darstellt, mit $\left(\frac{2\pi}{\lambda}\right)^2 = \frac{8\pi^2 m}{h^2}(W - V_0)$, in dem W die Gesamtenergie bedeutet.
Die vollständige Lösung ist jedoch:

$$\psi = A \sin 2\pi \frac{x}{\lambda} + B \cos 2\pi \frac{x}{\lambda} \quad \text{oder} \quad = A' \cos\left(2\pi \frac{x}{\lambda} + \delta\right).$$

Es ist also jeder Wert von W (vorausgesetzt, daß $W > V_0$) und deshalb auch von λ möglich, d.h., die Translationsenergie eines freien Elektrons ist nicht gequantelt. Für das Elektron im Kasten sind jedoch Randbedingungen zu erfüllen:

$$(1)\ \psi = 0 \text{ für } x = 0 \quad \text{und} \quad (2)\ \psi = 0 \text{ für } x = l.$$

Man erhält dadurch ein Eigenwertproblem, da nur einige wenige Werte von W Eigenwerte sind, für die entsprechende Eigenfunktionen ψ existieren, welche die Gleichung und die Randbedingungen erfüllen.
Die erwähnten Bedingungen liefern: (1) $B = 0$; (2) $2\pi/\lambda = \pi k/l$, wobei k eine ganze Zahl sein muß mit Ausnahme von Null, da sonst ψ überall Null würde, was physikalisch sinnlos ist. Wir erhalten also $\psi = A \sin \pi\, k x/l$, wie in Bild 24 und

$$W = V_0 + \frac{h^2 k^2}{8 m l^2} \quad (k \text{ ganzzahlig aber} \neq 0)\,.$$

Außer durch direkte Ableitung aus der de-Broglie-Beziehung wie oben geschehen, kann W auch nach der allgemeinen Methode auf Seite 118 berechnet werden.

Die Quantelung tritt in diesem Problem wieder auf. Sie resultiert direkt aus den Randbedingungen, ohne daß *ad hoc*-Hypothesen notwendig wären wie in der Bohrschen Theorie. Weiterhin erhält die Existenz einer Nullpunktenergie ihre natürliche Basis: Es ist keine Lösung möglich, welche die Randbedingungen erfüllt und in der die Energie gleich V_0 auf dem Boden des Kastens ist.
Die Tiefe des Kastens V_0 läßt sich berechnen oder aus den auf Seite 111 erwähnten Experimenten ermitteln, indem die Brechung der Elektronenstrahlen bestimmt wird. Der Kasten ist tatsächlich tief, in einem Beispiel 10 eV/Mol = 230 kcal/Mol, was im Vergleich zur thermischen Energie RT = 0,6 kcal/Mol sehr groß ist.
Die Energie W_i des höchsten gefüllten Zustandes über dem Grund des Kastens wird auch als „Oberfläche des Fermi-Sees“ bezeichnet.
Es ist interessant festzustellen, daß die minimale Elektronenwellenlänge, die dieser maximalen Energie entspricht, von der Größenordnung der Atomabstände ist.

Für einen eindimensionalen Streifen eines Metalls der Länge $l = 1$ cm und den Atomen im Abstand von 3,0 Å (Lithium) erhalten wir $n = 0{,}33 \cdot 10^8$ Atome und die gleiche Zahl freier Elektronen. Diese n Elektronen besetzen $n/2$ Niveaus. Der höchste Zustand entspricht also $k = {}^1\!/_2\, n = 0{,}165 \cdot 10^8$ (bzw. $\lambda_{\text{min}} = 12$ Å), und für

die Energie läßt sich errechnen $W_{max} = V_0 + W_i = V_0 + 1{,}65 \cdot 10^{-12}$ erg/Atom bzw. $= V_0 + 1{,}0$ eV. W_i beträgt in diesem Beispiel also 1,0 eV.
Die allgemeine Formel für W_i im eindimensionalen Fall ist

$$W_i = \frac{h^2}{8m}\left(\frac{n}{2l}\right)^2.$$

Die Formel für die höchste Fermi-Energie je Atom in einem dreidimensionalen Kasten ist:

$$W_i = \frac{h^2}{8m}\left(\frac{3N}{\pi V}\right)^{2/3}$$

in der V das Atomvolumen bedeutet.
Für ein einfaches kubisches Gitter mit zwischenatomaren Abständen a erhalten wir $1/a = n/l = (N/V)^{1/3}$. Beide Ausdrücke unterscheiden sich also nur im Zahlenfaktor. Werte für W_i enthält Tabelle 26.

Die Energie zur Anhebung eines Elektrons aus dem höchsten gefüllten Zustand auf den Rand der Potentialmulde ist $|V_0| - W_i$. Diese Energie stimmt mit der photoelektrischen Schwellenenergie eines Metalls überein.
Die gleiche Energie – nun Austrittsarbeit Φ genannt – tritt in der Formel für die thermische Elektronenemission aus Metallen auf (Glühelektronenstrom $i \sim e^{-\Phi/kT}$), wie sie in geheizten Filamenten (direkt beheizten Kathoden) von Radioröhren vorkommt (Glühelektronenemission). Die mittlere thermische Energie der Elektronen ist noch sehr klein, aber man

Tabelle 26: Fermi-Energie und Austrittsarbeit

Wertigkeit	W_i ber. (eV)	$-V_0$ ber. (eV)	$(\lvert V_0\rvert - W_i)$ beob. (eV) photoelektr. Emission	thermische Emission	$\lvert V_0\rvert$*) $= U + {}^3/_5 NW_i$ (eV)
Li 1	4,72	6,9	2,2	–	9,86
Na 1	3,12	5,0	1,9	–	7,91
K 1	2,14	3,9	1,8	–	654
Cu 1	7,04	11,1	4,1	4,3	15,45
Ag 1	5,51	10,2	4,7	4,1	13,83
Ca 2	4,67	7,9	3,2	3,0	–
Al 3	11,7	14,7	3,0	–	–

*) Die *mittlere* Fermi-Energie je Elektron ist $\overline{W} = 3/5\ W_i$ (gesamte Fermi-Energie: $3/5\ NW_i$), und die Größe $|V_0| - \overline{W}$ ist die (durchschnittliche) Bindungsenergie eines Elektrons. Diese wäre gleich der Gitterenergie U (Seite 301, vgl. die Beziehung zwischen dem Potential eines negativen Ions und der Coulomb-Energie eines Ionengitters, Seite 31), wenn wir den Anteil der Abstoßungsenergie, die van-der-Waals-Anziehungsenergie der Kerne, die Austauschenergie der Elektronen usw. vernachlässigen würden.

muß bei diesem Phänomen berücksichtigen, daß nur die seltenen Elektronen mit einer kinetischen Energie gleich $\Phi = |V_0| - W_i$ das Metall verlassen können. In Tabelle 26 haben wir die experimentellen Werte von Φ benützt, um V_0 zu berechnen, das nur sehr schwer direkt bestimmt werden kann.

Die Pauli-Sommerfeld-Theorie der Metalle ist eine Erweiterung dieses einfachen wellenmechanischen Bildes auf drei Dimensionen. Es erlaubt uns bereits, einige Eigenschaften ziemlich gut zu berechnen.

Die Elektronen in einem realen Metall verhalten sich auch so, als ob sie in einem Potentialkasten wären, in dem der Wert für den Abstand zwischen dem höchsten Niveau und dem Rand der Energiemulde wiederum gleich der Energie des Lichtquants für die Schwellenwellenlänge im photoelektrischen Effekt ist, wo aber der Boden des Potentialkastens nicht eben ist.

Das Potential in einem Metallgitter ist nicht konstant, sondern ändert sich natürlich mit der Periode des Gitters.

Wie unmittelbar plausibel ist, zeigt sich, daß nur der Durchschnittswert des periodischen Potentials (ebenso wie das obige konstante Potential V_0) von Einfluß ist, solange keine Phasenbeziehung zwischen der Elektronenwelle und dem periodischen Störungspotential besteht. Das wird jedoch anders, wenn eine solche Beziehung zufällig besteht, d.h. für diejenigen Wellen mit Wellenlängen, die ein rationaler Bruch der Gitterperiode in der Fortpflanzungsrichtung sind. Diese starke Beeinflussung der Elektronenbewegung durch das periodische Gitterpotential tritt jedesmal auf für $\lambda = 2\,a/m$ bzw. $2/\lambda = m/a$, wobei m eine ganze Zahl und a den Gitterabstand darstellt. Die Energiezustände im ungestörten Falle des Potentialkastens mit ebenem Boden wären doppelt entartet: Tatsächlich gäbe es stets zwei gleiche Energiewerte für $1/\lambda$ positiv oder negativ. Diese Entartung wird durch die Störung beseitigt, und es entstehen zwei Niveaus, von denen das eine höher und das andere tiefer liegt als die Niveaus im ungestörten Problem.

Das ist völlig analog dem Verschwinden der doppelten Entartung im H_2^+- und im H_2-Problem (Seite 120ff.) bei Annäherung der beiden Kerne. Der Verlauf der W·$1/\lambda$-Kurve entspricht jetzt der ausgezogenen Linie in Bild 25. Es zeigen sich jetzt verbotene Zonen von Energiewerten.

Die Existenz dieser „Bänder" erlaubter und verbotener Energiewerte ist nun für die Erklärung der metallischen Eigenschaften und der Bildung intermetallischer Verbindungen äußerst wichtig.

Wir können die Richtigkeit der oben erhaltenen Ergebnisse sehr leicht zeigen. Die Lösung der Wellengleichung für V = const. war:

$$\psi = A \sin 2\pi \frac{x}{\lambda}\,.$$

Das aktuelle periodische Gitterpotential läßt sich nun schreiben in der Form

$$V = V_0 + V_1 \cos 2\pi \frac{x}{a} + V_2 \cos 2\pi \cdot 2 \frac{x}{a} + \ldots$$

bzw. das Störungspotential

$$V' = \sum_{m=1}^{m=\infty} V_m \cos 2\pi m \frac{x}{a}.$$

Das Gitterpotential wird hier in einer sog. Fourier-Reihe entwickelt, in der m eine ganze Zahl, a die Gitterperiode und V_m der Amplitudenkoeffizient des Gliedes mit der Periode a/m darstellt.
Die Energie wird $W = W_0 + W'$, mit W_0 als ungestörter Energie für $V = V_0 =$ const. und W' als Störung.

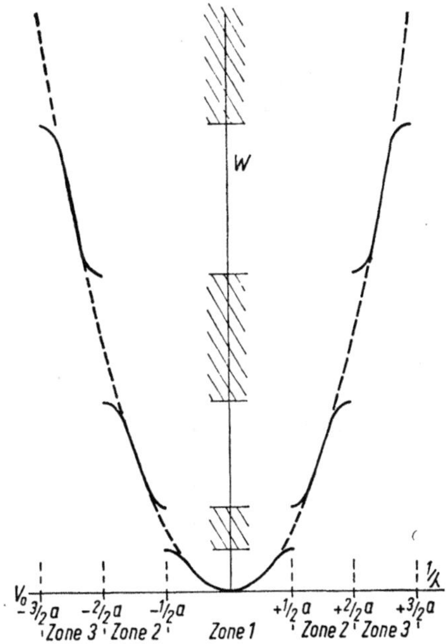

Bild 25. Energie $W = V_0 + W_i$ als Funktion der reziproken Wellenlänge. – – – – in einem konstanten Potentialfeld; ——— im periodischen Potentialfeld eines Gitters mit der Periode a. Diskontinuitäten bei $1/\lambda = \pm m/2a$. Die verbotenen Zonen sind schraffiert gezeichnet

Die Störung (erster Ordnung) W' ist nun nach der wellenmechanischen Störungsrechnung*) (Seite 261)

$$W' = \int_0^l V' \psi^2 \, d\,x \qquad (\psi \text{ ist reell}).$$

*) Dies stellt keine exakte Ableitung dar, da tatsächlich die Entartung berücksichtigt werden muß, siehe Literatur über Quantenmechanik (Seite 20).

Nach Substitution erhalten wir

$$W' = A^2 \, \Sigma \, V_m \int_0^l \sin^2 2\pi \frac{x}{\lambda} \cdot \cos 2\pi m \frac{x}{a} \cdot dx \, .$$

Der Ausdruck unter dem Integralzeichen läßt sich durch den Übergang auf doppelte Winkel umformen in

$$\left(\frac{1}{2} - \frac{1}{2}\cos 4\pi \frac{x}{\lambda}\right) \cos 2\pi \frac{m x}{a} \, ,$$

und dann in

$$\frac{1}{2}\cos 2\pi \frac{m x}{a} - \frac{1}{4}\left[\cos 2\pi x \left(\frac{2}{\lambda} + \frac{m}{a}\right) + \cos 2\pi x \left(\frac{2}{\lambda} - \frac{m}{a}\right)\right] .$$

Die Integration über eine ungeradzahlige Potenz vom Sinus oder Cosinus und ein Integrationsgebiet, das gegenüber der Periode groß ist ($l \gg a$) ergibt stets Null; tatsächlich ist die Funktion in diesem Gebiet ebenso oft negativ wie positiv. Die Störung W' ist deshalb im allgemeinen ebenfalls Null, ausgenommen natürlich für die Fälle, in denen das Argument des Cosinus Null ist, weil $\cos 0 = 1$. Die Integration liefert also nur dann eine von Null verschiedene Störung, wenn die folgenden Bedingungen erfüllt sind:

$$\frac{2}{\lambda} + \frac{m}{a} = 0 \quad \text{oder} \quad \frac{2}{\lambda} - \frac{m}{a} = 0 \quad \text{oder} \quad \lambda = \pm 2 \frac{a}{m} \, .$$

Ob die Störung für einen speziellen Wert von m bedeutend und ob folglich die Aufspaltung und die Breite der verbotenen Zone ebenfalls groß ist, wird durch die Größe der Amplitude V_m in der Ausbreitung des Potentials bestimmt.
An der Störungsstelle, charakterisiert durch die Zahl m, beträgt die Energie $W = W_0 \pm V_m$, und die Breite der verbotenen Zone ist deshalb $2\,V_m$.

Eine ähnliche Ableitung liefert eine ähnliche Bedingung für das dreidimensionale Problem, in dem $1/\lambda$ und m/a jetzt Vektoren im reziproken Raume sind, wie er in der Kristallographie wohlbekannt ist (*Bijvoet, Kolkmeyer* und *MacGillavry* 1951; *Buerger* 1942, 1956).
An Stelle von $2/\lambda = \pm\, m/a$ erhalten wir jetzt für einen kubischen Kristall:

$$\frac{2 \sin \theta}{\lambda} = \frac{\sqrt{h^2 + k^2 + l^2}}{a} \, . \qquad (1)$$

Diese Bedingung ist jedoch mit dem Braggschen Gesetz identisch:

$$2 d \sin \theta = \lambda \, , \quad \text{da} \quad d = \frac{a}{\sqrt{h^2 + k^2 + l^2}} \, .$$

Das ist nicht so verwunderlich, wie es erscheinen mag. Tatsächlich ist das Braggsche Gesetz, das die Reflexion von Röntgenstrahlen wiedergibt, ebenso für Elektronenstrahlen der gleichen Wellenlänge λ gültig.

Ein verbotener Energiezustand, d.h eine nach Richtung und Wellenlänge definierte Elektronenwelle, die durch ein Gitter gestört wird, bezeichnet eine Elektronenwelle, die beim Eindringen von der Außenseite vom Gitter reflektiert wird.
Die Beugungsrichtung von Röntgenstrahlen gibt also eine direkte Information über die Energiezonen; die Intensität der Reflexionen weist gleichermaßen auf die Breite der verbotenen Zone hin, d.h. auf V_m.
In Bild 25 sind die Störstellen auf der $1/\lambda$-Achse angegeben. Die Reichweiten der verbotenen Energiewerte sind in den schraffierten Anteilen der verbotenen Zonen zu finden. Die erste erlaubte Zone $m = 1$ besitzt eine Weite von $1/a$ cm^{-1}.

Es bleibt die Frage nach der Zahl der Zustände in der ersten Zone. In dieser Zone geht $1/\lambda$ von dem Minimalwert, der durch die Randbedingungen $\lambda_{\max} = 2\,l = 2\,Na$ (wenn wir N Atome mit einem Abstand a betrachten) bestimmt ist, bis zu $1/\lambda = {}^1/_2 a$, der Zonengrenze.
Nun ist $1/\lambda = k/2\,Na$, in dem k positiv und ganzzahlig sein muß und offensichtlich von 1 bis N geht. Dies entspricht der rechten Hälfte in Bild 25. Es gibt deshalb für N Atome N Zustände in der ersten Zone. Dieses Ergebnis gilt allgemein, also auch für drei Dimensionen. Negative Werte für k haben keine physikalische Bedeutung, da hierdurch nur das Vorzeichen der Wellenfunktion verändert wird.
Wir haben bisher ein großes, aber endliches Stück des Metalls betrachtet und die für diesen Fall gültigen Randbedingungen benützt. Für eine allgemeine und genauere Behandlung, speziell der Leitfähigkeit, ist es jedoch einfacher und üblicher, ein unendlich großes Stück des Metalls zu betrachten, oder noch besser Teile davon der Länge $L = Na$, die alle die gleichen Eigenschaften haben, z.B. in einem Ring angeordnet sind. Die Wellenfunktion muß dann in der großen Periode L periodisch sein. Das liefert dann die Bedingungen $\lambda_{\max} = L = Na$ bzw. $1/\lambda = k/L = k/Na$, aber wir betrachten jetzt sowohl negative als auch positive Werte von $1/\lambda$ bzw. k, wie bereits in Bild 25 eingezeichnet, da jetzt keine stationären, sondern fortschreitende Wellen vorliegen.
Die erste Zone geht jetzt von $1/\lambda = -{}^1/_2 a$ bis $1/\lambda = {}^1/_2 a$ und k durchläuft die Werte $-{}^1/_2 N, -{}^1/_2 N + 1, \ldots {}^1/_2 N - 1, +{}^1/_2 N$ (mit Ausschluß von 0), d.h., k kann N Werte annehmen, also einen Wert je Atom. Nach beiden Methoden gibt es also ein Niveau je Atom in der ersten erlaubten Bande, in dem zwei Elektronen mit entgegengesetztem Spin untergebracht werden können. Es ist klar, daß die Art der beiden im wesentlichen gleichen Randbedingungen keinen wesentlichen Einfluß auf das Ergebnis haben.

In einem Streifen eines einwertigen Elements ist deshalb nur die Hälfte der Zustände besetzt, und es ist deshalb ein Leiter (Seite 312). Für ein zweiwertiges Element ergibt sich jedoch ein völlig gefülltes Band, und dieses Element ist ein Isolator, es entspricht einem linearen Molekül M–M–M–M mit Elektronenpaarbindungen.
Dieser letzte Fall ist in den Elementen Schwefel, Selen und Tellur realisiert. Auf der anderen Seite entspricht den Metallen des ersten Falles ein lineares unendliches Polyen –C=C–C=C– mit einem π-Elektron je

Atom. Der erste Fall ist auch in der linearen Kette von Carbocyanin-farbstoffen (Seite 247) und in den Ringen des Benzols und anderer Acene mit jeweils einem π-Elektron je Atom (Seite 270) verwirklicht.
Da $1/\lambda = k/L$ gilt, können wir auch einen Zentimeter des Metalles betrachten und sagen, daß es je Einheitsschritt (in cm^{-1}) in der reziproken Skala von $1/\lambda$ einen Zustand gibt. Die Dichte der Zustände in dem reziproken Raum ist deshalb 1. Je Einheit können also zwei Elektronen unter Berücksichtigung des Elektronenspins untergebracht werden.
Im reziproken dreidimensionalen Raum anstatt Linienabschnitten werden die Zonen geometrische Körper, die durch ganzzahlige Werte von h, k und l anstatt durch m bestimmt sind. Diese Körper sind Polyeder (Brillouin-Zonen) im reziproken Gitter von der gleichen Art wie die Kristallflächen im gewöhnlichen Raum, die dem gleichen hkl entsprechen (z.B. ist im kubischen System 100 die Würfelfläche, 111 die Oktaederfläche usw.).
Für ein einfaches kubisches Metall wird die erste Zone gegeben durch $hkl = 100$ (bzw. äquivalente Werte 010, 001, $\bar{1}00$, $0\bar{1}0$ und $00\bar{1}$). Im reziproken Gitter ist 100 der Punkt auf der (reziproken) x-Achse in einem Abstand von $1/a$ vom Ursprung. Die Brillouin-Zone stellt sich jetzt dar als der Ort der allgemeinen Bedingungen (1) (Bild 26a, gezeichnet für 110):

$$(2\sin\theta)/\lambda - \sqrt{h^2 + k^2 + l^2}/a = 0;$$

Der spezielle Fall ist hier:

$$(2\sin\theta)/\lambda - 1/a = 0.$$

Es entsteht so eine senkrecht zur x-Achse stehende Ebene in einem Abstand von $^1/_2\, a$ vom Koordinatenursprung.
Die sechs äquivalenten Punkte 100 liefern sechs Ebenen, die einen Würfel der Seitenlänge $1/a$ und vom Volumen $(1/a)^3$ umschließen. Die Dichte der Zustände ist 1 je (reziprokes) Einheitsvolumen. Dieser Würfel schließt also $(1/a)^3$ Zustände ein. Ein Kristall mit den Dimensionen $1 \cdot 1 \cdot 1$ cm und einem einfachen kubischen Gitter enthält $(1/a)^3$ Atome, so daß hier ebenfalls in dieser Zone je Atom ein Zustand verfügbar bzw. Platz für zwei Elektronen ist. Wenn, wie z.B. im Kupfer, die Reflexion von den oktaedrischen Flächen 111 die erste starke Röntgenstrahlenreflexion ist, dann bedeutet dies, daß ein Oktaeder im reziproken Gitter die Zustände unterhalb der ersten verbotenen Hauptzone der Energie umschließt (Bild 26b). Die Ecken des Oktaeders werden durch die Ebenen des Würfels abgeschnitten, der die nächste Hauptzone 200 bildet (Bild 26c).
Die Oberfläche von Zuständen gleicher Energie bleibt bei steigender Energie angenähert sphärisch, bis die einbeschriebene Kugel erreicht ist.

Um die Zahl der Zustände in einer Zone bis zu einer praktisch gleichen maximalen Energie zu finden, zeichnen wir die einbeschriebene Kugel im reziproken Raum, in diesem Falle die in das Oktaeder einbeschriebene Kugel (Bild 27).

Das Volumen dieser Kugel ist $\frac{4}{3}\pi\left(\frac{1}{2a}\sqrt{3}\right)^3 = \frac{2{,}72}{a^3}$. Bei zwei Elektronen je Zustand kann deshalb die doppelte Anzahl der Elektronen, also $5{,}44/a^3$, untergebracht werden. In einem flächenzentrierten Gitter

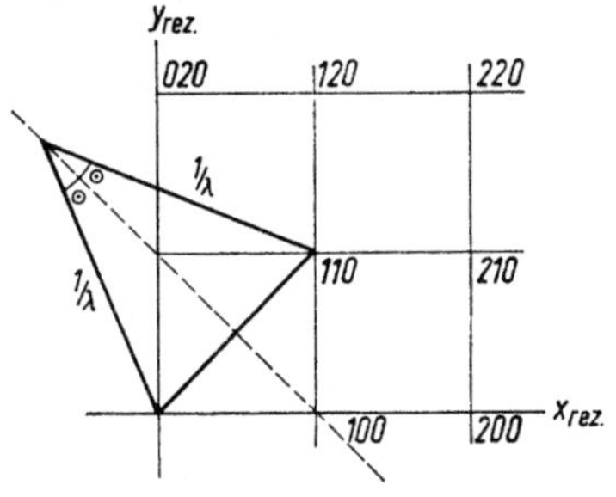

26a

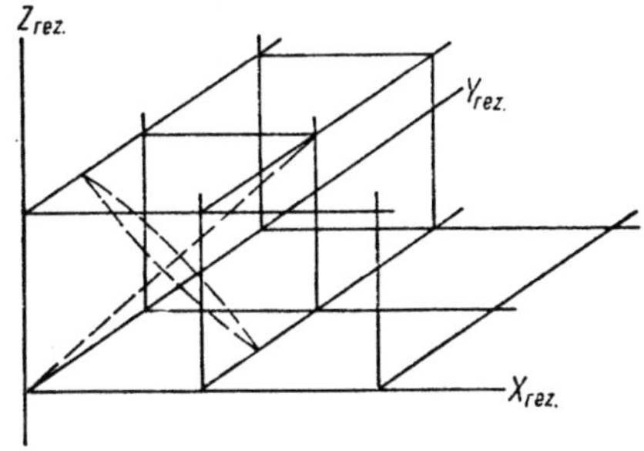

26b

Bild 26a. Konstruktion der Brillouin-Zone 110 als Ort (- - - -) von $(2 \sin \theta)/\lambda = \sqrt{2}/a$

Bild 26b. Reziprokes Gitter mit einer Ebene der 111-Brillouin-Zone (Oktaeder) - - - -

Bild 26c. Durch 200-Zone gestutztes Oktaeder 111

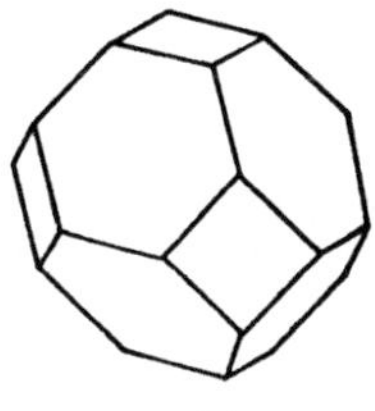

26c

wie im Kupfer, sind vier Atome je Elementarzelle vom Volumen a^3 und bei einem einwertigen Metall ebenfalls vier Elektronen vorhanden. Es befinden sich also $4/a^3$ Atome und Elektronen im cm^3 des Metalls. Es sind deshalb nur $4/5{,}44$ der Zustände besetzt, mit anderen Worten sind $5{,}44/4 = 1{,}36$ Elektronen je Atom in dieser Zone möglich. Wie wir noch sehen

Bild 27. Zahl N (E) von Zuständen in einer Zone mit einer Energie zwischen E und $E + dE$ als Funktion von E. Der schraffierte Teil bezeichnet die Gesamtzahl der Zustände innerhalb der einbeschriebenen Kugel der Zone

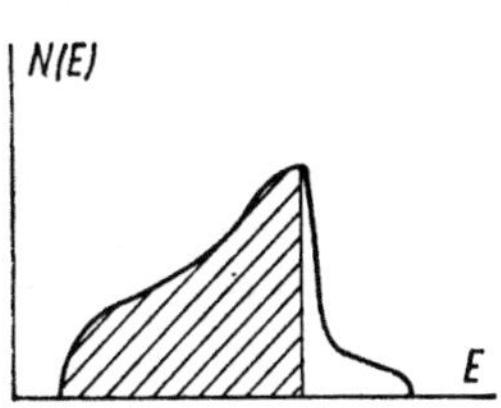

werden, bedeutet dies, daß wir beim Ersatz von Kupferatomen durch Zinkatome, deren jedes zwei Elektronen je Atom mitbringt, bis zu 36 % Zink gehen können, da dann gerade $\frac{0{,}36 \cdot 2 + 0{,}64}{1} = 1{,}36$ Elektronen je Atom erreicht werden.

Natürlich können anstatt 36 % nur 18 % eines Elements wie Aluminium, das drei Elektronen je Atom mitbringt, im Kupfer gelöst werden (Seite 325).

Die Brillouin-Zonen spielen auch eine wichtige Rolle bei den intermetallischen Verbindungen (Seite 325). Zum Beispiel ist bei der (kubischen) Legierung γ-Messing die zusammenfallende Reflexion 330 und 411 im Röntgenstrahldiagramm außerordentlich stark. Die von diesen Polyedern im reziproken Raum eingeschriebene Kugel hat einen Radius von $\frac{1}{2a}\sqrt{18}$, die Dichte im reziproken Raum ist 2, und $80/a^3$ Elektronen können bei ihm je cm^3 Metall untergebracht werden. Die kubische Elementarzelle des γ-Messings enthält 52 Atome bzw. $52/a^3$ je cm^3, so daß $80/52 = 1{,}54$ Elektronen je Atom möglich sind, während die Zusammensetzung Cu_5Zn_8 (s. u.) $21/13 = 1{,}62$ entspricht.

Die in den Ecken des Polyeders außerhalb der eingeschriebenen Kugel gelegenen Zustände müssen auch berücksichtigt werden, wie auch zu erwarten ist; das aktuelle Volumen des Polyeders entspricht $90/52 = 1{,}73$ Elektronen je Atom. Im Hinblick auf den Verlauf der Kurve $N(E)$ gegen E (Bild 27) in der Nähe der Begrenzung repräsentieren die letzten wenigen zusätzlichen Elektronen einen beträchtlichen Anstieg der Energie. Die Zone wird vorzugsweise fast ganz, aber nicht vollständig gefüllt.

Wenn die Zahl der Elektronen im Gitter gerade ausreicht, um alle Niveaus bis zu einer breiten verbotenen Zone aufwärts mit Elektronenpaaren zu besetzen, wird die Substanz zu einem Isolator (Bild 28C). Wenn die Breite der verbotenen Zone von Energiewerten groß ist gegen die thermische Energie, sind tatsächlich praktisch keine Elektronen in den freien erlaubten Niveaus oberhalb dieser verbotenen Zone zu erwarten. Durch Absorption eines geeigneten Lichtquants kann ein Elektron jedoch trotzdem in ein freies Band gebracht werden, so daß jetzt die sog. Photoleitfähigkeit auftritt. Elektronen in einem völlig gefüllten Band können nicht zur Leitung beitragen. Die Substanz kann nur dann ein Leiter sein, wenn ein Band nur teilweise gefüllt ist.

Im stationären Zustand eines Metalls fließt kein Strom bzw. es bewegt sich die gleiche Zahl von Elektronen in beiden Richtungen. Legt man jetzt eine Potentialdifferenz an, wird die Energie für die Elektronen in der einen Richtung größer als in der anderen, die Verteilung ändert sich also. Es bewegt sich dann nicht mehr die gleiche Zahl Elektronen in jeder der beiden Richtungen, und es fließt ein Strom. Das ist aber nur möglich, wenn noch unbesetzte Niveaus zur Verfügung stehen. Wenn jedoch alle Niveaus eines Bandes durch jeweils zwei Elektronen gefüllt sind, kann keine Änderung in deren Verteilung eintreten und deshalb kein Strom fließen. Die Leitfähigkeit ist durch $\sigma = n \cdot e \cdot \mu$ gegeben, wobei n die Zahl der Leitungselektronen, e ihre Ladung und μ ihre Beweglichkeit ist. Aus der Hallkonstanten $R = 1/n \cdot e$ kann $n \cdot e$ und somit mit der Leitfähigkeit auch μ bestimmt werden. Wenn das Leitvermögen auf dem Vorhandensein von „Defektelektronen" beruht, wird für e eine positive Ladung gefunden, da der Halleffekt dann ein entgegengesetztes Vorzeichen besitzt (als Halleffekt bezeichnet man die Erscheinung, daß sich senkrecht zu Strom und Magnetfeld, wenn auf einen stromdurchflossenen Leiter senkrecht zum Strom ein Magnetfeld wirkt, eine Potentialdifferenz, die sog. Hallspannung, ausbildet). In gut leitenden Metallen, wie z.B. Kupfer, mit nahzu freien Elektronen ist die Beweglichkeit $\mu = l/m \cdot v$, wobei l die mittlere freie Weglänge der Elektronen, m ihre Masse und v ihre mittlere Geschwindigkeit ist, wie sie aus der mittleren kinetischen Energie folgt.

Im eindimensionalen Fall (Bild 25) überlappen sich die erlaubten Bänder auf der Energieskala nicht. Das ist jedoch bei den dreidimensionalen Brillouin-Zonen möglich.

Die Oberfläche der Zustände von gleicher Energie im reziproken $1/\lambda$-Raum ist nur angenähert kugelförmig (siehe oben). Bevor eine Zone völlig bis zu den Ecken gefüllt ist, finden Elektronen mit der gleichen Energie bereits in der nächsthöheren Zone Platz (Bild 28B). Bei den Erdalkalimetallen Calcium, Strontium (flächenzentriert) und Barium (raumzentriert) kann die erste Zone zwei Elektronen je Atom enthalten, so daß die beiden Valenzelektronen diese eben füllen würden. Diese Metalle sind infolge von Überlappung trotzdem Leiter, im Gegensatz zu dem oben erwähnten linearen Molekül, ihre Leitfähigkeit ist allerdings viel geringer als die der Alkalimetalle (raumzentriert) und der Metalle der Kupfergruppe (flächenzentriert) mit der gleichen Struktur, jedoch mit nur einem Leitfähigkeitselektron je Atom (Bild 28A).

Die Leitfähigkeit einer reinen stöchiometrischen Verbindung, ihre Eigenleitfähigkeit, ist proportional $e^{-E_g/2kT}$, wobei E_g die Energiekluft zwischen dem (gefüllten) Valenzband und dem (leeren) Leitfähigkeitsband in Bild 28 ist. Die Werte für die Energiekluft sind:

Diamant	6 eV	ZnO	2,2 eV
Si	1,10 eV	Cu_2O	2,1 eV
Ge	0,70 eV	CdS	2,42 eV
Sn	0,08 eV	CdSe	1,74 eV
InP	1,25 eV	CdTe	1,45 eV
InAs	0,33 eV	PbS	0,35 eV
InSb	0,18 eV	AgJ	2,8 eV

Die Distanz der Niveaus der Donatorverunreinigungen (P, As, Sb) vom Leitfähigkeitsband (Bild 28E) beträgt im Silicium bzw. Germanium (n-Typ) 0,04 eV bzw.

0,012 eV. Der Abstand der Akzeptorniveaus (B, In) vom Valenzband in den Leitern vom p-Typ (Bild 28F) beträgt wiederum für Silicium bzw. Germanium 0,045 eV (B), 0,16 eV (In) bzw. 0,010 eV (B, In).

Es ist möglich, in einem Silicium- oder Germaniumkristall sowohl Regionen vom p-Typ als auch solche vom n-Typ zu erzeugen. Die Berührungsfläche zwischen beiden Regionen wird als n—p-Kontakt bezeichnet. Solche Kontakte haben sehr wichtige elektrische Eigenschaften, z.B. Gleichrichter- und Transistorwirkung (*Kittel*, Buch Seite 389).

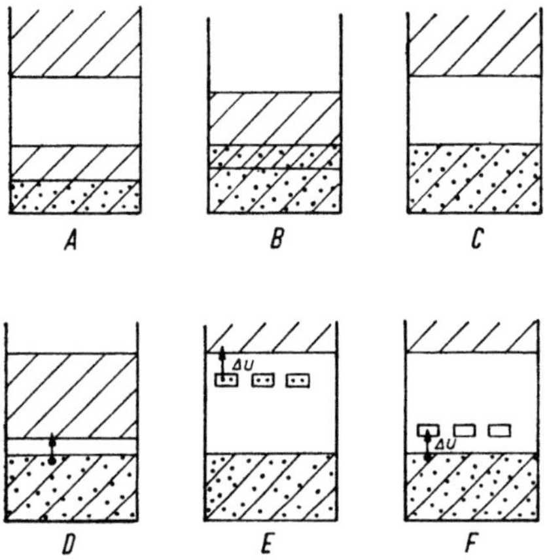

Bild 28. Schraffierte Bezirke = erlaubte Zonen; ······ Elektronen, □ Elektronen-Niveaus an Fremdatomen (Verunreinigungen)

A Metall, erste Zone halb gefüllt (Lithium, Kupfer);
B Metall, erste Zone gefüllt, aber mit Überlappung zwischen der ersten und der zweiten Zone (Calcium);
C Isolator (Diamant);
D Halbleiter (reine Verbindung), Eigenleitfähigkeit (Graphit, ⊥ C-Achse, Wismut-Zinn-Legierung);
E Halbleiter (dotiert*)), Überschußleitfähigkeit, n-Typ (Germanium und Silicium mit einer fünfwertigen Verunreinigung, z.B. Arsen);
F Halbleiter (dotiert*)), Defektleitfähigkeit, p-Typ (Germanium und Silicium mit einer dreiwertigen Verunreinigung, z.B. Bor, Indium).

*) Der Zusatz von Fremdatomen wird als Dotierung bezeichnet.

Wenn eine Substanz eine erhebliche Elektronenleitfähigkeit zeigt, ist dies ein Zeichen, daß hier zahlreiche freie Niveaus in verschiedenen kleinen Abständen von den besetzten Zuständen vorhanden sind. Licht aller Wellenlängen wird deshalb stark absorbiert, die Substanz ist meist völlig undurchsichtig und reflektiert im massiven Zustande fast alles Licht. Im fein verteilten Zustande sieht die Substanz schwarz aus. Umgekehrt läßt sich sagen, daß schwarze Stoffe, wenn sie nicht aus separaten Molekülen bestehen wie die organischen Farbstoffe, auf jeden Fall auch Elektronenleiter sind (viele Metalloxide und -sulfide). Bei den Farbstoffen und bei aromatischen Ringen (siehe Seite 247, 203) könnte man von einer intramolekularen Leitfähigkeit im π-Elektronensystem der konjugierten Doppelbindungen sprechen.

In den sog. Halbleitern wie ZnO, Cu_2O usw. sind die Bänder in der vollkommen reinen Substanz bei tiefen Temperaturen gerade gefüllt. Leitfähigkeit kann nur eintreten, wenn die Zahl der Elektronen vergrößert wird (Überschußleitung oder n-Halbleiter, Bild 28E). Die Extraelektronen finden ihren Platz in einem freien Band. Auch durch Verminderung der Elektronenzahl kann Leitfähigkeit hervorgerufen werden, wobei im gefüllten Band ein Loch entsteht (Defektleitung, p-Halbleiter,

Bild 28F). Ein solches Defizit wird im elektrischen Feld wie ein positiv geladenes Elektron verlagert. Eine solche Veränderung in der Zahl der Elektronen – genauer der Elektronenzahl je Gittereinheit – wird durch Abweichungen von der stöchiometrischen Zusammensetzung hervorgerufen.
Wenn die Zusammensetzung von Cu(I)-oxid, z.B. $Cu_{1,99}$ 0 ist, sinkt der elektrische Widerstand auf den millionten Teil der reinen Verbindung Cu_2O. Der Kupfergehalt einer solchen Probe beträgt 99,5% des theoretischen Wertes für Cu_2O, und sie enthält 0,55% CuO. Auf je 1000 Sauerstoffionen kommen 1980 Cu^+-Ionen neben 10 Cu^{2+}-Ionen und außerdem 10 leere Plätze im Gitter der Metallionen. Diese Cu^{2+}-Ionen repräsentieren ebenso viele Elektronen, die im ursprünglich gefüllten Band fehlen, und die Stromleitung erfolgt durch den Übergang eines Elektrons von einem Cu^+- zu einem Cu^{2+}-Ion, während der Elektronendefekt nach der umgekehrten Richtung verlagert wird (Defektleitung). Die Leitfähigkeit steigt mit wachsendem Sauerstoffdruck P_{O_2} an, weil das Elektronendefizit hierdurch größer wird (Oxydationshalbleiter). Wenn ein Molekül Sauerstoff addiert wird, werden unter Aufnahme von vier Elektronen zwei Sauerstoffionen gebildet. Diese Elektronen werden vier Cu^+-Ionen entrissen, während für die Vergrößerung des Gitters durch zwei O^{2-}-Ionen vier Cu^+-Ionen notwendig sind. Mit anderen Worten steigt das Defizit an Cu^+-Ionen und die Zahl der leeren Gitterplätze (und der Cu^{2+}-Ionen) um vier. *Wagner* und *Dünwald* (1932) haben das Massenwirkungsgesetz auf diese Reaktion angewandt:

$$O_2 + 4\,e + 4\,Cu^+ \rightleftharpoons 2\,Cu_2O + 4\,\square\,e + 4\,\square\,Cu^+$$

$$K = \frac{[\square\,e]^4\,[\square\,Cu^+]^4}{P_{O_2}} \qquad (\square = \text{Leerstelle})$$

da die anderen Komponenten in großer Menge anwesend sind. Da weiterhin $\square\,e = \square\,Cu^+$ (d.h., ein Elektron bedeutet fast immer auch eine Leerstelle), erhalten wir $K = \frac{[\square\,e]^8}{P_{O_2}}$. Wenn wir annehmen, daß die Leitfähigkeit $\varkappa$ dem Elektronendefizit proportional ist, ergibt sich die Proportionalität $\varkappa \sim [\square\,e] \sim P_{O_2}^{1/8}$. Ein solches Gesetz wird in der Tat experimentell gefunden mit einem Exponent $^1/_7$.
Das gleiche Phänomen tritt im CuJ auf, das fast immer einen Überschuß an Jod bzw. anders ausgedrückt, etwas CuJ_2 enthält und deshalb gleicherweise eine Defektleitung zeigt. Beim Erhitzen im Vakuum nimmt die Leitfähigkeit stark ab, da dann der Jodüberschuß entfernt wird.
Im ZnO tritt Überschußleitung auf, weil ein kleiner Überschuß an Zink in Form von Zn^{2+}-Ionen auf Zwischengitterplätzen vorkommt und so zwei freie Elektronen anwesend sind. Das Gleichgewicht ist hier:

$$O_2 + 2\,Zn^{2+}(i) + 4\,e\,(\text{frei}) \rightleftharpoons 2\,ZnO\,(\text{normal})$$

Daraus folgt:

$$\varkappa \sim e\,(\text{frei}) \sim P_{O_2}^{-1/6} \quad (\text{experimentell: } -1/4{,}3)$$

(Reduktionshalbleiter).

In allen diesen Fällen ist es richtiger von einem Defizit oder einem Überschuß an Kationen zu sprechen, da tatsächlich die großen Anionen das Gitter bilden. Die Abweichungen von der stöchiometrischen Zusammensetzung entstehen durch Leerstellen im Gitter der kleinen Metallionen oder andererseits durch nicht normal angeordnete Metallionen in den Zwischenräumen zwischen den dicht gepackten Anionen (Zwischengitterpositionen).

Verbindungen, in denen bereits in der normalen Zusammensetzung Kationen in mehr als einer Wertigkeitsstufe vorkommen, sind oft stark gefärbt und häufig Elektronenleiter (Fe_3O_4, K_2SbCl_6 mit Sb^{3+} und Sb^{5+}, da eine Verbindung mit Sb^{4+} paramagnetisch wäre, Berliner Blau, Ferriferrohexacyanid oder Eisen(III)-hexacyanoferrat (II)).

Es ist für viele Halbleiter charakteristisch, daß ihre Leitfähigkeit im Gegensatz zu den echten metallischen Leitern mit ansteigender Temperatur größer wird. Dies ist auf die Tatsache zurückzuführen, daß die Zahl der Leitfähigkeitselektronen in einem verbotenen Zustand höherer Energie mit steigender Temperatur beträchtlich ansteigt (exponentieller Anstieg nach einer Boltzmann-Formel $\sim e^{-\varepsilon/kT}$), während die Leitung durch das Gitter für ein Elektron (seine Beweglichkeit) an sich infolge der zunehmenden Gitterschwingungen vermindert wird.

Der Wechsel von erlaubten und verbotenen Zonen ist allgemein. Die Möglichkeit zur Fortpflanzung einer Elektronenwelle durch das Gitter ist folglich stark von der Richtung abhängig, so daß die vollständige Theorie weniger einfach ist.

In den sehr guten Leitern wie den einatomigen Metallen (sowohl den Alkalimetallen der a-Untergruppe wie auch den Metallen der b-Untergruppe, Kupfer, Silber und Gold) ist das Band nur halb gefüllt. Die Elemente an der Grenze zwischen den Metallen und den Metalloiden zeigen einen Übergang zu den Isolatoren. Hier rangieren Elemente wie Wismut, Tellur und andere. In diesen Elementen ist entweder das Hauptband nicht vollständig gefüllt oder es gibt einen kleinen Überschuß an Elektronen (etwa 0,001 je Atom), der sich im nächsten Band befindet. Die Leitfähigkeit ist nicht nur klein, sondern außerdem sehr stark von kleinen Mengen an Verunreinigungen abhängig. Wenn z.B. im Gitter des Wismuts eine kleine Anzahl dieser Atome mit fünf Elektronen durch Atome ersetzt wird, die weniger Elektronen beisteuern, wie Zinn oder Blei, dann sinkt die Leitfähigkeit sehr stark. Offenbar existiert im Wismut ein kleiner Elektronenüberschuß, der bei dem genannten Zusatz von Zinn oder Blei stark verringert wird. Die Leitfähigkeit dieser Legierungen wächst sogar wie in den Halbleitern mit steigender Temperatur, ein Zeichen dafür, daß der Elektronenüberschuß im freien Band bei dem Zusatz des Fremdmetalls ganz verschwindet. Auf der anderen Seite steigt die Leitfähigkeit des Wismuts durch Zugabe von Selen oder Tellur aus der sechsten Gruppe des Periodensystems, da jeder dieser Stoffe ein Valenzelektron mehr als das Wismut beisteuert. Der Einfluß eines magnetischen Feldes auf die Leitfähigkeit des Wismuts ist auf eine geringe Veränderung der energetischen Verhältnisse zurückzuführen, die durch magnetische Wechselwirkung hervorgebracht wird.

Im Tellur besteht offensichtlich ein geringes Defizit (p-Leiter); in der Tat steigern kleine Verunreinigungen, z. B. Silber, die Leitfähigkeit in diesem Falle sehr stark. Da das Tellur in der sechsten Gruppe des Periodensystems steht, sollte erwartet werden, daß alle Verunreinigungen zu einer Herabsetzung der durchschnittlichen Zahl der Valenzelektronen je Atom führen. Tatsächlich zeigt sich auch ein Abfall der Leitfähigkeit mit steigendem Reinheitsgrad*).

Im Hinblick auf den großen Einfluß von Spurenzusätzen ist es nicht überraschend, daß die Literaturangaben über den spezifischen Widerstand dieses Elements um einen Faktor zehn voneinander abweichen. Der Zusatz von beispielsweise 0,5 % Antimon bewirkt einen Abfall des Widerstandes auf $^1/_{50}$ des ursprünglichen Wertes. Das durch wiederholte Vakuumdestillation erhaltene reinste Tellur (*Bottom* 1952) besitzt einen spezifischen Widerstand, der 10–100mal größer ist als der Widerstand anderer „reiner“ Präparate.

Das charakteristische Verhalten des Widerstandes von Selen bei Belichtung ist ebenfalls mit der Zonenstruktur verknüpft. Tatsächlich zeigt die Berechnung der Besetzung der wichtigsten Zonen, daß im Wismut ein kleiner Überschuß, im Selen und Tellur ein Defizit an Elektronen herrscht.

In den vorstehenden Paragraphen gingen wir von freien Elektronen aus. Es ist jedoch auch möglich, das Problem von einer anderen Seite her anzugehen (*Bloch*).

Im freien Natriumatom besetzen die elf Elektronen scharf bestimmte Energieniveaus, nämlich zwei die K-Schale, acht die L-Schale und eines – das Valenzelektron – die M-Schale. Wenn wir nun zwei Atome sich einander nähern lassen, findet eine Wechselwirkung statt, als deren Ergebnis symmetrische und antisymmetrische Kombinationen aus den Wellenfunktionen für jeden Zustand der einzelnen Atome auftreten (vgl. H_2), d.h., es findet eine Termaufspaltung statt. Für m Atome ergibt sich für jeden ursprünglichen Zustand eine m-fache Aufspaltung. Diese Aufspaltung wird für die K-Elektronen und ebenfalls für die L-Elektronen sehr klein sein, da die Überlappung der entsprechenden Wellenfunktionen der

*) Bei den gut leitenden normalen Metallen (z. B. Kupfer) ist dies gerade umgekehrt. Fremdatome im Gitter wie auch Wärmeschwingungen stören die Regelmäßigkeit des periodischen Potentials im Gitter und verringern die freie Weglänge der Elektronen durch das Gitter, da diese gestreut werden.
Aus dem gleichen Grund ist die Leitfähigkeit einer Legierung mit einer regelmäßigen Verteilung der Atome über die Gitterplätze (Verbindung) größer als die einer ungeordneten festen Lösung.
Stoffe mit einer niedrigen Leitfähigkeit, die jedoch mit steigender Temperatur abnimmt, wie einige Legierungen, Carbide und Nitride des Titans, Vanadins usw. können als Halbmetalle bezeichnet werden.

einzelnen Atome sehr gering ist. Die Wellenfunktionen der m Valenzelektronen ergeben jedoch ein breites Band, das der oben erwähnten ersten erlaubten Zone und zugleich einem Zustand je Atom entspricht. Auf Grund des Elektronenspins ist dieses Band nur zur Hälfte gefüllt (Bild 29), genau so wie der 3s-Zustand, in dem sich das Valenzelektron im freien Natriumelektron befindet.
Die hier zur Beschreibung der Elektronen in einem Metall angewandten Methoden sind der bei Molekülen benützten Molecular-orbital-Methode (Seite 268) eng verwandt. *Pauling* hat gezeigt, daß es auch möglich ist, die Valence-bond-Methode anzuwenden.

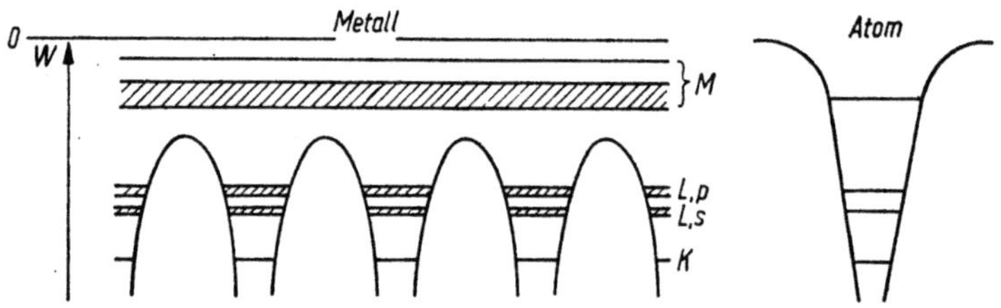

Bild 29. Energieniveaus für die Elektronen im metallischen Zustand und im freien Atom (Natrium)

Es ist in der Tat auffallend, daß die sog. $(8-n)$-Regel für eine große Zahl von Elementen gilt, z.B. für die Elemente der zweiten, dritten, vierten, fünften, sechsten und siebenten b-Untergruppe und außerdem für die Elemente der gleichen Gruppen in den Kurzperioden wie Kohlenstoff, Silicium, Phosphor und Schwefel. Hier ist $(8-n)$ die Zahl der nächsten Nachbarn für ein Element der n-ten Gruppe. Diese Regel ist für die Elektronenpaarbindung und die Oktettregel unmittelbar klar. Ein Atom Jod in der siebenten Gruppe hat einen nächsten Nachbarn, weil beide Atome auf diese Weise ein Oktett bilden können. Bei den Elementen Schwefel, Selen und Tellur erfordert diese Regel, daß jedes Atom zwei Nachbarn besitzt; tatsächlich bildet der Schwefel S_8-Ringe, und die anderen bilden im festen Zustande unendliche Spiralen. Antimon und Wismut $(n = 5)$ haben drei Nachbarn in kurzen Abständen und drei weitere in größeren Abständen. Die Diamantstruktur von C, Si, Ge und Sn in der vierten Gruppe ist ebenfalls ein Beispiel für die Regel: Jedes Atom bildet vier Elektronenpaarbindungen mit seinen Nachbarn unter Komplettierung aller Elektronenoktetts. Alle diese Elemente können deshalb nicht als Metalle mit freien Elektronen und Ionen betrachtet werden, sondern besitzen Strukturen mit Atombindungen. Allerdings soll festgestellt werden, daß auch die Theorie der Brillouin-Zonen zu dem Ergebnis führt, daß der Diamant kein Metall ist und daß nur eine sehr kleine Anzahl von Elektronen im Wismut außerhalb einer vollständig gefüllten Zone existiert.

Es ist beachtenswert, daß im festen Quecksilber jedes Atom sechs nächste Nachbarn besitzt, in formaler Übereinstimmung mit der $(8-n)$-Regel. Das ist auch beim Zink und Cadmium der Fall und beruht auf der Tatsache, daß die hexagonale dichteste Packung in diesen Elementen stark deformiert ist. Es kann jedoch keine Rede von der Bildung eines Oktetts sein, da hier nur zwei Valenzelektronen je Atom verfügbar sind. Für die vor der 4-b-Gruppe stehenden Elemente ist es nicht mehr möglich, durch mit den Nachbarn gemeinsame Valenzelektronen ein Oktett zu füllen. Diese Elemente sind ebenso wie die der 4-b-Gruppe selbst typische Metalle. Im unteren Teil des Periodensystems findet der Übergang von den Isolatoren zu den Metallen in der 5-b-Gruppe statt (Sb, Bi) (*Klemm* et al. 1960).

*Pauling**) (1938, 1947, 1949) und *Ewing* und *Pauling* (1948) nehmen in ihrer *Resonanz-Valenzstruktur-Theorie* (resonating-valence-bond-theory) der Metalle an, daß zwischen einem Lithiumatom mit einem Valenzelektron und seinen acht nächsten Nachbarn Resonanz zwischen einer sehr großen Anzahl ($3{,}14^N$ für $2\,N$ Atome) von Konfigurationen wie den folgenden besteht:

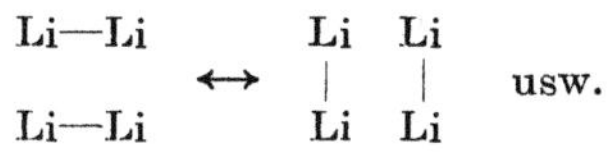

Diese Resonanz ist vom gleichen „synchronisierten" Typ wie z. B. im Benzol. Eine sogar noch größere Anzahl polarer (ionischer) Konfigurationen spielt allerdings ebenfalls eine bedeutende Rolle; *Pauling* berechnet $2{,}32 \cdot 3{,}14^N$.

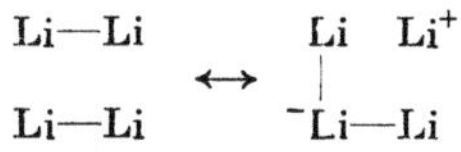

Die Konfiguration einer Bindung hängt hier nicht von der Konfiguration der anderen Bindungen ab. Dieser Typ der Resonanz durch Elektronenübertragung ist als „drehbar" bezeichnet worden. Er ist nur möglich, wenn unbesetzte Energieniveaus verfügbar sind wie in den Metallen „metallische" Orbitals. Die elektrische Leitfähigkeit ist nur durch die Vermittlung der Metall-orbitals denkbar. Die Gitterenergie beruht auf der Bindungsenergie und der Resonanzenergie. Der erste Anteil ist beim Lithium nur klein, das nur ein Valenzelektron je Atom besitzt (vgl. Li_2:

*) *L. Pauling*, Die Natur der chemischen Bindung, Weinheim 1962.

Dissoziationsenergie 13,4 kcal/Grammatom; Li-Metall: Sublimationsenergie 37,1 kcal/Grammatom).
Im Lithium und den anderen Alkalimetallen liegen drei p-Niveaus in einem kleinen Abstand über dem s-Niveau des Valenzelektrons (Li: 42,5 kcal; Na: 46,5 kcal; Cs: 38,5 kcal). Sicher spielt die Hybridisierung eine bedeutende Rolle bei der Bildung der stärkeren Bindungen als dies bei reinen s-Orbitals möglich wäre.
Pauling (1947) benützt für die Beziehung zwischen der Bindungsordnung n und dem Abstand zwischen den Atomen oder, spezifischer, dem Atomradius die Formel $r_1 - r_n = 0{,}300 \log n$ (r_1 Bindungsradius für eine reine Einfachbindung, der gleich dem Radius z.B. in zweiatomigen Hybriden ist). Ein solcher Ausdruck erweist sich mit einem Koeffizienten 0,353 ebenfalls für die C–C-Bindung gültig.

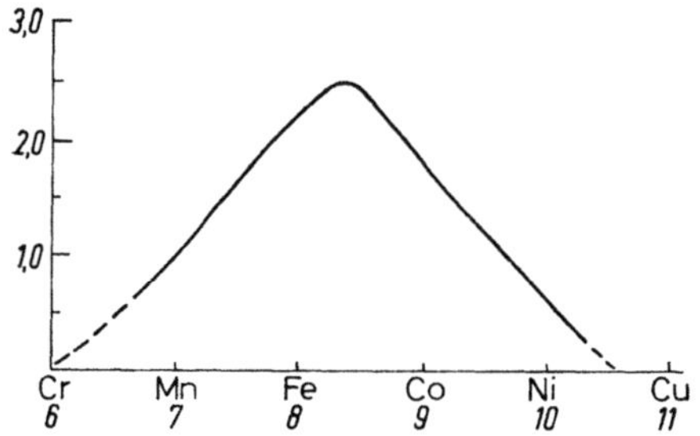

Bild 30. Magnetische Momente der Übergangsmetalle

Pauling hat eine Tabelle von metallischen Radien der Elemente abgeleitet, indem er r_1 und r (KZ 12) angibt. Der letzte Wert entspricht der Struktur mit der dichtesten Packung und der Koordinationszahl 12. Die Bindungsordnung ist hier $n = v/12$, wenn v die Valenz bedeutet.
Lithium besitzt ein raumzentriertes kubisches Gitter (KZ 8) mit acht nächsten Nachbarn im Abstand von 3,032 Å und weiteren sechs in einem etwas größeren Abstand von 3,502 Å. Für eine Gesamtbindungsordnung von 1 berechnet sich mit $r_1 = 1{,}220$ Å (vgl. Li_2: $r = 1{,}33$ Å, aber für eine nahezu reine s-Bindung) die Bindungsordnung zu $n = 0{,}111$ und $n = 0{,}018$ für die beiden Kategorien von Bindungen.
In den Übergangselementen der ersten Langperiode vom Scandium zum Nickel, sind neun Orbitals (fünf 3d- ein 4s- und drei 4d-Orbitals) für die drei bis zehn außerhalb der Argonschale vorhandenen Elektronen verfügbar.
Die Anzahl der ungepaarten Elektronen wird aus dem magnetischen Moment erhalten, ausgedrückt als Zahl der Magnetonen je Atom, die aus der Sättigungsmagnetisierung am absoluten Nullpunkt ableitbar ist (*Bozorth* 1951, s.a. *Kittel*, Buch 1953, 1956). Die Zahl der ungepaarten

Elektronen ist: V 0,0, Cr 0,22, Mn 1,22, Fe 2,22, Co 1,66, Ni 0,66 und Cu 0,0. Wenn die Magnetisierung von Legierungen dieser Elemente ebenfalls mit herangezogen wird, finden wir einen Maximalwert von 2,44 ungepaarten Elektronen für eine Fe–Co-Legierung mit 22 % Co, die somit 8,22 Elektronen je Atom (Fe 8, Co 9 Elektronen) enthält (Bild 30).

Pauling nahm nun an, daß hier eine konstante Anzahl von 5,78 (gepaarten) Bindungselektronen vorliegt. Die anderen Elektronen (Cr 6 – 5,78 = 0,22; Mn 7 – 5,78 = 1,22 usw.) befinden sich in nichtbindenden Atomschalen, in denen sie so weit wie möglich ungepaart sind (Hundsche Regel, Seite 144). Offensichtlich sind 8,22 – 5,78 = 2,44 dieser nichtbindenden 3d-Orbitals verfügbar. Im Cobalt und im Nickel kann die Anzahl der nichtbindenden Elektronen, die über die 5,78 Bindungselektronen hinausgeht (9 – 5,78 = 3,22 bzw. 10 – 5,78 = 4,22), in den 2,44 nichtbindenden Orbitals untergebracht werden, wenn eine gewisse Paarung stattfindet, die 2 · 2,44 – 3,22 = 1,66 bzw. 2 · 2,44 – 4,22 = 0,66 Elektronen ungepaart läßt. Allgemein führen kleine Zusätze von Metallen mit 10 + z Elektronen außerhalb einer Edelgaskonfiguration zum Nickel zu einer Verringerung um z Bohrsche Magnetonen je Atom (z hat die Werte: Sn 4, Al 3, Zn 2, Cu 1, Pd 0, Co –1, Fe –2, Mn –3). Für eine Ni–Cu-Legierung mit 62 % Cu bzw. 10,62 Elektronen je Atom wird ein atomares Moment von Null erhalten. Die Erhöhung der Wasserstoffkonzentration in der Lösung des Wasserstoffs in metallischem Palladium reduziert das magnetische Moment in der gleichen Weise (*Norberg* 1952). Bei einem Verhältnis H/Pd von 0,66 und größer ist die Susceptibilität Null. Hier sind gerade 5,78 bindende (gepaarte) Elektronen und 4,88 (gepaarte) Elektronen in den 2,44 nichtbindenden Orbitals vorhanden, insgesamt 10,66.

Von der Gesamtzahl der neun verfügbaren Orbitals werden nur 5,78 + 2,44 = 8,22 benützt und 0,78 bleiben unbenützt.

In der Paulingschen Valenzstrukturmethode sind diese 0,78 unbenützten Orbitals für die „Drehungs"-Resonanz und für die Leitung (Metallorbitals) wesentlich*).

Im Bändermodell wird die Reihenfolge der magnetischen Sättigungsmomente durch die Annahme interpretiert, daß hier etwa 0,7 Elektronen in dem breiten 4sp-Band mit entgegengesetztem Spin vorliegen. Damit bleiben beim Ni bzw. Co 9,3 bzw. 8,3 Elektronen im 3d-Band. Da das 3d-Band fünf Niveaus enthält, führt das zu 0,7 bzw. 1,7 ungepaarten Elektronen, wie auch aus der Magnetisierung gefunden wird. Das Moment Null der Ni–Cu-Legierung mit 62 % Cu wird mit einem völlig ge-

*) In einer anderen Theorie (*Griffith* 1956; *Orgel* 1957; *Griffith* und *Orgel* 1958) der Elektronenverteilung in den Übergangsmetallen werden ebenfalls zwei Gruppen von Orbitals unterschieden mit bis zu sechs Elektronen in bindenden Orbitals und den übrigen in lokalisierten nichtbindenden Orbitals.

füllten 3d-Band mit zehn Elektronen und 0,62 gepaarten Elektronen im 4sp-Band erklärt. Beim Eisen würde die Zahl von 7,3 Elektronen im 3d-Band zu einem Maximum von 2,7 ungepaarten Elektronen führen, während es hier nur 2,22 ungepaarte Elektronen sind. Wir sind also zur Annahme gezwungen, daß im Eisen und den niedrigeren Übergangselementen nicht alle 3d-Niveaus benützt werden.

In einer späteren Version beschreibt *Pauling* die im wesentlichen gleiche Konzeption in einer anderen Weise. Er erklärt z. B. das beobachtete magnetische Moment im Nickel von 0,61 Bohrschen Magnetonen durch eine Verteilung von zwei Arten Atomen, jede mit der Valenz 6:

		3d	4s	4p
NiA	30%	↑↓ ↑ ↑ · ·	·	· · ·
NiB	70%	↑↓ ↑↓ · · ·	·	· · ○

· bindendes Orbital, durch zwei Elektronen besetzt;
○ metallisches, nichtbesetztes Orbital;
↑ nichtbindende Elektronen.

Nur im Eisen nimmt er immer noch eine niedrigere Valenz von 5,78 aus einer Mischung von Atomen im sechs- und fünfwertigem Zustand an.

In der Struktur des β-Mangans sind im kristallographischen Sinne tatsächlich zwei verschiedene Arten von Atomen vorhanden; acht Atome mit einem kleinen Radius ($v \approx 6$) und zwölf mit einem größeren Radius ($v \approx 4$). Im α-Mangan enthält die Einheitszelle von 58 Atomen 24 vom Typ der höheren Valenz und 34 vom Typ der niedrigeren Valenz. Diese letzte Valenz zeigt sich ausschließlich in der einfachen Struktur der dritten, der γ-Modifikation.

Abgeleitet aus den beobachteten Abständen, nimmt *Pauling* im Kupfer „fünfwertige" Atome B (75%) zusammen mit „siebenwertigen" Kupferatomen A (25%) an, die zu einer Wertigkeit von 5,5 führen.

	3d	4s	4p
CuA	↑↓ ↑↓ · · ·	·	· · ·
CuB	↑↓ ↑↓ ↑↓ · ·	·	· · ○

Beim Zinn unterscheidet *Pauling* neben dem „vierwertigen" Zustand (Sn A) einen „zweiwertigen" Zustand (Sn B):

	4d	5s	5p
SnA	↑↓ ↑↓ ↑↓ ↑↓ ↑↓	·	· · ·
SnB	↑↓ ↑↓ ↑↓ ↑↓ ↑↓	↑↓	· · ○

Die erste Art, die vier sp^3-Bindungen bildet, ist ein Nichtmetall mit einem Diamantgitter (graues Zinn). Im weißen Zinn mit der Koordinationszahl 6 bilden die Sn-B-Atome zwei Bindungen zwischen sechs Nachbarn. Die „beobachtete" Wertigkeit im weißen Zinn von 2,44 wäre wiederum durch 75% Sn B und 25% Sn A verursacht.

Es ist noch viel in der Paulingschen Resonanz-Valenzstruktur-Theorie der Metalle zu klären. Es ist noch nicht klar, wie die verschiedenen Valenzen und Eigenschaften der Atome in verschiedenen Zuständen überhaupt in einer unabhängigen Weise abgeleitet werden können.
Sicher ist jedoch, daß die 3d-Elektronen in einem bedeutenden Ausmaß zur Kohäsion der Übergangsmetalle und ihrer sehr niedrigen Flüchtigkeit beitragen. Im Gegensatz dazu haben *Mott* und *Jones* auf der Basis der Bändertheorie angenommen, daß die Bindung im wesentlichen durch die 4s-Elektronen und sogar durch weniger als ein Elektron bestimmt wird. Das würde die Übergangsmetalle den Alkalimetallen in der Gitterenergie und Flüchtigkeit vergleichbar machen, was vollständig falsch ist. Beim Kupfer ist im freien Atom die 3d-Schale völlig gefüllt, und es existiert nur ein 4s-Valenzelektron. Trotzdem ist das Kupfer keineswegs den Alkalimetallen in der Gitterenergie vergleichbar. Tatsächlich läßt sich erwarten, daß in Analogie zu Bild 29 das Band der 3d-Elektronen im Kupfer wegen der größeren Überlappung zwischen Nachbaratomen viel breiter ist als das der 2p-Elektronen im Natrium. Sogar das 3d- und das 4s-Band werden überlappen und so sicher zu Hybridisierung führen.
Das von den Physikern entwickelte Bändermodell der Metalle erklärt die Leitfähigkeit und andere elektrische Eigenschaften sehr gut. Die den Begriffen der Chemie verwandte Valenzstrukturbeschreibung der Bindungen im Metall erlaubt dagegen eine bessere Erklärung als das Bändermodell für solche Eigenschaften wie die Gitterenergien und die Bindungsabstände. Auf der anderen Seite eignet sich die VB-Methode von vornherein nicht gut für die quantitative Berechnung dieser Eigenschaften, und es erscheint zweifelhaft, in welchem Maße eine Bindung etwa im festen Lithium mit einer Bindungsordnung von 0,11 (im Hinblick auf die Bindungsordnung 1 in einem gasförmigen Molekül) überhaupt eine grundsätzliche Bedeutung hat. Es besteht jedoch kein Zweifel, daß für die weniger typischen Metalle und Verbindungen die Paulingsche Theorie ein wertvolles Gegenstück zum Bändermodell ist, ebenso wie die MO- und die VB-Methode gleichermaßen beide von großer Bedeutung für die Beschreibung der Konstitution organischer Moleküle sind.

38. Legierungen

Die Metalle kristallisieren hauptsächlich in einer kleinen Zahl von Strukturen, von denen die kubischen und hexagonalen Varianten der dichtesten Packung von Kugeln und der raumzentrierte Würfel als Gittertyp am häufigsten auftreten. Vorausgesetzt, daß die Gitterkonstante nicht allzu sehr differiert, ist Mischkristallbildung häufig, wenn auch nicht immer im gesamten Konzentrationsbereich. Die in den meisten metalli-

schen Systemen vorkommenden zahlreichen Verbindungen sind charakteristisch für die Legierungen. Ihre Existenz zeigt sich nicht nur im Phasendiagramm, das mit Hilfe der thermischen Analyse erhalten wird, sondern unter anderem auch bei der Untersuchung der Leitfähigkeit als Funktion der Zusammensetzung. Verbindungen zeigen ein Maximum der Leitfähigkeit (vgl. Fußnote Seite 317). Die Verbindungen sind nicht immer bis zum Schmelzpunkt stabil. So kristallisiert eine kontinuierliche Reihe von Mischkristallen aus der Schmelze des Systems Kupfer-Gold, und diese können nach Abschrecken auch bei Raumtemperatur existieren. Bei langsamer Abkühlung (Tempern) erfolgt bei etwa 350 °C jedoch ein Ordnungsprozeß der regellos über die Positionen des flächenzentrierten kubischen Gitters verteilten Kupfer- und Goldatome, in dessen Ergebnis die drei Kupferatome je Elementarzelle die Mittelpunkte der Seiten und die Goldatome die Ecken der Würfel besetzen. Die genaue Zusammensetzung dieser Verbindung ist deshalb $AuCu_3$.
Ein Ordnungsprozeß wie der beschriebene führt zur Bildung einer „Überstruktur", die sich durch das Auftreten neuer Beugungslinien im Röntgendiagramm und durch einen Anstieg der Leitfähigkeit zu erkennen gibt.
Eine Verbindung kann über einen kleineren oder größeren Bereich der Zusammensetzung durch Bildung von Mischkristallen mit beiden Komponenten existieren. Im Phasendiagramm wird dieser Existenzbereich von dem anderer Verbindungen durch einen heterogenen Teil von Mischungen beider Verbindungen getrennt. In einigen Fällen, z.B. beim CuZn oder β-Messing mit einer CsCl-Struktur, kann die typische Zusammensetzung, bei der die Ordnung maximal ist (hier 1 : 1), außerhalb des Existenzbereichs liegen (46–48,5 % Zn).
Wir wollen eine chemische Verbindung als eine zusammengesetzte homogene Substanz definieren, deren Eigenschaften durch Änderungen der Zusammensetzung nicht kontinuierlich in die der sie bildenden Elemente oder anderer Verbindungen übergeführt werden können.

Tabelle 27: Hume-Rothery-Verbindungen

Typ	β-Messing	γ-Messing	ε-Messing
$\frac{\text{Elektronen}}{\text{Atome}}$	$\frac{3}{2}$	$\frac{21}{13}$	$\frac{7}{4}$
	CuZn	Cu_5Zn_8	$CuZn_3$
	AgCd	Ag_5Hg_8	$AgCd_3$
	Cu_3Al	Cu_9Al_4	Ag_5Al_3
	Cu_5Sn	$Cu_{31}Sn_8$	Cu_3Sn usw.
	NiAl usw.	Fe_5Zn_{21} usw.	

Die Zusammensetzung vieler metallischer Verbindungen war für die älteren Theorien der festen und charakteristischen Wertigkeiten eine unüberwindbare Schwierigkeit. Diese Verbindungen lassen sich tatsächlich in keiner Weise auf einfache stöchiometrische Zusammensetzungen zurückführen. Zwei Elemente können häufig in einer sehr großen Zahl von Verhältnissen zusammentreten, wie z.B. Kalium und Quecksilber: KHg_{12}, KHg_9, KHg_4, KHg_3, KHg.

Es ist gleichermaßen unverständlich, daß Verbindungen von völlig verschiedener Zusammensetzung wie Cu_5Zn_8, Cu_9Al_4, $Cu_{31}Sn_8$, Fe_5Zn_{21} trotzdem im gleichen Gittertyp kristallisieren (Tabelle 27). *Hume-Rothery* wies darauf hin, daß in diesen Fällen nicht das Atomverhältnis charakteristisch ist, sondern das Verhältnis der Gesamtelektronenzahl zur Gesamtzahl der Atome. So erhalten wir für Cu_5Zn_8

$$(5 \cdot 1 + 8 \cdot 2) : 13 = 21 : 13$$

Es muß dann angenommen werden, daß die Metalle der achten Gruppe keine Elektronen beisteuern.

Das Verhältnis 21/13 ist für Verbindungen vom Typ des γ-Messings charakteristisch (Cu_5Zn_8) und 7/4 für den Typ des ε-Messings ($CuZn_3$) (Hume-Rothery-Verbindungen).

Die charakteristische Zusammensetzung der γ-Phase ist in der Tat Cu_5Zn_8 (Zusammensetzung der maximalen Ordnung) und liegt nicht bei dem einfacheren Verhältnis 3 : 5 oder 2 : 3. Das folgt aus der Kristallstruktur, nach welcher die Elementarzelle $4 \cdot 13 = 52$ Atome enthält.

Dieses Verhältnis von Atomen zu Elektronen bestimmt tatsächlich die Eigenschaften in vielen metallischen Systemen, z.B. die Löslichkeit in der Schmelze und im festen Zustande. Zink löst sich im festen Zustand bis zu 38,4 % in Kupfer als homogener Mischkristall (α-Messing; das normale Messing enthält etwa 35 % Zink). Fast die gleiche Grenze von etwa 40 % gilt für die Kombinationen der Elemente Kupfer, Silber und Gold mit Zink und Cadmium.

Im Vergleich zu Zink oder Cadmium lösen sich Elemente der dritten Gruppe wie Aluminium, Gallium und Indium, solche der vierten Gruppe wie Silicium, Germanium und Zinn und Elemente der fünften Gruppe wie Antimon im Ausmaß $1 : {}^1/_2 : {}^1/_3 : {}^1/_4$. Jeder Ersatz von Kupfer- oder Silberatomen durch Zink oder Cadmium ist von einem Anstieg der Elektronenzahl um eins begleitet, um zwei bei Aluminium, drei bei Silicium und um vier bei Antimon (Seite 312).

Das Produkt aus dem gelösten Anteil (in Atombruchteilen) mal (Wertigkeit − 1) gibt den Anstieg der Elektronenkonzentration je Atom an. Es ist für Elemente aus den verschiedenen Gruppen des Periodensystems konstant.

Tabelle 28: Maximale Löslichkeit in festem Kupfer bei Raumtemperatur

Gelöstes Metall	Atom-%	Elektronen-konzentration
Zink	38,4%	1,384
Aluminium	20,4%	1,408
Gallium	20,3%	1,406
Silicium	14,0%	1,420
Germanium	12,0%	1,360

Die Senkung des Schmelzpunktes ist für diese Metalle ebenfalls gleich, wenn im Schmelzdiagramm die Elektronenkonzentration an Stelle der Atomkonzentration gegen die Temperatur aufgetragen wird.
Das System Cu–Zn (die Messinglegierungen) zeigt eine große Ähnlichkeit mit dem System Cu–Sn (Bronzen) im Einklang damit, daß diese Verbindungen in gleichen Verhältnissen der Atome zu den Elektronen vorkommen und nicht in gleichen Atomzusammensetzungen (Tabelle 27).
Eine Erklärung dieser so seltsamen Hume-Rothery-Zahlen ist von *Jones* auf der Basis der Energiezonen gegeben worden. Die erlaubte Zone unterhalb eines breiten verbotenen Bandes ist im Kupfer zur Hälfte mit Elektronen besetzt. *Jones* berechnete, daß nur bei einer Anzahl von Elektronen je Gitterpunkt größer als 1,36, das entspricht 36% Zink, die zusätzlichen Elektronen einen Platz in einem Energieband oberhalb der verbotenen Region Platz finden müssen (Seite 312). Bis zu dieser Grenze ist also bei mehrwertigen Elementen die Bildung von Mischkristallen in den oben angegebenen Verhältnissen möglich, vorausgesetzt, daß sich die Dimensionen der Atome nicht stark unterscheiden ($< 14\%$). Auch bei der Bildung von Verbindungen spielt die Füllung des Bandes eine grundsätzliche Rolle. Diese wird energetisch ungünstig, wenn die Zahl der Elektronen zu groß ist. Das gleiche ist jedoch auch der Fall bei einer unvollständigen Füllung, weil dann (mit Sicherheit bei Legierungen) die Möglichkeit besteht, daß der Mischkristall in ein Konglomerat zweier anderer Gitter zerfällt, deren jedes eine bessere Füllung der Zonen aufweist. So war *Jones* in der Lage, zu zeigen, daß das Gitter vom Typ des γ-Messings eine gute Füllung erreicht, wenn das Verhältnis Elektronen/Atome zwischen 1,54 und 1,73 liegt. Das kommt dem Bruch $21/13 = 1{,}61$ von *Hume-Rothery* nahe. Eine Legierung wie γ-Messing muß in der Tat eine sehr gute Füllung der Energiezonen aufweisen. Das wird offenbar sowohl in der kleinen Leitfähigkeit als auch z.B. in dem Diamagnetismus dieser Legierungen, der dem Diamagnetismus praktisch aller Isolatoren entspricht (während Metalle stets einen gewissen paramagnetischen Anteil aus den freien Leitfähigkeitselektronen besitzen).

Bei größeren Differenzen in den Atomradien sind die Zusammensetzung und die Kristallstruktur von Verbindungen hauptsächlich durch die Möglichkeit einer günstigen Packung bestimmt. Das ist z.B. der Fall in den sog. Laves-Verbindungen: $MgCu_2$, KBi_2, $AgBe_2$ (kubisch); $MgZn_2$, $CaMg_2$, $MgNi_2$, $TiCo_2$ (hexagonal) (*Laves* und *Wallbaum* 1942). Die Struktur läßt sich durch zwei Gitter von sich berührenden Kugeln beschreiben, die gerade ineinander geschachtelt werden können, wenn das Radius-Verhältnis $\sqrt{3} : \sqrt{2}$ beträgt.

Eine große Gruppe von Verbindungen der Übergangsmetalle, z.B. Cr, Mn, Fe, Co, Ni, Cu, Pd und Pt mit stärker elektronegativen Metalloiden wie z.B. S, Se, Te, As, Sb, Bi kristallisiert in der NiAs-Struktur.

Die Kombination zweier Metalle, die sich stark in der Elektronegativität unterscheiden, führt zu salzartigen Verbindungen, die der ionischen Wertigkeit entsprechen. Diese sind oft durch einen hohen Schmelzpunkt und eine große Bildungswärme charakterisiert. Als Beispiele lassen sich anführen:

	Schmelzpunkt	Bildungswärme		Schmelzpunkt	Bildungswärme
Mg_2Si	1085 °C	59 kcal/Mol	Ca_2Pb	1100 °C	47 kcal/Mol
Mg_2Ge	915 °C	—	Mg_3Sb_2	1228 °C	68 kcal/Mol
Mg_2Sn	778 °C	17,2 kcal/Mol	Ca_3Sb_2	—	160 kcal/Mol
Mg_2Pb	550 °C	12,6 kcal/Mol	Li_3Bi	1145 °C	—

Die Paulingsche Valenzstrukturmethode mag bei weiterer Entwicklung die Einzelheiten vieler intermetallischer Verbindungen erklären. Es ist jedoch ganz sicher, daß der atomare (metallische) Radius – wie *Pauling* dargelegt hat – überhaupt keine Konstante ist, sondern mit der Bindung variiert. So ist der im NaTl in Erscheinung tretende Radius des Natriums um 13% kleiner als der aus dem Element selbst abgeleitete; der Radius des Thalliumatoms im NaTl ist nur 2% kleiner. Das gleiche gilt für die analogen Verbindungen wie LiAl, LiGa, NaIn usw. Sicher ist die Bindungsordnung ($n \approx 0{,}6$) der Na–Na-Bindungen in der letzten Verbindung viel größer als im metallischen Natrium. Die vier leicht verfügbaren Elektronen je Einheit NaTl wären die richtige Zahl, um Bindungen der Ordnung 0,5 in zwei einander durchdringenden Diamantgittern von Natrium- und Thalliumatomen zu bilden. Bei ins Spiel kommenden d-Elektronen, wie wahrscheinlich in den rot gefärbten analogen Legierungen LiZn und LiCd, sind noch stärkere Bindungen möglich.

Die Einlagerungsverbindungen bilden eine spezielle Gruppe. Es handelt sich hier um Verbindungen der Übergangsmetalle (Sc – Ni, Y – Pd, La – Pt und Ac – Pu) mit den kleinsten Nichtmetallen (Wasserstoff, Bor, Kohlenstoff und Stickstoff). Die Atomradien dieser letzten Elemente sind so klein, daß sie in den Zwischenräumen Platz haben. Das kleinste dieser Elemente, der Wasserstoff, wird in den tetraedrischen Löchern der dichtesten Packung der Metallatome (mit vier nächsten Nachbarn) aufgenommen. Die Zusammensetzung von (Pd – H) ist gewöhnlich in weiten Grenzen variabel und nur durch die Zahl der gleichwertigen Zwischenräume bestimmt. Viele dieser Systeme (Fe–C, Fe–N) sind technisch äußerst wichtig. Diese Verbindungen, gewöhnlich M_2X oder MX, sind ausgezeichnet durch ihre sehr große Härte (WC, sog. Widiametall, Seite 86) und einen hohen Schmelzpunkt (oberhalb 3000 °C; TaC und HfC besitzen die höchsten bekannten Schmelzpunkte von 4150 °C und 4160 °K), sowie durch ihr metallisches Aussehen.

39. Mechanische Eigenschaften

Die mechanischen Eigenschaften von Metallen und Legierungen sind von größter praktischer Bedeutung, mehr als dies in anderen Stoffgruppen der Fall ist. Es ist allgemein bekannt, daß Metalle in einem sehr reinen Zustande, speziell in Form von Einkristallen, fast immer sehr weich sind und eine niedrige Fließspannung haben. Wenn z.B. technisches Beryllium bekannterweise ein sehr hartes Metall ist, so beruht dies tatsächlich auf einer mangelhaften Reinheit. Um die Härte und die Dehnungsfestigkeit zu erhöhen, kann das Metall entweder mechanisch bearbeitet, z.B. geschmiedet werden, wobei eine Deformation des Gitters eintritt (Eisen, Kupfer), oder es kann eine Deformation des Atomgitters durch den Einschluß von Fremdatomen erzielt werden. So werden Gold und Silber praktisch niemals im reinen Zustande benützt, sondern stets legiert, z.B. mit Kupfer. Beim Eisen ist vor allem der im Stahl und im Schmiedeeisen anwesende Kohlenstoff wichtig, im Aluminium eine kleine Menge Kupfer (Duralumin). Beim Erhitzen (Ausglühen von Kupfer oder Eisen) verschwindet die von der mechanischen Bearbeitung herrührende Härte wieder vollständig. Das ist manchmal auch bei Legierungen der Fall (Stahl, Duralumin, nicht aber bei Gold-Kupfer).
Wie kann dieser Einfluß verstanden werden? Wir beobachten, daß eine Dehnung von Metallkristallen (plastische Deformation) stattfindet, indem Teile des Gitters an gewissen kristallographischen Ebenen entlang gleiten. Offenbar ist dieses Gleiten nicht entlang aller kristallographischer Ebenen gleich leicht, da es zunächst entlang einer Ebene erfolgt, dann aber erst bei größerem Zug entlang einer anderen Ebene usw. Die Festigkeit steigt mit wachsender Deformation, da stets ein größerer Zug notwendig ist, um ein weiteres Gleiten zu bewirken*).

*) Bei einem aus einem Einkristall bestehenden Zinnstab genügt z.B. einmaliges Biegen, um die Härte beträchtlich zu vergrößern. Auch ein Draht wird beim Verstrecken fester, obwohl die Dicke abnimmt.

Das Gleiten erfolgt zuerst an einer nur wenig deformierten Ebene. Natürlich kommen in einem unbearbeiteten, reinen und monokristallinen Material viele solcher Ebenen vor. Weniger ideale Ebenen gleiten erst bei einer stärkeren Zugspannung. Offenbar endet der Gleitprozeß einer speziellen Ebene an einem bestimmten Punkt, der Kristall zerreißt jedoch noch nicht. Es wird angenommen, daß entlang jeder Ebene gewisse mechanische oder chemische Störungen vorkommen.

Diese Störungen wirken als Verankerungsstellen. Das Gleiten entlang einer Ebene endet, wenn die Störungen aufeinanderstoßen und wenn durch das Gleiten Deformationen an den Ecken der Gitterblöcke entstehen.

Die Deformation des Gitters durch mechanische Bearbeitung zeigt sich an der Verbreiterung der Linien im Röntgenbeugungsdiagramm, die unter normalen Umständen schmal sind (Debye-Scherrer- oder Pulver-Diagramm).

Beim Erhitzen wird erneutes Kristallwachstum möglich, wobei undeformierte Kristalle von neuem entstehen, und zwar auf Kosten des deformierten Gitters, das einen höheren Energieinhalt besitzt (Rekristallisation). Die Verbreitung der Röntgenlinien verschwindet dabei vollständig.

Der Einfluß der Hitzebehandlung auf Kohlenstoff enthaltendes Eisen ist wegen der Komplikationen im Eisen-Kohlenstoff-System ziemlich kompliziert. Allgemein kann man sagen, daß der Kohlenstoff bei hohen Temperaturen (oberhalb 880 °C) homogen im γ-Eisen als Mischkristall (Austenit) gelöst wird, wobei die Kohlenstoffatome Zwischengitterplätze besetzen (Seite 327). Beim Abschrecken (Härten) bleibt der Kohlenstoff homogen verteilt, aber dieser Mischkristall ist bei tiefen Temperaturen nicht mehr stabil. Es entsteht ein instabler tetragonal deformierter Kristall (Martensit) und folglich eine große Härte. Eine Übergang in den stabilen Zustand erfolgt langsam (Tempern), rascher bei höheren Temperaturen von 200–300 °C*). Der Kohlenstoff wird als Zementit (Fe_3C) abgeschieden und die innere Spannung verschwindet teilweise. Stahl verdankt seine leichte Bearbeitbarkeit, verbunden mit großer Härte und Zugfestigkeit, eben diesem Phänomen. Stoffe, die unter allen Umständen hart bleiben, können nur durch Schleifen einigermaßen bearbeitet werden.

Im Duralumin (mit 4 % Kupfer und 0,5 % Magnesium), das als modernes Konstruktionsmaterial wichtig ist, entsteht die größere Festigkeit durch Abscheidung von Kristallen der Verbindung $CuAl_2$. Bei Temperaturen oberhalb 500 °C wird das Kupfer in der festen Aluminiumphase homogen gelöst. Bei tieferen Temperaturen wird die Löslichkeit sehr

*) Ein Meißel verliert bereits bei 100 °C an Güte, er soll nicht in die Sonne gelegt werden.

klein, obwohl beim Abschrecken keine Abscheidung des Kupfers in Form von $CuAl_2$ stattfindet. In Abwesenheit von Magnesium erfolgt dies nur beim Tempern auf 100–150 °C, bei Anwesenheit von 0,5 % Magnesium dagegen in wenigen Tagen bereits bei Raumtemperatur. Die enstandene Abscheidungshärte muß auf die Deformation der Kristallite durch Gitterstörungen zurückgeführt werden, die eine Folge der Anhäufung von Kupferatomen in Form von $CuAl_2$ in kleinen Gitterbereichen sind. Bei der weiteren Bildung größerer Kristalle verschwindet die Härte wieder. Dieser Prozeß, der erst bei höheren Temperaturen merklich wird, ist unerwünscht. Das Duralumin ist deshalb den Kupfer-Aluminium-Legierungen ohne Magnesium überlegen, da es eine niedrige Härtetemperatur besitzt, so daß kein Erweichen zu befürchten ist.
Die Zugfestigkeit dieses selbsthärtenden Duralumins ist zweimal so groß wie im weichen Zustande und fünfmal so groß wie die des reinen Aluminiums.
Gehärtetes Aluminium läßt sich deshalb im weichen Zustande bei Raumtemperatur verarbeiten, es wird dann nach einigen Tagen spontan hart. Stahl muß dagegen bei hohen Temperaturen bearbeitet werden.
In modernen technischen Legierungen, die meistens aus einer Vielzahl von Komponenten bestehen, spielt die Anwesenheit oder Abwesenheit von Spuren einiger Elemente eine außerordentlich große Rolle für die mechanischen Eigenschaften. Wir haben oben gesehen, wie sich ein solch großer Einfluß von Spurenelementen auch bei Metallen äußern kann. Die individuellen Eigenschaften der zugesetzten Metalle spielen in dieser Hinsicht gewöhnlich eine untergeordnete Rolle (man vergleiche andererseits die Deoxydation von Stahl durch Aluminium oder Natrium).

Allgemeines Schrifttum

L. V. Azároff, Introduction to Solids, New York 1960.
C. S. Barrett, Structure of Metals, New York 1952.
C. E. Beynon, The Physical Structure of Alloys, London 1945.
A. J. Dekker, Solid State Physics, Englewood Cliffs N. J., 1957.
W. Hume-Rothery, Atomic Theory of Metallurgy, 3. Ausg. London 1960; mit *G. V Raynor*, The structure of Metals and Alloys, 3. Ausg. London 1960.
Ch. Kittel, Introduction to Solid State Physics, New York 1953, 1956.
N. F. Mott, Atomare Struktur und Festigkeit der Metalle, Braunschweig 1961.
S. Raimes, Wave mechanics of electrons in Metals, New York 1962.

Die folgenden Werke stellen höhere Anforderungen:

N. F. Mott und *H. Jones*, The Theory of the Properties of Metals and Alloys, Oxford 1936, Neudruck New York 1958.

H. Jones, The Theory of Brillouin Zones and Electronic States in Crystals, Amsterdam 1960.
A. H. Wilson, The Theory of Metals, 2. Aufl., Cambridge 1953.

Literaturhinweise

V. E. Bottom, Science, **115** (1952) 570.
R. M. Bozorth, Ferromagnetism, New York 1951.
M. J. Buerger, X-ray Crystallography, New York 1942; Elementary Crystallography, New York 1956.
J. M. Bijvoet, N. H. Kolkmeyer und *C. H. MacGillavry*, X-ray Analysis of Crystals, London 1951.

F. J. Ewing und *L. Pauling*, Rev. Modern Physics, **20** (1948) 112.

J. S. Griffith, J. Inorg. Nucl. Chem., **3** (1956) 15.
J. S. Griffith und *L. E. Orgel*, Nature, **181** (1958) 170.

W. Klemm et al., Angew. Chem., **72** (1960) 985.

F. Laves und *H. J. Wallbaum*, Z. anorg. u. allgem. Chem., **250** (1942) 110.

R. E. Norberg, Phys. Rev., **86** (1952) 745.

L. E. Orgel, Physics Chem. Solids, **3** (1957) 50.

L. Pauling, Phys. Rev., **54** (1938) 899; J. Am. Chem. Soc., **69** (1947) 542; Proc. Roy. Soc. London, **A 196** (1949) 300, 343
K. S. Pitzer, J. Am. Chem. Soc., **84** (1962) 2025.

C. Wagner und *H. Dünwald*, Z. physik. Chem. Leipzig, **B 17** (1932) 467.
A. H. Wilson, The Theory of Metals, Cambridge 1936, 1953.

V. Van-der-Waals-Bindung

40. Die drei Arten der van-der-Waals-Wechselwirkung

Die drei in den vorhergehenden Kapiteln besprochenen Bindungstypen geben keine vollständige Beschreibung aller möglichen Wechselwirkungskräfte. Es existiert z. B. auch eine gegenseitige Anziehung zwischen den ungeladenen Atomen von Edelgasen, deren Ladungsverteilung strikt kugelsymmetrisch ist. Diese Anziehung zeigt sich in der Möglichkeit, diese Gase zu verflüssigen. Schon 1873 postulierte *van der Waals* die Existenz einer zwischen allen Molekülen und Atomen wirkenden allgemeinen Anziehungskraft, die in seiner Zustandsgleichung zum Glied a/V^2 führte. Die Natur dieser Kräfte blieb jedoch seinerzeit im Dunkeln. *Keesom* berechnete die mittlere Wechselwirkungsenergie zwischen Teilchen mit einem permanenten elektrischen Dipolmoment μ, die sich im Abstand r befinden:

$$\varepsilon_K = -\frac{2}{3}\frac{1}{r^6}\frac{\mu^4}{kT}.$$

Die Wechselwirkung von zwei permanenten Dipolen ist gegeben durch μ^2/r^3, multipliziert mit einer Funktion f der gegenseitigen Orientierung. Diese beträgt für zwei auf einer Geraden angeordnete Dipole ± 2, je nachdem, ob sie entgegengesetzt wirken (Abstoßung) oder in die gleiche Richtung (Anziehung); für zwei parallel gerichtete Moleküle ist $f = \pm 1$, ebenfalls in Abhängigkeit davon, ob sie entgegengesetzt (Anziehung) oder gleichgerichtet (Abstoßung) sind. Es werden nun die energetisch günstigen Orientierungen vorherrschen über die energetisch ungünstigen, wodurch im Mittel Anziehung resultiert. Diese Orientierung gehorcht dem Boltzmannschen Verteilungsgesetz, d.h., es tritt ein Faktor $e^{-\Delta E/kT}$ auf, in dem $\Delta E = (\mu^2/r^3) f$ ist; da $\Delta E \ll kT$, ist dieser Faktor gleich $1 - \Delta E/kT$. Der zweite Term gibt die Abweichung von der Gleichverteilung anziehender und abstoßender Konfigurationen an, die zu Anziehung führt. Es läßt sich leicht feststellen, daß die Keesomsche Orientierungsenergie proportional $-(\mu^2/r^3)(\Delta E/kT)$ und deshalb $-\mu^4/r^6 \cdot kT$ ist. Der Zahlenfaktor $^2/_3$ rührt von der genauen Mittelwertbildung durch Integration über alle Orientierungen her.
Es ist weiterhin verständlich, daß bei sehr hohen Temperaturen alle Orientierungen gleich wahrscheinlich sind. Abstoßung und Anziehung erfolgen dann also im gleichen Maße, und die Anziehungsenergie wird Null.

Debye fügte noch die Wechselwirkungsenergie hinzu, die aus der Anziehung zwischen einem permanenten Dipol und den durch diesen Dipol in den Nachbarmolekülen induzierten Momenten herrührt.

$$\varepsilon_D = -2\frac{\alpha\mu^2}{r^6}.$$

Dieser Ausdruck kann leicht plausibel gemacht werden. Der permanente Dipol μ führt zu einer Feldstärke im Abstand r von $F \sim \mu/r^3$. In einem Molekül der Polarisierbarkeit α wird durch das Feld F ein induzierter Dipol $\mu_i = \alpha F$ erzeugt. Dessen Energie ist $\varepsilon = -{}^1/_2\,\alpha F^2$ (Seite 65) bzw. ist proportional zu $-{}^1/_2\,\alpha\,\mu^2/r^6$.
Die Temperatur hat keinen Einfluß auf diese Anziehungsenergie, da in diesem Falle stets und ohne Einfluß der gegenseitigen Orientierung Anziehung besteht, wenigstens wenn die Polarisierbarkeit richtungsunabhängig ist.
Der Zahlenfaktor wird unter Berücksichtigung der Tatsache erhalten, daß das Molekül 1 auf das Molekül 2 wirkt aber auch umgekehrt 2 auf 1 (Faktor 2), und durch Mitteln des Wertes von F^2 über den Winkel γ zwischen dem permanenten Dipolmoment und der die zwei Moleküle verbindenden Linie:

$$F^2 = \frac{\mu^2}{r^6}(4\cos^2\gamma + \sin^2\gamma) = \frac{\mu^2}{r^6}(1 + 3\cos^2\gamma).$$

Da der Mittelwert $\overline{\cos^2\gamma} = {}^1/_3$ ist, folgt $\overline{F^2} = 2\,\mu^2/r^6$. Das Ergebnis erhält also einen weiteren Faktor 2.
Diese Formel läßt sich leicht durch Dimensionsvergleich prüfen. Eine Energie hat die Dimension e^2/L (Ladung²/Länge). Da α die Dimension L^3 und μ die Dimension eL hat, sind die Dimensionen in beiden Formeln für die Wechselwirkungsenergie richtig, da kT selbst bereits eine Energie ist.

Keine der beiden Erklärungen hat im Falle der Edelgase eine Bedeutung, da diese kein Dipolmoment besitzen. Darüber hinaus besteht in den meisten Fällen überhaupt keine Übereinstimmung zwischen den berechneten und den experimentellen Werten der Wechselwirkungsenergie. *Keesoms* Formel ist auch deshalb nicht zufriedenstellend, weil der Term a aus der van-der-Waals-Gleichung, der proportional zu ε ist, stark von der Temperatur abhängen sollte, was nicht der Fall ist. Die Debye-Energie ist tatsächlich temperaturunabhängig, aber stets sehr klein (Tabelle 29). *London* (1930, 1937) führte auf der Grundlage der Wellenmechanik eine genauere Berechnung der Wechselwirkung zweier in einem großen Abstand befindlichen Wasserstoffatom durch. Diese Berechnung lieferte neben der Keesomschen Orientierungsenergie und der Debyeschen Induktionsenergie eine dritte Art der van-der-Waals-Wechselwirkungsenergie, die London- oder Dispersionsenergie (Tabelle 29) (*Pitzer* 1959).
Dieser letzte wellenmechanische Typ der Wechselwirkung kann qualitativ in der folgenden klassischen Weise illustriert werden.
Wenn wir von einem Molekül oder Atom in gewissen Momenten photographische Momentaufnahmen machen könnten, würden wir gewöhnlich eine Anordnung der Kerne und Elektronen finden, die insgesamt ein

elektrisches Dipolmoment zeigt. Das gilt ebenfalls für ein Atom mit einer kugelsymmetrischen Ladungsverteilung wie die Edelgase und das Wasserstoffatom im Grundzustand (siehe Seite 113). Man könnte sich auf der Basis des Bohrschen Atommodells vorstellen, daß das Elektron eine Bahn rund um den Kern beschreibt. Der Durchschnitt sehr vieler dieser Momentaufnahmen würde keine Vorzugsrichtung und demzufolge kein Dipolmoment ergeben.
Dieser durch die Nullpunktbewegung erzeugte, sich sehr rasch verändernde Dipol, führt zu einem elektrischen Feld und dieses polarisiert ein anderes Atom, in dem ein Dipol in Phase mit dem ersten Dipol induziert wird, der mit dem ersten Dipol in Wechselwirkung tritt. Die Nullpunktbewegung ist also gewissermaßen von einem synchronisierten elektrischen Feld begleitet. Es tritt dabei keine Strahlung auf, weil sich das Atom im Grundzustand befindet und die Nullpunktenergie nicht in Strahlung umgewandelt werden kann.
Die theoretische Behandlung liefert eine Anziehungsenergie

$$\varepsilon_L = -\frac{3}{4}\frac{h\nu_0\alpha^2}{r^6}$$

in der ν_0 die Frequenz der erwähnten Nullpunktbewegung und α die Polarisierbarkeit ist. An Stelle von $h\nu_0$ kann auch die Ionisationsenergie eingesetzt werden:

$$\varepsilon_L = -\frac{3}{4}\frac{I\alpha^2}{r^6}.$$

Wie *London* gezeigt hat (1930), kann die Formel abgeleitet werden, in dem man die Wasserstoffatome semiklassisch als Oszillatoren mit der Frequenz ν_0 auffaßt.
Infolge der Wechselwirkung der oszillierenden Dipole erfolgt eine Kopplung zwischen diesen Oszillatoren. Die zwei gekoppelten, dreidimensionalen Oszillatoren können durch einen Satz von sechs unabhängigen Normalschwingungen mit veränderten Frequenzen beschrieben werden. Man berechnet dann die gesamte Nullpunktenergie dieser sechs Schwingungen im Vergleich zum ursprünglichen Betrag für die ungekoppelten, im großen Abstand voneinander befindlichen Oszillatoren. Als Folge der Wechselwirkung ergibt sich eine Senkung der Nullpunktenergie um

$$\frac{3}{4}\frac{\alpha^2}{r^6}h\nu_0.$$

Die wellenmechanische Berechnung der Störungsenergie zweiter Ordnung (die Störungsenergie erster Ordnung ist Null) führt zum gleichen Ergebnis, aber es ergibt sich dann gleichzeitig, daß $h\nu_0$ für diese fiktiven Oszillatoren die Ionisationsenergie ist, d.h. die Energie des Elektrons im Zustande der niedrigsten Energie, so daß für das Wasserstoffatom ν_0 außerdem gleich 4/3 der Frequenz für den Spektralübergang des Elektrons von diesem Zustande zum ersten höheren Zustande ist (erste Linie der Lyman-Serie).

Dieser $1/r^6$ proportionale Term ist außerdem nur der erste einer Reihe. Die nächsten Glieder mit $1/r^8$ und $1/r^{10}$ können Dipol-Quadrupol- und Quadrupol-Quadrupol-Wechselwirkung genannt werden, während der erste Term die Dipol-Dipol-Wechselwirkung ist.

Tabelle 29: Verteilung der van-der-Waals-Wechselwirkungsenergie auf die drei Typen

	Gitterenergie in kcal/Mol, nach ihrem Ursprung aufgeteilt					
	Dipolmoment	Polarisierbarkeit	*Keesom*	*Debye*	*London*	Insgesamt
Ar	0 D	$1{,}63 \cdot 10^{-24}$ cm³	0,000	0,000	2,03	**2,03**
CO	0,12 D	$1{,}99 \cdot 10^{-24}$ cm³	0,0001	0,002	2,09	**2,09**
HJ	0,38 D	$5{,}40 \cdot 10^{-24}$ cm³	0,006	0,027	6,18	**6,21**
HBr	0,78 D	$3{,}58 \cdot 10^{-24}$ cm³	0,164	0,120	5,24	**5,52**
HCl	1,03 D	$2{,}63 \cdot 10^{-24}$ cm³	0,79	0,24	4,02	**5,05**
NH_3	1,50 D	$2{,}21 \cdot 10^{-24}$ cm³	3,18	0,37	3,52	**7,07**
H_2O	1,84 D	$1{,}48 \cdot 10^{-24}$ cm³	8,69	0,46	2,15	**11,30**

Für unterschiedliche Partikel wird der Ausdruck für die van-der-Waals-London-Energie:

$$\varepsilon_L = -\frac{3}{2}\,\frac{\alpha_1\alpha_2}{r^6}\,h\,\frac{\nu_1\nu_2}{\nu_1+\nu_2}$$

bzw.

$$\varepsilon_L = -\frac{3}{2}\,\frac{\alpha_1\alpha_2}{r^6}\,\frac{I_1 I_2}{I_1+I_2}.$$

Diese Formeln haben nur eine beschränkte Gültigkeit für andere Atome als Wasserstoff, wenn man den experimentellen Wert des Ionisationspotentials benützt.

Die Ionisationspotentiale unterscheiden sich im Falle organischer Moleküle nur wenig (200–250 kcal/Mol). Man kann auch die Frequenz ν aus der Veränderung des Brechungsindex (tatsächlich der Molekularrefraktion) mit der Wellenlänge berechnen, d. h. aus der Dispersion, woher auch der oben angegebene Name für diese Art der Wechselwirkung kommt.

Manchmal ist auch ein dritter Ausdruck nützlich:

$$\varepsilon_L = -\frac{3}{4}\,\frac{\alpha^2}{r^6}\,\frac{he}{2\pi\sqrt{m}}\sqrt{\frac{n}{\alpha}}$$

Diese Formel wurde von *Slater* und *Kirkwood* (1931) abgeleitet; n ist die Zahl der Elektronen in der äußersten Schale.

Die van-der-Waals-London-Wechselwirkung ist stets vorhanden, auch wenn eine Bindung vorhanden ist, die zu einem der anderen Haupttypen der chemischen Bindung zwischen den Teilchen gehört. Diese Wechselwirkung führt stets zur Anziehung, sie ist nicht gerichtet (abgesehen von der Anisotropie der Polarisierbarkeit) und nicht spezifisch. Sie führt zu keiner Absättigung, ist nur über Distanzen von der Größenordnung des Teilchenradius wirksam und hängt vom Ausmaß der Polarisierbarkeit *beider* Partikel ab.

Der Anteil der London-Energie zur Gitterenergie (Seite 33, 39) der Alkalihalogenide ist nur klein gegenüber der elektrostatischen Wechselwirkung, der Übergang vom NaCl- zum CsCl-Gittertyp hängt jedoch trotzdem von ihr ab. Die geometrische Bedingung, $r_+/r_- > 0{,}71$ genügt nicht für diesen Übergang; tatsächlich hat KF mit $r_+/r_- = 1{,}00$ das NaCl-Gitter (Seite 28).

Die elektrostatische Anziehung für den NaCl-Typ ist in der Tat größer als für den CsCl-Typ, da die kleine Differenz in der Madelung-Konstante (1,74756 gegenüber 1,76267) durch den um 3% größeren Abstand r im Falle von acht nächsten Nachbarn mehr als kompensiert wird (Seite 34). Da die van-der-Waals-London-Wechselwirkung proportional $1/r^6$ ist, ist sie praktisch auf die nächsten Nachbarn beschränkt. Bei der Summation über das ganze Gitter können wir uns deshalb mit der Multiplikation mit der Koordinationszahl zufrieden geben. Der London-Anteil ist deshalb für die CsCl-Struktur mit der Koordinationszahl 8 größer als für die NaCl-Struktur mit der Koordinationszahl 6. Dies ist jedoch nur von Bedeutung für den Ausgleich des ungünstigen Einflusses, den die unterschiedliche Coulomb-Energie ausübt, wenn der Faktor $\alpha_1\alpha_2$ groß ist, d. h., wenn beide Partikel leicht polarisierbar sind. Das ist beim CsCl, CsBr, CsJ und den entsprechenden Thalliumhalogeniden, die in der CsCl-Struktur kristallisieren, tatsächlich der Fall, nicht aber beim KF, CsF und TlF*) (siehe auch Tabelle 6, Seite 39).

Bei höheren Drücken nehmen die entsprechenden Rubidiumhalogenide ebenfalls das CsCl-Gitter an, das einem kleineren Molekülvolumen entspricht. Bei 445 °C geht das CsCl in eine Modifikation mit einem NaCl-Gitter über.

Die Kristallstruktur der Ammoniumhalogenide, die – mit Ausnahme von NH_4F – sämtlich Modifikationen sowohl mit dem CsCl- als auch mit dem NaCl-Gitter aufweisen, kann nicht auf dieser Basis erklärt werden; die Struktur des NH_4^+-Ions spielt hier eine wichtige Rolle.

Es ist für die Kenntnis der zwischen kolloiden Partikeln wirkenden Kräfte wichtig, daß der größte Abstand, in dem die London-Kräfte noch bedeutend sind, nicht der Atomradius ist, sondern tatsächlich in der Größenordnung des Teilchenradius liegt, da die Wechselwirkung aller Atome in jedem der kolloiden Teilchen summiert werden muß und diese Wechsel-

*) Es ist dann die Annahme notwendig, daß der Zahlenfaktor nicht $^3/_4$, wie für zwei Wasserstoffatome berechnet, sondern doppelt so groß ist (vgl. die Hinweise auf Seite 354).

wirkung demzufolge mit ansteigender Größe der Partikel wächst. Das ist ganz anders als bei der Wechselwirkung zwischen Partikeln in einem Kristallgitter, in dem nur rein elektrostatische Kräfte wirken würden. In diesem Falle bleibt der Wirkungsradius von der Größenordnung der Gitterkonstante, und es besteht nur eine Oberflächenwirkung. Die Wirkung der tiefer im Gitter gelegenen Teilchen tritt nicht in Erscheinung, weil sich die entgegengesetzt geladenen Ionen gegenseitig kompensieren.

De Boer (1936) und *Hamaker* (1937) fanden für die Wechselwirkungsenergie zweier unendlich großer Platten im Abstand h je Oberflächeneinheit $U \sim -1/h^2$ und für Kugeln mit dem Radius r in einem kleinen Abstand h: $U \sim -1/h$ $(h < r)$.

Bei Abständen, die viel größer sind als die charakteristische Wellenlänge λ (entsprechend der Frequenz ν in der London-Gleichung) ist das Londonsche Gesetz $\varepsilon = -C/r^6$ durch $\varepsilon = -C'/r^7$ zu ersetzen (*Casimir* und *Polder* 1948).

Die Wechselwirkungsenergie unendlicher Platten ist dann für $h \gg \lambda$ ebenfalls zu ersetzen durch $U \sim -1/h^3$ für $h \gg \lambda$ bzw. es wirkt dann eine Kraft f zwischen den beiden Körpern $f \sim 1/h^4$.

Diese Wechselwirkung ist tatsächlich mit Hilfe sehr empfindlicher Waagen direkt gemessen worden (*Prosser* und *Kitchener* 1956, 1957; *Deryagin* und *Abrikosova* 1958; *Black, De Jongh, Overbeek* und *Sparnaay* 1960), nach früheren Experimenten durch *Overbeek* und *Sparnaay* 1952, in denen durch den überwiegenden Einfluß elektrostatischer Ladungen Störungen auftraten.

Es läßt sich erwarten, daß makroskopische Phänomene auf der Basis der klassischen Physik erklärbar sind. Tatsächlich konnte *Lifschitz* (1955, zitiert von *Deryagin* und *Abrikosova* 1958) mit Erfolg eine Formel für diese makroskopische Wechselwirkung ableiten, indem er die Fluktuation eines elektromagnetischen Feldes betrachtete. Die Abhängigkeit vom Abstand ist die gleiche, wie sie oben für die beiden Grenzfälle des Verhältnisses von Abstand und Wellenlänge der Lichtabsorption angegeben worden ist.

Die Rolle der van-der-Waals-London-Kräfte bei der Koagulation wurde schon von *Kallmann* und *Willstätter* (1932) erkannt und später in einer quantitativen Theorie der Stabilität von Kolloiden zusammen mit den Abstoßungskräften der diffusen ionischen Doppelschichten von kolloiden Partikeln behandelt (*Deryagin* 1940; *Verwey* und *Overbeek* 1948, siehe auch *Kruyt* u.a. 1952).

Die Keesom-Energie ist eine Wechselwirkung permanenter Dipole und besitzt eine rein elektrostatische Natur. Sowohl die Größe des Dipolmoments als auch seine Stellung sind jedoch von wesentlicher Bedeutung für die Stärke der Wechselwirkung (*van Arkel*).

Die Beschreibung des elektrischen Feldes eines polaren Moleküls, das von einem an einer Stelle dieses Moleküls gelegenen Dipol herrührt, ist nur sinnvoll für Abstände, die groß sind gegenüber den Abständen zwischen den separaten Ladungen.

Das kann noch für eine C–Cl-Bindung aufrechterhalten werden, da ein anderer C–Cl-Dipol sich niemals auf einen kurzen Abstand nähern kann. Wir wollen die Ladungen ε des Dipols an den Stellen der Atomkerne im Abstand d betrachten, so daß gilt $\varepsilon \cdot d = \mu$. Der Minimalabstand für den

negativen Pol des C–Cl-Dipols ist dann durch den van-der-Waals-Radius des Chloratoms bestimmt, der 1,8 Å beträgt (Tabelle 17). Bei der OH-Gruppe ist der van-der-Waals-Radius des Sauerstoffatoms 1,40 Å. Da jedoch der O–H-Abstand 0,97 Å beträgt, ist der kürzeste Abstand des (positiven) Pols zum Rand der van-der-Waals-Sphäre 0,43 Å.
Die Ladungsverteilung in Gruppen wie OH, NH und FH ist sehr exzentrisch, was den positiven Pol anlangt. Das heißt, der positive Pol des Dipols liegt infolge der geringen Größe des als Ion gebundenen Wasserstoffatoms (keine Elektronenwolke!) an der Außenseite. Dies führt zu einer viel stärkeren Wechselwirkung als bei anderen Molekülen mit gleichem oder sogar größerem Dipolmoment. Der Komplex der mit dem XH-Dipol in Beziehung stehenden Phänomene wird getrennt unter „Wasserstoffbindung" besprochen (Abschn. 45).

41. Molekülverbindungen

Die aus den van-der-Waals-Kräften herrührende Wechselwirkungsenergie ist 10–20mal kleiner als die Energie der meisten Atom- oder Ionenbindungen. Es ist deshalb nicht überraschend, wenn dieser Bindungstyp nicht zur Bildung chemischer Verbindungen mit stabilen Molekülen führt.
Es gibt jedoch noch einen anderen Grund, warum die reine London-Wechselwirkung nicht zur Bildung von Verbindungen führt. Die Anziehung zwischen zwei Partikeln 1 und 2 mit der Polarisierbarkeit α_1 und α_2 ist proportional zu $\alpha_1\alpha_2$, dem geometrischen Mittel von α_1^2 und α_2^2. Wenn die Partikel 1 und 2 jeweils Paare mit ihrer eigenen Teilchenart bilden, ist die frei werdende Energie jedoch dem arithmetischen Mittel $(\alpha_1^2 + \alpha_2^2)/2$ proportional, das stets größer ist als das geometrische Mittel. Wenn die Unterschiede im Radius und in der Ionisierungsenergie berücksichtigt werden, begünstigt die London-Anziehung im allgemeinen immer noch die Akkumulation ähnlicher Partikel.
Trotzdem ist die Zahl der Verbindungen, die unter dem Einfluß der van-der-Waals-Bindung zustande kommen, im ganzen gesehen nicht unbeträchtlich. Hier sind die zahlreichen sog. Molekülverbindungen zu nennen, deren Existenz durch die thermische Analyse binärer Systeme bewiesen wurde, insbesondere bei organischen Verbindungen (wenn Fälle mit größeren Veränderungen in der Elektronenkonfiguration wie Bildung von Atombindungen, Salzbindung, Atomaustausch usw. ausgeschlossen werden). Wir können z.B. die zahlreichen organischen Hydrate und Alkoholate und Verbindungen mit Äther erwähnen. (Die vielen Systeme ungesättigter Moleküle und Amine mit Nitroverbindungen usw. werden auf Seite 345 besprochen.)

In der ersten Gruppe der Molekülverbindungen besitzen beide Partner ein Dipolmoment, und die Verbindung entsteht durch die Möglichkeit zur günstigen gegenseitigen Orientierung der Dipole (Keesom-Kräfte). Die zahlreichen Fälle von Assoziation können ebenfalls als zu dieser Gruppe gehörig betrachtet werden. In den meisten Fällen spielt jedoch die Assoziation von Wasserstoffdipolen wie FH, OH, NH und (CH) eine Rolle. Diese wird unter „Wasserstoffbindung“ diskutiert.

Die Assoziation von Nitrobenzol und Nitronaphthalin wie auch die der Nitrile (*Saum* 1960) in nichtpolaren Lösungsmitteln wie Hexan und Tetrachlorkohlenstoff bildet eine Ausnahme. Hier beruht die Assoziation infolge des sehr großen Moments (4,20 D) in erster Linie auf einer Wechselwirkung vom Keesom-Typ. Die stärkere Wechselwirkung im Nitronaphthalin weist jedoch auf eine Komplexresonanz hin, wie sie zwischen Nitroverbindungen und aromatischen Kohlenwasserstoffen allgemein beobachtet wird. Es ist plausibel, daß diese Assoziation bei der Auflösung des Stoffes in Benzol in eine Solvatation übergeht. Diese Wechselwirkung zwischen Gelöstem und Lösungsmittelmolekülen ist der Assoziation zwischen gleichen Molekülen eng verwandt. Im Benzol selbst wird z. B. keine stöchiometrische Assoziation beobachtet, es herrscht jedoch infolge der Anisotropie der Polarisierbarkeit eine mehr oder weniger starke parallele Ausrichtun der ebenen Moleküle in der Flüssigkeit statistisch vor, wie durch die Röntgenanalyse bewiesen wurde.
Die Schlußfolgerung, nach der auch in vielen anderen Fällen Assoziationserscheinungen vorkommen sollten, weil eine Abweichung von der einfachen Debye-Formel für die elektrische Molpolarisation besteht, ist unrichtig, weil diese Formel sich für konzentrierte Lösungen als unanwendbar erwiesen hat (*Onsager*, *Böttcher*). Mit Hilfe der von diesen Autoren verbesserten Formeln werden sogar für reine polare Flüssigkeiten praktisch die gleichen Dipolmomente gefunden wie in verdünnten Lösungen, soweit sie nicht durch Ausbildung von Wasserstoffbindungen echte Assoziate darstellen.

Einschlußverbindungen

Eine erste Gruppe von Molekülverbindungen stellen die Einschlußverbindungen dar (*Cramer* 1952, 1954; *Barrer* 1956; *Hagan* 1962), wie die Clathrate, die Gashydrate und gewisse Verbindungen des Harnstoffs, der Kohlenhydrate usw. Hier beruht die Bildung der Verbindung auf der Tendenz, eine Phase mit größtmöglicher Dichte zu bilden, indem Fremdmoleküle eingeschlossen werden, wenn eine solche Struktur mit deren Größe vereinbar ist. Auf diese Weise wird der Zustand des niedrigsten Energieinhalts erreicht.

a) Clathrate (Käfigverbindungen)

Hier handelt es sich um Verbindungen z. B. des Hydrochinons mit vielen gasförmigen Verbindungen wie SO_2, HCl und den Edelgasen. *Powell* (1948, 1950) hat die Kristallstruktur und andere Eigenschaften der Clathrate untersucht. Das Hydrochinon bildet ein Gitter (β-Hydrochinon), in dem die Moleküle durch Wasserstoffbindungen verknüpft sind

(Abschn. 45). In diesem Gitter sind völlig umhüllte Käfige mit einem Durchmesser von 4,2 Å vorhanden, in denen Platz ist für Moleküle wie SO_2, CO, CO_2, H_2S, HCl, N_2, O_2, C_2H_2, HCOOH und CH_3OH, und ebenso für die Atome der Edelgase Ar, Kr und Xe. Größere Moleküle wie z.B. Äthanol oder Kohlenwasserstoffe können nicht eingeschlossen werden. Moleküle, wie H_2, H_2O, He oder Ne, die zu klein sind, werden jedoch ebenfalls nicht aufgenommen. Auf je drei Moleküle Hydrochinon kommt ein Käfig, die aktuelle Zusammensetzung liegt aber etwas niedriger als 1 : 3, z.B. SO_2 0,88; Ar 0,68; Kr 0,89; Xe 0,96 Mole je drei Mole Hydrochinon.
Die Bildungswärme (ΔH) der Verbindung setzt sich zusammen aus der Energie, die aufzuwenden ist, um das Gas von 1 atm auf das Volumen im Clathrat zu komprimieren, und der infolge Wechselwirkung freigesetzten Energie, die auf den van-der-Waals-London-Anziehungs- und Abstoßungskräften beruht. Es besteht auch eine kleine Energiedifferenz zwischen dem instabilen β-Hydrochinon (ohne eingeschlossene Moleküle) und der gewöhnlichen α-Modifikation. Die Bildungswärme für das Argon-Clathrat beträgt $\Delta H = -6{,}0$ kcal/Mol Argon; für Sauerstoff $\Delta H = -5{,}5$ kcal/Mol, für HCl $\Delta H = -9{,}2$ kcal/Mol Gas (*Evans* und *Richards* 1954). Eine Berechnung dieser Energie ist von *van der Waals* (1956) und *van der Waals* und *Platteeuw* (1956) durchgeführt worden.
Die offensichtliche Stabilität der Clathrate (z.B. der Edelgase) unter Atmosphärendruck ist auf die hohe Aktivierungsenergie der Zersetzungsreaktion zurückzuführen und nicht auf eine Bindung im normalen Sinne (positive freie Bildungsenthalpie, $\Delta G > 0$). Der Gleichgewichtsdruck ist sehr hoch (Argon 3,4 atm), der aktuell beobachtete Druck jedoch praktisch Null, da die Entweichungsgeschwindigkeit der Gasmoleküle so niedrig ist (*Mock*, *Myers* und *Trabant* 1961).
Man kann sagen, daß die Existenz dieser Verbindungen bei 1 atm in einem ähnlichen Verhältnis zur Stabilität gewöhnlicher stabiler Verbindungen steht, wie Gefangene zu freien Arbeitern. Die letzten sind u. a. durch die Bezahlung an ihre Arbeit gebunden, durch den Gewinn (an freier Energie). Die Gefangenen bleiben nur deshalb an der Arbeit, weil die Gefängnisriegel sie daran hindern, woanders hin zu gehen.

b) Gashydrate

(*von Stackelberg* u.a. 1949, 1951, 1952, 1954; *Cramer* 1954).
Die Gashydrate wie $Cl_2 \cdot 6\,H_2O$, die bereits durch *Davy* und *Faraday* entdeckt wurden, gehören ebenfalls zu den Moleküleinschlußverbindungen. *Bakhuis Roozeboom* und später *Villard* und *de Forcrand* haben diese bemerkenswerten Verbindungen untersucht. Gashydrate sind bekannt von CO_2, SO_2, N_2O, N_3H, PH_3, H_2S, CH_4, C_2H_6, C_2H_4, C_2H_2 und für die Edelgase Argon, Krypton und Xenon. Sie enthalten sämtlich ungefähr sechs Moleküle Wasser. Verwandt mit ihnen sind die Hydrate einiger sehr

flüchtiger Flüssigkeiten wie CH_3Br und Br_2, beide mit $8H_2O$, sowie C_2H_5Cl, $CHCl_3$, CH_3J, CH_2Cl_2 usw. mit 17 H_2O.
Von Stackelberg und Mitarbeiter (1949, 1951, 1952, 1954) haben gezeigt, daß die Hydrate zwei eisähnliche kubische Strukturen der Dichte 0,79 besitzen (vgl. 0,92 für das normale Eis, das bereits eine offene Struktur hat), wenn die Fremdmoleküle nicht berücksichtigt werden, die jedoch für die Stabilität dieser Strukturen notwendig sind. In der Elementarzelle der Struktur I mit 46 Wassermolekülen befinden sich zwei kleine Löcher vom Durchmesser 5,2 Å und sechs etwas größere vom Durchmesser 5,9 Å. Jedes Loch ist von 20 bzw. 24 Wassermolekülen umgeben. Die ideale Zusammensetzung der Gashydrate kleiner Moleküle ist deshalb $M \cdot 5^3/_4\, H_2O$, übereinstimmend mit der Beobachtung. Wenn nur die größeren Käfige besetzt werden, ist das Molverhältnis $46/6 = 7{,}67$ wie z.B. im Brom-Hydrat. In Struktur II mit 136 Wassermolekülen in der Einheitszelle sind acht Löcher vom Durchmesser 6,9 Å, die zu einer Zusammensetzung $M \cdot 17H_2O$ führen (Hydrate flüchtiger Flüssigkeiten). Weil außerdem in der Struktur II noch 16 kleinere Löcher (Durchmesser 4,8 Å) verfügbar sind, werden Doppelhydrate gebildet, z.B. $CH_3Cl \cdot 2H_2S \cdot 17H_2O$. Diese komplizierten Strukturen waren bereits von *Clausen* (1951) auf der Grundlage der Bindungsabstände und Bindungswinkel des Wassermoleküls vorausgesagt worden. Weitere Beispiele sind in der Reihenfolge zunehmender Stabilität die Doppelhydrate mit CH_2Cl_2, $CHCl_3$, CCl_4 oder Aceton und Ar, Kr oder Xe mit jedesmal $17H_2O$ (*Waller* 1960).
Platteeuw und *van der Waals* (1958) berechneten den Dissoziationsdruck und die Bindungswärme der Gashydrate in sehr guter Übereinstimmung mit den beobachteten Werten. Im Gegensatz zu den entsprechenden Hydrochinon-Clathraten ist das Xenonhydrat (1 atm bei – 3,4 °C, 1,15 atm bei 0 °C) viel stabiler als das Hydrat des kleineren Argonatoms (1 atm bei – 42,8 °C, 95,5 atm bei 0 °C). Das zeigt, daß der Einfluß der (London-) Anziehungsenergie in den Hydraten mit größeren Käfigen überwiegt, während in den Hydrochinon-Clathraten mit ihren kleineren Käfigen die Unterschiede in der Abstoßungsenergie einen größeren Einfluß haben.
Die allerdings nur kleine Bindungsenergie beträgt für die meisten Verbindungen der Substanz M mit 6, 8 und 17 H_2O etwa 15, 19 bzw. 31 kcal/Mol, bezogen auf gasförmiges M und flüssiges Wasser. Wenn Eis als Bezugspunkt gewählt wird, sind die Werte für die Substanz M in allen drei Gruppen angenähert gleich (6–10 kcal/Mol).
Die Stabilität geht der Polarisierbarkeit parallel. Dies kann jedoch sowohl auf London- als auch auf Debye-Wechselwirkung hinweisen. Wenn die Polarisierbarkeit sehr hoch ist, wird das Hydrat infolge der großen Kohäsionsenergie der organischen Flüssigkeit jedoch instabil. Die Kohäsionsenergie soll kleiner sein als 7 kcal/Mol bzw. der Siedepunkt unter 70 °C liegen.

Die hohe Koordinationszahl in den Gashydraten macht einen erheblichen Anteil der Debye-Kräfte unwahrscheinlich, deutet jedoch auf eine London-Wechselwirkung hin. In anderen Verbindungen wie denen der Edelgase mit Chlorwasserstoff oder Phenol ist vielleicht die Debye-Wechselwirkung von größerer Bedeutung.

c) Harnstoff-Verbindungen

(*Schlenk* 1949, 1951; *Zimmerschmied* 1949; *Redlich* u.a. 1950; *Cramer* 1952, 1954, 1956; *Smith* 1952).

Eine eng mit den Gashydraten verwandte Gruppe von Substanzen sind die Verbindungen des Harnstoffs (und Thioharnstoffs) mit einer großen Zahl organischer Verbindungen mit langkettigen Molekülen, wie den normalen gesättigten Kohlenwasserstoffen und Olefinen, Alkoholen, Säuren, Estern, Ketonen, halogenierten Kohlenwasserstoffen usw. Diese wurden von *Bengen* 1940 zufällig entdeckt. Sie entstehen nur mit unverzweigten, nichtcyclischen Molekülen*).

Diese Reaktion ist so spezifisch, daß sie die Grundlage einer Methode zur Trennung von Gemischen normaler und iso-Kohlenwasserstoffe bildet.

Die Untersuchung der Kristallstruktur hat gezeigt, daß der Harnstoff genau so wie die Eisstruktur in den Gashydraten in einer speziellen Kristallstruktur vorkommen, die in diesem Falle lange Kanäle mit einem Durchmesser von 5,2 Å enthält. In diese Kanäle werden organische Moleküle aufgenommen. Die Bindungsenergie wächst je Kohlenstoffatom (CH_2-Gruppe) um den gleichen konstanten Betrag. Dies deutet auf eine London-Wechselwirkung hin. Für Ketone, Säuren und Ester, in denen eine Dipolwirkung und die Bildung von Wasserstoffbindungen wahrscheinlich ist, liegt die Bildungswärme höher.

Je Mol des Kohlenwasserstoffs mit n Kohlenstoffatomen beträgt die Bildungswärme $\Delta H = +2{,}9 - 1{,}55\,n$ kcal/Mol Kohlenwasserstoff ($\Delta G = -RT \ln K = 2{,}15 - 0{,}364 \cdot n$ kcal/Mol bei bei 25 °C).

Man findet, daß bei der Bildung des Komplexes mit n-Octan 9,7 kcal/Mol frei werden, bei Hexadecan dagegen 21,0 kcal/Mol. Kleinere Moleküle als Heptan geben keine stabilen Komplexe mehr, da ΔH dann zu klein wird, weil ein zu großer Teil der Kanäle unbesetzt bleibt**). Mit dem Kohlenwasserstoff $C_{55}H_{112}$ werden keine Komplexe mehr gebildet, weil die Kohäsionsenergie des Kohlenwasserstoffs Q_1 (siehe unten) dann zu groß wird; $C_{28}H_{58}$ liefert dagegen wohl Komplexe.

*) Dioxan bildet in mehrfacher Hinsicht eine Ausnahme. Es ist auch nicht sicher, ob die Struktur der Komplexe in diesem Falle die gleiche ist. Thioharnstoff bildet auch mit verzweigten und cyclischen Kohlenwasserstoffen Komplexe, da hier die Kanäle weiter sind.

**) Vielleicht sind aber dennoch auch Komplexe mit Kohlenwasserstoffen wie Butan möglich (*Schlief* 1955).

Zwischen Harnstoff und eingeschlossenem Kohlenwasserstoff besteht kein rationelles molekulares Verhältnis, es beträgt $0{,}67\ n + 1{,}50$. Auf ein Molekül Octan kommen also 6,96 Moleküle Harnstoff.

Ein Molekül Octan besetzt einen Kanal der Länge $1{,}256\ (n - 1) + 4{,}0 = 12{,}8$ Å. Die Projektion des C—C-Abstandes von 1,54 Å auf die Molekülachse beträgt 1,206 Å, während 4,0 Å den Abstand zwischen den Kohlenstoffatomen zweier benachbarter Moleküle darstellt, der dem doppelten van-der-Waals-Radius der Methylgruppe entspricht. Da die c-Dimension der Elementarzelle, die sechs Moleküle Harnstoff enthält, 11,01 Å beträgt, liegt je Molekül Harnstoff ein Kanal der Länge 1,835 Å vor. Wir berechnen also für das Verhältnis von Harnstoff zu Octan $12{,}8/1{,}835 = 6{,}98$ bzw. für den allgemeinen Fall $0{,}685\ n + 1{,}493$, was dem oben gegebenen experimentell gefundenen Verhältnis nahezu entspricht.

Die Bildungswärme für den Octankomplex von 9,7 kcal/Mol bzw. für den Hexadecan-($C_{16}H_{34}$)-Komplex von 21,0 kcal/Mol läßt sich in drei Teile gliedern:

1. Die Kohäsionsenergie des organischen Moleküls, das ist die latente Verdampfungswärme (bzw. Sublimationswärme) $Q - RT = 9{,}3$ kcal/Mol bzw. 18,8 kcal/Mol: Q_1.
2. Die Bindungsenergie zwischen m Molekülen Harnstoff und dem organischen Molekül: Q_2.
3. Die Differenz in der Gitterenergie zwischen dem instabilen hexagonalen Harnstoffgitter und dem normalen Gitter für m Moleküle Harnstoff: mQ_3.

Wir erhalten deshalb: $\Delta H = Q_1 - Q_2 + mQ_3$.

Indem man $Q_2 = nQ_2'$ proportional der Zahl der Kohlenstoffatome n setzt, wobei also der Unterschied zwischen CH_3- und CH_2-Gruppen vernachlässigt wird, lassen sich Q_2' und Q_3 aus den ΔH-Werten für beide Substanzen berechnen. Man findet so $Q_3 = 1{,}5$ kcal je Mol Harnstoff und $Q_2' = 3{,}65$ kcal je C-Atom.

Die Bildung von Clathraten und Harnstoffeinschlußverbindungen ist auf den festen Zustand beschränkt. Im Gegensatz zu früheren Angaben unterscheiden sich n- und iso-Valeriansäure und Buttersäure in ihrem Verhalten gegenüber einer Harnstofflösung nicht, im festen Zustande können dagegen nur die normalen Säuren Verbindungen mit Harnstoff bilden (*Ketelaar* und *Loopstra* 1955).

Die bekannte blaue Farbe des Jods mit Stärkelösung beruht ebenfalls auf der Bildung einer Einschlußverbindung, in der die Jodmoleküle linear in den Kanälen im Innern der Spiralen angeordnet sind, die aus den Glucosemolekülen, den Bausteinen des Kohlenhydrats gebildet werden (*Stein* und *Rundle* 1948; *Murakami* 1954; *Cramer* und *Herbst* 1952; *Cramer* 1956). Das Molekül des Tabak-Mosaikvirus scheint ebenfalls eine Art bleistiftähnliche Einschlußverbindung zweier nichtpathogener Verbindungen zu sein.

Elektronen-Donator-Akzeptor-Komplexe (*Andrews* und *Keefer* 1961; *Briegleb* 1961).

Aus Molekülen können Verbindungen durch den Austausch von Atomen gebildet werden, z. B. Oniumverbindungen (Seite 158: $NH_3 + HCl = NH_4Cl$ oder $SO_3 + NH_3 = H_2NSO_3H$, Seite 163). Solche Verbindungen sind keine Molekülkomplexe. Eine große Anzahl von typischen Molekülkomplexen entsteht jedoch durch den Austausch von Elektronen, die sog. Donator-Akzeptor-Komplexe (EDA-Komplexe). Je nachdem, ob das freie Elektronenpaar des Donators und die unvollständige Elektronenkonfiguration (meist ein Sextett) des Akzeptors bereits im normalen Grundzustande vorhanden sind (*a*) oder nicht (*b*), lassen sich zwei Typen unterscheiden.

a) Zahlreiche Verbindungen bilden sich aus BF_3 als Akzeptor mit einem Elektronensextett und organischen Molekülen, die freie Elektronenpaare enthalten, z. B. mit Aminen, jedoch ebenfalls mit den Edelgasen als Donatoren. Hier entsteht eine normale Elektronenpaarbindung, und obwohl beide Bindungselektronen durch eine der Komponenten geliefert werden, besteht keine Veranlassung, diese Bindung als semipolare Bindung besonders zu unterscheiden (Seite 159).

Die Bindungsenergie ist sehr beträchtlich:

$BF_3 \cdot NH_3$	42 kcal	$AlCl_3 \cdot NH_3$	40 kcal
BF_3 · Äther	11,9 kcal	$AlBr_3 \cdot NH_3$	38 kcal
BF_3 · Pyridin	31,7 kcal	$AlJ_3 \cdot NH_3$	30 kcal
BCl_3 · Pyridin	39,5 kcal		
BJ_3 · Pyridin	44,5 kcal		

Es ist gefunden worden (*Hoard* 1951), daß in den Verbindungen des BF_3 mit Aminen das Boratom tetraedrisch von den drei Fluoratomen und dem Stickstoffatom umgeben ist, bei einer leichten Vergrößerung des B–F-Abstandes (1,39 Å anstatt 1,30 Å) und einem B–N-Abstand von 1,57 bis 1,60 Å, der nur wenig größer ist als die Summe der Atomradien (1,58 Å).

Infolge der Übertragung von Elektronenladung und der pyramidenförmigen Struktur haben diese Komplexe Dipolmomente (BF_3, BCl_3 usw. sind im freien Zustande eben gebaut).

$BF_3 \cdot (CH_3)_2O$	4,33 D	$(CH_3)_2O$	1,29 D	Differenz: 3,04 D
BCl_3 · Dioxan	4,86	Dioxan	0	4,86
BCl_3 · Pyridin	7,50	Pyridin	2,28	5,22
$AlCl_3$ · Benzol	5	Benzol	0	5
$AlCl_3 \cdot (C_2H_5)_2O$	6,54	Äther	1,14	5,40
$SnCl_4 \cdot (C_2H_5)_2O$	3,60	Äther	1,14	2,46

(*Klemm* u. a. 1931; *Ulich* u. a. 1931, 1932, 1933; *Briegleb* 1949)

Außer den Borhalogeniden bilden auch $BeCl_2$, $ZnCl_2$, $AlCl_3$, $FeCl_3$, $SbCl_3$, $TiCl_4$, $SnCl_4$, $SbCl_5$ usw. als Akzeptoren Komplexe mit organischen Molekülen, die Sauerstoff-, Schwefel- oder Stickstoffatome enthalten. Bei den Tetra- und Penta-halogeniden der Elemente aus den höheren Perioden wird nicht mehr ein Sextett von sp-Elektronen, sondern eine unvollständige d-Schale durch die Addition eines Elektronendonatormoleküls teilweise aufgefüllt, begleitet von dem Übergang in eine pyramidenförmige Struktur. Die Bindung dieser letzten Halogenide und auch von SO_2 kann als ein Fall der Donatorakzeptorkomplexe zweiten Typs betrachtet werden, die unten diskutiert werden. Die besprochenen Donator- und Akzeptormoleküle könnten auch als Lewis-Basen und -säuren (Seite 78) und die Komplexbildung als eine Säure-Base-Reaktion angesehen werden. Diese Wechselwirkung mit einem freien Elektronenpaar hat zur Folge, daß in verschiedenen Fällen gewisse Konfigurationen in ungesättigten organischen Molekülen, die nur wenig zum stationären Zustand des freien Moleküls beitragen, im gebildeten Komplex von viel größerer Bedeutung sind. Viele Reaktionen können folglich unter dem katalytischen Einfluß dieser Sextettsubstanzen ablaufen (Abschn. 36). Die Wechselwirkung des Protons wie etwa in OH_3^+ und HF mit organischen Molekülen ist zwar völlig elektrostatischer Art (Abschn. 45, 46), da jedoch die Anwesenheit eines freien Elektronenpaares in einer Konfiguration zu einer größeren Polarisierbarkeit führt, kann insbesondere die katalytische Wirkung von BF_3, $AlCl_3$ einerseits und von HF und starken Säuren andererseits doch durch eine Veränderung der Anteile verschiedener Elektronenkonfigurationen weitgehend ähnlich sein.

b) Verbindungen können auch gebildet werden zwischen einem Molekül, das einen potentiellen Elektronenakzeptor (oder Donator) darstellt, in dem die Akzeptorkonfiguration (oder das freie Elektronenpaar) nur in einer angeregten Konfiguration vorkommt (Seite 205), und einem Molekül mit einem freien Elektronenpaar (oder einer Akzeptorkonfiguration) im normalen Grundzustand oder zwischen Molekülen, die nur eine Akzeptor-Donator-Reaktion eingehen können, wenn sie sich beide in angeregten Konfigurationen befinden (*Andrews* 1954). Die größte Gruppe unter den organischen Molekülverbindungen mit Ausnahme derjenigen, bei denen die Bildung von Wasserstoffbindungen eine Rolle spielt, sind Verbindungen (gewöhnlich im Verhältnis 1 : 1) von aliphatischen oder aromatischen Nitroverbindungen (Nitromethan, Tetranitromethan, Chlorpikrin Cl_3CNO_2, Nitrobenzol, s-Trinitrobenzol, Pikrinsäure), Chinonen, Anhydriden (Phthal- und Maleinsäureanhydrid) und Ketonen mit aliphatischen oder aromatischen Aminen (Anilin, Pyridin), ungesättigten aliphatischen und aromatischen Kohlenwasserstoffen, Äthern usw.

Die Assoziation ist häufig von auffallenden Farbreaktionen begleitet. In vielen Fällen sind kristallisierte Verbindungen erhalten worden, unter anderem die Pikrate aromatischer Kohlenwasserstoffe.

Nitrophenole wie Pikrinsäure bilden tief gefärbte Komplexe des hier diskutierten Typs mit den schwächer basischen aromatischen Aminen. Mit den Aminen größerer Protonenaffinität werden jedoch durch Protonenaustausch schwach gefärbte Aniliniumpikrate gebildet. Pikrinsäure liefert mit Bromanilin sogar die Molekülverbindungen beider Typen, die orangerot bzw. hellgelb gefärbt sind (Komplexisomerie) (*Briegleb* und *Delle* 1960; *Briegleb* 1961, Seite 105, 193).

Es liegt nahe, an eine Wechselwirkung vom Debye-Typ zwischen dem erheblichen Moment der Nitro- oder Carbonylgruppe und der leicht polarisierbaren ungesättigten C=C-Bindung im ungesättigten Kohlenwasserstoff oder den leicht polarisierbaren freien Elektronenpaaren in den Aminen usw. zu denken. Tatsächlich wächst die Stabilität mit ansteigender Polarisierbarkeit, vgl. z. B. die Bildungswärme für die Verbindungen des s-Trinitrobenzols mit Benzol, Naphthalin und Anthracen (ΔH: 0,6; 3,4 bzw. 4,4 kcal/Mol). In der Reihe der Komplexe von Mono-, Di- und s-Trinitrobenzol mit Acenaphthen wächst ΔH auch mit ansteigender Zahl der Partialmomente (ΔH: 0; 1,35 bzw. 2,45 kcal/Mol). Trotzdem ist diese Erklärung unzulänglich. Nitromethan mit einem Moment $\mu = 3{,}54$ D gibt sehr viel weniger stabile Komplexe als Nitrobenzol ($\mu = 4{,}22$ D), während Nitrosobenzol ($\mu = 3{,}2$ D) zu stärkeren Farbeffekten führt als Nitrobenzol.

Die Farbreaktionen zeigen oft eine sehr beträchtliche Rotverschiebung der Absorptionsbande gegenüber den Komponenten an. Da die Färbung in engem Zusammenhang mit den π-Elektronenzuständen beider Moleküle steht, beweist dies einen tiefgreifenden Effekt auf die π-Elektronen beider Komponenten. Die elektrostatische Polarisation mit ihrer kleinen Wechselwirkungsenergie kann nicht zur Erklärung der sehr erheblichen Änderungen im Elektronensystem herangezogen werden, die bedeutenden Energieänderungen entsprechen, sondern es muß eine spezifischere Wechselwirkung vorhanden sein.

Es ist nicht unwahrscheinlich, daß diese Bindung zwischen den komplexbildenden Komponenten der Bindung zwischen Molekülen mit einer Sextettkonfiguration (wie BF_3) und Molekülen mit einem freien Elektronenpaar ähnlich ist. In den Molekülen der erstgenannten Gruppe, z. B. Nitroverbindungen, ist die Sextettkonfiguration nur in einem begrenzten Ausmaß am stationären Zustand des freien Moleküls anteilig. Ein Komplex kann enstehen, wenn die Energie dieser Sextettkonfiguration gegenüber der normalen Oktettkonfiguration durch die Komplexbildung mit einem geeigneten Partner hinreichend erniedrigt wird.

Brackman (1949) (*Weiss* hat 1942 eine analoge Konzeption veröffentlicht) hat die Vorstellung einer „Komplex-Resonanz" entwickelt, wobei der stationäre Zustand als Resonanzzustand zwischen einer Konfiguration ohne Bindung und einer mit Bindung wiedergegeben wird, z. B. für eine Nitroverbindung und ein Amin:

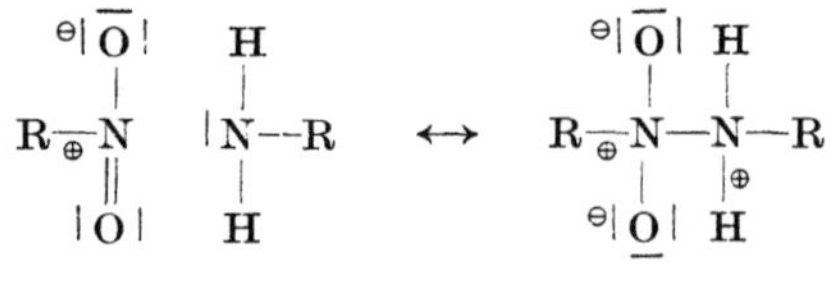

[Die zweite Konfiguration ist jedoch nach der „Nachbarladungsregel" („adjacent charge rule") energetisch ungünstig.]

Für Ketone erhalten wir:

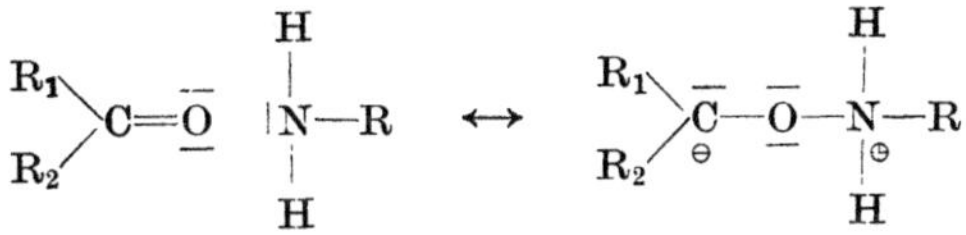

oder

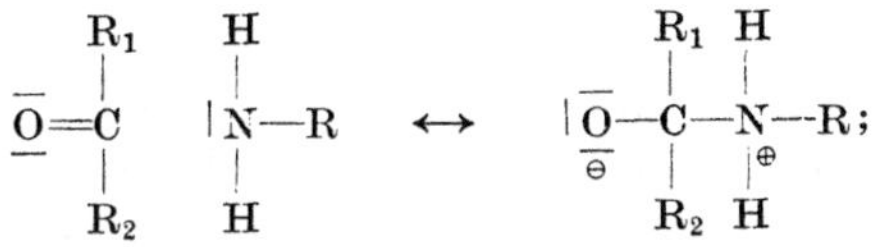

wobei die zweite Formulierung wahrscheinlicher ist.

Die Ausbildung der Sextettkonfiguration erfordert viel Energie. Die kleine beobachtete Bildungswärme ist die Differenz zwischen dieser Promotionsenergie auf der einen Seite und der Bindungs- und Resonanzenergie auf der anderen. Nichtsdestoweniger ergibt sich eine erhebliche Änderung der Elektronenverteilung und also auch des Spektrums.

Mulliken (1952) hat eine allgemeinere quantenmechanische Theorie der Bindung in diesen Molekülkomplexen angegeben. Er betrachtet ebenfalls eine Resonanz zwischen einer Konfiguration ohne Bindung AD und einer „Dativkonfiguration" A^-D^+. Diese letzten Konfigurationen sind den Konfigurationen von *Brackman* gleichwertig, sie werden also durch einen Elektronenübergang von der N-Verbindung (Donator, Lewis-Base) auf die „Sextett"-Verbindung (Akzeptor, Lewis-Säure, Seite 78) gebildet.

Während die Konfiguration ohne Bindung am meisten zum Grundzustand beiträgt, erhält der stationäre Zustand im oberen Niveau den größten Anteil von den Dativkonfigurationen. Infolge der Komplexbildung wird dieses obere Niveau im allgemeinen stärker erniedrigt als der Grundzustand. Die Komplexbildung ist deshalb mit einem bathochromen Effekt verbunden. Die Absorption eines Lichtquants ist daher mit einem Elektronenübergang verknüpft, der die große Intensität der charakteristischen Absorptionsbanden erklärt, die kein Gegenstück in den Spektren der beiden Komponenten des Molekülkomplexes besitzt („Ladungsübertragungskomplexe", „charge-transfer complexes").

Es ist schon lange bekannt, daß das Jod mit einigen Lösungsmitteln violette Lösungen gibt, wie mit Schwefelkohlenstoff, gesättigten aliphatischen Kohlenwasserstoffen und halogensubstituierten Kohlenwasserstoffen (unter ihnen ebenfalls ungesättigte Verbindungen wie Di-, Tri- und Tetrachloräthylen, siehe auch Seite 349). Auf der anderen Seite entstehen rote bis braune Lösungen bei der Auflösung von Jod in anderen Lösungsmitteln, so in steigendem Maße in der Reihe Benzol, Toluol und

Mesitylen. Braune Lösungen bilden sich auch in Äthern, Dioxan, Alkoholen, Wasser und Pyridin; auch das Diisobutylen (2,4,4-Trimethylpenten-(1) und -(2) gibt jedoch eine braune Lösung (*Benesi* und *Hildebrand* 1948, 1949; *Kleinberg* und *Davidson* 1948; *Kortüm* und *Kortüm-Seiler* 1950; *Kortüm* und *Vogel* 1955; *Andrews* und *Keefer* 1950, 1951, 1952, 1955; *Cromwell* und *Scott* 1950; *Ketelaar, van de Stolpe* u.a. 1951, 1952; *Andrews* und *Keefer* 1961; *Briegleb* 1961).
In der braunen Lösung ist ein 1 : 1-Komplex vorhanden, der offensichtlich zu einer Verschiebung der Absorptionsbande des Jods im sichtbaren Gebiet des Spektrums nach kürzeren Wellenlängen führt. Es wird aber auch eine neue Absorptionsbande im Ultraviolett bei etwa 3000 Å beobachtet. Aus der Änderung der Extinktion jeder dieser Banden beim Verdünnen z.B. der Jodlösung in Benzol mit einem „inaktiven" Lösungsmittel wie Tetrachlorkohlenstoff oder Hexan läßt sich die Dissoziationskonstante K_x bestimmen. Die Bildungswärme ΔH wird aus der Temperaturabhängigkeit von K_x erhalten (*Benesi* und *Hildebrand* 1948, 1949; *Ketelaar* und *van de Stolpe* u.a. 1951, 1952; *Scott* 1956).
Die Konstitution des J_2-Benzol- bzw. des J_2-Pyridinkomplexes kann als ein Resonanzhybrid mit den beiden Konfigurationen formuliert werden:

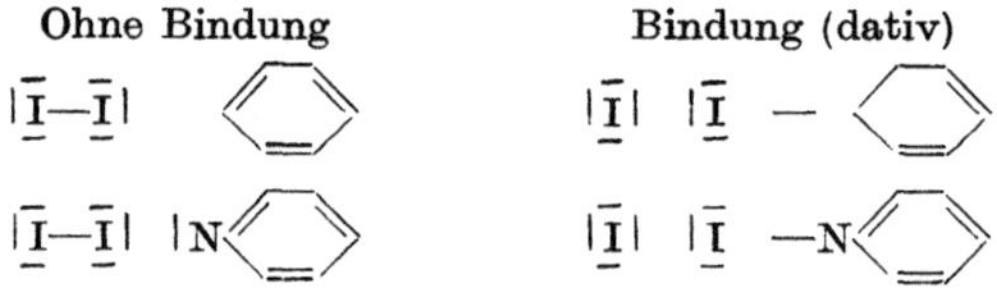

Mit Pyridin entsteht sogar eine Lösung, die den elektrischen Strom gut leitet ($\Delta H = -8{,}0$ kcal/Mol) (*Kommandeur* und *Hall* 1961). Mit anderen Molekülen wie Dioxan ($\Delta H = -3{,}5$ kcal/Mol) tritt keine Dissoziation auf, der Komplex besitzt jedoch ein Dipolmoment von 1,27 D, obwohl keine der Komponenten ein elektrisches Moment aufweist (*Fairbrother* 1947, 1948). Röntgenstrahlstrukturuntersuchungen von *Hassel* und *Strömme* (1958, 1959) haben ergeben, daß, jedenfalls im festen Zustand, die Halogenmoleküle auf der 6zähligen Achse senkrecht zur Molekülebene angeordnet sind und daß der Halogen-Halogenabstand etwas vergrößert ist. Im JCl-Pyridinkomplex sind die Atome Cl–J- - -N entlang einer, symmetrisch in der Ebene des Pyridinmoleküls gelegenen Geraden angeordnet (*Hassel* und *Romming* 1956; auch für Br_2-Pyridin, *Strömme* 1959). In der Lösung dürfte die räumliche Anordnung weniger scharf bestimmt sein (*Dallinga* 1954).
Aus dem Infrarotspektrum des entsprechenden Chlor-Benzol-Komplexes ist gefunden worden (*Collin* und *d'Or* 1955), daß die Ladungsverteilung im Cl–Cl-Molekül nicht mehr symmetrisch (infrarot-aktive Cl–Cl-Absorptionsbande) und die Bindung geschwächt ist (Verschiebung von

557 cm^{-1} nach 526 cm^{-1}), wie bei einer anteiligen Konfiguration mit Dativbindung zu erwarten ist. Das gleiche wurde beobachtet für Brom (von 321 cm^{-1} nach 305 cm^{-1}) und für Jod (von 213 cm^{-1} nach 204 cm^{-1} im Benzolkomplex und nach 174 cm^{-1} im Pyridinkomplex). (*D'Or, Alewaeters* und *Collin* 1956; *Person, Erickson* und *Buckles* 1957, 1960; *Plyler* und *Mulliken* 1959).

Der Gang der Komplexbildung in der Reihe der Benzolhomologen stimmt mit der wachsenden Tendenz überein, Elektronen abzugeben, die mit dem schwächeren elektronegativen Charakter der CH_3-Gruppe (siehe Seite 259) zusammenhängt. Mit Diisobutylen ist die Assoziation aus dem gleichen Grunde viel stärker als mit Cyclohexen. Die nachstehende Tabelle enthält einige Werte für die Gleichgewichtskonstante bei 25 °C (in Molenbrüchen) und für die Bildungswärme (*Andrews* und *Keefer*; *Ketelaar, van de Stolpe* u.a.; siehe auch *Briegleb* 1961). Das „inerte" Lösungsmittel ist dabei *n*-Hexan.

	K_x	$-\Delta H$ (kcal/Mol)		K_x
Benzol	1,21	1,3	Di-*iso*-butylen	3,3
Toluol	2,24	1,8	Cyclohexen	0,53
o-Xylol	2,96	2,0	*cis*-Dichloräthylen	0,32
s-Trimethylbenzol	5,98	2,9	*trans*-Dichloräthylen	0,24
Hexamethylbenzol	15,7	3,7	Trichloräthylen	0,19
Napthalin	2,71	1,8	Tetrachloräthylen	0,19
1-Methylnaphthalin	2,78	2,1		
2-Methylnaphthalin	3,71	2,1		
Pyridin	2110	8,0		
Trimethylamin	82500	12,3		

Sorgfältige Messungen des Ultraviolettabsorptionsspektrums zeigen, daß auch in den violetten Lösungen des Jods in den substituierten Chloräthylenen Komplexverbindungen in einem kleineren Ausmaß vorliegen, das mit sinkendem Doppelbindungscharakter abnimmt (*Ketelaar* und *van de Stolpe* 1952).

Ein Molekül wie 1,3,5-Trinitrobenzol kann als Akzeptor fungieren und z.B. Komplexe mit Aminen als Donatoren bilden (*Bier* 1956). Es lassen sich viele Konfigurationen angeben mit einem Sextett entweder an dem para- oder den ortho-Kohlenstoffatomen, am Stickstoffatom und auch am Sauerstoffatom. Im festen s-Trinitrobenzol-p-Jodanilin wird zwischen einem Sauerstoffatom und dem Stickstoffatom der kurze Abstand von 3,1 Å gefunden, während im *p*-Nitranilin, das Komplexe mit sich selbst bildet, der kürzeste Abstand wiederum am Sauerstoff zu finden ist, hier jedoch zu einem Kohlenstoffatom eines anderen Moleküls (*Powell* u.a. 1939, 1943; *Wallwork* und *Harding* 1953).

Die mit 1,3,5-Trinitrobenzol erhaltenen Ergebnisse sind (*Bier* 1956; *Briegleb* und *Czekalla* 1955):

	In $CHCl_3$		In CCl_4	
	K_x	$-\Delta H$	K_x	$-\Delta H$ (kcal/Mol)
Benzol	0,82	0,45	2,4	1,71
Toluol	1,82	0,86	4,2	1,76
Xylol	2,08	1,12	9,0	2,16
Naphthalin	17,0	2,20	41,5	4,31
1-Methylnaphthalin	19,0	2,41	—	—
2-Methylnaphthalin	25,8	2,56	—	—
Anthracen	39,8	2.74	—	—
Phenanthren	38,5	2,63	123,0	4,32
Anilin	5,1	1,35		
N,N-Dimethylanilin	94	1,82		
1-Naphthylamin	47,9	2,98		
2-Naphthylamin	49,1	3,00		

Die aus den Beziehungen $-\Delta S = (\Delta G - \Delta H)/T$ und $-RT \ln K_x = \Delta G$ zu berechnende Bildungsentropie ΔS ist für die beiden Reihen von Komplexverbindungen ungefähr eine Konstante von etwa 5 bzw. 2 cal/Grad und Mol.

Mulliken (1950, 1952) gibt für die Wellenfunktion, die den Grundzustand N des Komplexes repräsentiert,

$$\psi_N = a\,\psi_0 + b\,\psi_1,$$

worin ψ_0 und ψ_1 die Wellenfunktionen für die Konfiguration ohne Bindung und für die mit Dativbindung sind. Wegen des Energieunterschiedes (vgl. Seite 198) ist hier $a \gg b$.

Es gibt jedoch auch einen angeregten Zustand E mit

$$\psi_E = a^*\,\psi_1 - b^*\,\psi_0 \qquad a^* \gg b^* \quad \text{und} \quad a \approx a^*.$$

Nur wenn der Energieunterschied sehr groß ist, können die Zustände N und E mit einer einzigen Konfiguration (0 bzw. 1) identifiziert werden.

Die Energiedifferenz zwischen den beiden Zuständen N und E entspricht der Absorptionsbande: $h\nu = W_E - W_N$, wobei W_N die Bildungswärme ΔH darstellt. Die Berechnungen haben einen Wert von $b^2/(a^2 + b^2) = 0{,}018$ ergeben, der wiedergibt, daß die Konfiguration mit Dativbindung im Jod-Benzol-Komplex nur 2% zur Ladungsverteilung des Grundzustandes beisteuert. Ein entsprechender Wert läßt sich aus dem Dipolmoment ableiten. Beim Jod-Pyridin-Komplex ist dieser Anteil viel höher, er beträgt etwa 25% (*Ketelaar* 1954; *Tamres* und *Brandon* 1960).

Die Energie W_E des angeregten *Zustandes* ist gleich der Energie W_1 der *Konfiguration* 1 mit der Bindung durch Ladungsübertragung und der Resonanzenergie R_E: $W_E = W_1 + R_E$. Für die Energie W_1 gilt: $W_1 = I - E_A + E_C$, hierbei ist I die Ionisationsenergie des Donatormoleküls D und E_A die Elektronenaffinität (meistens klein) des Akzeptormoleküls A, beide zusammen sind notwendig, um die Moleküle D und A in die Ionen D^+ und A^- zu überführen; E_C ist die Coulomb-Energie (negativ, Anziehung) der Ionen.

Ebenso gilt für W_0 und W_N, die Energie der Konfiguration 0 bzw. des Zustandes ohne Bindung: $W_N = W_0 + R_N = \Delta H$. Also ist auch

$$h\nu = W_E - W_N = I - E_A + E_C - W_0 + R_E + R_N .$$

Aus der oben angegebenen quantenmechanischen Rechnung folgt:

$$\frac{b^2}{a^2} = \frac{R_N}{W_1 - W_0} \quad \text{und} \quad \frac{b^{*2}}{a^{*2}} = \frac{R_E}{W_1 - W_0} .$$

Nun sind in einer Reihe von Komplexen mit gleichem Akzeptormolekül A, wie z.B. den Jodkomplexen oder den *s*-Trinitrobenzol-Komplexen, E_A und auch E_C ungefähr konstant, während W_0 sehr klein ist und auch R_E und R_N, verbunden durch die empirische Beziehung $R_E = -2{,}5\, R_N$, wenig variieren.

Für den Komplex *s*-Trinitrobenzol-Naphthalin gilt z.B. (*Briegleb* und *Czekalla* 1955, 1960):

$W_N = \Delta H$	−4,3 kcal/Mol	W_E	60,6 kcal/Mol
W_0	−2,5 kcal/Mol	W_1	56,5 kcal/Mol
R_N	−1,8 kcal/Mol	R_E	4,1 kcal/Mol
$W_E - W_N = h\nu$	64,9 kcal/Mol	b^2	0,030
$W_1 - W_0$	59,0 kcal/Mol	b^{*2}	0,065
I	190 kcal/Mol	μ (Dipolmoment)	0,69 D

Es folgt also, daß eine lineare Beziehung vorliegen wird zwischen $h\nu$, der Frequenz der Ladungsübertragungsbande im UV, und der Ionisierungsenergie I des Donatormoleküls. Tatsächlich wird eine solche Beziehung immer gefunden oder allgemeiner wird empirisch gefunden $h\nu = kI + l$ [z.B. für Jod $k = 0{,}94$ und $l = -4{,}2$, für *s*-Trinitrobenzol $k = 0{,}97$ und $l = -4{,}5$ in (eV)] (*Hastings* et al. 1953; *McConell, Hamm* und *Platt* 1953; *van de Stolpe* 1953, 1956; *Ketelaar* 1954; *Briegleb* und *Czekalla* 1955, 1959; *Bier* 1956; *Briegleb*, Buch 1961; *Beukers* und *Szent-Györgyi* 1962, wo anstatt I die berechnete Energie des höchsten gefüllten Elektronenniveaus nach der MO-Methode genommen werden soll, Seite 270).

Der Unterschied der Lösung von Jod in aliphatischen, gesättigten Kohlenwasserstoffen im fernen Ultraviolett gegenüber dem Jod im Gaszustand oder gelöst in Fluorkohlenwasserstoffen wird von *Mulliken* (1956) und *Orgel* und *Mulliken* (1957) als ein extremer Fall einer Komplexresonanz erklärt, wo die Bildung des Ladungsübertragungskomplexes auf den oberen Zustand des Absorptionsübergangs beschränkt ist, da sich nur hier die Elektronenschalen beider Partner überlappen („contact charge transfer“).

Es ist kürzlich gefunden worden, daß in einer Lösung von Sauerstoff (oder eines anderen paramagnetischen Moleküls wie NO) in Benzol oder anderen aromatischen Kohlenwasserstoffen eine Lichtabsorption im Gebiet von 3000–3500 Å beobachtet werden kann, wo der Singulett-Triplett Übergang (Seite 275) zu erwarten ist (*Evans* 1957).

Es bildet sich eine Art schwacher Ladungsübertragungskomplex oder „Contact charge transfer complex“ wie bei den schwächsten Jodkomplexen, und hier ist dann ein sonst verbotener Übergang erlaubt, wobei das Benzolmolekül in einen Triplettzustand übergeht (*Hoijtink* 1960; *Murrell* 1960; *Tsubomura* und *Mulliken* 1960; *Dijkgraaf* 1962). Jedoch auch Moleküle wie Äthyljodid induzieren den Singulett-Triplettübergang in aromatischen Kohlenwasserstoffen durch die Störung der Spin-Bahn-Kopplung der π-Elektronen durch das schwere Atom (Seite 141) (*Dijkgraaf* 1962).

Unter den seltenen Verbindungen, die keine echten Molekülverbindungen sind und vielleicht auf einer Wechselwirkung vom London-Typ beruhen, finden sich einige sehr instabile Moleküle, die nur in Gasentladungen beobachtet werden, z.B. HgKr, HgAr und vielleicht auch Hg_2. Die Verbindungen besitzen nur eine sehr kleine Dissoziationswärme (HgKr 0,8 kcal/Mol), und das Quecksilberatom befindet sich in einem angeregten Zustand, so daß eine Einelektronenbindung nicht ausgeschlossen ist.

Man kann erwarten, daß ein Edelgasatom im angeregten Zustande eine Atombindung bilden kann, wenn sich eines der Elektronen auf einem höheren Niveau befindet. Es kann dann aber nicht mehr von einer Edelgaskonfiguration die Rede sein (He_2, HeNe).

In den Infrarotspektren von Mischungen aus CO_2 und H_2, O_2 oder N_2 zeigt sich eine Absorptionsbande bei einer Frequenz, die der Summe der Frequenzen beider Komponenten entspricht (Simultanübergänge). Diese Banden werden durch die elektrostatische Polarisation verursacht, wenn die zwei Moleküle sich sehr nahe kommen (Kollisionskomplexe) (*Fahrenfort* und *Ketelaar* 1954; *Ketelaar* 1956, 1959). Es handelt sich hier jedoch nicht um Moleküle von Verbindungen, da ihre Lebensdauer viel kleiner ist als die Zeit zwischen den Zusammenstößen.

42. Kohäsionsenergie und Siedepunkte

Obwohl die van-der-Waals-Kräfte bei der Entstehung stabiler chemischer Verbindungen keine große Rolle spielen, sind sie wichtig für die Kohäsionsenergie von festen und flüssigen Phasen, die sich aus getrennten Molekülen zusammensetzen.

Das bedeutet, daß viele physikalisch-chemische Eigenschaften wie Flüchtigkeit, Löslichkeit, Mischbarkeit, Viskosität, Plastizität und Oberflächenspannung, die alle von der zwischenmolekularen Wechselwirkung und damit von der Kohäsion abhängen, durch die van-der-Waals-Kräfte bestimmt werden. Das gilt für die meisten organischen Verbindungen, für Mischungen und auch für viele anorganische Substanzen, z.B. Wasser, Ammoniak usw.

Die Kohäsionsenergie ist (mit entgegengesetztem Vorzeichen) gleich der Verdampfungswärme bei konstantem Volumen ΔU, da die potentielle Energie des Dampfes bei mäßigen Drücken vernachlässigt werden kann.

Die gebräuchlichere latente Verdampfungswärme ΔH enthält noch die äußere geleistete Arbeit, $\Delta U = \Delta H - RT$.
Die molekulare Wechselwirkung wird durch die spezifische Kohäsion oder Kohäsionsdichte U/V charakterisiert, wobei V das Molvolumen darstellt (Tabelle 33). Eine andere eng verwandte Größe ist der sog. Binnendruck einer Flüssigkeit.
Nach den Gesetzen der Thermodynamik ist $dU = dA + TdS = -pdV + TdS$ (Kombination des Ersten und Zweiten Hauptsatzes). Daraus ergibt sich:

$$\left(\frac{\partial U}{\partial V}\right)_T = -p + T\left(\frac{\partial S}{\partial V}\right)_T = -p + T\left(\frac{\partial p}{\partial T}\right)_V .$$

Für eine Flüssigkeit ist der Druckkoeffizient

$$\left(\frac{\partial p}{\partial T}\right)_V = \frac{\alpha_T}{\beta}$$ (α_T = thermischer Ausdehnungskoeffizient, β = Kompressibilität)

so groß, daß das zweite Glied, der aktuelle Binnendruck, etwa 2000 bis 8000 atm entspricht. $\left(\frac{\partial U}{\partial V}\right)_T$ ist deshalb etwa gleich dem Binnendruck p_i, wenn man den äußeren Druck p vernachlässigt.
Für eine Substanz, die der van-der-Waals-Zustandsgleichung

$$\left(p + \frac{a}{V^2}\right)(V - b) = RT ,$$

gehorcht, ist der Binnendruck

$$\left(\frac{\partial U}{\partial V}\right)_T = p_i = \frac{a}{V^2} .$$

Da die Energie U/V gleich $-a/V^2$ ist, ist in diesem Falle der Binnendruck gleich der Kohäsionsdichte $|U/V|$. Das gilt für alle nichtassoziierten Flüssigkeiten in guter Näherung.
Die spezifische Kohäsion oder der Binnendruck spielt besonders in Mischungen eine Rolle. Für den Fall einer ausschließlichen London-Wechselwirkung erhalten wir (siehe Seite 355):

$$U = -\frac{a}{V} \sim \frac{\alpha^2}{V d^3} \sim \frac{\alpha^2}{v^2} \left[\frac{U}{V} = -\frac{a}{V^2} \sim \frac{\alpha^2}{v^3}\right] .$$

Das Molvolumen V einer Flüssigkeit ist proportional dem aktuellen Volumen v der Moleküle bzw. b (Seite 355) oder d^3, mit d als Moleküldurchmesser.
Wir wollen zunächst die Moleküle untersuchen, die kein oder fast kein Dipolmoment besitzen und in denen die Kohäsion demzufolge ganz auf den London-Kräften beruht.

In der Reihe der Edelgase steigt die Verdampfungswärme (und der Siedepunkt) mit wachsendem Atomgewicht an. Das stimmt überein mit der Veränderung der Polarisierbarkeit, geteilt durch das Volumen $\alpha/v \sim \alpha/d^3$, der charakteristischen Größe in der London-Formel. Um einen quantitativen Vergleich anstellen zu können ist es nötig, die Sublimationswärme zu berechnen, die in diesem Falle gleich der Gitterenergie ist. Ausgehend von der London-Formel für die Wechselwirkung zweier ähnlicher Partikel muß der Effekt hier – wie in den Ionengittern – über das ganze Gitter summiert werden. Im Hinblick auf den kleinen Wirkungsradius der London-Kräfte kommt das Ergebnis dieser Summation der Multiplikation mit der Zahl der nächsten Nachbarn (12 in der dichtesten Packung) geteilt durch 2 (damit nicht jedes Atom zweimal gerechnet wird) praktisch gleich. Die Werte für die Polarisierbarkeit (aus der Molrefraktion $R = 4\pi N \alpha/3$), das Ionisationspotential (aus den Spektren) und der Abstand r (aus der Kristallstruktur und der Dichte) sind bekannt. Trotzdem muß der Gitterenergie ein weiterer Term zugefügt werden, bevor sie der experimentellen Sublimationswärme vergleichbar wird. Und zwar ist die Abstoßungsenergie zu berücksichtigen, wie in der Berechnung im Kap. II, Seite 31. Unter der gleichen Annahme wie dort sehen wir dann leicht, daß wir anstatt $1 - 1/n$ hier $1 - 6/n$ haben. Wenn n also etwa 10 bis 12 beträgt, wird die Korrektur für die Abstoßungsenergie nicht 10% wie bei den Ionengittern, sondern etwa 50%. Im Hinblick auf die Unsicherheit dieser Korrektur ist in Tabelle 30 nur die Anziehungsenergie aufgeführt. Die Veränderung und die Größenordnung sind jedoch mit dem Experiment in Übereinstimmung.

Die Tatsache, daß die berechnete Anziehungsenergie der beobachteten Gesamtenergie trotz des unzweifelhaft bedeutenden Einflusses der Abstoßungsenergie praktisch gleich ist, weist wiederum auf einen an-

Tabelle 30: Die Konstante a aus der van-der-Waals-Gleichung und die nach *London* (1937) berechnete Gitterenergie

	a (10^{-2} atm · 1^2/Mol)		Gitterenergie (kcal/Mol)		
	ber.	beob.	ber.	beob.	Siedepunkt °K
He	4,8	3,5	–	–	4
Ne	26	21	0,47	0,59	27
Ar	163	135	1,92	2,03	76
Kr	253	240	3,17	2,80	121
Xe	430	410	–	–	174
N_2	147	135	1,64	1,86	77
O_2	135	136	1,69	2,06	90
CH_4	256	224	2,92	2,70	112
Cl_2	680	632	7,18	7,43	239

nähernd doppelt so großen Proportionalitätsfaktor der van-der-Waals-Energie bei kleinen Abständen hin (Seite 336).

Die Berechnung der van-der-Waals-Konstanten a für den Gaszustand, in dem der Durchschnittsabstand groß ist, liefert sehr befriedigende Resultate (Tabelle 30).

Nach *Lennard-Jones* läßt sich die Wechselwirkung zwischen nichtpolaren Partikeln wiedergeben durch:

$$\varepsilon = \frac{j}{r^{12}} - \frac{k}{r^6}.$$

Die Wahl der Zahl 12 als Exponent für die Abstoßungsenergie wird hauptsächlich durch die damit verbundene Vereinfachung der Rechnung bestimmt.

Wenn wir die Tiefe der Energiemulde ε_0 und den Abstand d' einführen, bei dem die Energie gerade Null wird (der Schnittpunkt der Kurve für die potentielle Energie mit der Linie $V = 0$, siehe Bild 2; d' ist der effektive Kollisionsdurchmesser des Moleküls), erhalten wir

$$\varepsilon = 4\,\varepsilon_0 \left[\left(\frac{d'}{r}\right)^{12} - \left(\frac{d'}{r}\right)^{6}\right] \quad \text{(\textit{Lennard-Jones}-Potential).}$$

Es ist in der Tat möglich, auf dieser Formel ein allgemeines Gesetz der korrespondierenden Zustände zu gründen, das für die Edelgase in allen drei Aggregatzuständen sehr genau gilt.

Die Beziehung zwischen der van-der-Waals-Konstante a und der Wechselwirkungsenergie für zwei Moleküle $\varepsilon = C/r^6$ wird gegeben durch:

$$a = -2\pi N^2 \int_{d_0}^{\infty} \varepsilon\, r^2\, d r,$$

in der d_0 den Moleküldurchmesser angibt, also den kürzesten Abstand, auf den sich Moleküle (harte Kugeln) einander nähern können. Nach *van der Waals* entspricht die Konstante b dem vierfachen Wert des tatsächlichen Molekülvolumens:

$$b = \frac{2}{3}\pi N d_0^3.$$

Wir erhalten dann:

$$a = \frac{4\pi^2 N^3}{9\,b} C \quad \text{folglich} \quad a \sim \frac{\alpha^2 I}{d^3}.$$

Die Konstante b wird hier aus der Zustandsgleichung entnommen. Die Werte für a in der Tabelle 30 sind mit Hilfe dieser Formel berechnet worden.

Bei der Berechnung von C nach den drei Methoden, nämlich aus $h\nu_0$, aus I und nach *Slater-Kirkwood*, zeigen sich Unterschiede von geringerer Bedeutung. Die letzte Methode liefert stets etwas höhere Werte.

Viele organische Verbindungen wie die Kohlenwasserstoffe und ihre völlig halogenierten Verbindungen besitzen kein oder nur ein kleines Dipolmoment. In der zuletzt genannten Gruppe überwiegt beim sukzessiven Ersatz von *F* durch *Cl*, Br und *J* der Anstieg der Polarisierbarkeit den Volumenzuwachs, so daß die London-Anziehung in dieser Reihenfolge größer wird ($\alpha \sim d^5$). Wegen der Additivität dieser Kräfte kann die gesamte Kohäsionsenergie als die Summe der Atomanteile angesehen werden. Jedes Halogenatom liefert seinen festen Beitrag zu der Kohäsionsenergie und zum Siedepunkt (*van Laar*; *van Arkel* und *de Boer*, Buch, siehe Literatur Seite 94).

Was den Ersatz eines Halogens durch ein anderes in anderen Gruppen von Verbindungen anlangt, so unterliegt das Dipolmoment dabei nur einer geringen Veränderung. Man kann deshalb mit einer feststehenden Änderung des Siedepunktes rechnen (beim Ersatz von Fluor durch Chlor 50 °C, von Chlor durch Brom 28,5 °C und von Brom durch Jod 40 °C).

Beim Ersatz eines Wasserstoffatoms durch ein Halogenatom tritt allgemein ein Dipolmoment auf. Es zeigt sich folglich ein auf der Keesom-Energie der Dipolwechselwirkung beruhender Anteil zur Kohäsionsenergie in Form eines zusätzlichen Anstiegs des Siedepunktes (Monohalogenderivate + 77 °C, Dihalogenderivate (1,1) + 82 °C und Trihalogenderivate (1,1,1) : 43 °C).

Es ist in diesem Falle nicht so sehr das Gesamtmoment des Moleküls, das eine Rolle spielt, sondern vielmehr die Momente der einzelnen Gruppen. Im Hinblick auf den kleinen Wirkungsradius der Keesom-Kräfte ($\sim 1/r^6$) erstreckt sich die Wechselwirkung nur auf die unmittelbare Nachbarschaft. Die Wechselwirkung der drei isomeren Dibromderivate des Benzols ist deshalb praktisch gleich. Die Wirkung einer C–Br-Gruppe wird nur in geringem Ausmaß durch die andere C–Br-Gruppe beeinflußt, die entweder in entgegengesetzter Richtung wie die erste wirkt (im *para*-Isomeren) oder in gleicher Richtung wie im *ortho*-Isomeren. Der London-Anteil ist natürlich für alle drei Isomeren gleich. Diese drei Isomeren haben praktisch den gleichen Siedepunkt. Der große Unterschied im Gesamtdipolmoment (*ortho* 1,86 D; *meta* 1,88 D; *para* 0 D) bewirkt nur eine sehr kleine Siedepunktsdifferenz. Wie erwartet siedet das *ortho*-Isomere bei einer etwas höheren Temperatur (221 °C) als die *meta*- (219 °C) und *para*-Verbindung (218–219 °C). Den gleichen Gang findet man bei den Siedepunkten von *cis*- und *trans*-Dichloräthylen und ähnlichen Verbindungen (*cis*: Kp. 60,5 °C, $\mu = 1{,}89$ D; *trans*: Kp. 47,7 °C, $\mu = 0$ D). Das 1,1-Dichloräthylen siedet bei 35 °C, obwohl das Dipolmoment 1,18 D beträgt. Hier findet sich jedoch nur eine Dipolgruppe, CCl_2, im Molekül gegenüber deren zwei in den beiden anderen Isomeren.

Van Laar hat postuliert, daß für ein Molekül gilt $\sqrt{a} = \sum_i \sqrt{a_i}$, d.h., $\sqrt{a}$ setzt sich additiv aus den Atomanteilen $\sqrt{a_i}$ zusammen. Nach *van Arkel* und *de Groot* (1932) läßt sich dies theoretisch ableiten.

Aus der Troutonschen Regel, $\Delta H/T_s = 22$ cal/Grad · Mol bzw. $\Delta U/T_s = 20$ cal/Grad · Mol und mit $U = a/V$ erhält man dann für den Siedepunkt

$$T_s \sim \frac{a}{V} = \frac{(\sum_i \sqrt{a_i})^2}{V}.$$

Die Kohäsionsenergie und der Siedepunkt von Kohlenwasserstoffen sind auch vom technischen Standpunkt her interessant. Der Anteil jeder CH_2-Gruppe zur Molrefraktion und demnach zur Polarisierbarkeit ist in sehr guter Näherung additiv, ebenso wie der Anteil zum Volumen. In der Formel

$$T_s \sim \frac{(\sum_i \sqrt{a_i})^2}{V}$$

sind deshalb die Anteile $\sqrt{a_i}$ für jede CH_2-Gruppe gleich und ebenso die Anteile zu V, so daß

$$T_s \sim \frac{n^2}{n} = n$$

proportional der Zahl der Kohlenstoffatome n ist, wobei CH_2- und CH_3-Gruppen als gleich angesehen werden. Das ist jedoch sicher nicht der Fall (Tabelle 31). Der Grund dafür ist darin zu suchen, daß die Kohlenwasserstoffe in der Flüssigkeit hauptsächlich in einer geknäuelten Konformation (Seite 192) vorliegen (die geknäuelten Konformationen sind zahlenmäßig wahrscheinlicher als die gestreckten). Die nach innen gerichteten Teile steuern folglich nicht zur zwischenmolekularen Wechselwirkung bei.

Tabelle 31: Siedepunkte und Schmelzpunkte von *n*-Alkanen (°C)

	Siedepunkt	Schmelzpunkt		Siedepunkt	Schmelzpunkt
n-Pentan	36,07	−129,7	*n*-Undecan	195,88	−25,6
n-Hexan	68,74	− 95,3	*n*-Dodecan	216,28	− 9,6
n-Heptan	98,43	− 90,6	*n*-Tridecan	235.47	− 5,3
n-Octan	125,66	− 59,8	*n*-Tetradecan	253,59	+ 6,2
n-Nonan	150,79	− 53,5	*n*-Pentadecan	270,74	+ 9,9
n-Decan	174,12	− 29,7	*n*-Hexadecan	287,05	+18,15

Aten jr. (1937) nahm deshalb an, daß die Kohäsionsenergie der annähernd kugelförmigen Oberfläche eines solchen Knäuels proportional sei, die mit $n^{2/3}$ anwächst (n ist die Zahl der CH_2-Gruppen)*). Da nun die Verdampfungsentropie bzw. die Trouton-„Konstante" ebenfalls mit steigender Siedetemperatur etwas größer wird, d.h. mit der Zahl der CH_2-Gruppen, konnte *Aten* eine empirische Formel plausibel machen, die schon lange bekannt war: $T_s \sim n^{1/2}$ oder noch besser $T_s^2 = nA + B$

*) Die gleiche Formel ist von *Klages* geprüft worden (1943). Bezüglich anderer empirischer Formeln siehe *van Nes* und *van Westen* (1951).

(*Walker, Boggia-Lera, Varshni*). Darin ist $A = 20500$ eine allgemeine Konstante für offene Ketten, während B von der Natur der Endgruppen abhängt. Für Paraffine (Alkane) ist B gleich -7000, für Olefine (1-Alkene) ist B -10000.
Eine Erklärung für die allgemeine Regel, nach der der Siedepunkt mit wachsendem Verzweigungsgrad sinkt, folgt insofern direkt aus dieser Betrachtung, als der Knäuel mit wachsender Verzweigung dichter wird, so daß der Siedepunkt der *n*-Verbindung immer am höchsten liegt (Tabelle 35). Für 2-Methyl-alkane ist B in der obigen Formel gleich -12500.
Andere strukturelle Einzelheiten üben gleichfalls einen Einfluß auf den Siedepunkt aus. Eine vollständige Erklärung der Beziehungen zwischen dem Siedepunkt und der Struktur ist jedoch noch nicht möglich.

Van Arkel (1932, 1933, 1934) hat die Abhängigkeit der Siedepunkte von der Molekülstruktur eingehend analysiert. Es war mitunter möglich, auf der Grundlage der Siedepunkte zu beweisen, daß die in Frage stehende Verbindung nicht das Isomere sein konnte, als das es bis dahin angesehen worden war.
Man muß sich jedoch bewußt bleiben, daß die theoretische Schlußfolgerung uns zwar etwas über die Verdampfungswärme sagen kann, nicht aber über den Siedepunkt selbst, außer wenn die Verdampfungsentropie ($\Delta H/T_s$ = Trouton-Konstante, Seite 79) für verwandte Verbindungen keinen Unterschied aufweist. Das gilt fast genau in dem oben erwähnten Fall des *cis-* und *trans-*Dichloräthylens (21,64 cal/Grad · Mol bzw. 21,52 cal/Grad · Mol).
Bei denjenigen anorganischen Verbindungen, die sowohl im flüssigen als auch im festen Zustande aus Molekülen aufgebaut sind, zeigen sich in der Kohäsionsenergie wenig oder keine elektrostatischen Anteile. Man spricht in diesem Falle von „umhüllten" (abgeschirmten) Verbindungen (Seite 85).
In den Tetrahalogeniden des Siliciums, Titans und Germaniums und in den Halogeniden des Bors, Phosphors und Aluminiums (mit Ausnahme von AlF_3 und TiF_4) ist der Anstieg des Siedepunkts vom Fluorid zum Jodid eine direkte Konsequenz der wachsenden London-Anziehung, die auf dem Anstieg der Größe α/d^3 vom Fluor zum Jod beruht, vgl. Bild 31. Der Siedepunkt des AlF_3 (oberhalb 1260 °C) liegt gegenüber dem flüchtigen Chlorid, Bromid und Jodid des Aluminiums sehr hoch. Das erklärt sich durch die Tatsache, daß das Aluminiumfluorid ein normales, aus Ionen aufgebautes Koordinationsgitter besitzt, während die anderen Halogenide zumindest im flüssigen und gasförmigen Zustand aus Molekülen Al_2X_6 bestehen (siehe Seite 85).
Die van-der-Waals-Anziehungskräfte bestimmen auch andere Eigenschaften von normalen molekularen (nichtleitenden) Flüssigkeiten. Die Viskosität oder Zähigkeit ist z. B. eng mit der Wechselwirkung zwischen den Molekülen verknüpft. In den Kohlenwasserstoffen steigt die Viskosität mit steigender Molekülgröße im gleichen Maße an, wie die Flüchtig-

keit abnimmt. Das ist ebenfalls eine Folge der je Molekül wachsenden van-der-Waals-London-Anziehung.
Weiterhin beeinflußt die Form des Moleküls und der Verzweigungsgrad sowohl die Viskosität als auch die Flüchtigkeit. Ein größerer Verzweigungsgrad, durch den das Molekül sich der Kugelform weiter nähert, setzt

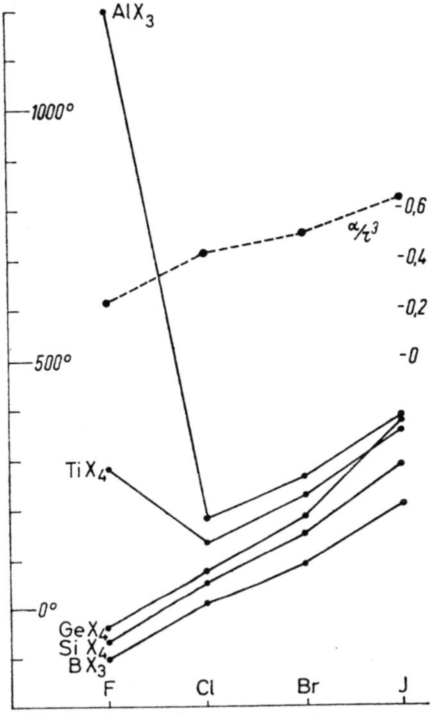

Bild 31. Siedepunkte von Tri- und Tetrahalogeniden

die Wechselwirkung herab und führt so zu größerer Flüchtigkeit und kleinerer Viskosität. Die sehr flüchtigen Edelgase sind auch im flüssigen Zustande extrem beweglich. Bei stärkerer Anziehung, als Ergebnis der im Molekül vorhandenen Dipole, nimmt die Viskosität bei abnehmender Flüchtigkeit zu. In dieser Hinsicht ist der OH-Dipol wegen seines exzentrischen Baues und der darauf beruhenden Ausbildung von Wasserstoffbindungen besonders wirksam. Man erinnere sich an die hohe Viskosität der niedrigmolekularen Flüssigkeiten wie Glycerin ($HOCH_2-CHOH-CH_2OH$), Glykol ($HOCH_2-CH_2OH$) und von konzentrierten Zuckerlösungen. Wasser und Alkohole sind ebenfalls sehr viel viskoser als die entsprechenden Verbindungen mit der gleichen Polarisierbarkeit ohne OH-Gruppen, z.B. C_2H_5F.

Die Viskosität η von Flüssigkeiten wird über einen weiten Temperaturbereich durch die ursprünglich rein empirisch gefundene Gleichung von *Guzman* (oder *Andrade*) wiedergegeben:

$$\frac{1}{\eta} = A\, e^{-B/RT} .$$

Diese Formel ist durch theoretische Argumente bestätigt worden. *Glasstone, Laidler* und *Eyring* (1941) haben gezeigt, daß die Energie B, die Aktivierungsenergie der Flüssigkeitsströmung bzw. die notwendige Energie, um die Bindungen eines Moleküls mit seiner Umgebung teilweise zu lösen, der Verdampfungsenergie proportional ist und tatsächlich etwa 25–40 % von dieser beträgt. Diese Beziehung ergibt, daß die Viskosität gesättigter Kohlenwasserstoffe beim Siedepunkt stets gleich 0,2 cp ist, da $\Delta H/T_s$ bei dieser Temperatur nach der Trouton-Regel konstant ist, was deshalb auch für B/T in der oben gegebenen Formel für die Viskosität der Fall ist.

Die Oberflächenspannung γ beruht ebenfalls auf der intermolekularen Wechselwirkung, und deren Verstärkung führt zu einem Anstieg der Oberflächenspannung. Es ist deshalb verständlich, daß der Parachor $P = \frac{M}{d}\,\gamma^{1/4}$ (*Sugden* 1930; *Quayle* 1953) eine bessere Additivität aus den Atom- und Gruppenwerten zeigt als das Molvolumen M/d selbst. Bei einem größeren Wert der Kohäsionsenergie, die sich in einer höheren Oberflächenspannung γ zeigt, wird deshalb eine kleine Korrektur für die Kontraktion angebracht. Nach der Regel von *Kopp* ist jedoch auch das Molvolumen beim Siedepunkt additiv.

Die Phänomene an der Oberfläche von Lösungen illustrieren gleichfalls deutlich den Einfluß, den die Natur der Wechselwirkung ausübt. In der monomolekularen Schicht, in der sich z.B. eine höhere Fettsäure auf einer Wasseroberfläche ausbreiten kann (*Langmuir, Harkins*), sind die polaren Carboxylgruppen sämtlich nach dem Wasser zu gerichtet, während die Kohlenwasserstoff-„Schwänze“ infolge der gegenseitigen London-Anziehung eine parallele (bürstenartige) Orientierung einnehmen. Diese stehen nicht senkrecht zur Wasseroberfläche, sondern in einem Winkel von 63° zu ihr, was auf der Stellung der Carboxylgruppe zum Rest des Moleküls beruht.

Die Schmierung bewegter Metallteile wird durch orientierte Schichten des Schmiermittels hervorgerufen, die durch Carboxylgruppen usw. fest am Metall verankert sind. Zwischen den beiden Metallteilen wirkt dann nur noch die London-Wechselwirkung zwischen den Kohlenwasserstoffschwänzen. Ein reiner Kohlenwasserstoff (Kerosin oder Paraffin) hat schlechte Schmiereigenschaften, da er infolge der ungenügenden Adhäsion vom Metall abgestoßen wird. Das ist nicht nur eine Folge einer zu kleinen Viskosität, denn auch eine Seifenlösung (Kalium-oleat usw.) ist brauchbar (Bohröl).

Die London-Kräfte herrschen vor bei der Adsorption von Gasen an festen

Substanzen wie z. B. an Kohle. Bei der Adsorption an Ionengittern wie Salzschichten (CaF_2 in Glühlampen), Kieselsäure und Aluminiumoxid hängt die Adsorption der ersten Schicht hauptsächlich von der Polarisation durch elektrostatische Kräfte ab, wobei an isolierten Ionen, Ecken und Kanten eine größere Adsorptionswärme auftritt als an einer vollkommenen Kristallfläche. Die van-der-Waals-London-Energie überwiegt dagegen bei der Adsorption in multimolekularen Schichten ebenso wie bei der Kohäsionsenergie.

Eine empirische Regel (*De Boer* und *Custers* 1934), nach der die Adsorptionswärme der Substanz A am Adsorbens B proportional $\sqrt{L_A L_B}$ ist (L_A und L_B sind die latenten Verdampfungswärmen der zwei Substanzen), läßt sich sowohl von der London- als auch von der Keesom-Wechselwirkung der Molekülpaare AA, AB und BB her verstehen (siehe Seite 363).

43. Mischbarkeit und Löslichkeit

Die gegenseitige Mischbarkeit von Flüssigkeiten und die Löslichkeit sowohl fester als auch gasförmiger Nichtelektrolyte in Flüssigkeiten werden ebenfalls von der van-der-Waals-Wechselwirkung beherrscht. Die Löslichkeit nichtpolarer Gase wie der Edelgase, des Wasserstoffs, Stickstoffs, Sauerstoffs und der Halogene ist ein theoretisch ziemlich einfaches Problem. Hier beruht die Wechselwirkung in erster Linie auf London-Kräften, während die Debye-Kräfte selbst in polaren Lösungsmitteln von untergeordneter Bedeutung bleiben.

Die Löslichkeit steigt deshalb mit wachsender Polarisierbarkeit des Gasmoleküls (je Einheitsvolumen) und ebenso mit der Polarisierbarkeit des Lösungsmittels an (unter anderem in der Reihe der homologen Alkohole, Ketone und Benzolderivate). Diese beiden Einflüsse zeigen sich am deutlichsten, wenn die andere Komponente ebenfalls leicht polarisierbar ist. Man findet in der Tat, daß die Zunahme der Löslichkeit in Benzol einerseits und beim Radon andererseits am stärksten ist (Tabelle 32).

Man muß jedoch auch die gegenseitige Wechselwirkung der Lösungsmittelmoleküle berücksichtigen.

Wenn sich ein Gasmolekül in einer Flüssigkeit lösen soll, muß zunächst ein Loch frei gemacht werden, in dem es Platz finden kann. Die hierfür notwendige Energie ist der *spezifischen* Kohäsion U/V (oder dem inneren Druck) proportional.

Wenn die Moleküle des Lösungsmittels nicht polar sind, ist diese Größe proportional α^2/v^3 (Seite 353). Es läßt sich deshalb erwarten, daß die Löslichkeiten von Gasen mit kleiner Polarisierbarkeit mit ansteigender Polarisierbarkeit des Lösungsmittels abnimmt. Für Gase mit großer Polarisierbarkeit gilt das genaue Gegenteil.

Tabelle 32: Löslichkeit der Edelgase
Lösung bei 1 atm, in Molenbrüchen, $10^4\, n/(n + n_0)$*)
(Nach *Sisskind* und *Kasarnowsky* 1933; *Clever* u.a. 1957, 1958; *Kobatake* und *Hildebrand* 1961.)

	Polarisierbarkeit (10^{-24} cm³)	Lösungsmittel			
		Wasser 0°	Äthanol 0°	Aceton 0°	Benzol 7°
He	0,202	0,177	0,599	0,684	0,55
Ne	0,392	0,174	0,857	1,15	0,87
Ar	1,629	0,414	6,54	8,09	8,66
Kr	2,460	0,888	—	—	28,9
Xe	4,000	1,94	—	—	140,7
Rn	5,419	4,14	211,2	254,9	638,1
Dipolmoment (D)		1,84	1,70	2,85	0
Polarisierbarkeit (10^{-24} cm³)		1,48	5,29	6,59	10,87

*) Das entspricht gleichzeitig $10^4 k$, wenn k die Konstante des Henryschen Gesetzes in der Form $x = kp$ (p in atm) ist.

Dieser letzte Fall ist bereits oben erwähnt worden. Der erste Fall wird illustriert durch die relativ geringe Löslichkeit von Wasserstoff, Stickstoff usw. in Schwefelkohlenstoff im Gegensatz zur hohen Löslichkeit in Pentan, das eine kleinere Polarisierbarkeit besitzt.
Die Löslichkeit unpolarer Gase wird in den Lösungsmitteln klein sein, in denen die Kohäsion zu einem großen Teil auf einer Dipol-Dipol-Wechselwirkung beruht (insbesondere auf Wasserstoffbindungen). Die große spezifische Kohäsion wird nur in einem kleinen Ausmaß durch die Debye-Wechselwirkung mit den gelösten Molekülen kompensiert.
Während atmosphärische Luft 21 % Sauerstoff enthält, sind es bei in Wasser gelöster Luft 34 % Sauerstoff. Das ist für biologische Prozesse wichtig und eine Folge der größeren Polarisierbarkeit des Sauerstoffs je Einheitsvolumen gegenüber dem Stickstoff (das Verhältnis beträgt 1 : 0,77).
Mit der gegenseitigen Mischbarkeit von Flüssigkeiten ist vor allem ein thermischer Effekt verbunden, der beim Mischen auftritt, nämlich die Mischungswärme M (*Hildebrand* und *Scott* 1950, 1962; *van Arkel* und *Vles* 1936; *Staverman* 1937, 1941; *van Arkel* 1946; *Guggenheim* 1952; *Haase* 1956; Discuss. Faraday Soc. Nr. *15*, *The equilibrium properties of solutions of non-electrolytes*, 1955). Diese Größe ist die Differenz zwischen den Kohäsionsenergien der Mischung und jeweils der reinen Komponenten. Es ist nun plausibel, daß die London-Wechselwirkung zweier Moleküle A und B das geometrische Mittel der Wechselwirkung zwischen den Paaren der Moleküle A und der Moleküle B ist, wobei diese drei Wechselwirkungen proportional $\alpha_A \alpha_B$, α_A^2 und α_B^2 sind. (Tatsächlich muß man

die Unterschiede im Radius berücksichtigen. Solange wie r_A und r_B nicht zu stark differieren, ist $r_{AB} \approx \sqrt{r_A r_B}$ eine ziemlich gute Näherung.) Der gleiche Schluß ist auch für die Keesom-Energie vernünftig, die proportional $\mu_A^2 \mu_B^2$ ist (siehe jedoch Seite 368). Das heißt aber nicht, daß die gesamte, auf beiden Effekten beruhende Wechselwirkung ebenfalls durch das geometrische Mittel wiedergegeben werden könnte. Wir betrachten zwei Substanzen A und B mit annähernd gleichen Kohäsionsenergien, z.B. Wasser und Tetrachlorkohlenstoff. Beim Wasser besteht die Kohäsionsenergie praktisch ausschließlich aus Keesom-Energie (K), beim Tetrachlorkohlenstoff ausschließlich aus London-Energie (L). Die Wechselwirkung zwischen einem Wasser- und Tetrachlorkohlenstoffmolekül ist nicht gleich dem geometrischen Mittel aus den beiden annähernd gleichen individuellen Größen bzw. aus den Werten für die separaten Paare $A-A$ und $B-B$, sondern viel kleiner. Sie ist kleiner, weil sowohl die Keesom-Energie als auch die London-Energie klein sind für eine Kombination des schwach polarisierbaren, stark polaren Wassermoleküls mit leicht polarisierbaren aber dipollosen Molekülen wie Tetrachlorkohlenstoff, Brom oder Benzol. Die Mischungswärme ist also stark negativ und die zwei Substanzen sind nur wenig mischbar.

Für eine Mischung von x Molen A und $(1-x)$ Molen B ist die London-Energie nach *van Arkel* (1934) $x^2 L_A + (1-x)^2 L_B + 2x(1-x)\sqrt{L_A L_B}$. L_A und L_B sind die London-Kohäsionsenergien von A und B, die den Wechselwirkungsenergien der Molekülpaare AA bzw. BB proportional sind. Die Wechselwirkung eines Paares AB ist proportional $\sqrt{L_A L_B}$. Die Wahrscheinlichkeit für die Bildung von Paaren AA ist proportional x^2, die von Paaren AB und ebenfalls BA proportional $x(1-x)$, zusammen $2x(1-x)$. Die Summe der Kohäsionsenergien der Komponenten beträgt $xL_A + (1-x)L_B$. Die Mischungswärme erhält man durch Subtraktion des zweiten Betrags vom ersten, Umstellung und Vereinfachung $-\Delta U = M = -x(1-x)(\sqrt{L_A} - \sqrt{L_B})^2$, sie stellt immer eine negative Größe dar. Im oben erwähnten Fall, in dem sowohl London- als auch Keesom-Energien eine Rolle spielen, erhalten wir:

$$M = -x(1-x)\{(\sqrt{L_A} - \sqrt{L_B})^2 + (\sqrt{K_A} - \sqrt{K_B})^2\}.$$

Der Ausdruck wird stark negativ, wenn $K_A \approx L_B$, aber $L_A \ll L_B$ und $K_A \gg K_B$ ist. Nur für $L_A \approx L_B$ und $K_A \approx K_B$ ist M klein.

Bereits 1906 hatte *van Laar* die Mischungswärme einer flüssigen binären Mischung auf Grund der van-der-Waals-Zustandsgleichung berechnet.

Nach *van der Waals* gilt für die Kohäsionsenergie einer Flüssigkeit $U = -a/V$ (Seite 353). Für eine Mischung von x Molen A und $(1-x)$ Molen B ist die Kohäsionsenergie $U_M = -a_M/V_M$, mit

$$a_M = x^2 a_A + 2x(1-x)a_{AB} + (1-x)^2 a_B.$$

Die Wahrscheinlichkeit für die Paare AA bzw. BB ist wiederum proportional x^2 bzw. $(1-x)^2$, für die Paare AB, wie oben festgestellt, $2x(1-x)$, wenn die Moleküle regellos verteilt sind. Die Wechselwirkung zwischen einem Molekül A und einem Molekül B wird durch a_{AB} wiedergegeben. Nach der empirischen Beziehung von *Berthelot* erhalten wir:

$$a_{AB} = \sqrt{a_A \cdot a_B}.$$

Für das Volumen gilt: $V_M = xV_A + (1-x)V_B$ (keine Kontraktion). Die negative Mischungswärme, d.h. die beim Mischen aufgenommene Wärme, ΔU ist gleich ΔH, da hier kein Volumeneffekt auftritt.

$$-M = \Delta U = U_M - xU_A - (1-x)U_B.$$

Nach Einsetzen der oben stehenden Ausdrücke ergibt sich:

$$\Delta U = \frac{x(1-x)V_A V_B}{xV_A + (1-x)V_B}\left[\frac{\sqrt{a_A}}{V_A} - \frac{\sqrt{a_B}}{V_B}\right]^2 \quad (\textit{Van Laar}).$$

Unter Beachtung der Tatsache, daß die spezifische Kohäsion U/V für eine Flüssigkeit, die der van-der-Waals-Zustandsgleichung gehorcht, a/V^2 ist, läßt sich diese Formel allgemeiner schreiben:

$$\Delta U = \frac{x(1-x)V_A V_B}{xV_A + (1-x)V_B}\left[\left(\frac{U_A}{V_A}\right)^{1/2} - \left(\frac{U_B}{V_B}\right)^{1/2}\right]^2 \quad (\textit{Hildebrand-Scatchard}).$$

Nur für $V_A \approx V_B$ geht diese Gleichung in den obenstehenden (vereinfachten) Ausdruck von *van Arkel* über:

$$-M = \Delta U = x(1-x)\left[\sqrt{U_A} - \sqrt{U_B}\right]^2.$$

Der Volumenfaktor in der Gleichung von *Hildebrand-Scatchard* läßt sich auch schreiben in der Form $V_m\varphi_A\varphi_B$, worin φ_A und φ_B die Volumenanteile von A und B und V_m das molare Volumen der Mischung bedeuten. Man erhält damit

$$-M = \Delta U = V_m\varphi_A\varphi_B\left[\left(\frac{U_A}{V_A}\right)^{1/2} - \left(\frac{U_B}{V_B}\right)^{1/2}\right]^2.$$

Wiederum bestimmt also die spezifische Kohäsionsenergie U/V das Verhalten der Substanzen. Die Quadratwurzel der spezifischen Kohäsionsenergie wird auch Löslichkeitsparameter genannt (Tabelle 33).

In diese Ableitungen sind die folgenden Hypothesen eingeführt worden:

1. Die Kohäsionsenergie setzt sich additiv aus den Wechselwirkungsenergien von Paaren (zweier) Moleküle zusammen, d.h., diese Wechselwirkung ist unabhängig von der Natur der Position anderer Moleküle und von der Temperatur, sondern hängt nur vom Abstand und der Orientierung der Moleküle ab, aus denen das Paar besteht.
2. Die Wechselwirkungsenergie ε_{AB} ist gleich $\sqrt{\varepsilon_A \cdot \varepsilon_B}$. Dies gilt sowohl für die London- als auch für die Keesom-Energie, wie sich aus der betreffenden Formel direkt zeigt. Die Gültigkeit der Berthelot-Beziehung folgt also daraus, daß diese Wechselwirkungstypen vorherrschen.

Tabelle 33: Spezifische Kohäsion nichtassoziierter Flüssigkeiten bei 25 °C

	ΔH kcal/Mol	$\sqrt{U/V}$ (cal/Mol · cm³)$^{1/2}$		ΔH kcal/Mol	$\sqrt{U/V}$ (cal/Mol · cm³)$^{1/2}$
Phosphor	12,6	13,1	Naphthalin	—	9,9
Schwefel	—	12,7	CH_3Cl	4,76	8,6
Brom	7,34	11,5	$CHCl_3$	7,6	9,3
Jod	—	14,1	CH_3Br	5,63	9,4
CCl_4	7,83	8,6	$CHBr_3$	10,3	10,5
$SiCl_4$	7,19	7,6	CH_3J	6,7	9,9
$SnCl_4$	9,55	8,7	Nitromethan	9,15	12,6
n-C_5H_{12}	6,32	7,05	CS_2	6,7	10,0
Neopentan	5,21	6,25	Diäthyläther	6,36	7,4
n-C_7H_{16}	8,74	7,45	Dioxan	8,7	9,7
n-$C_{16}H_{24}$	19,3	8,0	Pyridin	9,85	10,7
Cyclohexan	7,90	8,20	Chlorbenzol	9,83	9,5
Benzol	8,09	9,15	Nitrobenzol	14,5	11,6

3. Die Moleküle sind vollkommen regellos verteilt, d.h., die Wahrscheinlichkeit der Paare AA, AB und BB wird nur durch das Zahlenverhältnis der Partikel bestimmt. Das gilt genau nur dann, wenn die Unterschiede in der Wechselwirkung dieser Paare klein sind gegenüber der thermischen Energie kT, und wenn die Größenunterschiede nicht zu groß sind. Mit anderen Worten wird angenommen, daß die Mischungsentropie der von *idealen* Mischungen (von Gasen und Flüssigkeiten) gleich ist.

$$\Delta S = -R[x \ln x + (1-x)\ln(1-x)]\,.$$

4. Beim Mischen tritt kein Volumeneffekt auf. Dies ist tatsächlich für viele Flüssigkeitspaare in guter Annäherung korrekt, wenn keine Wasserstoffbindungen gebildet werden, wie dies etwa in Wasser-Alkohol der Fall ist.

Lösungen, die den Bedingungen 3 und 4 gehorchen und beim Vermischen einen idealen Entropieeffekt und keinen Volumeneffekt, dagegen aber einen thermischen Effekt zeigen, werden „reguläre" Lösungen genannt (*Hildebrand* und *Scott* 1950; *Guggenheim* 1952; *Haase* 1956). In idealen Lösungen ist außerdem auch kein Wärmeeffekt vorhanden.

Die erweiterte van-Arkel-Gleichung enthält den gleichen Volumenfaktor wie die Hildebrand-Scatchard-Beziehung, sie lautet dann wie folgt:

$$\Delta U = V_m \varphi_A \varphi_B [(\sqrt{L'_A} - \sqrt{L'_B})^2 + (\sqrt{K'_A} - \sqrt{K'_B})^2]\,.$$

Darin sind L' und K' die Beiträge zur *spezifischen* Kohäsionsenergie $U/V = L' + K'$, die ihrerseits proportional

$$\frac{\alpha^2}{v^3} I \quad \text{und} \quad \frac{\mu^4}{v^3} \frac{1}{kT}$$

sind.

Die Gültigkeit ist auf die Fälle beschränkt, in denen das Feld des Moleküls noch durch ein Dipolmoment im Zentrum einer Kugel dargestellt werden kann, wo also eine äußere Lage eines Pols wie in den OH- und NH-Dipolen keine Rolle spielt.

Die van-Arkel-Formel hat gegenüber der von *Scatchard* den Vorteil, ersehen zu lassen, daß die Mischungswärme für Flüssigkeiten mit der gleichen spezifischen Kohäsion nicht Null wird, wenn diese Kohäsion einen verschiedenen Ursprung hat.

Im allgemeinen kann man sagen, daß ähnliche Flüssigkeiten miteinander mischbar sind; die Löslichkeit sinkt aber mit wachsendem Unterschied in den Flüchtigkeiten, d.h. in der (spezifischen) Kohäsion. „Ähnlich" heißt hier, daß die Kohäsionsenergie beider Substanzen zum gleichen Typ der Wechselwirkung gehört. So sind halogenierte Verbindungen mit Kohlenwasserstoffen mischbar und gleicherweise die niedrigen Alkohole und Polyalkohole untereinander und mit Wasser. Die höheren Alkohole, z.B. Cetylalkohol, $C_{16}H_{33}OH$, aus dem Walrat, höhere Fettsäuren wie Palmitinsäure, $C_{15}H_{31}COOH$ und Stearinsäure, $C_{17}H_{35}COOH$ sind in vieler Hinsicht – sogar für das Auge des Nichtfachmanns – den entsprechenden Paraffinen ähnlich. Auch die fetten Öle, die ätherischen Öle und die Mineralöle zeigen eine auffallende Ähnlichkeit, wie in der gemeinsamen Bezeichnung „Öl" zum Ausdruck kommt, obwohl sie vom chemischen Standpunkt aus ganz verschieden sind. Die Ähnlichkeit dieser Verbindungen ist das Ergebnis der vorherrschenden London-Wechselwirkung.

Bei unpolaren Flüssigkeiten ist eine unvollkommene Mischbarkeit bei Zimmertemperatur oder darüber selten. Nur SnJ_4, geschmolzener Phosphor und geschmolzener Schwefel, die sämtlich eine hohe spezifische Kohäsion aufweisen, und die Fluorkohlenwasserstoffe mit einer sehr niedrigen spezifischen Kohäsion sind Ausnahmen von dieser Feststellung. Bei ansteigender Kohäsion der zweiten Substanz, z.B. im Fall des Schwefels in Benzol, Naphthalin bzw. Anthracen, fällt die kritische Löslichkeitstemperatur unter die Schmelzlinie, im metastabilen Zustand ist jedoch partielle Mischbarkeit vorhanden (*Kruyt* 1909; *Ketelaar* und *Jibben* 1948).

Obwohl Anilin ein Dipolmoment besitzt, ist die Kohäsionsenergie vorwiegend vom London-Typ. Der kritische Lösungspunkt von Anilin-Kohlenwasserstoff-Mischungen (Anilinpunkt) – technisch aktuell der Entmischungspunkt der 1 : 1-Mischung – ist eine wichtige Größe. Der Anilinpunkt steigt in einer homologen Reihe mit dem Molgewicht an. Für aromatische Kohlenwasserstoffe liegt der kritische Lösungspunkt am tiefsten, für Paraffine am höchsten, während Olefine und cyclische Kohlenwasserstoffe dazwischen liegen, übereinstimmend mit der Änderung in der spezifischen Kohäsion (Tabelle 33).

Die Bedingung für den kritischen Lösungspunkt T_k kann aus den thermodynamischen Bedingungen für einen kritischen Punkt leicht abgeleitet werden:

$$\frac{\partial^2 \Delta G}{\partial x^2} = 0 \quad \text{und} \quad \frac{\partial^3 \Delta G}{\partial x^3} = 0 \quad \text{bzw.} \quad \left[\frac{\partial \mu_B}{\partial x} = 0 \quad \text{und} \quad \frac{\partial^2 \mu_B}{\partial x^2} = 0\right] \quad (S.370)$$

Das Ergebnis ist:

$$2\,R\,T_k = V\left[\left(\frac{U_A}{V_A}\right)^{1/2} - \left(\frac{U_B}{V_B}\right)^{1/2}\right]^2$$

und für den Fall $V_A \approx V_B = V$ ergibt sich $x = 1 - x = {}^1/_2$.

Mit $V = 100\,\mathrm{cm}^3$ muß $\sqrt{U_A/V_A} - \sqrt{U_B/V_B}$ deshalb wenigstens 3,4 sein, damit $T_k \geqq 300\,^\circ\mathrm{K}$ wird, was eine sehr erhebliche Differenz in der spezifischen Kohäsionsenergie anzeigt, so daß bei den unpolaren Substanzen eine partielle Mischbarkeit selten ist. In den meisten Systemen zweier Flüssigkeiten ist eine der Komponenten assoziiert (*Shinoda* und *Hildebrand* 1961).

Die Tatsache, daß keine absolute Nichtmischbarkeit existiert, (jedenfalls nicht bei Temperaturen oberhalb des absoluten Nullpunktes), ist eine Folge des Entropiegewinns, der beim Vermischen auftritt. Nach der Thermodynamik bestimmt nicht die Änderung der Energie ΔU, sondern die Änderung der Freien Energie $\Delta F = \Delta U - T\Delta S$ den Verlauf einer isothermen Reaktion bei konstantem Volumen. ΔU ist beim Mischen allgemein positiv (d.h., es muß Wärme zugeführt werden, was einer negativen Mischungswärme entspricht, so daß beim Mischen Abkühlung eintritt). Wenn ΔS jedoch positiv ist, wenn also ein genügender Entropiegewinn eintritt, kann ΔF trotzdem negativ sein, so daß eine Vermischung erfolgt.

Da die partielle Entropie das Glied $-R \ln x$ enthält, wird sie für sehr kleine Konzentrationen stets groß und positiv, so daß notwendigerweise eine kleine gegenseitige Löslichkeit vorliegt. Völlige Mischbarkeit ist also nur dann vorhanden, wenn ΔF für alle Konzentrationen negativ sein kann, selbst wenn ΔU positiv ist. Das kann allgemein bei höheren Temperaturen eintreten, und die gegenseitige Löslichkeit wächst in der Tat generell mit steigender Temperatur, da das Entropieglied dann an Einfluß gewinnt.

Bei den „regulären"Mischungen, bei denen also kein Volumeneffekt mit dem Mischvorgang verknüpft ist, sind ΔF und ΔG identisch ($p\Delta V = 0$). Nach der oben gegebenen Ableitung erhalten wir für diesen Fall:

$$\Delta F = \Delta U - T\Delta S = V_m \varphi_A \varphi_B \left[\left(\frac{U_A}{V_A}\right)^{1/2} - \left(\frac{U_B}{V_B}\right)^{1/2}\right]^2 + RT[x \ln x + (1-x)\ln(1-x)]\,.$$

Es läßt sich nun zeigen, daß der vorstehende Ausdruck für ΔF bei konstantem Volumen, auch wenn ein Volumeneffekt auftritt, trotzdem dem Ausdruck für ΔG mit einer Volumenänderung bei konstanter Temperatur gleich ist (*Hildebrand* 1950, Seite 139).

Es gilt also $\Delta G_p = \Delta F_v$.

In einer anderen Näherung werden *athermische* Mischungen mit einer Mischungswärme Null (ebenso wie ideale Lösungen) diskutiert, die jedoch infolge der Größenunterschiede der beiden Molekülarten eine nicht-ideale Mischungsentropie besitzen. Der einfachste Ausdruck ist der von *Flory* (1942) abgeleitete:

$$-\frac{\Delta F}{T} = \Delta S = -R[x \ln \varphi_A + (1-x)\ln(1-\varphi_A)]\,.$$

Dieser Einfluß des Größenunterschieds ist für Lösungen von Makromolekülen wichtig. Durch Einsetzen dieser Beziehung für die Entropie ΔS in den oben für ΔF

gegebenen Ausdruck wird (vereinfacht) eine Formel erhalten, die für nichtreguläre Flüssigkeiten anwendbar ist.

Es hat sich erwiesen, daß die empirische symmetrische Beziehung von *Porter* (*Hildebrand* und *Scott* 1950; *Haase* 1951, 1956; *Guggenheim* 1952)

$$\Delta G = A(T)\,x(1-x)$$

die experimentellen Daten oft sehr gut wiedergibt, selbst in Systemen, die weit vom idealen Verhalten entfernt sind und bei denen jeweils ΔH und ΔS in keiner Weise durch symmetrische Funktionen wie die oben auf Seite 363 und 364 gegebenen repräsentiert werden.

Die beschränkte gegenseitige Löslichkeit kann sehr unterschiedlich sein, wie sich z.B. im System Äther-Wasser zeigt: Im Äther lösen sich 4,9 Molprozent Wasser, im Wasser dagegen nur 1,6 Molprozent Äther. Das ist so, weil das im Äther gelöste Wasser in der Lage ist, Wasserstoffbrücken zum Äther auszubilden (Abschn. 45), während in Wasser gelöster Äther solche Bindungen nicht bilden kann und dem Wasser auch als Akzeptor unterlegen ist.

Die Hypothese, nach der die Wechselwirkungsenergie AB das geometrische Mittel aus den Energien AA und BB für den jeweiligen Typ darstellt (Seite 362), ist nicht in der Lage, die positive Mischungswärme zu erklären, die z.B. beim Vermischen von Wasser und Aceton so deutlich auftritt.

Wenn die Wechselwirkung AB viel stärker ist als das Mittel aus AA und BB, ist die Mischungswärme positiv. Sie wird weiterhin vergrößert, weil die Paare AB mit ihrem niedrigen Energiegehalt in der Mischung verhältnismäßig häufiger vorkommen als der statistischen Verteilung entspricht, wie sie bei gleicher Wechselwirkung vorhanden ist. Ein solcher Fall liegt z.B. vor, wenn beide Komponenten ein Dipolmoment besitzen und das nach außen weisende Ende des Dipols bei einer Komponente positiv, bei der anderen dagegen negativ ist (*Langmuir*, *Staverman*). Ein Beispiel für den ersten Fall stellt ein Molekül mit einem OH- oder NH-Dipol dar, wie Wasser, Alkohol, Amine und auch Chloroform (Seite 378), zur zweiten Klasse gehören Aceton, Äther und Pyridin. Kombinationen aus Substanzen beider Gruppen führen zu einer positiven Mischungswärme. Wenn die Wechselwirkung zwischen unterschiedlichen Teilchen besonders ausgeprägt ist, besteht die Mischung weitgehend aus Paaren (bzw. komplizierter aus Komplexen, die nicht unbedingt stöchiometrisch zusammengesetzt sein müssen), und man kann von der Bildung einer Verbindung sprechen. Die frei werdende Mischungswärme (ΔU ist negativ!) hat dann den Charakter einer Bildungswärme einer teilweise dissoziierten Verbindung.

Bei Wasser-Alkohol-Mischungen, wo beide Moleküle einen OH-Dipol besitzen, ist der Grund für die positive Mischungswärme an anderer Stelle zu suchen. Infolge der starken Volumenkontraktion, die beim Mischen auftritt, ist die Packung in Wasser-Alkohol-Mischungen erheblich dichter als jeweils in reinem Wasser oder Alkohol. Das Wasser hat insbesondere eine offene, teilweise geordnete Struktur (Seite 389). Die Zugabe von Alkohol zerstört diese Struktur, und die dichte Packung führt ihrerseits zu einem niedrigen Energiegehalt. Definierte Alkoholhydrate werden hier nicht gebildet.

Nach den die Mischungswärme betreffenden Erörterungen mag es überraschend scheinen, daß es auch verschiedene Fälle gibt, bei denen trotz einer positiven Mischungswärme nur beschränkte Mischbarkeit vorhanden ist. Tatsächlich nimmt die Löslichkeit dann mit steigender Temperatur ab, und die Mischungswärme muß auch nach dem van't-Hoff-le-Chatelier-Prinzip positiv sein (ΔU negativ!). Da die *freie* Mischungsenergie jedoch wegen der beschränkten Mischbarkeit positiv ist, muß die Mischungsentropie in diesen Fällen stark negativ sein. Dieser Fall einer abnehmenden Löslichkeit kommt bei allen Systemen vor, in denen ein unterer, kritischer Lösungspunkt gefunden wird wie z.B. bei Triäthylamin-Wasser. Im System Nicotin-Wasser existiert sogar ein geschlossenes Gebiet beschränkter Mischbarkeit, das sowohl einen oberen als auch einen unteren kritischen Lösungspunkt besitzt.

Es ist unrichtig, ausschließlich die Energieeffekte zu betrachten. Die oben für die Kombination $A B$ beschriebene starke Wechselwirkung läuft auf eine Beschränkung der Zahl der Komplexionen (thermodynamische Wahrscheinlichkeit)*) hinaus.

Es zeigt sich sogar – auch im Falle der Löslichkeit von Gasen –, daß ein Zuwachs an freigesetzter Energie (ΔU stärker negativ) mit einem abfallenden Entropieeffekt verbunden ist (ΔS niedriger). Der Einfluß der Energie auf die freie Energie wird also teilweise kompensiert, oder es überwiegt manchmal sogar die in entgegengesetzter Richtung wirkende Entropieänderung.

Bei Mischungen, in denen die (temperaturabhängige) Energie der Orientierungswechselwirkung eine Rolle spielt, ist aus thermodynamischen Gründen die Entropie notwendigerweise von der oben angeführten (temperaturunabhängigen) idealen Mischungsentropie (oder Gibbs-Term) verschieden.

Der Grund hierfür liegt in der erwähnten starken Orientierung der Moleküle in der Mischung infolge der anziehenden Wechselwirkung, so daß beim Mischen sogar ein Entropieverlust eintritt. Bei niedrigeren Temperaturen ist der Einfluß der Entropie ($T \Delta S$!) kleiner. Der Einfluß der positiven Mischungswärme überwiegt dann und führt zu einem unteren

*) Die Zahl der Komplexionen W ist die Anzahl der Verteilungsmöglichkeiten der Moleküle auf die verschiedenen Positionen und die verfügbaren Energieniveaus, die zum beobachteten Zustande des Systems führen. Nach der statistischen Thermodynamik ist die Entropie $S = k \ln W$, mit $k = R/N$.

kritischen Lösungspunkt. Bei steigenden Temperaturen nehmen die Flüssigkeiten mehr und mehr einen normalen Charakter an, weil der Einfluß der Orientierungswechselwirkung der Dipole abnimmt, dem die nun stärkere Molekularbewegung entgegenwirkt. Die Mischungswärme wird deshalb bei hohen Temperaturen negativ, die Entropieänderung dagegen positiv. Es wird jetzt ein oberer kritischer Löslichkeitspunkt möglich.
Bei der Auflösung einer festen Substanz muß die Änderung der Energie und Entropie beim Übergang fest–flüssig ebenso betrachtet werden wie der beim Vermischen von Flüssigkeiten auftretende Effekt. Die Schmelzentropie ist ebenso wie die Verdampfungsentropie eine in vielen Fällen annähernd konstante Größe (8–11 cal/Grad · Mol). Ein hoher Schmelzpunkt ist deshalb mit einer großen Schmelzwärme verknüpft (Seite 372). Die Löslichkeit höher schmelzender Substanzen wird deshalb kleiner sein als die von tiefer schmelzenden Verbindungen mit im übrigen entsprechenden Eigenschaften.
Die Löslichkeit hängt dann weiterhin von den gleichen Umständen ab, was die Natur der Wechselwirkung anlangt, wie die Vermischung von Flüssigkeiten, d. h., die Ähnlichkeit der Wechselwirkung ist ebenfalls eine Bedingung für eine hohe Löslichkeit (Fett in Benzol oder Tetrachlorkohlenstoff, Zucker in Wasser).
In idealen Lösungen gilt für die Löslichkeit der Substanz B das van't Hoffsche Gesetz:

$$\ln x_B = -\frac{\Delta H}{R}\left(\frac{1}{T} - \frac{1}{T_0}\right).$$

Darin ist $\Delta H = H_L - H_S$ die latente Schmelzwärme und T_0 der Schmelzpunkt für die Substanz B.
Für reguläre Lösungen enthält das im Hinblick auf den festen Zustand berechnete chemische Potential μ_B (partielle freie Enthalpie) der Substanz B in Lösung die partielle Mischungswärme Δu (die Entropie ist die gleiche wie im Idealfall). Aus der Beziehung für ΔU auf Seite 364 erhalten wir für die partielle Mischungswärme:

$$\Delta u_B = \left(\frac{\partial \Delta U}{\partial n_B}\right)_{n_A}$$

$$\Delta u_B = V_B \varphi_A^2 \left[\left(\frac{U_A}{V_A}\right)^{1/2} - \left(\frac{U_B}{V_B}\right)^{1/2}\right]^2 \quad \text{und somit}$$

$$-\frac{\Delta \mu_B}{R\,T} = \ln x_B = -\frac{\Delta H}{R}\left(\frac{1}{T} - \frac{1}{T_0}\right) - \frac{V_B \varphi_A^2}{R\,T}\left[\left(\frac{U_A}{V_A}\right)^{1/2} - \left(\frac{U_B}{V_B}\right)^{1/2}\right]^2.$$

Für verdünnte Lösungen ändert sich das Partialvolumen φ_A gleichlaufend mit $x_A = 1 - x_B$, und die partielle Mischungswärme kann auch geschrieben werden $\Delta u_B = C x_A^2$, wobei C eine Konstante bedeutet. Die Änderung gegenüber der idealen Lösung in $\Delta \mu_B$ ist dann ebenfalls gleich $C x_A^2$, und wir erhalten damit auch $RT \ln f_B = C x_A^2$, wenn f_B der Aktivitätskoeffizient der Substanz B ist. Eine solche Veränderung des Aktivitätskoeffizienten war in früheren experimentellen Arbeiten häufig gefunden worden.

Hin Vergleich der obenstehenden Formel für $\ln x_B$ mit dem Ausdruck von *van't Hoff* zeigt, daß die Löslichkeit nur dann dem idealen Gesetz gehorcht, wenn die Löslichkeitsparameter $\sqrt{U/V}$ von Gelöstem und Lösungsmittel gleich sind.

Die obige Formel für die Löslichkeit ist (nach Berücksichtigung der Temperaturabhängigkeit der latenten Schmelzwärme ΔH durch Korrekturen) sehr ausgedehnt geprüft worden an der Löslichkeit von Jod in einer sehr großen Anzahl von Lösungsmitteln (violette Lösung, Seite **349**) durch *Hildebrand* 1949; *Hildebrand* und *Scott* 1950, 1962; *Hildebrand* und *Glew* 1956.

Da die spezifische Kohäsion (Seite **365**) des Jods sehr hoch liegt ($\sqrt{U/V} = 14{,}1$) erreicht die Löslichkeit-Temperatur-Kurve den Idealwert nur für Lösungsmittel mit einer ähnlich großen spezifischen Kohäsion, so für SnJ_4 (11,7) und geschmolzenen Schwefel S_8 (12,7) [Tabelle 33].

In einem Lösungsmittel mit kleinerer Kohäsion ist die Löslichkeit sehr viel kleiner.

Tabelle 34: Löslichkeit von Jod bei 25 °C

Lösungsmittel	Mol-% Jod	Aktivitäts-koeffizient f_{J_2}	$\sqrt{U/V}$ (Lösungsmittel)
ideal	25,8	1,00	14,1
CS_2	5,46	4,73	9,9
CCl_4	1,15	22,5	8,6
n-C_7H_{16}	0,679	38,0	7,4
n-C_6H_{14}	0,456	56,6	7,3
n-C_7F_{16}	0,0185	1400	5,7

Die Löslichkeit wird durch Solvatisierung vergrößert (Senkung von ΔU), so daß die braune Lösung in Äther ($\sqrt{U/V} = 7{,}4$) eine viel größere Konzentration an Jod enthält als die Lösung in Heptan, und zwar 7,9 Molprozent.

Die Löslichkeit (Quellungsgrad) von Polymeren in Lösungsmitteln ist nur dann erheblich, wenn die spezifische Kohäsion von Polymeren und Lösungsmitteln nicht zu stark differieren (*Magat* 1949; *Mark* und *Tobolsky* 1950). So ist Gummi ($\sqrt{U/V} = 7{,}9$) in den meisten Lösungsmitteln der Tabelle 33 löslich, nicht aber in Neopentan (6,25), Dioxan (10,1) und Nitromethan (12,6). Polyvinylchlorid (9,5) ist im Gegensatz zum Gummi widerstandsfähig gegen Öl (Hexadecan 8,0). Bei stark polaren Lösungsmitteln muß man die getrennten Anteile berücksichtigen (Seite 363 und 368); die spezifische Gesamtkohäsion (Äthanol $\sqrt{U/V} = 12{,}7$; Wasser 23,4) stellt kein gültiges Maß für die Wechselwirkung mit dem Gelösten dar.

In der Gaschromatographie (*Phillips* 1956; *Keulemans* 1957) wird die Retention der in der mobilen Gasphase gelösten Moleküle durch die nicht flüchtige, stationäre Phase durch den Verteilungskoeffizient k des Gelösten zwischen den beiden Phasen oder den Henry-Koeffizienten h ausgedrückt (k ist das Verhältnis des im Einheitsvolumen der flüssigen Phase zu dem in der Gasphase Gelösten). Der Henry-Koeffizient ist nur für eine ideale Lösung gleich dem Dampfdruck p_0 des reinen gelösten Stoffes. Das Raoultsche Gesetz lautet $p = x p_0$, das Henry-Gesetz $p = h x$, mit dem Henry-Koeffizienten $h = f_B p_0$, in dem x den Molenbruch und f_B den Aktivitätskoeffizienten des Gelösten bedeuten. Es läßt sich leicht zeigen, daß für $x \ll 1$ und mit dem Molvolumen des Lösungsmittels V_A der Verteilungskoeffizient $k = RT/V_A f_B p_0$ wird.

Der Aktivitätskoeffizient f_B wird (für reguläre Lösungen) aus der partiellen Mischungswärme ΔU_B erhalten (Seite 370, mit $\varphi_A \approx 1$ für verdünnte Lösungen):

$$-RT \ln f_B = \Delta u = V_B \left[\left(\frac{U_A}{V_A}\right)^{1/2} - \left(\frac{U_B}{V_B}\right)^{1/2}\right]^2.$$

Es ist möglich, den Wert für f_B und die Löslichkeitsparameter aus den Elutionskurven zu bestimmen. Es gelingt gleichermaßen, den Verteilungskoeffizienten vorauszusagen, wenn die Löslichkeitsparameter bekannt sind (*Littlewood*, *Phillips* und *Price* 1955; *Pierotti* u.a. 1956; *Porter* u.a. 1956; *Kwantes* und *Rijnders* 1958).

Wenn A das nichtflüchtige Lösungsmittel bedeutet, können wir konstatieren, daß $U_A/V_A \gg U_B/V_B$ ist und demzufolge $\ln f_B = B + C(U_A/V_A)^{1/2}(U_B/V_B)^{1/2}$. Wie auf Seite 364 gezeigt wurde, ist $(U_B/V_B)^{1/2} \sim \sqrt{a_B}/V_B$, und sowohl $\sqrt{a}$ als auch V nehmen bei Kohlenwasserstoffen linear zur Zahl der Kohlenstoffatome zu (Seite 357). Es ist deshalb verständlich, wenn mit einer ansteigenden Zahl der Kohlenstoffatome ein wachsendes Retentionsvolumen (bzw. Anstieg von $\log k$) gefunden wurde (*James* und *Martin* 1952).

Wenn die Kohäsionsenergien von A und B verschiedener Herkunft sind, können Unterschiede in f_B und k selbst dann auftreten, wenn die Siedepunkte oder die Löslichkeitsparameter zweier gelöster Stoffe gleich sind. Die Selektionswirkung einer immobilen Phase läßt sich so aus der Einsicht in die Natur der Kohäsionsenergie sowohl verstehen als auch voraussagen.

Die empirische Beziehung von *Brönsted* und *Koefoed* (1946) für eine Mischung zweier Kohlenwasserstoffe mit n_1 bzw. n_2 Kohlenstoffatomen, $\log f = -D(n_1 - n_2)^2$, läßt sich ebensogut verstehen.

44. Der Schmelzpunkt

Der Schmelzpunkt T_f und die Schmelzwärme ΔH_f können sehr stark variieren. So schmilzt Wasserstoff bei 13,95 °K, Schmelzwärme 28,2 cal/Mol, Platin dagegen bei 2028 °K, Schmelzwärme 5310 cal/Mol. Die Schmelzentropien $\Delta S = \Delta H_f/T_f$ sind jedoch mit 2,02 bzw. 2,62 cal/Grad · Mol sehr ähnlich (*Eucken* 1942; *Ubbelohde* 1950).

Der Schmelzpunkt steht mit der Kohäsionsenergie in Beziehung. Im allgemeinen ist ein hoch liegender Siedepunkt T_s mit einem hohen Schmelzpunkt T_f verknüpft, das Verhältnis T_f/T_s variiert jedoch zwischen 0,5 und 1,1.

Die Schmelzentropie ist annähernd konstant und liegt bei Kristallen, die aus einfachen Bausteinen bestehen, zwischen 1,5 und 3,5 cal/Grad · Mol, z.B. bei den Edelgasen (3,26–3,43 cal/Grad · Mol, Ausnahme: Helium 1,5 cal/Grad · Mol), bei Wasserstoff, den Metallen (Ausnahmen: Ga, Sb, Bi und andere Metalle mit kleiner Koordinationszahl) und Ionenkristallen bei 2,9–3,15 für jeden Baustein (d. h. gleich 5,8–6,3 cal/Grad · Mol für die Alkalihalogenide mit Ausnahme der meisten Lithiumsalze) *Dworkin* und *Bredig* 1960.

Bei den meisten einfachen vielatomigen Molekülen hat die Schmelzentropie einen Wert zwischen 8 und 11 cal/Grad · Mol. Es gibt jedoch eine ziemlich große Zahl einfacher zweiatomiger Moleküle (O_2, N_2, CO, HCl, HBr, HJ) und vielatomiger Moleküle (H_2S, CH_4, CCl_4) mit einer niedrigen Schmelzentropie (2–3 cal/Grad · Mol). In allen diesen Fällen sind Umwandlungen in der festen Phase bekannt, und die summierten Umwandlungs- und Schmelzentropien ergeben einen normalen Wert von 5–10 cal/Grad · Mol (*Eucken* 1942; *Ubbelohde* 1950).

Die Schmelzentropie ist $\Delta S = k \ln W_f/W_s$, wobei W_f bzw. W_s die Wahrscheinlichkeiten (Zahl der Komplexionen) im flüssigen bzw. festen Zustande bedeuten. Diese Entropie setzt sich zusammen aus einem Teil, der auf den Zuwachs der Translationsfreiheitsgrade beruht und einem Teil, der auf den Anstieg der Konfigurations- und Rotationsfreiheitsgrade zurückzuführen ist. Bei einer Umwandlung im festen Zustande ist der zweite Anteil für den Entropiezuwachs verantwortlich. Der erste Anteil der Schmelzentropie steht in enger Verbindung mit dem Volumenzuwachs beim Schmelzpunkt.

Es ist nicht möglich, für den Schmelzpunkt oder die Schmelzentropie komplizierter Moleküle allgemeinere Beziehungen aufzustellen. In der Reihe der normalkettigen aliphatischen Kohlenwasserstoffe beträgt die Schmelzentropie je CH_2-Gruppe etwa 2,5–3,0 cal/Grad · Mol. Es wird jedoch ein bedeutender Einfluß der Molekülsymmetrie beobachtet. Symmetrische Moleküle, in denen die Schmelzentropie wegen der kleineren Anzahl verschiedener Komplexionen (thermodynamischer Wahrscheinlichkeiten) in der Flüssigkeit (und im Dampf) kleiner ist, schmelzen bei höherer Temperatur als ähnliche, aber weniger symmetrische Moleküle. In vielen Fällen ist jedoch auch die Packung des Gitters bei den symmetrischen Molekülen günstiger, was auch zu einer größeren latenten Schmelzwärme führt.

Der Zusammenhang zwischen dem Schmelzpunkt und der Struktur ist deshalb ziemlich kompliziert. In vielen Fällen wirken die beiden Ursachen

Tabelle 35

	T_f °C	ΔH_f kcal/Mol	ΔS_f cal/Grad · Mol	T_s °C	ΔS_{Dampf} cal/Grad · Mol
Benzol	+ 5,53	2,351	8,436	80,10	20,81
Cyclohexadien – (1,3)	– 95,0	–	–	81,0	–
Cyclohexadien – (1,4)	– 49,7	–	–	88,6	–
Cyclohexen	– 103,51	–	–	82,98	–
Cyclohexan	+ 6,55	0,637	2,28	80,74	20,30
o-Xylol	– 25,19	3,250	13,11	144,42	21,07
m-Xylol	– 47,87	2,765	12,27	139,10	21,10
p-Xylol	+ 13,26	4,090	14,28	138,35	20,95
n-Butan	– 138,33	1,114	8,26	–0,50	19,63
n-Pentan	– 129,72	2,011	14,02	36,07	19,92
iso-Pentan	– 159,89	1,232	10,88	27,85	19,41
neo-Pentan	– 16,6	0,778	3,03	9,50	19,24
n-Hexan	– 95,32	3,114	17,51	68,74	20,17
n-Heptan	– 90,59	3,358	18,39	98,43	20,38
n-Octan	– 56,80	4,931	22,79	125,7	20,96
2-Methylheptan	– 109,04	2,451	14,94	117,6	20,55
3-Methylheptan	– 120,50	2,718	17,80	118,9	20,76
4-Methylheptan	– 120,95	2,592	17,03	117,7	20,72
2,2-Dimethylhexan	– 121,18	1,625	10,69	106,8	20,34
2,5-Dimethylhexan	– 91,20	3,073	16,89	109,1	20,51
3,3-Dimethylhexan	– 126,10	1,7	12	112,0	20,30
2,2,3-Trimethylpentan	– 112,27	2,063	12,82	109,8	20,08
2,2,4-Trimethylpentan	– 107,36	2,202	13,28	99,2	19,90
2,3,3-Trimethylpentan	– 100,70	0,366	2,12	114,8	20,06
2,3,4-Trimethylpentan	– 109,21	2,215	13,51	113,5	20,20
2,2,3,3-Tetramethyl-butan	+ 100,69	1,702	4.55	106,3	19,92

gegeneinander, und wir beobachteten eine kleine (große) Schmelzwärme bei gleichzeitig kleiner (großer) Schmelzentropie $\Delta S_f = \Delta H_f/T_f$ (Tabelle 35). Da bei isomeren Substanzen die Kristallstruktur fast immer unterschiedlich ist, verwundert es nicht, daß für den Schmelzpunkt einer Substanz keine genauen allgemeinen Regeln angegeben werden können.
Trotzdem ist es eine feststehende Regel, daß bei den disubstituierten Benzolderivaten das *para*-Isomere bei einer erheblich höheren Temperatur schmilzt als die beiden anderen Isomeren, obwohl die Unterschiede im Siedepunkt sehr klein sind.
Bei dem auf Seite 356 erwähnten Dibrombenzol sind die Schmelzpunkte für die einzelnen Isomeren: *ortho*- – 6 °C, *meta*- – 7 °C, *para*- + 87 °C; bei den Xylolen: *ortho*- – 25 °C, *meta*- – 48 °C, *para*- + 13 °C, während die Siedepunkte bei 144 °C, 139 °C bzw. 138 °C liegen. Tetramethylmethan

(Neopentan) schmilzt bei − 17 °C, *n*-Pentan und *iso*-Pentan dagegen bei − 130 °C bzw. − 160 °C. Ein Vergleich zwischen dem Benzol und seinen Hydrierungsprodukten ist ebenfalls interessant: Die Siedepunkte sind gleich, die symmetrischen Verbindungen besitzen jedoch viel höhere Schmelzpunkte (Tabelle 35). Auch bei den isomeren Octanen finden sich große Unterschiede in den Schmelzpunkten (Tabelle 35).
In der Reihe der *n*-Alkane (Tabelle 31) alternieren die Schmelzpunkte, und die geradzahligen Alkane schmelzen jeweils höher als die ungeradzahligen. Das gleiche findet sich bei den Fettsäuren. Dies ist auf Unterschiede in der Kristallstruktur geradzahliger bzw. ungeradzahliger Moleküle zurückzuführen, die auf dem Symmetrieunterschied beruht (Symmetriezentrum bzw. Symmetrieebene in der Mitte).
Hochsymmetrische Moleküle (Kugelmoleküle oder kompakte ebene Moleküle, *Backer*) wie z.B. Tetramethylmethan (Neopentan), Hexachloräthan, Hexamethylbenzol, Campher, Schwefel-hexafluorid usw. besitzen aus den erwähnten Gründen einen hohen Schmelzpunkt. Da die Flüchtigkeit dieser Stoffe ebenfalls groß ist, besitzen sie einen kleinen Flüssigkeitsbereich, der bei 1 atm sogar fehlen kann. Außerdem sind jedoch sogar im festen Zustande ein oder mehrere Freiheitsgrade (Rotation) angeregt, so daß die Schmelzentropie noch weiter erniedrigt wird. Beispiele hierfür finden wir in Tabelle 35 für Cyclohexan, Neopentan und 2,3,3-Trimethylpentan. Diese Substanzen erleiden beim Zusatz anderer Substanzen eine sehr hohe Depression des Schmelzpunktes $\Delta T \sim \frac{R T^2}{\Delta H}$. Sie finden aus diesem Grunde Verwendung als Lösungsmittel bei der kryoskopischen Bestimmung des Molgewichts nach *Rast*.

45. Die Wasserstoffbindung*)

Abnorme oder assoziierte Flüssigkeiten sind auf Grund der Abweichungen von verschiedenen Regeln (z.B. der Troutonschen Regel, der Eötvös-Regel usw.) schon lange von den normalen nichtassoziierten Flüssigkeiten unterschieden worden. Alle Moleküle, die OH-Gruppen enthalten, wie Wasser, Wasserstoffperoxyd, anorganische und organische Säuren, Alkohole und in geringerem Maße auch Moleküle, die NH-Gruppen enthalten, wie Amine, Amide usw. ergeben abnorme Flüssigkeiten. Flüssiger Fluor-

*) Ältere Übersichten: *Huggins* 1936; *Lassettre* 1937; Trans. Faraday Soc., The Hydrogen Bond 36, 851 (1940); *Hoyer* 1943.
Neuere Übersichten: *Davies* 1946; *Hunter* 1946; *Rumpf* 1948; *Bauer* 1949; *Mecke* 1950; *Donohue* 1952; *Kellner* 1952; *Coulson* 1957; *Cannon* 1958; *G. C. Pimentel* und *A. L. McClellan*, The Hydrogen Bond, San Francisco 1960; *D. Hadzi* und *H. W. Thompson*, Hydrogen Bonding, London 1959; *L. Pauling*, Buch Literaturverzeichnis Seite 394.

wasserstoff und flüssige Blausäure gehören ebenfalls zu den assoziierten, abnormen Flüssigkeiten. Auf der anderen Seite verhalten sich die weitaus meisten Stoffe mit CH-Gruppen, wie die Kohlenwasserstoffe, normal.

Man findet, daß die Assoziationstendenz vom FH-Dipol über den OH- zum NH-Dipol abnimmt, und daß CH-Dipole nur in seltenen Fällen ein ähnliches, allerdings wenig ausgeprägtes Verhalten zeigen. Die elektrischen Dipole der Moleküle, die zu Assoziation führen, sind ziemlich klein, und Moleküle mit den ebenso polaren oder viel stärker polaren Gruppen wie C–F, C–Cl, C–O–C, C=O, C–NO_2 usw. sind im flüssigen Zustand nichtassoziiert.

Das unterschiedliche Verhalten des Wasserstoffatoms hat zur Einführung der speziellen Bezeichnung „Wasserstoff-Bindung" für die Wechselwirkung geführt, bei der ein an ein elektronegatives Atom X (Protondonator) gebundenes Wasserstoffatom mit einem zweiten elektronegativen Atom Y (Protonakzeptor) in eine Art Bindung tritt: X–X ... Y (*Huggins*; *Latimer* und *Rodebush*).

Es lassen sich zwei strukturell verschiedene Wasserstoffbindungen unterscheiden: Intermolekulare (externe) Bindungen zwischen Atomen verschiedener Moleküle und intramolekulare (interne) Wasserstoffbindungen zwischen den Atomen X und Y des gleichen Moleküls.

Verschiedene Erklärungen bezüglich der Natur dieser speziellen Bindungsart haben sich als unrichtig erwiesen, wie die eines zweiwertigen Wasserstoffs (mit zwei Elektronenpaarbindungen, obwohl die K-Schale nur ein Elektronenpaar aufnehmen kann), einer Protonenresonanz oder einer Elektronenresonanz wie im Benzol.

Das Wasserstoffatom in der O–H ... O-Brücke (Bild 32) hat zwei nichtäquivalente Positionen mit minimaler Energie, die sich jeweils in der

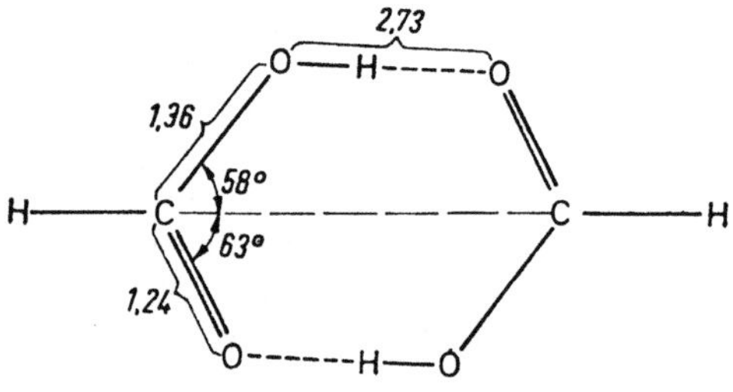

Bild 32. Dimere Form der Ameisensäure. Abstand O–H 1,07 Å (Abstand O–H in der monomeren Form = 0,97 Å)

Nähe eines der beiden Sauerstoffatome befinden und durch einen Energiewall getrennt sind (*Blinc*, *Hadzi* und *Novak* 1960; *Somorjai* und *Hornig* 1962; *Pshenichno* und *Sokolov* 1961; *Barrow* 1960). Es besteht also hier die Möglichkeit für eine Protonenresonanz (Seite 195). Die Aufspaltung der Energieniveaus ist jedoch selbst im günstigsten Falle zweier Konfigurationen von gleicher Energie (vgl. NH_3, Seite 196) so klein, daß sich keine Stabilisierung ergibt (Seite 123). Das heißt jedoch nur, daß die Protonenresonanz keinen Einfluß auf die Bindungsenergie hat. Die Protonenresonanz spielt eine Rolle in anderen Erscheinungen wie der großen Beweglichkeit von H^+- und HO^--Ionen in Wasser und dem Mechanismus der Wasserstoffüberspannung. Klassisch gesehen würde der Transport des Protons in Form des OH_3^+-Ions zu einer Beweglichkeit führen, die der des NH_4^+-Ions ähnelt. Der Transport durch Protonenresonanz (*Bernal* und *Fowler* 1933), d.h. durch Untertunnelung der Potentialbarrieren, welche die zwei Positionen des Wasserstoffatoms in der O–H...O-Bindung trennen, würde viel schneller erfolgen als der beobachteten Beweglichkeit entspricht. Darüber hinaus wäre das Verhältnis der Beweglichkeiten von H^+- und D^+-Ionen viel größer als beobachtet (1,41).

Die geschwindigkeitsbestimmende Reaktion (der eine schnelle Untertunnelung durch das Proton vorausgeht und nachfolgt) besteht wahrscheinlich in einer Drehung von Wassermolekülen in der Nähe des HO_3^+-Ions in eine Lage, in der das Proton überspringen kann (*Conway*, *Bockris* und *Linton* 1956; *Loewenstein* und *Szöke* 1962; *Eigen* et al 1963, 1964).

Die hohe Dielektrizitätskonstante des Wassers und ebenso die des Eises hängen nicht von einer Protonenresonanz ab, da sonst nicht auch D_2O eine hohe Dielektrizitätskonstante haben dürfte. Beim Eis wie auch beim „schweren" Eis zeigt sich aus der Frequenz- und Temperaturabhängigkeit der Dielektrizitätskonstante, daß die mit der Orientierung der Dipole in einem alternierenden elektrischen Feld verknüpfte Aktivierungsenergie 13,2 kcal/Mol beträgt (*Magat* 1948; *Auty* und *Cole* 1952; *Haas* 1962). Das deutet auf eine Sprengung von drei Wasserstoffbindungen hin (Seite 390).

Aus den kernmagnetischen Resonanzspektren läßt sich andererseits schließen, daß die Beweglichkeit des Protons in Alkoholen oder flüssigem Ammoniak sehr gering ist. Spuren von HO^--Ionen im Alkohol oder von Wasser im Anmoniak ($H_2O + NH_3 \rightarrow HO^- + NH_4^+$) bewirken durch Ionenreaktionen einen rapiden Protonenaustausch (*Arnold* 1956; *Ogg* 1954, 1957).

Messungen des Deuteriumaustauschs in Chinhydron (*Gragerow* und *Brodski*, zitiert bei *Cannon* 1958) und der Leitfähigkeit in Feststoffen wie z.B. Oxalsäure und Benzoesäure (*McPollock* und *Ubbelohde* 1956) haben ebenfalls hohe Aktivierungsenergien für die Protonenübertragung (20–40 kcal/Mol) ergeben.

Die Dualität des Ortes des Wasserstoffatoms in einer Wasserstoffbindung führt zu einer großen Zahl von Komplexionen (der thermodynamischen Wahrscheinlichkeit) für die mögliche Verteilung des Protons im Eis, was eine zusätzliche Entropie von $R \ln 3/2$ ergibt (*Pauling* 1935; *Pitzer* und *Polissar* 1956). Die statistische Verteilung ist durch Neutronenbeugung in schwerem Eis bestätigt worden (*Peterson* und *Levy* 1953, 1957).

Es ist auch vermutet worden, daß die Elektronenresonanz eine Rolle bei der Wasserstoffbindung spielen könnte. Es wurde hierzu angenommen, daß die Bindungen zwischen dem Hydroxylsauerstoff und dem Wasserstoff und die Bindungen zwischen dem Carbonylsauerstoff und dem Kohlenstoff (Bild 32) um eine Ringposition wandern, ähnlich wie beim Übergang einer Kekulé-Struktur des Benzols in die andere. Dies ist jedoch in diesem Falle ausgeschlossen, weil die entstehende Konfiguration infolge der abnormen Bindungsabstände wie O—H 1,76 Å eine viel höhere Energie besitzt als die normale Valenzstruktur. (Die Kerne müssen in beiden Konfigurationen in gleicher Weise angeordnet sein!) Der Anteil dieser Konfiguration ist zu nur 4% geschätzt worden, er wäre aber für eine kürzere, symmetrische Wasserstoffbindung (Seite 385) größer.

Die exzentrische Position des Dipols in den genannten Gruppen, auf die bereits *van Arkel* aufmerksam gemacht hat, gibt einen besseren Hinweis auf die Ursache der Wasserstoffbindung.

Die Erklärung der Wasserstoff-„Bindung" auf der Basis von elektrostatischen, ionischen Einflüssen hat allgemeine Annahme gefunden. Wir sollten den etwas irreführenden Begriff „Wasserstoffbindung", der nicht den speziellen Typ dieser Bindung wiedergibt, durch „Wasserstoffbrücke" ersetzen. Dieser Ausdruck ist jedoch bereits benützt worden, um die spezielle Funktion des Wasserstoffs in den Borhydriden zu bezeichnen (Seite 228).

Van Arkel und *de Boer* betrachten die Bildung des Bifluoridions $[HF_2]^-$ aus KF und HF als ein Analogon der Reaktion $KF + BF_3 \rightarrow KBF_4$. In diesem letzten Fall ist die Koordinationszahl des dreiwertigen Bors gegenüber dem Fluor gleich 4, übereinstimmend mit den auf den elektrostatischen Verhältnissen fußenden Berechnungen. Das einwertige, aber extrem kleine Wasserstoffatom hat ebenfalls eine höhere Koordinationszahl, und zwar 2.

Die gleiche Koordinationszahl 2 zeigt sich in den anderen Gruppen OH und NH, je nachdem und in welchem Ausmaß das Wasserstoffatom als positives Ion vorliegt. Die Fähigkeit, Wasserstoffbindungen auszubilden, sinkt deshalb mit abnehmendem Ionencharakter der Bindung. Als Folge der abnehmenden Elektronegativität in der Reihe FH, OH, NH, CH sinkt auch die Tendenz zur Bildung von Wasserstoffbindungen. Die C—H-Bindung ist eine fast reine Atombindung. Nur in seltenen Fällen (HCN) besteht hier die Möglichkeit zur Ausbildung von Wasserstoffbindungen. Im Chloroform, $CHCl_3$, erhält das Wasserstoffatom durch den starken elektronegativen Charakter der drei Chloratome eine etwas größere positive Ladung, so daß die Wasserstoffbindung hier möglich wird. Im System Chloroform-Aceton und Chloroform-Dioxan ist diese Brückenbildung C—H...O an der positiven Mischungswärme, dem Infrarotspektrum und anderen Eigenschaften erkenntlich (*Hildebrand* und *Scott* 1950; *Sarolea-Mathot* 1953; *Huggins, Pimentel* und *Shoolery* 1955; *McGlashan* und *Rastogi* 1958). Auch die hohe Löslichkeit des Acetylens in organischen

Flüssigkeiten (Aceton) weist auf eine Bildung von Wasserstoffbrücken hin (*West* und *Kraihanzel* 1961). *Gordy* hat auch gezeigt, daß diese Löslichkeit des Acetylens ein Maß für seine Akzeptorwirkung darstellt. Die Ladungsverteilung im Acetylen, die diese Tendenz zur Bildung von Wasserstoffbindungen verursacht, ist bereits auf Seite 220 diskutiert worden.

Bei den Elementen der zweiten Reihe des Periodensystems wie Chlor und Schwefel ist die Fähigkeit zur Bildung von Wasserstoffbindungen viel geringer. Diese hat hier einen weniger ausgeprägten, ionischen Charakter, und das Wasserstoffatom liegt hier viel tiefer in der Elektronenwolke, wie sich aus dem Vergleich der van-der-Waals-Radien von F^- (1,35 Å) O^{2-} (1,45 Å), Cl^- (1,80 Å) und S^{2-} (1,90 Å) mit dem Kernabstand in den betreffenden Wasserstoffverbindungen ergibt (0,92 Å; 0,97 Å; 1,27 Å und 1,35 Å).

Schwefelwasserstoff (Kp. – 61,8 °C) ist nicht mehr wie Wasser (Kp. 100 °C) assoziiert, ebensowenig HCl (Kp. – 83,7 °C) gegenüber HF (Kp. 19,4 °C). Bei normalem Verhalten sollten die jeweils an zweiter Stelle genannten Verbindungen einen tieferen Siedepunkt besitzen, da die London-Wechselwirkung für Atome mit einer niedrigeren Ordnungszahl kleiner ist. NH_3 ist nur schwach assoziiert, und der Siedepunkt (– 33,3 °C) liegt nur wenig höher als der von PH_3 (Kp. – 87,4 °C). Methan, CH_4, siedet ganz normal bei einer tieferen Temperatur als SiH_4 (– 161,5 °C gegenüber – 111,8 °C).

Es sei darauf hingewiesen, daß zwischen dem ionischen Charakter der X–H-Bindung und der Acidität als Maß für die Dissoziation in Wasser (HCl > HF; $H_2S > H_2O$) keine direkte Beziehung besteht; die Bildung von Wasserstoffbindungen hängt vom Bindungscharakter ab.

Weiterhin sind Mercaptane nicht assoziiert (siehe jedoch *Spurr* und *Byers* 1958) und auch nicht mit Wasser mischbar: CH_3SH (Kp. + 6 °C); CH_3OH + 65 °C). Chlorwasserstoff bildet jedoch Verbindungen mit Wasserstoffbindungen, z.B. mit den Äthern: $(CH_3)_2O \cdot HCl$. Schwefel- und Halogenatome sind viel weniger als Akzeptoren wirksam als Sauerstoff oder Fluor. Die Reihenfolge ist: J < Br < Cl < F, R_2O, C=O, NO_2. Im 6-Chlor-2,4-dinitrophenol bildet sich deshalb eine Wasserstoffbrücke nur zur Nitrogruppe aus (*Hoyer* 1956).

Die Bildung von Wasserstoffbindungen zeigt sich besonders unmittelbar und klar im Infrarotabsorptionsspektrum. In Kristallen (Röntgenanalyse) und Molekülen (Elektronenbeugung) weist ein kürzerer Abstand zwischen zwei Sauerstoffatomen von verschiedenen Molekülen oder Gruppen als 2,85 Å ebenfalls auf die Anwesenheit einer Wasserstoffbindung hin. Es besteht eine enge Beziehung zwischen der Frequenzabnahme der Assoziationsbande (siehe unten), der Abnahme des O–O-Abstandes (Seite 392) und dem Anstieg der Wasserstoffbindungsenergie (Tabelle 37). Die damit verbundene Vergrößerung des O–H-Abstandes

(Bild 32) wird weniger leicht entdeckt, weil es schwierig ist, die Lage von Wasserstoffatomen durch Röntgenstrahl- und Elektronenbeugungsmethoden zu ermitteln. Die Neutronenbeugung und die magnetische Protonenresonanz sind in dieser Hinsicht leistungsfähiger (*Richards* 1956). Die chemische Verschiebung („chemical shift") bei der magnetischen Protonenresonanz ändert sich ebenfalls, wenn das Wasserstoffatom an der Bildung einer Wasserstoffbindung beteiligt ist (*Gutowsky* und *Saika* 1953; *Huggins*, *Pimentel* und *Shoolery* 1956).
Die charakteristische Absorptionsbande der O–H-Valenzschwingung liegt für die freie (nichtassoziierte) Gruppe bei etwa 2,7 μ (3600 bis 3700 cm^{-1}). Dieser Wert wird für den Gaszustand und für sehr verdünnte Lösungen in nichtpolaren Lösungsmitteln (wie Schwefelkohlenstoff, Hexan und Tetrachlorkohlenstoff) beobachtet, nicht aber in Dioxan mit seinen zwei partiellen Dipolmomenten, Wasser, Alkoholen und organischen Säuren.
Bei höheren Konzentrationen und noch ausgeprägter in der reinen Flüssigkeit wird diese Bande durch eine viel breitere Bande, die Assoziationsbande, ersetzt, deren Maximum bei einer längeren Wellenlänge liegt (3,0–3,3 μ bzw. 3000–3300 cm^{-1}).
Wasser: Dampf 3756 cm^{-1}, 3652 cm^{-1}; verdünnte Lösung 3702 cm^{-1}, 3611 cm^{-1}; Flüssigkeit 3455 cm^{-1}, 3430 cm^{-1}; Eis 3256 cm^{-1}, 3156 cm^{-1}. Die an zweiter Stelle genannte Wellenzahl ist jeweils die Frequenz der symmetrischen Schwingung, die im Raman-Effekt beobachtet wird.
Methanol: Dampf 3682 cm^{-1}; verdünnte Lösung 3660 cm^{-1}; Flüssigkeit 3356 cm^{-1}, fest 3200 cm^{-1}.
Ameisensäure: (siehe Seite 376). Monomer 3570 cm^{-1}, dimer 3080 cm^{-1}.
Infolge der Brückenbildung wird die Frequenz um 250–500 cm^{-1} erniedrigt. Die rücktreibende Kraft bei der Schwingung der normalen O–H-Bindung wird durch die elektrostatische Anziehung herabgesetzt, die vom Akzeptoratom der Brücke aus in entgegengesetzter Richtung wirkt. Die Verlängerung des O–H-Abstandes führt ebenfalls zu einer Verkleinerung der Kraftkonstante (*Bauer* und *Magat* 1938; *Magat* 1955).
Die Frequenz der Deformationsschwingung ist mit der Bewegung des Wasserstoffatoms senkrecht zur Richtung der Wasserstoffbrücke verknüpft, sie wird durch die Anziehung des Protonenakzeptors erhöht (1595 cm^{-1} für freies Wasser; 1640 cm^{-1} für flüssiges Wasser). Es gibt auch noch die „wahre" H- - -O-Schwingung, die bei sehr niedrigen Frequenzen liegt und somit schwer zu beobachten ist; im Raman-Effekt wurde diese bei 255 cm^{-1} gefunden (*Spangenberg* 1961) und auch bei 200 cm^{-1} bzw. 100 cm^{-1} bei Dimethyläther mit HF bzw. HCl (*Arnold*, *Bertie* und *Miller* 1961).
Bei geeignet gewählten Konzentrationen sind die Absorptionsbanden der freien Gruppen und der durch Wasserstoffbindung verbundenen Gruppen

beide gleichzeitig anwesend (Bild 33). Die Bande der freien Gruppe ist scharf (schmal), die Assoziationsbande infolge der Fluktuationen im Abstand und der Orientierung der die Brücke bildenden Atome zufolge der kleinen Bindungsenergie von etwa 6 kcal/Mol ist dagegen breit.

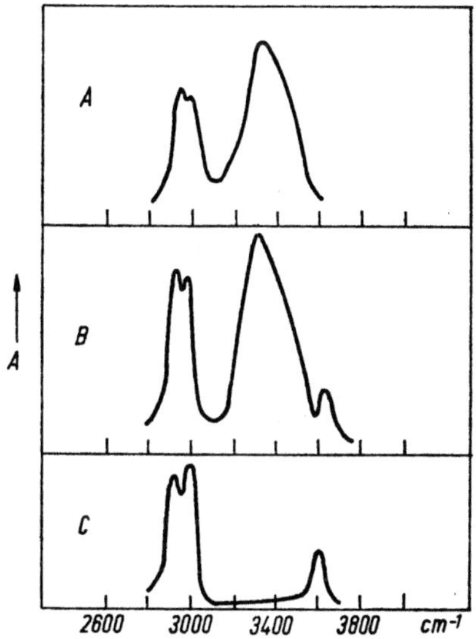

Bild 33. Infrarotabsorptionsspektrum von Äthanol in CCl_4 mit Assoziationsbande bei 3300 cm^{-1} (breit) und der Bande der C—H-Valenzschwingung (etwa 2900 cm^{-1}, Banden für symmetrische bzw. antisymmetrische Schwingung) sowie der Bande der freien O—H-Gruppe (3600 cm^{-1}). A: reine Flüssigkeit; B: 0,42 Mol/l; C: 0,006 Mol/l (*Buswell, Deitz* und *Rodebush* 1937)

Ein anderer Grund für die Breite der Assoziationsbande der Lösung liegt in der Überlappung nur wenig gegeneinander verschobener Banden von Polymeren mit verschiedenem Polymerisationsgrad. Beim Methanol finden sich in CCl_4 die Monomerenbande bei 3662 cm^{-1} und außerdem Banden bei 3225 cm^{-1} und 3341 cm^{-1} für das Dimere und Trimere (*Kuhn* 1952, 1954). Dieses Ergebnis läßt sich aus der Feinstruktur der Assoziationsbanden bei Veränderung der Konzentration ableiten. In einer Matrize von festem Stickstoff wird bei 20 °K die Monomerenbande bei 3660 cm^{-1} gefunden, neben Banden bei 3490 cm^{-1}, 3445 cm^{-1}, 3290 cm^{-1} und 3250 cm^{-1} für das Dimere, Trimere, Tetramere und die entsprechenden höheren Polymeren (*van Thiel, Becker* und *Pimentel* 1957).

Durch sorgfältige Messungen ist es möglich, die Konzentration der freien Gruppen als Funktion der Gesamtkonzentration quantitativ zu bestimmen. Das Assoziationsgleichgewicht kann so ermittelt werden. Das ist von besonderem Interesse bei einer linearen Assoziation z.B. von Phenol, wo polymere Moleküle vorkommen, die bis zu 10–20 Moleküle Phenol enthalten können (*Kempter* und *Mecke* 1940; *Mecke* 1950). Der Prozentsatz an Monomeren α_m und der mittlere Polymerisationsgrad $\bar{n}$ in den

Lösungen von Phenol in Tetrachlorkohlenstoff wurden so bei verschiedenen Konzentrationen berechnet:

c	α_m	$\bar{n}$
0,0375 Mol/l	86,1%	1,15
0,3 Mol/l	47,0%	1,92
3,0 Mol/l	10,1%	4,65
6,0 Mol/l	5,4%	~8

Es wird nicht nur die Grundfrequenz der O–H-Valenzschwingung (etwa 3500 cm^{-1}) nach kleineren Werten verschoben, sondern auch die Oberschwingungen bei 7000 cm^{-1} und 10500 cm^{-1} zeigen die gleiche Veränderung bei der Bildung von Wasserstoffbindungen.

Eine ähnliche Verschiebung erfolgt auch bei der N–H-Frequenz, wenn auch in geringerem Ausmaße. Beim Anilin liegt die zweite Oberschwingung für den Dampf bei 9853 cm^{-1}, für die verdünnte Lösung in Tetrachlorkohlenstoff bei 9825 cm^{-1}. In der reinen Flüssigkeit ist diese Bande infolge der Bildung von Wasserstoffbindungen nach 9719 cm^{-1} verschoben. Beim Ammoniak ist die Verschiebung sehr klein: Gas 3334 cm^{-1}, Flüssigkeit 3300 cm^{-1}.

Für die Bildung von Wasserstoffbindungen in der Lösung von Ammoniak in Wasser bestehen zwei Möglichkeiten: N–H...O bzw. N...H–O. In Übereinstimmung mit der Erwartung wird der letzte Fall realisiert. Tatsächlich stellt der Stickstoff einen besseren Akzeptor dar (er ist stärker basisch) als der Sauerstoff und umgekehrt die Hydroxylgruppe einen stärkeren Donator (sie ist stärker sauer) als die NH-Gruppierung. In einer Lösung von Ammoniak in Wasser existiert deshalb Ammoniakhydrat, nicht aber Ammonium-hydroxid (*van Velden* und *Ketelaar* 1947).

Intramolekulare Wasserstoffbindung

Der Einfluß einer internen Bildung von Wasserstoffbindungen auf das Absorptionsspektrum und die physikalischen und chemischen Eigenschaften äußert sich besonders im verdünnten Zustand, wo dieser Effekt im Gegensatz zu den intermolekularen Wasserstoffbindungen erhalten bleibt. Die beiden Arten lassen sich deshalb experimentell unterscheiden.

Zur Bildung interner Wasserstoffbrücken ist neben einem polar gebundenen Wasserstoffatom wie in der OH-, NH- und NH_2-Gruppe ein negatives Atom mit einem einsamen Elektronenpaar als Protonenakzeptor notwendig (gewöhnlich Sauerstoff oder Stickstoff und in viel geringerem Ausmaß auch Chlor). Ein Vergleich der Protonenakzeptorstärke findet sich bei *Gordy* (1939); *Gordy* und *Stanford* (1940, 1941).

Diese Brückenbildung oder Chelation (nach der Krebsschere als Bild für das gewissermaßen zwischen zwei Atomen eingeklemmte Wasserstoff-

atom) hängt weiterhin von räumlichen Faktoren ab. In Benzolderivaten ist die Hydroxylgruppe nur dann zur Ausbildung einer Wasserstoffbindung mit einer zweiten Hydroxylgruppe oder mit einer Carbonyl- oder Nitrogruppe befähigt, wenn diese Gruppen in *ortho*-Stellung zu ihr stehen. Gruppen in der *meta*- oder *para*-Position haben keinen Einfluß, da der Abstand vom Wasserstoffatom der anderen Gruppe zu groß ist. Auch andere sterische Faktoren spielen eine Rolle. So ist allgemein die Bildung eines Ringes mit sechs oder fünf Gliedern am günstigsten für eine Wasserstoffbrücke. Bei längeren aliphatischen Ketten, z.B. den ω, ω'-Glykolen, könnte ein Ring ohne allzu große Spannung entstehen, aber die Wahrscheinlichkeit anderer Konformationen der Kette, in der die brückenbildenden Elemente voneinander weit entfernt sind, gewinnt dann das Übergewicht (wiederum steht die Entropie gegen die Energie!).
Die intramolekulare Wasserstoffbindung hat einen bedeutenden Einfluß auf die chemischen Eigenschaften. So ist das *ortho*-Isomere der drei Hydroxybenzoesäuren (Salicylsäure) infolge der Ausbildung einer Wasserstoffbindung weniger leicht löslich in Wasser aber leichter löslich in Äther als die anderen beiden Isomeren, die sich ihrerseits in ihren Eigenschaften nicht wesentlich unterscheiden. Die interne Wasserstoffbindung

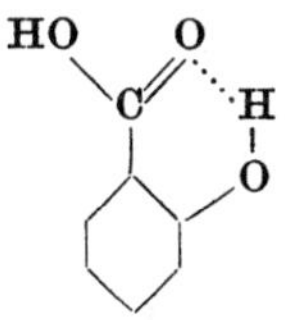

führt dazu, daß die Wirkung des OH-Dipols nach außen verringert wird. Die Salicylsäure ist deshalb gewissermaßen weniger polar als die anderen Isomeren, obwohl ihr Gesamtmoment tatsächlich am größten ist. Das gleiche gilt für die isomeren Hydroxybenzaldehyde (Salicylaldehyd und Isomere), die Nitrophenole usw. (Tabelle 36). Auch der Siedepunkt der *ortho*-Verbindung ist niedriger, da bei ihr die Energie des freien Moleküls infolge der gebildeten Wasserstoffbindung besonders niedrig liegt, während im flüssigen Zustande alle drei Isomeren interne bzw. externe Wasserstoffbindungen eingehen. Man vergleiche Brenzcatechin Kp. 245 °C, Resorcin Kp. 277 °C, Hydrochinon Kp. 285 °C, deren Gesamtmoment wiederum in der genannten Reihenfolge abnimmt, ferner *o*-, *m*- und *p*-Nitrophenol (Kp. 214 °C, 290 °C, 279 °C; Sublimationswärme 17,5, 21,9 bzw. 21,0 kcal/Mol). Die große Flüchtigkeit des ortho-Nitrophenols geht auch aus seinem Geruch und der Flüchtigkeit mit Wasserdampf hervor. Auf der anderen Seite zeigen die Methyläther der drei Isomeren sämtlich ganz ähnliche Eigenschaften, wie auch zu erwarten ist.

Die Bildung von Wasserstoffbindungen hat auch einen Einfluß auf die Acidität der obengenannten Hydroxybenzoesäuren, da die Anziehungskraft der Carboxylgruppe für das Proton in der Salicylsäure teilweise abgesättigt und die Basizität des Anions deshalb erniedrigt wird (vgl. die obige Formel). Die Salicylsäure und noch ausgesprochener die 2,6-Dihydroxybenzoesäure sind deshalb stärkere Säuren als die anderen Isomeren (*Hunter* 1953).

Die Absorptionsspektren des Dampfes und von Lösungen solcher Moleküle wie *o*-Jodphenol, nicht aber die der anderen Isomeren, deuten auf die Gegenwart von zwei Formen hin, einer freien und einer gebundenen bzw. einer *trans*- und einer *cis*-Form, die durch Absorptionsbanden bei 3650 cm^{-1} bzw. 3577 cm^{-1} charakterisiert sind (*Rossmy*, *Lüttke* und *Mecke* 1953):

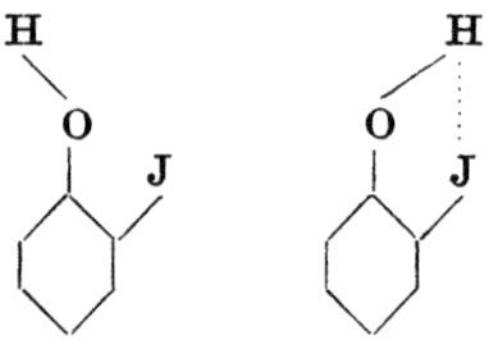

Die höhere Frequenz entspricht der des Phenols in verdünnter Lösung.

Das Verhältnis *cis* : *trans* wird im Dampf bei 125 °C zu 36 : 1 gefunden. Daraus ergibt sich $\Delta G = -2{,}8$ kcal/Mol zugunsten der *cis*-Form. Aus der Änderung des *cis* : *trans*-Verhältnisses mit der Temperatur folgt, daß der Temperatureffekt auf die Assoziation hier $\Delta H = -3{,}2$ kcal/Mol beträgt. In Lösung ist $\Delta G = -1{,}4$ kcal/Mol und $\Delta H = -1{,}00$ kcal/Mol (für *o*-Chlor bzw. *o*-Bromphenol, $\Delta H = -1{,}27$ bzw. $-1{,}86$ kcal/Mol *Jones* und *Watkinson* 1960).

Der Unterschied zum zuerst erwähnten Wert muß der Differenz der Solvatationsenergie beider Formen zugeschrieben werden, die für die *trans*-Form höher liegt. Die Assoziation nimmt als exothermer Prozeß natürlich mit steigender Temperatur ab.

Intramolekulare Wasserstoffbindungen mit einem sehr kurzen O–O-Abstand von 2,46 – 2,42 Å sind durch Röntgenanalyse in einer Anzahl von Fällen gefunden worden, z. B. im Nickel- und Palladium-dimethylglyoxim (*Godycki*, *Rundle* u. a. 1951, 1953; *Rundle* und *Parasol* 1952), im Nickel-Salicylaldoxim (*Merritt* u. a. 1956), in der Maleinsäure (*Shahat* 1952), von 2,44 Å im sauren Kaliummaleat (*Peterson* und *Levy* 1958; *Forsen* 1959; *Darlow* 1961) und in 5,8-Dihydroxy-naphtho-chinonen-(1,4) (*Brockmann* und *Franck* 1955). Die O–H-Valenzschwingung ist hier nach solch niedrigen Frequenzen (1775 cm^{-1} im Nickel-Dimethylglyoxim) verschoben, daß die breite Assoziationsbande nur schwer zu entdecken ist. Auch der hohe Wert des Verhältnisses der beiden Dissoziationskonstanten K_1/K_2, mit $\Delta p_K = 4{,}31$ bei Maleinsäure gegenüber $\Delta p_K = 1{,}36$ bei Fumarsäure, wird durch die starke Wasserstoffbindung in dem Maleinsäuremono-Anion hervorgerufen.

Diese sehr kurzen Wasserstoffbindungen könnten symmetrisch oder nahezu symmetrisch sein (vgl. HF_2^-, wo der Abstand jedoch noch viel kürzer ist, Seite 388). Der kleine O–O-Abstand beruht in erster Linie nicht auf der Anziehung zwischen dem Wasserstoffatom und dem Protonenakzeptor, sondern auf den sterischen Verhältnissen, die durch den Rest des Moleküls bestimmt werden. Hier ist z.B. die ebene Anordnung der Ni–N–dsp²-Bindungen (Seite 169) zu nennen oder die planare *cis*-Konformation der Maleinsäure, die zu optimalen Bedingungen für die Resonanz zwischen der C=C-Bindung und den C=O-Bindungen führt, sowie die ebene Struktur des Naphthochinonkerns.

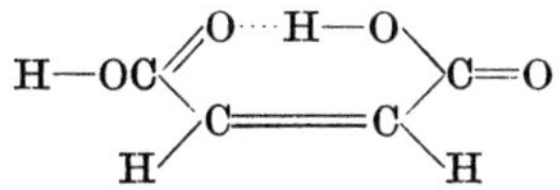

Maleinsäure (2,46 Å)

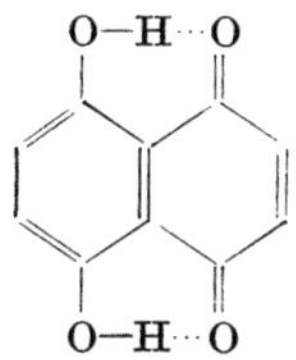

5,8-Dihydroxy-naphthochinon-(1,4) (2,42 Å)

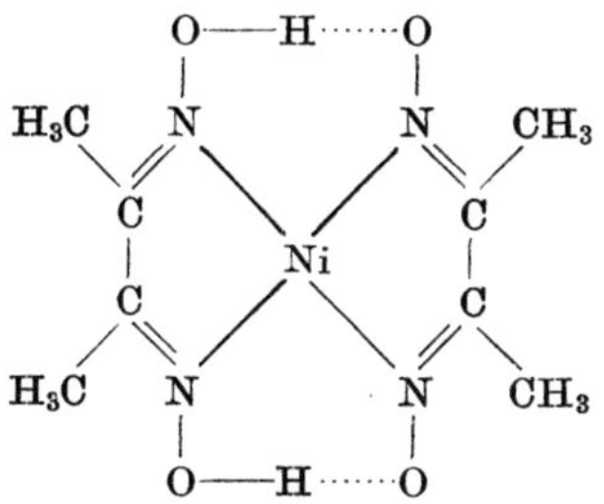

Ni-Dimethylglyoxim (2,44 Å)

Intermolekulare Wasserstoffbindungen

Die Ausbildung *inter*-molekularer Wasserstoffbindungen hat einen noch ausgeprägteren Einfluß auf die physikalischen und chemischen Eigenschaften der betreffenden Verbindungen (Tabelle 36).

Die Assoziation von Wasser, Flußsäure, Alkoholen, organischen Säuren usw. beruht auf der Bildung starker intermolekularer Wasserstoffbindungen mit einer Dissoziationsenergie von etwa 6 kcal/Mol. Die Assoziation kann sogar zu stöchiometrisch zusammengesetzten Komplexen wie etwa Doppelmolekülen führen. Das ist der Fall bei den organischen Säuren wie Ameisensäure, Essigsäure und Benzoesäure. Diese Verbindungen besitzen ein kleines oder gar kein Gesamtdipolmoment, die Asso-

Tabelle 36: Einfluß von Wasserstoffbindungen auf die Eigenschaften von isomeren Verbindungen

Intramolekulare Wasserstoffbindung

Löslichkeitsverhältnis von *o*-, *m*- und *p*-Nitrophenol bei 20°

	Wasser	Äthanol	Benzol
o : *p*	0,39	1,58	193
m : *p*	1,84	1,00	2,76

Intermolekulare Wasserstoffbindung

	Äthanol C_2H_5OH	Dimethyläther CH_3OCH_3
Latente Verdampfungswärme	10,19 kcal/Mol	4,45 kcal/Mol
Siedepunkt	78 °C	−25 °C
Trouton-Konstante	29,0 cal/Grad · Mol	17,9 cal/Grad · Mol

Tabelle 37: Wasserstoffbindungen

	Abstand (Å)	Energie kcal/Mol	IR-Frequenz (cm^{-1})	
			assoziiert	frei
O−H...O				
$Ca(OH)_2$	3,36		3590	(3600)
$Y(OH)_3$	2,90		3470	(3600)
γ-$Al(OH)_3$	2,78		3315	(3600)
Wasser	2,85	4,5	3453	3756
Methanol (Äthanol)	2,7	6,2	3356	3682
Eis	2,76	4,5	3256	3750
Ameisensäure	2,73	7,0	3080	3570
Pentaerythrit	2,69		2939	3632
γ-AlOOH	2,66		2875	3600
Salicylsäure	2,63		2564	3700
$NaHCO_3$	2,55		2440	(3533)
KH_2PO_4	2,49		2320	(3590)
Maleinsäure	2,46		2000	(3533)
Ni-Dimethylglyoxim	2,44		1775	(3590)
O−O frei	2,90			
F−H...F				
HF (gasförmig polymer)	2,55	6,7	3497, 3380	3962
KHF_2	2,26	58	1450	3962
F−F frei	2,70			
N−H...O				
Harnstoff	3,02		3350	3448
Diketopiperazin	2,85		3225	3460
Uracil	2,84		3092	3460

ziation setzt also die Dielektrizitätskonstante der Flüssigkeit herab. Da die dimeren Moleküle kein freies Wasserstoffatom mehr besitzen, geht die Assoziation nicht weiter. Es lösen sich diese unpolaren Doppelmoleküle fast ausschließlich in dem nichtpolaren Lösungsmittel, z.B. beim Verteilungsgewicht der Säure zwischen Wasser und Benzol.

Die Doppelmoleküle sind auch noch im Dampf vorhanden. Die Trouton-„Konstante" ist bei diesen Substanzen deshalb abnorm und liegt zu tief, so daß die Entropie des Dampfes kleiner als normal ist. Auch Dimethyläther ergibt im Gaszustand Komplexe mit HF und HCl (*Arnold*, *Bertie* und *Miller* 1961).

In Lösungen, wo das Lösungsmittel als Akzeptor in den Wasserstoffbindungen fungieren kann (wie im Äther und Dioxan), erfolgt eine Entassoziierung der gelösten Substanz.

Auch Molekülverbindungen können durch Wasserstoffbindungen zusammengehalten werden. Das gilt für die zahlreichen Hydrate und Alkoholate organischer Verbindungen und für die Komplexe des Phenols z.B. mit Substanzen, die NH_2, ROR oder C=O-Gruppen enthalten (*Hunter* 1946). Die Frequenzänderung der Infrarot-O–D-Absorptionsbande $\Delta \nu$ bei den Komplexen CH_3–O–D- - -NR_3 ist ein Maß für die Basizität der Stickstoffverbindungen (*Tamres* et al. 1954).

Die nicht-stöchiometrische Assoziation kann zu linearen Komplexen oder großen Ringen führen wie bei der Flußsäure und beim Phenol, oder zu einer dreidimensionalen Ordnung wie im Wasser und den Alkoholen. Diese Assoziation ergibt in beiden Fällen eine stark vergrößerte Dielektrizitätskonstante wie bei Wasser, HF, H_2O_2, HCN und Alkoholen (in geringerem Ausmaß bei NH_3 und Methylamin).

Da die Orientierung in der Flüssigkeit eine Abnahme der Entropie dieser Phase bedeutet, erhöht sich nicht nur die latente Verdampfungswärme, sondern auch die Verdampfungsentropie (zu hohe Trouton-Konstante). Der größer gewordene Wärmeeffekt dominiert jedoch, so daß der Siedepunkt ebenfalls zu hoch liegt. Die Viskosität ist ebenfalls groß (Glycerin, Zuckerlösung) und gleichfalls die Oberflächenspannung.

Der Einfluß sterischer Faktoren zeigt sich auch deutlich bei den primären, sekundären und tertiären Amylalkoholen, von denen nur der letzte nicht völlig assoziiert ist, wie sich am Auftreten einer scharfen Infrarot-Absorptionsbande bei einer höheren Frequenz zeigt. Tatsächlich können sich zwei Moleküle des tert. Amylalkohols einander nicht auf einen genügend kleinen Abstand nähern. Das ist jedoch bei dem Substanzpaar tert. Amylalkohol–Methanol eher möglich, so daß die Bande der nichtassoziierten O–H-Gruppe beim Zusatz des kleinen Methanolmoleküls verschwindet. In der Reihe Methanol, Äthanol und tert. Butanol nimmt die Energie der Wasserstoffbindung ab: 9,25, 7,2 und 4,8 kcal/Mol (in CCl_4) (*Liddel* und *Becker* 1957).

Infolge der wachsenden thermischen Bewegung verschwindet die Orientierung durch Wasserstoffbindungen mit steigender Temperatur mehr und mehr. Alle assoziierten Flüssigkeiten nähern sich deshalb mit steigender Temperatur mehr und mehr den normalen Flüssigkeiten.
Auch im festen Zustande sind intermolekulare Wasserstoffbindungen vorhanden. Die stärkste Wasserstoffbrücke wird im Bifluoridion gefunden, KHF_2. Der F–F-Abstand beträgt hier nur 2,26 Å, was gegenüber dem doppelten Radius des Fluoridions, 2,70 Å, sehr klein ist. In diesem Falle liegt mit Sicherheit eine symmetrische Struktur F–H–F vor (*Westrum* und *Pitzer* 1949; *Ketelaar* und *Vedder* 1951; *Peterson* und *Levy* 1953; *Waugh* u.a. 1953). Die Bindungsenergie des HF_2^--Ions läßt sich aus der Gitterenergie ermitteln; es wird ein Wert von 58 kcal/Mol gefunden (*Waddington* 1958). Dieser experimentelle Wert liegt nahe an der für ein ionisches Modell des Bifluoridions berechneten Bindungsenergie mit Werten von 45–57 kcal/Mol (*Davies* 1947; *Fyfe* 1953; *Waddington* 1958). Der gefundene sehr kleine Abstand kommt durch eine sehr große Verschiebung der F–H-Frequenz von 3962 cm^{-1} im HF-Molekül nach 1450 cm^{-1} im KHF_2 zum Ausdruck.
Im KH_2PO_4 wird ein sehr kleiner O–O-Abstand von 2,49 Å zwischen den Sauerstoffatomen zweier Phosphatgruppen beobachtet (vgl. auch das auf Seite 385 über kurze interne Bindungen Gesagte). Dieser kurze Abstand ist mit einer beträchtlichen Senkung der Frequenz für das Maximum der extrem breiten O–H-Absorptionsbande des Kristalls von etwa 3590 cm^{-1} auf 2320 cm^{-1} verbunden. Die Deformationsfrequenz wird dagegen von etwa 1400 cm^{-1} auf 1575 cm^{-1} erhöht.
Bei den anorganischen Hydroxiden wird die Bildung von Wasserstoffbindungen im Infrarotspektrum ebenfalls durch eine Verschiebung der O–H-Valenzschwingung nachgewiesen. In einigen Hydroxiden, z.B. $Ca(OH)_2$ und $Mg(OH)_2$, findet sich diese Frequenz in Abwesenheit einer Wasserstoffbindung bei 3650 cm^{-1}, und der O–O-Abstand ist hier groß, 3,3–3,2 Å. Bei abnehmendem O–O-Abstand zeigt sich ein Einfluß auf die O–H-Frequenz des OH^--Ions bereits bei etwas größeren Abständen als bei der Hydroxylgruppe in organischen Molekülen (Tabelle 37). (*Glemser* und *Hartert* 1956; *Glemser* 1961; *Schwarzmann* 1962). Das ist auf den etwas größeren Radius des OH^--Ions zurückzuführen.
Eine Brücke vom Typ N–H...O=C, wie sie im Harnstoff, Uracil und Diketopiperazin vorkommt, ist von Interesse für das richtige Verständnis der sekundären Bindungen in Proteinen, die neben den (Haupt-)Valenzketten vorhanden sind.
Zwischen den Ketten fungieren Wasserstoffbrücken als Bindungen („Rückgrat"-Bindungen von etwa 4,5 Å), Bild 34. Im Haar (Wolle) kommen außerdem noch die S–S-Bindungen der Cystinreste vor; die eine Querverbindung von etwa 10 Å senkrecht zur Ebene in Bild 34 bilden

(*Bernal* und *Carlisle* 1955; Fibrous Proteins and their Biological Significance, Symposia Soc. Exptl. Biol., Cambridge 1955; *Kauzmann* 1957).

Eis und Wasser. Das Wassermolekül besitzt eine annähernd tetraedrische Ladungsverteilung: Zwei positive Ladungen befinden sich an den Positionen der Wasserstoffatome (∠ HOH = 104°27′; O–H 0,958 Å) und zwei negative Ladungen an den Paaren einsamer Elektronen, die sich in

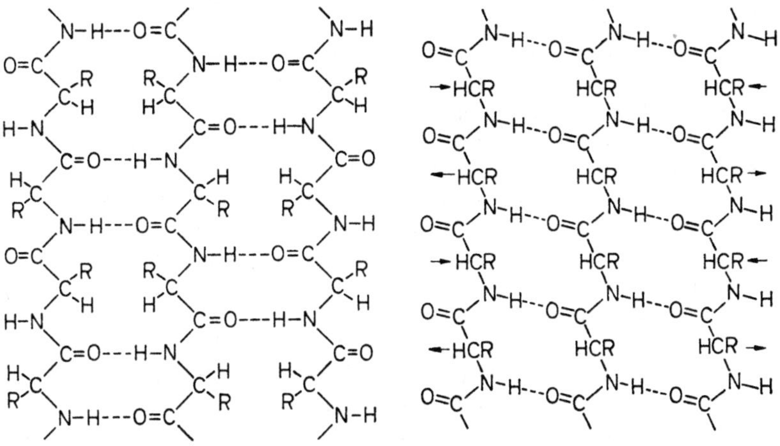

a) b)

Bild 34. Proteinketten im gestreckten Zustand (Seide, β-Keratin) mit O...H-Wasserstoffbindungen

a) Polypeptidschicht mit alternierend orientierten Ketten (nach *Astbury* 1933, 1940). Die Schicht ist völlig flach, die Reste R ragen abwechselnd nach oben bzw. unten, so daß die Konfigurationen am optisch aktiven α-Kohlenstoffatom gleich sind.

b) Polypeptidkette mit gleichartig orientierten Ketten (nach *Pauling* und *Corey* 1951). Die Ebene durch die zwei Kettenbindungen des α-Kohlenstoffatoms ist in b) senkrecht, in a) dagegen horizontal. Die Schicht ist entlang der durch Pfeile angedeuteten Linien gefaltet, und zwar bei → ← nach unten und bei ← → nach oben.

Im kontrahierten α-Zustand sind die Ketten gefaltet oder sie bilden Spiralen infolge der Wasserstoffbrücken zwischen einer C=O- und einer N–H-Gruppe innerhalb der gleichen Kette (*Pauling* und *Corey* 1953).

Hydridorbitals mit nahezu sp^3-Charakter (Seite 158 und 181) befinden (*Bernal* und *Fowler* 1933; *Magat* 1936; *Verwey* 1941, 1942; *Burnelle* und *Coulson* 1957).

Die Kristallstrukturen der Eismodifikationen zeigen eine Ähnlichkeit mit den Strukturen der SiO_2-Modifikationen. Jedes Wassermolekül ist tetraedrisch von vier anderen umgeben (*Owston* 1951), es fungiert als Protonendonator für zwei Wasserstoffbindungen und als Protonenakzeptor für zwei weitere Wasserstoffbindungen. Es gibt auch eine glasartige sehr instabile Form (*Giguère* und *Harvey* 1956). Gewöhnliches Eis hat einen O–O-Abstand von 2,76 Å und einen O–H-Abstand von 1,01 Å. Die Sublimationsenergie ΔU des Eises (ΔH = 12,23 kcal/Mol, also ΔU

= 11,59 kcal/Mol) enthält etwa 3 kcal/Mol Kohäsionsenergie, die auf der London-Anziehung beruht, so daß 8,7 kcal/Mol für die Dissoziationsenergie zweier Wasserstoffbindungen je Molekül bleiben. Da die (latente) Schmelzwärme ($\Delta H \approx \Delta U$) nur 1,44 kcal/Mol beträgt, wird offensichtlich nur ein Bruchteil der Wasserstoffbindungen beim Schmelzen aufgebrochen. Die Aktivierungswärme für die Rotation der Dipole im Eis ist jedoch mit 13,2 kcal/Mol (Seite 377) erheblich größer, da jetzt hierbei drei Bindungen zu spalten sind.

NH_4F bildet Mischkristalle mit Eis, da die Abstände N–H– –F und O–H– –O mit 2,66 Å bzw. 2,76 Å und auch die fast genau tetraedrischen Bindungswinkel ungefähr gleich sind.

Das normale Eis ist dem Tridymit analog. Es ist anzunehmen, daß im Wasser weitgehend eine quarzähnliche Struktur mit einer höheren Dichte vorliegt (*Bernal* und *Fowler* 1933). Das Dichtemaximum bei 4 °C, eine einzigartige Eigenschaft des Wassers, muß dann dem graduellen Übergang der verbleibenden Tridymitstruktur in die quarzähnliche Struktur zugeschrieben werden, während bei höheren Temperaturen die normale thermische Ausdehnung wieder überwiegt.

Der mittlere O–O-Abstand in Wasser ist nach der Röntgenbeugung etwa 3,1 Å, und die kürzesten Abstände (Wasserstoffbindungen) liegen wahrscheinlich bei 2,85 Å und sind also viel länger als im Eis.

Um diese größeren Abstände mit der höheren Dichte des Wassers gegenüber dem Eis zu vereinbaren, ist man zu der Annahme gezwungen, daß das Wasser eine höhere Koordinationszahl als 4 besitzt, z.B. die Koordinationszahl 6 mit vier durch Wasserstoffbrücken verbundenen Nachbarn im Abstand von 2,85 Å und zwei weiteren Wassermolekülen im Abstand von etwa 3,6 Å (*van Panthaleon van Eck* u.a. 1957, 1958).

Spätere, genauere Untersuchungen widersprechen teilweise jedoch dieser Auffassung und ergeben vielmehr, daß im Wasser jedes Molekül im Mittel von 4,6 Nachbarn im Abstand von 2,92 Å umgeben ist (*Brady* und *Romanov* 1960). Nach *Danford* und *Levy* (1962) hat man zwischen zwei Arten von Wassermolekülen zu unterscheiden, und zwar zwischen Gittermolekülen (Framework oxygen) und eingelagerten Molekülen (Interstitional oxygen), die im Verhältnis 4:1 vorkommen. Die Moleküle der ersten Art haben einen Nachbarn im Abstand von 2,77 Å (wie in Eis) und drei Nachbarn im Abstand von 2,94 Å; die Wassermoleküle zweiter Art haben drei nächste Nachbarn im Abstand von 2,94 Å, und die weiteren befinden sich im Abstand von 3,30 Å. Diese Ergebnisse der sorgfältigen Untersuchungen von *Danford* und *Levy* (1962) widersprechen in Einzelheiten auch dem analogen Modell von *Pauling* (Buch 3. Aufl., Seite 472), wobei in Analogie zur Struktur des Chlor-Hydrats, $Cl_2 \cdot 6\,H_2O$ (Seite 341) auch zwei Arten Wassermoleküle unterschieden werden mit einem Dodekaeder $H_{40}O_{20}$, als Struktureinheit (*Frank* und *Quist* 1961). Analoge Vorstellungen über eine „eisartige“ tetraedrisch gebundene und eine frei rotierende Art haben auch *Marchi* und *Eyring* (1964) entwickelt (siehe auch *Luck* 1963).

Die zuerst erwähnten Vorstellungen einer einheitlichen, mittleren Struktur des Wassers stehen den letzteren Vorstellungen gegenüber, nach denen das flüssige Wasser als eine Art Mischung zweier Arten Wasser-„Moleküle“ zu denken ist. In höherer Näherung laufen beide, über die Zeit gemittelt, auf dasselbe Bild hinaus, indem zwischen den zwei Arten Wasser-„Moleküle“ ja ein bewegliches Gleichgewicht besteht.

Eucken (1948) nahm sogar $(H_2O)_2$, $(H_2O)_4$ und $(H_2O)_8$ an, wobei letzteres Polymer ein größeres spezifisches Volumen äquivalent den erwähnten eisartigen Tridymitgruppierungen haben sollte.

Nach der Röntgenuntersuchung besitzen auch die niederen Alkohole eine quasikristalline Struktur ähnlich der des Wassers.

Die Ausbildung solcher quasi-kristalliner Strukturen führt bei tiefen Temperaturen aus dem gleichen Grunde wie bei den anorganischen Gläsern (Quarz und Silikate) zur Entstehung von Gläsern. Tatsächlich bilden die niederen Alkohole und besonders die Polyalkohole (z.B. Glycerin) beim Kühlen leicht Gläser. Beim Wasser wird ein Glas nur unter speziellen Bedingungen erhalten, so beim sehr raschen Kondensieren des Dampfes bei der Temperatur der flüssigen Luft.

Die Wasserstoffbindung erweist sich als von wesentlicher Bedeutung für die physikalischen und chemischen Eigenschaften der meisten Verbindungen, in erster Linie des Wassers, sie spielt eine bedeutende Rolle sowohl im lebenden Organismus als auch bei technischen Prozessen.

46. Die Natur der Wasserstoffbindungen

Die elektrostatische Wechselwirkung des Protons mit dem elektronegativen Protonenakzeptoratom Y liefert unzweifelhaft den Hauptanteil zur Energie der Wasserstoffbindung in den sog. langen Bindungen (O–O-Abstand über 2,75 Å). Bei sehr kurzen Abständen (2,42–2,45 Å) mit einer symmetrischen X–H–Y-Bindung (HF_2^-, Nickel-dimethylglyoxim, Maleinsäureanion) oder nahezu symmetrischen Wasserstoffbrücken (Maleinsäure) spielt wahrscheinlich auch die Elektronenresonanz eine bedeutende Rolle.

Die Beziehung zwischen der X–H-Infrarotabsorptionsfrequenz und dem X–Y-Abstand hat sich als eine kontinuierliche Funktion erwiesen, die für die O–H...H-Bindung sehr angenähert linear verläuft, wenn die Hydroxide (Seite 388) ausgeschlossen werden (Bild 35) (*Lord* und *Merrifield* 1953; *Rundle* und *Parasol* 1952; *Nakamoto, Margoshes* und *Rundle* 1955; *Pimentel* und *Sederholm* 1956; *Welsh* 1957). Auch zwischen der Bindungsenergie oder dem X–H-Abstand und dem X–Y-Abstand wird eine Beziehung gefunden (*Welsh* 1957; *Fuller* 1959; *Blinc, Hadzi* und

Novak 1960). Aus dieser läßt sich ableiten, daß die OHO-Bindung für einen O–O-Abstand von 2,45 Å symmetrisch ist. Im KH_2PO_4 sind die mit Hilfe der Neutronenbeugung gefundenen O–H- und O–O-Abstände 1,07 Å bzw. 2,49 Å, so daß die beiden Gleichgewichtslagen des Wasserstoffatoms nur durch einen Abstand von 0,35 Å getrennt sind (*Bacon* und *Pease* 1955; *Peterson* u.a. 1954; siehe auch Seite 388).

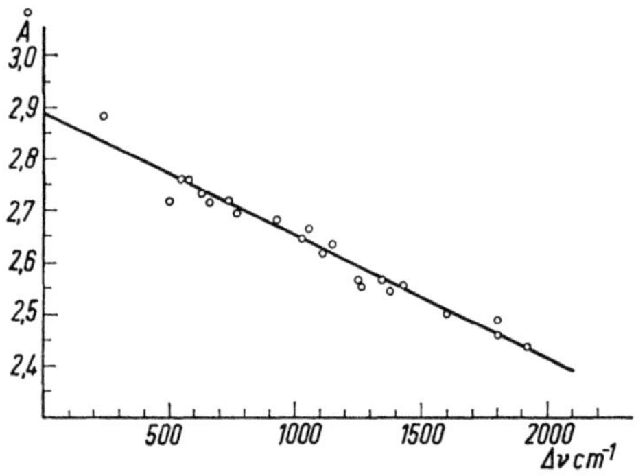

Bild 35. Frequenzverschiebung für O–H...O-Wasserstoffbindungen in Abhängigkeit vom O–O-Bindungsabstand (*Nakamoto, Margoshes* und *Rundle* 1955)

Bei der Assoziation wird nicht nur die Infrarotabsorptionsbande für die O–H-Valenzschwingung nach kleineren Frequenzen verschoben, sondern auch ihre (integrierte) Intensität beträchtlich erhöht (*Huggins* und *Pimentel* 1956). Die große Breite der Bande nicht nur in Flüssigkeiten, sondern auch in Kristallen (sogar bei tiefen Temperaturen) hat bisher noch keine befriedigende Erklärung gefunden (*Coulson* 1957; *Cannon* 1958).
Tsubomura (1955, 1956) hat vier mögliche Anteile zur Energie der Wasserstoffbindung aufgezählt, die für Eis die folgenden Werte besitzen (*Coulson* 1957):

a) Elektrostatische Wechselwirkung	6 kcal/Mol
b) London-Wechselwirkung	2,7 kcal/Mol
c) Austauschabstoßung	– 8,4 kcal/Mol
d) Resonanz- oder Delokalisationsenergie	8 kcal/Mol
Summe für eine Bindung (theoretisch)	8,3 kcal/Mol

(experimenteller Wert 5,85 kcal/Mol).

Die deutliche Übereinstimmung des für die Energie der elektrostatischen Wechselwirkung berechneten Wertes mit der beobachteten Energie könnte zufällig sein, wenn sich z.B. (*c*) und (*d*) gegenseitig aufheben, ohne jeweils viel kleiner als (*a*) zu sein.
Es ist notwendig, den von Resonanz herrührenden Anteil (*d*) zu erörtern.

Pauling (1949) betrachtete zuerst das O–H...O-System als ein Resonanzhybrid aus drei Konfigurationen:

1. Konfiguration mit Valenzbindung	$O_A - H \quad | O_B$
2. Konfiguration mit Ionenbindung	$O_A|^{\ominus} H^{\oplus} \quad | O_B$
3. Konfiguration mit Ladungsübertragung-Valenzbindung	$O_A|^{\ominus} H —— O_B^{\oplus}$

Für einen O–O-Abstand von 2,8 Å schätzte er den Anteil der drei Konfigurationen auf 65%, 33% und 2%. Bei einem O–O–-Abstand von 2,5 Å würde jedoch die letzte Konfiguration 10% zur Ladungsverteilung beitragen. *Coulson* und *Danielsson* (1954) und *Coulson* (1957) haben verfeinerte Berechnungen durchgeführt und für den Anteil der dritten Konfiguration 3% bei 2,8 Å und 6% bei 2,5 Å erhalten. Sie zogen daraus den Schluß, daß die Bindung tatsächlich im wesentlichen elektrostatisch ist. Der Intensitätsanstieg der Infrarotabsorptionsbande weist jedoch auf eine erhebliche Änderung in der Ladungsverteilung der O_A–H-Bindung hin, die eine Folge des vergrößerten O_AH-Abstandes und der angestiegenen elektrostatischen Anziehung durch O_B ist, was zu einem Anstieg der effektiven Ladung auf dem Wasserstoffatom (und dem Sauerstoffatom) führt, d.h. zu einem größeren Beitrag der zweiten Konfiguration. Eine umfassende quantitative Diskussion der Wasserstoffbindung haben *Lippincott* und *Schroeder* (1955); *Schroeder* und *Lippincott* (1957) durchgeführt. Sie waren in der Lage, für ein eindimensionales Modell, das auf einer genauen Potentialfunktion basiert, die Verschiebungen der O–H-Frequenzen zu berechnen, sowie die O–H-Bindungsabstände, die Energien der Wasserstoffbindungen und die tief liegenden (bei etwa 200 cm^{-1}) O–H...O-Frequenzen, sämtlich als Funktion des O–O-Abstandes. Es ergab sich eine ausgezeichnete Übereinstimmung mit den experimentellen Daten. Es wird ebenfalls für einen abnehmenden O–O-Abstand ein erheblicher Anstieg der effektiven Ladung auf den Sauerstoffatomen gefunden. In diesen Berechnungen werden im wesentlichen nur die Konfigurationen 1 und 3 berücksichtigt und die elektrostatische Energie in die Konfiguration 1 mit einbezogen. Nach *Lippincott* und *Schroeder* gibt die elektrostatische Anziehung keinen größeren Anteil zur Energie, erlaubt aber eine engere Annäherung der Sauerstoffatome.

Diese Schlußfolgerung und die oben zitierte von *Coulson* (1957) widersprechen einander jedoch nicht.

Man kann aus der oben für das Eis wiedergegebenen Energiebilanz entnehmen, daß man ebensogut sagen kann, die elektrostatische Anziehung überwiege gerade die Abstoßung, so daß die Energie der Wasserstoffbindung der Resonanzenergie fast gleich ist, oder die Resonanzenergie und die Abstoßungsenergie heben sich gegenseitig auf, so daß die elektrostatische Energie den Hauptanteil zur Energie der Wasserstoffbindung liefert!

Die einsamen Elektronenpaare am Atom Y spielen ebenfalls eine wichtige Rolle bei der Bildung einer Wasserstoffbindung. Wenn diese Elektronen ein s-Orbital mit sphärischer Symmetrie besetzen, würde durch das Atom Y kein Richtungseinfluß ausgeübt werden. In den meisten Fällen besetzen die einsamen Elektronenpaare jedoch Hydridorbitals (Seite 157), und die negative Ladung erstreckt sich in bestimmte Richtungen, wie dies oben für das Wassermolekül diskutiert wurde. Der dadurch ausgeübte, richtende Einfluß wird durch die Zick-Zack-Struktur der Kette in den HF-Polymeren im Dampfzustand und im festen Zustand (Winkel von 120°) illustriert (*Atoji* und *Lipscomb* 1954; *Schneider* 1955; *Fyfe* 1953; *Giguère* und *Zengin* 1958).

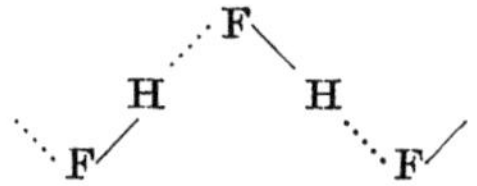

Die Kriterien für die Bildung von Wasserstoffbindungen X–H···Y lassen sich nunmehr zusammenfassen:

1. Das Wasserstoffatom muß an ein elektronegatives Atom X gebunden sein, was zu einem partiell ionischen Charakter der X–H-Bindung führt. Das besagt gleichzeitig, daß ein Teil des 1s-Orbitals des Wasserstoffs für die Überlappung mit dem Orbital des einsamen Elektronenpaares verfügbar ist.
2. Das Y-Atom muß einsame Elektronen in einem asymmetrischen Orbital besitzen, z.B. in einem sp^3-Orbital. Das bedeutet sowohl einen Dipol mit einem äußeren negativen Pol als auch eine größere Überlappungsmöglichkeit. Ein niedriges Ionisationspotential begünstigt Resonanz.
3. Für eine maximale Anziehung durch Resonanz (infolge maximaler Überlappung) und durch elektrostatische Wechselwirkung müssen die Achsen der X–H-Bindung und des einsamen Elektronenpaares auf einer Linie liegen.

Allgemeines Schrifttum

G. Briegleb, Zwischenmolekulare Kräfte und Molekülstruktur, Karlsruhe 1949.

G. Darmois, L'état liquide de la matière, Paris 1943.

J. H. Hildebrand und *R. L. Scott*, The Solubility of Non-Electrolytes, 3. Aufl. New York 1950.

L. Pauling, The Nature of the Chemical Bond, 3. Aufl. Ithaca 1960, Weinheim 1962.

Literaturhinweise

L. J. Andrews, Chem. Revs., **54** (1954) 713.
L. J. Andrews und *R. M. Keefer*, J. Am. Chem. Soc., **72** (1950) 4677, 5170; **73** (1951) 463; **74** (1952) 458, 1891, 4500; **77** (1955) 2164; Adv. Inorg. Chem. Radiochem., **3** (1961).
A. E. van Arkel, Rec. trav. chim., **51** (1932) 1081; **52** (1933) 719, 733, 740; **53** (1934) 91, 246.
A. E. van Arkel, Chem. Weekblad, **31** (1934) 490.
A. E. van Arkel, Trans. Faraday Soc., **42 B** (1946) 81.
A. E. van Arkel und *W. de Groot*, Physica, **12** (1932) 215.
A. E. van Arkel und *S. E. Vles*, Rec. trav. chim., **55** (1936) 407.
T. J. Arnold, Phys. Rev., **102** (1956) 136.
J. Arnold, J. E. Bertie und *D. J. Millen*, Proc. Chem. Soc. (London) 1961, 121.
W. T. Astbury, Trans. Faraday Soc., **29** (1933) 193; **36** (1940) 871.
A. H. W. Aten Jr., J. Chem. Phys., **5** (1937) 260, 264, 598.
M. Atoji und *W. N. Lipscomb*, Acta Cryst., **7** (1954) 173.
R. P. Auty und *R. H. Cole*, J. Chem. Phys., **20** (1952) 1309.

G. E. Bacon und *R. S. Pease*, Proc. Roy. Soc. (London), **A 230** (1955) 359.
R. M. Barrer, Nature, **178** (1956) 1410.
G. M. Barrow, Spectrochim. Acta, **16** (1960) 799.
E. Bauer, J. chim. phys., **46** (1949) 420.
E. Bauer und *M. Magat*, J. phys. radium, **9** (1938) 319.
H. A. Benesi und *J. H. Hildebrand*, J. Am. Chem. Soc., **70** (1948) 2832; **71** (1949) 2703.
J. D. Bernal und *C. H. Carlisle*, Ann. Repts. on Progr. Chem. (Chem. Soc. London) **52** (1955) 380.
J. D. Bernal und *R. H. Fowler*, J. Chem. Phys., **1** (1933) 515.
R. Beukers und *A. Szent-Györgyi*, Rec. trav. chim., **81** (1962) 255.
A. Bier, Rec. trav. chim., **75** (1956) 866.
W. Black, J.G.V. de Jongh, J. Th.G. Overbeek und *M. J. Sparnaay*, Trans. Faraday Soc., **56** (1960) 1597.
R. Blinc, D. Hadzi und *A. Novak*, Z. Elektrochem., **64** (1960) 567.
J. H. de Boer, Trans. Faraday Soc., **32** (1935) 10.
J. H. de Boer und *J. F. H. Custers*, Z. physik. Chem., **B 25** (1934) 225.
W. Brackman, Rec. trav. chim., **68** (1949) 147.
G. W. Brady und *W. J. Romanow*, J. Chem. Phys., **32** (1960) 306.
G. Briegleb, Zwischenmolekulare Kräfte und Molekülstruktur, Karlsruhe 1949; Elektronen-Donator-Acceptor-Komplexe, Berlin 1961.
G. Briegleb und *J. Czekalla*, Z. Elektrochem., **59** (1955) 184; **63** (1959) 6; Z. physik. Chem. Frankfurt. N. F., **24** (1960) 37.
G. Briegleb und *H. Delle*, Z. Elektrochem., **64** (1960) 347.
H. Brockmann und *B. Franck*, Naturwissenschaften, **42** (1955) 45.
J. N. Brönsted und *J. K. Koefoed*, Kgl. Danske Videnskab. Selskab., Mat.-fys. Medd., **22** (1946) N. 17.
L. Burnelle und *C. A. Coulson*, Trans. Faraday Soc., **53** (1957) 403.
A. M. Buswell, V. Deitz und *W. H. Rodebush*, J. Chem. Phys., **5** (1937) 501.

C. G. Cannon, Spectrochim. Acta, **10** (1958) 341.
H. B. G. Casimir und *D. Polder*, Phys. Rev., **73** (1948) 360.
W. F. Clausen, J. Chem. Phys., **19** (1951) 1425.
H. L. Clever et al., J. Phys. Chem., **61** (1957) 1078; **62** (1958) 375.
J. Collin und *L. D'Or*, J. Chem. Phys., **23** (1955) 397.
B. E. Conway, J. O. M. Bockris und *H. Linton*, J. Chem. Phys., **24** (1956) 835.
C. A. Coulson, Research (London), **10** (1957) 149.
C. A. Coulson und *U. Danielsson*, Arkiv Fysik, **8** (1954) 239, 245.
F. Cramer, Angew. Chem., **64** (1952) 437; **68** (1956) 115.
F. Cramer, Einschlußverbindungen, Berlin 1954.
F. Cramer, Rec. trav. chim., **75** (1956) 891.
F. Cramer und *W. Herbst*, Naturwissenschaften, **39** (1952) 256.
T. M. Cromwell und *R. L. Scott*, J. Am. Chem. Soc. **72** (1950) 3825.

G. Dallinga, Acta Cryst., **7** (1954) 665.
M. D. Danford und *H. A. Levy*, J. Am. Chem. Soc., **84** (1962) 3962.
S. F. Darlow, Acta Cryst., **14** (1961) 1257.
M. M. Davies, Ann. Repts. on Progr. Chem. (Chem. Soc. London), **43** (1946) 5; J. Chem. Phys., **15** (1947) 739.
B. V. Deryagin, Trans. Faraday Soc., **36** (1940) 203, 730.
B. V. Deryagin und *I. I. Abrikosova*, J. Phys. and Chem. Solids, **5** (1958) 1.
C. Dijkgraaf, Dissertation Amsterdam 1962.
J. Donohue, J. Phys. Chem., **56** (1952) 502; Quart. Revs. (London), **10** (1956) 293.
M. Eigen et al., Ber. Bunsenges. physik. Chemie. **67** (1963) 753; **68**, (1964) 19.
L. d'Or, R. Alewaeters und *J. Collin*, Rec. trav. chim., **75** (1956) 862.
A. S. Dworkin und *M. A. Bredig*, J. Phys. Chem., **64** (1960) 269.

A. Eucken, Die Chemie (Angew. Chemie), **55** (1942) 163; Z. Elektrochem., **52** (1948) 255.
D. F. Evans und *R. E. Richards*, Proc. Roy. Soc. (London), **A 223** (1954) 238.
D. F. Evans, J. Chem. Soc., (1957) 1351, 3885; (1959) 2753.

J. Fahrenfort und *J. A. A. Ketelaar*, J. Chem. Phys., **22** (1954) 1631.
F. Fairbrother, Nature, **160** (1947) 87; J. Chem. Soc., (1948) 1051.
P. J. Flory, J. Chem. Phys., **10** (1942) 51.
S. J. Forsen, J. Chem. Phys., **31** (1959) 852; J. Phys. Chem., **64** (1960) 767.
H. S. Frank und *A. S. Quist*, J. Chem. Phys., **34** (1961) 604.
W. Fuller, J. Phys. Chem., **63** (1959) 1705.
W. S. Fyfe, J. Chem. Phys., **21** (1953) 2.

A. Giguère und *N. Zengin*, Can. J. Chem., **36** (1958) 1013.
P. A. Giguère und *K. B. Harvey*, Can. J. Chem., **34** (1956) 798.
S. Glasstone, K. J. Laidler und *H. Eyring*, The Theory of Rate Processes, New York 1941.
O. Glemser, Angew. Chem., **73** (1961) 785.
O. Glemser und *E. Hartert*, Z. anorg. u. allgem. Chemie, **283** (1956) 111
L. E. Godycki, R. E. Rundle et al., J. Chem. Phys., **19** (1951) 1205; Acta Cryst., **6** (1953) 487.

W. Gordy, J. Chem. Phys., **7** (1939) 93.
W. Gordy und *S. C. Stanford*, J. Chem. Phys., **8** (1940) 170; **9** (1941) 204.
E. A. Guggenheim, Mixtures, Oxford 1952.
H. S. Gutowsky und *A. Saika*, J. Chem. Phys., **21** (1953) 1688.

C. Haas, Physics letters, **3** (1962) 126.
R. Haase, Z. Elektrochem., **55** (1951) 29.
R. Haase, Thermodynamik der Mischphasen, Berlin 1956.
M. Hagan, Inclusion Compounds, New York 1962.
H. C. Hamaker, Physica, **4** (1937) 1058.
O. Hassel und *Chr. Romming*, Acta Chem. Scand., **10** (1956) 696.
O. Hassel und *K. O. Strömme*, Acta Chem. Scand., **12** (1958) 1146; **13** (1959) 1781.
S. H. Hastings et al., J. Am. Chem. Soc., **75** (1953) 2900.
J. H. Hildebrand, Chem. Revs., **44** (1949) 37.
J. H. Hildebrand und *D. N. Glew*, J. Phys. Chem., **60** (1956) 618.
J. H. Hildebrand und *R. L. Scott*, The Solubility of Non-Electrolytes, New York 1950; Regular Solutions, Englewood Cliffs N. J. 1962.
J. L. Hoard, Acta Cryst., **4** (1951) 396, 399, 405.
H. Hoyer, Z. Elektrochem., **49** (1943) 97; Chem. Ber., **89** (1956) 146.
G. J. Hoijtink, Mol. Physics, **3** (1960) 67.
C. M. Huggins und *G. C. Pimentel*, J. Phys. Chem., **60** (1956) 1615.
C. M. Huggins, *G. C. Pimentel* und *J. N. Shoolery*, J. Chem. Phys., **23** (1955) 1244; J. Phys. Chem., **60** (1956) 1311.
M. L. Huggins, J. Org. Chem., **1** (1936) 407.
L. Hunter, Ann. Repts on Progr. Chem. **43** (1946) 141); Chem. and Ind. London; **17** (1953) 1547.

A. T. James und *A. P. Martin*, Biochem. J., **50** (1952) 679.
D. A. K. Jones und *J. G. Watkinson*, Chem. and Ind. (London) 1960, 660.

H. Kallmann und *M. Willstätter*, Naturwissenschaften, **20** (1932) 952.
W. Kauzmann, Ann. Rev. Phys. Chem., **8** (1957) 413.
C. Kellner, Repts. Progr. Phys., **15** (1952) 1.
H. Kempter und *R. Mecke*, Z. physik. Chem., **B 46** (1940) 229.
J. A. A. Ketelaar, J. phys. radium, **15** (1954) 197; Rec. trav. chim., **75** (1956) 857; Spectrochim. Acta, **14** (1959) 237; Sci. Papers Ist. Sup. di Sanita 2, Teil 3 (1959) 534.
J. A. A. Ketelaar und *B. Jibben*, Rec. trav. chim., **67** (1948) 393.
J. A. A. Ketelaar und *B. O. Loopstra*, Rec. trav. chim. **74** (1955) 113.
J. A. A. Ketelaar und *C. van de Stolpe*, Rec. trav. chim., **71** (1952) 805.
J. A. A. Ketelaar, *C. van de Stolpe* und *H. R. Gersmann*, Rec. trav. chim., **70** (1951) 499.
J. A. A. Ketelaar, *C. van de Stolpe*, *A. Goudsmit* und *W. Dzcubas*, Rec. trav. chim., **71** (1952) 1104.
J. A. A. Ketelaar und *W. Vedder*, J. Chem. Phys., **19** (1951) 654.
A. I. M. Keulemans, Gas Chromatography, New York 1957.
F. Klages, Ber., **76** (1943) 788.
J. Kleinberg und *A. W. Davidson*, Chem. Revs., **42** (1948) 601.

W. Klemm et al., Z. anorg. u. allgem. Chem., **200** (1931) 343, 367.
Y. Kobatake und *J. H. Hildebrand*, J. Phys. Chem., **65** (1961) 331.
J. Kommandeur und *F. R. Hall*, J. Chem. Phys., **34** (1961) 129.
G. Kortüm und *M. Kortüm-Seiler*, Z. Naturforsch., **5a** (1950) 544.
G. Kortüm und *W. M. Vogel*, Z. Elektrochem., **59** (1955) 16.
H. R. Kruyt, Z. physik. Chemie, **65** (1909) 486.
H. R. Kruyt et al., Colloid Service, Vol. I, S. 264, Amsterdam 1952.
L. P. Kuhn, J. Am. Chem. Soc., **74** (1952) 2492; **76** (1954) 4323.
A. Kwantes und *G. W. A. Rijnders*, Second Symposium on Gas Chromatography, London 1958.
E. N. Lassettre, Chem. Revs. **20** (1937) 259.
U. Liddel und *E. D. Becker*, Spectrochim. Acta, **10** (1957) 70.
E. M. Lifschitz, Zhur. Exptl. i Teoret. Fiz., **29** (1955) 94.
E. R. Lippincott und *R. Schroeder*, J. Chem. Phys., **23** (1955) 1099.
A. B. Littlewood, C. S. G. Philipps und *D. T. Price*, J. Chem. Soc., (1955) 1480.
H. Loewenstein und *A. Szöke*, J. Am. Chem. Soc., **84** (1962) 1151.
F. London, Z. Physik, **63** (1930) 245; Z. physik. Chem., **B 11** (1930) 222; Trans. Faraday Soc., **33** (1936) 8.
R. C. Lord und *R. E. Merrifield*, J. Chem. Phys., **21** (1953) 166.
W. Luck, Ber. Bunsenges. physik. Chemie, **67** (1963) 186.

H. McConnell, J. S. Hamm und *J. R. Platt*, J. Chem. Phys., **21** (1953) 66.
M. L. McGlashan und *R. P. Rastogi*, Trans. Faraday Soc., **54** (1958) 496.
J. McPollock und *A. R. Ubbelohde*, Trans. Faraday Soc., **52** (1956) 1112.
M. Magat, Ann. phys., **6** (1936) 108; J. chim. phys., **45** (1948) 93; **46** (1949) 344; J. chim. phys., **52** (1955) 272.
R. P. Marchi und *H. Eyring*, J. Phys. Chem., **68** (1964) 221.
H. Mark und *A. V. Tobolsky*, Physical Chemistry of High Polymeric Systems, New York 1950.
R. Mecke, Discussions Faraday Soc., Nr. 9 (1950) 161.
L. L. Merritt, Ch. Guare und *A. E. Lessor*, Acta Cryst., **9** (1956) 253.
R. S. Mulliken, J. Am. Chem. Soc., **72** (1950) 600; **74** (1952) 811; J. Phys. Chem., **56** (1952) 801; Rec. trav. chim., **75** (1956) 845.
J. E. Mock, J. E. Myers und *E. A. Trabant*, Chem. Eng. Prog., **53** (1961) 1007.
H. Murakami, J. Chem. Phys., **22** (1954) 367.
J. N. Murell, Mol. Physics, **3** (1960) 319.

K. Nakamoto, M. Margoshes und *R. E. Rundle*, J. Am. Chem. Soc., **77** (1955) 6480.
K. van Nes und *H. A. van Westen*, Aspects of the Constitution of Mineral Oils, Amsterdam 1951.

R. A. Ogg, J. Chem. Phys., **22** (1954) 560; Helv. Phys. Acta **30** (1957) 89.
L. E. Orgel und *R. S. Mulliken*, J. Am. Chem. Soc., **79** (1957) 4839.
J. Th. G. Overbeek und *M. J. Sparnaay*, J. Colloid Sci., **7** (1952) 343.
P. G. Owston, Quart. Revs. (London), **5** (1951) 344.

C. L. van Panthaleon van Eck, H. Mendel und *W. Boog*, Discussions Faraday Soc., No. 24 (1957) 200.

C. L. van Panthaleon van Eck, H. Mendel und *J. Fahrenfort*, Proc. Roy. Soc., (London) Symposium on Physics of Water and Ice, 1957; Nature, **181** (1958) 380.
L. Pauling, J. Am. Chem. Soc., **57** (1935) 2680.
L. Pauling, J. chim. phys., **46** (1949) 435
L. Pauling und *R. B. Corey*, Proc. Natl. Acad. Sci. U.S., **37** (1951) 205, 251; Nature, **171** (1953) 59.
W. B. Person, R. E. Erickson und *R. E. Buckles*, J. Chem. Phys., **27** (1957) 1211; J. Am. Chem. Soc., **82** (1960) 29.
S. W. Peterson und *H. A. Levy*, Phys. Rev., **92** (1953) 1082; Acta Cryst., **10** (1957) 70; J. Chem. Phys., **29** (1958) 948.
S. W. Peterson, H. A. Levy und *S. H. Simonsen*, Phys. Rev. **93** (1954) 1120.
C. S. G. Phillips, Gas Chromatography, London 1956.
G. J. Pierotti, C. H. Deal, E. L. Derr und *P. E. Porter*, J. Am. Chem. Soc., **78** (1956) 2989.
G. C. Pimentel und *C. H. Sederholm*, J. Chem. Phys., **24** (1956) 639.
K. S. Pitzer, Adv. Chem. Phys., **2** (1959) 59.
K. S. Pitzer und *J. Polissar*, J. Phys. Chem., **60** (1956) 1140.
J. A. Platteeuw und *J. H. van der Waals*, J. Mol. Physics, **1** (1958) 91.
E. K. Plyler und *R. S. Mulliken*, J. Am. Chem. Soc., **81** (1959) 823.
P. E. Porter, C. H. Deal und *F. H. Stross*, J. Am. Chem. Soc., **78** (1956) 2999.
H. M. Powell und *G. Huse*, Nature, **144** (1939) 77; J. Chem. Soc., (1943) 435.
H. M. Powell, G. Huse und *P. W. Cooke*, J. Chem. Soc., (1943) 153.
H. M. Powell et al., J. Chem. Soc., (1947) 208; (1948) 61, 571; (1950) 298, 300, 468; Endeavour, **9** (1950) 154.
A. P. Prosser und *J. A. Kitcher*, Nature, **178** (1956) 1339; Proc. Roy. Soc. (London), **A 242** (1957) 403.
E. A. Pshenichno und *N. D. Sokolov*, Optika i Spektroskopia, **11** (1961) 16.

D. R. Quayle, Chem. Revs., **53** (1953) 439.

O. Redlich et al., J. Am. Chem. Soc., **72** (1950) 4153.
R. E. Richards, Quart. Revs. (London), **10** (1956) 480.
G. Rossmy, W. Lüttke und *R. Mecke*, J. Chem. Phys., **21** (1953) 1606.
P. Rumpf, Bull. soc. chim. France, (1948) 211.
R. E. Rundle und *M. Parasol*, J. Chem. Phys., **20** (1952) 1487.

L. Sarolea-Mathot, Trans. Faraday Soc., **49** (1953) 8.
A. M. Saum, J. Polymer Sci., **42** (1960) 57.
W. Schlenck, Ann., **565** (1949) 204; Fortschr. chem. Forsch., **2** (1951) 92.
H. Schlief, J. prakt. Chemie (4) **2** (1955) 337.
W. G. Schneider, J. Chem. Phys., **23** (1955) 26.
R. Schroeder und *E. R. Lippincott*, J. Phys. Chem., **61** (1957) 921.
E. Schwarzmann, Z. anorg. u. allgem. Chemie, **317** (1962) 176.
R. L. Scott, Rec. trav. chim., **75** (1956) 787.
M. Shahat, Acta Cryst., **5** (1952) 763)
K. Shinoda und *J. H. Hildebrand*, J. Phys. Chem., **65** (1961) 1885.
B. Sisskind und *I. Kasarnowsky*, Z. anorg. u. allgem. Chem., **214** (1933) 385.
J. C. Slater und *J. G. Kirkwood*, Phys. Rev., **37** (1931) 682.

A. E. Smith, Acta Cryst., **5** (1952) 224.
R. L. Somorjai und *D. F. Hornig*, J. Chem. Phys., **36** (1962) 1980.
H. J. Spangenberg, Z. Chemie, **1** (1961) 250.
R. A. Spurr und *H. F. Byers*, J. Phys. Chem., **62** (1958) 425.
M. von Stackelberg, Naturwissenschaften, **36** (1949) 327; 359; J. Chem. Phys., **19** (1951) 1319.
M. von Stackelberg und *H. R. Müller*, Naturwissenschaften, **38** (1951) 456; **39** (1952) 20; Elektrochem., **58** (1954) 25, 40, 99, 104, 162.
A. J. Staverman, Physica, **4** (1937) 1141; Rec. trav. chim., **56** (1937) 885, 1185, 1189; **60** (1941) 827.
R. S. Stein und *R. E. Rundle*, J. Chem. Phys., **16** (1948) 195.
C. van de Stolpe, Diss. Amsterdam 1953; Chem. Weekblad, **52** (1956) 228.
K. O. Strömme, Acta Chem. Scand., **13** (1959) 268.
S. Sugden, Parachor and Valency, London 1930.

M. Tamres und *M. Brandon*, J. Am. Chem. Soc., **82** (1960) 2134.
M. Tamres et al., J. Am. Chem. Soc., **76** (1954) 3983.
M. van Thiel, E. D. Becker und *G. C. Pimentel*, J. Chem. Phys., **27** (1957) 95.
H. Tsubomura, J. Chem. Phys., **23** (1955) 2130; **24** (1956) 927.
H. Tsubomura und *R. S. Mulliken*, J. Am. Chem. Soc., **82** (1960) 5966.
A. R. Ubbelohde, Quart. Revs. (London), **4** (1950) 356.
H. Ulich et al., Z. physik. Chem., Bodenstein Festschrift (1931) 423; **B 16** (1932) 153; **B 17** (1932) 21.

P. F. van Velden und *J. A. A. Ketelaar*, Chem. Weekblad, **43** (1947) 401.
E. J. W. Verwey, Rec. trav. chim., **60** (1941) 887; **61** (1942) 127.
E. J. W. Verwey und *J. Th. G. Overbeek*, Theory of the Stability of Lyophobic Colloids, Amsterdam 1948.

J. H. van der Waals, Trans. Faraday Soc., **52** (1956) 184.
J. H. van der Waals und *J. J. Platteeuw*, Rec. trav. chim., **75** (1956) 912.
T. C. Waddington, Trans. Faraday Soc., **54** (1958) 25.
J. G. Waller, Nature, **186** (1960) 429.
S. C. Wallwork und *T. T. Harding*, Nature, **171** (1953) 40.
J. S. Waugh, F. B. Humphrey und *D. M. Yost*, J. Phys. Chem., **57** (1953) 486.
J. Weiß, J. Chem. Soc., (1942) 245.
H. K. Welsh, J. Chem. Phys., **26** (1957) 710.
R. West und *Ch. S. Kraihanzel*, J. Am. Chem. Soc., **83** (1961) 765.
E. E. Westrum und *K. S. Pitzer*, Am. Chem. Soc., **71** (1949) 1940.

W. J. Zimmerschmied et al., J. Am. Chem. Soc., **71** (1949) 2947.

Autorenregister

Sachregister*)

*) Hinweise auf Tabellen sind kursiv gedruckt.

GPSR Compliance

The European Union's (EU) General Product Safety Regulation (GPSR) is a set of rules that requires consumer products to be safe and our obligations to ensure this.

If you have any concerns about our products, you can contact us on ProductSafety@springernature.com

In case Publisher is established outside the EU, the EU authorized representative is:

Springer Nature Customer Service Center GmbH
Europaplatz 3
69115 Heidelberg, Germany

Batch number: 10577919

Printed by Printforce, the Netherlands